ABB工业机器人编程全集（第2版）

龚仲华 编著

人民邮电出版社

北京

图书在版编目（CIP）数据

ABB工业机器人编程全集 / 龚仲华 编著. -- 2版
. -- 北京 : 人民邮电出版社, 2024.5
ISBN 978-7-115-62778-0

Ⅰ. ①A… Ⅱ. ①龚… Ⅲ. ①工业机器人－程序设计
Ⅳ. ①TP242.2

中国国家版本馆CIP数据核字(2023)第184892号

内容提要

本书简要介绍了工业机器人概况、工业机器人结构、性能产品等基础知识，全面阐述了 ABB 工业机器人的 RAPID 编程语言和应用程序的设计方法。全书从工业机器人的实际编程要求出发，循序渐进、系统完整地介绍 RAPID 程序结构和格式，程序数据、表达式、运算指令、函数命令的编程要求；对 ABB 工业机器人全部指令、函数命令、程序数据进行专业和详尽的解释；并提供完整的搬运机器人、弧焊机器人应用程序实例。本书内容全面、选材典型、技术先进、案例丰富，理论联系实际，面向工程应用，适合使用工业机器人、维修工业机器人的相关人员及高等院校师生阅读。

◆ 编　　著　龚仲华
　责任编辑　李　强
　责任印制　马振武
◆ 人民邮电出版社出版发行　　北京市丰台区成寿寺路 11 号
　邮编　100164　　电子邮件　315@ptpress.com.cn
　网址　https://www.ptpress.com.cn
　固安县铭成印刷有限公司印刷
◆ 开本：775×1092　1/16
　印张：28　　　　　　　　2024 年 5 月第 2 版
　字数：681 千字　　　　　2024 年 5 月河北第 1 次印刷

定价：129.80 元

读者服务热线：(010)53913866　印装质量热线：(010)81055316
反盗版热线：(010)81055315
广告经营许可证：京东市监广登字 20170147 号

前　言

《ABB 工业机器人编程全集》第 1 版自 2018 年出版以来，得到了广大读者的普遍认可，现予再版。

本次改版在保持原书优点的基础上，结合最新技术发展，对原书的章节和内容进行了梳理、优化，并增补了所有原书未收录的 RAPID 指令、函数命令、程序数据的编程说明，力求进一步提高知识的先进性、系统性、普适性，同时保证内容完整性、实用性，方便读者使用。

本次修订的主要内容如下。

第 1 章：对原书第 1 章、近年已被多数读者所了解的一般概念进行了大幅精简，并增补了"ABB 工业机器人产品"（1.3 节），对 ABB 公司的工业机器人产品及性能进行了全面介绍。

第 2 章（新增）：对原书的工业机器人编程基础知识进行了归纳、梳理和完善，并增补了常用工业机器人产品在使用过程中容易被混淆的重要概念，这些概念适用于具有普适性的工业机器人编程。

第 3 章：对原书第 2 章的内容进行了系统梳理，对程序调用、程序数据进行了补充和完善，并增补了原书未收录的字符串操作函数命令的编程说明（3.4 节等）。

第 4 章：对原书第 3 章的内容进行了系统梳理，将原书的工业机器人编程基础知识归至第 2 章，并对原书第 3 章的部分文字进行了校对和修订。

第 5 章：对原书第 4 章的部分文字进行了校对和修订。

第 6 章：对原书第 5 章的部分文字进行了校对和修订，并增补了原书未收录的同步运行等函数命令的编程说明（6.5 节等）。

第 7 章：对原书第 6 章的部分文字进行了校对和修订。

第 8 章：对原书第 7 章的文字进行了校对和修订，并增补了原书未收录的系统状态检测等函数命令的编程说明（8.6 节等）。

第 9 章：对原书第 8 章的文字进行了校对和修订，并增补"机器人作业与控制"（9.1 节），对搬运、点焊、弧焊机器人的作业控制和机器人动作要求进行了系统介绍。

再次对 ABB 公司的支持与帮助及广大读者的关心与鼓励表示衷心感谢！本书在修订过程中若有疏漏和不当之处，希望读者继续予以批评、指正。

作者

2023 年 3 月于常州

目　录

第 1 章

工业机器人概述

1.1 机器人概况

1.1.1 机器人产生与发展

1. 机器人的产生

机器人（Robot）的概念来自科幻小说，它最早出现于 1921 年捷克剧作家 Karel Čapek（卡雷尔·恰佩克）创作的剧本 *Rossumovi Univerzální Roboti*（*R.U.R* 罗素姆的万能机器人）。由于剧中的人造机器名为 Robota（捷克语，即奴隶、苦力），因此，英文 Robot 一词开始代表机器人。1942 年，美国科幻小说家 Isaac Asimov（艾萨克·阿西莫夫）在 *I，Robot* 的第 4 个短篇"Runaround"中，首次提出了"机器人学三原则"，这也是"机器人学（Robotics）"这个名词在人类历史上的首度亮相。

"机器人学三原则"的主要内容如下。

原则 1：机器人不能伤害人类，或因其不作为而使人类受到伤害。

原则 2：机器人必须执行人类的命令，除非这些命令与原则 1 相抵触。

原则 3：在不违背原则 1、原则 2 的前提下，机器人应保护自身不受伤害。

到了 1985 年，Isaac Asimov 在其机器人系列最后作品 *Robots and Empire* 中，又补充了凌驾于"机器人学三原则"之上的"0 原则"。

原则 0：机器人必须保护人类的整体利益不受伤害，其他 3 条原则都必须在这一前提下才能成立。

现代机器人的研究起源于 20 世纪中叶的美国，它从工业机器人的研究开始。

第二次世界大战期间（1939—1945），由于军事、核工业的发展，原子能实验室需要机械来代替人类进行放射性物质的处理。为此，美国的 Argonne National Laboratory（阿尔贡国家实验室）开发了一种遥控机械手（Teleoperator）。接着，1947 年，该实验室又开发出了一种伺服控制的主—从机械手（Master-Slave Manipulator），这些都是工业机器人的雏形。

工业机器人的概念由美国发明家 George Devol（乔治·德沃尔）最早提出，他在 1954 年申请了专利，并在 1961 年获得授权。1958 年，美国著名机器人专家 Joseph F. Engelberger（约瑟夫·恩盖尔柏格）成立了 Unimation 公司，并利用 George Devol 的专利，在 1959 年研制出了世界上第一台真正意义的工业机器人——Unimate，如图 1.1-1 所示，从而开创了机器人发展的新纪元。

从 1968 年起，Unimation 公司先后将机器人的制造技术转让给了日本 KAWASAKI（川崎）和英国 GKN 公司，机器人开始在日本和欧洲得到快速发展。

图 1.1-1 Unimate 工业机器人

随着人们对机器人研究的不断深入，Robotics（机器人学）这一新兴的综合性学科已逐步形成，曾有人将机器人技术与数控技术、PLC 技术并称为工业自动化的三大支撑技术。

2. 机器人的发展

机器人最早用于工业领域，它主要用来协助人类完成重复、频繁、单调、长时间的工作，或在高温、粉尘、有毒、辐射、易燃、易爆等恶劣、危险环境下作业。但是，随着社会进步、科学技术发展和智能化技术研究的深入，各式各样具有感知、决策、行动和交互能力，可适应不同领域特殊要求的智能机器人相继被研发，机器人已开始进入人们生产、生活的各个领域，并在某些方面逐步取代人类独立从事相关作业。

根据机器人现有的技术水平，一般将机器人分为如下三代。

（1）第一代机器人

第一代机器人一般是指能通过离线编程或手动示教操作生成程序，并再现动作的机器人。第一代机器人所使用的技术和数控机床十分相似，它既可通过离线编制的程序控制机器人的运动，也可通过手动示教操作（数控机床称为 Teach in 操作），记录运动过程，生成程序，并再现动作。

第一代机器人的全部行为完全由人控制，它没有分析和推理能力，不能改变程序动作，无智能性，其控制以示教、再现为主，故又称为示教再现机器人。第一代机器人现已实用和普及，如图 1.1-2 所示，大多数工业机器人都属于第一代机器人。

图 1.1-2 第一代机器人

（2）第二代机器人

第二代机器人装备有一定数量的传感器，它能获取作业环境、操作对象等的简单信息，并通过计算机的分析与处理，作出简单的推理，并适当调整自身的动作和行为。

例如，图 1.1-3（a）所示的探测机器人可通过所安装的摄像头及视觉传感系统，识别图像、判断和规划探测车的运动轨迹，它对外部环境具有了一定的适应能力。图 1.1-3（b）所示的协作机器人安装有触觉传感系统，以防止人体碰撞，它可取消第一代机器人作业区间的安全栅栏，实现安全的人机协同作业。

第二代机器人已具备一定的感知和推理等能力，有一定程度的智能，故又称为感知机器人或低级智能机器人，当前大多数服务机器人已经具备第二代机器人的特征。

（a）探测机器人　　（b）协作机器人

图 1.1-3　第二代机器人

（3）第三代机器人

第三代机器人应用了当代人工智能技术，有多种感知机能和高度的自适应能力，可通过复杂的推理，作出判断和决策，自主决定机器人的行为，具有相当程度的智能，故称为智能机器人。

第三代机器人目前主要用于家庭、个人服务及军事、航天等行业。图 1.1-4（a）所示为日本 HONDA（本田）公司研发的 Asimo 机器人，不仅能实现跑步、爬楼梯、跳舞等动作，还能进行踢球、倒饮料、打手语等简单的智能动作；图 1.1-4（b）所示为日本 Riken Institute（理化学研究所）研发的 Robear 护理机器人，其肩部、关节等部位都安装有测力感应系统，可模拟人的怀抱，它能够像人一样，柔和地将卧床者从床上扶起，或将坐着的人抱起。

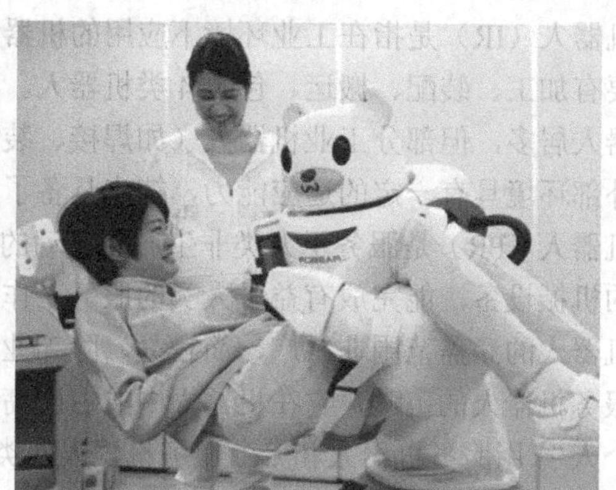

（a）Asimo 机器人　　（b）Robear 机器人

图 1.1-4　第三代机器人

1.1.2 机器人分类与应用

1. 机器人分类

机器人的分类方法很多，由于人们观察问题的角度有所不同，直到今天，还没有一种分类方法能对机器人进行世界所公认的分类。

应用分类是根据机器人的应用环境（用途）进行分类的分类方法，其定义通俗，易为公众所接受，本书参照国际机器人联合会（IFR）的相关定义，将其分为工业机器人和服务机器人两大类，如图 1.1-5 所示，工业机器人用于环境已知的工业领域，服务机器人用于环境未知的其他领域。

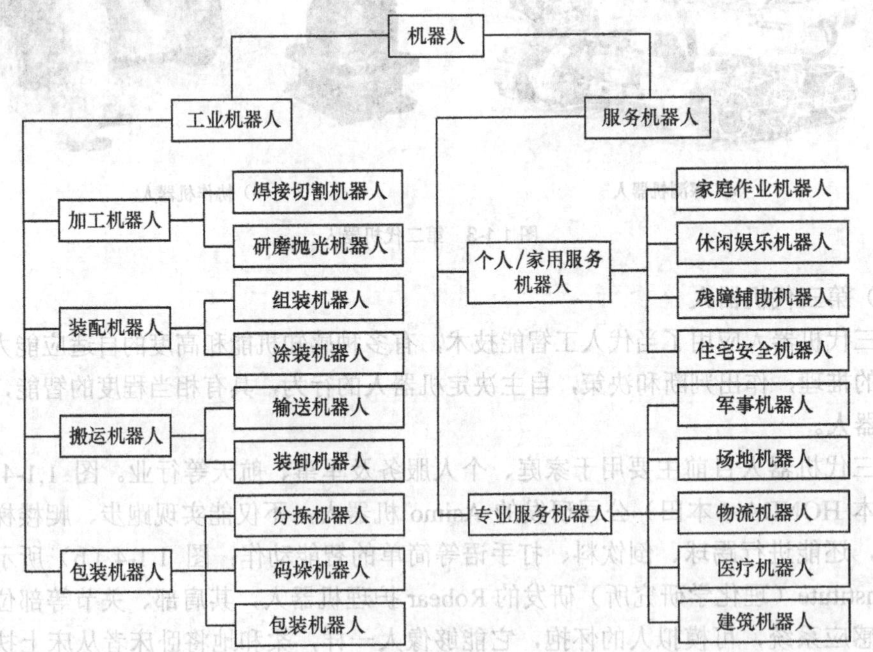

图 1.1-5 机器人的分类

工业机器人（IR）是指在工业环境下应用的机器人，它是一种可编程的多用途自动化设备，主要有加工、装配、搬运、包装 4 类机器人。当前实用化的工业机器人以第一代示教再现机器人居多，但部分工业机器人（如焊接、装配等机器人）已采用图像识别等智能技术，对外部环境具有一定的适应能力，初步具备了第二代机器人的一些功能。

服务机器人（PR）是服务于人类非生产性活动的机器人的总称，它是一种半自主或全自主工作的机械设备，能完成有益于人类的服务工作，但不直接从事工业品的生产。

服务机器人的涵盖范围非常广，简言之，除工业生产用的机器人外，其他所有的机器人均属于服务机器人的范畴，它在机器人中的占比高达 95%。根据用途不同，可将服务机器人分为个人/家用服务机器人和专业服务机器人两类。

2. 工业机器人应用

工业机器人是用于工业生产环境的机器人的总称，主要用于工业产品加工、装配、搬运、包装作业，如图 1.1-6 所示。

（1）加工机器人

加工机器人是直接用于工业产品加工作业的工业机器人，常用的金属材料加工工艺有焊接、切割、折弯、冲压、研磨、抛光等。此外，也有部分用于建筑、木材、石材、玻璃等行业的非金属材料切割、研磨、雕刻、抛光等加工作业。

焊接、切割、研磨、雕刻、抛光加工的环境通常较恶劣，加工时所产生的强弧光、高温、烟尘、飞溅、电磁干扰等都对人体健康有害。这些行业采用机器人自动作业，不仅可避免人体受到伤害，而且还可自动连续工作，提高工作效率，改善加工质量。

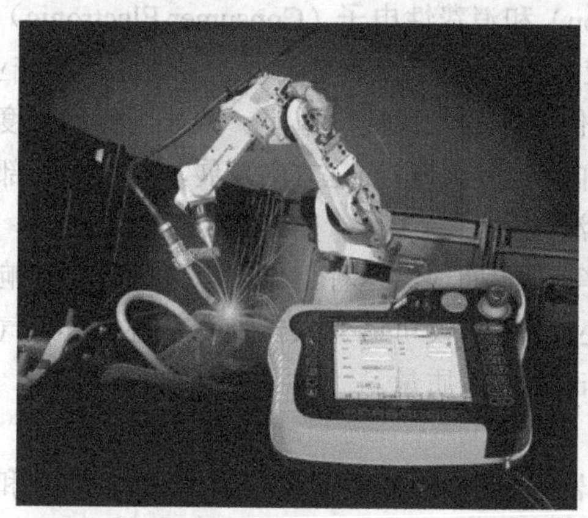

（a）加工机器人

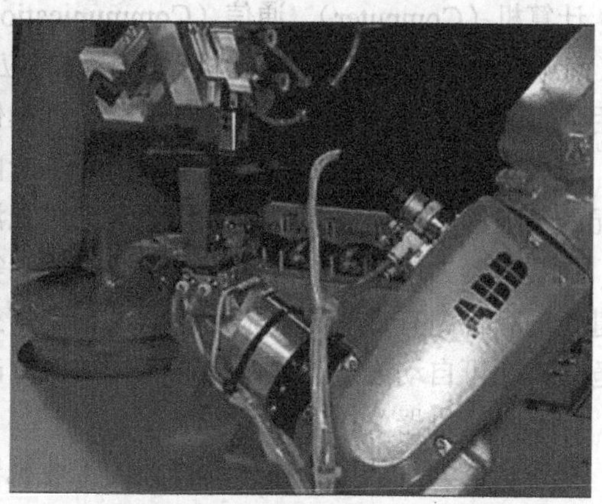

（b）装配机器人

（c）搬运机器人

（d）包装机器人

图 1.1-6 工业机器人的分类

焊接机器人是目前工业机器人中产量最大、应用最广的产品，被广泛用于汽车、铁路、航空航天、军工、冶金、电器等行业。自 1969 年美国 GM（通用汽车）公司在美国 Lordstown 汽车组装生产线上装备首台汽车点焊机器人以来，机器人焊接技术已日臻成熟。机器人的自动化焊接作业，可提高生产效率、确保焊接质量、改善劳动环境，是当前工业机器人应用的重要方向之一。

材料切割是工业生产不可缺少的加工环节，从传统的金属材料火焰切割、等离子切割，到可用于多种材料的激光切割都可通过机器人来完成。目前，薄板类材料的切割大多采用数控火焰切割机、数控等离子切割机和数控激光切割机等，但异形、大型材料或船舶、车辆等大型废旧设备的切割已开始使用工业机器人。

研磨、雕刻、抛光机器人主要用于汽车、摩托车、工程机械、家具建材、电子电气、陶瓷卫浴等行业的表面处理。使用研磨、雕刻、抛光机器人不仅能使操作者远离高温、粉尘、有毒、易燃、易爆的工作环境，而且能够提高加工质量和生产效率。

（2）装配机器人

装配机器人是将不同的零件或材料组合成组件或成品的工业机器人，常用的有组装机器人和涂装机器人两大类。

计算机（Computer）、通信（Communication）和消费性电子（Consumer Electronic）行业（简称 3C 行业）是目前组装机器人最大的应用市场。3C 行业是典型的劳动密集型产业，采用人工装配，不仅需要大量的员工，而且操作工人的工作高度重复、频繁，劳动强度极大，工人难以承受。此外，随着电子产品不断向轻薄化、精细化方向发展，产品对零部件装配的精细程度日益提高，部分作业人工已无法完成。

涂装机器人用于部件或成品的油漆、喷涂等表面处理，这种工作环境通常含有影响人体健康的有害、有毒气体，采用机器人自动作业后，不仅可避免人体受到有害、有毒气体的危害，还可自动连续工作，提高工作效率，改善加工质量。

（3）搬运机器人

搬运机器人是从事物体移动作业的工业机器人的总称，常用的主要有输送机器人和装卸机器人两类。

工业生产中的输送机器人以自动导引车（AGV）为主。AGV 具有自身的计算机控制系统和路径识别传感器，能够自动行走和定位停止，可广泛用于机械、电子、纺织、卷烟、医疗、食品、造纸等行业的物品搬运和输送。在机械加工行业，AGV 大多用于无人化工厂、柔性制造系统（FMS）的工件、刀具的搬运和输送，它通常需要与自动化仓库、刀具中心及数控加工设备、柔性制造单元（FMC）的控制系统互联，以构成无人化工厂、柔性制造系统的自动化物流系统。

装卸机器人多用于机械加工设备的工件装卸（上下料），它通常和数控机床等自动化加工设备组合，构成 FMC，成为无人化工厂、FMS 的一部分。装卸机器人还经常用于冲剪、锻压、铸造等设备的上下料，以替代人工完成高风险、高温等恶劣环境下的危险作业或繁重作业。

（4）包装机器人

包装机器人是用于物品分类、成品包装、码垛的工业机器人，常用的主要有分拣机器人、包装机器人和码垛机器人 3 类。

3C 行业及化工、食品、饮料、医药等行业是包装机器人的主要应用领域。3C 行业的产品产量大、周转速度快，成品包装任务繁重；化工、食品、饮料、药品包装由于行业的特殊性，人工作业涉及安全、卫生等方面的问题，因此需要利用装配机器人来完成物品的分拣、包装和码垛作业。

工业机器人的主要生产企业有日本的 FANUC（发那科）、YASKAWA（安川）、KAWASAKI（川崎），欧盟的 ABB，德国 KUKA（库卡，现已被美的集团收购）等；日本的工业机器人产量约占全球的 50%，为世界第一；我国的工业机器人年销量约占全球总产量的 1/3，年使用量位居世界第一。

工业机器人的应用行业分布情况如图 1.1-7 所示。汽车及汽车零部件制造业历来是工业机器人用量最大的行业，使用总量在 40%；电子电气（包括计算机、通信、家电、仪器仪表等）是工业机器人应用的另一主要行业，其使用量也占工业机器人总量的 20%；金属制品及加工业的工业机器人用量为工业机器人总量的 10%；橡胶、塑料以及食品、饮料、药品等其他行业的工业机器人使用量都在 10%以下。

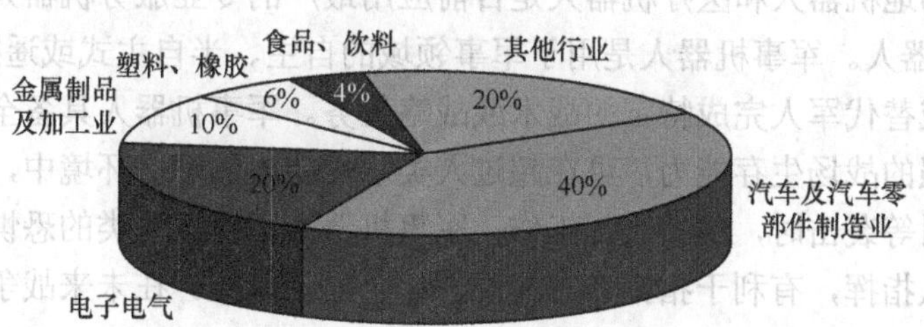

图 1.1-7 工业机器人的应用行业分布情况

3. 服务机器人应用

服务机器人是服务于人类非生产性活动的机器人的总称，它与工业机器人的本质区别在于工业机器人所处的工作环境在大多数情况下是已知的，因此，利用第一代机器人技术即可满足其要求。然而，服务机器人的工作环境在绝大多数情况下是未知的，故需要使用第二代、第三代机器人技术。

从行为方式上看，服务机器人一般没有固定的活动范围和规定的行为动作，它需要有良好的自主感知、自主规划、自主行动和自主协同等方面的能力，因此，服务机器人较多地采用仿人或生物、车辆等的结构形态。

服务机器人的出现时间虽然比工业机器人晚，但由于它与人类进步、社会发展、公共安全等诸多重大问题息息相关，应用领域众多，市场广阔，因此发展非常迅速、潜力巨大。有人预测，在不久的将来，服务机器人产业可能成为继汽车、计算机后的另一新兴产业。

服务机器人的涵盖面极广。人们一般根据用途将其分为个人/家用服务机器人和专业服务机器人两类。个人/家用服务机器人为大众化、低价位产品，其市场规模最大；专业服务机器人则以涉及公共安全的军事机器人、场地机器人、医疗机器人产品较多。

（1）个人/家用服务机器人

个人/家用服务机器人泛指为人们日常生活服务的机器人，包括家庭作业、休闲娱乐、残障辅助、住宅安全等机器人，它是未来最具发展潜力的新兴产业之一。

在个人/家用服务机器人中，以家庭作业机器人和休闲娱乐机器人的产量为最大，两者占个人/家用服务机器人总量的 90%；残障辅助、住宅安全机器人的普及率目前还较低，但市场前景被人们普遍看好。

家用清洁机器人是家庭作业机器人中最早被实用化且最成熟的产品之一。早在 20 世纪 80 年代，美国已经开始进行吸尘机器人的研究。iRobot 等公司是目前家用服务机器人行业公认的领先企业。德国的 Karcher 公司也是著名的家庭作业机器人生产商，它在 2006 年研发的 RC3000 家用清洁机器人是世界上第一台能够自行完成所有家庭地面清洁工作的家用清洁机器人。在我国，各家庭经济条件和人们生活观念的不同，大多数家庭服务由人承担，个人/家用服务机器人的使用率较低。

（2）专业服务机器人

专业服务机器人的应用非常广泛，简言之，除工业生产用的工业机器人和为人们日常生活服务的个人/家用服务机器人外，其他所有机器人均属于专业服务机器人的范畴，其中，军事机器人、场地机器人和医疗机器人是目前应用最广的专业服务机器人。

① 军事机器人。军事机器人是用于军事领域的自主、半自主式或遥控的智能化装备，它可用来帮助或替代军人完成特定的战术或战略任务。军事机器人具备全方位、全天候的作战能力和极强的战场生存能力，可在超过人类承受能力的恶劣环境中，或在遭到毒气、冲击波、热辐射等袭击时，继续进行工作；军事机器人不存在人类的恐惧心理，可严格地服从命令、听从指挥，有利于指挥者对战局进行全面的掌控。在未来战争中，军事机器人完全可能成为军事行动中的主力军。

军事机器人的研发早在 20 世纪 60 年代就已经开始了，产品已从第一代的遥控操作器发展到了现在的第三代智能机器人。目前，世界各国的军事机器人已有上百种，其应用涵盖侦察、排雷、防化、进攻、防御及后勤保障等各个方面。用于监视、勘察、获取危险领域信息的无人驾驶飞行器（UAV）和无人地面车（UGV），具有强大运输功能和精密侦查设备的武装机器人车（ARV）。在战斗中负责补充作战物资的多功能后勤保障机器人（MULE）是当前军事机器人的主要产品。

② 场地机器人。场地机器人是除军事机器人外，其他可进行大范围作业的服务机器人的总称。场地机器人多用于科学研究和公共事业服务，如太空探测、水下作业、危险作业、消防救援、园林作业等。

美国的场地机器人研究始于 20 世纪 60 年代，其产品已遍及空间、陆地和水下，从 1976 年的海盗号火星探测器，到 2003 年的 Spirit MER-A（勇气号火星探测器）和 Opportunity（机遇号）火星探测器、2011 年的 Curiosity（好奇号）核动力驱动的火星探测器，都代表了空间机器人研究的最高水平。我国在探月、水下机器人方面的研究也取得了较大的进展。

③ 医疗机器人。医疗机器人是今后专业服务机器人的重点发展领域之一。医疗机器人主要用于伤病员的手术、救援、转运和康复等工作，包括诊断机器人、外科手术或手术辅助机器人、康复机器人等。例如，医生可利用外科手术机器人的精准性和微创性，大面积减小手术伤口，帮助病人迅速恢复正常生活等。据统计，目前全世界已有数十个国家、上千家医院成功开展了数十万例机器人手术，手术种类涵盖泌尿外科、妇产科、心脏外科、胸外科、肝胆外科、胃肠外科、耳鼻喉科等学科。

医疗机器人的研发与应用大部分集中于美国、欧洲、日本等发达国家和地区，在发展中国家和地区的普及率还很低。美国的 Intuitive Surgical（直觉外科）公司是全球领先的医疗机器人研发和制造企业，该公司研发的达芬奇机器人是目前世界上最先进的手术机器人系统，可模仿外科医生的手部动作进行微创手术，目前已经成功应用于普通外科、胸外科、泌尿外科、妇产科心胸外科等手术中。

1.2 工业机器人结构与性能

1.2.1 工业机器人组成

1. 工业机器人系统

工业机器人是一种功能完整、可独立运行的典型机电一体化设备，它有自身的控制器、驱动系统和操作界面，可对其进行手动、自动操作及编程，它能依靠自身的控制能力来实现所需要的功能。广义上的工业机器人系统是由机器人及相关附加设备组成的，如图 1.2-1 所示，总体可分为机械部件和电气控制系统两大部分。

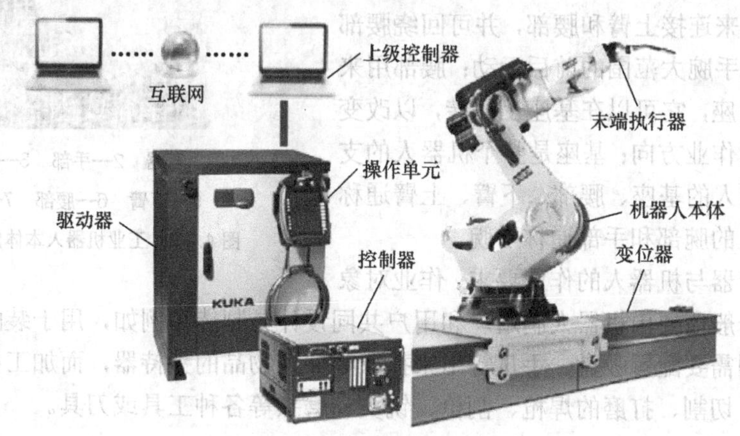

图 1.2-1　工业机器人系统组成

工业机器人（以下简称"机器人"）系统的机械部件包括机器人本体、末端执行器、变位器等；电气控制系统主要包括控制器、驱动器、操作单元、上级控制器等。其中，机器人本体、末端执行器及控制器、驱动器、操作单元是机器人必需的基本组成部件，在所有机器人中都必须配备。末端执行器又称工具，它是机器人的作业机构，与作业对象和要求有关，其种类繁多，一般需要由机器人制造厂商和用户共同设计、制造与集成。变位器是用于机器人或工件的整体移动或进行系统协同作业的附加装置，可根据需要选配。

在电气控制系统中，上级控制器是用于机器人系统协同控制、管理的附加设备，既可用于机器人与机器人、机器人与变位器间的协同作业控制，也可用于机器人和数控机床、机器人和自动生产线上其他机电一体化设备的集中控制，还可用于机器人的操作、编程与调试。上级控制器可根据实际系统的需要选配，在柔性制造单元、自动生产线等自动化设备上，上级控制器的功能也可直接由数控机床所配套的计算机数控（CNC）系统、生产线控制用的 PLC 等承担。

2. 机器人本体和末端执行器

机器人本体又称操作机，它是用来完成各种作业的执行机构，包括机械部件及安装在机械部件上的驱动电机、传感器等。机器人的末端执行器又称工具，是安装在机器人手腕上的作业机构。

机器人本体的形态各异，但绝大多数是由若干关节（Joint）和连杆（Link）连接而成的。以常用的 6 轴垂直串联型工业机器人为例，其运动姿态主要包括整体回转（腰关节）、下臂摆动（肩关节）、上臂摆动（肘关节）、腕回转和弯曲（腕关节）等，机器人本体的典型结构如图 1.2-2 所示，其主要组成部件包括手部、腕部、上臂、下臂、腰部、基座等。

在机器人的手部安装末端执行器，既可以安装类似人类的手爪，也可以安装吸盘或其他各种作业工具；腕部用来连接手部和手臂，起到支撑手部的作用；上臂用来连接腕部和下臂。上臂可回绕下臂摆动，实现手腕大范围的上下（俯仰）运动；下臂用来连接上臂和腰部，并可回绕腰部摆动，以实现手腕大范围的前后运动；腰部用来连接下臂和基座，它可以在基座上回转，以改变整个机器人的作业方向；基座是整个机器人的支持部分。机器人的基座、腰部、下臂、上臂通称机身；机器人的腕部和手部通称手腕。

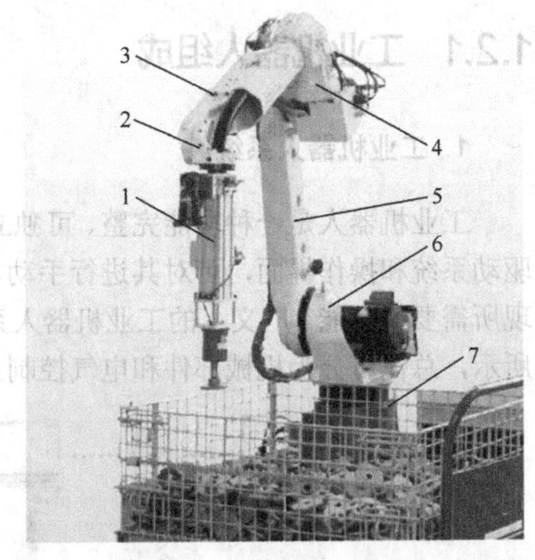

1—末端执行器　2—手部　3—腕部　4—上臂
5—下臂　6—腰部　7—基座

图 1.2-2　工业机器人本体的典型结构

末端执行器与机器人的作业要求、作业对象密切相关，一般需要由机器人制造厂和用户共同设计与制造。例如，用于装配、搬运、包装的机器人则需要配置吸盘、手爪等用来抓取零件、物品的夹持器，而加工机器人需要配置用于焊接、切割、打磨的焊枪、割枪、铣头、磨头等各种工具或刀具。

3. 变位器

变位器是工业机器人的主要配套附件，如图 1.2-3 所示。通过变位器，可增加机器人的自由度、扩大作业空间、提高作业效率，实现作业对象或多机器人间的协同运动，提升机器人系统的整体性能和自动化程度。

从用途上来说，工业机器人的变位器主要有工件变位器、机器人变位器两大类。

工件变位器如图 1.2-4 所示，它主要用于工件的作业面调整与工件的交换，以减少工件装夹次数，缩短工件装卸等时间，提高机器人的作业效率。

在结构上，工件变位器以回转变位器居多。将工件回转，可在机器人位置保持不变的情况下，改变工件的作业面，以完成工件的多面作业，避免多次装夹。此外，还可以将工件进行 180° 整体回转运动，实现作业区与装卸区工件的自动交换，使得工件的装卸和作业可同时进行，从而大大缩短工件装卸时间。

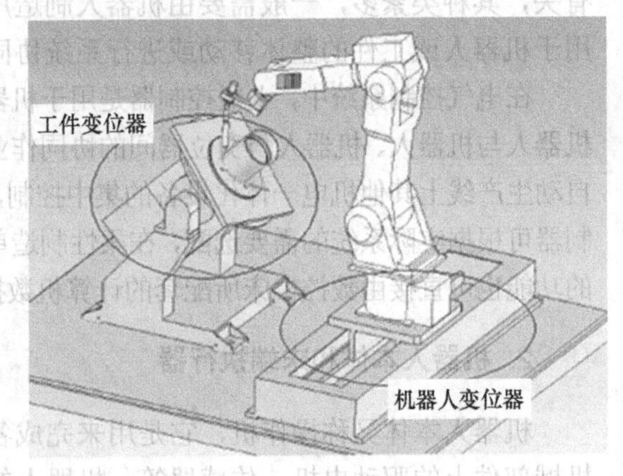

图 1.2-3　变位器

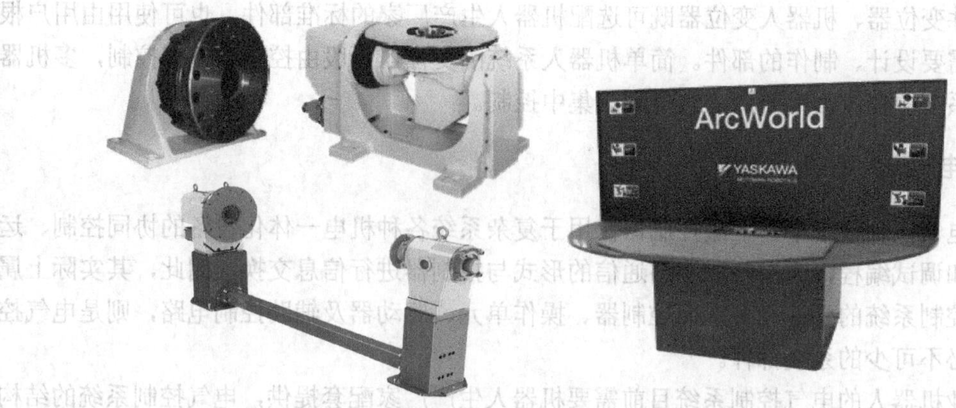

图 1.2-4 工件变位器

机器人变位器的结构通常采用轨道式、摇臂式、横梁式、龙门式等，如图 1.2-5 所示。

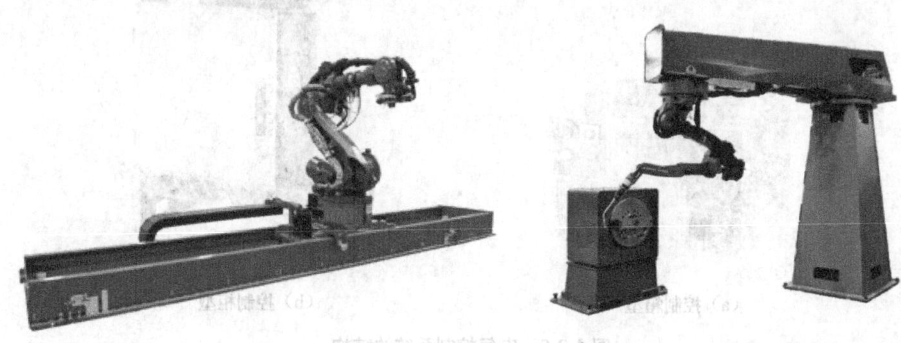

（a）轨道式　　（b）摇臂式

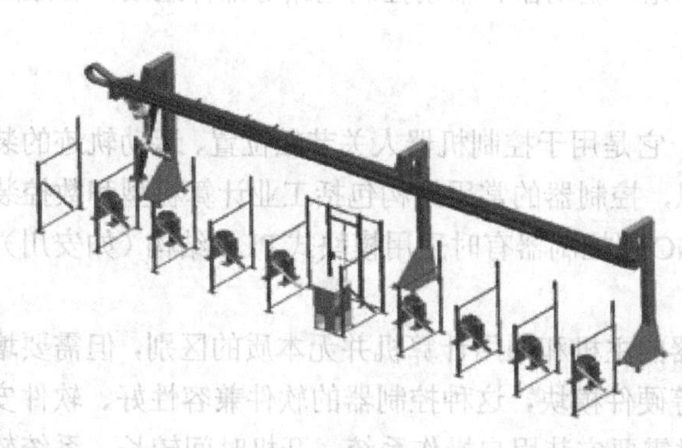

（a）横梁式

（d）龙门式

图 1.2-5 机器人变位器

轨道式变位器通常采用可接长的齿轮/齿条驱动，其行程一般不受限制；摇臂式、横梁式、龙门式变位器主要用于倒置式机器人的平面（摇臂式）、直线（横梁式）、空间（龙门式）变位。利用变位器，可实现机器人整体的大范围运动，扩大机器人的工作范围、实现大型工件、多工件的作业；或者通过机器人的运动，实现作业区与装卸区工件的交换，以缩短工件装卸时间，提高机器人的作业效率。

工件变位器、机器人变位器既可选配机器人生产厂家的标准部件，也可使用由用户根据实际需要设计、制作的部件。简单机器人系统的变位器一般由控制器直接控制，多机器人复杂系统的变位器需要由上级控制器集中控制。

4. 电气控制系统

在电气控制系统中，上级控制器仅用于复杂系统各种机电一体化设备的协同控制、运行管理和调试编程，它通常以网络通信的形式与控制器进行信息交换，因此，其实际上属于电气控制系统的外部设备。而控制器、操作单元、驱动器及辅助控制电路，则是电气控制系统必不可少的系统部件。

工业机器人的电气控制系统目前需要机器人生产厂家配套提供，电气控制系统的结构一般有控制箱型（紧凑型）和控制柜型（标准型）2 种，如图 1.2-6 所示。

（a）控制箱型

（b）控制柜型

图 1.2-6　电气控制系统的结构

电气控制系统一般由控制器、操作单元、驱动器、辅助控制电路等部件组成，各组成部件的主要功能如下。

（1）控制器

工业机器人的控制器简称 IR 控制器，它是用于控制机器人关节轴位置、运动轨迹的装置，功能与计算机数控（装置）非常类似，控制器的常用结构包括工业计算机型和数控装置派生的 CNC 型（如 FANUC）两种，CNC 型控制器有时采用模块式 PLC 结构（如安川），故又称 PLC 型。

工业计算机（又称工业 PC）型控制器的主机和通用计算机并无本质的区别，但需要增加电源管理、网络通信、输入/输出连接等硬件模块，这种控制器的软件兼容性好、软件安装方便、网络通信容易，但系统在启动时需要安装用户操作系统，开机时间较长、系统软件的故障发生率也相对较高。

CNC 型控制器是专用 CPU（中央处理器）控制机器人关节轴运动，通过输入/输出模块连接 I/O 信号的控制器，控制器的系统软件固化，系统启动速度快、可靠性高，通常不会发生死机等情况，但软件兼容性较差。

（2）操作单元

工业机器人的现场编程一般通过示教操作实现，它对操作单元的移动性能和手动性能要求较高，但其显示功能一般不及数控系统，因此，工业机器人的操作单元以手持式为主，习惯上称之为示教器。

传统的示教器由显示器和按键组成，操作者可通过按键直接输入命令和进行所需的操作。示教器一般采用菜单式操作，操作者可通过操作菜单选择需要的操作。先进的示教器使用了触摸屏和图标界面，有的还可通过 Wi-Fi 连接控制器和网络，使用更灵活、方便。

（3）驱动器

驱动器实际上是用于控制器的插补脉冲功率放大，实现驱动电机位置、速度、转矩控制的装置，通常安装在控制柜内。工业机器人的驱动器以交流伺服驱动器为主，有集成式、模块式两种基本结构形式。

集成式驱动器的全部驱动模块集成于一体（电源模块有时独立），这种驱动器的结构紧凑、生产成本低，是目前使用较为广泛的驱动器类型。模块式驱动器由电源模块、伺服模块组成，电源模块为所有轴共用，伺服模块有单轴、双轴、3 轴等常见结构，模块式驱动器的安装使用灵活、通用性好，调试、维修和更换较方便。

（4）辅助控制电路

辅助控制电路主要用于控制器、驱动器电源的通断控制和输入/输出信号的连接、转换。由于工业机器人的控制要求类似，接口信号的类型基本统一，为了缩小体积、降低成本、方便安装，辅助控制电路常被制成标准的控制模块。

1.2.2 工业机器人结构

从运动学原理上来说，绝大多数的机器人本体是由若干关节和连杆组成的运动链。根据关节间的连接形式，多关节工业机器人的典型结构主要有垂直串联、水平串联（或 SCARA）和并联三大类。

1. 垂直串联机器人

垂直串联是工业机器人最常见的结构形式，机器人本体部分一般由 5～7 个关节在垂直方向依次串联而成，它可以模拟人类从腰部到手腕的运动，用于加工、搬运、装配、包装等作业，如图 1.2-7 所示。

图 1.2-7（a）所示的 6 轴串联是垂直串联机器人的典型结构。机器人的 6 个运动轴分别为腰回转轴 S（Swing）、下臂摆动轴 L（Lower Arm Wiggle）、上臂摆动轴 U（Upper Arm Wiggle）、腕回转轴 R（Wrist Rotation）、腕弯曲轴 B（Wrist Bending）、手回转轴 T（Turning）。其中，用实线表示的 S、R、T 可在 4 象限内回转，称为回转轴（Roll）；用虚线表示的 L、U、B 一般只能在 3 象限内回转，称为摆动轴（Bend）。

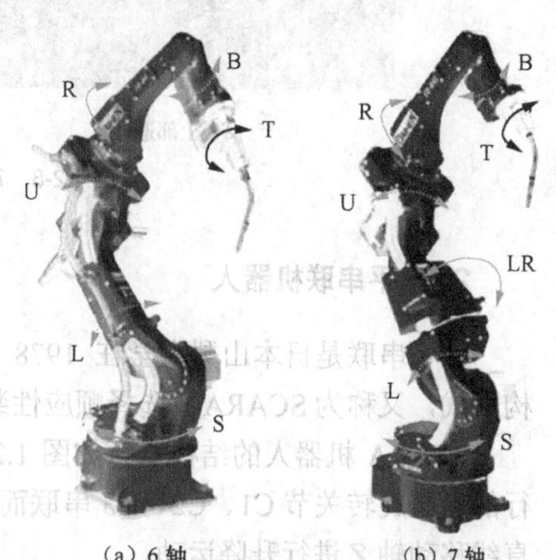

（a）6 轴　（b）7 轴

图 1.2-7 垂直串联结构

6 轴垂直串联机器人的末端执行器作业点的运动，由手臂和手腕、手的运动实现。其中，腰、下臂、上臂 3 个关节可用来改变手腕基准点的位置，称为定位机构。手腕部分的腕回转、腕弯曲和手回转 3 个关节可用来改变末端执行器的姿态，称为定向机构。这种机器人较好地实现了三维空间内的任意位置和姿态控制，对于各种作业都有良好的适应性，故可用于加工、搬运、装配、包装等作业。但是，由于结构限制，6 轴垂直串联机器人存在运动干涉区域，在上部或正面运动受限时，进行下部、反向作业非常困难，为此，在先进的工业机器人中有时也采用 7 轴垂直串联机器人，如图 1.2-7（b）所示。

7 轴垂直串联机器人在 6 轴垂直串联机器人的基础上增加了下臂回转轴 LR（Lower Arm Rotation），使定位机构扩大到腰回转、下臂摆动、下臂回转、上臂摆动 4 个关节，手腕基准点（参考点）的定位更加灵活。当机器人运动受到限制时，它仍能通过下臂的回转，避让干涉区，完成上部避让与反向作业，如图 1.2-8 所示。机器人末端执行器的姿态与作业要求有关，在部分作业场合中，6 轴垂直串联机器人有时可省略 1～2 个运动轴，简化为 4～5 轴垂直串联机器人。例如，对于以水平面作业为主的搬运、包装机器人，可省略手腕回转轴 R，以简化结构、增加刚性等。

为了减轻 6 轴垂直串联机器人的上部质量，降低机器人的重心，提高运动稳定性和承载能力，大型、重载的搬运、码垛机器人也经常采用平行四边形连杆驱动机构来实现上臂和手腕的摆动运动。采用平行四边形连杆驱动机构，不仅可加长力臂、增大电机驱动力矩、提高负载能力，而且还可将驱动机构的安装位置移至腰部，以降低机器人的重心，增加运动稳定性。采用平行四边形连杆驱动机构的机器人结构刚性高、负载能力强，大型、重载搬运机器人常采用这种驱动机构。

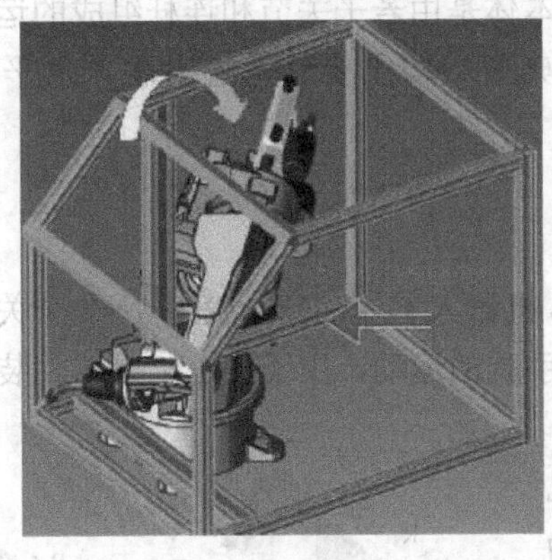

（a）上部避让

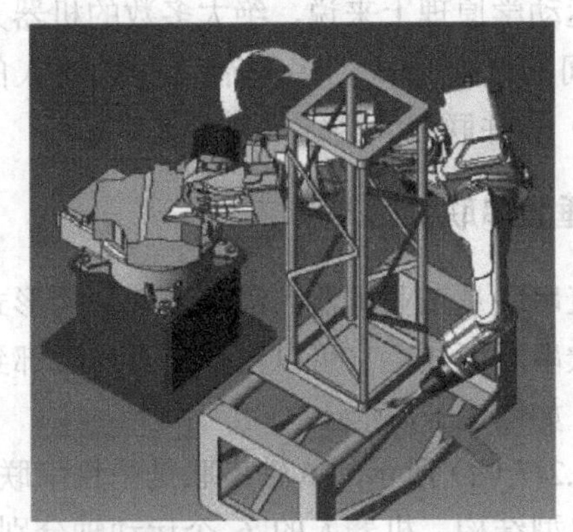

（b）反向作业

图 1.2-8　7 轴垂直串联机器人的应用

2. 水平串联机器人

水平串联是日本山梨大学在 1978 年发明的一种建立在圆柱坐标系上的特殊机器人结构形式，又称为 SCARA（选择顺应性装配机器手臂）结构。

SCARA 机器人的结构示意如图 1.2-9 所示。这种机器人的手臂由 2～3 个轴线相互平行的水平旋转关节 C1、C2、C3 串联而成，以实现平面定位，整个手臂可通过垂直方向的直线移动轴 *Z* 进行升降运动。

采用基本结构的 SCARA 机器人如图 1.2-9（a）所示，结构紧凑、动作灵巧，但水平旋转关节 C1、C2、C3 的驱动电机均需要安装在基座，其传动链长，传动系统结构较为复杂；此外，垂直轴 Z 需要控制 3 个手臂的整体升降，其运动部件质量较大，升降行程通常较小，承载能力较低，因此，在实际使用时经常采用执行器升降、双臂大型等变形结构。

采用执行器升降结构的 SCARA 机器人如图 1.2-9（b）所示。这种机器人不但可扩大 Z 轴的升降行程、减轻升降部件的质量、提高手臂刚性和负载能力，同时还可将水平旋转关节 C2、C3 的驱动电机安装位置前移，以缩短传动链、简化传动系统结构。但是，这种结构的机器人回转臂的体积大，不及采用基本结构的 SCARA 机器人的结构紧凑，因此，多用于垂直方向运动不受限制的平面搬运和部件装配作业。

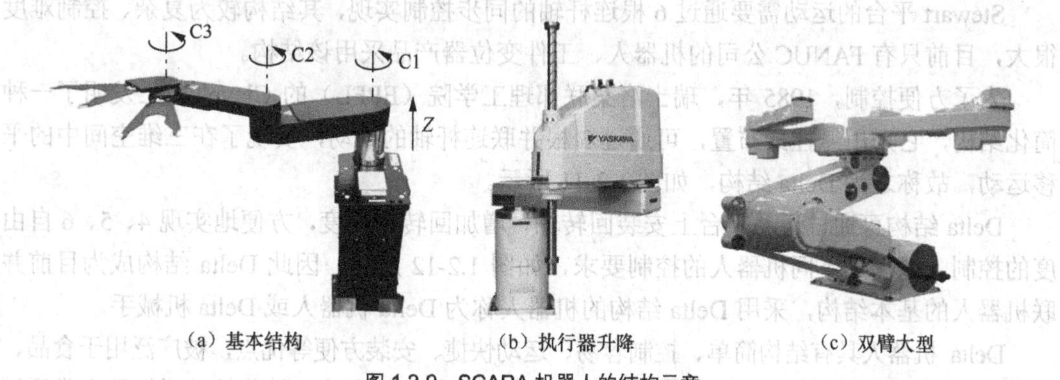

（a）基本结构　（b）执行器升降　（c）双臂大型

图 1.2-9　SCARA 机器人的结构示意

采用双臂大型结构的 SCARA 机器人如图 1.2-9（c）所示。这种机器人有 1 个升降轴 U、2 个对称手臂回转轴（L、R）、1 个整体回转轴 S；升降轴 U 用来控制上臂、下臂的同步运动，整体回转轴 S 用来控制 2 个手臂的整体回转；回转轴 L、R 用于 2 个对称手臂的水平方向伸缩。采用双臂大型结构的 SCARA 机器人的结构刚性好、承载能力强、工作范围大，故可用于太阳能电池板安装、清洗房物品升降等大型平面搬运和部件装配作业。

SCARA 机器人具有结构简单、外形轻巧、定位精度高、运动速度快等优点，特别适合于平面定位、垂直方向装卸的搬运和装配作业，故首先被用于 3C 行业，完成印制电路板的器件装配和搬运作业。随后在光伏行业的 LED、太阳能电池板安装及塑料、汽车、药品、食品等行业的平面装配和搬运领域得到了较为广泛的应用。SCARA 机器人的工作半径通常为 100～1000mm，承载能力一般为 1～200kg。

3. 并联机器人

并联机器人的结构设计源自 1965 年英国科学家 Stewart 在“A Platform with Six Degrees of Freedom”一文中提出的 6 自由度飞行模拟器，即 Stewart 平台结构。

Stewart 平台的标准结构如图 1.2-10 所示。Stewart 平台通过空间分布的 6 根并联连杆支撑，控制 6 根连杆伸缩运动，便可实现平台在三维空间的前后、左右、升降及倾斜、回转、偏摆运动。Stewart 平台具有 6 个自由度，可满足机器人的控制要求，在 1978 年，它被澳大利亚学者 Hunt 首次引入机器人的运动控制。

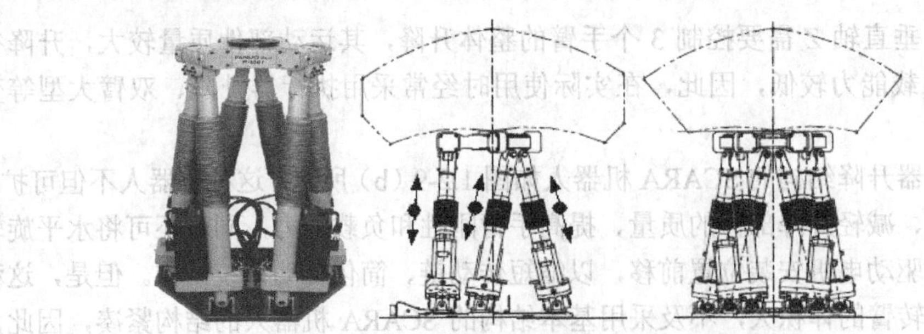

图 1.2-10　Stewart 平台的标准结构

Stewart 平台的运动需要通过 6 根连杆轴的同步控制实现，其结构较为复杂、控制难度很大，目前只有 FANUC 公司的机器人、工件变位器产品采用该结构。

为了方便控制，1985 年，瑞士洛桑联邦理工学院（EPFL）的 Clavel 博士发明了一种简化结构，它采用悬挂式布置，可通过 3 根并联连杆轴的摆动，实现了在三维空间中的平移运动，故称之为 Delta 结构，如图 1.2-11 所示。

Delta 结构可通过运动平台上安装回转轴，增加回转自由度，方便地实现 4、5、6 自由度的控制，以满足不同机器人的控制要求，如图 1.2-12 所示。因此 Delta 结构成为目前并联机器人的基本结构，采用 Delta 结构的机器人称为 Delta 机器人或 Delta 机械手。

Delta 机器人具有结构简单、控制容易、运动快捷、安装方便等优点，被广泛用于食品、药品、电子、电工等行业的物品分拣、装配、搬运等作业，高速、轻载的并联机器人常采用 Delta 结构。

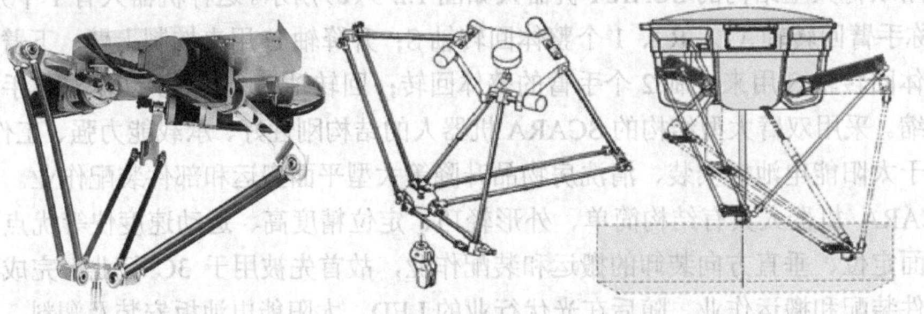

图 1.2-11　Delta 结构

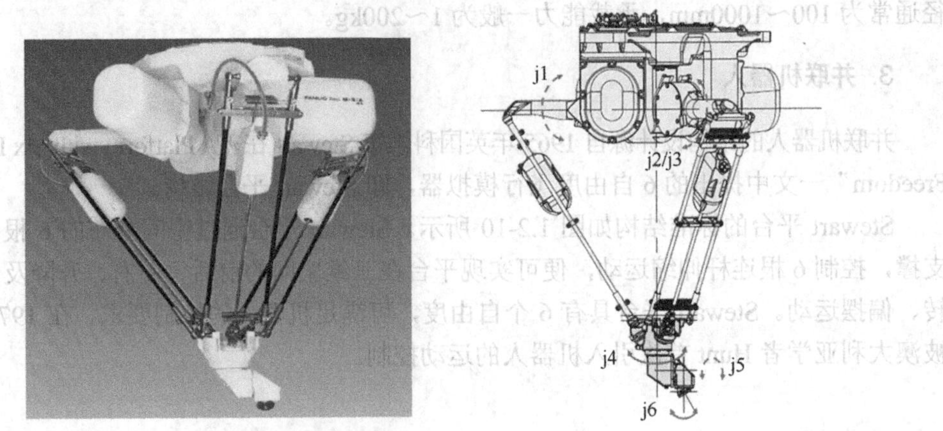

图 1.2-12　6 自由度 Delta 机器人

1.2.3 工业机器人性能

产品性能一般通过技术参数表示，工业机器人样本和说明书所给出的主要技术参数有工作范围（作业空间）、承载能力、自由度（控制轴数）、运动速度、定位精度等，不同用途机器人的常见结构形态及对自由度（控制轴数）、承载能力、重复定位精度等主要技术指标要求如表 1.2-1 所示。

表 1.2-1 各类机器人的主要技术指标要求

类别		常见结构形态	自由度	承载能力	重复定位精度
加工机器人	弧焊、切割机器人	垂直串联	6～7	3～20kg	0.05～0.1mm
	点焊机器人	垂直串联	6～7	50～350kg	0.2～0.3mm
装配机器人	通用装配机器人	垂直串联	4～6	2～20kg	0.05～0.1mm
	电子装配机器人	SCARA	4～5	1～5kg	0.05～0.1mm
	涂装机器人	垂直串联	6～7	5～30kg	0.2～0.5mm
搬运机器人	装卸机器人	垂直串联	4～6	5～200kg	0.1～0.3mm
	输送机器人	AGV	—	5～6500kg	0.2～0.5mm
包装机器人	分拣机器人、包装机器人	垂直串联、并联	4～6	2～20kg	0.05～0.1mm
	码垛机器人	垂直串联	4～6	50～1500 kg	0.5～1mm

1. 工作范围

工作范围又称为作业空间，它是指机器人在未安装末端执行器时，手腕中心点（WCP）所能到达的空间；工作范围需要剔除机器人在运动过程中可能产生碰撞、干涉的区域和奇点。

工业机器人的工作范围与机器人的结构形态有关，典型结构机器人的工作范围如图 1.2-13 所示。

垂直串联机器人的实际工作范围是三维空间的中空不规则球体，为此，产品样本中一般需要提供 WCP 的运动范围图，如图 1.2-13（a）所示。SCARA 机器人的 WCP 定位通过 3 轴摆动和垂直升降实现，其工作范围为三维空间的中空圆柱体，如图 1.2-13（b）所示。并联机器人的 WCP 定位通过 3 个并联轴的摆动实现，其工作范围为三维空间的锥底圆柱体，如图 1.2-13（c）所示。

为了便于说明，在日常使用时，一般将机器人的安装底面中心线到手臂伸展极限位置时的 WCP 的距离，称为机器人的作业半径；将机器人的 WCP 在垂直方向可到达的最低点与最高点之间的距离，称为机器人的作业高度。

例如，图 1.2-13（a）所示的垂直串联机器人，其作业半径为 1442mm、作业高度为 2486（即 1722+764）mm，但由于同一规格的不同产品，其零件及装配可能存在少量偏差，因此，产品样本通常忽略毫米位数据，称其作业半径为 1.44m、作业高度为 2.48m。

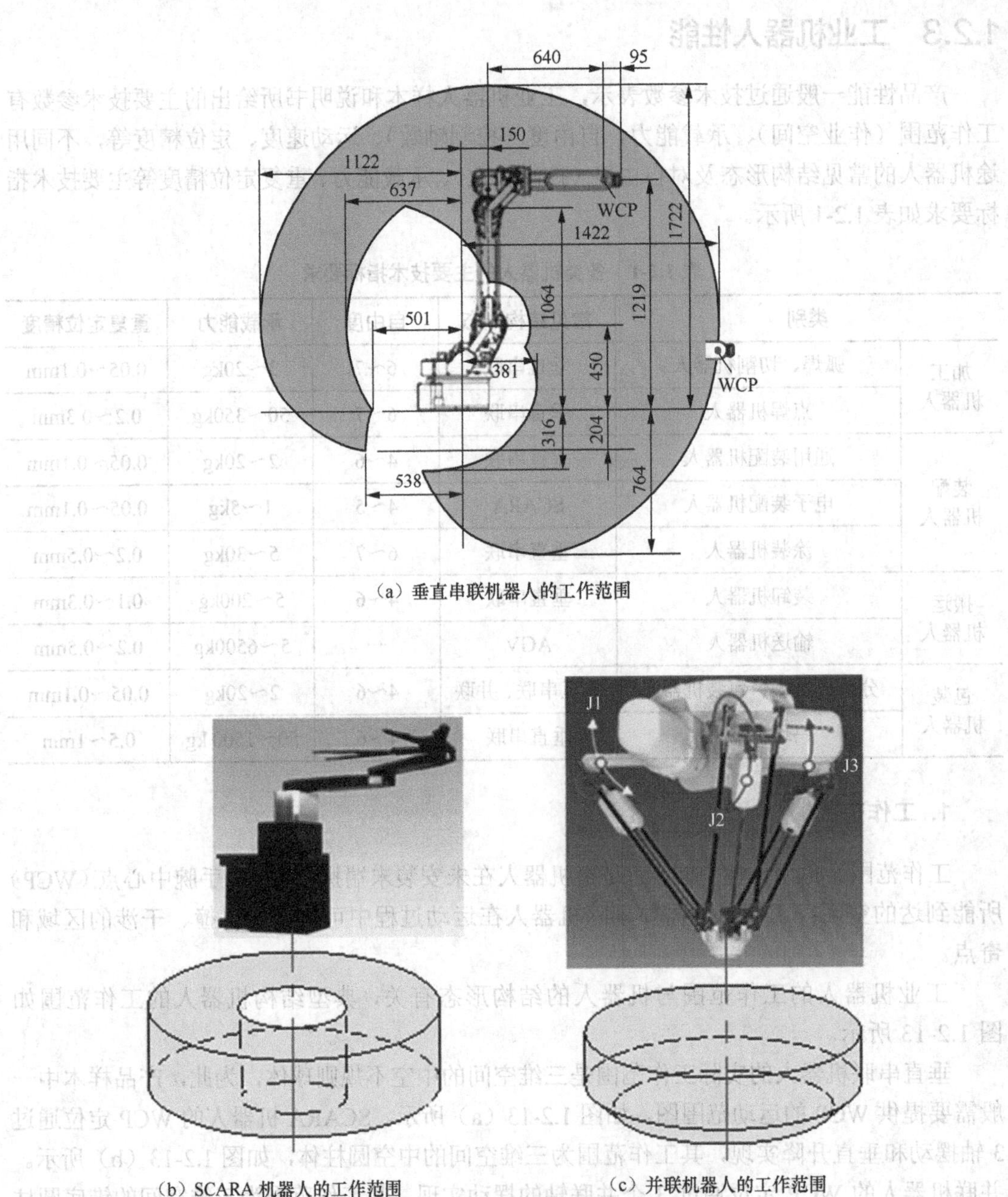

（a）垂直串联机器人的工作范围

（b）SCARA 机器人的工作范围

（c）并联机器人的工作范围

图 1.2-13　典型结构机器人的工作范围

2. 承载能力

承载能力是指机器人在工作范围内所能承受的最大负载，一般用质量、力、转矩等技术参数来表示。

搬运、装配、包装等机器人的承载能力是指机器人能抓取的物品的质量，产品样本所提供的承载能力是指不考虑末端执行器、假设负载重心位于工具参考点（TRP）时，机器人高速运动可抓取的物品的质量。焊接、切割等加工机器人无须抓取物品，因此，其承载能力是指机器人所能安装的末端执行器的质量。切削加工机器人需要承担切削力，其承载能力通常是指切削加工时所能够承受的最大切削进给力。

为了能够准确反映承载能力与负载重心的关系，机器人承载能力大多通过手腕负载图表示，例如，图 1.2-14 所示的是承载能力为 6kg 的安川公司 MH6 机器人和 ABB 公司 IRB140T 机器人所提供的手腕负载图。

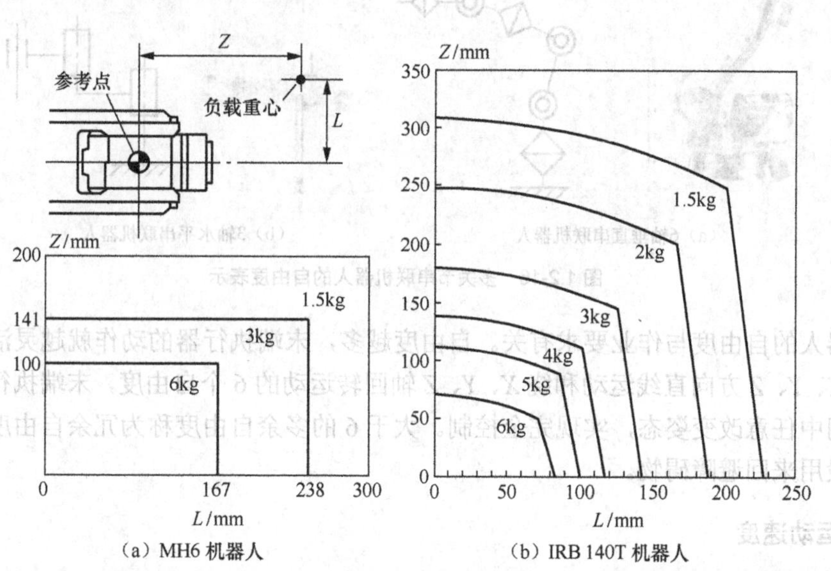

(a) MH6 机器人　　(b) IRB 140T 机器人

图 1.2-14 手腕负载图

3. 自由度

自由度是衡量机器人动作灵活性的重要指标。所谓自由度，就是整个机器人运动链所能够产生的独立运动数，包括直线、回转、摆动运动，但不包括末端执行器本身的运动（如刀具旋转等）。原则上，机器人的每一个自由度都需要有一个伺服轴进行驱动，因此，在产品样本和说明书中，自由度通常以控制轴数来表示。由伺服轴驱动末端执行器主动运动，主动自由度一般有平移、回转、绕水平轴线的垂直摆动、绕垂直轴线的水平摆动 4 种，在结构示意图中，它们分别用图 1.2-15 所示的符号表示。

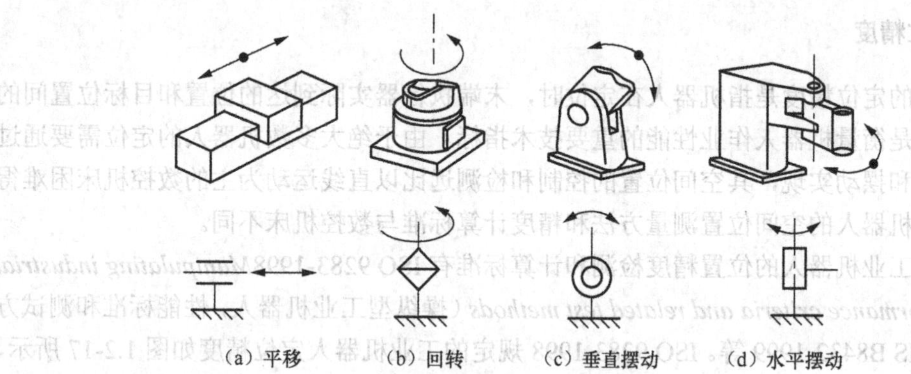

（a）平移　（b）回转　（c）垂直摆动　（d）水平摆动

图 1.2-15 自由度的表示

例如，6 轴垂直串联机器人和 3 轴水平串联机器人的自由度的表示方法如图 1.2-16 所示，其他结构形态机器人的自由度表示方法类似。

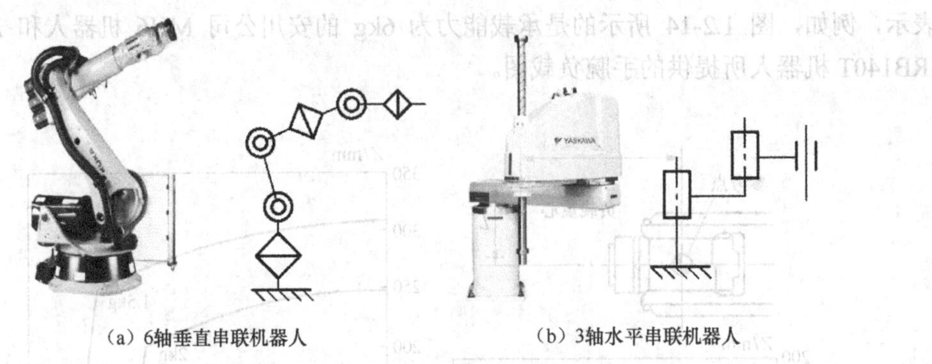

（a）6轴垂直串联机器人　　（b）3轴水平串联机器人

图 1.2-16　多关节串联机器人的自由度表示

机器人的自由度与作业要求有关。自由度越多，末端执行器的动作就越灵活。如机器人具有 *X*、*Y*、*Z* 方向直线运动和绕 *X*、*Y*、*Z* 轴回转运动的 6 个自由度，末端执行器就可在三维空间中任意改变姿态，实现完全控制。大于 6 的多余自由度称为冗余自由度，冗余自由度一般用来回避障碍物。

4. 运动速度

运动速度决定了机器人的工作效率。机器人样本和说明书中所提供的运动速度，一般是指机器人在空载状态下、稳态运动时所能够达到的最大运动速度。

机器人的运动速度用参考点在单位时间内能够移动的距离（单位为 mm/s）、转过的角度或弧度（单位为° /s 或 rad/s）来表示，它按不同运动轴分别进行标注。当机器人进行多轴同时运动时，其空间运动速度应是所有参与运动的轴速度的合成。

机器人的实际运动速度与机器人的结构刚性、运动部件的质量和惯量、驱动电机的功率、实际负载的大小等因素有关。对于多关节串联结构的机器人，越靠近末端执行器的运动轴，运动部件的质量、惯量越小，因此，能够达到的运动速度和加速度越大；而越靠近安装基座的运动轴，对结构部件的刚性要求就越高，运动部件的质量、惯量就越大，能够达到的运动速度和加速度越小。

5. 定位精度

机器人的定位精度是指机器人在定位时，末端执行器实际到达的位置和目标位置间的误差值，它是衡量机器人作业性能的重要技术指标。由于绝大多数机器人的定位需要通过关节的旋转和摆动实现，其空间位置的控制和检测远比以直线运动为主的数控机床困难得多，因此，机器人的空间位置测量方法和精度计算标准与数控机床不同。

目前，工业机器人的位置精度检测和计算标准有 ISO 9283-1998*Manipulating industrial robots; performance criteria and related test methods*（操纵型工业机器人，性能标准和测试方法）、日本 JIS B8432-1999 等。ISO 9283-1998 规定的工业机器人定位精度如图 1.2-17 所示，各参数的含义如下。

P：程序点。

P′：程序点重复定位的实际位置平均值。

AP：实际位置平均值与程序点的偏差。

RP：程序点重复定位的姿态偏差范围。

P1→P2：编程轨迹。

P1′→P2′：机器人沿原轨迹重复移动时的实际轨迹平均值。

AT：实际轨迹平均值与编程轨迹的最大偏离。

RT：重复移动的轨迹偏差范围。

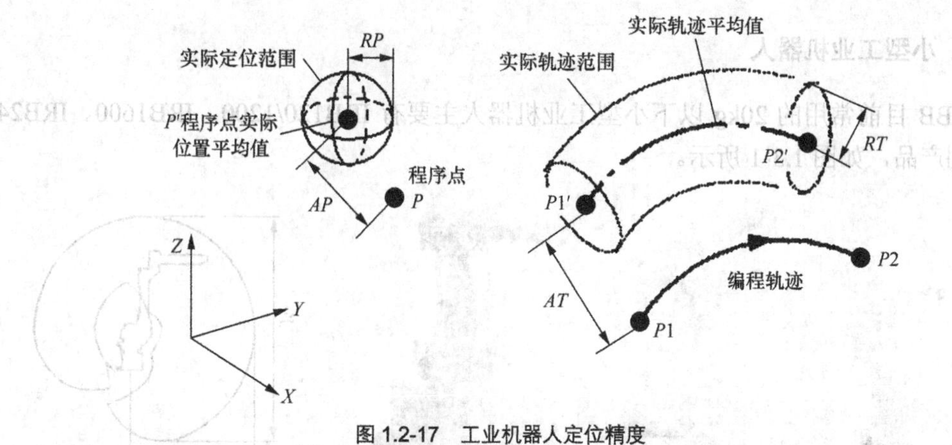

图 1.2-17　工业机器人定位精度

一般情况下，机器人样本和说明书中所提供的重复定位精度就是 ISO 9283-1998 标准中的 RP；轨迹重复精度就是 ISO 9283-1998 中的 RT。由于 RP、RT 不包括 AP、AT，因此，机器人样本和说明书中所提供的 RP、RT，实际上并不是机器人实际定位点与程序点、实际轨迹与编程轨迹的误差，这一点与数控机床普遍使用 ISO 230-2 等定位精度测量标准有很大的不同。

例如，ABB 公司的 IR1600-6/1.45 机器人，样本中提供的机器人重复定位精度 RP 为 0.02mm、轨迹重复精度 RT 为 0.19mm。但是，在额定负载下，机器人以速度为 1.6m/s 6 轴同时运动定位、插补时，按 ISO 9283-1998 测量得到的 AP 值为 0.04mm，直线插补轨迹的 AT 值为 1.03mm，因此，机器人实际定位点与程序点的误差可能达到 0.06mm、实际轨迹与编程轨迹的误差可能达到 1.22mm。

因此，机器人的定位精度与数控机床、三坐标测量机等精密加工、检测设备的定位精度相比存在较大的差距，故机器人只能作为生产辅助设备或对位置精度要求不高的粗加工设备。

1.3 ABB 工业机器人产品

1.3.1 垂直串联通用机器人

垂直串联通用机器人均为 6 轴标准结构，可通过为机器人安装不同工具，用于加工、装配、搬运、包装等各类作业。根据机器人承载能力的不同，ABB 通用机器人一般分为小型（3～20kg）、中型（20～100kg）、大型（100～300kg）、重型（300kg 以上）4 大类，对应的产品如下。

1. 小型工业机器人

ABB 目前常用的 20kg 以下小型工业机器人主要有 IRB120/1200、IRB1600、IRB2400 等系列产品，如图 1.3-1 所示。

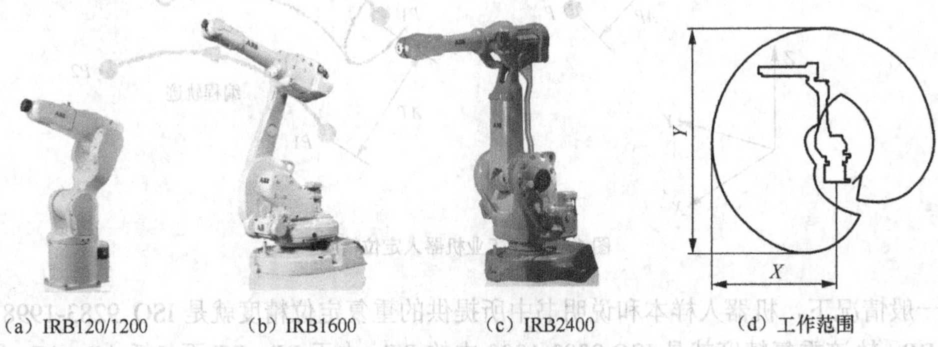

（a）IRB120/1200　（b）IRB1600　（c）IRB2400　（d）工作范围

图 1.3-1　ABB 小型工业机器人

IRB120/1200 系列工业机器人采用的是 6 轴垂直串联、驱动电机内置式前驱手腕结构，机器人外形简洁、防护性能好。IRB120/1200 系列工业机器人的承载能力有 3kg、5kg、7kg 3 种规格，其作业半径在 1m 以内。

IRB140/1410、IRB1600、IRB2400 系列工业机器人采用的是 6 轴垂直串联、驱动电机外置式后驱手腕结构，机器人结构紧凑、运动灵活。IRB140/1410、IRB1600、IRB2400 系列工业机器人的承载能力有 5kg、6kg、10kg、12kg、20kg 5 种规格，其作业半径为 1～2m。

以上产品的主要技术参数如表 1.3-1 所示，表 1.3-1 中工作范围参数 *X*、*Y* 的含义如图 1.3-1（d）所示。

表 1.3-1　ABB 小型工业机器人主要技术参数

系列	型号	承载能力/kg	工作范围/mm		重复定位精度/mm	控制轴数
			X	*Y*		
IRB120	3/0.6	3	580	982	0.01	6
IRB1200	5/0.9	5	901	1642	0.02	6
	7/0.7	7	703	1304	0.02	6
IRB140	6/0.8	6	810	1243	0.03	6
IRB1410	5/1.44	5	1440	1843	0.05	6

续表

系列	型号	承载能力/kg	工作范围/mm		重复定位精度/mm	控制轴数
			X	Y		
IRB1600	6/1.2	6	1225	2016	0.02	6
	6/1.45	6	1450	2506	0.02	6
	10/1.2	10	1225	2016	0.02	6
	10/1.45	10	1450	2506	0.05	6
IRB2400	10/1.55	12	1550	2065	0.03	6
	16/1.55	20	1550	2065	0.03	6

2. 中型工业机器人

ABB 目前常用的 20～100kg 中型工业机器人，主要有 IRB4400、IRB460/4600 等系列产品，如图 1.3-2 所示。

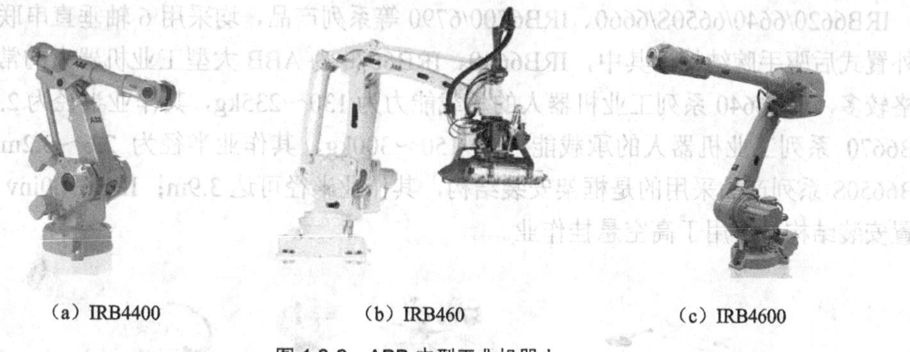

（a）IRB4400　（b）IRB460　（c）IRB4600

图 1.3-2　ABB 中型工业机器人

IRB4400 系列工业机器人采用的是 6 轴垂直串联、连杆驱动、驱动电机外置式后驱手腕结构，机器人结构稳定性好、运动速度快。IRB4400 系列工业机器人的承载能力为 60kg，其作业半径为 1.955m。

IRB460 系列工业机器人可用于中型平面作业，它采用的是双连杆驱动、4 轴垂直串联结构，无腕回转轴 R、手回转轴 T，机器人结构简单、稳定性好。IRB460 系列工业机器人的承载能力为 110kg，其作业半径为 2.4m。

IRB4600 系列工业机器人采用的是 6 轴垂直串联、驱动电机外置式后驱手腕结构，机器人结构紧凑、运动灵活。IRB4600 机器人的承载能力有 20kg、40kg、45kg、60kg 4 种规格，其作业半径为 2～2.5m。

以上产品的主要技术参数如表 1.3-2 所示，表 1.3-2 中工作范围参数 X、Y 的含义，如图 1.3-1（d）所示。

表 1.3-2　ABB 中型工业机器人主要技术参数

系列	型号	承载能力/kg	工作范围/mm		重复定位精度/mm	控制轴数
			X	Y		
IRB4400	60/1.96	60	1955	2430	0.19	6
IRB460	110/2.4	110	2403	2238	0.2	4
IRB4600	20/2.51	20	2513	4529	0.06	6

续表

系列	型号	承载能力/kg	工作范围/mm		重复定位精度/mm	控制轴数
			X	Y		
IRB4600	40/2.55	40	2552	4607	0.06	6
	45/2.05	45	2051	3631	0.06	6
	60/2.05	60	2051	3631	0.06	6

3. 大型工业机器人

ABB 目前常用的 100～300kg 大型工业机器人，主要有 IRB660、IRB6620/6640/6650S/6660、IRB6700/6790 等系列产品，如图 1.3-3 所示。

IRB6600 系列工业机器人采用连杆驱动、6 轴垂直串联结构，机器人结构稳定性好、运动速度快。IRB6600 系列工业机器人的承载能力有 100kg、180kg、250kg 3 种规格，其作业半径为 1.9～3.3m。

IRB6620/6640/6650S/6660、IRB6700/6790 等系列产品，均采用 6 轴垂直串联、驱动电机外置式后驱手腕结构。其中，IRB6640、IRB6670 为 ABB 大型工业机器人的常用产品，规格较多，IRB6640 系列工业机器人的承载能力为 130～235kg，其作业半径为 2.5～3.2m；IRB6670 系列工业机器人的承载能力为 150～300kg，其作业半径为 2.6～3.2m。此外，IRB6650S 系列产品采用的是框架安装结构，其作业半径可达 3.9m；IRB6700inv 采用的是倒置安装结构，可用于高空悬挂作业。

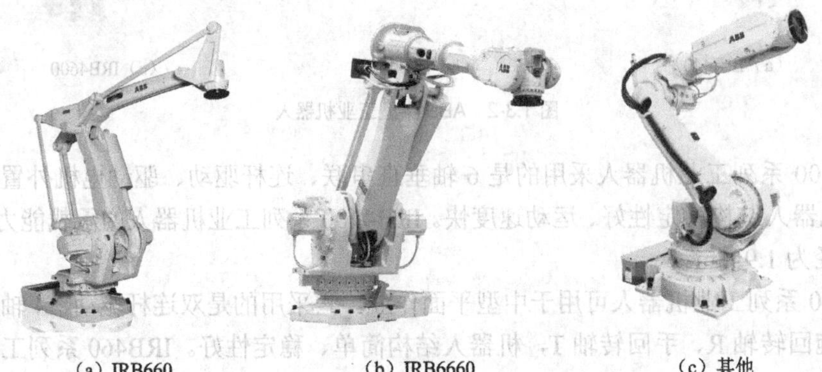

（a）IRB660　（b）IRB6660　（c）其他

图 1.3-3　ABB 大型工业机器人

以上产品的主要技术参数如表 1.3-3 所示，表 1.3-3 中工作范围参数 *X*、*Y* 的含义如图 1.3-1（d）所示。

表 1.3-3　ABB 大型工业机器人主要技术参数

系列	型号	承载能力/kg	工作范围/mm		重复定位精度/mm	控制轴数
			X	Y		
IRB660	180/3.15	180	3150	2980	0.1	4
	250/3.15	250	3150	2980	0.1	4
IRB6600	100/3.3	100	3343	～3500	0.1	6
	130/3.1	130	3102	～3500	0.11	6
	205/1.9	205	1932	2143	0.07	6

续表

系列	型号	承载能力/kg	工作范围/mm		重复定位精度/mm	控制轴数
			X	Y		
IRB6620	150/2.2	150	2204	3540	0.1	6
IRB6640	130/3.2	130	3200	4387	0.07	6
	180/2.55	180	2550	3301	0.07	6
	185/2.8	185	2800	3794	0.07	6
	205/2.75	205	2755	3487	0.07	6
	235/2.55	235	2550	3301	0.06	6
IRB6650S（框架安装）	90/3.9	90	3932	6585	0.1	6
	125/3.5	125	3484	5692	0.1	6
	200/3.0	200	3039	4801	0.1	6
IRB6700	150/3.2	150	3200	～4400	0.1	6
	155/2.85	155	2848	3841	0.1	6
	175/3.05	175	3050	～4100	0.1	6
	200/2.6	200	2600	～3400	0.1	6
	235/2.65	235	2650	3434	0.1	6
	245/3.0	245	3000	～4000	0.1	6
	300/2.7	300	2720	3503	0.1	6
IRB6700inv（倒置安装）	245/2.9	245	2900	～3500	0.1	6
	300/2.6	300	2617	3119	0.1	6
IRB6790	205/2.8	205	2794	3567	0.05	6
	235/2.65	235	2650	3454	0.05	6

4. 重型工业机器人

ABB 目前常用的 300kg 以上重型工业机器人，主要有 IRB7600、IRB8700 两大系列产品，如图 1.3-4 所示。

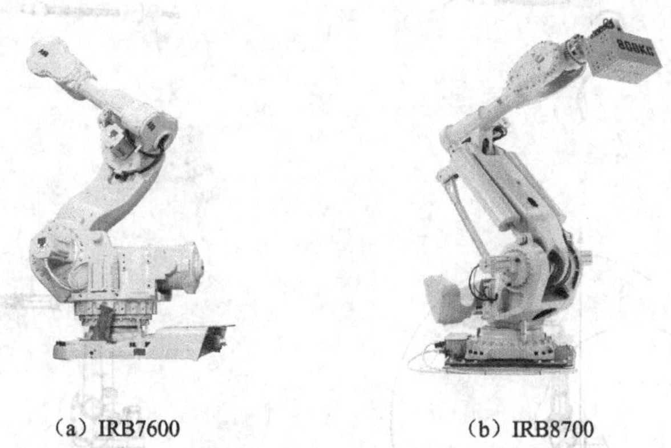

（a）IRB7600　　（b）IRB8700

图 1.3-4　ABB 重型工业机器人

IRB7600 系列产品采用 6 轴垂直串联、驱动电机外置式后驱手腕结构，其承载能力为 150～500kg，其作业半径为 2.55～3.55m。IRB8700 系列产品采用 6 轴垂直串联、连杆驱动后驱手腕结构，其承载能力为 550kg、800kg，其作业半径分别为 3.5m、4.2m。

以上产品的主要技术参数如表 1.3-4 所示，表 1.3-4 中工作范围参数 *X*、*Y* 的含义如图 1.3-1（d）所示。

表 1.3-4　ABB 重型工业机器人主要技术参数

系列	型号	承载能力/kg	工作范围/mm		重复定位精度/mm	控制轴数
			X	*Y*		
IRB7600	150/3.5	150	3500	5056	0.2	6
	325/3.1	325	3050	4111	0.1	6
	340/2.8	340	2800	3614	0.3	6
	400/2.55	400	2550	3117	0.2	6
	500/2.55	500	2550	3117	0.1	6
IRB8700	550/4.2	550	4200	～3500	0.05	6
	800/3.5	800	3500	～4200	0.08	6

注：因产品在不断改进，表中数据仅供参考。

1.3.2　垂直串联专用机器人

垂直串联专用机器人是根据特定的作业需要而专门设计的工业机器人，ABB 专用工业机器人主要有弧焊机器人、涂装机器人两类，其常用规格及主要技术性能如下。

1. 弧焊机器人

用于电弧熔化焊接作业的工业机器人简称弧焊机器人，它是工业机器人中用量最大的产品之一。弧焊机器人需要进行焊缝的连续焊接作业，对作业空间和运动灵活性的要求均较高，但其作业工具（焊枪）的质量相对较轻，因此，一般采用小型 6 轴垂直串联结构。

ABB 常用的弧焊机器人有 IRB1520ID、IRB1600ID 两种，如图 1.3-5 所示；如果需要，也可以选用承载能力为 8kg、作业半径为 2m 或承载能力为 15kg、作业半径为 1.85m 的 IRB2600ID 系列大规格弧焊机器人。

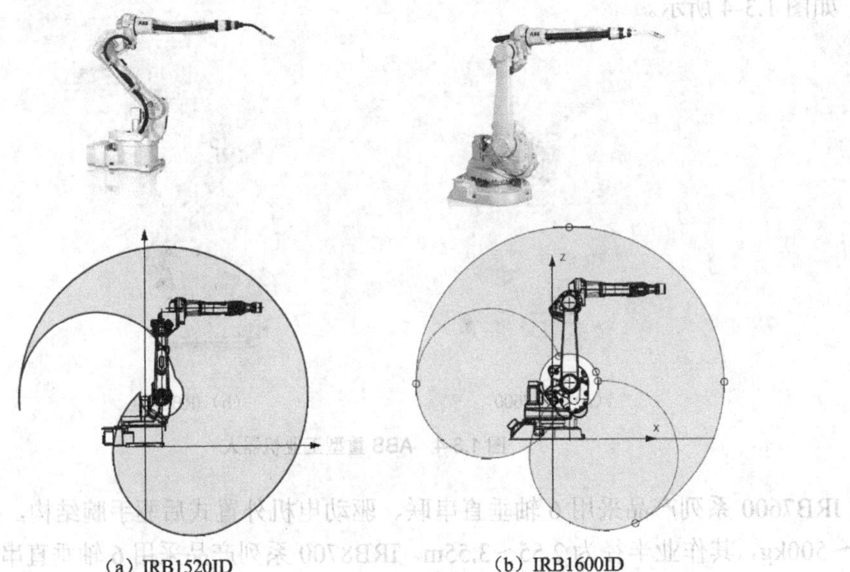

（a）IRB1520ID　　（b）IRB1600ID

图 1.3-5　ABB 弧焊机器人

IRB1520ID 弧焊机器人采用 6 轴垂直串联结构，采用管线与手臂紧密集成的配套式设计，机器人的全部管线均可与手臂一体运动，机器人结构紧凑、运动灵活。

IRB1600ID 弧焊机器人的定位精度不仅比 IRB1520ID 高，而且还采用了倾斜式腰回转特殊结构，使机器人能进行背部作业，其工作范围相较于采用传统的水平腰回转结构的机器人更大。

IRB1520ID、IRB1600ID 弧焊机器人的主要技术参数如表 1.3-5 所示，其工作范围参数的含义如图 1.3-1（d）所示。

表 1.3-5 ABB 弧焊机器人主要技术参数

系列	型号	承载能力/kg	工作范围/mm		重复定位精度/mm	控制轴数
			X	*Y*		
IRB1520ID	4/1.5	4	1500	2601	0.05	6
IRB1600ID	4/1.5	4	1500	2633	0.02	6

2. 涂装机器人

用于喷涂等涂装作业的工业机器人，需要在充满易燃、易爆气体的环境中作业，它对机器人的机械结构，特别是手腕结构，以及电气安装与连接、产品防护等方面都有特殊要求，因此，需要选用专用工业机器人。

ABB 涂装机器人的技术先进、性能优异，常用的产品主要有 IRB52、IRB5400、IRB5500、IRB580 等系列，如图 1.3-6 所示。

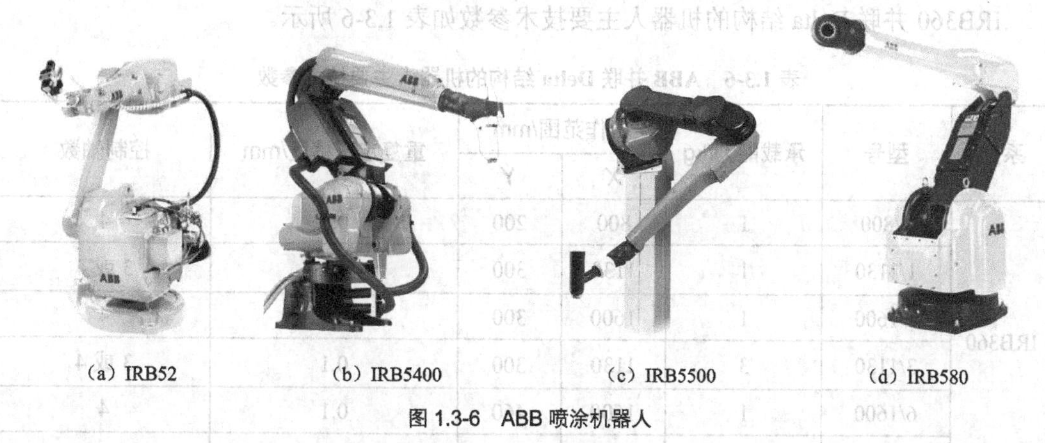

（a）IRB52　（b）IRB5400　（c）IRB5500　（d）IRB580

图 1.3-6 ABB 喷涂机器人

IRB52 系列涂装机器人采用 6 轴垂直串联标准结构，其承载能力为 7kg，其作业半径有 1.2m 和 1.45m 两种规格。

IRB5400 系列涂装机器人采用 6 轴垂直串联、3R 手腕结构，机器人的腕回转轴 R（j4）、腕弯曲轴 B（j5）、手回转轴 T（j6）可无限回转，机器人运动灵活、工作范围大。IRB5400 系列涂装机器人的承载能力为 25kg，其作业半径为 3.13m。

IRB5500 系列涂装机器人采用 6 轴垂直串联、3R 手腕、壁挂式结构，其承载能力为 13kg，其作业半径为 2.98m。

IRB580 系列涂装机器人采用 6 轴垂直串联、3R 手腕结构，其承载能力为 10kg，其作业半径有 2.2m、2.6m 两种规格。

1.3.3 其他机器人及变位器

1. Delta 机器人

采用并联 Delta 结构的工业机器人多用于输送线上物品的拾取与移动（分拣），它在食品、药品、3C 行业中的使用较为广泛。

ABB 并联 Delta 结构的机器人目前只有 IRB360 一个系列，如图 1.3-7 所示，机器人可用于承载能力为 8kg 以下、作业直径不超过 1600mm、作业高度不超过 460mm 的分拣作业。

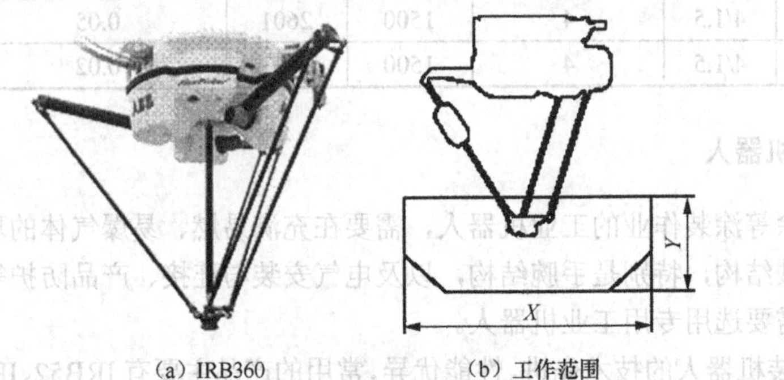

（a）IRB360　　（b）工作范围

图 1.3-7　ABB 并联 Delta 结构的机器人

IRB360 并联 Delta 结构的机器人主要技术参数如表 1.3-6 所示。

表 1.3-6　ABB 并联 Delta 结构的机器人主要技术参数

系列	型号	承载能力/kg	工作范围/mm		重复定位精度/mm	控制轴数
			X	Y		
IRB360	1/800	1	800	200	0.1	4
	1/1130	1	1130	300	0.1	3 或 4
	1/1600	1	1600	300	0.1	4
	3/1130	3	1130	300	0.1	3 或 4
	6/1600	1	1600	460	0.1	4
	8/1130	3	1130	350	0.1	4

2. SCARA 机器人

采用水平串联、SCARA 结构的机器人外形轻巧、定位精度高、运动速度快，特别适合于 3C、药品、食品等行业的平面搬运、装卸作业。

ABB 公司 IRB910SC 系列 SCARA 机器人如图 1.3-8 所示，其主要技术参数如表 1.3-7 所示。

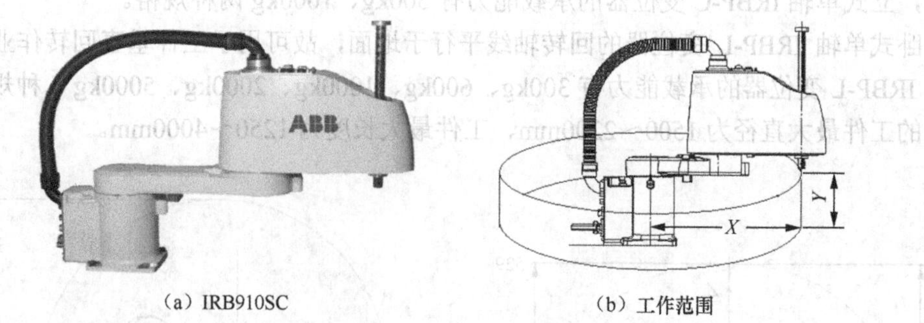

（a）IRB910SC （b）工作范围

图 1.3-8 ABB SCARA 机器人

表 1.3-7 ABB SCARA 机器人主要技术参数

系列	型号	承载能力/kg	工作范围/mm		重复定位精度/mm	控制轴数
			X	Y		
IRB910SC	3/0.45	3	450	180	±0.015	4
	3/0.55	3	550	180	±0.015	4
	3/0.65	3	650	180	±0.015	4

3. 协作型机器人

YuMi 协作型机器人是 ABB 公司近年研发的第二代工业机器人产品，它带有触觉传感器，它感知到人体接触后会停止，以便人机协同作业。YuMi 协作型机器人有单臂、双臂两种，机器人采用 7 轴垂直串联结构，运动灵活，几乎不存在作业死区，是结构非常紧凑、运动灵活的工业机器人。协作型机器人可用于 3C、食品、药品等行业的人机协同作业。

YuMi 单臂机器人如图 1.3-9（a）所示。单臂机器人目前只有 IRB14050 一种规格，其承载能力为 0.5kg，作业半径为 559mm，重复定位精度为 0.02mm，最大移动速度为 1.3m/s，最大加速度为 $11m/s^2$。

YuMi 双臂机器人如图 1.3-9（b）所示。双臂机器人实际上是 2 个 IRB14050 单臂机器人的组合，YuMi 双臂机器人目前只有 IRB14000 一种规格，机器人的单臂承载能力、作业半径及重复定位精度、最大移动速度、最大加速度均与 IRB14050 相同。

YuMi 机器人的工作范围如图 1.3-9 所示。

4. 变位器

ABB 工业机器人配套的变位器有图 1.3-10 所示的几类，变位器均采用伺服电机驱动，并可通过控制器直接控制；变位器在半径为 500mm 圆周上的重复定位精度均为 0.1mm（±0.05mm）。

立式单轴 IRBP-C、卧式单轴 IRBP-L、立卧复合双轴 IRBP-A 是 ABB 变位器的基本结构，3 种变位器通过不同的组合，便可构成 IRBP-D、IRBP-K、IRBP-R、IRBP-B 双工位 180°回转交换等作业的多轴变位器。

立式单轴 IRBP-C 变位器的回转轴线垂直地面，故可用于工件的水平回转或 180° 交换作业，立式单轴 IRBP-C 变位器的承载能力有 500kg、1000kg 两种规格。

卧式单轴 IRBP-L 变位器的回转轴线平行于地面，故可用于工件垂直回转作业，卧式单轴 IRBP-L 变位器的承载能力有 300kg、600kg、1000kg、2000kg、5000kg 5 种规格，其允许的工件最大直径为 1500～2200mm、工件最大长度为 1250～4000mm。

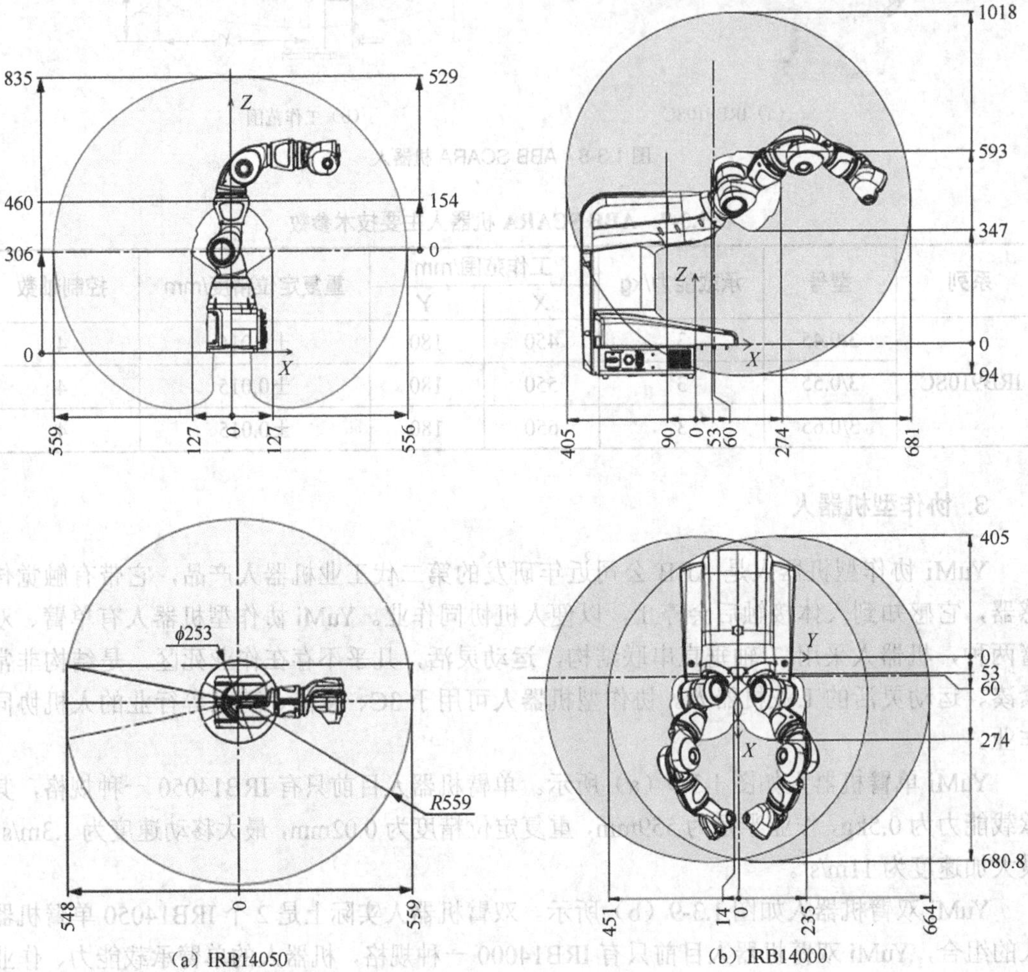

（a）IRB14050　（b）IRB14000

图 1.3-9　YuMi 机器人的工作范围

（a）IRBP-C　（b）IRBP-L　（c）IRBP-A

图 1.3-10　ABB 变位器

（d）IRBP-D

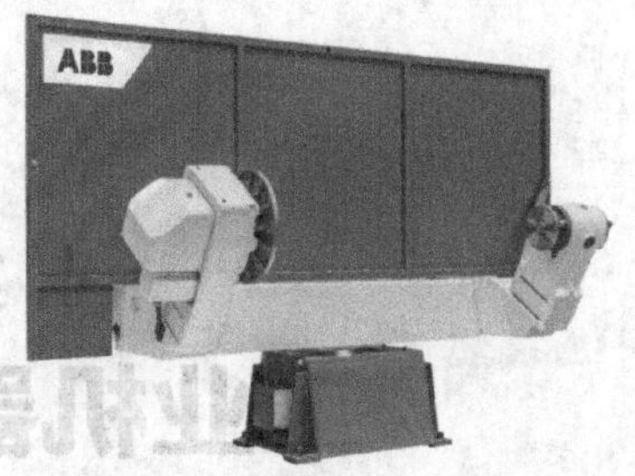

（e）IRBP-R

（f）IRBP-K

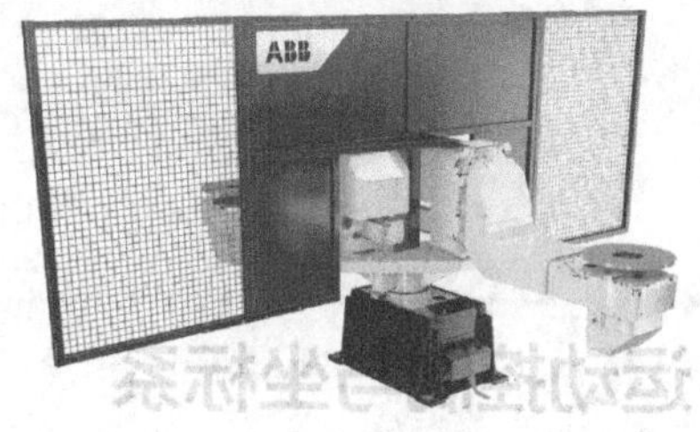

（g）IRBP-B

图 1.3-10　ABB 变位器（续）

立卧复合双轴 IRBP-A 变位器可在水平、垂直两个方向回转，其承载能力有 250kg、500kg、750kg 3 种规格，其允许的工件最大直径分别为 1180mm、1000mm、1450mm、工件最大高度分别为 900mm、950mm、950mm。

IRBP-D 变位器、IRBP-R 变位器相当于两台卧式单轴 IRBP-L 变位器和一台立式单轴 IRBP-C 变位器的组合，通常用于双工位 180° 回转交换作业。IRBP-D 变位器的承载能力有 300kg、600kg 两种规格，IRBP-R 变位器的承载能力有 300kg、600kg、1000kg 3 种规格，其允许的工件最大直径均为 1000～1200mm、工件最大长度均为 1250～2000mm。

IRBP-K 变位器相当于 3 台卧式单轴 IRBP-L 变位器的组合，可用于工件高、低及回转变位作业。IRBP-K 变位器的承载能力有 300kg、600kg、1000kg 3 种规格，其允许的工件最大直径为 1000～1400mm、工件最大长度为 1600～4000mm。

IRBP-B 变位器相当于两台立卧复合双轴 IRBP-A 变位器和一台立式单轴 IRBP-C 变位器的组合，通常用于双工位 180° 回转交换作业。IRBP-B 变位器的技术参数与 IRBP-A 变位器相同。

第 2 章 工业机器人编程基础

2.1 运动控制与坐标系

2.1.1 机器人控制模型

1. 运动控制要求

工业机器人是一种功能完善、可独立运行的自动化设备，机器人系统的运动控制主要包括本体运动、工具运动、工件（工装）运动等。

机器人的工具运动一般比较简单，以电磁元件通断控制居多，其性质与 PLC 的开关量逻辑控制相似，因此，通常可利用控制系统的开关量输入/输出（DI/DO）信号和逻辑处理指令进行控制。

机器人本体及工件的移动是工业机器人作业必需的基本运动，所有运动轴都需要有位置、速度、转矩控制功能，可在运动范围内的任意位置定位，其性质与数控系统的坐标轴相同，因此，通常需要采用伺服驱动系统控制。利用伺服驱动系统控制的运动轴，在机器人上有时被统称为“关节轴”，但是，通过气动或液压控制、只能实现定点定位的运动部件，不能称为机器人的运动轴。

运动控制需要有明确的控制目标。工业机器人的作业需要通过作业工具和工件的相对运动实现，因此，控制目标通常是工具的作业部位，该位置称为工具控制点或工具中心点，简称 TCP。由于 TCP 一般不是工具的几何中心，为避免歧义，在本书中统一将其称为工具控制点。

为了便于操作和编程，机器人 TCP 在三维空间中的位置、运动轨迹通常需要用笛卡儿直角坐标系（以下简称“笛卡儿坐标系”）描述。然而，在垂直串联、水平串联、并联等结构的机器人上，实际上并不存在可直接实现笛卡儿坐标系 *X*、*Y*、*Z* 轴运动的物理轴，TCP 的定位和移动需要通过多个关节轴的回转、摆动实现。因此，在机器人的控制系统中，必须建立运动控制模型、确定 TCP 笛卡儿坐标系位置和机器人关节轴位置的数学关系，然后再通过逆运动学，将笛卡儿坐标系的位置换算成关节轴的回转角度。

通过逆运动学将笛卡儿坐标系的运动转换为关节轴的运动，实际上存在多种实现的可能性。为了保证运动可控，当机器人位置以笛卡儿坐标形式指定时，必须对机器人的状态（姿态）进行规定。

6 轴垂直串联机器人的运动轴包括腰回转轴（j1）、下臂摆动轴（j2）、上臂摆动轴（j3）以及腕回转轴（j4）、腕弯曲轴（j5）、手回转轴（j6），其中，j1/j2/j3 的状态决定了机器人机身的方向和位置（被称为本体姿态或机器人姿态）；j4/j5/j6 主要用来控制作业工具方向和位置（被称为工具姿态）。

机器人姿态和工具姿态需要通过机器人的基准点、基准线进行定义，垂直串联机器人的基准点、基准线通常规定如下。

2. 机器人的基准点

垂直串联机器人的运动控制基准点一般有手腕中心点（WCP）、工具参考点（TRP）、工具控制点（TCP）3 点，如图 2.1-1 所示。

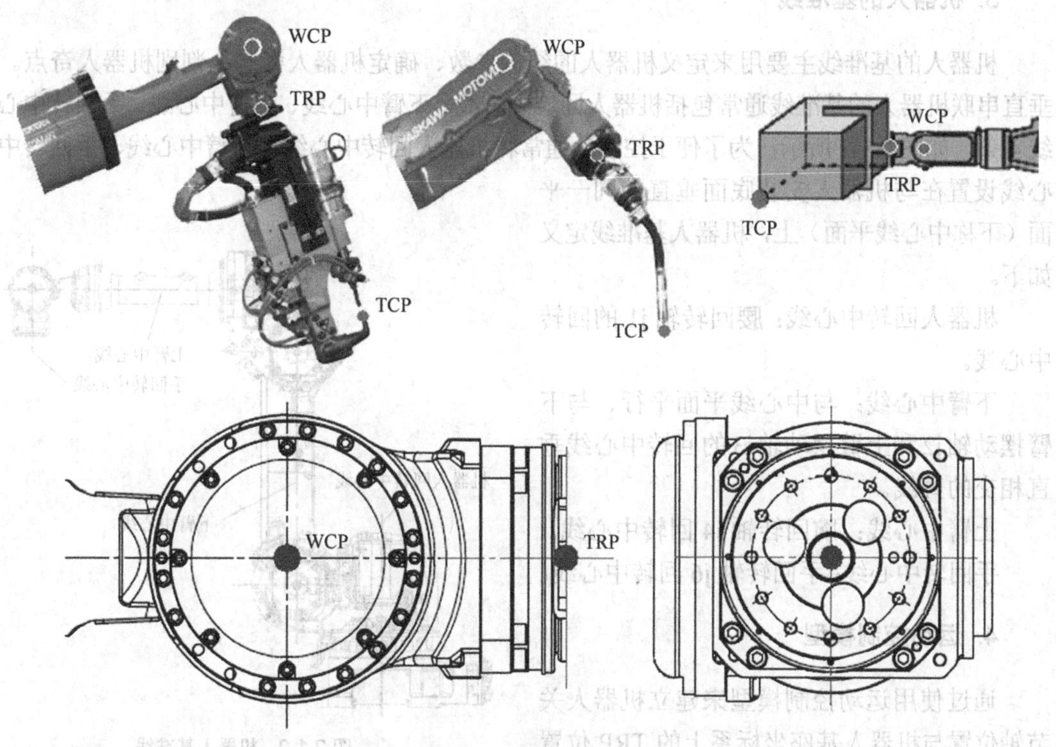

图 2.1-1　机器人基准点

（1）WCP

机器人的 WCP 是确定机器人姿态、判别机器人奇点及表示机器人工作范围的基准位置。垂直串联机器人的 WCP 一般为腕弯曲轴 j5 和手回转轴 j6 的回转中心线交点。

（2）TRP

机器人的 TRP 是机器人运动控制模型中笛卡儿坐标系的运动控制目标点，也是安装作业工具（或工件）的基准位置，垂直串联机器人的 TRP 通常位于手腕工具法兰的中心。

TRP 也是机器人手腕基准坐标系的原点，作业工具或工件的 TCP 位置、方向，以及作业工具（或工件）的质量、重心、惯量等参数，都需要通过手腕基准坐标系定义。如果机器人未安装作业工具（或工件）、未设定工具坐标系，系统将自动以 TRP 替代 TCP，作为笛卡儿坐标系的运动控制目标点。

（3）TCP

TCP 是机器人作业时笛卡儿坐标系的运动控制目标点，当机器人手腕已安装作业工具时，TCP 就是工具（末端执行器）的实际作业部位，如果机器人安装（抓取）的是工件，TCP 就是工件的作业基准点。

TCP 位置与手腕安装的作业工具（或工件）有关，例如，弧焊机器人、涂装机器人的 TCP 通常为焊枪、喷枪的枪尖；点焊机器人的 TCP 一般为焊钳固定电极的端点；如果手腕安装的是工件，TCP 则为工件的作业基准点。

TCP 与 TRP 的数学关系可由用户设计工具坐标系来建立，如果不设定工具坐标系，系统将默认 TCP 和 TRP 重合。

3. 机器人的基准线

机器人的基准线主要用来定义机器人的结构参数、确定机器人姿态、判别机器人奇点。垂直串联机器人的基准线通常包括机器人回转中心线、下臂中心线、上臂中心线、手回转中心线 4 条，如图 2.1-2 所示；为了便于控制，通常将机器人回转中心线、上臂中心线、手回转中心线设置在与机器人安装底面垂直的同一平面（下称中心线平面）上，机器人基准线定义如下。

机器人回转中心线：腰回转轴 j1 的回转中心线。

下臂中心线：与中心线平面平行、与下臂摆动轴 j2 和上臂摆动轴 j3 的回转中心线垂直相交的直线。

上臂中心线：腕回转轴 j4 回转中心线。

手回转中心线：手回转轴 j6 回转中心线。

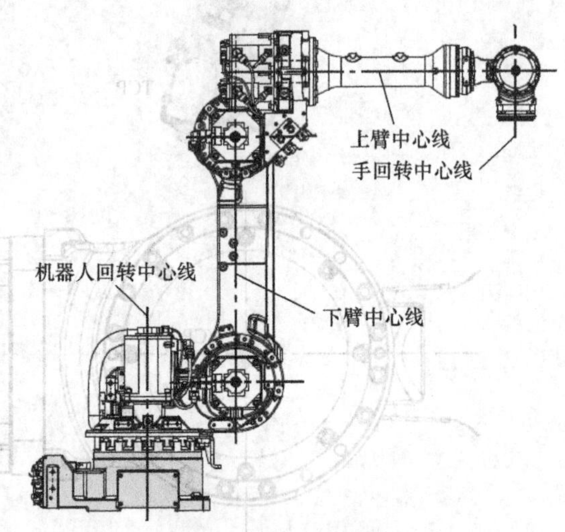

图 2.1-2 机器人基准线

4. 运动控制模型

通过使用运动控制模型来建立机器人关节轴位置与机器人基座坐标系上的 TRP 位置间的数学关系。

6 轴垂直串联机器人的运动控制模型与结构参数如图 2.1-3 所示，它需要由机器人生产厂家在控制系统中定义如下结构参数。

基座高度：下臂摆动中心到机器人基座坐标系 *XY* 平面的距离。

j2 偏移：下臂摆动中心线到机器人回转中心线（基座坐标系 *Z* 轴）的距离。

下臂长度：上臂摆动中心线到下臂摆动中心线的距离。

j3 偏移：上臂中心线到上臂摆动中心线的距离。

上臂长度：上臂中心线与下臂中心线垂直时，腕弯曲轴（j5）中心线到下臂中心线的距离。

手腕长度：TRP 到腕弯曲轴（j5）中心线的距离。

运动控制模型一旦建立，控制系统便可根据关节轴的位置，计算出 TRP 在机器人基座坐标系上的位置（笛卡儿坐标系位置）；或者利用 TRP 位置逆向求解关节轴的位置。

当机器人需要进行实际作业时，控制系统可通过工具坐标系参数，将运动控制目标点由 TRP 变换到 TCP 上，并利用用户、工件坐标系参数，确定机器人基座坐标系原点和实际作业点的位置关系；对于使用变位器的移动机器人或倾斜、倒置安装的机器人，还可进一步利用大地坐标系，确定机器人基座坐标系原点相对于地面固定点的位置。

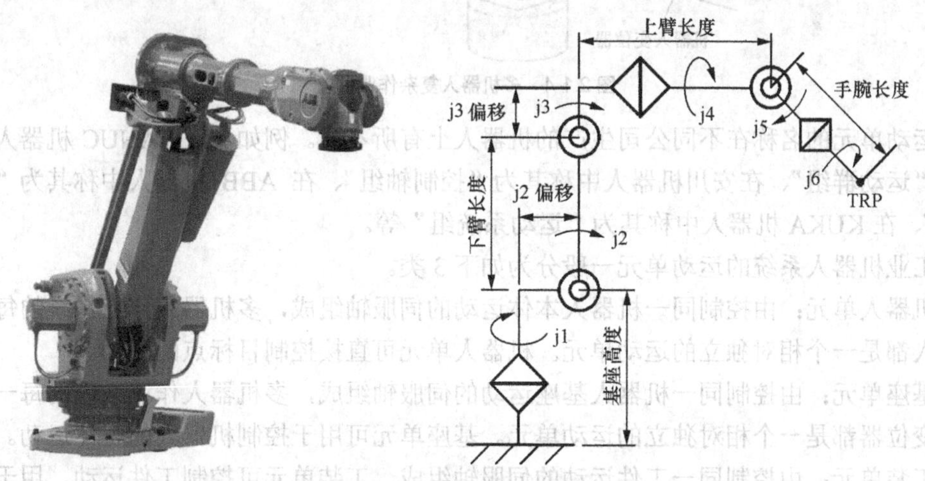

图 2.1-3　6 轴垂直串联机器人的运动控制模型与结构参数

2.1.2　关节轴、运动组与关节坐标系

1. 关节轴与运动组

机器人作业需要通过 TCP 和工件的相对运动实现，其运动形式很多。

例如，在图 2.1-4 所示的带有机器人变位器和工件变位器等辅助运动部件的多机器人复杂作业系统上，机器人 1、机器人 2 不仅可通过本体的关节运动，改变 TCP1、TCP2 和工件的相对位置，而且还可以通过工件变位器的运动，同时改变 TCP1、TCP2 和工件的相对位置；或者，通过机器人变位器的运动，改变 TCP1 和工件的相对位置。

在工业机器人上，由控制系统控制其位置/速度/转矩、利用伺服驱动系统控制的运动轴（伺服轴）称为关节轴。为了区分运动轴的功能，习惯上将控制机器人、工件变位器运动的伺服轴称为外部关节轴，简称外部轴或外部关节；而用来控制机器人本体运动的伺服轴直接称为关节轴。

由于工业机器人系统的运动轴众多、结构多样，为了便于操作和控制，在控制系统中，通常需要根据运动轴的不同功能，将其划分为若干运动单元并对它们进行分组管理。例如，图 2.1-4 所示的多机器人复杂作业系统，可将运动轴划分为机器人 1、机器人 2、机器人 1 基座、工件变位器 4 个运动单元。

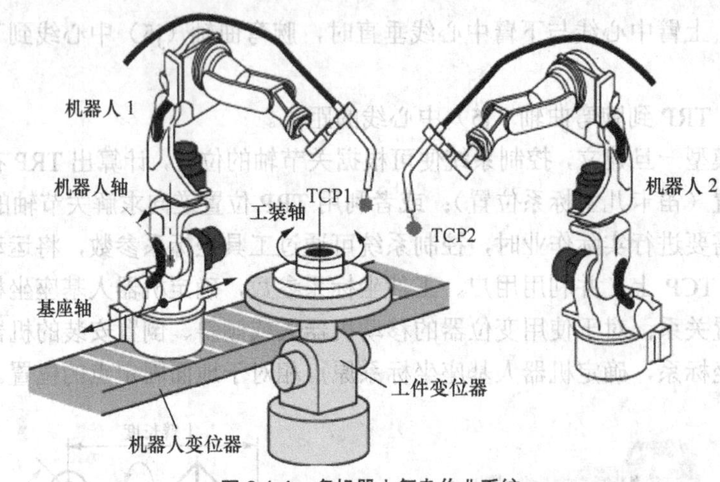

图 2.1-4　多机器人复杂作业系统

运动单元的名称在不同公司生产的机器人上有所不同。例如，在 FANUC 机器人中称其为“运动群组”、在安川机器人中称其为“控制轴组”、在 ABB 机器人中称其为“机械单元”、在 KUKA 机器人中称其为“运动系统组”等。

工业机器人系统的运动单元一般分为如下 3 类。

机器人单元：由控制同一机器人本体运动的伺服轴组成，多机器人作业系统的每一个机器人都是一个相对独立的运动单元。机器人单元可直接控制目标点的运动。

基座单元：由控制同一机器人基座运动的伺服轴组成，多机器人作业系统的每一个机器人变位器都是一个相对独立的运动单元。基座单元可用于控制机器人的整体运动。

工装单元：由控制同一工件运动的伺服轴组成，工装单元可控制工件运动，用于改变机器人控制目标点与工件的相对位置。

基座单元、工装单元安装在机器人外部，因此，在机器人的控制系统中，它们统称为外部轴或外部关节；如果作业工具（如伺服焊钳等）含有系统控制的伺服轴，它也属于外部轴的范畴。

可利用系统控制指令使工业机器人系统的运动单元生效或撤销。运动单元在生效时，该单元的全部运动轴都处于位置控制状态，随时可利用手动操作或移动指令运动；运动单元在撤销时，该单元的全部运动轴都将处于相对静止的“伺服锁定”状态，可通过伺服驱动系统的闭环调节功能使伺服电机位置保持不变。

2. 机器人的坐标系

工业机器人控制目标点的运动需要利用坐标系进行描述。机器人的坐标系众多，按类型分类，可分为关节坐标系、笛卡儿坐标系两类；按功能与用途分类，可分为基本坐标系、作业坐标系两类。

（1）基本坐标系

机器人基本坐标系是任何机器人运动控制必需的坐标系，它需要由机器人生产厂家定义，用户不能改变。

垂直串联机器人的基本坐标系主要有关节坐标系、机器人基座坐标系（笛卡儿坐标系）、手腕基准坐标系（笛卡儿坐标系）3 个，三者间的数学关系直接由控制系统的运动控制模型建立，用户不能改变其原点位置和方向。

（2）作业坐标系

机器人作业坐标系是为了方便操作和编程而建立的虚拟坐标系，用户可以根据实际作业要求设定。

垂直串联机器人的作业坐标系都为笛卡儿坐标系。根据坐标系用途，作业坐标系可分为工具坐标系、用户坐标系、工件坐标系、大地坐标系等。其中，在任何机器人系统中只能设定 1 个大地坐标系，其他作业坐标系均可设定多个。

工业机器人目前还没有统一的标准，加上中文翻译等原因，不同机器人的坐标系名称、定义方法不统一，另外，不同控制系统规格、软件版本、功能之间有区别，坐标系的数量也有所不同，常用的机器人坐标系名称、定义方法可参见后述。

在机器人的坐标系中，关节坐标系是真正用于运动轴控制的坐标系，其功能与定义方法如下，其他坐标系的功能与定义方法见后述内容。

3. 关节坐标系

用来描述机器人关节轴运动的坐标系称为关节坐标系。关节轴是机器人实际存在、真正用于机器人运动控制系统的伺服轴，因此，必须为所有机器人定义唯一的关节坐标系。

关节轴与控制系统的伺服驱动轴（机器人轴和外部轴）一一对应，其位置、速度、转矩均可由伺服驱动系统进行精确控制，因此，机器人的实际工作范围、运动速度等主要技术参数，通常以关节轴的形式定义；使用机器人时，如果用关节坐标系定义机器人的位置，不需要考虑机器人姿态、奇点。

6 轴垂直串联机器人本体的关节轴都是回转（摆动）轴，但用于机器人变位器、工件变位器运动的外部轴，可能是回转轴或直线轴。

垂直串联机器人本体关节轴如图 2.1-5 所示，关节轴的名称、运动方向、零点位置必须由机器人生产厂家定义。对于不同公司生产的机器人，关节轴名称、位置数据格式以及运动方向、零点位置均有较大的区别。

在常用的机器人中，FANUC 机器人、安川机器人、KUKA 机器人的关节坐标系位置以 1 阶多元数值型（num 型）数组表示，ABB 机器人的关节坐标系位置则以 2 阶多元数值型（num 型）数组表示；数组所含的数据元数量，就是控制系统实际运动轴的数量。此外，关节轴的运动方向、零点位置也有较大区别（详见后述）。

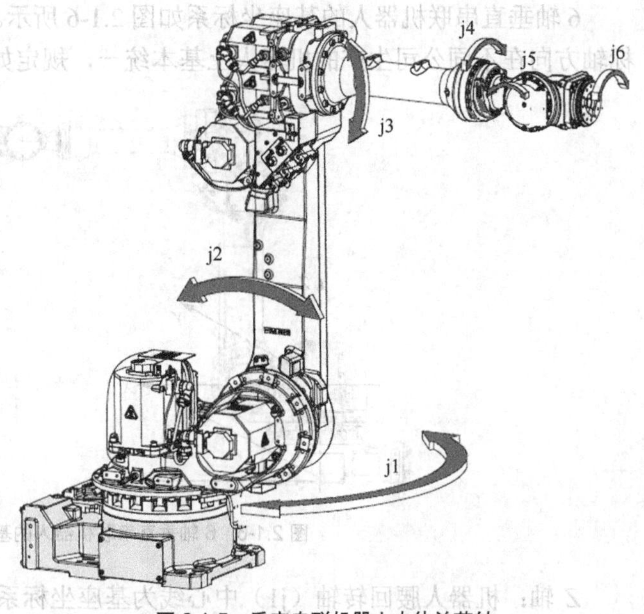

图 2.1-5 垂直串联机器人本体关节轴

FANUC 机器人、安川机器人、ABB 机器人、KUKA 机器人的关节轴名称、位置数据格式如下。

FAUNC 机器人：机器人本体关节轴的名称为 J1，J2，…，J6；外部轴名称为 E1，E2，…；关节坐标系位置数据格式为（J1，J2，…，J6，E1，E2，…）。

安川机器人：机器人本体关节轴的名称为 S，L，U，R，B，T；外部轴名称为 E1，E2，…；关节坐标系位置数据格式为（S，L，U，R，B，T，E1，E2，…）。

ABB 机器人：机器人本体关节轴的名称为 j1，j2，…，j6；外部轴名称为 e1，e2，…；关节坐标系位置数据格式为[[j1，j2，…，j6]，[e1，e2，…]]。

KUKA 机器人：机器人本体关节轴的名称为 A1，A2，…，A6，外部轴名称为 E1，E2，…；关节坐标系位置数据格式为（A1，A2，…，A6，E1，E2，…）。

2.1.3 机器人基准坐标系

垂直串联机器人实际上不存在物理意义上的笛卡儿坐标系运动轴，因此，所有笛卡儿坐标系都是为了便于操作和编程而设置的虚拟坐标系。

机器人的笛卡儿坐标系众多，其中，机器人基座坐标系是运动控制模型中用来计算 TRP 的三维空间位置的基准坐标系；机器人手腕基准坐标系是用来实现控制目标点变换（如 TRP/TCP 转换）的基准坐标系，它们是任何机器人都必备的基本笛卡儿坐标系，需要由机器人生产厂家定义。

常用工业机器人的基本笛卡儿坐标系定义如下。

1. 机器人基座坐标系

机器人基座坐标系是用来描述机器人 TRP 三维空间运动的基本笛卡儿坐标系，同时，它也是工件坐标系、用户坐标系、大地坐标系等作业坐标系的定义基准。机器人基座坐标系与关节坐标系的数学关系直接由控制系统的运动控制模型确定，用户不能改变其原点位置和坐标轴方向。

6 轴垂直串联机器人的基座坐标系如图 2.1-6 所示。机器人基座坐标系的原点位置、坐标轴方向在不同公司生产的机器人上基本统一，规定如下。

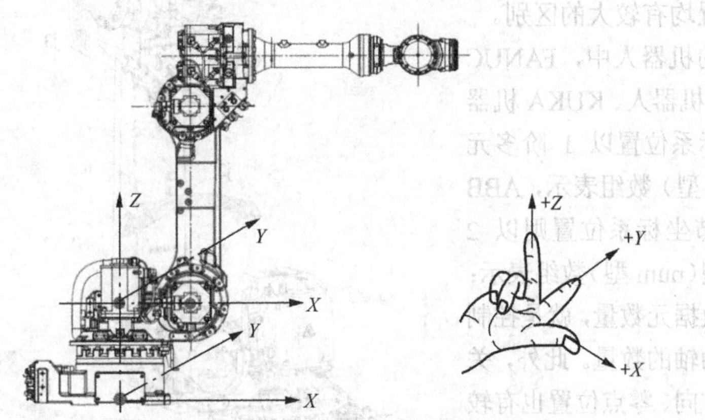

图 2.1-6 6 轴垂直串联机器人的基座坐标系

Z 轴：机器人腰回转轴（j1）中心线为基座坐标系的 *Z* 轴，垂直机器人安装面向上方

向为+Z 方向。

X 轴：与机器人腰回转轴（j1）中心线相交并垂直串联机器人基座前侧面的直线为 X 轴，向外的方向为+X 方向。

Y 轴：右手定则决定。

原点：基座坐标系的原点位置在不同机器人上稍有不同。为了便于机器人的安装与使用，基座、腰一体化设计的中小型机器人，其基座坐标系的原点（Z 轴零点）一般定义于机器人安装底平面；基座、腰部分离设计或需要框架安装的大中型机器人，基座坐标系原点（Z 轴零点）有时定义在通过 j2 回转中心、平行于安装底平面的平面上。

机器人基座坐标系的名称在不同公司生产的机器人上有所不同。例如，在安川机器人上将其称为机器人坐标系，在 ABB 机器人上将其称为基坐标系，在 KUKA 机器人上将其称为机器人根坐标系；机器人在出厂时，其控制系统默认机器人为地面固定安装、大地坐标系与机器人基座坐标系重合，因此，在 FANUC 机器人上直接被称为大地坐标系，中文说明书译作"全局坐标系"。

地面固定安装的机器人通常不使用大地坐标系，其控制系统默认大地坐标系与机器人基座坐标系重合，因此，机器人基座坐标系就是用户坐标系、工件坐标系的定义基准；如果倾斜、倒置安装机器人，或者机器人可通过变位器移动，一般需要通过大地坐标系定义机器人基座坐标系的原点位置和坐标轴方向。

2. 手腕基准坐标系

机器人的手腕基准坐标系是作业工具的设定基准。TCP 的位置、工具安装方向及工具的质量、重心、惯量等参数都需要利用手腕基准坐标系进行定义，它同样需要由机器人生产厂家定义。

手腕基准坐标系原点就是机器人的 TRP，TRP 在机器人基座坐标系的空间位置可以直接通过控制系统的运动控制模型确定；手腕基准坐标系的方向用来确定工具的作业中心线方向（工具安装方向），手腕基准坐标系在机器人出厂时已被定义，用户不能改变。

常用 6 轴垂直串联机器人的手腕基准坐标系如图 2.1-7 所示，坐标系的原点、Z 轴方向在不同公司生产的机器人上统一，但 X 轴、Y 轴方向与机器人腕弯曲轴的运动方向有关，在不同公司生产的机器人上有所不同。手腕基准坐标系一般按以下原则定义。

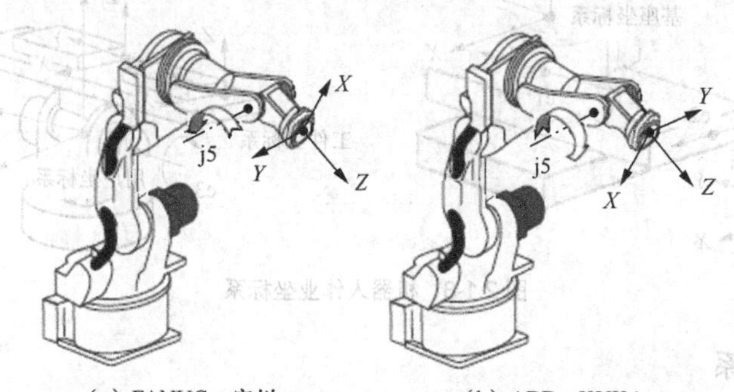

（a）FANUC、安川　　（b）ABB、KUKA

图 2.1-7　手腕基准坐标系

Z 轴：机器人手回转轴（j6）中心线为手腕基准坐标系的 Z 轴，垂直工具安装法兰面向外的方向为+Z 方向（统一）。

X 轴：与手回转轴（j6）中心线垂直并位于机器人中心线平面相交的直线为 X 轴；$J4$、$J6 = 0°$ 时，j5 正向回转的切线方向为+X 方向。

Y 轴：随 X 轴改变，右手定则决定。

原点：手回转轴中心线与手腕工具安装法兰面的交点。

在不同公司生产的机器人上，机器人腕摆动轴（j5）的回转方向有所不同，因此，手腕基准坐标系的 X、Y 轴方向也有所不同。例如，FANUC 机器人、安川机器人产品通常以手腕向上（向外）回转的方向为 j5 正向，手腕基准坐标系的+X 方向如图 2.1-7（a）所示；ABB 机器人、KUKA 机器人产品通常以手腕向下（向内）回转的方向为 j5 正向，手腕基准坐标系的+X 方向如图 2.1-7（b）所示。

手腕基准坐标系的名称在不同公司生产的机器人上有所不同。例如，在安川机器人、ABB 机器上其被称为手腕法兰坐标系；在 KUKA 机器人上其被称为法兰坐标系；在 FANUC 机器上其被称为工具安装坐标系（中文说明书中译作“机械接口坐标系”）等。

2.1.4 机器人作业坐标系

1. 机器人作业坐标系

机器人作业坐标系是为了方便操作和编程而建立的虚拟坐标系，从机器人的控制系统参数设定的角度来看，工业机器人常用的作业坐标系为工具坐标系、用户坐标系、工件坐标系、大地坐标系几类，如图 2.1-8 所示，其作用如下。

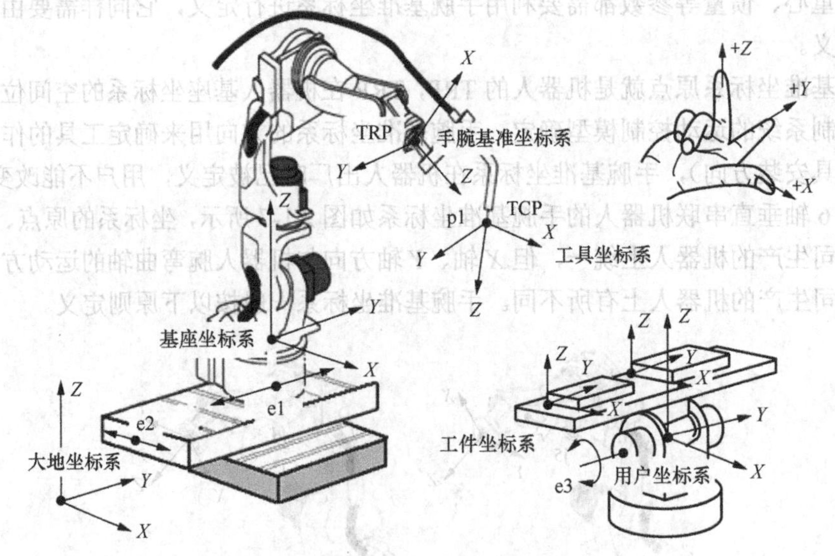

图 2.1-8　机器人作业坐标系

（1）工具坐标系

在工业机器人的控制系统中，用来定义机器人手腕上所安装的工具作业或所夹持的物品（工件）运动控制目标点位置和方向的坐标系称为工具坐标系。工具坐标系的原点就是作业工具的 TCP 或手腕夹持物品（工件）的基准点；工具坐标系的方向就是作业工具或手腕夹持物品（工件）的安装方向。

通过工具坐标系，控制系统才能将运动控制模型中的运动控制目标点由 TRP 变换到实际作业工具的 TCP 上，因此，它是机器人在实际作业中必须设定的基本机器人作业坐标系。在机器人的工具需要修磨、调整、更换时，只需要改变工具坐标系参数，便可利用同样的作业程序，进行新工具作业。

工具坐标系可通过手腕基准坐标系平移、旋转的方法定义，如果不使用工具坐标系，控制系统将默认工具坐标系和手腕基准坐标系重合。

（2）用户坐标系和工件坐标系

机器人控制系统的用户坐标系和工件坐标系都是用来确定 TCP 与工件相对位置的笛卡儿坐标系，在机器人的作业程序中，控制目标点的位置一般以笛卡儿坐标系的位置形式指定，利用用户坐标系、工件坐标系就可直接定义控制目标点相对于作业基准点的位置。

在同时使用用户坐标系和工件坐标系的机器人（如 ABB 机器人）中，两者的关系如图 2.1-9 所示。用户坐标系一般用来定义机器人作业区的位置和方向，例如，当工件安装在图 2.1-8 所示的工件变位器上，或者需要在图 2.1-9 所示的不同作业区进行多工件作业时，可通过用户坐标系来确定工件变位器、作业区的位置和方向。工件坐标系通常用来描述作业对象（工件）基准点位置和安装方向，故又称为对象坐标系（如在 ABB 机器人中）或基本坐标系（如在 KUKA 机器人中）。

在机器人作业程序中，如果用用户坐标系、工件坐标系描述机器人的 TCP 运动，程序中的位置数据就可以与工件图纸上的尺寸统一，操作与编程就简单、容易；此外，当机器人需要进行多工件同步作业时，只需要改变工件坐标系，便可利用同样的作业程序，完成不同工件的作业。

由于用户坐标系和工件坐标系的作用类似，且均可通过程序指令进行平移、旋转等变换，因此，FANUC 机器人、安川机器人只使用用户坐标系；KUKA 机器人则只使用工件坐标系（在 KUKA 机器人中称其为基本坐标系）。

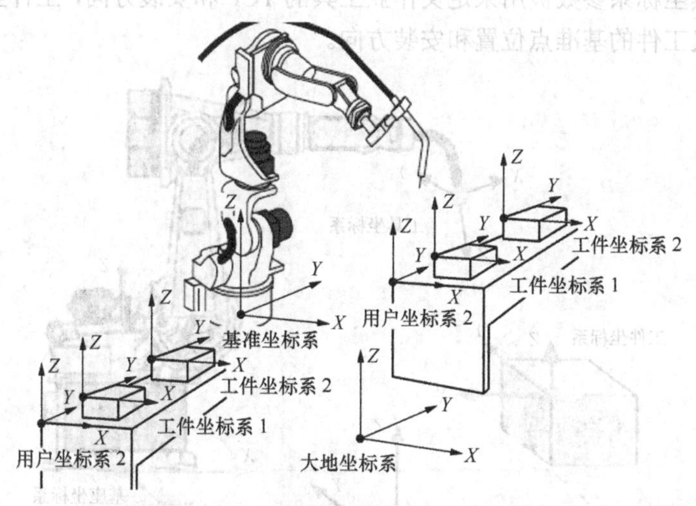

图 2.1-9　工件坐标系与用户坐标系的关系

用户坐标系、工件坐标系需要通过机器人基座坐标系（或大地坐标系）的平移、旋转定义，如果不定义，控制系统将默认用户坐标系、工件坐标系和机器人基座坐标系（或大地坐标系）重合。

（3）大地坐标系

机器人控制系统的大地坐标系用来确定机器人基座坐标系、用户坐标系、工件坐标系的位置关系，对于配有机器人变位器、工件变位器等外部轴的作业系统，或者机器人需要倾斜、倒置安装时，利用大地坐标系可使机器人和作业对象的位置描述更加清晰。

大地坐标系的设定必须唯一。大地坐标系一经被设定，它将取代机器人基座坐标系，成为用户坐标系、工件坐标系的设定基准。如果不设定大地坐标系，控制系统将默认大地坐标系和机器人基座坐标系重合。

大地坐标系的名称在不同公司生产的机器人上有所不同，ABB 机器人说明书中将其译作“大地坐标系”，在 FANUC 机器人说明书中，将其译作“全局坐标系”，在安川机器人说明书中将其译作“基座坐标系”；在 KUKA 机器人说明书中将其译作“世界坐标系”。

需要注意的是，在部分机器人（如 KUKA 机器人）上，工具坐标系、工件坐标系、用户坐标系可能只是机器人控制系统的参数名称，参数的真实用途与机器人的作业形式有关；在这种情况下，在工件外部安装、机器人移动工具作业（简称“工具移动作业”）和工具外部安装、机器人移动工件作业（简称“工件移动作业”）时，工具坐标系、工件坐标系参数的实际作用有如下区别。

2. 工具移动作业坐标系

工具移动作业是机器人最常见的作业形式，搬运机器人、码垛机器人、弧焊机器人、涂装机器人的抓手、焊枪、喷枪大多安装在机器人手腕上，因此，需要采用工具移动作业系统，如图 2.1-10 所示。

机器人在工具移动作业时，工件被安装（安放）在机器人外部（地面或工装上），作业工具被安装在机器人手腕上，机器人的运动可直接改变 TCP 的位置。在这种作业系统上，控制系统的工具坐标系参数被用来定义作业工具的 TCP 和安装方向，工件坐标系、用户坐标系被用来定义工件的基准点位置和安装方向。

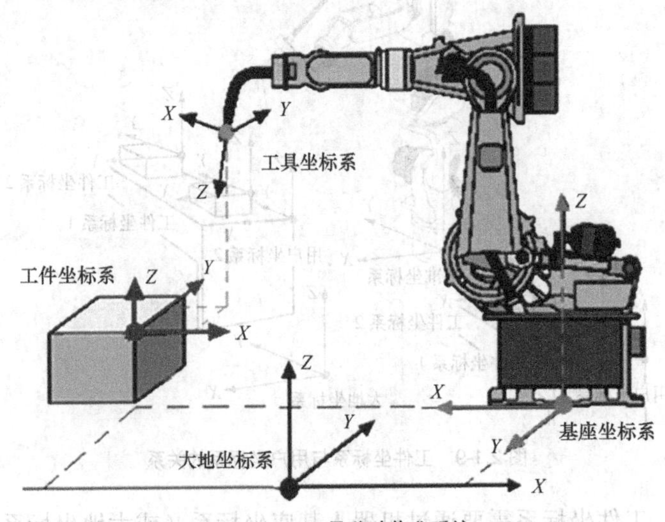

图 2.1-10　工具移动作业系统

机器人使用不同工具进行多工件作业时，可设定多个工具坐标系、工件坐标系。如果工件固定安装且作业面与机器人安装面（地面）平行，此时，工件基准点在机器人基座坐标系上的位置很容易确定，也可不使用工件坐标系，直接通过基座坐标系描述 TCP 运动。

在配有机器人变位器、工件变位器等外部轴的系统上，机器人基座坐标系、工件坐标系将成为运动坐标系，此时，设定大地坐标系可更加清晰地描述机器人和工件运动。

3. 工件移动作业坐标系

工件移动作业系统如图 2.1-11 所示。工件移动作业通常用于小型、轻质零件在固定工具上的作业，例如，在进行小型零件的点焊、冲压加工时，为了减轻机器人的载荷，可采用工件移动作业，将焊钳、冲压模具等质量、体积较大的作业工具固定安装在地面或工装上。

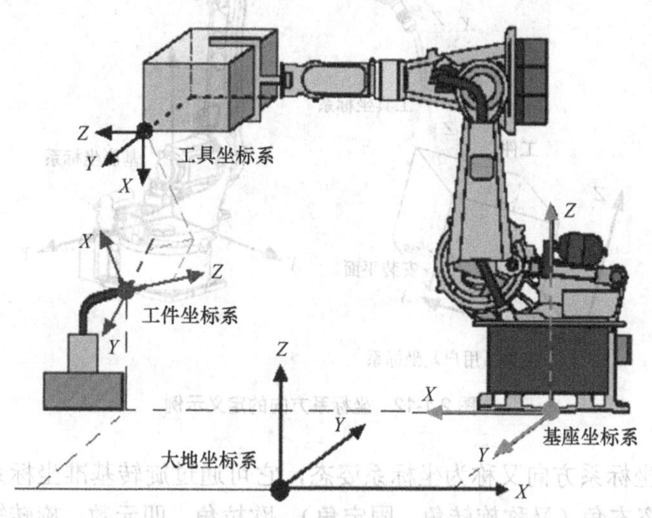

图 2.1-11　工件移动作业系统

机器人在工件移动作业时，作业工具被安装在机器人外部（地面或工装上），工件被夹持在机器人手腕上，机器人的运动将改变工件的基准点位置和方向。在这种作业系统上，控制系统的工具坐标系参数被用来定义工件的基准点位置和安装方向，而工件坐标系、用户坐标系参数则被用来定义工具的 TCP 位置和安装方向，因此，工件移动作业系统必须定义控制系统的工件坐标系、用户坐标系参数。

同样，当机器人需要使用不同工具、进行多工件作业时，同样可设定多个工具坐标系、工件坐标系；如果系统配有机器人变位器、工具移动部件等外部轴，设定大地坐标系可更加清晰地描述机器人和工件的运动。

2.1.5　坐标系方向的定义

1. 坐标系方向的定义方法

在工业机器人上，机器人关节坐标系、基座坐标系、手腕基准坐标系的原点位置、坐标轴方向已由机器人生产厂家在机器人出厂时设定，其他所有作业坐标系都需要用户自行设定。

工业机器人是一种多自由度控制的自动化设备，如果机器人的位置以虚拟笛卡儿坐标系的形式指定，不仅需要确定控制目标点的位置，还需要确定作业方向，因此，需要为工具坐标系、工件坐标系、用户坐标系定义原点位置，且还需要定义坐标轴方向。

工具坐标系、用户坐标系坐标轴方向与工具类型、结构和机器人的作业方式有关，且在不同公司生产的机器人上有所不同（详见后述内容）。例如，在图 2.1-12 所示的安川点焊机器人上，工具坐标系的+*Z* 方向被定义为工具沿作业中心线（以下简称“工具中心线”）接近工件的方向；工件（用户）坐标系的+*Z* 方向被定义为工件安装平面的法线方向等。

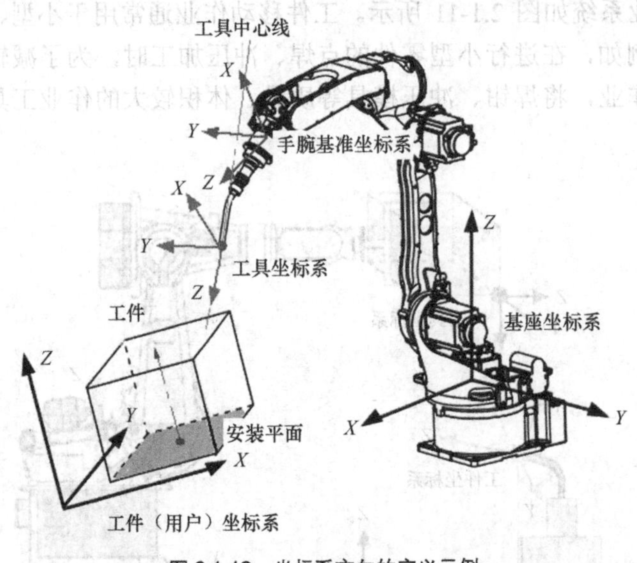

图 2.1-12　坐标系方向的定义示例

三维空间的坐标系方向又称为坐标系姿态，它可通过旋转基准坐标系的方法设定。在数学上，可利用姿态角（又称旋转角、固定角）、欧拉角、四元数、旋转矩阵等参数来旋转三维空间坐标系；旋转矩阵通常用于系统控制软件设计，不支持用户设定。

工具坐标系、工件坐标系的坐标轴方向规定、定义方法在不同公司生产的机器人上有所不同。在常用机器人中，FANUC 机器人、安川机器人一般采用姿态角定义法，ABB 机器人采用四元数定义法，KUKA 机器人采用欧拉角定义法；坐标的坐标轴方向规定可参见后述内容。姿态角、欧拉角、四元素的含义如下。

2. 姿态角定义法

工业机器人的姿态角名称、定义方法与航空飞行器稍有不同。在垂直串联机器人手腕上，为了使坐标系旋转角度的名称与机器人的动作统一，通常将旋转坐标系绕基准坐标系 *X* 轴的转动称为偏摆（**Yaw**），转角以 *W*、*Rx* 表示；将旋转坐标系绕基准坐标系 *Y* 轴的转动称为俯仰（**Pitch**），转角以 *P*、*Ry* 表示；而将旋转坐标系绕基准坐标系 *Z* 轴（如腰、手）的转动称为回转（**Roll**），转角以 *R*、*Rz* 表示。

用转角表示坐标系旋转时，所得到的旋转坐标系方向（姿态）与旋转的基准轴、旋转次序有关。如果将旋转的基准轴规定为基准坐标系的原始轴（方向固定轴）、将旋转次序规定为 *X*→*Y*→*Z*，这样得到的转角称为姿态角。

为了方便理解，FANUC 机器人、安川机器人的坐标系旋转参数 *W*/*P*/*R*、*Rx*/*Ry*/*Rz*，都可被认为是旋转坐标系依次绕基准坐标系原始轴 *X*、*Y*、*Z* 旋转的角度（姿态角）。

例如，机器人手腕安装作业工具时，工具坐标系的旋转基准坐标系为手腕基准坐标系，如果需要设定图 2.1-13（a）所示的工具坐标系方向，其姿态角将为 *Rx*（*W*）=0°、*Ry*（*P*）= 90°、*Rz*（*R*）=180°；即工具坐标系按图 2.1-13（b）所示，首先绕手腕基准坐标系的 Y_F 轴旋转 90°，使得旋转后的坐标系 X'_F 轴与需要设定的工具坐标系 X_T 轴方向一致；接着，再将工具坐标系绕手腕基准坐标系的 Z_F 轴旋转 180°，使得两次旋转后的坐标系 Y'_F、Z'_F 轴与工具坐标系 Y_T、Z_T 轴方向一致。

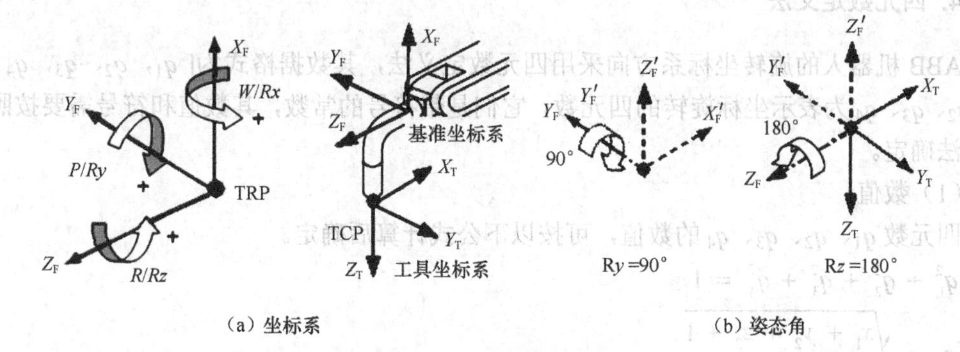

图 2.1-13　姿态角定义法

按 *X*→*Y*→*Z* 旋转次序定义的姿态角 *W*/*P*/*R*、*Rx*/*Ry*/*Rz*，实际上和下述按 *Z*→*Y*→*X* 旋转次序所定义的欧拉角 *A*/*B*/*C* 具有相同的数值，即 *Rx* = *C*、*Ry* = *B*、*Rz* = *A*，因此，在定义坐标轴方向时，也可将姿态角 *Rx*/*Ry*/*Rz* 视作欧拉角 *C*/*B*/*A*，但必须将基准坐标系的旋转次序更改为 *Z*→*Y*→*X*。

3. 欧拉角定义法

欧拉角是另一种以转角定义旋转坐标系方向的方法。欧拉角和姿态角的区别在于姿态角是旋转坐标系绕方向固定的基准坐标系原始轴旋转的角度，而欧拉角则是绕旋转后的新坐标系坐标轴回转的角度。

以欧拉角表示坐标系旋转时，得到的坐标系方向（姿态）同样与旋转的次序有关。工业机器人的旋转次序一般为 *Z*→*Y*→*X*。因此，KUKA 机器人的欧拉角 *A*/*B*/*C* 的含义是：旋转坐标系首先绕基准坐标系的 *Z* 轴旋转 *A*°，然后再绕旋转后的新坐标系 *Y* 轴旋转 *B*°，接着再绕两次旋转后的新坐标系 *X* 轴旋转 *C*°。

例如，同样对于图 2.1-14 所示的工具姿态，如果采用欧拉角定义法，对应的欧拉角为图 2.2-3 所示的 *A*=180°、*B*=90°、*C*=0°；即工具坐标系首先绕基准坐标系原始的 Z_F 轴旋转 180°，使得旋转后的坐标系 Y'_F 与工具坐标系 Y_T 轴方向一致；然后再绕旋转后的新坐标系 Y'_F 轴旋转 90°，使得两次旋转后的坐标系 X'_F、Z'_F 轴与工具坐标系 X_T、Z_T 轴的方向一致。

由此可见，按 *Z*→*Y*→*X* 旋转次序定义的欧拉角 *A*/*B*/*C*，与按 *X*→*Y*→*Z* 旋转次序定义的姿态角 *Rx*/*Ry*/*Rz*（或 *W*/*P*/*R*）具有相同的数值，即 *A* =*Rz*、*B* = *Ry*、*C* = *Rx*。因此，也可将定义旋转坐标系的欧拉角 *A*/*B*/*C* 视作姿态角 *Rz*/*Ry*/*Rx*，但基准坐标系的旋转次序必须更改为 *X*→*Y*→*Z*。

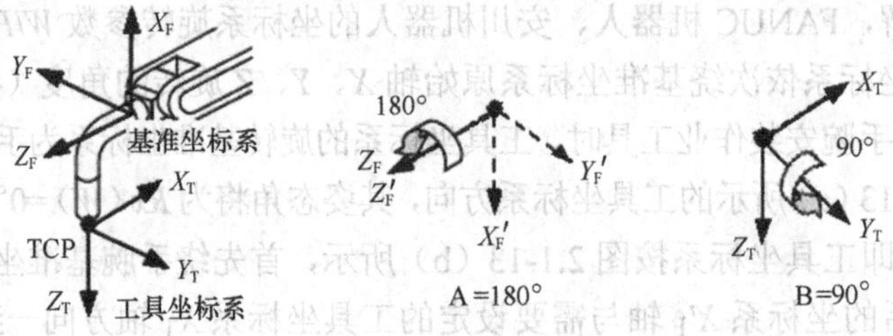

图 2.1-14　欧拉角定义法

4. 四元数定义法

ABB 机器人的旋转坐标系方向采用四元数定义法，其数据格式为[q_1，q_2，q_3，q_4]。q_1、q_2、q_3、q_4 为表示坐标旋转的四元数，它们是带符号的常数，其数值和符号需要按照以下方法确定。

（1）数值

四元数 q_1、q_2、q_3、q_4 的数值，可按以下公式计算后确定。

$$q_1^2 + q_2^2 + q_3^2 + q_4^2 = 1$$

$$q_1 = \frac{\sqrt{x_1 + y_2 + z_3 + 1}}{2}$$

$$q_2 = \frac{\sqrt{x_1 - y_2 - z_3 + 1}}{2}$$

$$q_3 = \frac{\sqrt{y_2 - x_1 - z_3 + 1}}{2}$$

$$q_4 = \frac{\sqrt{z_3 - x_1 - y_2 + 1}}{2}$$

式中的（x_1，x_2，x_3）、（y_1，y_2，y_3）、（z_1，z_2，z_3）分别为图 2.1-15 所示的旋转坐标系 X'、Y'、Z' 轴的单位向量在基准坐标系 X、Y、Z 轴上的投影。

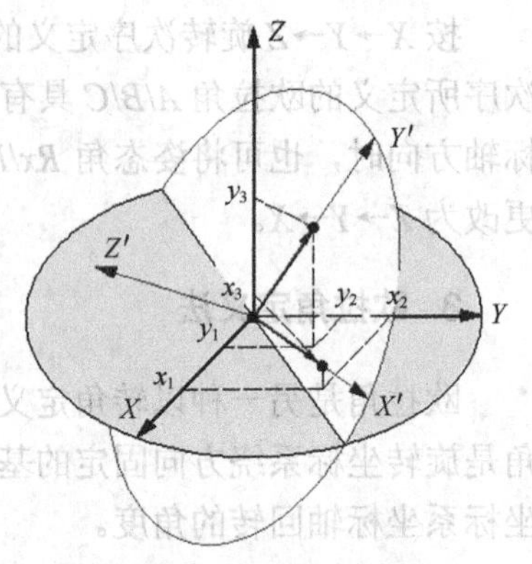

图 2.1-15　四元数数值计算

（2）符号

四元数 q_1、q_2、q_3、q_4 的符号按下述方法确定。

q_1：符号总是为正。

q_2：符号由计算式（$y_3 - z_2$）确定，（$y_3 - z_2$）$\geqslant 0$ 为“+”，否则为“−”。

q_3：符号由计算式（$z_1 - x_3$）确定，（$z_1 - x_3$）$\geqslant 0$ 为“+”，否则为“−”。

q_4：符号由计算式（$x_2 - y_1$）确定，（$x_2 - y_1$）$\geqslant 0$ 为“+”，否则为“−”。

例如，对于图 2.1-16 所示的工具坐标系，在 FANUC 机器人、安川机器人上用姿态角表示时，Rx（W）=0°、Ry（P）=90°、Rz（R）=180°；在 KUKA 机器人上用欧拉角表示时，A=180°、B=90°、C=0°；在 ABB 机器人上用四元数表示时，因旋转坐标系 X'、Y'、Z' 轴（即工具坐标系 X_T、Y_T、Z_T 轴）单位向量在基准坐标系 X、Y、Z 轴（即手腕基准坐标系的 X_F、Y_F、Z_F 轴）上的投影分别如下。

（x_1，x_2，x_3）=（0，0，−1）

$(y_1, y_2, y_3) = (0, -1, 0)$

$(z_1, z_2, z_3) = (-1, 0, 0)$

由此可得：

$$q_1 = \frac{\sqrt{x_1 + y_2 + z_3 + 1}}{2} = 0$$

$$q_2 = \frac{\sqrt{x_1 - y_2 - z_3 + 1}}{2} = 0.707$$

$$q_3 = \frac{\sqrt{y_2 - x_1 - z_3 + 1}}{2} = 0$$

$$q_4 = \frac{\sqrt{z_3 - x_1 - y_2 + 1}}{2} = 0.707$$

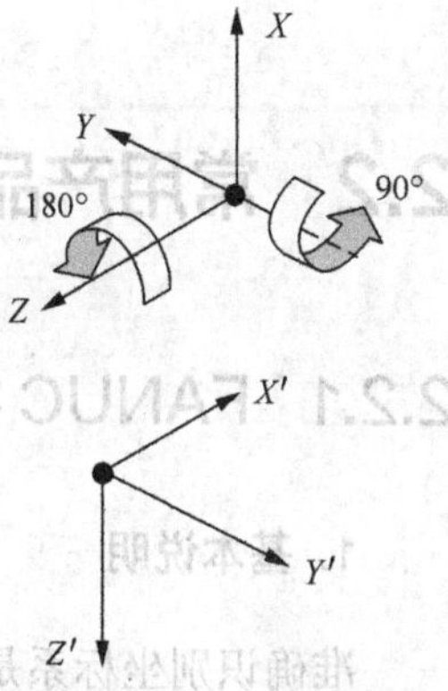

图 2.1-16　工具坐标系

q_1、q_3 为"0"，符号为"+"；计算式（y_3-z_2）= 0，q_2 为"+"；计算式（x_2-y_1）=0，q_4 为"+"，因此，工具坐标系的旋转四元数为[0，0.707，0，0.707]。

2.2 常用产品的坐标系定义

2.2.1 FANUC 机器人坐标系

1. 基本说明

准确识别坐标系是机器人操作和编程的基本要求，由于机器人坐标系目前还没有统一的定义标准，不同公司产品的定义方法各不相同，为避免读者混淆，现将 FANUC 机器人、安川机器人、ABB 机器人、KUKA 机器人产品的坐标系定义方法统一介绍如下。

FANUC 机器人控制系统的坐标系实际上有关节坐标系、机器人基座坐标系、手腕基准坐标系、大地坐标系、工具坐标系、用户坐标系 6 类，但坐标系名称、使用方法与其他机器人相比有较大的不同。

手腕基准坐标系在 FANUC 机器人上被称为工具安装坐标系，中文说明书译作“机械接口坐标系”。手腕基准坐标系是通过运动控制模型建立、由 FANUC 定义的控制坐标系，通常只能由控制系统的工具坐标系参数设定，用户既不能改变其设定、也不能在该坐标系上进行其他操作，因此，机器人使用说明书一般不对其进行介绍；其他坐标系均可支持用户操作和编程。

FANUC 机器人坐标系在示教器上以“JOINT”“JGFRM”“WORLD”“TOOL”“USER”的形式显示，其中，JGFRM 只能用于机器人手动操作。JOINT、TOOL、USER 分别表示关节坐标系、工具坐标系、用户坐标系，其含义明确；JGFRM、WORLD 的含义说明如下。

JGFRM：JGFRM 是机器人手动（JOG）操作坐标系 JOG Frame 的代号，简称 JOG 坐标系。JOG 坐标系是 FANUC 公司为了方便机器人在机器人基座坐标系上手动操作而专门设置的特殊坐标系，与机器人基座坐标系相比，其使用更方便。机器人在出厂时，控制系统默认 JOG 坐标系与机器人基座坐标系重合，因此，如果不进行 JOG 坐标系的设定操作，JOG 坐标系就可被视作机器人基座坐标系。

WORLD：WORLD 实际上是大地坐标系的简称，在中文说明书中被译作“全局坐标系”。大地坐标系是 FANUC 机器人基座坐标系、用户坐标系的设定基准，用户不能改变。由于大多数机器人采用地面固定安装，机器人在出厂时默认大地坐标系与机器人基座坐标系重合，因此，FANUC 机器人在进行操作和编程时，通常直接使用大地坐标系来代替机器人基座坐标系。如果需要利用变位器移动（附加功能）机器人，机器人基座坐标系的位置，可通过控制系统的机器人变位器配置参数，由控制系统自动计算与确定。

为了与 FANUC 机器人说明书统一，本书在后述内容中，也将 FANUC 机器人的 WORLD 坐标系称为全局坐标系，将手腕基准坐标系称为工具安装坐标系。

FANUC 机器人的坐标系定义如下。

2. 机器人基本坐标系

关节坐标系、全局坐标系、机械接口坐标系是 FANUC 机器人的基本坐标系，必须由

FANUC 公司定义，用户不得改变。关节坐标系、全局坐标系、机械接口坐标系的零点位置、方向规定如下。

（1）关节坐标系

FANUC 6 轴垂直串联机器人的腰回转关节轴、下臂摆动关节轴、上臂摆动关节轴、腕回转关节轴、腕弯曲关节轴、手回转关节轴的名称依次为 J1～J6；其轴运动方向、零点位置定义如图 2.2-1 所示。机器人所有关节轴位于零点位置（*J1*～*J6* = 0）时，机器人中心线平面与基座前侧面垂直（*J1*= 0°）；下臂中心线与基座安装底面垂直（*J2*= 0°）；上臂中心线和手回转中心线与基座安装底面平行（*J3* = 0°、*J5* = 0°）；手腕和手的基准线垂直基座安装底面向上（*J4* = 0°、*J6* = 0°）。

（2）全局坐标系、机械接口坐标系

FANUC 机器人的全局坐标系、机械接口坐标系原点位置和方向定义如图 2.2-2 所示。全局坐标系原点通常位于通过 J2 回转中心、平行于安装底平面的平面上；机械接口坐标系的+*Z* 方向为垂直手腕工具安装法兰面向外，机械接口坐标系的+*X* 方向为 *J4* = 0° 时手腕向上（或向外）的弯曲切线方向。

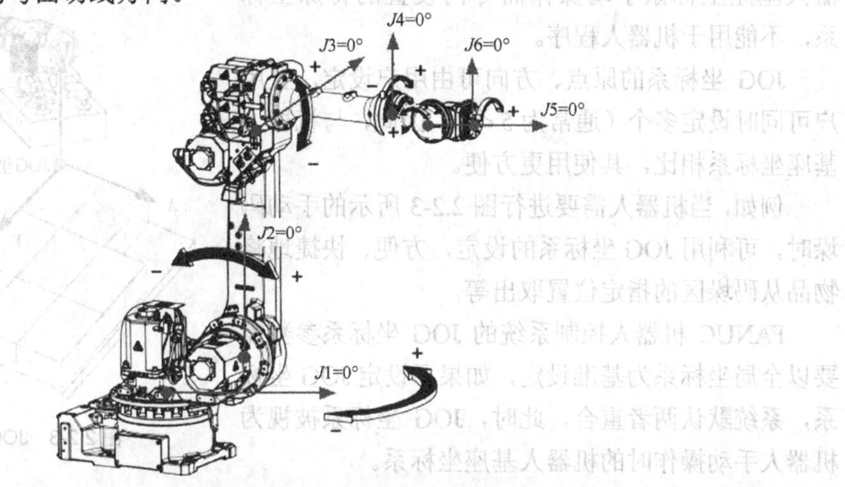

图 2.2-1 FANUC 机器人关节坐标系的轴运动方向、零点位置定义

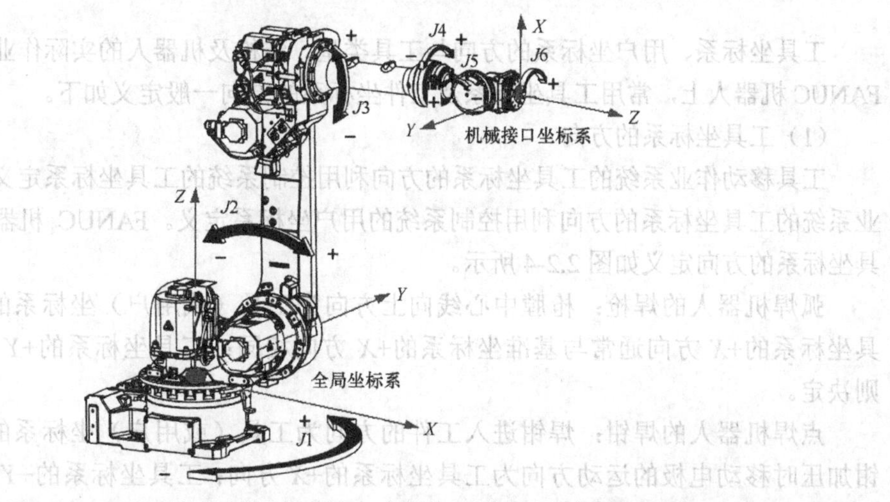

图 2.2-2 FANUC 机器人的全局坐标系、机械接口坐标系原点位置和方向定义

3. 工具坐标系、用户坐标系、JOG 坐标系

（1）工具坐标系、用户坐标系

工具坐标系、用户坐标系是 FANUC 机器人的基本作业坐标系，用户坐标系可通过程序指令进行平移、旋转等变换，作为工件坐标系使用。工具坐标系、用户坐标系可由用户自由设定，其数量与控制系统的型号、规格、功能有关，一般常用的机器人最多可设定 10 个工具坐标系、9 个用户坐标系。

FANUC 机器人控制系统的工具坐标系参数需要以机械接口坐标系为基准设定，如果不设定工具坐标系，系统默认工具坐标系和机械接口坐标系重合；控制系统的用户坐标系参数需要以全局坐标系为基准设定，如果不设定用户坐标系，系统默认用户坐标系和全局坐标系重合。工具坐标系、用户坐标系的方向可用基准坐标系按 $X \rightarrow Y \rightarrow Z$ 旋转次序的姿态角 $W/P/R$ 表示。

（2）JOG 坐标系

JOG 坐标系是 FANUC 公司为方便机器人在机器人基座坐标系手动操作而专门设置的特殊坐标系，不能用于机器人程序。

JOG 坐标系的原点、方向可由用户设定，且用户可同时设定多个（通常为 5 个），因此，与机器人基座坐标系相比，其使用更方便。

例如，当机器人需要进行图 2.2-3 所示的手动码垛时，可利用 JOG 坐标系的设定，方便、快捷地将物品从码垛区的指定位置取出等。

FANUC 机器人控制系统的 JOG 坐标系参数需要以全局坐标系为基准设定，如果不设定 JOG 坐标系，系统默认两者重合，此时，JOG 坐标系被视为机器人手动操作时的机器人基座坐标系。

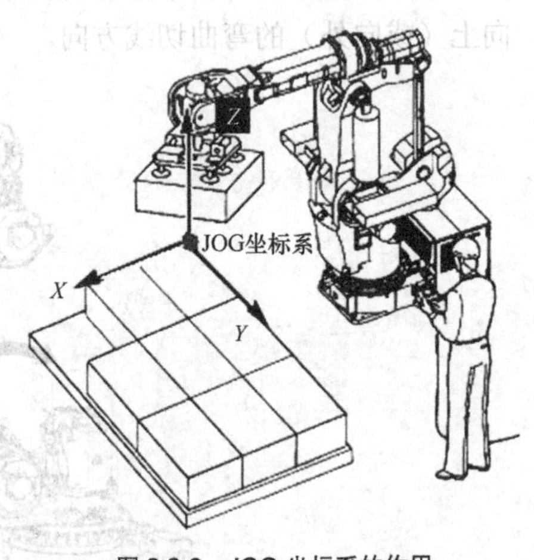

图 2.2-3　JOG 坐标系的作用

4. 常用工具坐标系定义

工具坐标系、用户坐标系的方向与工具类型、结构及机器人的实际作业方式有关，在 FANUC 机器人上，常用工具坐标系及工件坐标系的方向一般定义如下。

（1）工具坐标系的方向

工具移动作业系统的工具坐标系的方向利用控制系统的工具坐标系定义，工件移动作业系统的工具坐标系的方向利用控制系统的用户坐标系定义。FANUC 机器人上的常用工具坐标系的方向定义如图 2.2-4 所示。

弧焊机器人的焊枪：枪膛中心线向上方向为工具（或用户）坐标系的 $+Z$ 方向；工具坐标系的 $+X$ 方向通常与基准坐标系的 $+X$ 方向相同；工具坐标系的 $+Y$ 方向由右手定则决定。

点焊机器人的焊钳：焊钳进入工件的方向为工具（或用户）坐标系的 $+Z$ 方向；焊钳加压时移动电极的运动方向为工具坐标系的 $+X$ 方向；工具坐标系的 $+Y$ 方向由右手定则决定。

搬运机器人的抓手：抓手的工具坐标系的+Z方向一般与手腕基准坐标系相反（垂直手腕法兰向内）；抓手的工具坐标系的+X方向与手腕基准坐标系的+X方向相同；抓手的工具坐标系的+Y方向由右手定则决定。

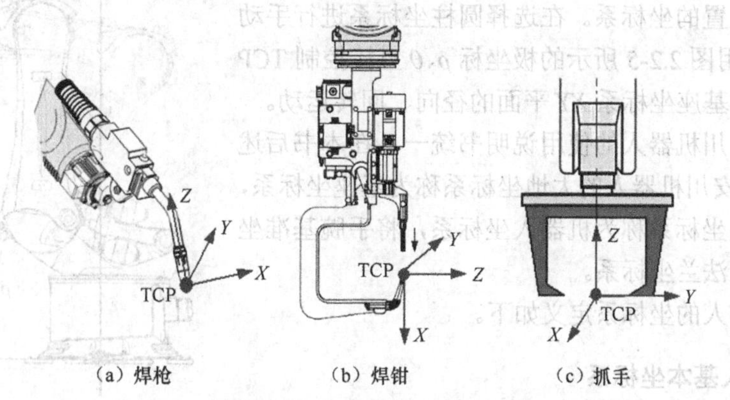

（a）焊枪　　（b）焊钳　　（c）抓手

图 2.2-4　FANUC 机器人上的常用工具坐标系的方向定义

（2）工件坐标系的方向

工具移动作业系统的工件安装在地面或工件安装平面上，工件坐标系的方向需要利用控制系统的用户坐标系参数定义，用户坐标系的+Z方向一般为工件安装平面的法线方向；用户坐标系的+X方向通常与全局坐标系的+X方向相反；用户坐标系的+Y方向由右手定则决定。

将工件移动作业系统的工件夹持在机器人手腕上，利用控制系统的工具坐标系参数定义工件坐标系的方向，工具坐标系的+Z方向一般与机械接口坐标系的+Z方向相反（垂直手腕法兰向内）；工具坐标系的+X方向与机械接口坐标系的+X方向相同；工具坐标系的+Y方向由右手定则决定。

2.2.2　安川机器人坐标系

1. 基本说明

安川机器人控制系统的坐标系实际上有关节坐标系、机器人基座坐标系、手腕基准坐标系、大地坐标系、工具坐标系、用户坐标系 6 类，但坐标系名称、使用方法与其他机器人有所不同。在安川机器人使用说明书中，手腕基准坐标系称为手腕法兰坐标系，机器人基座坐标系称为机器人坐标系，大地坐标系称为基座坐标系。

手腕法兰坐标系是用来建立运动控制模型、由安川机器人定义的系统控制坐标系，通常只用于控制系统的工具坐标系参数设定，用户既不能改变其设定、也不能在该坐标系上进行其他操作，因此，机器人使用说明书一般不对其进行介绍；其他坐标系均可支持用户操作和编程。

安川机器人的坐标系在示教器上显示为“关节坐标系”“机器人坐标系”“基座坐标系”“直角坐标系”“圆柱坐标系”“工具坐标系”“用户坐标系”。其中，直角坐标系、圆柱坐标系仅供手动操作机器人时使用，其功能如下。

直角坐标系：用于机器人基座坐标系的手动操作。用户选择直角坐标系时，机器人可以笛卡儿坐标系的形式，控制 TCP 在机器人坐标系上的运动，因此，直角坐标系实际上就是通常意义上的需要手动操作机器人的坐标系。

圆柱坐标系：圆柱坐标系是安川公司为方便手动操作机器人而设置的坐标系。在选择圆柱坐标系进行手动操作时，可以用图 2.2-5 所示的极坐标 ρ、θ 直接控制 TCP 进行在机器人基座坐标系 *XY* 平面的径向、回转运动。

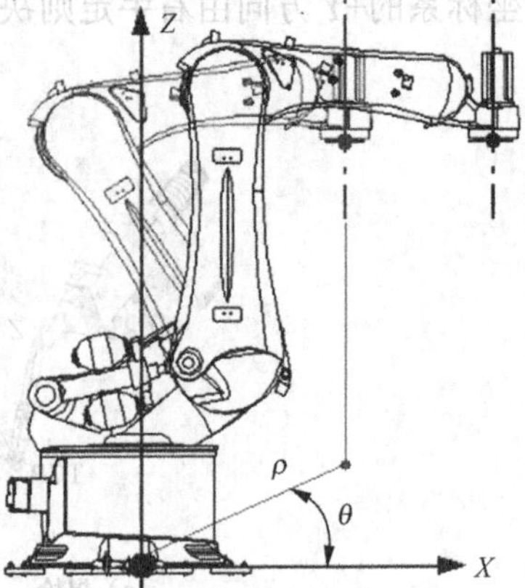

为了与安川机器人的使用说明书统一，在本书后述的内容中，将安川机器人的大地坐标系称为基座坐标系，将机器人基座坐标系称为机器人坐标系，将手腕基准坐标系称为手腕法兰坐标系。

安川机器人的坐标系定义如下。

图 2.2-5　圆柱坐标系

2. 机器人基本坐标系

关节坐标系、机器人坐标系、手腕法兰坐标系是安川机器人的基本坐标系，必须由安川公司定义，用户不得改变。关节坐标系、机器人坐标系、手腕法兰坐标系的原点位置、方向规定如下。

（1）关节坐标系

安川 6 轴垂直串联机器人的腰回转关节轴、下臂摆动关节轴、上臂摆动关节轴、腕回转关节轴、腕弯曲关节轴、手回转关节轴的名称依次为 S、L、U、R、B、T。安川机器人关节坐标系的轴方向和零点位置定义如图 2.2-6 所示。

安川机器人关节轴方向以及 S、L、U、R、T 的零点位置定义与 FANUC 机器人相同，但 *B* 的零点位置有图 2.2-6 所示的两种情况：部分机器人以 *S*=0°、*L*=0°、*U*=0°、*R*=0°时，手回转中心线与基座安装底面平行的位置为 *B* 的零点位置；部分机器人则以 *S*=0°、*L*=0°、*U*=0°、*R*=0°时，手回转中心线与基座安装底面垂直的位置为 *B* 的零点位置。

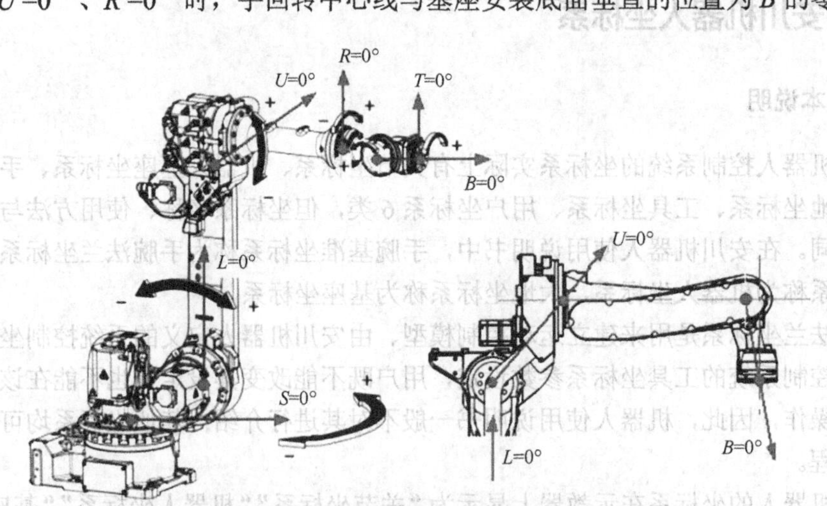

图 2.2-6　安川机器人关节坐标系的轴方向和零点位置定义

（2）机器人坐标系、手腕法兰坐标系

安川机器人的机器人坐标系、手腕法兰坐标系原点和方向定义如图 2.2-7 所示。机器人坐标系原点位于机器人安装底平面；手腕法兰坐标系的+Z 方向为垂直手腕工具安装法兰面向外，手腕法兰坐标系的+X 方向为 R= 0° 时手腕向上（或向外）的弯曲切线方向。

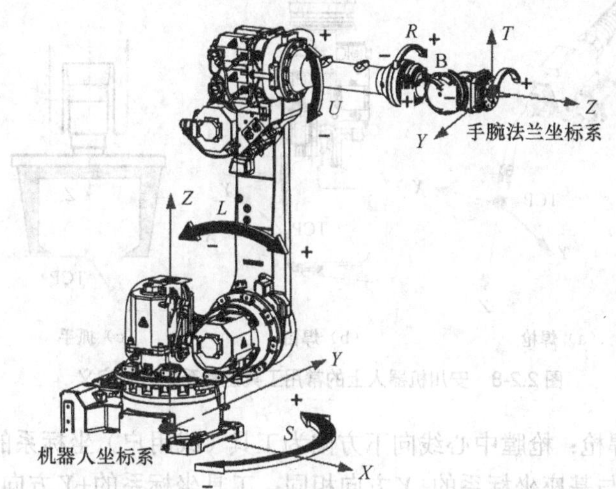

图 2.2-7　安川机器人的机器人坐标系、手腕法兰坐标系原点和方向定义

3. 基座坐标系、工具坐标系、用户坐标系

安川机器人控制系统的作业坐标系有基座坐标系、工具坐标系、用户坐标系 3 类，用户坐标系可通过程序指令进行平移、旋转等变换，作为工件坐标系使用。机器人只能设定 1 个基座坐标系；工具坐标系、用户坐标系的数量与控制系统的型号和规格及功能有关，常用的机器人最多可设定 64 个工具坐标系、63 个用户坐标系。

安川机器人的基座坐标系就是大地坐标系，它是机器人坐标系、用户坐标系的设定基准，其设定必须唯一；在利用变位器移动或倾斜、倒置安装的机器人上，机器人坐标系、用户坐标系的原点位置和方向需要通过基座坐标系确定。机器人在出厂时默认基座坐标系和机器人坐标系重合，因此，对于大多数采用地面固定安装的机器人来说，基座坐标系就是机器人坐标系。需要使用变位器移动或倾斜、倒置安装机器人时（附加功能），机器人坐标系在大地坐标系上的原点位置和方向，可通过控制系统的机器人变位器配置参数、由控制系统自动计算与确定。

安川机器人控制系统的工具坐标系参数需要以手腕法兰坐标系为基准设定，如果不设定工具坐标系，系统默认工具坐标系和手腕法兰坐标系重合；控制系统的用户坐标系参数需要以基座坐标系为基准设定，如果不设定用户坐标系，系统默认用户坐标系和基座坐标系重合。工具坐标系、用户坐标系的方向可用基准坐标系按 $X \to Y \to Z$ 旋转次序的姿态角 $R_x/R_y/R_z$ 表示。

4. 常用工具坐标系定义

工具坐标系、用户坐标系的方向与工具类型、结构以及机器人的实际作业方式有关，在安川机器人上，常用工具坐标系及工件坐标系的方向一般定义如下。

（1）工具坐标系的方向

工具移动作业系统的工具坐标系的方向利用控制系统的工具坐标系定义，工件移动作业系统的工具坐标系的方向利用控制系统的用户坐标系定义。安川机器人上的常用工具坐标系的方向定义如图 2.2-8 所示。

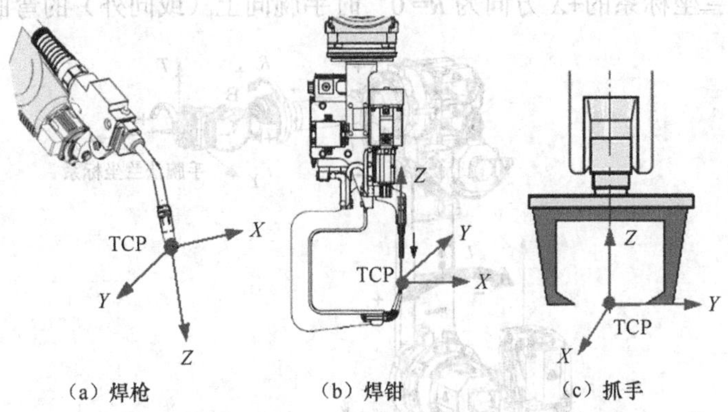

（a）焊枪　　（b）焊钳　　（c）抓手

图 2.2-8　安川机器人上的常用工具坐标系的方向定义

弧焊机器人的焊枪：枪膛中心线向下方向为工具（或用户）坐标系的+Z 方向；工具坐标系的+X 方向通常与基座坐标系的+X 方向相同；工具坐标系的+Y 方向由右手定则决定。

点焊机器人的焊钳：焊钳进入工件方向为工具（或用户）坐标系的+X 方向；焊钳松开时移动电极的运动方向为工具坐标系的+Z 方向；工具坐标系的+Y 方向由右手定则决定。

搬运机器人的抓手：抓手的工具坐标系的+Z 方向一般与手腕法兰坐标系相反（垂直手腕法兰向内）；抓手的工具坐标系的+X 方向与手腕法兰坐标系的+X 方向相同；抓手的工具坐标系的+Y 方向由右手定则决定。

（2）工件坐标系的方向

将工具移动作业系统的工件安装在地面或工件安装平面上，工件坐标系的方向需要利用控制系统的用户坐标系参数定义，用户坐标系的+Z 方向一般为工件安装平面的法线方向；用户坐标系的+X 方向通常与机器人坐标系的+X 方向相反；用户坐标系的+Y 方向由右手定则决定。

将工件移动作业系统的工件夹持在机器人手腕上，利用控制系统的工具坐标系参数定义工件坐标系的方向，工具坐标系的+Z 方向一般与手腕法兰坐标系的+Z 方向相反（垂直手腕法兰向内）；工具坐标系的+X 方向与手腕法兰坐标系的+X 方向相同；工具坐标系的+Y 方向由右手定则决定。

2.2.3 ABB 机器人坐标系

1. 基本说明

ABB 机器人控制系统可使用关节坐标系、机器人基座坐标系、手腕基准坐标系、大地坐标系、工具坐标系、工件坐标系、用户坐标系等所有常用坐标系。在 ABB 机器人的使用说明书上，手腕基准坐标系称为手腕法兰坐标系，机器人基座坐标系称为基坐标系，工件坐标系称为对象坐标系。

ABB 机器人的手腕法兰坐标系是用来建立运动控制模型、由 ABB 机器人定义的系统控制坐标系，通常只用于控制系统的工具坐标系参数设定，用户既不能改变其设定、也不能在该坐标系上进行其他操作，因此，在 ABB 机器人的使用说明书一般不对其进行介绍。

ABB 机器人的用户坐标系、工件坐标系以及作业形式、运动单元等参数，需要由控制系统的工件数据统一设定，因此，用户坐标系不能直接被用于手动操作。

ABB 机器人的示教器采用触摸屏操作，用户操作和编程使用的坐标系在示教器上以中文“大地坐标系”“基坐标”“工具”“工件坐标”及图标的形式显示。在进行机器人基座坐标系手动操作时，应选择“基坐标”。ABB 机器人的用户坐标系不能直接选择手动操作，但可以通过工件坐标系和用户坐标系重合的工件数据定义，通过选择“工件坐标”，间接实现用户坐标系的手动操作。

为了与 ABB 机器人的说明书统一，在本书后述的内容中，也将 ABB 机器人的机器人基座坐标系称为基坐标系，将手腕基准坐标系称为手腕法兰坐标系。

ABB 机器人的坐标系定义如下。

2. 机器人基本坐标系

关节坐标系、基坐标系、手腕法兰坐标系是 ABB 机器人的基本坐标系，必须由 ABB 公司定义，用户不得改变。关节坐标系、基坐标系、手腕法兰坐标系的原点位置、方向规定如下。

（1）关节坐标系

ABB 6 轴垂直串联机器人的腰回转关节轴、下臂摆动关节轴、上臂摆动关节轴、腕回转关节轴、腕弯曲关节轴、手回转关节轴的名称依次为 j1～j6；其轴运动方向、零点位置定义如图 2.2-9 所示。

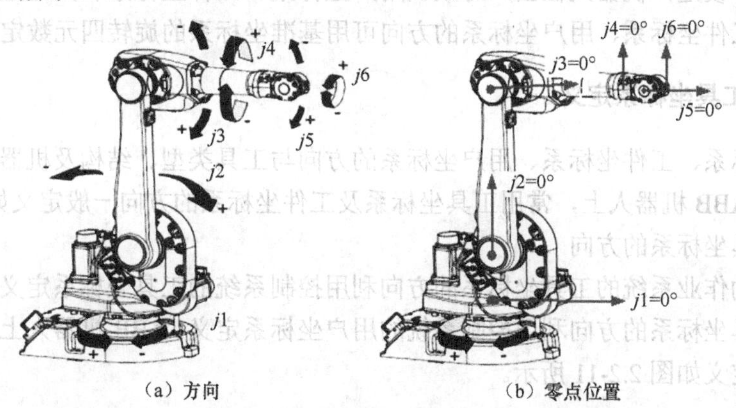

（a）方向　　（b）零点位置

图 2.2-9　ABB 机器人关节坐标系的轴运动方向、零点位置定义

ABB 机器人的 j1、j2 的运动方向与 FANUC 机器人、安川机器人相同；但是，j3、j4、j5、j6 的运动方向与 FANUC 机器人、安川机器人相反。

ABB 机器人的关节轴零点位置（*j1*～*j6* = 0°）如图 2.2-9（b）所示，机器人全部关节轴位于零点位置时，中心线平面与基座前侧面垂直（*j1*= 0°）；下臂中心线与基座安装底面垂直（*j2*= 0°）；上臂中心线和手回转中心线与基座安装底面平行（*j3* = 0°、*j5* = 0°）；手腕和手的基准线垂直基座安装底面向上（*j4* = 0°、*j6* = 0°）。

（2）基坐标系、手腕法兰坐标系

ABB 机器人的基坐标系、手腕法兰坐标系原点位置和方向定义如图 2.2-10 所示。机器人坐标系原点位于机器人安装底面；手腕法兰坐标系的+*Z* 方向为垂直手腕工具安装法兰面向外；由于 ABB 机器人的 j5 方向与 FANUC 机器人、安川机器人相反，因此，手腕法兰坐标系的+*X* 方向为 *R*= 0° 时手腕向下（或向内）的弯曲切线方向。

3. 作业坐标系

ABB 机器人控制系统的作业坐标系有大地坐标系、工具坐标系、工件坐标系、用户坐标系 4 类，其中，大地坐标系的设定必须唯一；工具坐标系、工件坐标系、用户坐标系的设定数量不限；用户坐标系不能单独被用于手动操作。

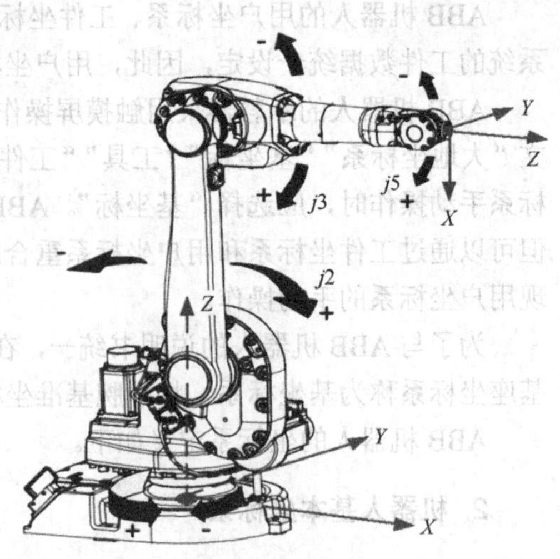

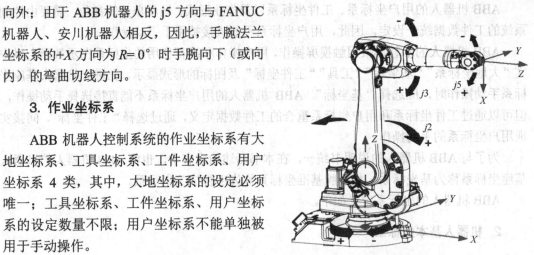

图 2.2-10 ABB 机器人的基坐标系、手腕法兰坐标系原点位置和方向定义

ABB 机器人的大地坐标系是基坐标系、工件坐标系、用户坐标系设定的基准，其设定必须唯一。机器人在出厂时默认大地坐标系和基坐标系重合。

ABB 机器人控制系统的工具坐标系参数需要以手腕法兰坐标系为基准设定，如果不设定工具坐标系，系统默认工具坐标系和手腕法兰坐标系重合；控制系统的用户坐标系、工件坐标系参数需要以大地坐标系为基准，连同机器人的作业形式、运动单元等参数，在工件数据上统一设定；机器人在出厂时默认用户坐标系、工件坐标系和大地坐标系重合。工具坐标系、工件坐标系、用户坐标系的方向可用基准坐标系的旋转四元数定义。

4. 常用工具坐标系定义

工具坐标系、工件坐标系、用户坐标系的方向与工具类型、结构及机器人实际作业方式有关，在 ABB 机器人上，常用工具坐标系及工件坐标系的方向一般定义如下。

（1）工具坐标系的方向

工具移动作业系统的工具坐标系的方向利用控制系统的工具坐标系定义，工件移动作业系统的工具坐标系的方向利用控制系统的用户坐标系定义。ABB 机器人上的常用工具坐标系的方向定义如图 2.2-11 所示。

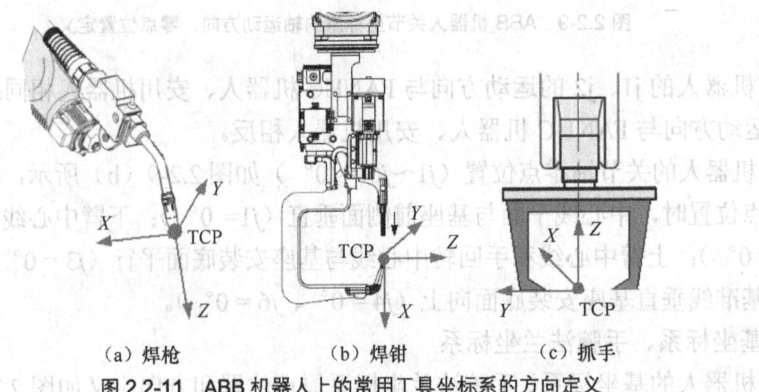

（a）焊枪　（b）焊钳　（c）抓手

图 2.2-11 ABB 机器人上的常用工具坐标系的方向定义

弧焊机器人的焊枪：枪膛中心线向下方向为工具（或用户）坐标系的+Z 方向；工具坐标系的+X 方向通常与基坐标系的+X 方向相同；工具坐标系的+Y 方向由右手定则决定。

点焊机器人的焊钳：焊钳进入工件方向为工具（或用户）坐标系的+Z 方向；焊钳加压时移动电极的运动方向为工具坐标系的+X 方向；工具坐标系的+Y 方向由右手定则决定。

搬运机器人的抓手：抓手的工具坐标系的+Z 方向一般与手腕法兰坐标系的+Z 方向相反（垂直手腕法兰向内）；抓手的工具坐标系的+X 方向与手腕法兰坐标系的+X 方向相同；抓手的工具坐标系的+Y 方向由右手定则决定。

（2）工件坐标系的方向

工具移动作业系统的工件安装在地面或工件安装平面上，工件坐标系的方向需要利用控制系统的工件坐标系参数定义，工件坐标系的+Z 方向一般为工件安装平面的法线方向；工件坐标系的+X 向通常与基坐标系（机器人基座坐标系）的+X 方向相反；工件坐标系的+Y 方向由右手定则决定。

用机器人手腕夹持工件移动作业系统的工件，工件坐标系的方向需要利用控制系统的工具坐标系参数定义（与 KUKA 不同），工具坐标系的+Z 方向一般与手腕法兰坐标系相反（垂直手腕法兰向内）；工具坐标系的+X 方向与手腕法兰坐标系的+X 方向相同；工具坐标系的+Y 方向由右手定则决定。

2.2.4　KUKA 机器人坐标系

1. 基本说明

KUKA 机器人控制系统的坐标系有关节坐标系、机器人基座坐标系、手腕基准坐标系、大地坐标系、工具坐标系、工件坐标系 6 类。在 KUKA 机器人使用说明书上，关节坐标系称为轴，机器人基座坐标系称为机器人根坐标系（ROBROOT CS），手腕基准坐标系称为法兰坐标系（FLANGE CS），工件坐标系称为基坐标系（BASE CS）。

KUKA 机器人的手腕基准坐标系是用来建立运动控制模型、由 KUKA 公司定义的系统控制坐标系，通常只用于控制系统的工具坐标系参数设定，用户既不能改变其设定、也不能在该坐标系上进行其他操作。

KUKA 机器人示教器采用触摸屏操作，可提供用户操作、编程使用的坐标系在示教器上以中文“轴”“全局”“基坐标”“工具”及图标的形式显示；轴、全局、基坐标、工具分别代表关节坐标系、大地坐标系、工件坐标系、工具坐标系。在大地坐标系与机器人基座坐标系重合（控制系统出厂默认）的机器人上，选择“全局”，实际上就是机器人基座坐标系。

为了与 KUKA 说明书统一，本书在后述的内容中，也将机器人基座坐标系称为机器人根坐标系，将手腕基准坐标系称为法兰坐标系；但是，为了避免歧义，轴改为“关节坐标系”，基坐标系改为“工件坐标系”；示教器显示图标中的“轴”“全局”“基坐标”名称，也不再在本书使用。

KUKA 机器人的坐标系定义如下。

2. 机器人基本坐标系

关节坐标系、机器人根坐标系、法兰坐标系是 KUKA 机器人的基本坐标系，必须由 KUKA 公司定义，用户不得改变。关节坐标系、机器人根坐标系、法兰坐标系的原点位置、方向规定如下。

（1）关节坐标系

KUKA 机器人的腰回转关节轴、下臂摆动关节轴、上臂摆动关节轴、腕回转关节轴、腕弯曲关节轴、手回转关节轴名称依次为 A1～A6，KUKA 机器人关节坐标系的轴运动方向和零点位置定义如图 2.2-12 所示。

KUKA 机器人的关节轴方向、零点位置定义与其他机器人（FANUC、安川、ABB 等机器人）有较大的区别，A1 的运动方向与其他机器人相反，A3/A5 和 ABB 机器人相同、与 FANUC/安川机器人相反，A4/A6 和 FANUC/安川机器人相同、与 ABB 机器人相反。A2 的零点位置为下臂中心线与机器人基座安装面平行的位置，A3 的零点位置为下臂中心线。

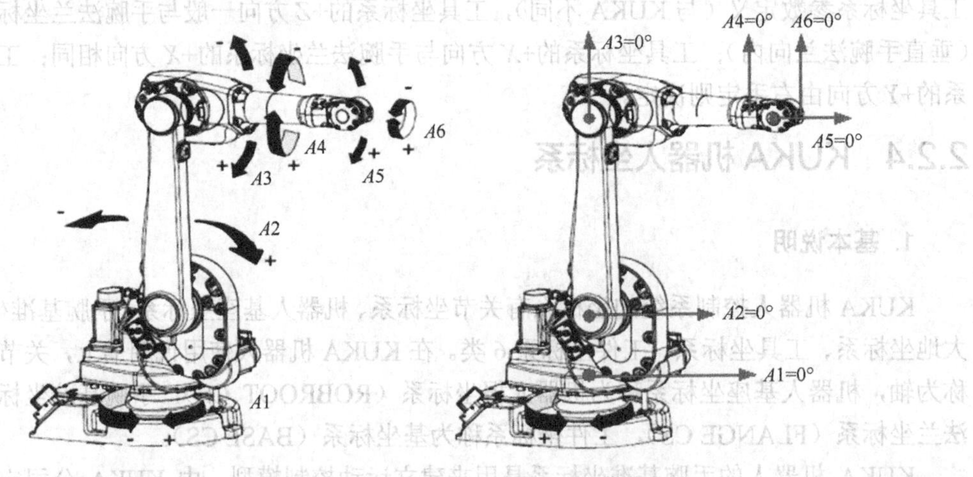

图 2.2-12　KUKA 机器人关节坐标系的轴运动方向和零点位置定义

（2）机器人根坐标系、法兰坐标系。KUKA 机器人的根坐标系、法兰坐标系的原点位置和方向定义如图 2.2-13 所示，其定义与 ABB 机器人相同。

需要注意的是，虽然 KUKA 机器人的法兰坐标系的原点位置、方向均与 ABB 机器人手腕法兰坐标系相同，但是，由于两种机器人的工具坐标系轴的定义不同（见下述内容），因此，即使同样的工具，其工具坐标系参数也会有所不同。

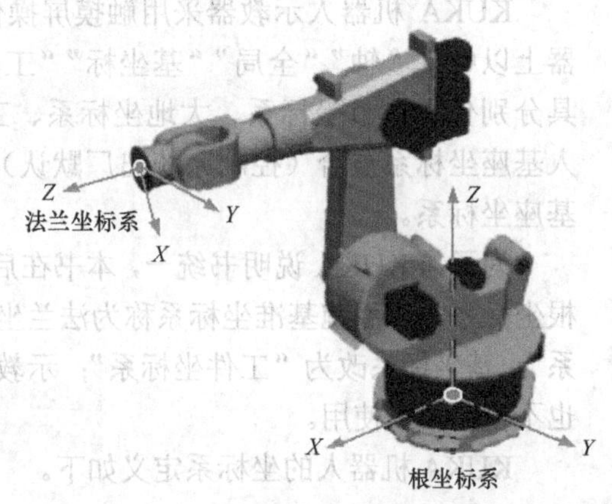

图 2.2-13　KUKA 机器人的根坐标系、法兰坐标系的原点位置和方向定义

3. 作业坐标系

KUKA 机器人控制系统的作业坐标系有

工具坐标系（TOOL CS）、基坐标系、大地坐标系 3 类，为避免歧义，本书将按通常习惯，将基坐标系称为“工件坐标系”。大地坐标系的设定唯一，工具坐标系最多可设定 16 个，工件坐标系最多可设定 32 个。

KUKA 机器人的大地坐标系是机器人根坐标系、工件坐标系的设定基准，其设定必须唯一；机器人在出厂时默认三者重合。

KUKA 机器人控制系统的工具坐标系参数需要以法兰坐标系为基准设定，如果不设定工具坐标系，系统默认工具坐标系和法兰坐标系重合。控制系统的工件坐标系参数需要以大地坐标系为基准设定。机器人在出厂时默认工件坐标系和大地坐标系重合。工具坐标系、工件坐标系的方向可用基准坐标系按 $Z \rightarrow Y \rightarrow X$ 旋转次序定义的欧拉角表示。

4. 常用工具坐标系定义

工具坐标系、工件坐标系的方向与工具类型、结构及机器人的实际作业方式有关，KUKA 机器人的常用工具坐标系的方向相较于 FANUC 机器人、安川机器人、ABB 机器人有较大的不同，常用工具坐标系及工件坐标系的方向一般定义如下。

（1）工具坐标系的方向

工具移动作业系统的工具坐标系的方向利用控制系统的工具坐标系定义，工件移动作业系统的工具坐标系的方向利用控制系统的用户坐标系定义。KUKA 机器人上的常用工具坐标系的方向定义如图 2.2-14 所示。

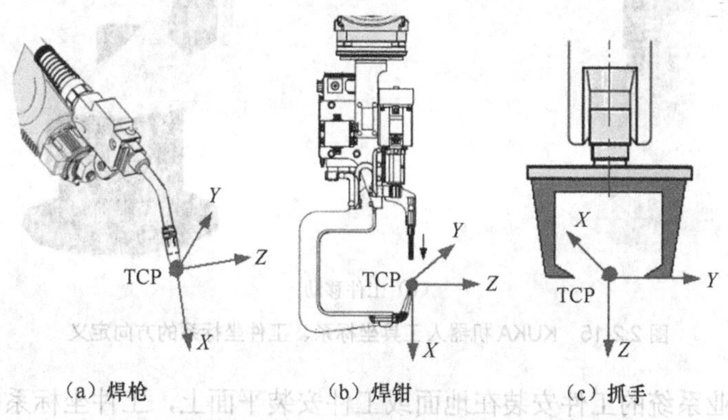

（a）焊枪　　（b）焊钳　　（c）抓手

图 2.2-14　KUKA 机器人的常用工具坐标系的方向定义

弧焊机器人的焊枪：枪膛中心线向下方向为工具（或用户）坐标系的+X方向；工具坐标系的+Z方向通常与基准坐标系的–X方向相同，工具坐标系的+Y方向由右手定则决定。

点焊机器人的焊钳：焊钳进入工件方向为工具（或用户）坐标系的+Z方向；焊钳加压时移动电极的运动方向为工具坐标系的+X方向，工具坐标系的+Y方向由右手定则决定。

搬运机器人的抓手：抓手一般只用于物品搬运、码垛等工具移动作业系统，工具坐标系的+Z方向一般与法兰坐标系相同（垂直手腕法兰向外）；工具坐标系的+X方向与法兰坐标系的+X方向相同；工具坐标系的+Y方向由右手定则决定。

（2）工件坐标系的方向

KUKA 机器人的工件坐标系的方向通常按图 2.2-15 所示定义。

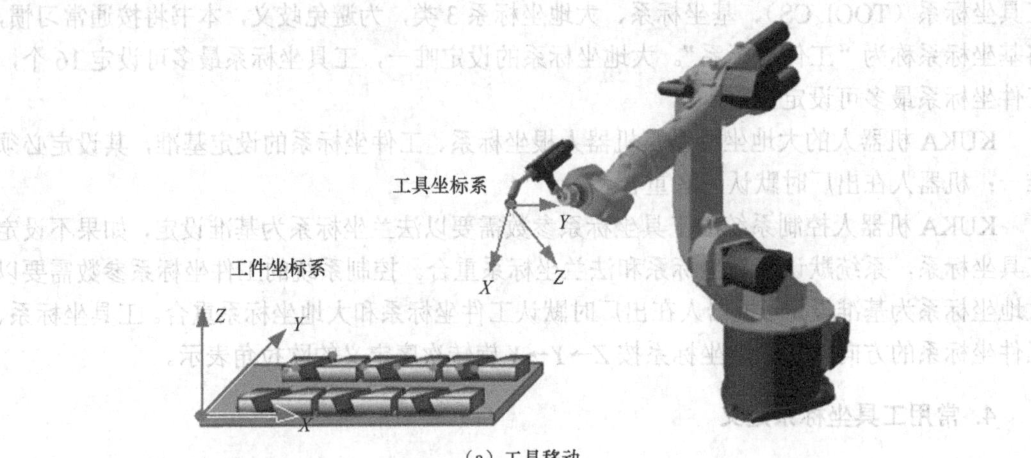

(a) 工具移动

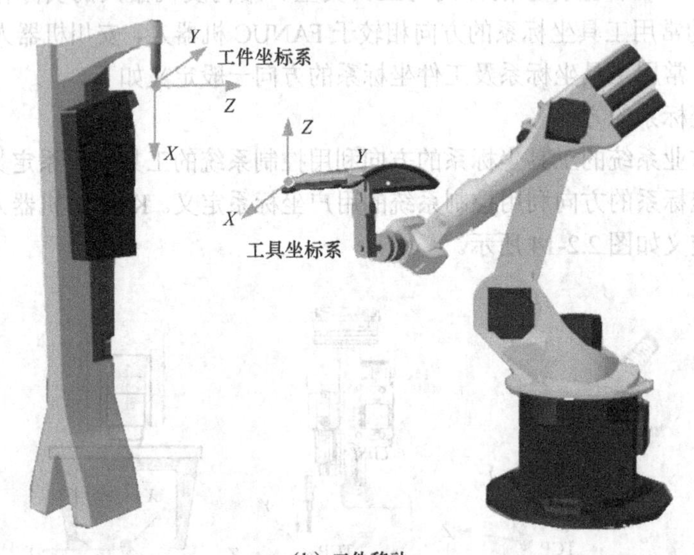

(b) 工件移动

图 2.2-15　KUKA 机器人工具坐标系、工件坐标系的方向定义

工具移动作业系统的工件安装在地面或工件安装平面上，工件坐标系的方向需要利用控制系统的工件坐标系参数定义。工件坐标系的+Z 方向一般为工件安装平面的法线方向；工件坐标系的+X 方向通常与机器人根坐标系的+X 方向相反；工件坐标系的+Y 方向由右手定则决定。

工件移动作业系统的工件夹持在机器人手腕上，工件坐标系的方向需要利用控制系统的工具坐标系参数定义，工具坐标系的+X 方向一般与法兰坐标系的相同（垂直手腕法兰向外）；工具坐标系的+Z 方向与法兰坐标系的−X 方向相同，工具坐标系的+Y 方向由右手定则决定。

5. 外部运动系统坐标系

外部运动系统坐标系是 KUKA 机器人控制系统的附加功能，在使用机器人变位器、工件变位器的作业系统上，需要以大地坐标系为参考，确定各部件的安装位置和方向，因此，需要设定以下外部运动系统坐标系。

（1）机器人变位器坐标系

机器人变位器坐标系是用来描述机器人变位器安装位置、方向的坐标系，KUKA 公司称之为 ERSYSROOT CS。

ERSYSROOT CS 需要以 WORLD CS 为基准设定，ERSYSROOT CS 原点就是变位器基准点在 WORLD CS 上的位置，变位器安装方向需要通过 ERSYSROOT CS 绕 WORLD CS 回转的欧拉角定义。

使用机器人变位器时，机器人基座坐标系将成为运动坐标系，机器人基座坐标系在机器人变位器坐标系上的位置、方向数据将保存在系统参数$ERSYS 中。将机器人根坐标系在大地坐标系上的位置、方向数据将保存在系统参数$ROBROOT_C 中。

（2）工件变位器坐标系

工件变位器坐标系是用来描述工件变位器的安装位置、安装方向的坐标系，KUKA 机器人称之为基点坐标系。

基点坐标系需要以大地坐标系为基准设定，基点坐标系的原点就是工件变位器基准点在大地坐标系上的位置，变位器的安装方向需要通过基点坐标系绕大地坐标系回转的欧拉角定义。

工件变位器可以用来安装工件或工具，在使用工件变位器时，控制系统的工具坐标系将成为运动坐标系，因此，在工件数据（系统变量$BASE_DATA[n]）中需要增加基点坐标系数据。

2.3 机器人姿态及定义

2.3.1 机器人与工具姿态

1. 机器人位置与机器人姿态

工业机器人的位置可通过利用关节坐标系（又被称为关节位置）、笛卡儿坐标系（又被称为 TCP 位置）这两种方式指定。

（1）关节位置

将利用关节坐标系定义的机器人位置称为关节位置，它是控制系统实际控制的位置，定位准确、机器人的状态唯一，也不涉及机器人姿态的概念。

关节位置与伺服电机所转过的绝对角度对应，一般利用伺服电机内置的脉冲编码器进行检测，关节位置的位置值通过脉冲编码器输出的脉冲计数来计算、确定，故又被称为脉冲位置。工业机器人伺服电机所采用的脉冲编码器通常具有断电保持功能（又被称为绝对编码器），其计数基准（零点）一旦设定，在任何时刻，电机旋转所需要的脉冲数都是一个确定值。因此，机器人的关节位置是与机器人、作业工具无关的唯一位置，也不存在奇点（见下述内容）。

机器人的关节位置通常只能利用机器人示教操作确定，操作人员基本上无法将三维空间的笛卡儿坐标系位置转换为机器人的关节位置。

（2）TCP 位置与机器人姿态

TCP 位置是利用虚拟笛卡儿坐标系定义的工具控制点位置，故又称“*XYZ* 位置”。

工业机器人是一种多自由度运动的自动化设备，在利用笛卡儿坐标系定义 TCP 位置时，机器人关节轴有多种实现的可能性。

例如，对于图 2.3-1 所示的 TCP 位置 *p*1，即便不考虑腕回转轴 j4、手回转轴 j6 的位置，也可通过图 2.3-1（a）所示的机器人直立向前、图 2.3-1（b）所示的机器人前俯后仰、图 2.3-1（c）所示的后转上仰等状态实现 *p*1 的定位。因此，在利用笛卡儿坐标系指定机器人 TCP 位置时，不仅需要规定 *X*、*Y*、*Z* 坐标值，还必须明确机器人关节轴的状态。

机器人的关节轴状态称为机器人姿态，又称机器人配置、关节配置，在机器人上可通过机身前/后、正肘/反肘、手腕俯/仰及 j1、j4、j6 的区间表示，但不同公司生产的机器人的定义参数及格式有所不同，常用机器人的姿态定义方法可参见后述内容。

2. 工具姿态及定义

在以笛卡儿坐标系定义 TCP 位置时，不仅需要确定 *X*、*Y*、*Z* 坐标值和机器人姿态，而且还需要规定作业工具的中心线（工具中心线）方向。

例如，对于图 2.3-2（a）所示的点焊作业，作业点的 *X*、*Y*、*Z* 坐标值相同，但焊钳的中心线（工具中心线）方向不同；对于 2.3-2（b）所示的弧焊作业，则需要在焊枪行进过程中改变焊枪的中心线（工具中心线）方向、规避障碍等。

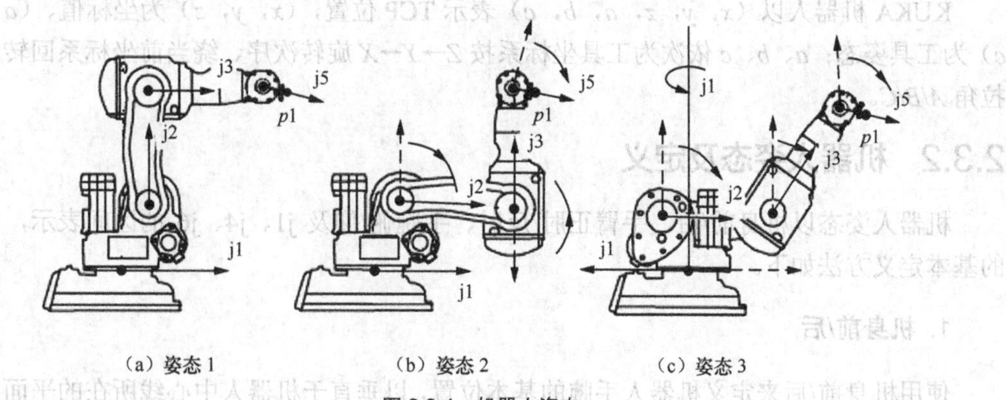

（a）姿态 1　（b）姿态 2　（c）姿态 3

图 2.3-1　机器人姿态

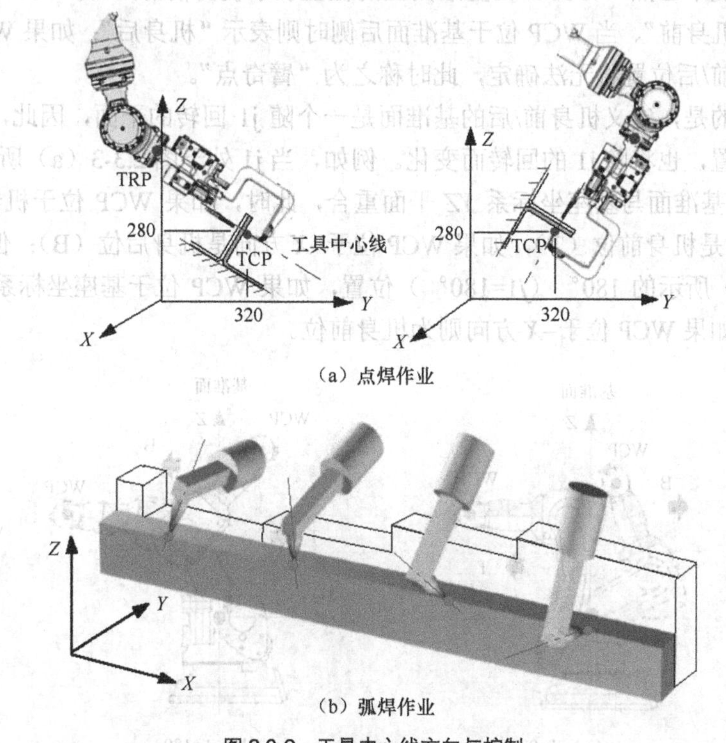

（a）点焊作业

（b）弧焊作业

图 2.3-2　工具中心线方向与控制

机器人的工具中心线方向被称为工具姿态。工具姿态实际上就是工具坐标系在当前坐标系（*x*，*y*，*z* 所对应的坐标系）上的方向，因此，它同样可通过基准坐标系旋转的姿态角或欧拉角、四元数来定义。由于坐标系旋转的定义方法不同，不同公司生产的机器人的 TCP 位置表示方法（数据格式）也有所不同，常用机器人的 TCP 位置数据格式如下。

FANUC 机器人、安川机器人以（*x*，*y*，*z*，*a*，*b*，*c*）表示 TCP 位置，（*x*，*y*，*z*）为坐标值、（*a*，*b*，*c*）为工具姿态；*a*、*b*、*c* 依次为工具坐标系按 *X*→*Y*→*Z* 旋转次序、绕当前坐标系回转的姿态角 *W*/*P*/*R*（*Rx*/*Ry*/*Rz*）。

ABB 机器人以[[x, y, z], [q_1, q_2, q_3, q_4]]表示 TCP 位置，（x, y, z）为坐标值；[q_1, q_2, q_3, q_4]为工具姿态；q_1、q_2、q_3、q_4为工具坐标系在当前坐标系上的旋转四元数。

KUKA 机器人以（x, y, z, a, b, c）表示 TCP 位置，（x, y, z）为坐标值、（a, b, c）为工具姿态；a、b、c 依次为工具坐标系按 Z→Y→X 旋转次序、绕当前坐标系回转的欧拉角 $A/B/C$。

2.3.2 机器人姿态及定义

机器人姿态以机身前/后、手臂正肘/反肘、手腕俯/仰及 j1、j4、j6 的区间表示，姿态的基本定义方法如下。

1. 机身前/后

使用机身前/后来定义机器人手腕的基本位置，以垂直于机器人中心线所在的平面为基准面，利用手腕中心点（WCP）在基准面上的位置表示机身前/后，当 WCP 位于基准面前侧时则表示“机身前”、当 WCP 位于基准面后侧时则表示“机身后”；如果 WCP 处于基准面上，则机身前/后位置将无法确定，此时称之为“臂奇点”。

需要注意的是，定义机身前/后的基准面是一个随 j1 回转的平面，因此，机身前/后相对于地面的位置，也将随 j1 的回转而变化。例如，当 j1 处于图 2.3-3（a）所示的 0° 位置（$j1$=0°）时，基准面与基座坐标系 YZ 平面重合，此时，如果 WCP 位于机器人基座坐标系的+X 方向则是机身前位（T），如果 WCP 位于–X 方向是机身后位（B）；但是，当 j1 处于图 2.3-3（b）所示的 180°（$j1$=180°）位置，如果 WCP 位于基座坐标系的+X 方向则为机身后位，如果 WCP 位于–X 方向则为机身前位。

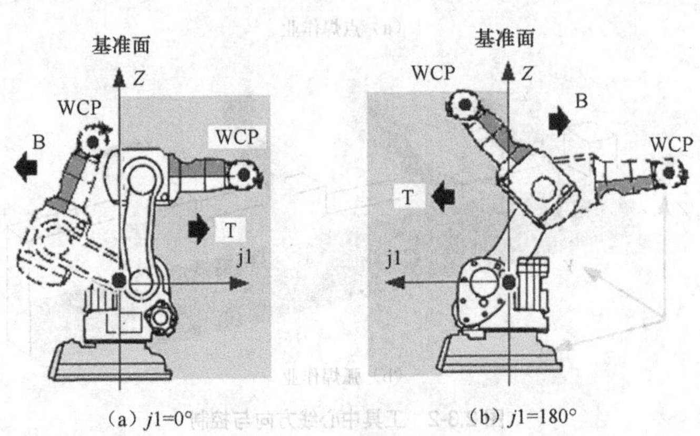

（a）$j1$=0°　　（b）$j1$=180°

图 2.3-3　机身前/后的定义

2. 手臂正肘/反肘

使用手臂正肘/反肘来定义机器人上下臂的状态，定义方法如图 2.3-4 所示。

手臂正肘/反肘以机器人下臂摆动轴 j2、腕弯曲轴 j5 中心线所在的平面为基准面，利用上臂摆动轴 j3 中心线在基准面上的位置表示，j3 中心线位于基准面上方则表示“正肘”、j3 中心线位于基准面下方则表示“反肘”；如果 j3 中心线处于基准面上，正肘/反肘状态将无法确定，此时称之为“肘奇点”。

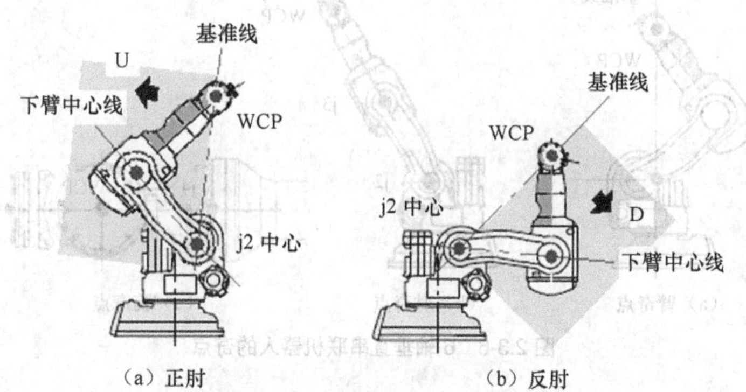

（a）正肘　　（b）反肘

图 2.3-4　手臂正肘/反肘的定义

3. 手腕俯/仰

使用手腕俯/仰来定义机器人手腕弯曲的状态，定义方法如图 2.3-5 所示。

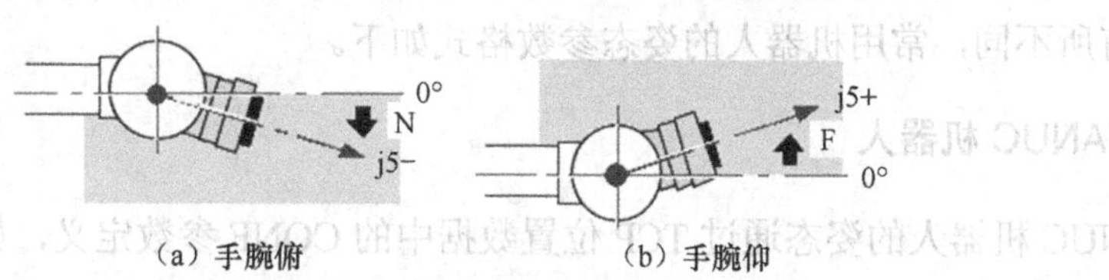

（a）手腕俯　　（b）手腕仰

图 2.3-5　手腕俯/仰的定义

手腕俯/仰以上臂中心线和 j5 中心线所在的平面为基准面，用手回转轴中心线与基准面的夹角表示；当 $j4=0°$ 、基准面水平时，上臂中心线与基准面之间的夹角为正表示“仰”、夹角为负表示“俯”；如果夹角为 0°，则手腕的俯/仰状态将无法确定，此时称之为“腕奇点”。

4. j1/j4/j6 的区间

使用 j1/j4/j6 的区间来规避机器人奇点。奇点又称奇异点，从数学意义上来说，奇点是不满足整体性质的个别点。在工业机器人上，按机器人工业协会（RIA）标准定义，奇点是“由于两个或多个机器人轴共线对准而导致机器人的运动状态和速度不可预测的点”。

6 轴垂直串联机器人的奇点有臂奇点、肘奇点、腕奇点 3 种，如图 2.3-6 所示。

臂奇点如图 2.3-6（a）所示，它代表了 WCP 正好处于机身前/后定义基准面上的所有情况。在臂奇点上，由于机身前/后位置无法确定，j1、j4 存在瞬间旋转 180° 的风险。

肘奇点如图 2.3-6（b）所示，它代表了 j3 中心线正好处于手臂正肘/反肘定义基准面上的所有情况。在肘奇点上，由于手臂的正肘/反肘状态无法确定，并且手臂伸长已达到极限，因此，TCP 线速度的微小变化，也可能导致 j2、j3 的高速运动，而产生危险。

腕奇点如图 2.3-6（c）所示，它代表了当手回转轴中心线与手腕的俯/仰定义基准面的夹角为 0° 时的所有情况。在腕奇点上，由于手腕的俯/仰状态无法确定，j4、j6 的位置存在无数种组合，因此，j4、j6 存在瞬间旋转 180° 的风险。

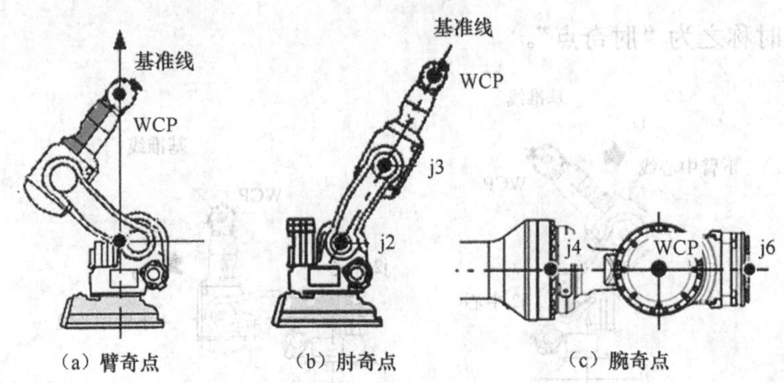

图 2.3-6　6 轴垂直串联机器人的奇点

为了防止机器人在奇点出现不可预见的 j1、j4、j6 运动，定义机器人姿态时，需要通过规定 j1/j4/j6 的区间（角度范围）来规避机器人奇点。

2.3.3　常用机器人的姿态参数

在 TCP 位置数据中的机器人姿态用姿态参数来表示，但数据格式在不同公司生产的机器人上有所不同，常用机器人的姿态参数格式如下。

1. FANUC 机器人

FANUC 机器人的姿态通过 TCP 位置数据中的 CONF 参数定义，如图 2.3-7 所示。

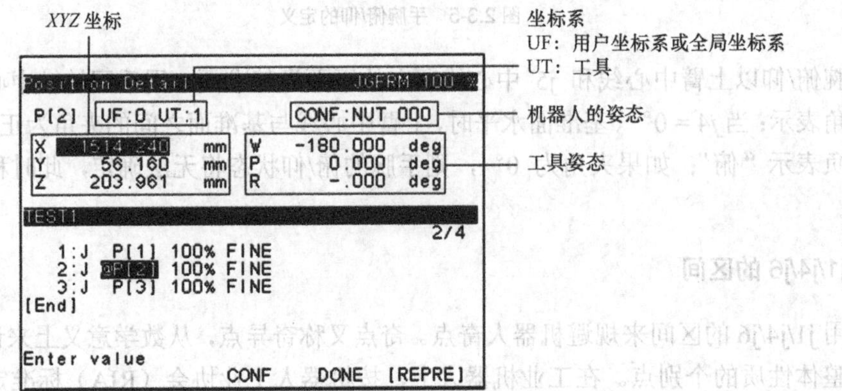

图 2.3-7　FANUC 机器人的姿态

CONF 参数的前 3 位为字符，具体含义如下。

第 1 个字符：表示手腕俯/仰（No Flip / Flip）状态，设定值为 N（俯）或 F（仰）。

第 2 个字符：表示手臂正肘/反肘（Up / Down）状态，设定值为 U（正肘）或 D（反肘）。

第 3 个字符：表示机身前/后（Front / Back）位置，设定值为 T（前）或 B（后）。

CONF 参数的后 3 位为数字，依次表示 j1/j4/j6 的区间，具体含义如下。

“-1”：表示 j1/j4/j6 的角度 θ 为 $-540^\circ < \theta \leqslant -180^\circ$。

“0”：表示 j1/j4/j6 的角度 θ 为 $-180^\circ < \theta < +180^\circ$。

“1”：表示 j1/j4/j6 的角度 θ 为 $180^\circ \leqslant \theta < 540^\circ$。

2. 安川机器人

安川机器人的姿态通过程序点位置数据中的<姿态>参数定义，如图 2.3-8 所示。

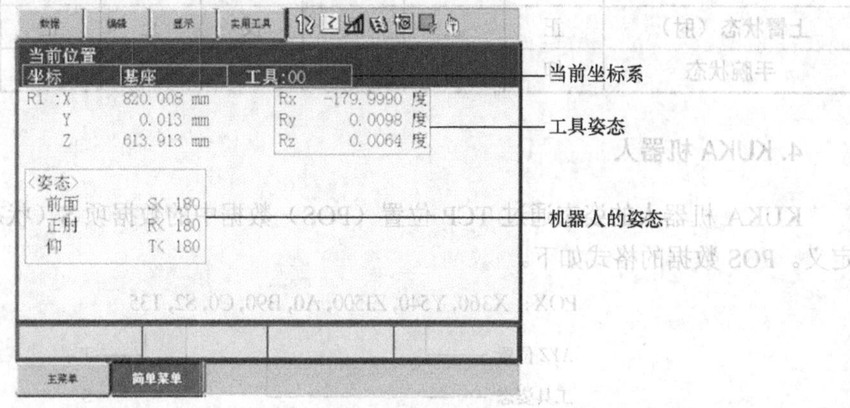

图 2.3-8　安川机器人的姿态

在<姿态>参数中，用“前面/后面”表示机身前/后位置，用“正肘/反肘”表示手臂的正肘/反肘状态，用“俯/仰”表示手腕的俯/仰状态，j1/j4/j6 的区间用“＜180”表示−180°≤θ＜180°、用“≥180”表示 θ≥180° 或 θ＜−180°。

3. ABB 机器人

ABB 机器人的姿态可通过 TCP 位置（robtarget，又称程序点）数据中的“配置数据”定义，robtarget 数据的格式如下。

```
robtarget p1:= [[600,200,500], [1,0,0,0], [0,-1,2,1], [682,45,9E9,9E9,9E9,9E9]]
```

TCP 位置	*XYZ* 坐标	工具姿态	机器人的姿态	外部轴 e1～e6 的位置
名称：p1	名称：trans	名称：rot	名称：robconf	名称：extax
类型：robtarget	类型：pos	类型：orient	类型：confdata	类型：extjoint

robtarget 数据中的“*XYZ* 坐标”和“工具姿态”用来表示 robtarget 在当前坐标系中的空间位置（坐标值）和工具方向（四元数），“外部轴 e1～e6 的位置”是以关节坐标系表示的外部轴位置。

机器人的姿态以四元数[cf1，cf4，cf6，cf*x*]表示，其中，cf1、cf4、cf6 分别为 j1、j4、j6 的区间代号，数值−4～3 用来表示象限，含义如图 2.3-9 所示；cf*x* 为机器人的姿态代号，数值 0～7 的含义如表 2.3-1 所示。

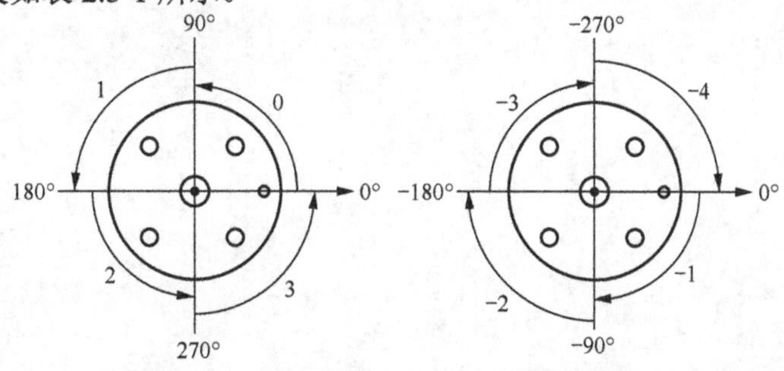

图 2.3-9　ABB 机器人 j1、j4、j6 的区间代号

表 2.3-1　ABB 垂直串联机器人 cfx 设定

cfx 设定	0	1	2	3	4	5	6	7
机身状态	前	前	前	前	后	后	后	后
上臂状态（肘）	正	正	反	反	正	正	反	反
手腕状态	仰	俯	仰	俯	仰	俯	仰	俯

4. KUKA 机器人

KUKA 机器人的姿态通过 TCP 位置（POS）数据中的数据项 S（状态）、T（转角）定义。POS 数据的格式如下。

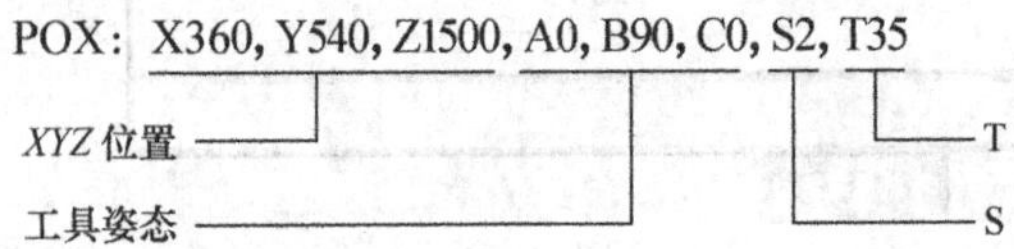

POS 数据中的 *X*/*Y*/*Z*、*A*/*B*/*C* 值为程序点在当前坐标系中的位置和工具方向（欧拉角），S、T 的定义方法如下。

（1）S

状态数据 S 的有效位为 5 位（bit 0～bit 4），其中，bit 0～bit 2 用来定义机器人姿态、bit 3 不使用，有效数据位的作用如下。

bit 0：定义机身前/后，“0”为前、“1”为后。

bit 1：定义手臂正肘/反肘，“0”为反肘、“1”为正肘。

bit 2：定义手腕俯/仰，“0”为仰、“1”为俯。

bit 4：示教状态（仅显示），“0”表示程序点未示教，“1”表示程序点已示教。

（2）T

转角数据 T 的有效位为 6 位，bit 0～bit 5 依次为 A1～A6 的角度，“0”代表 A1～A6 的角度大于等于 0°，“1”代表 A1～A6 的角度小于 0°；在定义 KUKA 机器人 T 时，需要注意 A2、A3 的 0°位置和 FANUC 机器人、安川机器人、ABB 机器人的区别（参见前述内容）。

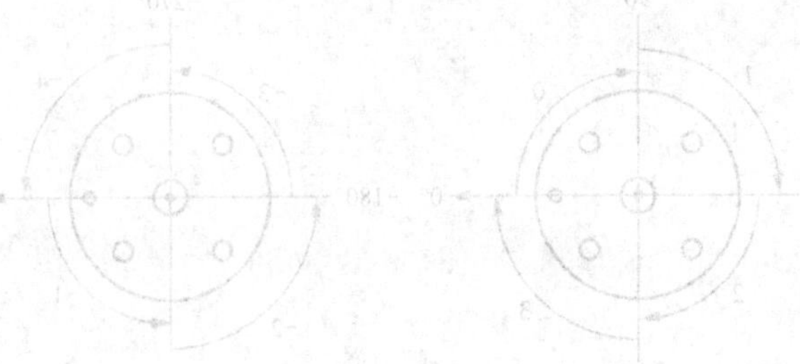

2.4 机器人移动要素与定义

2.4.1 机器人移动要素

1. 移动指令编程要求

移动指令是机器人作业程序最基本的编程指令，工业机器人的移动指令不仅需要指定机器人本体、外部轴（机器人变位器、工件变位器）等运动部件的目标位置，而且还需要明确机器人 TCP 的移动速度、移动轨迹、到位区间（定位允许误差）等基本控制参数。

例如，对于图 2.4-1 所示的机器人 TCP 从 *P*0 到 *P*1 的笛卡儿坐标系运动，移动指令需要包含目标位置 *P*1（TCP 位置和工具姿态）、到位区间 *e*、移动轨迹、移动速度 *V* 等基本机器人移动要素。

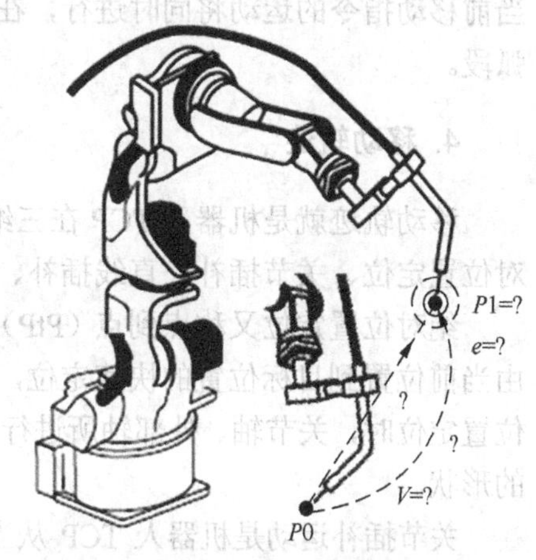

图 2.4-1 移动指令要求

机器人移动要素的作用及定义方法如下。

2. 目标位置

机器人移动指令的作用是将机器人的 TCP 移动到指令规定的目标位置，机器人运动的起点就是执行指令时刻的机器人位置（当前位置 *P*0）；指令执行完成后，机器人将在指令规定的目标位置停止运动。

机器人移动指令的目标位置又被称为终点、示教点、程序点，可采用示教（手动）操作和程序数据定义两种方式进行编程。

利用示教操作定义移动指令目标位置的编程方式被称为示教编程。在进行示教编程时，移动指令目标位置需要通过机器人的手动操作（示教操作）确定，故被称为示教点；示教点代表了移动指令执行完成后的机器人实际状态，它包含了机器人 TCP 需要到达的目标位置和工具需要具备的姿态，也不需要考虑坐标系等因素，因此，示教编程是一种简单、可靠、常用的机器人编程方式。

利用程序数据定义移动指令目标位置的编程方式被称为变量编程或参数化编程。如果程序数据定义的移动指令目标位置以关节坐标系的形式指定，机器人的位置唯一，不需要规定机器人 TCP 位置和工具姿态，也不存在奇点；但是，如果目标位置以虚拟笛卡儿坐标系的形式指定，就必须同时指定坐标系、TCP 位置和工具姿态。参数化编程不需要对机器人进行实际操作，但需要全面了解机器人程序数据、编程指令的编程格式与要求，通常由专业技术人员进行。

3. 到位区间

机器人移动指令的目标位置实际上只是程序规定的理论位置，机器人实际所到达的位置还受到到位区间等参数的影响。

到位区间是机器人控制系统用来判断机器人已到达移动指令目标位置的区域，如果机器人已到达到位区间的范围内，控制系统便认为当前指令已执行完成，将接着执行下一指令；否则，控制系统会认为当前指令尚在执行过程中，不能执行后续指令。

到位区间又称“定位类型”，其定义方法在不同机器人上有所不同。例如，FANUC 机器人以连续运动终点参数 CNT 定义，安川机器人以定位等级参数 PL 定义，ABB 机器人以到位区间数据 zonedata 定义，KUKA 机器人以程序点接近参数$APP_*定义。

需要注意的是，到位区间只是控制系统用来判定当前移动指令是否已执行完成的依据，而不是机器人最终所到达的位置（定位误差），因为，工业机器人的伺服驱动系统采用的是闭环位置控制系统，因此，即便控制系统的移动指令执行已结束，伺服驱动系统还将利用闭环位置自动调节功能，继续向移动指令的目标位置运动直至到达闭环位置控制系统能够控制的定位误差最小（定位精度最小）位置。因此，只要移动指令的到位区间大于定位精度，在机器人连续执行两条以上移动指令时，上一条移动指令的闭环位置自动调节运动与当前移动指令的运动将同时进行，在两条移动指令的移动轨迹连接处将产生运动过渡的圆弧段。

4. 移动轨迹

移动轨迹就是机器人 TCP 在三维空间内的运动路线。工业机器人的运动方式主要有绝对位置定位、关节插补、直线插补、圆弧插补、样条插补等。

绝对位置定位又称点到点（PtP）定位，它是机器人关节轴、外部轴（基座轴、工装轴）由当前位置到目标位置的快速定位，目标位置需要以关节坐标系的形式给定。在进行绝对位置定位时，关节轴、外部轴所进行的是各自独立的运动，机器人 TCP 的移动轨迹无规定的形状。

关节插补运动是机器人 TCP 从当前位置到目标位置的插补运动，目标位置一般以 TCP 位置的形式给定。在进行关节插补运动时，控制系统需要通过插补运算分配各运动轴的指令脉冲，保证所有运动轴同时启动、同时到达终点，但机器人 TCP 的移动轨迹通常不为直线。

直线插补运动、圆弧插补运动、样条插补运动是机器人 TCP 从当前位置到目标位置的直线插补运动、圆弧插补运动、样条插补运动，目标位置需要以 TCP 位置的形式给定。在进行直线插补运动、圆弧插补运动、样条插补运动时，控制系统不但需要通过插补运算保证各运动轴能同时启动、同时到达终点，而且，还需要保证机器人 TCP 的移动轨迹为直线、圆弧或样条曲线。

机器人的移动轨迹需要利用编程指令选择，由于工业机器人的编程目前还没有统一的标准，因此，指令代码、功能在不同公司生产的机器人上有所区别。例如，ABB 机器人的绝对位置定位指令为 MoveAbsJ、关节插补指令为 MoveJ、直线插补指令为 MoveL、圆弧插补指令为 MoveC；FANUC 机器人、安川机器人的关节插补指令、直线插补指令、圆弧插补指令分别为 J、L、C（FANUC 机器人）与 MOVJ、MOVL、MOVC（安川机器人）；KUKA 机器人的关节插补指令、直线插补指令、圆弧插补指令分别为 PTP、LIN、CIRC 等。此外，样条插补指令通常属于系统附加功能，指令的编程格式也有所区别。

5. 移动速度

移动速度用来规定机器人关节轴、外部轴的运动速度，它可用关节速度、TCP 速度两种形式指定。关节速度一般用于机器人绝对位置定位运动，它直接以各关节轴回转或直线运动速度的形式指定，机器人 TCP 的实际移动速度为各关节轴定位速度的合成。TCP 速度通常用于关节插补、直线插补、圆弧插补，需要以机器人 TCP 空间运动速度的形式指定，指令中规定的 TCP 速度是机器人各关节轴运动速度合成后的 TCP 实际移动速度；对于圆弧插补，指令中规定的 TCP 速度是 TCP 的切向速度。

2.4.2 目标位置与到位区间

1. 目标位置定义

机器人移动指令的目标位置有关节位置、TCP 位置两种指定方式，定义方法如下。

（1）关节位置

关节位置是以机器人关节坐标系的形式表示的位置，通常以绝对位置的形式编程；关节位置是控制系统真正能够控制的位置，因此，利用关节位置进行编程时，不需要考虑当前的笛卡儿坐标系及机器人 TCP 需要到达的目标位置、工具姿态。

例如，在 FANUC 机器人或安川机器人上，图 2.4-2 所示的机器人关节位置的坐标值为（0，0，0，0，-30，0，682，45）等。

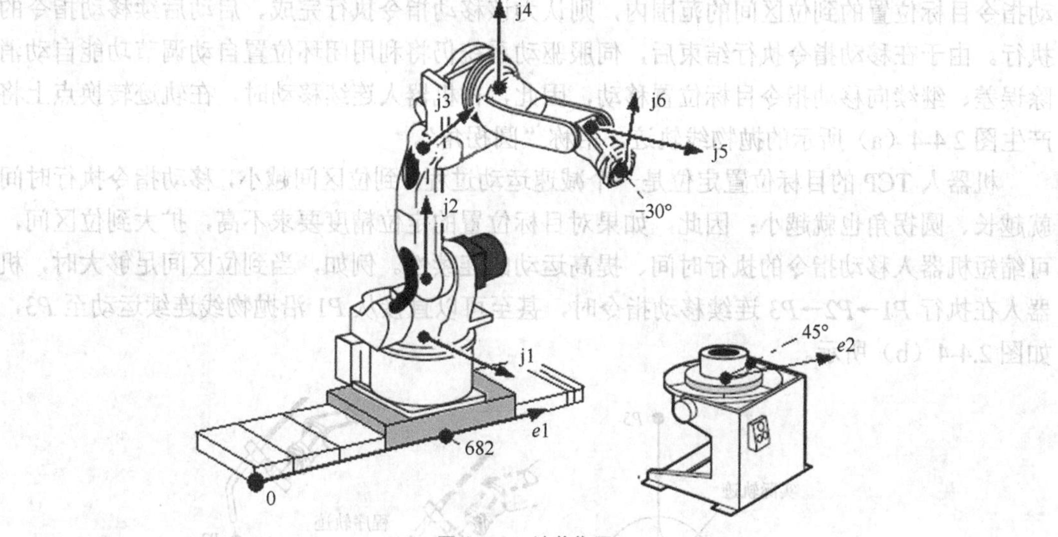

图 2.4-2　关节位置

（2）TCP 位置

用笛卡儿坐标系描述的机器人 TCP 位置被称为 TCP 位置。当机器人需要进行直线插补运动、圆弧插补运动时，目标位置、圆弧中间点都必须以 TCP 位置的形式编程。

在机器人移动指令利用 TCP 位置进行编程时，必须明确编程坐标系、TCP 及工具姿态；因此，必须事先完成工具坐标系、工件坐标系、用户坐标系等作业坐标系的设定。

例如，对于 2.4-3 所示的机器人系统，在采用不同坐标系进行编程时，坐标值（*x*，*y*，

z）可以为基座坐标系上的（800, 0, 1000）、大地坐标系上的（600, 682, 1200）、工件坐标系上的（300, 200, 500）等。

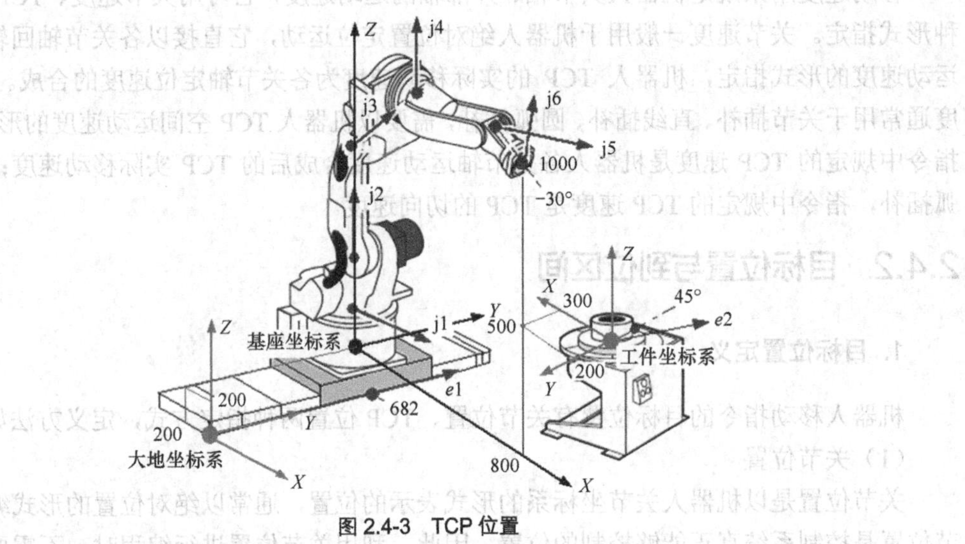

图 2.4-3 TCP 位置

2. 到位区间定义

到位区间是机器人控制系统判断移动指令是否执行完成的依据，如果机器人到达了移动指令目标位置的到位区间的范围内，则认为该移动指令执行完成、启动后续移动指令的执行。由于在移动指令执行结束后，伺服驱动系统仍将利用闭环位置自动调节功能自动消除误差、继续向移动指令目标位置移动，因此，在机器人连续移动时，在轨迹转换点上将产生图 2.4-4（a）所示的抛物线轨迹，俗称"圆拐角"。

机器人 TCP 的目标位置定位是一个减速运动过程，到位区间越小，移动指令执行时间就越长、圆拐角也就越小；因此，如果对目标位置的定位精度要求不高，扩大到位区间，可缩短机器人移动指令的执行时间、提高运动的连续性。例如，当到位区间足够大时，机器人在执行 $P1 \rightarrow P2 \rightarrow P3$ 连续移动指令时，甚至可以直接从 $P1$ 沿抛物线连续运动至 $P3$，如图 2.4-4（b）所示。

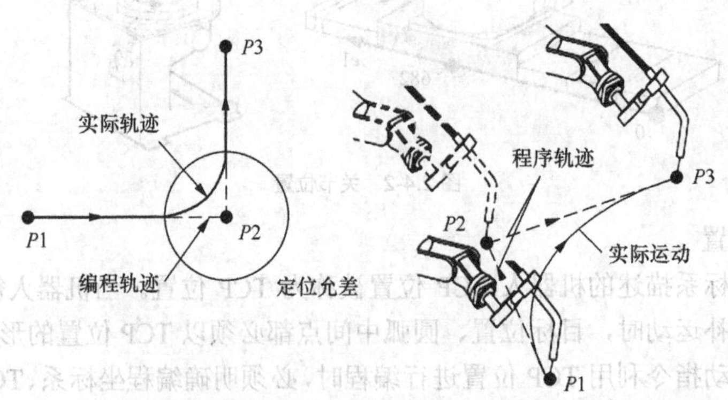

（a）抛物线轨迹　（b）执行 $P1 \rightarrow P2 \rightarrow P3$ 连续移动指令时的轨迹

图 2.4-4 机器人连续移动轨迹

到位区间的设定在机器人程序中主要有速度倍率和位置误差两种，如图 2.4-5 所示。在常用机器人中，FANUC 机器人、安川机器人采用的是速度倍率编程，ABB 机器人、KUKA 机器人采用的是位置误差编程。由于采用闭环位置控制系统的伺服驱动系统的位置跟随误差与移动速度成正比，即移动速度越快，位置跟随误差越大，因此，两种编程方法的实质相同。

在采用速度倍率编程的机器人上，控制系统将根据移动指令附加的到位区间参数（如 CNT），在机器人将要到终点时减速至编程设定值，随即启动下一个移动指令的执行。如果将到位区间的速度倍率定义为 0，机器人将在到达终点，减速结束、运动停止后，才能启动下一个移动指令的执行，机器人理论上可在移动指令的目标位置上准确定位。

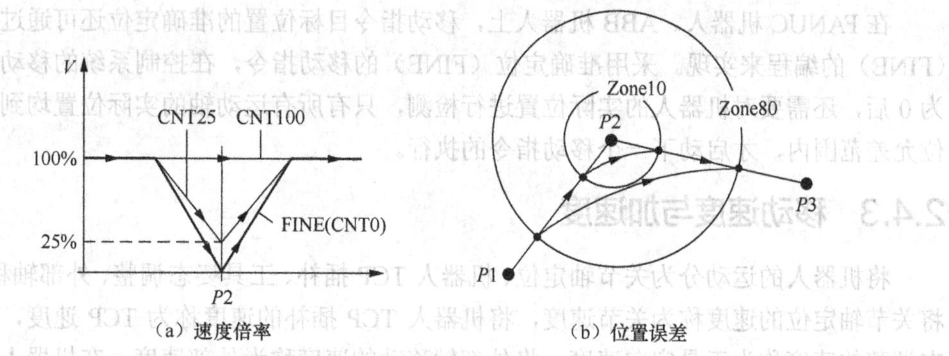

图 2.4-5　到位区间的编程方法

在采用位置误差编程的机器人上，控制系统将根据移动指令附加的到位区间参数（如 Zone），在移动指令到达终点位置误差范围内时，随即启动下一个移动指令的执行。如果将到位区间的位置误差定义为 0，机器人将在移动指令完全到达终点、运动停止后，才能启动下一条移动指令的执行，机器人理论上可在移动指令的目标位置上准确定位。

3. 准确定位控制

从理论上说，只要将移动指令到位区间的速度倍率或位置误差的编程值设为 0，机器人便可在移动指令的目标位置上准确定位。但是，由于伺服驱动系统存在惯性，机器人的实际速度、位置总是滞后于控制系统的移动指令速度、位置，因此，实际上仍然不能保证移动指令目标位置的定位准确。

机器人移动指令终点的实际定位过程，即伺服驱动系统的停止过程如图 2.4-6 所示。对于控制系统而言，如果将移动指令的到位区间规定为 0，系统所输出的移动指令速度将根据加减速参数的设定呈线性下降，移动指令速度输出值为 0 的点，就是控制系统认为目标位置到达的点。但是，由于运动系统的惯性，机器人的实际运动必然滞后于控制系统的移动指令，这一滞后被称为伺服时延，因此，如果仅以控制系统的指令速度值为 0 作为机器人准确到达目标位置的判断条件，实际上并不能保证机器人准确到达目标位置。

在机器人程序中，伺服时延产生的定位误差可通过程序暂停、到位判别两种方法消除。

一般而言，交流伺服驱动系统的伺服时延在 100ms 左右，因此，对于需要准确定位的移动指令，通常可以在将到位区间指定为 0 的同时，添加一条 100ms 以上的程序暂停指令，便能消除伺服时延产生的定位误差，进行目标位置的准确定位。

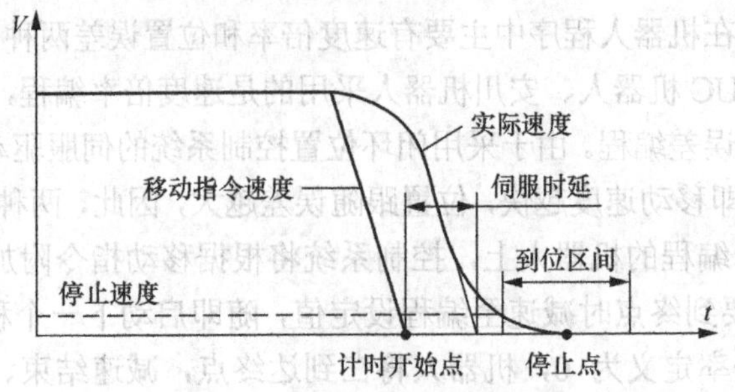

图 2.4-6　伺服驱动系统的停止过程

在 FANUC 机器人、ABB 机器人上，移动指令目标位置的准确定位还可通过准确定位（FINE）的编程来实现。采用准确定位（FINE）的移动指令，在控制系统的移动指令速度为 0 后，还需要对机器人的实际位置进行检测，只有所有运动轴的实际位置均到达准确定位允差范围内，才启动下一个移动指令的执行。

2.4.3　移动速度与加速度

将机器人的运动分为关节轴定位、机器人 TCP 插补、工具姿态调整、外部轴移动 4 类，将关节轴定位的速度称为关节速度，将机器人 TCP 插补的速度称为 TCP 速度，将工具姿态调整的速度称为工具定向速度，将外部轴移动的速度称为外部速度；在机器人作业程序中，上述 4 种速度及加速度的编程方法如下。

1. 关节速度

关节速度通常用于手动操作机器人的关节运动过程及关节定位指令，关节速度是各关节轴独立进行回转或直线运动的速度，回转/摆动轴的速度单位为度/秒（°/s）；直线运动轴的速度单位为毫米/秒（mm/s）。

机器人的最大关节速度需要由机器人生产厂家设定，产品样本的最大速度是机器人空载时各关节轴允许的最大运动速度。最大关节速度是机器人运动的极限速度，在任何情况下都不允许超过该速度。如果 TCP 插补、工具定向指令中的编程速度所对应的某一关节轴速度超过了该关节轴的最大速度，控制系统将自动限定该关节轴以最大关节速度运动，然后再以该关节轴的关节速度为基准，调整其他关节速度，保证运动轨迹准确。

关节速度必须由机器人生产厂家设定，在程序中通常以速度倍率（百分率）的形式编程，速度倍率对所有关节轴均有效，在进行关节轴定位时，各关节轴以不同的编程速度独立定位。

2. TCP 速度

TCP 速度用于机器人 TCP 的线速度控制，需要控制 TCP 运动轨迹的直线插补、圆弧插补等指令，都需要定义 TCP 速度。

TCP 速度是系统所有运动轴合成后的速度，其单位为 mm/s。机器人的 TCP 速度一般可利用速度值和移动时间两种方式编程；在利用移动时间编程时，用机器人 TCP 的空间移动距离除以移动时间就能得到 TCP 速度。

机器人的 TCP 速度是多个关节轴运动合成的速度，参与运动的各关节轴速度均不能超过各自的最大关节速度，否则，控制系统将自动调整 TCP 速度，以保证移动轨迹准确。

3. 工具定向速度

工具定向速度用于机器人工具姿态调整，如图 2.4-7 所示，其单位为°/s。

工具定向运动多用于机器人作业开始、作业结束或轨迹转换处。在这些作业部位，为了避免在机器人的运动过程中可能出现的运动部件干涉，有时需要改变工具方向，才能接近、离开工件或转换轨迹，为此，需要对作业工具进行 TCP 位置保持不变的工具方向调整运动，将这样的运动称为工具定向运动。

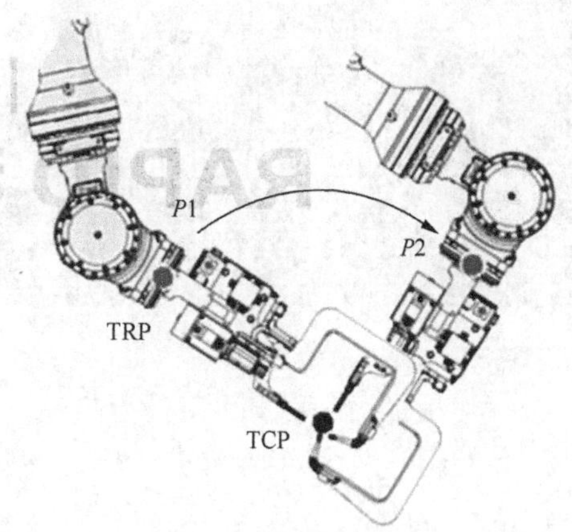

图 2.4-7　工具姿态调整

工具定向运动需要通过机器人的 TRP 绕 TCP 的回转运动实现，因此，工具定向速度实际上是用来定义机器人 TRP 的回转速度。工具定向速度同样可采用速度值或移动时间两种形式编程，在利用移动时间进行编程时，用机器人 TRP 的空间移动距离除以移动时间就能得到工具定向速度。

机器人的工具定向速度通常也需要由多个关节轴的运动合成来实现，参与运动的各关节轴速度同样不能超过各自的最大关节速度，否则，控制系统将自动调整工具定向速度，以保证移动轨迹准确。

4. 外部速度

外部速度用来指定机器人变位器、工件变位器等外部轴的运动速度，在多数情况下，外部轴只用于改变机器人变位器、工件变位器作业区的定位运动。

外部速度在不同公司生产的机器人上的编程方式有所不同。在常用机器人中，FANUC 机器人、安川机器人、KUKA 机器人以外部轴最大速度倍率（百分率）的形式进行编程；但 ABB 机器人可以以速度值的形式直接指定外部速度。

5. 加速度

将垂直串联机器人的负载（工具或工件）安装在机器人手腕上，负载重心通常远离驱动电机、负载惯量通常远大于驱动电机（转子）惯量，因此，机器人空载运动与机器人负载运动所能达到的性能指标差距很大。为了保证机器人运动平稳，机器人移动指令一般需要规定机器人运动启动和停止时的加速度。机器人启动、停止的加速度，一般以关节轴的最大加速度倍率（百分率）的形式进行编程，其值受负载的影响较大。

| 第 3 章 |
RAPID 程序结构与语法

3.1 RAPID 程序结构与格式

3.1.1 RAPID 程序结构

1. 编程语言

工业机器人的工作环境大多为已知的，因此，以第一代示教再现机器人居多。示教再现机器人一般不具备分析、推理能力和智能性，机器人的全部行为均需要由人对其进行控制。

工业机器人是一种有自身控制系统、可独立运行的自动化设备，为了使其能自动执行作业任务，操作者必须将全部作业要求编制成控制系统计算机能够识别的命令，并输入控制系统；控制系统通过执行命令，使机器人完成所需要的动作；这些命令的集合就是机器人的作业程序（简称“程序”），将编写程序的过程称为编程。

命令又称指令，它是程序的重要组成部分。作为一般概念，工业自动化设备的控制命令需要由如下两部分组成。

MoveJ p1.v1000, z20, tool1;

指令码　　操作数

指令码又称操作码，用它来规定控制系统需要执行的操作；操作数又称操作对象，用它来定义执行这一操作的对象。简单地说，指令码告诉控制系统需要做什么，操作数告诉控制系统由谁去做、怎样做。

指令是人指挥计算机工作的语言，它在不同的控制系统上有不同的表达形式，将指令的表达形式称为编程语言。由于工业机器人的编程目前还没有统一的标准，因此，机器人编程语言多为机器人生产厂家自行开发，程序格式、语法，以及指令码、操作数的表示方法均不统一，如 ABB 机器人采用的编程语言为 RAPID 语言，KUKA 机器人采用的编程语言为 KRL 语言，FANUC 机器人采用的编程语言为 KAREL 语言，安川机器人采用的编程语言为 INFORM III 语言等。

采用不同编程语言所编制的程序，其程序结构、指令格式、操作数的定义方法均有较大的不同，因此，工业机器人的应用程序目前还不具备通用性。

2. 编程方法

目前，工业机器人的基本编程方法有示教编程、虚拟仿真编程两种。

（1）示教编程

示教编程是通过机器人作业现场的人机对话操作完成编程的一种方法。所谓示教,就是操作者对机器人操作进行的演示和引导，因此，需要由操作者按实际作业要求，通过人机对话，一步一步地告知机器人需要完成的动作；可由控制系统以命令的形式对这些动作进行记录与保存；在示教操作完成后，程序也就被生成。在程序自动运行时，机器人便可重复执行全部示教动作，这一过程被称为“再现”。

在采用示教编程时，利用手动操作确定机器人 TCP 位置、机器人姿态、工具姿态等，也不存在奇点；编程简单易行，程序正确性高，动作安全可靠，因此，它是目前工业机器人最为常用的一种编程方法。

示教编程的不足是编程需要通过机器人的实际操作来完成，编程需要在机器人作业现场进行，时间较长。特别是对于精度高、轨迹复杂的运动，很难利用操作者的操作示教，因此，对于作业要求变更频繁、运动轨迹复杂的机器人编程，一般使用虚拟仿真编程。

（2）虚拟仿真编程

虚拟仿真编程是通过编程软件直接输入编辑命令完成编程的一种方法，由于机器人的笛卡儿坐标系位置需要通过逆运动学求解，运动轨迹存在一定的不确定性，因此，通常需要进行运动轨迹的模拟与仿真、验证程序的正确性。

虚拟仿真编程可在编程计算机上进行，编程效率高，且不影响机器人的现场作业，故适合于作业要求变更频繁、运动轨迹复杂的机器人编程。

虚拟仿真编程一般包括几何建模、空间布局、运动规划、动画仿真等步骤，编程需要配备专门的由机器人生产厂家提供的编程软件，如 ABB 公司的 RobotStudio、安川公司的 MotoSim EG、FANUC 公司的 ROBOGUIDE、KUKA 公司的 SimPro 等；虚拟仿真生成的程序需要经过编译，下载到机器人上，并通过试运行进行确认。虚拟仿真编程涉及编程软件安装、操作和使用等问题，不同的软件之间差异较大。

值得一提的是，示教编程、虚拟仿真编程是两种不同的编程方法，但是，在部分书籍中，对于工业机器人的编程方法还有现场编程、离线编程、在线编程等多种说法。从中文意义上说，所谓现场编程、非现场编程，只是反映了编程地点是否在机器人作业现场；而所谓离线编程、在线编程，也只是反映了编程设备与机器人控制系统之间是否存在通信连接。简言之，现场编程并不意味着它必须采用示教编程，而当编程设备在线时，同样也可以通过虚拟仿真软件来编制机器人程序。

3. 应用程序基本结构

工业机器人的应用程序基本结构有线性结构和模块式结构两种。

（1）线性结构

线性结构是 FANUC 机器人、安川机器人常用的应用程序基本结构。线性结构程序一般由程序标题（名称）、指令、程序结束标记组成，一个程序的全部内容都被编写在同一个程序块中；在进行程序设计时，只需要按机器人的动作次序，按照从上至下的顺序依次排列相应的指令，机器人便可按指令排列次序执行相应的动作。

线性结构程序也可通过跳转、子程序调用、中断等方法改变程序的执行次序，对于跳转目标程序、分支程序、子程序、中断程序等，有时可在程序之后编制。

（2）模块式结构

模块式结构是 ABB 机器人、KUKA 机器人常用的应用程序基本结构。模块式结构程序将不同用途的程序分成了若干模块，然后，通过模块、程序的不同组合，构建成不同的程序。

模块式程序必须有一个用于模块的组织管理、可以直接执行的程序，这一程序被称为主程序（Main Program）；含有主程序的模块被称为主模块（Main Module）。如果模块中的程序只能由其他程序调用、不能直接执行，这样的程序被称为子程序（Sub Program）；只含有子程序的模块被称为子模块（Sub Module）。

模块式结构程序的主程序与机器人的作业要求一一对应，每一个作业任务都必须有唯一的主程序；子程序是供主程序选择和调用的公共程序，可被不同作业任务的不同主程序所调用，数量通常较多。

模块式结构程序的子程序大多以独立程序的形式编制，为了提升程序的通用性，子程序可采用参数化编程技术，通过主程序调用指令，改变子程序中的指令操作数。

模块式结构程序的模块名称、格式、功能在不同的机器人控制系统上有所不同，ABB 机器人的 RAPID 程序结构如下所示。

4. RAPID 程序结构

ABB 工业机器人的 RAPID 程序结构如图 3.1-1 所示，将完整的应用程序称为“任务”。任务包含了工业机器人完成一项特定作业任务（如点焊、弧焊、搬运等）所需要的全部系统数据（系统模块）和用户程序（程序模块），可以随时启动和执行。

控制系统的作业任务数量与机器人控制系统结构、控制要求有关。单一用途的简单机器人通常只需要一个作业任务；多用途、结构复杂的机器人系统，可通过控制系统的多任务功能选件，同步启动、执行多个作业任务；对不同作业任务的用途、性质、类型等属性参数进行定义。

（1）程序模块

程序模块（Program module）是 RAPID 程序的主体，需要编程人员根据具体的机器人作业要求进行编制。程序模块由程序数据（Program data）、作业程序（Routine，在 ABB 机器人的使用说明书中被称为例行程序，以下简称“RAPID 程序”）两部分组成。程序数据用来定义指令的操作数，如程序点位置、工具坐标系、工件坐标系、作业参数等；RAPID 程序用来定义在机器人作业时控制系统所需要进行的全部动作。

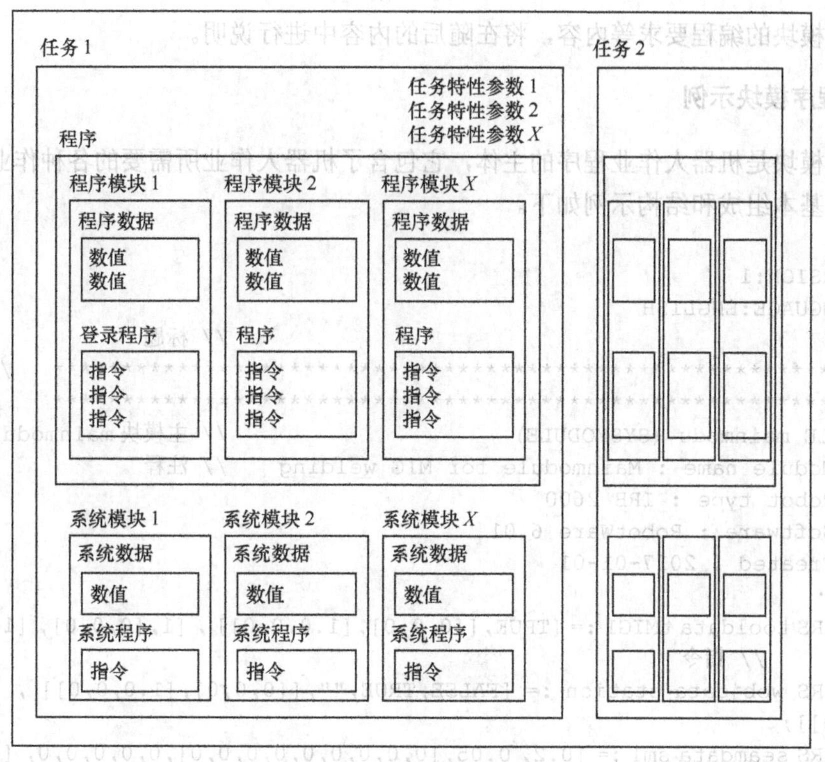

图 3.1-1 RAPID 程序结构

一个 RAPID 作业任务可以有多个程序模块。在程序模块中，含有登录程序（Entry routine）的程序模块，可用于程序的组织管理和启动执行，被称为主模块；主模块上的 RAPID 程序被称为主程序；其他程序模块通常用来实现控制系统、机器人的某些功能或特定动作，它们可由主程序进行调用和执行，这些程序模块所包含的程序通称 RAPID 子程序；对于简单的机器人作业，RAPID 子程序也可直接在主模块中编制。

根据不同的功能与用途，RAPID 程序可分为普通程序（PROC）、功能程序（FUNC）、中断程序（TRAP）3 类，其程序结构和用途有所不同（见后述内容）。

（2）系统模块

系统模块（System module）用来定义执行某一作业所需要的系统功能和参数。这是因为，对于同一机器人生产厂家来说，机器人控制器实际上是一种通用装置，它可用于具有不同用途、规格、功能的机器人的控制，因此，当它被用于特定机器人控制时，需要通过系统模块来定义机器人的硬件、软件，以及功能、规格等个性化参数。

RAPID 系统模块由作业程序（Routine）和系统数据（System data）组成，它由机器人生产厂家编制，并可在系统启动时自动加载，即使删除作业程序，系统模块仍将保留。

系统模块一般包含模块说明（注释）、系统数据定义、系统初始化程序等内容，系统模块通常与用户编程无关，因此，本书将不再对其进行说明。

3.1.2 RAPID 程序模块

ABB 机器人的 RAPID 程序结构复杂、内容丰富，这给初学者的阅读和理解带来难度。为了便于完整地了解 RAPID 程序结构，本节将对 RAPID 程序模块的一般概念进行简要说明，对于模块的编程要求等内容，将在随后的内容中进行说明。

1. 程序模块示例

程序模块是机器人作业程序的主体，它包含了机器人作业所需要的各种作业程序，程序模块的基本组成和结构示例如下。

```
%%%
 VERSION:1
 LANGUAGE:ENGLISH
%%%                                                   // 标题
!**********************************************************    // 注释
!**********************************************************
MODULE mainmodu (SYSMODULE)                           // 主模块 mainmodu 及属性
  ! Module name : Mainmodule for MIG welding          // 注释
  ! Robot type : IRB 2600
  ! Software : RobotWare 6.01
  ! Created : 2017-01-01
  ……
   PERS tooldata tMIG1 := [TRUE,[[0,0,0],[1.0,0,0]] , [1,[0,0,0], [1.0,0,0],0,
0,0]] ;      // 指令
   PERS wobjdata station := [FALSE,TRUE,"",[[0,0,0],[1.0,0,0]] , [[0,0,0],
[1.0,0,0]];
   PERS seamdata sm1 := [0.2, 0.05,[0,0,0,0,0,0,0,0,0],0,0,0,0,0,0, [0,0,0,0,0,
0,0,0,0],0.0,0,1,0, [0,0,0,0,0,0,0,0,0],0.05];
   PERS welddata wd1 := [40,10,[0,0,10,0,0,10,0,0,0], [0,0,0,0,0,0,0,0,0]] ;
   VAR speeddata vrapid := [500,30,250,15]
   CONST robtarget p0 := [[0,0,500],[1.0,0,0],[-1,0,-1,1],[9E9,9E9,9E9,9E9,
9E9,9E9]] ;
   ……
!**********************************************************
 PROC mainprg ()                                    // 主程序 mainprg
   ! Main program for MIG welding                   // 注释
   Initall ;                                        // 调用子程序 Initall
   ……
 WHILE TRUE DO                                      // 循环执行
   IF di01WorkStart=1 THEN
   rWelding;                                        // 调用子程序 rWelding
   ……
   ENDIF
   WaitTime 0.3 ;                                   // 暂停
   ENDWHILE                                         // 结束循环执行
 ERROR                                              // 错误处理程序
   IF ERRNO = ERR_GLUEFLOW THEN
   ……
   ENDIF                                            // 错误处理程序结束
 ENDPROC                                            // 主程序 mainprg 结束
!**********************************************************
 PROC Initall()                                     // 子程序 Initall
   AccSet 100,100 ;                                 // 加速度设定
   VelSet 100, 2000 ;                               // 速度设定
   rCheckHomePos ;                                  // 调用子程序 rCheckHomePos
```

```
    ……
    IDelete irWorkStop ;                          // 中断复位
    CONNECT irWorkStop WITH WorkStop ;            // 定义中断程序
    ISignalDI diWorkStop, 1, irWorkStop ;         // 定义中断、启动中断监控
  ENDPROC                                         // 子程序 Initall 结束
  !*************************************************************
  PROC rCheckHomePos ()                           // 子程序 rCheckHomePos
    IF NOT CurrentPos(p0, tMIG1) THEN             // 调用功能程序 CurrentPos
    MoveJ p0, v30, fine, tMIG1\WObj := wobj0 ;
    ……
    ENDIF
  ENDPROC                                         // 子程序 rCheckHomePos 结束
  !*************************************************************
  FUNC bool CurrentPos(robtarget ComparePos, INOUT tooldata TCP  //功能程序
CurrentPos
    VAR num Counter:= 0 ;
    VAR robtarget ActualPos ;
    ActualPos:=CRobT(\Tool:= tMIG1\WObj:=wobj0) ;
    IF ActualPos.trans.x>ComparePos.trans.x-25 AND ActualPos.trans.x <ComparePos.
trans.x +25 Counter:=Counter+1 ;
    ……
    IF ActualPos.rot.q1>ComparePos.rot.q1-0.1 AND ActualPos.rot.q1<ComparePos.
rot.q1+0.1  Counter:=Counter+1 ;
    ……
    RETURN Counter=7 ;                                 // 返回 CurrentPos 状态
  ENDFUNC                                              // 功能程序 CurrentPos 结束
  !*************************************************************
  TRAP WorkStop                                        // 中断程序 WorkStop
    TPWrite "Working Stop" ;
    bWorkStop :=TRUE ;
    ……
  ENDTRAP                                              // 中断程序 WorkStop 结束
  !*************************************************************
  PROC rWelding()                                      // 子程序 rWelding
    MoveJ p1, v100, z30, tMIG1\WObj := station ;  // p0→p1
    MoveL p2 v200, z30, tMIG1\WObj := station ;   // p1→p2
    ……
  ENDPROC                                              // 子程序 rWelding 结束
  ENDMODULE                                            // 主模块结束
  !*************************************************************
  !*************************************************************
```

2. 标题、注释与标识

（1）标题与注释

为了方便读者阅读程序，可为程序模块编制标题和注释，编制标题和注释是为了方便读者阅读程序所附加的说明文本，其数量不限。标题和注释只能显示、不具备任何功能，程序设计者可根据需要自由添加或省略，对其不进行强制性要求。

① 标题。标题是程序的简要说明文本，将标题编写在 RAPID 程序文件的起始位置处，以字符“%%%”作为开始标记和结束标记。ABB 机器人程序模块的标题通常为对程序版

本、显示语言等的说明。

② 注释。注释以符号“!”（程序指令 COMMENT 的简写）为起始标记，以换行符作为结束，中间内容为注释文本。注释是为了方便读者阅读程序所附加的说明文本。可以在程序模块中的任意位置添加注释，经常用注释行“! ******”来分隔程序。

（2）标识

标识是程序构成元素的识别标记（名称）。RAPID 程序有众多的构成元素（模块、程序、数据等），为了区分不同程序构成的元素，在程序模块中，需要为每一个程序构成元素定义一个独立的名称，这一名称被称为标识。

例如，指令“PERS tooldata tMIG1 := ……”中的“tMIG1”，就是特定工具数据（tooldata）的标识；指令“VAR speeddata vrapid := ……”中的“vrapid”，就是特定移动速度数据（speeddata）的标识等。指令中的运算符“:=”相当于算术运算符号中的等号“=”。

在 RAPID 程序中，模块、程序、数据等都需要通过标识进行区分，因此，在同一控制系统中，对于不同的程序构成元素，原则上不可使用同样的标识，也不能仅仅通过字母的大小写来区分不同的程序构成元素。

RAPID 程序的标识需要用 ISO-8859-1 标准字符编写，字符数量最多不能超过 32 个；标识的首字符必须为英文字母，后续的字符可以为字母、数字或下划线“_”；但不能使用空格及已被系统定义为指令、函数、属性等的系统专用标识（被称为保留字）。

在 RAPID 程序中，不能作为标识使用的保留字如下。

```
    ALIAS、AND;
    BACKWARD;
    CASE、CONNET、CONST;
    DEFAULT、DIV、DO;
    ELSE、ELSEIF、ENDFOR、ENDFUNC、ENDIF、ENDMODULE、ENDPROC、ENDRECORD、ENDTEST、
ENDTRAP、ENDWHILE、ERROR、EXIT;
    FALSE、FOR、FROM、FUNC;
    GOTO;
    IF、INOUT;
    LOCAL;
    MOD、MODULE;
    NOSTEPIN、NOT、NOVIEW;
    OR;
    PERS、PROC;
    RAISE、READONLY、RECORD、RETRY、RETURN;
    STEP、SYSMODULE;
    TEST、THEN、TO、TRAP、TRUE、TRYNEXT;
    UNDO;
    VAR、VIEWONLY;
    WHILE、WITH;
    XOR。
```

此外，还有许多系统专用名称，如指令 AccSet、MoveJ、ConfJ 等、函数命令 Abs、Sin、Offs 等、数据类型 num、bool、inout 等、程序数据类别 robtarget、tooldata、speeddata、pos 等、系统预定义的程序数据 v100、z20、vmax、fine 等，均不能作为其他程序构成元素的标识。

3. 程序模块格式

程序模块是机器人作业程序的主体，它包含了机器人作业所需要的各种程序，其基本格式如下。

```
模块标题
MODULE 模块名称（属性）;                                  // 模块声明
模块注释
数据声明指令
主程序
子程序 1
……
子程序 n
ENDMODULE                                                  // 模块结束
```

RAPID 程序模块的正式内容以"模块声明"指令行为起始、以"ENDMODULE"行为结束。"模块声明"指令行用来定义程序模块的名称、性质、类型等属性参数，以"MODULE"为起始，随后为模块名称（如 mainmodu 等）；如需要，可在模块名称后的括号内写入附加的模块属性参数。模块名称可用示教器编辑、显示，但属性参数只能通过编程软件编辑，也不能在示教器上显示。

RAPID 程序模块的常用属性参数有以下几种，在需要同时定义两种以上属性时，需要按①～⑤的次序对属性进行排列，在不同属性间用逗号进行分隔（如 SYSMODULE，NOSTEPIN 等）；部分属性不能同时定义（如 NOVIEW、VIEWONLY 等）。

① SYSMODULE：系统模块。

② NOVIEW：可执行、但不能显示的模块。

③ NOSTEPIN：不能单步执行的模块。

④ VIEWONLY：只能显示、但不能修改的模块。

⑤ READONLY：只读模块，它是只能显示、不能编辑，但可删除属性的模块。

在"模块声明"指令行之后，可根据需要添加模块注释，为定义模块程序数据的数据声明指令。对于机器人作业需要的特定工具数据、特定工件数据、工艺参数（如 welddata）、作业起点数据、特定移动速度数据等需要供模块中所有程序共用的基本数据，通常需要在 RAPID 程序模块中定义。数据声明指令一般用运算符":="连接，":="相当于算术运算符号中的等号"="；程序数据有规定的格式和要求，有关内容可参见后述内容。

程序数据的数据声明指令之后为 RAPID 程序，其中，主程序必须位于最前面，一般不对其他程序（子程序）的位置进行限制；全部程序结束后，以模块结束标记"ENDMODULE"结束模块。

3.1.3 RAPID 程序格式

RAPID 程序模块由程序数据与 RAPID 程序组成，程序数据用来定义程序中的指令操作数，其定义方法将在后续内容中结合编程指令进行详细介绍；RAPID 程序是用来控制机器人运动、实现机器人作业要求的系统指令集合，根据 RAPID 程序的不同功能与用途，将其分为主程序、子程序、功能程序、中断程序等，不同程序的基本格式与要求简介如下。

1. 主程序格式

主程序又称登录程序，它是用来组织、调用子程序的管理程序。主程序是程序自动运行必备的基本程序，每一个程序模块都必须有一个主程序。

RAPID 主程序以“程序声明”指令行起始、以“ENDPROC”结束，程序的基本格式如下。

```
PROC 主程序名称（程序参数表）
  程序注释
  一次性执行子程序
  ……
  WHILE TRUE DO
  循环子程序
  ……
  执行等待指令
  ENDWHILE
  ERROR
  错误处理程序
  ……
  ENDIF
ENDPROC
```

主程序的“程序声明”指令行被用来定义主程序名称、使用范围、类别及程序参数等内容。主程序通常采用全局普通程序结构（PROC，见下述），PROC 后为主程序名称（如 mainprg 等）、程序参数表，在无程序参数时，主程序名称后需要保留括号“()”。

主程序名称可由用户按 RAPID 标识规定定义（见前述内容），参数化编程的主程序需要在主程序名称后的括号内附加程序参数表，程序声明的具体格式及程序参数的定义方法详见后述内容。

在主程序的程序声明后，可根据需要添加程序注释，程序注释的编写方法、作用与模块注释相同。程序注释后通常是各类子程序的调用、管理指令；最后一行为程序结束标记“ENDPROC”。

RAPID 子程序的调用方式与子程序类别有关，可将其分为普通程序调用、中断程序调用和功能程序调用 3 类。

RAPID 普通程序（PROC）通常是程序模块的主要组成部分，它既可用于机器人作业控制，也可用于系统的其他处理。普通程序需要通过 RAPID 程序执行管理指令调用；并可根据需要选择无条件调用、条件调用、重复调用等不同的调用方式（见后述内容）。

RAPID 中断程序（TRAP）是一种由系统自动、强制调用与执行的子程序，系统的中断功能一旦被启用（使能），只要满足中断条件，系统将立即终止现行程序的执行，直接跳转到中断程序处，而不需要编制其他调用指令。

RAPID 功能程序（FUNC）是专门用来实现复杂运算或特殊动作的子程序，在执行完成后，可将运算或执行结果返回到调用程序处。功能子程序可通过程序数据定义指令直接调用，同样不需要编制专门的程序调用指令。

除以上 3 类程序外，主程序还可根据需要编制错误处理程序块（ERROR）。错误处理程序块是用来处理程序执行错误的特殊程序块，当出现程序执行错误时，系统可立即中断现行指令的执行，跳转至错误处理程序块处，并执行相应的错误处理指令；在处理完成后，可返回中断点，继续后续指令的执行。

错误处理程序块既可在主程序中编制，也可在子程序中编制。如没有在用户程序中编制错误处理程序块，或错误处理程序块中没有错误所对应的处理指令，控制系统将自动调用系统本身的错误处理中断程序执行相应的错误处理。

2. 普通子程序格式

普通程序（Procedures，PROC）既可独立执行，也可被其他模块、程序所调用；因此，既可作为主程序使用，也可作为子程序使用。当普通程序作为子程序使用时，不能向调用模块或程序返回执行结果，故又称无返回值程序。

普通程序以“程序声明”指令行为起始、以“ENDPROC”为结束。对于大多数使用范围为全局（GLOBAL）的普通程序，在程序声明中可省略使用范围（全局）、直接以程序类别标记 PROC 为起始，随后为程序名称及程序参数表；在不使用参数时保留空括号“()”。在程序声明之后，可编写各种指令，最后，以指令 ENDPROC 结束。

使用范围为全局的普通程序的基本格式具体如下。

```
PROC 程序名称（程序参数表）
程序指令
……
ENDPROC
```

当普通程序作为子程序被其他程序调用时，可通过执行结束指令 ENDPROC 或执行程序返回指令 RETURN 两种方式结束。例如，对于以下的普通子程序 rWelCheck，如系统开关量输入信号 di01 的状态为“1”，程序将执行程序返回指令 RETURN、直接结束并返回调用程序；否则，将执行指令 TPWrite "Welder is not ready"、通过执行结束指令 ENDPROC 结束并返回调用程序。有关普通程序的程序声明、参数定义及程序调用方法详见后述内容。

```
PROC rWelCheck ()
IF di01:=1 THEN
   RETURN
ENDIF
   TPWrite "Welder is not ready " ;
ENDPROC
```

3. 功能程序格式

功能程序（Functions，FUNC）又称有返回值程序，这是一种用来实现用户自定义的特殊操作（如运算、比较等）、能向调用程序返回执行结果的参数化子程序。功能程序的调用需要通过程序中的功能函数进行，在调用功能程序时不仅需要指定程序名称，且必须对程序中的参数进行定义，为这些参数赋值。

功能程序的作用与函数运算命令类似，它可作为 RAPID 标准函数命令的补充，完成用户所需要的特殊操作和处理。

功能程序以“程序声明”指令行为起始、以“ENDFUNC”为结束，其基本格式如下。

```
FUNC 数据类型 功能程序名称（程序参数表）
程序数据定义
程序指令
```

```
……
RETURN 返回数据
ENDFUNC
```

对于使用范围为全局的功能程序，在程序声明中可省略使用范围（全局）、直接以程序类别标记 FUNC 为起始，随后，需要定义返回数据的类型、功能程序名称及程序参数表。程序声明后为程序指令；功能程序必须包含执行结果返回指令 RETURN。有关功能程序的程序声明、参数定义及程序调用方法详见后述内容。

4. 中断程序格式

中断程序（Trap routines，TRAP）是用来处理系统异常情况的特殊子程序，需要通过程序中的中断条件自动调用中断程序；如果满足中断条件（如输入中断信号等），控制系统将立即终止现行程序的执行、无条件调用中断程序。

中断程序以"程序声明"指令行为起始、以"ENDTRAP"为结束，其基本格式如下。

```
TRAP 中断程序名称
程序指令
……
ENDTRAP
```

对于使用范围为全局的中断程序，在程序声明中可省略使用范围（全局）、直接以程序类别标记 TRAP 为起始，随后，为中断程序名称；中断程序不能定义参数，因此，不能在名称后添加空括号"()"。中断程序的程序声明及中断条件、程序调用方法详见后述内容。

3.2　程序声明与程序调用

3.2.1　程序声明与程序参数

1. 程序声明指令

ABB 机器人程序的结构较为复杂，作业任务可能包含多个模块、多个程序，为了方便控制系统进行组织与管理，除模块、程序的名称外，还需要对模块、程序的使用范围、程序类型及程序参数等内容进行定义。

在 RAPID 程序中，将用来定义模块名称、属性的指令称为模块声明，其编程格式与要求可参见前述内容；将用来定义程序（主程序、普通子程序、功能程序、中断程序）名称、属性的指令称为程序声明，其基本格式及编制要求如下。

```
LOCAL    PROC    Procedures1 ( num requi_par,  INOUT VER num inout_par,…)
使用范围  程序类型  程序名称       程序参数1         程序参数2
```

（1）使用范围

使用范围用来限定使用（调用）该程序的模块，可定义为全局（GLOBAL）程序或局域（LOCAL）程序。

全局程序可被任务中的所有模块使用（调用）；GLOBAL 是系统默认设定，可在程序声明中直接省略。例如，程序声明为“PROC mainprg ()”“PROC Initall()”的程序均为全局程序。

局域程序只能供所在的程序模块使用（调用）。局域程序必须在程序声明的起始位置加上“LOCAL”标记。例如，程序声明为“LOCAL PROC local_rprg ()”的程序，只能被该程序所在程序模块中的其他程序所调用。

局域程序的优先级高于全局程序，如在作业任务中存在名称相同的全局程序和局域程序，在执行局域程序所在程序模块时，系统将优先执行局域程序，与之同名的全局程序及全局程序所定义的程序数据、编程指令均无效。

局域程序的类型、结构和编程要求与全局程序相同，因此，在本书后述内容中，将以全局程序为例进行说明。

（2）程序类型

程序类型是对程序格式、功能的规定，RAPID 程序的类型可以为普通程序（PROC）、功能程序（FUNC）或中断程序（TRAP），不同程序类型的功能、用途及编程格式要求可参见前述内容。

（3）程序名称

程序名称是程序的识别标记。程序名称应按照 RAPID 标识规定定义；对于使用范围相同的程序，不能重复定义程序名称。

在功能程序的名称前必须定义返回数据的类型，例如，用来计算数值型 num 数据的功能程序，在程序名称前应加上“num”标记；用来计算机器人 TCP 位置型数据 robtarget 的功能程序，在程序名称前应加上“robtarget”标记等。

（4）程序参数

程序参数用于参数化编程程序的操作数赋值。对于使用参数化编程的普通程序，需要在程序名称的括号内附加程序参数表；不使用参数化编程的普通程序不需要定义程序参数，但需要保留程序名称后的空括号。功能程序必然采用参数化编程，因此，必须定义程序参数。中断程序在任何情况下均可能被控制系统所调用，因此，不能使用参数化编程功能、在程序名称后也不需要加上括号。

2. 程序参数定义

RAPID 程序参数简称参数，它是用于程序数据赋值、返回执行结果的中间变量，在使用参数化编程的普通程序及功能程序中，必须定义程序参数。

需要在程序名称后的括号内定义程序参数，并允许有多个程序参数；在多参数程序的不同程序参数间，应用逗号分隔，如“PROC glue (\switch on, \PERS wobjdata wobj, num glueflow)”等。

RAPID 程序参数的定义格式和要求如下。

\ INOUT VAR num par1{*} | num par2

选择标记　访问模式　数据类型　参数/数组名称　排斥参数

（1）选择标记

可通过前缀选择标记“\”定义参数的使用条件，前缀为“\”的参数为可选参数，无前缀的参数为必需参数。可选参数通常用于以函数命令 Present（当前值）为判断条件的 IF 指令，在满足 Present 条件时，参数有效；否则，忽略该参数。

例如，以下程序中的 switch on、wobj 是用于 IF 条件函数命令 Present 的可选参数，如果程序参数 switch on 的状态为 on，则参数有效、程序指令 1 将被执行，否则，将忽略参数 switch on 和程序指令 1；如已通过 PERS 指令设定工件坐标系（参数 wobj），则程序指令 2 将被执行，否则，将忽略参数 wobj 和程序指令 2。

```
PROC glue ( \switch on, \PERS wobjdata wobj , num glueflow , ……)
  IF Present (on) THEN ;
    程序指令1                      // 可选参数 switch on 状态为 on 时执行程序指令 1
  IF Present (wobj) THEN
    程序指令2                      // 可选参数 wobj（工件坐标系设定）符合时执行程序指令 2
ENDIF
……
```

（2）访问模式

使用访问模式来规定参数的数值设定与数据保存方式，可根据需要选择如下几种访问模式。

① IN（默认）：输入参数。输入参数需要在调用程序时设定初始值；在程序中，它可作为具有初始值的程序数据使用。IN 是系统默认的访问模式，IN 标记可省略。

② INOUT：输入/输出参数。输入/输出参数不仅需要在调用程序时设定初始值，而且，

还可在程序中改变其数值，并保存执行结果。

③ VAR、INOUT VAR：可在程序中作为程序变量 VAR（详见后述内容）使用的程序参数。访问模式定义为 VAR 的参数，需要设定初始值；访问模式定义为 INOUT VAR 的参数，不仅需要设定初始值，且能返回执行结果。

④ PERS、INOUT PERS：可在程序中作为永久数据 PERS（详见后述内容）使用的程序参数。访问模式为 PERS 的参数，需要输入初始值；访问模式为 INOUT PERS 的参数，不仅需要输入初始值，且能返回执行结果。

⑤ REF：交叉引用参数。交叉引用参数只能用于系统预定义程序，用户程序不能使用该访问模式。

（3）数据类型和参数/数组名称

① 数据类型：数据类型用来规定程序参数的数据格式，如十进制数值型数据的数据类型为 num、逻辑状态型数据的数据类型为 bool 等（详见后述内容）。

② 参数/数组名称。参数名称是用 RAPID 标识表示的参数识别标记，在同一系统中，原则上不应重复定义参数名称；也可用数组形式定义参数，在数组名称后需要加上标记"{*}"。

（4）排斥参数

用"|"分隔的参数相互排斥，即在执行程序时只能选择其中之一。排斥参数属于可选参数，它通常用于以函数命令 Present 为 on、off 判断条件的 IF 指令。例如，对于以下程序，如排斥参数 switch on 的状态为 on，则程序指令 1 将被执行，同时忽略参数 switch off；否则，将忽略参数 switch on 和程序指令 1，执行程序指令 2。

```
PROC glue ( \switch on | switch off )
  IF Present (on) THEN ;
    程序指令1                              // 排斥参数 switch on 符合时执行程序指令 1
  IF Present (off) THEN
    程序指令2                              // 排斥参数 switch off 符合时执行程序指令 2
ENDIF
```

3.2.2 普通程序的执行与调用

1. 普通程序的执行方式

RAPID 程序的执行、调用需要由主程序进行组织和管理。在主程序中，对于无条件执行的普通程序（PROC），可直接省略程序调用指令 ProcCall，只需要在程序行编写需要执行（调用）的程序名称即可。示例如下。

```
PROC mainprg ()                                  // 主程序 mainprg
……
  rCheckHomePos ;                                //无条件执行程序 rCheckHomePos
  rWelding;                                      //无条件执行程序 rWelding
……
```

因此，普通程序可通过主程序的编程，选择一次性执行和循环执行两种执行方式，编程方法如下。

（1）一次性执行

一次性执行的普通程序，在主程序启动后，只能执行一次，这样的程序通常用于机器人作业起点、控制信号初始状态、程序数据初始值、中断条件等机器人作业初始状态的设定，因此，通常称之为“初始化程序”，并以 Init、Initialize、Initall、rInit、rInitialize、rInitAll 命名。

一次性执行的普通程序应在主程序的非循环区（通常为起始位置）执行，利用无条件执行指令调用。示例如下。

```
PROC mainprg ()
  ! Main program for MIG welding
  Initall ;                                //无条件执行子程序 Initall
……
```

（2）循环执行

循环执行的普通程序，可在主程序启动后，无限重复执行，这样的程序通常用于机器人的连续作业。

循环执行的普通程序，可通过 RAPID 条件循环指令 WHILE—DO，以循环执行的方式，利用无条件执行指令调用，WHILE—DO 条件循环指令的编程格式如下。

```
……
WHILE 循环条件 DO
子程序名称（子程序调用指令）
……
子程序名称（子程序调用指令）
……
执行等待指令
 ENDWHILE
ENDPROC
```

系统在执行 WHILE—DO 条件循环指令时，如果满足 WHILE 规定的循环条件，将执行 WHILE 与 ENDWHILE 之间的全部指令（DO）；ENDWHILE 指令执行完成后，可返回 WHILE—DO 指令、再次检查 WHILE 规定的循环条件，如果满足该条件，则继续执行 WHILE—DO 与 ENDWHILE 之间的全部指令，如此循环。如不满足 WHILE 规定的循环条件，系统将跳过 WHILE 与 ENDWHILE 之间的全部指令，执行 ENDWHILE 指令后的其他指令。因此，如果将普通程序的无条件执行指令（程序名称）直接编制在 WHILE—DO 至 ENDWHILE 的循环执行区内，只要满足 WHILE 规定的循环条件，便可实现程序的循环执行功能。

在 RAPID 程序中，WHILE—DO 条件循环指令的循环条件不但可使用判别、比较等表达式，而且也可被直接定义为逻辑状态“TRUE”或“FALSE”。当将循环条件直接定义为“TRUE”时，系统将无条件重复执行 WHILE—DO 与 ENDWHILE 之间的全部指令；如将循环条件直接定义为“FALSE”，则 WHILE—DO 与 ENDWHILE 之间的全部指令将被直接跳过。

2. 程序重复调用

由于普通程序的执行只需要在程序行编写程序名称，便可实现程序的调用功能，因此，当普通程序作为子程序（以下简称“普通子程序”）使用时，不仅可通过上述的无条件执行、循环执行指令实现无条件调用、循环调用功能，而且，还可通过 RAPID 重复执行指令 FOR、条件执行指令 IF 或 TEST，实现普通子程序的重复调用、条件调用功能。

普通子程序的重复调用一般通过 RAPID 重复执行指令 FOR—DO 实现，将程序调用指令（程序名称）编写在 FOR—DO 与 ENDFOR 之间，FOR—DO 指令的编程格式及功能如下。

```
FOR 计数器 FROM 计数起始值 TO 计数结束值 [STEP 计数增量 ] DO
子程序调用                                    // 重复执行指令
……
ENDFOR                                        // 重复执行指令结束
```

FOR—DO 指令可通过计数器的计数规定 FOR—DO 与 ENDFOR 之间指令的重复执行次数。指令的重复执行次数，由计数起始值 FROM、计数结束值 TO 及计数增量 STEP 控制；计数增量 STEP 的值可为正整数（加计数）、负整数（减计数），或者直接省略、由系统自动选择默认值。

在执行 FOR—DO 指令时，如果计数器的当前值介于起始值 FROM 与结束值 TO 之间，系统将执行 FOR—DO 与 ENDFOR 之间的全部指令，并使计数器的当前值增加（加计数）或减少（减计数）一个增量；然后返回 FOR—DO 指令，再次进行计数值的范围判断，并决定是否重复执行 FOR—DO 与 ENDFOR 之间的全部指令。如果计数器的当前值不在计数起始值 FROM 和计数结束值 TO 之间，在执行 FOR—DO 指令时，系统将直接跳过 FOR—DO 与 ENDFOR 之间的全部指令。

例如，对于以下程序，因计数增量 STEP 为–2，每执行一次子程序 rWelding，计数器 i 的当前值将减少 2。因此，当计数器 i 的计数起始值 FROM 为 10、计数结束值 TO 为 0 时，子程序 rWelding 可重复执行 6 次，完成后执行指令 Reset do1；如果计数器 i 的计数起始值小于 0 或大于 10，将跳过子程序 rWelding，直接执行指令 Reset do1。程序中的指令“a {i} := a {i–1}”用于计数器的计数起始值调整，当计数起始值为奇数 1、3、5、7、9 时，系统可自动增加“1”，将其转换为 2、4、6、8、10。

```
FOR i FROM 10 TO 0 STEP -2 DO
  a {i} := a {i-1}
  rWelding;
ENDFOR
  Reset do1 ;
  ……
```

也可省略 FOR—DO 指令中的计数增量 STEP 选项。在省略计数增量 STEP 选项时，系统将根据计数器的计数起始值 FROM、计数结束值 TO，自动选择计数增量 STEP 为“+1”或“–1”：如果计数结束值 TO 大于计数起始值 FROM，则系统默认计数增量 STEP 为“+1”，每执行一次 FOR—DO 与 ENDFOR 之间的全部指令，计数值增加 1；如果计数结束值 TO 小于计数起始值 FROM，系统默认计数增量 STEP 为“–1”，每执行一次 FOR—DO 与 ENDFOR 之间的全部指令，计数值减少 1。

例如，对于以下程序，如果计数器 i 的计数初始值为 1，可连续调用 10 次子程序 rWelding，完成后执行指令 Reset do1；如果计数器 i 的计数初始值为 6，则可连续调用 5 次子程序 rWelding，完成后执行指令 Reset do1；如果计数器 i 的计数初始值小于 1 或大于 10，则跳过子程序 rWelding，直接执行指令 Reset do1。

```
FOR i FROM 1 TO 10 DO
  rWelding;                                  // 重复调用子程序 rWelding
ENDFOR
```

```
  Reset do1 ;
  ……
```

3. 程序 IF 条件调用

RAPID 条件执行指令 IF 可用“IF—THEN”“IF—THEN—ELSE”“IF—THEN—ELSEIF—THEN—ELSE”等形式进行编程，利用 IF 指令，可实现以下多种子程序的条件调用功能。

（1）IF—THEN 调用

在使用“IF—THEN”指令进行子程序的条件调用时，可将子程序执行指令（程序名称）编写在指令 IF 与 ENDIF 之间，此时，如果系统满足 IF 条件，子程序将被调用；否则，子程序将被跳过。

例如，对于以下程序，如果寄存器 reg1 的值小于 5，系统可调用子程序 work1，work1 执行完成后，再执行指令 Reset do1；否则，将跳过子程序 work1，直接执行指令 Reset do1。

```
IF reg1<5 THEN
  work1 ;
ENDIF
  Reset do1 ;
  ……
```

（2）IF—THEN—ELSE 调用

在使用“IF—THEN—ELSE”指令进行子程序的条件调用时，可根据需要，将子程序执行指令（程序名称）编写在指令 IF 与 ELSE 或 ELSE 与 ENDIF 之间。当系统满足 IF 条件时，可执行 IF 与 ELSE 之间的指令、跳过 ELSE 与 ENDIF 之间的指令；如果系统不满足 IF 条件，则跳过 IF 与 ELSE 之间的指令、执行 ELSE 与 ENDIF 之间的指令。

例如，对于以下程序，如果寄存器 reg1 的值小于 5，系统将调用子程序 work1，work1 执行完成后，跳转至指令 Reset do1 处进行执行；否则，系统将调用子程序 work2，work2 执行完成后，再执行指令 Reset do1。

```
IF reg1<5 THEN
  work1 ;
ELSE
  work2 ;
ENDIF
  Reset do1 ;
  ……
```

（3）IF—THEN—ELSEIF—THEN—ELSE 调用

使用“IF—THEN—ELSEIF—THEN—ELSE”指令可设定多重执行条件，可根据实际需要将子程序执行指令（程序名称）编写在相应的位置。

例如，对于以下程序，如果寄存器 reg1 的值小于 4，系统将调用子程序 work1，work1 执行完成后，再执行指令 Reset do1；如果 reg1 的值为 4 或 5，系统将调用子程序 work2，work2 执行完成后，再执行指令 Reset do1；如果 reg1 的值大于 5 或小于 10，系统将调用子程序 work3，work3 执行完成后，再执行指令 Reset do1；如果 reg1 的值大于等于 10，系统将调用子程序 work4，再执行指令 Reset do1。

```
IF reg1<4 THEN
  work1 ;
ELSEIF reg1=4 OR reg1=5 THEN
```

```
    work2 ;
  ELSEIF reg1<10 THEN
    work3 ;
  ELSE
    work4 ;
  ENDIF
    Reset do1 ;
    ……
```

4. 程序 TEST 条件调用

普通子程序的条件调用也可通过执行 RAPID 条件测试指令 TEST，以“TEST—CASE”“TEST—CASE—DEFAULT”的形式进行编程。

条件测试指令 TEST 可通过对 TEST 测试数据的检查，按 CASE 规定的测试值选择需要执行的指令，由于 CASE 的编程次数不受限制，因此，可实现子程序的多重调用功能；指令中的 DEFAULT（不符合）测试可根据需要使用或省略。

利用 TEST 指令调用子程序的编程格式如下。

```
  TEST 测试数据
  CASE 测试值，测试值，……：
    调用子程序;
  CASE 测试值，测试值，……：
    调用子程序;
  ……
  DEFAULT:
    调用子程序;
  ENDTEST
    ……
```

例如，对于以下程序，如果寄存器 reg1 的值为 1、2、3，系统将调用子程序 work1，work1 执行完成后，再执行指令 Reset　do1；如果 reg1 的值为 4、5，系统将调用子程序 work2，work2 执行完成后，再执行指令 Reset　do1；如果 reg1 的值为 6，系统将调用子程序 work3，work3 执行完成后，再执行指令 Reset　do1；如果 reg1 的值不在 1～6 的范围内，则系统将调用子程序 work4，work4 执行完成后，再执行指令 Reset　do1。

```
  TEST reg1
  CASE 1, 2, 3:
    work1 ;
  CASE 4, 5:
    work2 ;
  CASE 6:
    work3 ;
  DEFAULT:
    work4 ;
  ENDTEST
    Reset do1 ;
    ……
```

3.2.3　功能程序及调用

功能程序是用来实现用户自定义的特殊运算、比较等操作，能向调用程序返回执行结果的参数化编程子程序。对功能程序的调用需要通过程序指令中的功能函数进行，在调用功能程序时不仅需要指定功能程序的名称，而且还必须对功能程序中的参数进行定义，并为参数赋值。为了便于说明，以下将通过示例来具体说明功能程序的调用方法。

1. 程序示例

功能程序的调用指令及程序格式的示例如下。

```
PROC mainprg ()
   ……
   p0 := pStart(Count1) ;                        // 调用功能子程序 pStart，计算程序数据 p0
   work_Dist := veclen(p0.trans) ;     // 调用功能子程序 veclen，计算程序数据 work_Dist
   IF NOT CurrentPos(p0, tMIG1) THEN      // 调用功能子程序 CurrentPos，作为 IF 条件
   ……
ENDPROC
!**********************************************************
FUNC robtarget pStart (num nCount)// 功能程序 pStart 的程序声明
   VAR robtarget pTarget ;                       // 定义程序数据 pTarget
   TEST nCount                               // 利用 TEST 指令确定程序数据 pTarget 的值
   CASE 1:
   pTarget:= Offs(p0, 200, 200, 500) ;
   CASE 2:
   pTarget:= Offs(p0, 200, -200, 500) ;
   ……
   ENDTEST
   RETURN pTarget ;                                // 返回程序数据 pTarget 的值
ENDFUNC
!**********************************************************
FUNC num veclen(pos vector)              // 功能程序 veclen 的程序声明
 RETURN sqrt(quad(vector.x) + quad(vector.y) + quad(vector.z));
                             // 计算位置数据 vector 的 √(x²+y²+z²) 值，并返回计算结果
ENDFUNC
!**********************************************************
FUNC bool CurrentPos(robtarget ComparePos, INOUT tooldata CompareTool)
                                                 // 功能程序 CurrentPos 的程序声明
   VAR num Counter:= 0 ;                              // 定义程序变量 Counter 及对其进行
初始赋值
   VAR robtarget ActualPos ;                                  // 定义程序变量 ActualPos
   ActualPos:=CRobT(\Tool:= CompareTool\WObj:=wobj0) ;      // 实际位置读取
   IF ActualPos.trans.x>ComparePos.trans.x-25 AND ActualPos.trans.x <ComparePos.
trans.x+25 Counter:=Counter+1 ;                       // 判别 x 轴位置
   ……
   IF ActualPos.rot.q1>ComparePos.rot.q1-0.1 AND ActualPos.rot.q1 <ComparePos.
rot.q1 +0.1 Counter:=Counter+1 ;                          // 判别工具姿态参数 q1
   ……
   RETURN Counter=7 ;                        // 判断 Counter=7，返回判断结果的逻辑状态
ENDFUNC
!**********************************************************
```

在上述示例中，主程序 PROC mainprg ()通过 3 个功能函数 pStart、veclen 和 CurrentPos，分别调用了 3 个功能子程序 pStart、veclen 和 CurrentPos；子程序的调用指令及程序功能的说明如下。

2. 功能程序 pStart

功能程序 pStart 通过主程序 PROC mainprg ()中的指令“p0 := pStart(Count1)”调用，用户自定义的功能函数为 pStart、程序赋值参数为 Count1。

功能子程序 pStart 用来确定多工件作业时的机器人作业起点 *p*0。在程序中，机器人作业起点 *p*0 为机器人 TCP 位置型数据，其数据类型为“robtarget”，因此，功能程序 pStart 的程序声明为“FUNC robtarget pStart”。

在功能程序 pStart 中，通过条件测试指令 TEST 选择机器人的作业起点 *p*0。TEST 指令的测试数据为工件计数器的计数值 nCount（nCount =1 或 2）。测试数据 nCount 是功能程序 pStart 的输入参数，其数据类型为 num、访问模式为 IN（系统默认），故功能程序 pStart 的程序声明中的程序参数为“(num nCount)”。

需要在功能程序调用指令上为 nCount 赋值。用于为 nCount 赋值的程序数据，需要在功能函数后缀的括号内指定。如果将工件计数器的计数值保存在 Count1 中，功能程序 pStart 的调用指令便为“p0 := pStart(Count1)”。

在功能程序 pStart 中，利用指令 TEST 所选择的执行结果被保存在程序数据 pTarget 中，该数据需要返回至主程序 PROC mainprg ()处，作为机器人作业起点 *p*0 的位置值。因此，程序中的执行结果返回指令为“RETURN pTarget”。

3. 功能程序 veclen

功能子程序 veclen 通过主程序 PROC mainprg ()中的指令“work_Dist := veclen(p0.trans)”调用，用户自定义的功能函数为 veclen、程序赋值参数为 p0.trans。

功能程序 veclen 用来计算机器人作业起点 *p*0 与坐标原点的空间距离 work_Dist，其计算结果的数据类型为 num，因此，功能程序 veclen 的程序声明为“FUNC num veclen”。

计算三维空间内的点与原点之间的空间距离，需要给定该程序点的坐标值（*x*，*y*，*z*）。在 RAPID 程序中，表示机器人 TCP 点 *XYZ* 坐标值的数据类型为 pos，如将程序参数的名称定义为 vector、将访问模式定义为 IN（系统默认），则功能程序的 veclen 程序声明中的程序参数为“(pos vector)”。

功能程序 veclen 的程序参数 vector，同样需要在调用指令上为其赋值。在 RAPID 程序中，机器人的 TCP 位置型数据 robtarget（如机器人作业起点 *p*0）是由 *XYZ* 位置数据 trans、工具方位数据 rot、机器人姿态数据 robconf、外部轴绝对位置数据 extax 复合而成的多元复合数据；多元复合数据既可整体使用，也可只使用其中的某一部分，例如，机器人作业起点 *p*0 的 *XYZ* 坐标值可以 p0.trans 的形式独立使用。因此，功能函数只需要指定机器人作业起点 *p*0 的 *XYZ* 坐标数据 p0.trans，功能程序 veclen 的调用指令便为“work_Dist := veclen(p0.trans))”。

程序点（*x*，*y*，*z*）与原点之间的空间距离计算式为 $\sqrt{x^2+y^2+z^2}$，这一运算可直接通过 RAPID 函数命令 sqrt（平方根）、quad（平方）实现。在 RAPID 程序中，表达式可直接代替程序数据，因此，在功能程序 veclen 中，数据返回指令 RETURN 直接使用了空间距离的计算表达式 sqrt(quad(vector.x) + quad(vector.y) + quad(vector.z))，表达式中的 vector.x、 vector.y、vector.z 分别为 *XYZ* 坐标数据（复合数据）中的 *x*、*y*、*z* 坐标值。

4. 功能程序 CurrentPos

功能程序 CurrentPos 直接由主程序 PROC mainprg ()中的 IF 指令调用，在对其执行结果（逻辑状态数据）进行取反后，作为 IF 指令的判断条件，因此，程序调用可由指令“IF NOT CurrentPos(p0, tMIG1) THEN”实现。调用功能程序 CurrentPos 的用户自定义功能函数为 CurrentPos，指令需要两个程序赋值参数 p0 及 tMIG1。

功能程序 CurrentPos 用来生成逻辑状态数据 CurrentPos，当机器人使用指定工具且机器人 TCP 位于机器人作业起点 *p*0 附近时，程序数据 CurrentPos 的状态为“TRUE”，否则，为“FALSE”。由于程序数据 CurrentPos 的数据类型为 bool，故功能子程序 CurrentPos 的程序声明为“FUNC bool CurrentPos”。

判别机器人的 TCP 位置，必须是同一作业工具的 TCP 位置数据，因此，功能程序 CurrentPos 需要有 TCP 基准位置参数（robtarget）、基准工具参数（tooldata）两个程序参数。如将 TCP 基准位置参数的名称定义为 ComparePos、将访问模式定义为 IN（系统默认）；将基准工具参数的名称定义为 CompareTool、将访问模式定义为 INOUT，则功能子程序 CurrentPos 程序声明中的程序参数为“(robtarget ComparePos, INOUT tooldata CompareTool)”。

功能程序 CurrentPos 的程序参数 ComparePos、CompareTool，同样需要在调用指令上为参数赋值，其中，TCP 基准位置为机器人作业起点 *p*0，基准工具为 tMIG1。由于程序直接由 IF 指令调用，故在主程序 PROC mainprg ()中，调用功能程序 CurrentPos 的 IF 条件为“NOT CurrentPos(p0, tMIG1)”。

在功能程序 CurrentPos 中，还定义了 1 个数值型程序变量 Counter 和 1 个 TCP 位置型程序变量 ActualPos。Counter 是用来计算实际位置 ActualPos 和基准位置 ComparePos 中的符合项数量的计数器；ActualPos 是利用指令 CRobT 读取的实际当前的机器人 TCP 位置值。

为了保证机器人 TCP 位置、工具与比较基准相符，功能程序 CurrentPos 需要对 *XYZ* 坐标值、工具姿态四元数 *q*1、*q*2、*q*3、*q*4 7 项数据进行逐项比较。当 ActualPos 的[*x*, *y*, *z*]坐标值（ActualPos.trans.x/ActualPos.trans.y/ActualPos.trans.z）处在比较基准 ComparePos 的[*x*, *y*, *z*]坐标值（ComparePos.trans.x/ComparePos.trans.y/ ComparePos.trans.z）±25mm 的范围内时，认为 *XYZ* 位置符合比较基准，每 1 个符合项都将使计数器增加 1；同样，当 ActualPos 的工具姿态四元数[*q*1, *q*2, *q*3, *q*4]（ActualPos.rot.q1/ ActualPos.rot.q2/ ActualPos. rot.q2/ ActualPos.rot.q4）在比较基准 ComparePos 的[*q*1, *q*2, *q*3, *q*4]值（ComparePos.rot.q1/ ComparePos.rot.q2/ ComparePos.rot.q3/ ComparePos.rot.q4）±0.1 的范围内时，认为工具姿态四元数符合比较基准，每 1 个符合项都将使计数器增加 1。如 7 个比较项全部符合比较基准，则计数器 Counter=7，此时，可通过返回指令 RETURN Counter=7，向主程序返回判断结果的逻辑状态“TRUE”；否则，返回逻辑状态“FALSE”。

3.2.4 中断程序及调用

1. 中断程序与调用

中断程序（Trap routines，TRAP）是用来处理程序异常情况的特殊子程序，它可根据程序指令所设定的中断条件，由系统自动调用。中断功能一旦启用（使能），只要满足中断条件，系统可立即终止现行程序的执行、直接转入中断程序，而不需要进行其他编程。

在中断功能启用后，系统可在程序执行的任意位置上随时调用中断程序，因此，中断程序不能使用参数化编程功能，既不需要在程序声明中定义程序参数、也不需要在程序名称后添加写入程序参数的括号。

在使用中断功能时，需要在调用程序上编制中断连接指令（CONNECT—WITH 指令），以建立中断条件和中断程序之间的连接，并进行中断条件的设定。如果需要，可编制多个中断连接指令和中断程序，在 RAPID 程序中，一个中断条件只能连接（调用）唯一的中断程序，但是，不同的中断条件允许连接（调用）同一个中断子程序。

中断连接一旦建立，所定义的中断功能将自动生效，此时，系统便可根据中断条件，自动调用中断程序。如作业程序中存在不允许中断的特殊动作，可通过中断禁止指令 IDisable 来暂时禁止中断功能；被禁止的中断功能，可通过中断使能指令 IEnable 重新启动；中断禁止/使能指令 IDisable/IEnable 对所有中断连接均有效。如果需要，也可通过中断停用指令 ISleep、中断启用指令 IWatch 来停用/启用指定的中断，而不影响其他中断的使用。

实现 RAPID 程序中断的方式有多种，例如，在机器人关节插补运动、直线插补运动、圆弧插补运动轨迹的特定控制点上中断；通过系统开关量输入/输出（DI/DO）信号、模拟量输入/输出（AI/AO）信号、开关量输入组/输出组（GI/GO）信号控制程序中断；或者利用时延、系统出错、外设检测变量、永久数据的状态控制程序中断等。有关中断功能的使用及指令编程方法将在后续内容中详述。

2. 中断连接指令编程

中断程序需要通过中断连接指令调用，在需要调用中断程序的程序中，不但需要编制中断连接指令，还需要对中断条件进行定义。

例如，对于系统开关量输入（DI）信号控制的程序中断，中断连接指令的编程格式如下。

```
CONNECT 中断条件 WITH 中断程序 ;
ISignalDI DI 信号, 1, 中断条件;
……
```

程序中的 CONNECT—WITH 指令用来建立中断条件和中断程序的连接，一旦满足中断条件，系统便可立即结束现行程序的执行、无条件跳转到 WITH 指定的中断程序处继续执行。

中断条件定义指令一般紧接在中断连接指令后编程，不同中断条件的中断需要使用不同的中断条件定义指令。例如，ISignalDI 指令为系统开关量输入（DI）信号中断条件定义指令，指令需要依次指定 DI 信号名称、启用中断的信号状态（如状态“1”），并定义中断条件的名称等，有关中断条件定义指令的编程格式，可参见后述内容。

以上指令一经执行，系统的中断功能将被启用并一直保持有效状态，因此，通常将中断连接指令编制在主程序、初始化子程序等非循环执行的程序中。

3. 程序示例

利用系统开关量输入（DI）信号 diWorkStop，实现程序中断的程序示例如下。该中断功能可通过执行初始化子程序 PROC Initall()启动，将中断条件的名称定义为 irWorkStop，将中断程序名称定义为 TRAP WorkStop。

```
PROC Initall()
  ……
  CONNECT irWorkStop WITH WorkStop ;
  ISignalDI diWorkStop, 1, irWorkStop ;
  ……
ENDPROC
!**********************************************************
TRAP WorkStop
  TPWrite "Working Stop" ;
  bWorkStop :=TRUE ;
  ……
ENDTRAP
!**********************************************************
```

在以上程序中，指令“CONNECT irWorkStop WITH WorkStop”用来建立中断条件 irWorkStop 和中断程序 TRAP WorkStop 之间的连接；只要满足 irWorkStop 条件，系统便可立即结束现行程序的执行、无条件跳转到 WITH 指定的中断程序 TRAP WorkStop 处继续执行。指令“ISignalDI diWorkStop, 1, irWorkStop”用来定义中断条件，如果 diWorkStop 的状态为“1”，满足 irWorkStop 条件。

将以上中断连接指令编制在一次性执行的初始化子程序 PROC Initall()中，指令一旦被执行，中断便将启动；在任何时刻，只要系统的 DI 信号 diWorkStop 状态为“1”，便可调用中断程序 TRAP WorkStop。

在中断子程序上，由于程序的使用范围为系统默认的全局程序，因此，在程序声明中只需要定义程序类型 TRAP 及程序名称 WorkStop。执行该中断程序，系统将通过文本显示指令 TPWrite，在示教器上显示“Working Stop”信息文本；同时，可将逻辑状态型（bool）程序数据 bWorkStop 的状态设定为“TRUE”，该逻辑状态可用来控制指示灯、改变机器人运动等。

3.3 程序数据及定义

3.3.1 数据声明指令

1. 指令格式与数据使用范围

程序数据是程序指令的操作数，其数量众多、格式各异。为了便于用户使用，控制系统在出厂时，生产厂家已对部分常用的基本程序数据进行了预定义，这些基本程序数据可直接在程序中使用，在编程时不需要另行定义。例如，速度数据 v200 所规定的机器人 TCP 的移动速度为 200mm/s，速度数据 vrot50 所规定的回转轴速度为 50° /s；到位区间 z30 所规定的机器人 TCP 的定位允差为 30mm、工具姿态的定位允差为 45mm、工具定向回转的定位允差为 4.5° 等。

但是，机器人在进行实际作业时，除系统预定义的基本程序数据外，还需要有作业工具数据、作业工件数据，工艺参数、机器人 TCP 位置、机器人移动速度等其他程序数据，这些程序数据需要由用户在 RAPID 程序中定义。

一般而言，机器人的作业工具数据、作业工件数据、工艺参数，以及机器人作业起点与终点、机器人移动速度等程序数据，是程序模块中所有程序共用的基本数据，通常在程序模块的起始位置进行统一定义；如果程序数据只被用于某一特定的程序，则可以在使用该程序数据的程序中单独定义程序数据。

用来定义程序数据的指令被称为数据声明指令，数据声明指令可对程序数据的使用范围、数据性质、数据类型、数据名称/个数等进行规定，如果需要，还可对程序数据进行初始赋值。

RAPID 数据声明指令的基本格式如下。

TASK	PERS	pos	segpos{2}	:=[[0,0,0],[200,-100,500]]
使用范围	数据性质	数据类型	数据名称/个数	初始值

程序数据的使用范围用来规定程序数据的使用对象，即指定程序数据可用于哪些作业任务、模块和程序。使用范围可选择全局数据、任务数据和局部数据 3 类。

全局数据是可供所有作业任务、所有模块和所有程序使用的程序数据，它在系统中具有唯一名称和唯一的值。全局数据是系统默认设定，故不需要在指令中声明全局。

任务数据只能供本作业任务使用，局部数据只能供本模块使用。任务数据、局部数据声明指令只能在程序模块中编程，不能在主程序、子程序中编程。局部数据是系统优先使用的程序数据，如系统中存在与局部数据同名的全局数据、任务数据，这些程序数据将被同名的局部数据替代。

在实际程序中，由于大多数程序数据的使用范围均为单作业任务、全局数据（系统默认），因此，数据使用范围定义项通常被省略。

2. 数据性质、数据类型定义

（1）数据性质

数据性质用来规定程序数据的使用方法及数据的保存、赋值、更新要求。RAPID 程序数据有常量 CONST（Constant）、永久数据 PERS（Persistent）、程序变量 VAR（Variable）和程序参数 4 类；其中，程序参数用于采用参数化编程的程序，需要在程序声明中对其进行定义（参见前述内容）。

数据性质为常量 CONST、永久数据 PERS 的程序数据，被保存在系统的 SRAM 中，其数值可一直被保存到下次赋值。数据性质为程序变量 VAR 的程序数据，被保存在系统的 DRAM 中，它们仅在程序执行时有效，程序执行一旦完成或系统被复位，数据将被自动清除。常量 CONST、永久数据 PERS、程序变量 VAR 的特点及定义方法详见后述内容。

（2）数据类型

数据类型用来规定程序数据的格式与用途，程序数据的数据类型需要由控制系统生产厂家（ABB 公司）统一规定。例如，十进制数值型数据的数据类型为 num、二进制逻辑状态型数据的数据类型为 bool、字符串（文本）型数据的数据类型为 string、机器人 TCP 位置型数据的数据类型为 robtarget 等。程序数据的类型众多，详见附录 C；数据类型也可以利用 RAPID 函数命令 Type 进行检查。

为了便于数据的识别、分类和检索，在 RAPID 程序中，也可通过数据等同指令 ALIAS 为控制系统生产厂家出厂定义的数据类型增加一个别名，这样的数据被称为“等同型数据”。利用 ALIAS 指令定义的数据类型名称，可直接代替控制系统原有的数据类型名称，在程序中使用。示例如下。

```
VAR num reg1 := 2;                      // 定义 reg1 为 num 型数据并为其赋值 2
ALIAS num level ;                       // 定义数据类型名称 num 等同于 level
……
VAR level high ;                        // 定义 high 为 level 数据（num 型数据）
VAR level low := 4.0;                   // 定义 level 数据 low（num 型数据）并为其赋值
high:= low+reg1                         // 进行同类数据运算
……
```

3. 数据名称/个数、初始值定义

（1）数据名称/个数

数据名称是程序数据的识别标记，需要按照 RAPID 标识的规定命名，原则上，在同一系统中，不应重复定义程序数据的名称。对于数据类型相同的多个程序数据，也可用数组的形式进行统一命名，在数组名称后需要添加后缀为“{数据元数}”的标记；例如，当程序数据 segpos 为包含两个 *XYZ* 位置数据的二元数组时，其数据名称为“segpos{2}”等。

（2）初始值

初始值用来规定程序执行时刻的程序数据值，初始值可以为具体的数值，也可以为 RAPID 表达式的运算结果，但必须符合程序数据的格式要求。

数据声明指令未定义初始值的程序数据，在执行程序时，控制系统将自动赋予系统默

认的初始值。例如，十进制数值型数据（数据类型为 num）的初始值默认为“0”、二进制逻辑状态型数据（数据类型为 bool）的初始值为“FALSE”、字符串（文本）型数据（数据类型为 string）的初始值为“空白”等。

程序数据一旦被定义，便可在程序中按系统规定的格式为其赋值，对其进行运算等操作与处理。一般而言，类型相同的程序数据可直接通过 RAPID 表达式（运算式）进行算术、逻辑运算等操作与处理，所得到的结果为同类数据；原则上不能直接对不同类型的数据进行运算，但部分程序数据可通过 RAPID 数据转换函数命令转换格式。

3.3.2　基本型数据定义

机器人程序数据的形式多样。从数据结构上说，RAPID 程序数据有基本型（atomic）数据、复合型（recode）数据、数组数据、结构（STRUC）数据、枚举（Enumeration）数据等。

基本型数据在 ABB 机器人说明书中有时被译为“原子型数据”，它通常由数字、字符等基本元素构成。基本型数据在程序中只能整体使用。

RAPID 程序常用的基本型数据主要有数值型数据（数据类型为 num）、双精度数值型数据（数据类型为 dnum）、字节型数据（数据类型为 byte）、逻辑状态型数据（数据类型为 bool）、字符串型数据（数据类型为 string、stringdig）4 类，其组成特点、格式要求及编程示例如下。

1. 数值型数据、双精度数值型数据

数值型数据可用来表示十进制整数（INT）或实数（REAL）。在计算机及其控制系统上，数值型数据通常以浮点的形式存储，数据存储格式通常采用 IEEE Standard for Floating-Point Arithmetic 标准（即 IEEE 754™-2008，现行标准为 ISO/IEC/IEEE 60559-2020）规定的 binary32、binary64。由于早期标准（ANSI/IEEE Std 754-1985）将 binary32、binary64 数据存储格式称为单精度（Single precision 或 float）、双精度（Double precision 或 double）格式，因此，人们习惯上仍称之为“单精度”数据、“双精度”数据。

在 ABB 机器人控制系统上，将以 binary32 数据存储格式存储的数据称为数值型数据，数据类型为 num；将以 binary64 数据存储格式存储的数据称为双精度数值型数据，数据类型为 dnum。num 型数据的字长为 32 位（二进制、4 字节），其中，数据（尾数）位为 23 位、指数位为 8 位、尾数符号位为 1 位；dnum 型数据的字长为 64 位（二进制、8 字节），其中，数据（尾数）位为 52 位、指数位为 11 位、尾数符号位为 1 位。在 RAPID 程序中，num 型数据是作业程序的常用数据，dnum 型数据一般只用来表示超过 num 型数据范围的特殊数值。

当 num 型数据用来表示十进制整数时，其数值范围为 -2^{23}～（$2^{23}-1$）即 −8388608～8388607；当 dnum 数据用来表示十进制整数时，可表示的数值范围为 -2^{52}～（$2^{52}-1$）即 −4503599627370496～4503599627370495。

num 型数据、dnum 型数据用来表示实数时，其含义与数学意义上的实数有所不同。数学意义上的实数包括有理数和无理数，即有限小数和无限小数；但是，由于计算机数据

存储器的字长限制，任何计算机及其控制系统可表示的实数只能是数学意义上的实数的一部分（子集），即有限位数的小数，而不能用来表示超过存储器字长的数值。

binary32 数据存储格式（num 型数据）的实数存储格式如下。

位：	bit31	bit30	bit29	bit28	…	bit24	bit23	bit22	bit21	bit20	…	bit2	bit1	bit0
权：		2^7	2^6	2^5	…	2^1	2^0	2^{-1}	2^{-2}	2^{-3}	…	2^{-21}	2^{-22}	2^{-23}
	S	E_7	E_6	E_5	…	E_1	E_0	A_{22}	A_{21}	A_{20}	…	A_2	A_1	A_0

尾数符号位　　指数位（8 位）　　尾数位（23 位）

数据存储器的低 23 位为尾数 A_n（n=0～22），高 8 位为指数 E_m（m= 0～7），最高位为尾数符号位 S（bit31），所组成的十进制数值如下。

$$N=(-1)^S\times[1+\sum_{n=0}^{22}(A_n\times 2^{n-23})]\times 2^{E-127}$$

$$=\pm（2^0+A_{22}\times 2^{-1}+A_{21}\times 2^{-2}+\cdots+A_0\times 2^{-23}）\times 2^{E-127}$$

式中，$E=E_0\times 2^0+E_1\times 2^1+\cdots+E_7\times 2^7$

由于 E 为正整数，其十进制数值为 0～255；为了表示负指数，计算机需要对指数 E 进行（E–127）处理。

此外，标准还规定，数据存储器的全 0 状态与全 1 状态所代表的十进制数值为“0”，具体如下。

$N=\pm（2^0+0\times 2^{-1}+0\times 2^{-2}+\cdots+0\times 2^{-23}）\times 2^{0-127}=\pm 2^{-127}=0$（全 0 状态）

$N=\pm（2^0+1\times 2^{-1}+1\times 2^{-2}+\cdots+1\times 2^{-23}）\times 2^{255-127}$

$=\pm（2-2^{-23}）\times 2^{128}\approx\pm 2^{129}=0$（全 1 状态）

因此，N 的实际取值范围为$[-2^{128}\sim-2^{-126}，0，2^{-126}\sim 2^{128}]$。

尾数可表示的十进制数值为：0，1～（$2-2^{-23}$）。

转换为十进制后，具体如下。

binary32 数据存储格式（num 型数据）可表示的十进制数值的最大绝对值约为 3.402×10^{38}（2^{128}）；除 0 外，可表示的十进制数值的最小绝对值约为 1.175×10^{-38}（2^{-126}）。

binary64 数据存储格式（dnum 型数据）的字长为 64 位（二进制），数据存储器的低 52 位为尾数 A_n（n=0～51），高 11 位为指数 E_m（m= 0～10），最高位为尾数符号位 S（bit63），因此，所组成的十进制数值如下。

$$N=(-1)^S\times[1+\sum_{n=0}^{51}(A_n\times 2^{n-52})]\times 2^{E-1023}$$

N 的实际取值范围为：$-2^{1024}\sim-2^{-1022}$，0，$2^{-1022}\sim 2^{1024}$；可表示的十进制数值的最大绝对值约为 1.8×10^{308}（2^{1024}）；除 0 外，可表示的十进制数值的最小绝对值约为 2.2×10^{-308}（2^{-1022}）。

在 RAPID 程序中，num 型数据、dnum 型数据可用整数、小数、指数的形式进行编程，如 3、–5、3.14、–5.28、2E+3（2000）、2.5E–2（0.025）等；如果需要，也可转换成二进制（bin）、8 进制（oct）或 16 进制（hex）等形式的数值。

在 num 型数据允许的范围内，num 型数据与 dnum 型数据的数据格式可自动转换；如运算结果不超过数值范围，num 型数据、dnum 型数据还可进行各种运算。但是，由于表示小数的位数有限，系统可能需要对数据进行近似值处理，因此，在程序中，通过运算得到的 num 型数据、dnum 型数据通常不能用于“等于”“不等于”的比较运算。此外，对于除法运算，即使商为整数，系统也不认为它是准确的整数。

例如，对于以下程序（程序中的运算符“:=”为 RAPID 赋值符，作用相当于算术运算符号中的等号“=”），由于系统不认为“a/b”是准确的整数 2，因而将永远无法满足 IF 指令的指令条件。

```
a :=10 ;
b := 5 ;
IF a/b=2 THEN
……
```

num 型数据、dnum 型数据的编程示例如下，如果仅定义数据类型，则系统默认其初始值为 0。

```
VAR num counter ;                        // 定义 counter 为 num 型数据，初始值为 0
counter :=250 ;                          // 数据赋值，counter =250
a := 10 DIV 3 ;                          // 数据 a=10÷3 的商（a=3）
b := 10 MOD 3 ;                          // 数据 b=10÷3 的余数（b=1）
VAR num nCount :=1 ;                     // 定义 nCount 为 num 型数据并为其赋值 1
VAR dnum reg1 :=10000 ;                  // 定义 reg1 为 dnum 型数据并为其赋值 10000
VAR dnum bin := 0b11111111;              // 定义 bin 为二进制格式 dnum 型数据并为其赋值 255
VAR dnum oct := 0o377;                   // 定义 oct 为八进制格式 dnum 型数据并为其赋值 255
VAR dnum hex := 0xFFFFFFFF ;             // 定义hex为十六进制格式dnum型数据并为其赋值(2^32-1)
……
```

num 型数据的用途众多，它既可表示通常的数值，也可用数值来表示控制系统的工作状态，因此，在 RAPID 程序中，num 型数据可分为多种特殊的类型。例如，专门用来表示 DI/DO 逻辑状态的 num 型数据，被称为 dionum 型数据，其数值只能为“0”或“1”；专门用来表示系统错误性质的 num 型数据，被称为 errType 型数据，其数值只能为正整数 0～3 等。

只能取某一类型数据（如 num 型数据）特定值的程序数据，被称为枚举数据（详见后述内容）。为了避免产生歧义，在 RAPID 程序中，枚举数据通常用特定的标识（字符串文本）表示。例如，逻辑状态型数据 dionum 的数值 0、1，通常以“FALSE”“TRUE”表示；系统错误性质数据 errType，通常以“TYPE_STATE （操作提示）”“TYPE_WARN（系统警示）”“TYPE_ERR（系统报警）”表示等。

2. 字节型数据、逻辑状态型数据

字节型数据在 RAPID 程序中被称为 byte 型数据，它们只能以 8 位二进制正整数的形式表示，其十进制的数值范围为 0～255。在程序中，byte 型数据主要用来表示开关量输入/输出组信号的状态、进行多位逻辑运算处理。

逻辑状态型数据在 RAPID 程序中被称为 bool 型数据，它们只能用来表示二进制逻辑状态，数值 0、1 通常以“TRUE”“FALSE”表示。在程序中，bool 型数据可用“TRUE”“FALSE”进行赋值，也可进行比较、判断及逻辑运算，或直接作为 IF 指令的判别条件。

byte 型数据、bool 型数据的编程示例如下，如果仅定义数据类型，则系统默认其初始

值为 FALSE。

```
VAR byte data3 ;                          // 定义 byte 型数据 data3
VAR byte data1 := 38 ;                    // 定义 byte 型数据 data1=0010 0110
VAR byte data2 := 40 ;                    // 定义 byte 型数据 data2=0010 1000
data3 := BitAnd(data1, data2) ;           // 8 位逻辑与运算 data3=0010 0000
……
VAR bool flag1 ;                          // 定义 bool 型数据 flag1
VAR bool active := TRUE;                  // 定义 bool 型数据 active 并为其赋值
……
VAR bool highvalue ;                           // 定义 bool 型数据 highvalue
VAR num reg1 ;                                 // 定义 num 型数据 reg1
highvalue := reg1 > 100 ;     // highvalue 在 reg1 > 100 时为 TRUE，否则为 FALSE
IF highvalue Set do1 ;           // 当 highvalue 为 TRUE 时，设定系统输出 do1 = 1
medvalue := reg1 > 20 AND NOT highvalue ;
 // 定义 bool 型数据 medvalue 并为其赋值，medvalue 在 reg1 > 20 及 highvalue 为非时
(即 20<reg1≤100）为 TRUE，否则为 FALSE
……
```

3. 字符串型数据

字符串型数据也称文本（text）数据，在 RAPID 程序中被称为 string 型数据，它们是由英文字母、数字及符号构成的特殊数据，在 RAPID 程序中，string 型数据最大允许为 80 个 ASCII 码字符（详见后述数据转换命令说明），在 string 型数据的前后，均需要用双引号（ " ）进行标记。如果 string 型数据本身含有双引号（ " ）或反斜杠（\），则需要使用连续 2 个双引号（ " ）或反斜杠（\）表示。例如，字符串 start "welding\pipe " 2 的表示方法为"start " "welding\\pipe" " 2 "等。

由 0～9 组成的特殊字符串型数据，在 RAPID 程序中被称为 stringdig 型数据，它们也可直接用来表示正整数的数值。可用 stringdig 型数据表示的数值范围为 $0\sim2^{32}$、大于 num 型数据可表示的数值范围（$0\sim2^{23}-1$）；stringdig 型数据还可直接通过 RAPID 函数命令（如 StrDigCalc、StrDigCmp 等）和 opcalc、opnum 型运算及比较符（如 LT、EQ、GT 等），在程序中进行算术运算和比较处理（见后述内容）。

string 型数据的编程示例如下，如果仅定义数据类型，则系统默认其初始值为空白或 0。

```
VAR string text ;                         // 定义 string 型数据 text
text := "start welding pipe 1" ;          // 为 string 型数据赋值
TPWrite text ;                            // 示教器显示文本 start welding pipe 1
……
VAR string name := "John Smith";          // 定义 string 型数据 name 并为其赋值
VAR string text2 := "start " "welding\\pipe" " 2 "; //定义含"和\ 的 string 型数
据
TPWrite text2 ;                           // 示教器显示文本 start "welding\pipe" 2
……
VAR stringdig digits1 ;                   // 定义 stringdig 型数据 digits1
VAR stringdig digits2 := "4000000" ;      // 定义 stringdig 型数据 digits2 并为其
赋值
VAR stringdig res ;                            // 定义 stringdig 型数据 res
VAR bool flag1 ;                               // 定义 bool 型数据 flag1
……
digits1 := "5000000" ;                         // 为 stringdig 型数据 digits1 赋值
```

```
flag1 := StrDigCmp (digits1, LT, digits2) ;
// stringdig 型数据比较，如 digits1 > digits2，bool 型数据 flag1 为 TRUE
res := StrDigCalc(digits1, OpAdd, digits2) ;
// stringdig 型数据加法运算（digits1 + digits2）
……
```

3.3.3 复合型数据与数组定义

1. 复合型数据

复合型（recode）数据是由多个数据按规定格式复合而成的数据，在 ABB 机器人说明书中有时被译为“记录型”数据。复合型数据的数量众多，例如，用来表示机器人 TCP 位置、移动速度、作业工具数据、作业工件数据的数据均为复合型数据。

复合型数据的构成元可以为基本型数据，也可以是其他复合型数据。例如，用来表示机器人 TCP 位置的 robtarget 型数据，是由 4 个构成元[trans，rot，robconf，extax]复合而成的多重复合数据，其中，构成元 trans 是由 3 个 num 型数据[*x*，*y*，*z*]复合而成的 *XYZ* 坐标数据（pos 型数据）；构成元 rot 是由 4 个 num 型数据[q_1，q_2，q_3，q_4]复合而成的姿态四元数（rot 型数据）；构成元 robconf 是由 4 个 num 型数据[cf1，cf4，cf6，cf*x*]复合而成的机器人姿态数据（confdata 型数据）；构成元 extax 是由 6 个 num 型数据[*e*1，*e*2，*e*3，*e*4，*e*5，*e*6]复合而成的机器人外部轴关节位置数据（extjoint 型数据）等。

在 RAPID 程序中，复合型数据既可整体使用，也可只使用其中的某一部分数据，或仅使用某一部分数据的某一项；复合型数据及其构成元均可使用 RAPID 表达式、函数命令进行运算与处理。例如，robtarget 型数据，既可将其整体用作机器人移动的目标位置，也可只取其 *XYZ* 坐标数据 trans（pos 型数据）或 *XYZ* 坐标数据 trans 中的坐标值 *x*（num 型数据），对其进行单独定义，或参与其他 pos 型数据、num 型数据的运算。

在 RAPID 程序中，复合型数据的构成元、数据项可用“数据名.构成元名”“数据名.构成元名.数据项名”的形式引用。例如，robtarget 型数据 *p*0 中的 *XYZ* 坐标数据 trans，可用 p0.trans 的形式引用；而 *XYZ* 坐标数据 trans 中的坐标值 *x*，则可用 p0.trans.x 的形式引用等。有关复合型数据的具体格式、定义要求，将在本书后述内容中结合编程指令进行具体介绍。

复合型数据的编程示例如下，如果仅定义数据类型，则系统默认其初始值为 0、姿态为初始状态。

```
VAR robtarget p0 ;                    // 将 p0 定义为复合型 TCP 位置数据，姿态为初始状态
p0 := [ [0, 0, 0], [1, 0, 0, 0], [1, 1,0, 0], [ 0, 0, 9E9, 9E9, 9E9, 9E9] ] ;
// 为复合型 TCP 位置数据 p0 整体赋值
VAR robtarget p1 := [ [0, 0, 10], [1, 0, 0, 0], [1, 1,0, 0], [ 0, 0, 9E9,
9E9, 9E9, 9E9] ] ;                    // 将 p1 定义为复合型 TCP 位置数据，并为其整体
赋值
……
VAR robtarget pos2 ;                  // 将 pos2 定义为复合型 TCP 位置数据，姿态为初始状态
VAR pos p2 := [100, 100, 200] ;       // 定义复合型 XYZ 坐标数据并为其
赋值
pos2. trans := p2 ;                   // 仅为复合型 TCP 位置数据 pos2 的 trans 部分赋值
……
VAR pos pos3 ;                        // 定义复合型 XYZ 坐标数据，初始值为 0
```

```
pos3.x := 500.21 ;                    // 仅为复合型 XYZ 坐标数据 pos3 的坐标值 x 赋值
……
VAR robtarget p10 ;                   // 将 p10 定义为复合型 TCP 位置数据，姿态为初始状态
p10 := Offs(p1,10,0,0) ;              // 利用位置偏置函数命令 Offs 计算 p10 的值
VAR robtarget p20 ;                   // 将 p20 定义为复合型 TCP 位置数据，姿态为初始状态
p20 := CRobT(\Tool:=tool\WObj:=WObj0) ;  // 利用函数命令 CRobT 读入机器人 TCP 当前位置值
……
```

2. 数组

为了减少指令、简化程序，对于类型相同的多个程序数据，可以数组的形式进行一次性定义；还可以多阶数组的形式定义多个数组数据，复合数组所包含的数组数被称为数组阶数或维数；每一个数组所包含的数据数，被称为数据元数。

以数组形式定义的程序数据，其数据名称相同。对于 1 阶（一维）数组，在定义时需要在数组名称后附加"{元数}"标记；在引用数据时，需要在数组名称后附加"{元序号}"标记。对于多阶（多维）数组，在定义时需要在数组名称后附加"{阶数，元数}"标记；在引用数据时，需要在数组名称后附加"{阶序号，元序号}"标记。

RAPID 数组数据的定义及引用示例如下，如果仅定义数据类型，则系统默认初始值为 0。

```
VAR num dcounter_1 {5} := [ 9, 8, 7, 6, 5 ] ; // 定义 1 阶、5 元 num 型数组并为其赋值
reg1 := dcounter_1 {3} ;              // 引用 1 阶、5 元 num 型数组数据，reg1=7
VAR pos seq{3} := [[0, 0, 0], [0, 0, 500], [0, 0,1000]];
                                      // 定义 1 阶、3 元 pos 型数组并为其赋值
pos1 := seq{2}                        // 引用 1 阶、3 元 pos 型数组数据，pos1=[0, 0, 500]
……
VAR num dcounter_2 {2, 3} := [[ 9, 8, 7 ] , [ 6, 5, 4 ]] ;
                                      // 定义 2 阶、3 元 num 型数组并为其赋值
reg2 := dcounter_2 {1, 2}             // 引用 2 阶、3 元 num 型数组数据，reg2=8
reg3 := dcounter_2 {2, 3}             // 引用 2 阶、3 元 num 型数组数据，reg3=4
……
```

3.3.4 结构数据与枚举数据定义

1. 结构数据

结构数据的形式类似于 1 阶数组，但数据元的数据类型可以不同。ABB 机器人控制系统的结构数据由系统生产厂家 ABB 公司定义，数据格式及初始值在机器人出厂时已规定，在 RAPID 程序中可直接使用，不需要再进行结构数据定义。

ABB 机器人的结构数据众多，其中，用户程序最常用的结构数据及格式如下，数据构成项的具体说明可参见后述内容。

（1）关节位置数据 jointtarget

关节位置数据 jointtarget 用于机器人本体关节轴 j1～j6 及外部轴 e1～e6 的绝对位置定

义，数据格式规定如下。

```
p0 := [ [0, 30, 45, 0, 0, 0 ], [ 0, 0, 9E9, 9E9, 9E9, 9E9] ]
```

jointtarget 型数据由机器人本体关节轴绝对位置（robax 型数据）和外部轴位置（extax 型数据）两个 6 元 num 型数组复合而成，robax 数据代表机器人本体关节轴 j1～j6 的绝对位置，extax 数据代表外部轴 e1～e6 的绝对位置。

（2）方位数据 pose

方位数据 pose 用来定义笛卡儿坐标系的 *XYZ* 坐标值和方向，数据格式如下。

```
frame_1 := [ [50, 100, 200] , [1, 0, 0, 0 ] ]
```

pose 型数据由 *XYZ* 坐标值（trans 数据，3 元 num 型数组）、工具姿态（rot，坐标旋转四元数）构成，可用来表示坐标系的原点位置和方向或作业工具的 TCP 位置和方向。

（3）TCP 位置数据 robtarget

TCP 位置数据 robtarget 用于作业工具方位及机器人姿态、外部轴位置的定义，数据格式如下。

```
robtarget p1 := [ [0, 0, 0 ], [1, 0, 0, 0 ], [0, 1, 0, 0 ], [ 0, 0, 9E9, 9E9,
9E9 ,9E9]] ;
```

robtarget 型数据由工具坐标系方位（pose 型数据）及机器人姿态（robconf 型数据，4 元 num 型数组）、外部轴位置（extax 型数据，6 元 num 型数组）复合而成。pose 型数据用来表示作业工具在工件坐标系中的 TCP 位置和方向；机器人姿态用来描述机器人本体形态（参见第 2 章内容）；外部轴位置用来指定外部轴 e1～e6 的绝对位置。

（4）工具数据 tooldata

工具数据 tooldata 用来描述作业工具的特性，数据格式如下。

```
tool1:= [TRUE, [ [97.4, 0, 223.1], [0.966, 0,0.259 ,0] ], [ 5, [23, 0, 75],
[1, 0, 0, 0], 0, 0, 0] ] ;
```

工具数据 tooldata 由工具安装形式（bool 型数据）、工具坐标系方位（pose 型数据）、工具质量（num 型数据）、工具重心方位（pose 型数据）及 *X*、*Y*、*Z* 方向的转动惯量等多个数据复合而成。

（5）工件数据 wobjdata

wobjdata 用来描述工件的特性，数据格式如下。

```
wobj1 := [ FALSE, TRUE, "", [ [0, 0, 200], [1, 0,0 ,0] ], [ [100, 200, 0],
[1, 0, 0 ,0] ] ] ;
```

工件数据 wobjdata 由工件安装形式（bool 型数据）、工装安装形式（bool 型数据）、机械单元名称（string 型数据）、工件坐标系方位（pose 型数据）、用户坐标系方位（pose 型数据）等多个数据复合而成。

除以上最常用的结构数据外，ABB 机器人的到位区间、移动速度、停止点等数据均需要以结构数据的形式定义，有关内容见后述内容。

2. 枚举数据

枚举数据是只能取某一类型数据（通常为 num 型数据）特定值的程序数据。例如，用来表示日期的数据，“月”的取值只能是正整数 1～12、“日”的取值只能为正整数 1～31 等。

枚举数据一般由系统生产厂家（如 ABB 公司）定义，数据格式及初始值在机器人出厂时已被规定，不能修改数据的构成、内容。ABB 机器人的枚举数据一般用于系统状态指示，在 RAPID 程序中，枚举数据一般以字符串（名称）的形式使用。例如，用来表示 I/O 单元当前的运行状态的枚举数据 iounit_state 的定义如表 3.3-1 所示。

表 3.3-1　iounit_state 定义

I/O 单元的运行状态值		含义
数值	字符串（文本）	
1	IOUNIT_RUNNING	运行状态：I/O 单元运行正常
2	IOUNIT_RUNERROR	运行状态：I/O 单元运行出错
3	IOUNIT_DISABLE	运行状态：I/O 单元已撤销
4	IOUNIT_OTHERERR	运行状态：I/O 单元配置或初始化出错
10	IOUNIT_LOG_STATE_DISABLED	逻辑状态：I/O 单元已撤销
11	IOUNIT_LOG_STATE_ENABLED	逻辑状态：I/O 单元已使能
20	IOUNIT_PHYS_STATE_DEACTIVATED	物理状态：I/O 单元被程序撤销，未运行
21	IOUNIT_PHYS_STATE_RUNNING	物理状态：I/O 单元已使能，正常运行中
22	IOUNIT_PHYS_STATE_ERROR	物理状态：系统报警，I/O 单元停止运行
23	IOUNIT_PHYS_STATE_UNCONNECTED	物理状态：I/O 单元已配置，总线通信出错
24	IOUNIT_PHYS_STATE_UNCONFIGURED	物理状态：I/O 单元未配置，总线通信出错
25	IOUNIT_PHYS_STATE_STARTUP	物理状态：I/O 单元正在启动中
26	IOUNIT_PHYS_STATE_INIT	物理状态：I/O 单元正在初始化

用来表示控制系统错误类别的枚举数据 errdomain 定义如表 3.3-2 所示。

表 3.3-2　errdomain 定义

控制系统错误类别		含义
数值	字符串	
0	COMMON_ERR	控制系统出错或状态变更
1	OP_STATE	操作状态变更
2	SYSTEM_ERR	控制系统出错
3	HARDWARE_ERR	硬件出错
4	PROGRAM_ERR	程序出错
5	MOTION_ERR	运动出错
6	OPERATOR_ERR	运算出错（新版本已撤销）
7	IO_COM_ERR	I/O 和通信出错
8	USER_DEF_ERR	用户定义出错
9	OPTION_PROD_ERR	选择功能出错（新版本已撤销）
10	PROCESS_ERR	过程出错
11	CFG_ERR	机器人配置出错

ABB 机器人常用的枚举数据将在后续的内容中结合指令、函数进行具体介绍。

3.3.5 程序数据性质及定义

程序数据性质用来规定数据的使用、保存方式及赋值、更新要求。RAPID 程序数据的性质可被定义为常量 CONST（constant）、永久数据 PERS（persistent）、程序变量 VAR（variable）或程序参数（parameter）。其中，程序参数仅用于采用参数化编程的程序，需要在程序声明中对其进行定义（参见前述内容）；常量 CONST、永久数据 PERS、程序变量 VAR 的特点及定义方法如下。

1. 常量 CONST

常量 CONST 在系统中具有恒定的数值，它被保存在系统的 SRAM 中。任何类型的 RAPID 程序数据均可被定义成常量 CONST。常量 CONST 通常在程序模块中利用数据声明指令进行定义。在程序中，常量 CONST 可作为运算表达式、函数命令的运算数使用，但由于不能改变其值，故不能用来保存表达式、函数命令的运算结果。

可通过赋值、运算表达式等方式定义常量 CONST 的数值，也可以数组数据的形式一次性定义多个常量。定义常量 CONST 的数据声明指令的编程示例如下。

```
CONST num a := 3 ;                                    // 定义常量 a=3
CONST num b := 5 ;                                    // 定义常量 b=5
CONST num index := a + b ;                            // 用表达式定义常量 index =8
CONST pos seq{3} := [[0, 0, 0], [0, 0, 500], [0, 0,1000]];
                                                      // 用 1 阶数组定义位置型常量
CONST num dcounter_2 {2, 3} := [[ 9, 8, 7 ] , [ 6, 5, 4 ]] ;
                                                      // 用 2 阶数组定义常量
……
```

2. 永久数据 PERS

永久数据 PERS 不仅可通过数据声明指令定义、变更数值，还可通过利用程序中的表达式、函数命令来改变数值，并保存程序执行结果。将永久数据 PERS 保存在系统的 SRAM 中。任何类型的 RAPID 程序数据均可被定义为永久数据。

只能在程序模块中对永久数据 PERS 的数据声明指令进行编程。将使用范围定义为任务数据、局部数据的永久数据 PERS，必须在数据声明指令中定义永久数据 PERS 的初始值；将使用范围定义为全局数据的永久数据，如果未在数据声明指令中定义永久数据 PERS 的初始值，系统将自动设定 num 型数据、dnum 型数据的初始值为 0，bool 型数据的初始值为 FALSE，string 型数据的初始值为空白。

在主程序、子程序中，不仅可以使用永久数据 PERS，而且也可以改变永久数据 PERS 的数值；但不能使用数据声明指令来定义永久数据 PERS。永久数据 PERS 的数值在程序执行完成后仍被保存在系统中，以供其他程序或下次开机时继续使用。

可通过赋值、运算表达式等方式定义永久数据 PERS 的数值，也可以数组数据的形式一次性定义多个永久数据。

定义永久数据 PERS 的数据声明指令的编程示例如下，只能在程序模块中对永久数据 PERS 的数据声明指令进行编程。

```
MODULE mainmodu (SYSMODULE)                           // 只能在模块中定义永久数据
```

```
……
PERS num a := 3 ;                        // 定义永久数据 a=3
PERS num b := 5 ;                        // 定义永久数据 b=3
PERS num index := a + b ;                // 用表达式定义永久数据 index =8
PERS pos seq{3} := [[0, 0, 0], [0, 0, 500], [0, 0,1000]];
                                         // 用 1 阶数组定义位置型永久数据
PERS num dcounter_2 {2, 3} := [[ 9, 8, 7 ] , [ 6, 5, 4 ]] ;
                                         // 用 2 阶数组定义永久数据
……
PERS pos refpnt := [0, 0, 0] ;           // 定义永久数据 refpnt 及其初始值
……
refpnt := [ x, y, z ] ;                  // 更新永久数据 refpnt 的数值
……
ENDMODULE
```

在上述示例中，pos 型永久数据 refpnt 在模块 MODULE mainmodu 中定义了初始值[0, 0, 0]，但在主程序 PROC mainprg 中使用了赋值指令“refpnt := p0”，程序执行后的[*x*, *y*, *z*]值将被更新为[100, 200, 500]；这一程序执行结果将被系统保存，当模块下次启动时，MODULE mainmodu 中的永久数据 refpnt 将自动成为如下形式。

```
……
PERS pos refpnt := [100, 200, 500] ;     // refpnt 的初始值为上次执行结果
……
refpnt := [ x, y, z ] ;                  // 更新永久数据 refpnt 的数值
……
```

3. 程序变量 VAR

程序变量 VAR（简称变量）是可供模块、程序自由使用的程序数据。程序变量 VAR 值可通过利用程序中的赋值指令、函数命令或运算表达式进行任意设定或修改。将程序变量 VAR 保存在系统的 DRAM 中，它们仅在程序执行时有效，程序执行一旦完成或系统被复位，数值将被自动清除。

在数据声明指令中，可通过赋值、运算表达式等方式定义程序变量 VAR 的数值，也可以数组数据的形式一次性定义多个程序变量 VAR。如果在数据声明指令中未对程序变量 VAR 进行赋值，系统将自动设定 num 型数据、dnum 型数据的初始值为 0，bool 型数据的初始值为 FALSE、string 型数据的初始值为空白。

定义程序变量 VAR 的数据声明指令的编程示例如下。

```
VAR num counter ;                        // 定义 counter= 0
VAR bool bWorkStop ;                     // 定义 bWorkStop=FALSE
VAR pos pHome ;                          // 定义 pHome =[ 0, 0, 0]
VAR string author_name ;                 // 定义 author_name 为空白
……
VAR pos pStart := [100, 100, 50] ;       // 定义 pStart=[100, 100, 50]
author_name := "John Smith" ;            //修改 author_name 为"John Smith"
VAR num index := a + b ;                 // 定义变量 index 并通过表达式为其赋值
VAR num maxno{6} := [1, 2, 3, 9, 8, 7] ;    // 定义1阶num型数组maxno并为其赋值
VAR pos seq{3} := [[0, 0, 0], [0, 0, 500], [0, 0,1000]];
                                            // 定义 1 阶 pos 型数组并为其赋值
VAR num dcounter_2 {2, 3} := [[ 9, 8, 7 ] , [ 6, 5, 4 ]] ;
                                            // 定义 2 阶 num 型数组并为其赋值
```

```
VAR num counter ;                          // 定义 num 型程序变量 counter= 0
VAR bool bWorkStop ;                       // 定义 bool 型程序变量 bWorkStop=FALSE
VAR pos pHome ;                            // 定义 pos 型程序变量 pHome =[ 0, 0, 0]
VAR string author_name ;                   // 定义 string 型程序变量 author_name 为空白
……
VAR pos pStart := [100, 100, 50] ;  // 定义 pos 型程序变量 pStart=[100, 100, 50]
author_name := "John Smith" ;
                                   // 将 string 型程序变量 author_name 赋值为"John Smith"
VAR num index := a + b ;             // 定义 num 型程序变量 index 并通过表达式为其赋值
VAR num maxno{6} := [1, 2, 3, 9, 8, 7] ;  // 用 1 阶、6 元数组定义 num 型程序变量
VAR pos seq{3} := [[0, 0, 0], [0, 500,1000]];
                                           // 用 1 阶、2 元数组定义 pos 型程序变量
VAR num dcounter_2 {2, 3} := [[ 9, 8, 7 ] , [ 6, 5, 4 ]] ;
                                           //用 2 阶、3 元数组定义 num 型程序变量
……
```

3.4 表达式、运算指令与函数编程

3.4.1 表达式编程

1. 表达式与运算符

在 RAPID 程序中，既可直接用变量赋值指令设定程序数据的值，程序数据的值也可以是利用表达式、运算指令或函数命令所得到的数学、逻辑运算结果。

表达式是用来计算程序数据数值、逻辑状态的算术、逻辑运算式或比较式。表达式中的运算数可以是基本型数据，也可以是常量 CONST、永久数据 PERS 和程序变量 VAR；表达式中的运算数需要用运算符来连接，不同的运算对运算数类型有不同的规定和要求。简单四则运算和比较操作可使用基本运算符，复杂运算则需要用函数命令来实现。

RAPID 基本运算符的说明如表 3.4-1 所示。

表 3.4-1 RAPID 基本运算符的说明

运算符		运算	运算数类型	运算说明
算术运算	:=	赋值	任意	a := b
	+	加法	num，dnum，pos，string	[x1, y1, z1]+ [x2, y2, z2]= [x1+x2, y1+y2, z1+z2] " IN " + " OUT " = " INOUT "
	−	减法	num，dnum，pos	[x1, y1, z1]−[x2, y2, z2]= [x1−x2, y1−y2, z1−z2]
	*	乘法	num，dnum，pos，orient	[x1, y1, z1] * [x2, y2, z2]= [x1*x2, y1*y2, z1*z2] a * [x, y, z]= [a*x , a*y , a*z]
	/	除法	num，dnum	a/b
比较运算	<	小于	num，dnum	（3 < 5）= TRUE;（5 < 3）= FALSE
	<=	小于等于	num，dnum	—
	=	等于	任意同类数据	（[0, 0, 100] = [0, 0, 100]）= TRUE （[100, 0, 100] = [0, 0, 100]）= FALSE
	>	大于	num，dnum	—
	>=	大于等于	num，dnum	—
	<>	不等于	任意同类数据	（[0, 0, 100] <> [0, 0, 100] ）= FALSE （[100, 0, 100] <> [0, 0, 100]）= TRUE

算术运算表达式的运算次序与通常的算术运算相同，并可使用括号。在比较运算和逻辑运算（见后述内容）混合的表达式上，比较运算优先于逻辑运算，如运算式“a<b AND c<d”，先进行的是 a<b、c<d 的比较运算，然后再对比较运算结果进行“AND”运算。

num 型数据、dnum 型数据可进行全部算术运算，多个 num 型数据、dnum 型数据的运算结果仍为 num 型数据、dnum 型数据；num 型数据、dnum 型数据也可作为比例系数或组成项，改变 pos 型数据的数值，其运算结果为 pos 型数据。可对多个 pos 型数据进行加法、减法、乘法运算，其结果为由对应项的和、差、积组成的 pos 型数据。对于用来表示工具姿态和坐标系方位的四元数，可进行乘法运算，其结果为四元数的矢量积。

对于普通的 string 型数据，只能进行加法运算，其结果为依次对相加的字符串进行合并。对于由纯数字组成的特殊字符串型数据 stringdig 型数据，可以进行算术运算和比较运算，但需要通过后述的字符串运算与比较（StrDigCalc、StrDigCmp）等 RAPID 函数命令及相应的文字型运算符及文字型比较符（如 OpAdd、OpSub、LT、EQ、GT）等实现，有关内容详见后述的函数命令说明。

比较运算的结果为 bool 型数据，并以“TRUE（符合）”“FALSE（不符合）”来表示其状态。可对 num 型数据、dnum 型数据进行大于（>）、小于（<）、大于等于（>=）、小于等于（<=）比较运算；等于（=）、不等于（<>）比较运算可用于任意类型相同的程序数据。但是，由于 num 型数据、dnum 型数据只能用来表示有限位小数，在进行算术运算时，系统需要对其进行近似处理；例如，除法运算所得到的整数商，不一定就是准确的整数；因此，通过运算得到的 num 型数据、dnum 型数据，一般不能用来进行等于（=）、不等于（<>）的比较操作。

2. 表达式编程

在 RAPID 程序中，表达式可用于以下场合。

（1）num 型数据、dnum 型数据、bool 型数据、string 型数据的赋值与运算。

（2）pos 型数据的组成项赋值，数据运算、比例修整。

（3）代替指令的操作数。

（4）作为 RAPID 函数命令的自变量。

（5）作为 IF 指令的判断条件等。

表达式在 RAPID 程序中的编程示例如下。

```
CONST num a := 3 ;                                    // 为 num 型数据赋值
PERS num b := 5 ;
VAR num c := 10 ;
VAR num reg1 ;
reg1 := c* (a+b) ;
VAR bool highstatus ;
highstatus := reg1>100;                               // 为 bool 型数据赋值
VAR string st1_type;
st1_type:= " IN " + " OUT "                           // 为 string 型数据赋值
VAR pos pos1 ;
VAR pos pos2 ;
VAR pos pos3 ;
pos1 := [100, 200, 200*a] ;                           // 为 pos 型数据的组成项赋值
pos2 := [100, 100, 200] +[0, 0, 500];                 // pos 型数据的运算
pos3 := b*[100,100, 200] ;                            // 对 pos 型数据进行比例修整
……
WaitTime a+b ;                                        // 代替 WaitTime 指令的操作数
d := Abs(a-b) ;                                       // 作为函数命令 Abs 的自变量
……
IF a > 2 AND NOT highstatus THEN                      // 作为 IF 指令的判断条件
work1 ;
```

```
ELSEIF a<2 OR reg1>100 THEN                    // 作为 IF 指令的判断条件
  work2 ;
    ELSEIF a<2 AND reg1<10 THEN                // 作为 IF 指令的判断条件
  work3 ;
  ENDIF
  ……
```

3.4.2 运算指令编程

1. 指令格式

RAPID 运算指令较为简单，它通常只能用于 num 型数据、dnum 型数据的清除、加法运算、数值加减 1 等运算，RAPID 运算指令的名称、编程格式与示例如表 3.4-2 所示。

表 3.4-2 RAPID 运算指令的名称、编程格式与示例

名称	编程格式与示例		
数值清除	Clear	编程格式	Clear Name | Dname ;
		程序数据	Name：num 型数据名称。 Dname：dnum 型数据名称
	简要说明	清除指定程序数据的数值	
	编程示例	Clear reg1 ;	
加法运算	Add	编程格式	Add Name | Dname, AddValue | AddDvalue ;
		程序数据	Name、AddValue：num 型被加数、加数名称。 Dname、AddDvalue：dnum 型被加数、加数名称
	简要说明	同类程序数据的加法运算，将结果保存在被加数上，加数可使用负号	
	编程示例	Add reg1, 3 ; Add reg1, −reg2 ;	
数值加 1	Incr	编程格式	Incr Name | Dname ;
		程序数据	Name：num 型被加数名称。 Dname：dnum 型被加数名称
	简要说明	指定的程序数据数值加 1	
	编程示例	Incr reg1 ;	
数值减 1	Decr	编程格式	Decr Name | Dname ;
		程序数据	Name：num 型被减数名称。 Dname：dnum 型被减数名称
	简要说明	指定的程序数据数值减 1	
	编程示例	Decr reg1 ;	
整数检查	TryInt	编程格式	TryInt DataObj | DataObj2
		程序数据	DataObj：num 型检查数据名称。 DataObj2：dnum 型检查数据名称
	简要说明	检查指定的程序数据是否为 num 型或 dnum 型整数，如为整数，程序继续执行；否则系统出现错误报警	
	编程示例	TryInt mydnum ;	

续表

名称	编程格式与示例		
byte、dnum 型数据指定位置 1	BitSet	编程格式	BitSet BitData | DnumData, BitPos
		程序数据	BitData：byte 型数据名称。 DnumData：dnum 型数据名称。 BitPos：需要置 1 的数据位，num 型数据
	简要说明	将 byte 型数据、dnum 型数据指定位的状态置 1	
	编程示例	BitSet data1, 8 ;	
byte、dnum 型数据指定位置 0	BitClear	编程格式	BitClear BitData | DnumData, BitPos
		程序数据	BitData：byte 型数据名称。 DnumData：dnum 型数据名称。 BitPos：需要置 0 的数据位，num 型数据
	简要说明	将 byte 型、dnum 型数据指定位的状态置 0	
	编程示例	BitClear data1, 8 ;	

2. 编程示例

运算指令在作业程序中的编程示例如下。其中，Add 指令的被加数的数据类型与 Add 指令的加数的数据类型必须一致，否则，需要通过后述内容中的数据转换指令，进行 num 型数据与 dnum 型数据之间的格式转换。

```
……
  Clear reg1 ;                                    // reg1=0
  Add reg1, 3 ;                                   // reg1=reg1+3
  Add reg1,-reg2 ;                                // reg1= reg1-reg2
  Incr reg1 ;                                     // reg1=reg1+1
  Decr reg1 ;                                     // reg1=reg1-1
!*************************************************************
……
VAR num a :=5000 ;                                // 定义程序数据
VAR num b :=6000 ;
VAR dnum c :=7000 ;
VAR dnum d :=8000 ;
Add a, b ;                                        // num 型数据进行加法运算
Add c, d ;                                        // dnum 型数据进行加法运算
Add b, DnumToNum(c \Integer) ;                    // 将 c 转换为 num 型数据，再与 b 进行加法运算
Add c, NumToDnum(b) ;                             // 将 b 转换为 dnum 型数据，再与 c 进行加法运算
……
TryInt b ;                                        // 检查 b 是否为整数
!*************************************************************
CONST num parity1_bit := 8 ;                      // 定义程序数据
CONST num parity2_bit := 52 ;
VAR byte data1 := 2 ;
```

```
VAR dnum data2 := 2251799813685378 ;
BitSet data1, parity1_bit ;                    // 将 data1 的第 8 位的状态置 1
BitClear data2, parity2_bit ;                  // 将 data2 的第 52 位的状态置 0
……
```

3.4.3 运算函数编程

1. 参数与定义

RAPID 函数命令可用于复杂算术运算、三角函数运算、stringdig 型数据运算及二进制逻辑运算。

RAPID 函数命令可被视为机器人生产厂家编制的功能程序，它与用户编制的功能程序一样，同样需要定义与使用参数，参数的数量、类型必须符合函数命令的要求。同样可将函数命令的执行结果返回到程序中。

可直接在程序中定义函数命令所需要的参数（函数命令参数），也可在程序声明（见后述内容）中定义程序参数。在程序中定义的函数命令参数，可以是常数、表达式，或常量 CONST、永久数据 PERS 或程序变量 VAR；在程序声明中定义的程序参数作为函数命令参数时，在执行程序前应对程序参数进行赋值。

函数命令参数的定义示例如下。

```
PROC Calculate_val(iodev File\num Maxtime)  // 在程序声明中定义函数命令参数
……
VAR num angle1 ;                               // 定义程序变量
VAR num angle2 ;
VAR num x_value :=1 ;
VAR num y_value :=2 ;
……
reg1 := Sin(45) ;                              // 用数值指定函数命令参数
angle1 := ATan2(y_value, x_value);             // 用程序变量指定函数命令参数
angle2 := ATan2(a :=2, b :=2);                 // 用程序数据指定函数命令参数
……
character := ReadBin(File\Time? Maxtime);     // 使用在程序声明中定义的程序参数
……
```

在以上程序中，指令“character := ReadBin(File\Time? Maxtime);”中的函数命令 ReadBin，使用了可选程序参数“iodev File\num Maxtime”，此时，参数定义格式为“File\Time? Maxtime”，其含义与“File\Time := Maxtime”相同。

RAPID 函数命令数量众多（见附录 B），其中，算术运算和逻辑运算函数命令、纯数字字符串运算和比较函数命令、程序数据格式转换等函数命令是最常用的基本函数命令，函数命令的说明如下，其他函数命令将在对应的编程指令中予以介绍。

2. 算术运算和逻辑运算函数命令

算术运算、逻辑运算函数命令可用于复杂算术运算、三角函数运算及逻辑运算。RAPID 程序常用的算术运算和逻辑运算函数命令如表 3.4-3 所示，函数命令功能及参数的数据类型要求如下。

表 3.4-3 常用的算术运算和逻辑运算函数命令

	函数命令	功能	编程示例
算术运算	Abs、AbsDnum	绝对值	val:= Abs(value)
	DIV	求商	val:= 20 DIV 3
算术运算	MOD	求余数	val:= 20 MOD 3
	quad、quadDnum	平方运算	val := quad (value)
	Sqrt、SqrtDnum	平方根	val:= Sqrt(value)
	Exp	计算 e^x	val:= Exp(x_value)
	Pow、PowDnum	计算 x^y	val:= Pow(x_ value, y_value)
	Round、RoundDnum	小数位取整	val := Round(value\Dec:=1)
	Trunc、TruncDnum	小数位舍尾	val := Trunc(value\Dec:=1)
三角函数运算	Sin、SinDnum	正弦运算	val := Sin(angle)
	Cos、CosDnum	余弦运算	val := Cos(angle)
	Tan、TanDnum	正切运算	val := Tan(angle)
	Asin、AsinDnum	−90°～90° 反正弦运算	Angle1:= Asin (value)
	Acos、AcosDnum	0°～180° 反余弦运算	Angle1:= Acos (value)
	ATan、ATanDnum	−90°～90° 反正切运算	Angle1:= ATan (value)
	ATan2、ATan2Dnum	y/x 反正切运算（−180°～180°）	Angle1:= ATan (y_value, x_value)
逻辑运算	AND	逻辑与运算	val _ bit := a AND b
	OR	逻辑或运算	val _ bit := a OR b
	NOT	逻辑非运算	val _ bit := NOT a
	XOR	逻辑异或运算	val _ bit := a XOR b
多位逻辑运算	BitAnd、BitAndDnum	逻辑位“与”运算	val _ byte:= BitAnd(byte1, byte2)
	BitOr、BitOrDnum	逻辑位“或”运算	val _ byte:= BitOr(byte1, byte2)
	BitXOr、BitXOrDnum	逻辑位“异或”运算	val _ byte:= BitXOr(byte1, byte2)
	BitNeg、BitNegDnum	逻辑位“非”运算	val _ byte := BitNeg(byte)
	BitLSh、BitLShDnum	左移位	val _ byte := BitLSh(byte, value)
	BitRSh、BitLRhDnum	右移位	val _ byte := BitRSh(byte, value)
	BitCheck、BitCheckDnum	指定位状态检查	IF BitCheck(byte 1, value) = TRUE THEN

（1）算术运算函数命令

算术运算函数命令可用于 num 型数据或 dnum 型数据运算，其中，需要为 dnum 型数据运算命令加上后缀“Dnum”。例如，Abs 为 num 型数据求绝对值命令，AbsDnum 为 dnum 型数据求绝对值命令等。

为了防止存储器溢出，幂函数运算（x^y）命令 Pow、PowDnum 中的底数 x 只能为 num

型数据，其他命令中的全部操作数，均可为 num 型数据或 dnum 型数据。

函数命令中的 Round、Trunc 函数命令均可用于近似值计算，但取近似值的方式不同。函数命令 Round 采用“四舍五入”的方式取近似值，函数命令 Trunc 采用“舍尾”的方式取近似值。如果需要对小数值取近似值，应在命令参数后添加可选项“\Dec”，以定义需要保留的小数位数；在省略可选项“\Dec”时，系统默认取整数，舍弃所有小数位。示例如下。

```
    VAR num reg1 := 0.8665372 ;
    VAR num reg2 := 0.6356138 ;
    VAR num val1 ;
    ……
    val1  := Round(reg1\Dec:=3) ;              // 保留 3 位小数、采用四舍五入的方式取近似值，
val1=0.867
    val2  := Round(reg2) ;                     // 保留整数、采用四舍五入的方式取近似值，
val2=1
    val3  := Trunc(reg1\Dec:=3) ;              // 保留 3 位小数、采用舍尾的方式取近似值，
val3=0.866
    val4  := Trunc(reg2) ;                     // 保留整数、采用舍尾的方式取近似值，val4=0
    ……
```

（2）三角函数运算函数命令

将函数命令 Sin、Cos、Tan 用于正弦、余弦、正切运算；将函数命令 Asin、Acos、Atan、Atan2 用于反正弦、反余弦、反正切运算。其中，函数命令 Asin、Acos 的参数取值范围应为 –1～1；函数命令 Asin 的计算结果为–90°～90°，函数命令 Acos 的计算结果为 0°～180°；函数命令 Atan 的参数可为任意值，计算结果为–90°～90°。函数命令 Atan2 同样用于反正切运算，但它可通过计算式 Atan（*y*/*x*）确定象限、得到范围为–180°～180°的角度值。

三角函数运算函数命令的编程示例如下。

```
    VAR num reg1 := 30 ;
    VAR num reg2 := 0.5 ;
    VAR num reg3 := -0.5 ;
    VAR num value1 := 1 ;
    VAR num value2 := -1 ;
    VAR num val1 ;
    ……
    val1 := Sin(reg1) ;                          // val1=0.5
    val2 := Asin(reg2) ;                         // val2=30
    val3 := Asin(reg3) ;                         // val3=-30
    val4 := Acos(reg2) ;                         // val4=60
    val5 := Acos(reg3) ;                         // val5=120
    val6 := Atan(value1) ;                       // val6=45
    val7 := Atan(value2) ;                       // val7=-45
    val8 := Atan2(value1, value1) ;              // val8=45
    val9 := Atan2(value1, value2) ;              // val9=135
    val10 := Atan2(value2, value1) ;             // val10=-45
    val11 := Atan2(value2, value2) ;             // val11=-135
    ……
```

（3）逻辑运算函数命令

将函数命令 AND、OR、NOT、XOR 用于二进制“位”逻辑运算；将函数命令 BitAnd、BitOr、BitXOr、BitNeg、BitLSh、BitRSh、BitCheck 用于 byte 型数据的 8 位二进制逻辑“与”、8 位二进制逻辑“或”、8 位二进制逻辑“异或”、8 位二进制逻辑“非”，以及移位、状态

检查等逻辑操作，以及正整数 dnum 型数据的 52 位逻辑操作。

逻辑运算函数命令的编程示例如下。

```
VAR bool highstatus ;
......
IF a > 2 AND NOT highstatus THEN          // NOT 运算
  work1 ;
ELSEIF a<2 OR reg1>100 THEN               // OR 运算
  work2 ;
ELSEIF a<2 AND reg1<10 THEN               // AND 运算
  work3 ;
ENDIF
......
!*******************************************************
VAR byte data1 := 38 ;                    // 定义 byte 型数据 data1=0010 0110
VAR byte data2 := 40 ;                // 定义 byte 型数据 data2=0010 1000
VAR num index_bit := 3 ;
VAR byte data3 ;
......
data3 := BitAnd(data1, data2) ;   // 8 位二进制逻辑“与”运算 data3=0010 0000
data4 := BitOr(data1, data2) ;    // 8 位二进制逻辑“或”运算 data4=0010 1110
data5 := BitXOr(data1, data2) ;   // 8 位二进制逻辑“异或”运算 data5=0000 1110
data6 := BitNeg(data1) ;          // 8 位二进制逻辑“非”运算 data6=1101 1001
data7 := BitLSh(data1, index_bit) ;  // 左移 3 位操作 data7=0011 0000
data8 := BitRSh(data1, index_bit) ;  // 右移 3 位操作 data8=0000 0100
IF BitCheck(data1, index_bit) = TRUE THEN // 检查第 3 位（bit2）的“1”状态
......
```

3. 字符串运算和比较函数命令

stringdig 型数据可直接使用字符串运算与比较函数命令 StrDigCalc、StrDigCmp 进行四则运算和比较操作，stringdig 型数据的数据范围为 0～2^{32}。stringdig 型数据运算操作需要使用文字型运算符 opcalc 和文字型比较符 opnum，如表 3.4-4 所示。

表 3.4-4 文字型运算符 opcalc 和文字型比较符 opnum

运算	文字型运算符 opcalc	OpAdd	OpSub	OpMult	OpDiv	OpMod	—
	运算	加	减	乘	求商	求余数	—
比较	文字型比较符 opnum	LT	LTEQ	EQ	GT	GTEQ	NOTEQ
	操作	小于	小于等于	等于	大于	大于等于	不等于

字符串运算与比较函数命令的参数、运算结果应为 stringdig 型数据，如果出现运算结果为负、除数为 0 或数据范围超过 2^{32} 的情况，系统都将发出运算出错报警。

字符串运算与比较函数命令的编程示例如下。

```
VAR stringdig digits1 := "99988" ;          // 定义纯数字字符串 1
VAR stringdig digits2 := "12345" ;          // 定义纯数字字符串 2
VAR stringdig res1 ;                        // 定义纯数字字符串变量
......
```

```
VAR bool is_not1 ;                    // 定义逻辑状态型变量
……
res1 := StrDigCalc(str1, OpAdd, str2) ;     // res1="112333"
res2 := StrDigCalc(str1, OpSub, str2) ;     // res2="87643"
res3 := StrDigCalc(str1, OpMult, str2) ;    // res3="1234351860"
res4 := StrDigCalc(str1, OpDiv, str2) ;     // res4="8"
res5 := StrDigCalc(str1, OpMod, str2) ;     // res5="1228"
……
is_not1 := StrDigCmp(digits1, LT, digits2) ;    // is_not1 为 FALSE
is_not2 := StrDigCmp(digits1, EQ, digits2) ;    // is_not2 为 FALSE
is_not3 := StrDigCmp(digits1, GT, digits2) ;    // is_not3 为 TRUE
is_not4 := StrDigCmp(digits1, NOTEQ, digits2) ;// is_not4 为 TRUE
……
```

3.4.4 数据转换函数命令编程

1. 命令与功能

RAPID 指令对操作数类型有规定的要求，当操作数类型与要求不符时，需要通过数据转换函数命令，将其转换为指令所要求的操作数类型。

RAPID 数据转换函数命令可用于 num 型数据、dnum 型数据、string 型数据、byte 型数据等的格式转换，数据转换函数命令的说明如表 3.4-5 所示。

表 3.4-5　数据转换函数命令的说明

名称	编程格式与示例		
数据类型检查	Type	命令格式	Type (Data [\BaseName])
		基本参数	Data：需要检查的程序数据名称，任意数据类型
		可选参数	\BaseName：检查基本数据类型名称
		执行结果	数据类型名称，数据类型为 string
	简要说明	读取程序数据类型名称	
	编程示例	rettype := Type(intnumtype);	
将 num 型数据转换为 dnum 型数据	NumToDnum	命令格式	NumToDnum (Value)
		基本参数	Value：需要转换的 num 型数据
		可选参数	—
		执行结果	dnum 型数据
	简要说明	将 num 型数据转换为 dnum 型数据	
	编程示例	Val_dnum:=NumToDnum(val_num) ;	
将 dnum 型数据转换为 num 型数据	DnumToNum	命令格式	DnumToNum (Value [\Integer])
		基本参数	Value：需要转换的 dnum 型数据
		可选参数	不指定：转换为浮点数 \Integer：转换为整数
		执行结果	num 型数据
	简要说明	将 dnum 型数据转换为 num 型数据	
	编程示例	Val_num:= DnumToNum (val_dnum) ;	

续表

名称	编程格式与示例		
将 num 型数据转换为 string 型数据	NumToStr	命令格式	NumToStr (Val , Dec [\Exp])
		基本参数	Val：需要转换的 num 型数据。 Dec：转换后保留的小数位数
		可选参数	不指定：小数形式的字符串。 \Exp：指数形式的字符串
		执行结果	小数或指数形式的字符串，数据类型为 string
	简要说明	将 num 型数据转换为 string 型数据	
	编程示例	str := NumToStr(0.38521, 3) ;	
将 dnum 型数据转换为 string 型数据	DnumToStr	命令格式	DnumToStr (Val, Dec [\Exp])
		基本参数	Val：需要转换的 dnum 型数据。 Dec：转换后保留的小数位数
		可选参数	不指定：小数形式的字符串。 \Exp：指数形式的字符串
		执行结果	小数或指数形式的数字字符串，数据类型为 string
	简要说明	将 dnum 型数据转换为 string 型数据	
	编程示例	str := DnumToStr(val, 2\Exp) ;	
从 string 型数据中截取 string 型数据	StrPart	命令格式	StrPart (Str, ChPos, Len)
		基本参数	Str：待转换的字符串，数据类型为 string。 ChPos：截取的首字符位置，数据类型为 num。 Len：需要截取的字符数量，数据类型为 num。
		可选参数	—
		执行结果	新的字符串，数据类型为 string
	简要说明	从指定字符串中截取部分字符，构成新的字符串	
	编程示例	part := StrPart("Robotics",1,5) ;	
将 byte 型数据转换为 string 型数据	ByteToStr	命令格式	ByteToStr (BitData [\Hex] | [\Okt] | [\Bin] | [\Char])
		基本参数	BitData：需要转换的 byte 型数据，范围为 0～255
		可选参数	不指定：十进制字符串（0～255）。 \Hex：十六进制字符串（00～FF）。 \Okt：八进制字符串（000～377）。 \Bin：二进制字符串（0000 0000～1111 1111）。 \Char：ASCII 字符
		执行结果	参数选定的字符串，数据类型为 string
	简要说明	将 1 字节常数 0～255 转换为指定形式的字符串	
	编程示例	str := ByteToStr (122 \Hex) ;	

续表

名称	编程格式与示例		
将 string 型数据转换为 byte 型数据	StrToByte	命令格式	StrToByte (ConStr [\Hex] | [\Okt] | [\Bin] | [\Char])
		基本参数	ConStr：需要转换的 string 型数据
		可选参数	不指定：十进制字符串（0～255）。 \Hex：十六进制字符串（00～FF）。 \Okt：八进制字符串（000～377）。 \Bin：二进制字符串（0000 0000～1111 1111）。 \Char：字符串为 ASCII 字符
		执行结果	1 字节常数 0～255，数据类型为 byte
	简要说明	将指定形式的字符串转换为 1 字节常数 0～255	
	编程示例	reg1 := StrToByte (7A \Hex) ;	
将任意类型数据转换为 string 型数据	ValToStr	命令格式	ValToStr (Val)
		基本参数	Val：待转换的数据，任意数据类型
		可选参数	—
		执行结果	字符串，数据类型为 string
	简要说明	将任意类型的程序数据转换为字符串	
	编程示例	str := ValToStr(p) ;	
将 string 型数据转换为任意类型数据	StrToVal	命令格式	StrToVal (Str, Val)
		基本参数	Str：待转换的字符串，数据类型为 string。 Val：转换结果，任意数据类型
		可选参数	—
		执行结果	命令执行情况，转换成功为 TRUE，转换失败为 FALSE
	简要说明	将指定字符串转换为任意类型的程序数据	
	编程示例	ok := StrToVal("3.85",nval) ;	
将当前日期转换为 string 型数据	CDate	命令格式	CDate()
		基本参数	—
		可选参数	—
		执行结果	字符串，数据类型为 string
	简要说明	日期标准格式为“年-月-日”	
	编程示例	date := CDate() ;	
将当前时间转换为 string 型数据	CTime	命令格式	CTime ()
		基本参数	—
		可选参数	—
		执行结果	字符串，数据类型为 string
	简要说明	时间标准格式为“时:分:秒”	
	编程示例	time := CTime() ;	

续表

名称	编程格式与示例		
十进制/十六进制字符串转换	DecToHex	命令格式	DecToHex (Str)
		基本参数	Str：十进制字符串
		执行结果	十六进制字符串
	简要说明	将十进制字符串转换为十六进制字符串	
	编程示例	str := DecToHex("98763548") ;	
十六进制/十进制字符串转换	HexToDec	命令格式	HexToDec (Str)
		基本参数	Str：十六进制字符串
		执行结果	十进制字符串
	简要说明	将十六进制字符串转换为十进制字符串	
	编程示例	str := HexToDec ("5F5E0FF") ;	

2. 基本转换命令编程

数据类型检查及 num 型数据、dnum 型数据、string 型数据的转换是最基本的数据转换操作，数据转换函数命令的编程示例如下。

```
VAR num reg1;                                   // 将 reg1 定义为 num 型数据
VAR string rettype;                             // 将 rettype 定义为 string 型数据
VAR intnum intnumtype;
ALIAS num level ;                               // 定义数据类型 level 等同 num 型数据
VAR level high ;                                // 定义 high 为 level 数据
……
rettype := Type(intnumtype);
                        // 检查 intnumtype 的数据类型，结果 rettype = "intnum"
rettype := Type(high \BaseName);
                        // 检查 high 的基本数据类型，结果 rettype = "num"
……
!*******************************************************
VAR num a := 55 ;                               // 程序数据定义
VAR dnum b :=8388609 ;
VAR num val_num ;
VAR dnum val_dnum ;
val_dnum:=NumToDnum( a ) ;                      // 将 num 型数据转换为 dnum 型数据
val_num:= DnumToNum ( b ) ;
……
!*******************************************************
VAR string str1 ;                               // 定义程序数据
VAR string str2 ;
VAR string str3 ;
VAR string str4 ;
VAR string str5 ;
VAR string str6 ;
……
VAR num a := 0.38521 ;
VAR num b := 0.38521387546553 57 ;
str1 := NumToStr( a, 2 ) ;          // 将 num 型数据转换为 string 型数据，str1 为字
```

```
符"0.38"
   str2 := NumToStr(a, 2\Exp) ;   // 将 num 型数据转换为 string 型数据，str2 为字
符"3.85E-01"
   str3 := DnumToStr(b, 3) ;      // 将 dnum 型数据转换为 string 型数据，str3 为字
符"0.385"
   str4 := DnumToStr(val, 3\Exp) ; // 将 dnum 型数据转换为 string 型数据，str4 为字
符"3.852E-01"
   str5 := DecToHex("99999999") ;  // Dec/Hex 转换，str5 为字符"5F5E0FF"
   str6 := HexToDec("5F5E0FF") ;   // Hex/Dec 转换，str6 为字符"99999999"
   ……
   !*************************************************************
   VAR string part1 ;
   VAR string part2 ;
   Part1 := StrPart( "Robotics Position", 1, 5 ) ;
                                    // 截取字符串，part1 为字符"Robot"
   Part2 := StrPart( "Robotics Position", 10, 3 ) ; // 截取字符串，part2 为字符"Pos"
   ……
   !*************************************************************
   VAR string time;                              // 定义程序数据
   VAR string date;
   time := CTime();                              // time 为字符“时:分:秒”
   date := CDate();                              // date 为字符“年-月-日”
   ……
```

3. 字节型数据转换函数命令编程

字节型（byte 型）数据是一种特殊形式的 num 型数据，其数值为正整数 0～255，因此，它可用来表示 1 字节逻辑状态 0000 0000～1111 1111、十六进制（Hex）数 00～FF、八进制（Okt）数 00～377，此外，它还能用来表示 ASCII（美国信息交换标准码）字符。

ASCII 字符是目前英语及西欧国家语言显示最通用的编码系统（等同于 ISO/IEC 646:1991 标准）。ASCII 字符使用表 3.4-6 所示的 2 位十六进制数 00～7F 表示，表 3.4-6 中的水平方向数值代表高位，垂直方向数值代表低位，如字符“A”的 ASCII 字符为十六进制数“41”，对应的十进制数为 65；字符“one”所对应的 ASCII 字符则为十六进制数“6F 6E 65”。

表 3.4-6　ASCII 字符

十六进制代码	0	1	2	3	4	5	6	7
0	NUL	DLE	SP	0	@	P	'	p
1	SOH	DC1	!	1	A	Q	a	q
2	STX	DC2	”	2	B	R	b	r
3	ETX	DC3	#	3	C	S	c	s
4	EOT	DC4	$	4	D	T	d	t
5	ENQ	NAK	%	5	E	U	e	u
6	ACK	SYN	&	6	F	V	f	v
7	BEL	ETB	’	7	G	W	g	w
8	BS	CAN	(	8	H	X	h	x
9	HT	EM	)	9	I	Y	i	y
A	LF	SUB	*	:	J	Z	j	z

续表

十六进制代码	0	1	2	3	4	5	6	7
B	VT	ESC	+	;	K	[	k	{
C	FF	FS	,	<	L	\	l	|
D	CR	GS	-	=	M	]	m	}
E	SO	RS	.	>	N	^	n	~
F	SI	US	/	?	O	_	o	DEL

在利用 RAPID 函数命令转换 ASCII 字符时，应首先将命令参数中的十进制数转换为十六进制数，然后再将十六进制数转换成 ASCII 码。例如，十进制数“122”的十六进制值数为“7A”，因此，它所对应的 ASCII 字符为英文小写字母“z”；ASCII 字符英文大写字母“A”对应十六进制数“41”，转换为十进制数则为“65”。

字节型数据转换函数命令的编程示例如下，为简化程序，以下程序使用了数组数据。

```
VAR byte data1 := 122 ;                                    // 定义待转换数据
VAR string data_buf{5} ;                       // 保存转换结果的程序数据（数组）定义
data_buf{1} := ByteToStr(data1) ;  // 将 num 型数据转换为 string 型数据,data_buf{1}
为字符"122"
data_buf{2} := ByteToStr(data1\Hex) ;          // data_buf{2}为 Hex 字符"7A"
data_buf{3} := ByteToStr(data1\Okt) ;          // data_buf{3}为 Okt 字符"172"
data_buf{4} := ByteToStr(data1\Bin) ; // data_buf{4}为 Bin 字符"0111 1010"
data_buf{5} := ByteToStr(data1\Char) ;         // data_buf{5}为 ASCII 字符"z"
!***********************************************************
VAR string data_chg {5} := ["15", "FF", "172", "00001010", "A"] ;
                                                  // 定义待转换数据
VAR byte data_buf{5};
data_buf{1} := StrToByte(data_chg{1}) ;        // 将 string 型数据转换为 num 型数
据，data_buf{1}为数值 15
data_buf{2} := StrToByte(data_chg{2}\Hex) ;      // data_buf{2}为数值 255
data_buf{3} := StrToByte(data_chg{3}\Okt) ;      // data_buf{3}为数值 122
data_buf{4} := StrToByte(data_chg{4}\Bin) ;      // data_buf{4}为数值 10
data_buf{5} := StrToByte(data_chg{1}\Char) ;     // data_buf{5}为数值 65
……
```

4. 字符串转换函数命令编程

利用函数命令 ValToStr、StrToVal 可进行字符串（string 型数据）和其他类型数据间的相互转换，数据类型可以任意指定。

函数命令 ValToStr 可将任意类型的数据转换为 string 型数据。在将 num 型数据转换为 string 型数据时，保留 6 个有效数字（不包括符号、小数点）；将 dnum 型数据转换为 string 型数据时，保留 15 个有效数字。程序示例如下。

```
VAR string str1 ;                         // 定义程序数据
VAR string str2 ;
VAR string str3 ;
VAR string str4 ;
VAR pos p := [100,200,300] ;
VAR num numtype:=1.234567890123456789 ;
```

```
VAR dnum dnumtype:=1.23456789012345678 9 ;
……
Str1 := ValToStr(p) ;                    // str1 为字符"[100,200,300]"
Str2 := ValToStr(TRUE) ;                 // str2 为字符"TRUE"
Str3 := ValToStr(numtype) ;              // str3 为字符"1.23457"
Str4 := ValToStr(dnumtype) ;             // str4 为字符"1.23456789012346"
……
```

函数命令 StrToVal 可将字符串 string 型数据转换为任意类型的数据，命令的执行结果为 bool 型数据；在数据转换成功时，执行结果为 TRUE；否则为 FALSE。

例如，利用以下程序，可将字符串“3.85”转换为 num 型数据 nval、将字符串“[600，500，225.3]”转换为 pos 型数据 pos15，命令执行结果分别被保存在 bool 型数据 ok1、ok2 中，在数据转换成功时，ok1、ok2 的状态均为 TRUE。

```
VAR bool ok1 ;                                  // 定义程序数据
VAR num nval ;
ok1 := StrToVal("3.85",nval) ;                  // 数据转换，并保存命令执行结果
……
!*****************************************************
VAR bool ok2 ;                                  // 定义程序数据
VAR pos pos15 ;
VAR string str15 := "[600, 500, 225.3]" ;
ok2 := StrToVal(str15, pos15) ;                 // 数据转换，并保存命令执行结果
……
```

RAPID 数据转换命令与函数多用于通信命令，可参见后述内容。

3.4.5 字符串操作函数命令编程

1. 命令与功能

在 RAPID 程序中，针对字符串，不仅可以进行前述的运算、比较、数据转换等操作，而且还可以利用函数命令进行字符或字符段检索、字符或字符排列检查、字符串长度计算、字符格式转换等操作。

字符串操作函数命令的名称及编程格式如表 3.4-7 所示。

表 3.4-7 字符串操作函数命令的名称及编程格式

名称		编程格式与示例	
字符检索	StrFind	编程格式	StrFind (Str ChPos Set [\NotInSet])
		命令参数与添加项	Str：检索对象，数据类型为 string。 ChPos：检索起始位置，数据类型为 num。 Set：需要检索的字符，数据类型为 string。 \NotInSet：可选添加项，检索没有在 Set 中指定的字符，数据类型为 switch
		执行结果	需要检索的字符在检索对象上的位置，数据类型为 num
	简要说明	在检索对象上搜索指定的字符，并在执行结果上输出字符所处位置	
	编程示例	found := StrFind("IRB 6400",1,STR_DIGIT) ;	

续表

名称	编程格式与示例		
字符段检索	StrMatch	编程格式	StrMatch (Str ChPos Pattern)
		命令参数	Str：检索对象，数据类型为 string。 ChPos：检索起始位置，数据类型为 num。 Pattern：需要检索的字符段，数据类型为 string
		执行结果	需要检索的字符段在检索对象上的位置，数据类型为 num
	简要说明	在检索对象上搜索指定的字符段，并在执行结果上输出字符段所处位置	
	编程示例	found := StrMatch("Robotics",1,"bo");	
字符检查	StrMemb	编程格式	StrMemb (Str ChPos Set)
		命令参数	Str：检查对象（字符串），数据类型为 string。 ChPos：检查位置，数据类型为 num。 Set：检查内容，数据类型为 string
		执行结果	TRUE：检查对象为检查内容指定的字符。 FALSE：检查对象不为检查内容指定的字符
	简要说明	检查在字符串的指定位置处是否为检查内容所指定的字符	
	编程示例	memb := StrMemb("Robotics",2,"aeiou");	
字符排列检查	StrOrder	编程格式	StrOrder (Str1 Str2 Order)
		命令参数	Str1：比较对象，数据类型为 string。 Str2：比较基准，数据类型为 string。 Order：排列要求，数据类型为 string
		执行结果	TRUE：比较对象的字符排列方式符合比较基准的排列要求。 FALSE：比较对象的字符排列方式不符合比较基准的排列要求
	简要说明	检查比较对象的字符排列方式	
	编程示例	le := StrOrder("FIRST","FIRSTB",STR_UPPER);	
字符格式转换	StrMap	编程格式	StrMap (Str FromMap ToMap)
		命令参数	Str：转换对象，数据类型为 string。 FromMap：需要转换格式的字符，数据类型为 string。 ToMap：格式转换后的结果，数据类型为 string
		执行结果	格式转换后的新字符串
	简要说明	改变转换对象中的字符格式	
	编程示例	str := StrMap("Robotics","aeiou","AEIOU");	
字符串长度计算	StrLen	编程格式	StrLen (Str)
		命令参数	Str：检索对象，数据类型为 string
		执行结果	检索对象包含的字符数，数据类型为 num
	简要说明	计算检索对象所包含的字符数	
	编程示例	len := StrLen("Robotics") ;	

字符检索函数命令 StrFind 可用于字符串中的特定字符检索。将没有添加项“\NotInSet”的命令用于已知字符检索，如果在检索对象中存在 Set 指定的字符，则执行结果为 Set 指定的字符在检索对象上所处的第 1 个位置序号；将有添加项“\NotInSet”的命令用于未知

字符（非 Set 指定的字符）检索，如果在检索对象中不存在 Set 指定的字符，则命令执行结果为未知字符在检索对象上所处的第 1 个位置序号；如果需要检索的字符在检索对象上不存在，则命令执行结果为检索对象的“总字符数+1”。

字符段检索函数命令 StrMatch 可用于字符串中的已知字符段检索，如果 Pattern 指定的字符段在检索对象上存在，则执行结果为 Pattern 指定的字符段在检索对象的第 1 个位置序号；如果需要检索的字符段在检索对象上不存在，则命令执行结果为检索对象的“总字符数+1”。

字符检查函数命令 StrMemb 用来检查在字符串的指定位置处是否为检查内容指定的字符；字符排列检查函数命令 StrOrder 用来检查字符串的字符排列次序是否符合规定的要求；函数命令 StrMemb、StrOrder 的执行结果均为 bool 型数据 TRUE 或 FALSE。

字符格式转换函数命令 StrMap 可将字符串中的指定字符转换成规定的格式，并得到新的字符串；字符串长度计算函数命令 StrLen 可用来计算字符串所包含的字符数。

2. 系统预定义字符

字符串操作函数命令有时需要引用系统预定义的字符进行字符或字符段检索、字符或字符排列检查、字符格式转换等操作，系统预定义字符的名称可直接作为命令参数进行编程。ABB 控制系统在出厂时预定义的常用字符如表 3.4-8 所示。

表 3.4-8　系统预定义的常用字符

<table>
<tr><th>字符名称</th><th>字符类别</th><th>字符定义</th></tr>
<tr><td>STR_DIGIT</td><td>数字</td><td><digit> ::= 0 | 1 | 2 | 3 | 4 | 5 | 6 | 7 | 8 | 9</td></tr>
<tr><td>STR_UPPER</td><td>大写字母</td><td><upper case letter> ::= A | B | C | D | E | F | G | H | I | J | K | L | M | N | O | P | Q | R | S | T | U | V | W | X | Y | Z | À | Á | Â | Ã | Ä | Å | Æ | Ç | È | É | Ê | Ë | Ì | Í | Î | Ï | 1)| Ñ | Ò | Ó | Ô | Õ | Ö | Ø | Ù | Ú | Û | Ü | 2) | 3)</td></tr>
<tr><td>STR_LOWER</td><td>小写字母</td><td><lower case letter> ::=a | b | c | d | e | f | g | h | i | j | k | l | m | n | o | p | q | r | s | t | u | v | w | x | y | z | à | á | â | ã | ä | å | æ | ç | è | é | ê | ë | ì | í | î | ï | 1) | ñ | ò | ó | ô | õ | ö | ø | ù | ú | û | ü | 2) | 3) | ß | ÿ-</td></tr>
<tr><td>STR_WHITE</td><td>空格</td><td><blank character> ::=</td></tr>
</table>

3. 编程示例

在命令中直接定义参数的字符串操作函数命令编程示例如下。

```
……
VAR num found_1;
VAR num found_2;
VAR num found_3;
VAR bool memb_1;
VAR bool memb_2;
VAR num len;
VAR string str;
! ***************************************
found_1:= StrFind("Robotics",1,"aeiou");
found_2:= StrFind("Robotics",1,"aeiou"\NotInSet);
found_3:= StrMatch("Robotics",1,"bo");
memb_1:= StrMemb("Robotics",2,"aeiou");
```

```
memb_2:= StrMemb("Robotics",3,"aeiou");
len:= StrLen("Robotics");
str:= StrMap("Robotics","aeiou","AEIOU");
……
```

在上述程序中，第 1 条检索函数命令要求从字符串"Robotics"的第 1 个字符开始，检索字符“a、e、i、o、u”，由于在"Robotics"中，含有需要检索的字符（o）的第 1 个位置序号为 2，因此，命令执行结果为 found_1 = 2。

第 2 条命令为带有添加项“\NotInSet”的字符检索函数命令，要求从字符串"Robotics"的第 1 个字符开始，检索除“a、e、i、o、u”外的其他字符，由于"Robotics"的第一个字符“R”符合检索条件，因此，命令执行结果 found_2 = 1。

第 3 条命令为字符段检索函数命令，要求从字符串"Robotics"的第 1 个字符开始，检索字符段“bo”，由于"Robotics"的第 3 个和第 4 个字符为“bo”，因此，命令执行结果 found_3 = 3。

第 4 条和第 5 条命令为字符检查函数命令。第 4 条命令需要检查字符串"Robotics"的第 2 个字符是否为字符“a、e、i、o、u”之一，命令执行结果 memb_1 = TRUE；第 5 条命令需要检查字符串"Robotics"的第 3 个字符是否为字符“a、e、i、o、u”之一，命令执行结果 memb_1 = FALSE。

第 6 条命令为字符串长度计算函数命令，由于字符串"Robotics"一共有 8 个字符，因此，命令执行结果 len = 8。

第 7 条命令为字符格式转换函数命令，要求将字符串"Robotics"中的小写字符“a、e、i、o、u”转换为大写字母“A、E、I、O、U”，因此，命令执行结果为 str = RObOtIcs。

以系统预定义字符作为参数的字符串操作函数命令编程示例如下。

```
……
VAR num found_1;
VAR num found_2;
VAR bool memb;
VAR bool le_1;
VAR bool le_2;
VAR string str;
! ****************************************
found_1:= StrFind("IRB 6400",1,STR_DIGIT);
found_2:= StrFind("IRB 6400",1,STR_WHITE);
memb:= StrMemb("S-721 68 VATERA",3,STR_DIGIT);
le_1:= StrOrder("FIRST","SECOND",STR_UPPER);
le_2:= StrOrder("FIRSTB","FIRST",STR_UPPER);
str := StrMap("Robotics",STR_LOWER, STR_UPPER);
……
```

在上述程序中，第 1 条检索函数命令要求从字符串"IRB 6400"的第 1 个字符开始，检索系统预定义数字 0～9，由于"IRB 6400"中的第 1 个数字“6”的位置序号为 5（空格同样需要占位），因此，命令执行结果为 found = 5。

第 2 条检索函数命令要求从字符串"IRB 6400"的第 1 个字符开始，检索系统预定义的空格符，由于空格符位于字符串"IRB 6400"的第 4 个位置，因此，命令执行结果为 found = 4。

第 3 条命令为字符检查函数命令，需要检查字符串"S-721 68 VATERA"的第 3 个字符是否为系统预定义数字 0～9，命令执行结果 memb = TRUE。

第 4 条命令为字符排列检查函数命令，由于比较对象字符串“FIRST”的首字符为“F”、比较基准字符串"SECOND"的首字符为“S”，符合系统预定义的大写字母排列次序要求，命令执行结果 le_1 =TRUE。

第 5 条命令为字符排列检查函数命令，由于比较对象字符串“FIRSTB”的前 5 个字符与比较基准一致，但最后一个字符“B”不符合系统预定义的大写字母排列次序要求，则命令执行结果 le_2 = FALSE。

第 6 条命令为字符格式转换函数命令，要求将字符串"Robotics"中的所有小写字母（STR_ LOWER）转换为大写字母（STR_UPPER），因此，命令执行结果为 str = ROBOTICS。

第 4 章
运动控制指令编程

4.1 基本程序数据定义

4.1.1 程序点与移动速度定义

1. 程序点定义

利用程序定义的工业机器人位置被称为程序点。在运动控制指令中，程序点可用来指定移动目标或控制点（触发点）的位置。

在机器人程序中，程序点位置可通过关节坐标系定义和虚拟笛卡儿坐标系定义两种方式进行定义，RAPID 程序点的数据格式如下。

（1）关节坐标系定义

在 RAPID 程序中，利用机器人关节坐标系绝对位置定义的程序点位置被称为关节位置，数据类型为 jointtarget，数据格式如下。

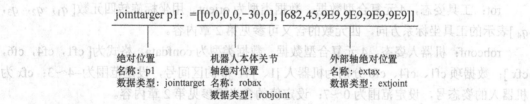

jointtarger p1：=[[0,0,0,0,−30,0], [682,45,9E9,9E9,9E9,9E9]]

绝对位置
名称：p1
数据类型：jointtarget

机器人本体关节轴绝对位置
名称：robax
数据类型：robjoint

外部轴绝对位置
名称：extax
数据类型：extjoint

jointtarget 型数据属于 RAPID 结构数据，它由机器人本体关节轴绝对位置（robax）和外部轴位置（extax）复合而成，数据项的含义如下。

robax：机器人本体关节轴绝对位置，6 元复合型数据、数据类型为 robjoint。标准 RAPID 编程软件允许定义 6 个关节轴（j1～j6）的位置；回转轴以角度表示、单位为°，直线轴以与原点之间的距离表示，单位为 mm。

extax：外部绝对轴（基座轴、工装轴）绝对位置，6 元复合型数据、数据类型为 extjoint。标准 RAPID 编程软件允许定义 6 个外部轴（e1～e6）的位置；回转轴以角度表示，单位为°；

直线轴以与原点之间的距离表示，单位为 mm。当外部轴少于 6 轴时，应将不使用的轴定义为“9E9”。

在 RAPID 程序中，既可完整定义与使用关节位置，也可只对 robax、extax 进行定义或修改，此外，还可通过偏移指令 EOffsSet 调整 extax。

关节位置的定义指令编程示例如下，在仅定义数据名时，系统默认初始值为 0。

```
VAR jointtarget p0 := [[0,0,0,0,0,0],[ 0,0,9E9,9E9,9E9,9E9]] ;
// 完整定义关节位置 p0
……
VAR robjoint p1 ;                                    // 定义关节位置 p1，初始值为 0
p1.robax := [0, 45, 30, 0, -30, 0];                  // 仅定义 robax
p1.extax := [-500, -180, 9E9,9E9,9E9,9E9];           // 仅定义 extax
……
VAR extjoint eax_ofs :=[ 100, 45, 9E9,9E9,9E9,9E9];  // 定义 extax 偏移量
EOffsSet eax_ofs ;                                   // extax 偏移
……
```

（2）TCP 位置定义

TCP 位置是以笛卡儿坐标系的三维空间位置值（x，y，z）描述的机器人工具控制点位置。在定义 TCP 位置时，不仅需要机器人 TCP 的 *XYZ* 坐标，而且还需要规定机器人、工具的姿态。

在 RAPID 程序中，机器人 TCP 位置的数据类型为 robtarget，数据格式如下。

robtarget p1：=[[600,200,500], [1,0,0,0], [0,-1,2,1], [682,45,9E9,9E9,9E9,9E9]]

TCP位置	*XYZ*位置	工具姿态	机器人姿态	外部轴e1～e6绝对位置
名称：p1	名称：trans	名称：rot	名称：robconf	名称：extax
数据类型：robtarget	数据类型：pos	数据类型：orient	数据类型：confdata	数据类型：extjoint

robtarget 型数据属于 RAPID 结构数据，它由机器人 TCP 的坐标值（trans）、工具姿态（rot）、机器人姿态（robconf）、外部轴位置（extax）复合而成，数据项的含义如下。

trans：机器人 TCP 坐标位置，3 元复合型数据、数据类型为 pos。以机器人 TCP 在指定坐标系上的坐标值（x，y，z）表示。

rot：工具姿态，4 元复合型数据、数据类型为 orient。用坐标旋转四元数[q_1，q_2，q_3，q_4]表示的工具坐标系方向，四元数的含义可参见第 2 章内容。

robconf：机器人姿态，4 元复合型数据、数据类型为 confdata、格式为[cf1，cf4，cf6，cf*x*]；数据项 cf1、cf4、cf6 分别为机器人 j1、j4、j6 的区间号，设定范围为−4～3；cf*x* 为机器人的姿态号，设定范围为 0～7；设定值的含义可参见第 2 章内容。

extax：外部轴（基座轴、工装轴）e1～e6 绝对位置，6 元复合型数据、数据类型为 extjoint；定义方法与 jointtarget 型数据相同。

在实际程序中，既可以完整定义、编程 TCP 位置数据，也可只对其中的数据项进行定义、修改；此外，还可以以 pos 型数据、pose 型数据的形式进行定义和编程。

ABB 机器人的 pos 型数据、pose 型数据含义如下。

① pos 型数据。ABB 机器人的 pos 型数据仅含坐标值，被称为 *XYZ* 坐标数据。pos 型数据可用来指定笛卡儿坐标系位置，但不能定义工具姿态、机器人姿态和外部轴位置，因

此，可用于 *XYZ* 坐标位置定义和变换。

需要注意的是：ABB 机器人的 pos 型数据与 KUKA 机器人的 POS 数据有较大的不同，KUKA 机器人的 POS 数据是包含 XYZ 坐标值、工具姿态、机器人姿态的 6 轴垂直串联机器人的标准位置格式，有关 KUKA 机器人编程的内容，可参见《KUKA 工业机器人应用技术全集》。

② pose 型数据。ABB 机器人的 pose 型数据包含坐标值和方向，被称为方位数据。pose 数据可用来指定笛卡儿坐标系的位置和方向（如工具姿态），但不能定义机器人姿态和外部轴位置，因此，可用于机器人姿态、外部轴位置不变的机器人 TCP 位置定义或作为坐标系平移、旋转变换参数使用。ABB 机器人的 pose 型数据在 KUKA 机器人上被称为 FRAME 数据。

TCP 位置定义及编程示例如下，在仅定义数据名时，系统默认初始值为 0。

```
VAR robtarget p1 := [[0,0,0],[1,0,0,0],[0,1,0,0],[0,0,9E9,9E9,9E9,9E9]] ;
 // 完整定义 TCP 位置
VAR robtarget p2 ;                                   // 定义 TCP 位置，初始值为 0
VAR robtarget p3 ;
……
VAR pos point_1 := [50, 100, 200]                               // 定义 pos 型数据
VAR pos point_2
VAR pose frame_1 := [ [50, 100, 200], [1,0,0,0] ]              // 定义 pose 型数据
……
P2.pos := [50, 100, 200];                        // 仅定义 TCP 位置 p2 的 XYZ 坐标值
P2.pos.z := 200;                                 // 仅定义 TCP 位置 p2 的 Z 坐标值
……
P3 := Offs(p1, 50, 80, 100) ;                          // 利用函数命令定义 TCP 位置
……
point_2 := PoseVect [ frame_1, point_1]                // 利用函数命令定义 pose 型数据
……
```

2. 移动速度定义

（1）移动速度定义

机器人的移动速度包括机器人 TCP 运动速度、工具定向运动速度、外部轴运动速度等，在 RAPID 程序中，机器人的移动速度既可通过速度数据统一定义；也可利用移动指令的添加项，在指令中直接编程。

在 RAPID 程序中，速度数据为 4 元 RAPID 结构数据，数据类型为 speeddata，数据格式为[v_tcp，v_ori，v_leax，v_reax]，构成项的含义如下。

v_tcp：机器人 TCP 运动速度，单位为 mm/s。

v_ori：工具定向速度，单位为° /s。

v_reax：外部回转轴定位速度，单位为° /s。

v_leax：外部直线轴定位速度，单位为 mm/s。

在 RAPID 程序中，既可完整定义与使用速度数据，也可对速度数据的某一部分数据进行修改或设定；数据定义指令的编程示例如下。

```
VAR speeddata v_work ;                            // 定义速度数据 v_work，初始值为 0
……
```

```
v_work := [500,30,250,15] ;                    // 完整定义速度数据
v_ work. v_tcp :=200 ;                    // 仅定义 v_work 的 TCP 速度 v_tcp
v_ work. v_ori :=12 ;                  //仅定义 v_work 的工具定向速度 v_ori
……
```

为便于用户编程，机器人在出厂时，已为控制系统预定义了部分常用的速度数据，对于预定义的速度数据，可直接以速度名称的形式进行编程，不需要另行定义程序数据。

（2）预定义 TCP 速度

系统预定义的机器人 TCP 运动速度如表 4.1-1 所示，表中的 vmax 为机器人生产厂家设定的最大 TCP 速度值，该数值与机器人型号、规格有关，在需要时可通过 RAPID 函数指令 MaxRobSpeed 读取、检查。

表 4.1-1 系统预定义的机器人 TCP 运动速度

速度名称	v5	v10	v20	v30	v40	v50	v60	v80	v100
v_tcp	5mm/s	10mm/s	20mm/s	30mm/s	40mm/s	50mm/s	60mm/s	80mm/s	100mm/s
v_ori	500°/s								
v_reax	1000°/s								
v_leax	5000mm/s								
速度名称	v150	v200	v300	v400	v500	v600	v800	v1000	v1500
v_tcp	150mm/s	200mm/s	300mm/s	400mm/s	500mm/s	600mm/s	800mm/s	1000mm/s	1500mm/s
v_ori	500°/s								
v_reax	1000°/s								
v_leax	5000mm/s								
速度名称	v2000	v2500	v3000	v4000	v5000	v6000	v7000	vmax	
v_tcp	2000mm/s	2500mm/s	3000mm/s	4000mm/s	5000mm/s	6000mm/s	7000mm/s	MaxRobSpeed	
v_ori	500°/s								
v_reax	1000°/s								
v_leax	5000mm/s								

系统预定义的 TCP 运动速度 v5～vmax 包含了系统默认的工具定向速度 v_ori（500°/s）、外部回转轴定位速度 v_reax（1000°/s）、外部直线轴定位速度 v_leax（5000mm/s），故可用于后述 ABB 机器人的绝对位置定位指令 MoveAbsJ、关节插补指令 MoveJ、直线插补指令 MoveL、圆弧插补指令 MoveC 的速度编程。

（3）预定义外部回转轴定位速度

系统预定义的外部回转轴定位速度如表 4.1-2 所示，速度数据 vrot1～vrot100 只能单独用于外部回转轴绝对位置定位，速度数据对应的 TCP 速度 v_tcp、工具定向速度 v_ori、外部直线轴定位速度 v_leax 均为 0。

表 4.1-2 系统预定义的外部回转轴定位速度

速度名称	vrot1	vrot2	vrot5	vrot10	vrot20	vrot50	vrot100
v_reax	1°/s	2°/s	5°/s	10°/s	20°/s	50°/s	100°/s
v_tcp、v_ori、v_leax	0						

（4）预定义外部直线轴定位速度

系统预定义的外部直线轴定位速度如表 4.1-3 所示，速度数据 vlin10～ vlin1000 只能单独用于外部直线轴绝对位置定位，速度数据对应的 TCP 运动速度 v_tcp、工具定向速度 v_ori、外部回转轴定位速度 v_reax 均为 0。

表 4.1-3　系统预定义的外部直线轴定位速度

速度名称	vlin10	vlin20	vlin50	vlin100	vlin200	vlin500	vlin1000
v_leax	10mm/s	20mm/s	50mm/s	100mm/s	200mm/s	500mm/s	1000mm/s
v_tcp、v_ori、v_reax	0						

3. 移动速度编程

在 RAPID 程序中，机器人的移动速度既可通过速度数据统一定义，也可利用系统预定义速度后缀的添加项“\V”“\T”直接指定，添加项“\V”“\T”的编程方法如下，在同一指令中，“\V”“\T”不能同时编程。

（1）添加项“\V”

添加项“\V”可直接替代系统预定义的 TCP 运动速度。例如，指令“v200\V:=250”可直接规定机器人的 TCP 的运动速度为 250mm/s，系统预定义 TCP 运动速度 v_tcp = 200mm/s 无效。

添加项“\V”只能用于机器人的 TCP 运动速度的指定，不能用于工具定向速度、外部速度的指定。

（2）添加项“\T”

添加项“\T”可规定移动指令的机器人运动时间（单位为 s）、间接定义机器人移动速度。例如，指令“v100\T:=4”可定义机器人的 TCP 从起点到目标位置的移动时间为 4s，系统预定义的 v_tcp =100mm/s 无效。

添加项“\T”不仅可以用来定义机器人的 TCP 运动速度，而且对机器人的工具定向速度、外部速度的定义同样有效。例如，指令“vrot10\T:=6”可定义外部轴的回转运动时间为 6s；如指令“vlin100\T:=6”则可定义外部轴的直线运动时间为 6s 等。

利用添加项“\T”定义机器人的移动速度时，实际 TCP 速度、工具定向速度、外部速度与移动指令对应的移动距离有关，在同样的移动时间下，移动指令的移动距离越短、机器人的实际移动速度就越快。

4.1.2　到位区间及到位检测条件定义

到位区间用来规定机器人移动指令在目标位置上的允许误差，它是控制系统判别机器人当前移动指令是否执行完成的依据，如机器人 TCP 到达了移动指令目标位置的到位区间范围内，就认为已到达移动指令的目标位置，系统随即开始执行后续移动指令。

在 RAPID 程序中，到位区间的数据类型为 zonedata，如果需要，到位区间数据还可通过添加项“\Inpos”增加到位检测条件。到位区间、到位检测条件的定义方法如下。

1. 到位区间定义

到位区间数据包含了目标位置暂停控制和目标位置允许误差两部分数据，数据格式如下。

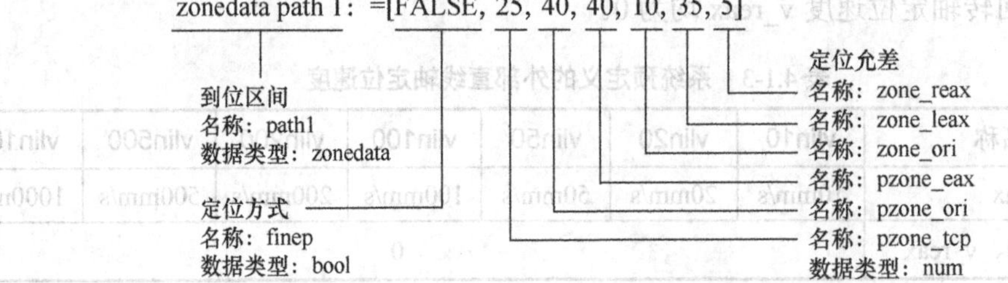

到位区间数据 zonedata 为 6 元 RAPID 结构数据，各数据项含义如下。

finep：定位方式，数据类型为 bool。“TRUE”为目标位置暂停，“FALSE”为机器人连续运动。

pzone_tcp：TCP 到位区间，数据类型为 num，单位为 mm。

pzone_ori：工具姿态到位区间，数据类型为 num，单位为 mm；设定值应大于等于 pzone_tcp，否则，系统将自动取 pzone_ori = pzone_tcp。

pzone_eax：外部轴到位区间，数据类型为 num，单位为 mm；设定值应大于等于 pzone_tcp，否则，系统将自动取 pzone_eax = pzone_tcp。

zone_ori：工具定向到位区间，数据类型为 num，单位为°。

zone_leax：外部直线轴到位区间，数据类型为 num，单位为 mm。

zone_reax：外部回转轴到位区间，数据类型为 num，单位为°。

为了确保机器人能够到达程序指令的移动轨迹，到位区间不能超过理论移动轨迹长度的 1/2，否则，系统将自动缩小到位区间。

在 RAPID 程序中，既可完整定义到位区间，也可对到位区间的某一部分进行单独修改或设定，如果需要，还可通过后述的添加项“\Inpos”增加到位检测条件。

定义到位区间的指令编程示例如下。

```
VAR zonedata path1 ;                           // 定义到位区间path1，初始值为 0
……
path1 := [ FALSE,25,35,40,10,35,5 ] ;              // 完整定义到位区间 path1
Path1. pzone_tcp :=30 ;                     // 定义 path1 的 TCP 到位区间
Path1. pzone_ori :=40 ;                     // 定义 path1 的工具姿态到位区间
……
```

为便于用户编程，已为控制系统预先定义了到位区间（系统预定义到位区间），如表 4.1-4 所示，表中的 fine、z0 为准确到达移动指令目标位置（到位）的停止点，将 z1～z200 定义为机器人连续运动。对于系统预定义的到位区间，可直接以区间名称的形式编程，不需要另行定义程序数据。

表 4.1-4　系统预定义到位区间

到位区间名称	系统预定义值					
	pzone_tcp	pzone_ori	pzone_eax	zone_ori	zone_leax	zone_reax
fine（停止点）	0.3mm	0.3mm	0.3mm	0.03°	0.3mm	0.03°
z0	0.3mm	0.3mm	0.3mm	0.03°	0.3mm	0.03°

续表

到位区间名称	系统预定义值					
	pzone_tcp	pzone_ori	pzone_eax	zone_ori	zone_leax	zone_reax
z1	1mm	1mm	1mm	0.1°	1mm	0.1°
z5	5mm	8mm	8mm	0.8°	8mm	0.8°
z10	10mm	15mm	15mm	1.5°	15mm	1.5°
z15	15mm	23mm	23mm	2.3°	23mm	2.3°
z20	20mm	30mm	30mm	3°	30mm	3°
z30	30mm	45mm	45mm	4.5°	45mm	4.5°
z40	40mm	60mm	60mm	6°	60mm	6°
z50	50mm	75mm	75mm	7.5°	75mm	7.5°
z60	60mm	90mm	90mm	9°	90mm	9°
z80	80mm	120mm	120mm	12°	120mm	12°
z100	100mm	150mm	150mm	15°	150mm	15°
z150	150mm	225mm	225mm	23°	225mm	23°
z200	200mm	300mm	300mm	30°	300mm	30°

2. 到位检测条件定义

为了保证机器人能够准确到达移动指令目标位置，在 RAPID 程序中，可在到位区间的基础上增加到位检测条件，机器人只有满足移动指令目标位置的到位检测条件，控制系统才会启动下一个移动指令的执行。需要以添加项“\Inpos”的形式将到位检测条件添加在到位区间之后。

机器人运动轴的实际到位停止过程在 2.4 节已介绍。在 RAPID 程序中，机器人到位检测条件可通过停止点数据（stoppointdata）定义，指令编程格式如下。

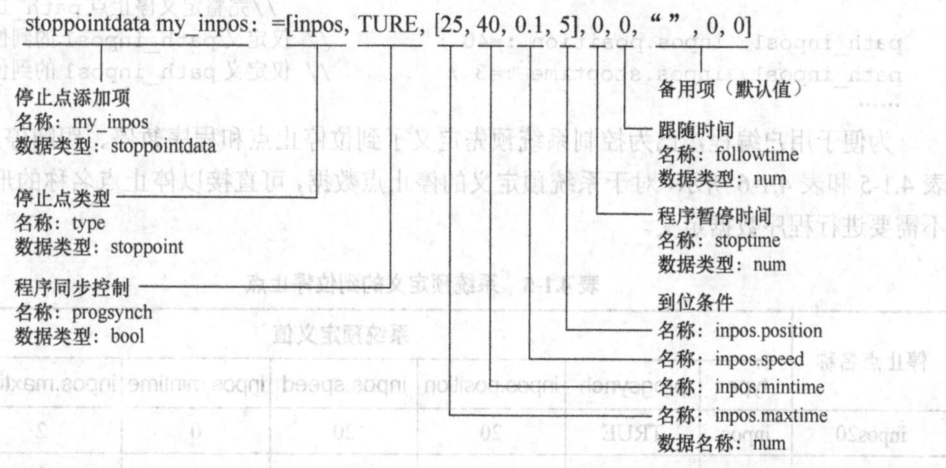

停止点数据（stoppointdata）属于 RAPID 结构数据，各数据项含义如下。

（1）停止点类型（type）。用来规定机器人到达目标位置时的停止方式，枚举数据，数据类型为 stoppoint，设定值如下。

fine（0）：准确定位，到位区间为 z0。

inpos（1）：到位检测，到位检测条件由到位条件数据项 inpos 定义。

stoptime（2）：程序暂停，程序暂停时间由程序暂停时间数据项 stoptime 定义。

followtime（3）：跟随停止（仅用于协同作业同步控制），跟随停止时间由数据项 followtime 定义。

（2）程序同步控制（progsynch）。用来定义到位检测功能，数据类型为 bool。"TRUE" 为到位检测有效，机器人只有满足到位检测条件，才能执行下一指令；"FALSE" 为到位检测无效，机器人只要到达目标位置到位区间的范围内，便可执行后续指令。

（3）到位条件。4 元复合型数据，构成项如下。

inpos.position：到位检测区间，定义到位区间 z0（fine）的百分率。

inpos.speed：到位检测速度条件，定义到位区间 z0（fine）移动速度的百分率。

inpos.mintime：到位最短停顿时间，单位为 s。在设定的时间内，即使满足到位检测条件，也必须等到该时间到达，才能执行后续指令。

inpos.maxtime：到位最长停顿时间，单位为 s。如果到达设定的时间，即使未满足到位检测条件，也将执行后续指令。

（4）程序暂停时间（stoptime）。选择 stoptime 的定位方式时的目标位置暂停时间，数据类型为 num、单位为 s。

（5）跟随时间（followtime）。选择 followtime 的定位方式时的目标位置暂停时间，数据类型为 num、单位为 s。

（6）备用项 signal、relation、checkvalue：目前不使用，可直接设定为[“”, 0, 0]。

在 RAPID 程序中，既可完整定义停止点数据，也可对其某一部分数据进行单独修改或设定，其编程示例如下。

```
VAR stoppointdata path_inpos1;                    // 定义停止点 path_inpos1，初始值为 0
……
path_inpos1 := [inpos, TRUE, [25,40,1,3], 0, 0,“” , 0, 0] ;
                                                  //完整定义停止点 path_inpos1
path_inpos1. inpos.position :=40 ;                // 仅定义 path_inpos1 的到位检测区间
path_inpos1. inpos.stoptime :=3 ;                 // 仅定义 path_inpos1 的到位暂停时间
……
```

为便于用户编程，已为控制系统预先定义了到位停止点和程序暂停、跟随停止点，如表 4.1-5 和表 4.1-6 所示，对于系统预定义的停止点数据，可直接以停止点名称的形式编程，不需要进行程序数据定义。

表 4.1-5　系统预定义的到位停止点

停止点名称	系统预定义值						
	type	progsynch	inpos.position	inpos.speed	inpos.mintime	inpos.maxtime	其他
inpos20	inpos	TRUE	20	20	0	2	0
inpos50	inpos	TRUE	50	50	0	2	0
inpos100	inpos	TRUE	100	100	0	2	0

表 4.1-6　系统预定义的程序暂停、跟随停止点

停止点名称	系统预定义值				
	type	progsynch	stoptime	followtime	其他
stoptime0_5	stoptime	FALSE	0.5	0	0
stoptime1_0	stoptime	FALSE	1.0	0	0
stoptime1_5	stoptime	FALSE	1.5	0	0
followtime0_5	followtime	TRUE	0	0.5	0
followtime1_0	followtime	TRUE	0	1.0	0
followtime1_5	followtime	TRUE	0	1.5	0

4.1.3　工具数据与工件数据定义

1. 工具数据及定义

在 RAPID 程序中，工具数据（tooldata）是用来全面描述作业工具特性的程序数据，它不仅包括工具姿态参数，而且还包含了 TCP 位置、工具安装、工具质量和重心等诸多参数。定义工具数据指令的格式如下。

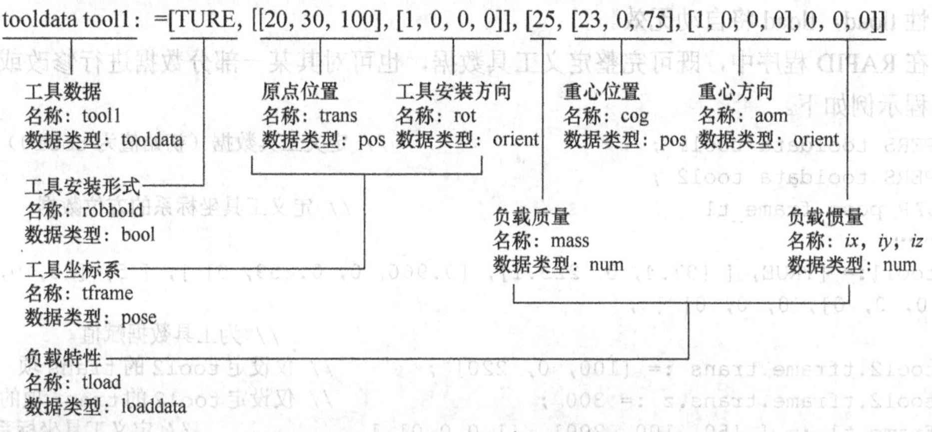

工具数据（tooldata）是由工具安装形式、工具坐标系、负载特性构成的 RAPID 结构数据，各数据项的说明如下。

（1）工具安装形式（robhold）。用来定义机器人作业方式（参见第 2 章内容），数据类型为 bool。将机器人移动工具作业系统定义为“TRUE”；将机器人移动工件作业系统定义为“FALSE”。

（2）工具坐标系（tframe）。用来定义工具坐标系（参见第 2 章内容）的方位数据，由原点位置 trans（3 元复合型数据）、工具安装方向 rot（4 元复合型数据）构成。原点位置 trans 是用[x，y，z]表示的三维空间 XYZ 坐标数据，用来定义 TCP 位置，数据类型为 pos；工具安装方向 rot 是以[q_1，q_2，q_3，q_4]表示的坐标旋转四元数，数据类型为 orient。

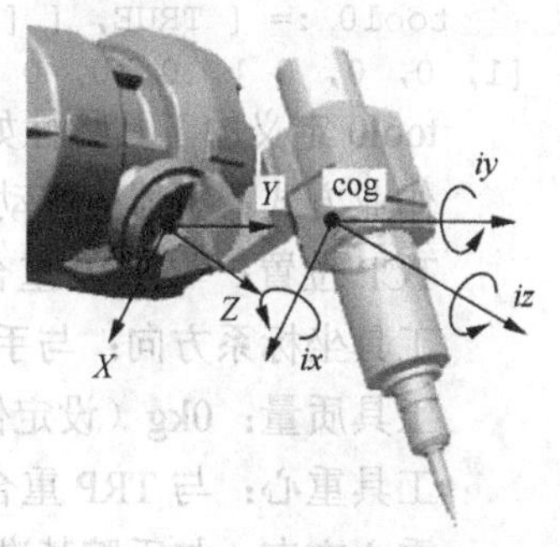

图 4.1-1　负载特性数据

（3）负载特性（tload）。用来定义机器人手腕负载（工具或工件）的质量、重心和惯量，如图 4.1-1 所示，其为多元双

重复合型数据，数据类型为 loaddata，构成项如下。

负载质量（mass）：num 型数据；用来指定机器人手腕上的负载（工具或工件）质量，单位为 kg。

重心位置（cog）：pos 型数据；以[*x*，*y*，*z*]的形式表示的机器人手腕上的负载（工具或工件）重心在手腕基准坐标系上的位置值（*x*，*y*，*z*）。

重心方向（aom）：orient 型数据；以手腕基准坐标系为基准、用[q_1，q_2，q_3，q_4]四元数表示的负载重心方向。

负载惯量（*ix*、*iy*、*iz*）：num 型数据；*ix*、*iy*、*iz* 依次为负载在手腕基准坐标系的 *X*、*Y*、*Z* 方向的负载惯量，单位为 kg • m^2。当定义 *ix*、*iy*、*iz* 为 0 时，将负载作为质点处理。

在搬运机器人、码垛机器人上，负载数据不仅需要考虑工具（如抓手、吸盘等）本身，而且还需要包括被搬运物品所产生的作业负载（在 ABB 机器人中被称为有效载荷）。机器人作业负载可通过移动指令添加项"\Tload"指定的负载数据 loaddata 定义。

由于作业负载数据的计算较为复杂，在实际使用时，通常需要通过机器人控制系统配套提供的负载自动测定软件（如 ABB 公司的负载测定服务程序 LoadIdentify 等），由控制系统自动测试、设定。利用负载自动测定软件获得的负载数据，实际上是工具、物品两部分负载之和，因此，一旦指定作业负载添加项"\TLoad"，就不需要再考虑工具数据中的负载特性 tload，tload 将自动无效。

在 RAPID 程序中，既可完整定义工具数据，也可对其某一部分数据进行修改或设定。其编程示例如下。

```
PERS tooldata tool1 ;                              // 定义工具数据（初始值为tool0）
PERS tooldata tool2 ;
VAR pose frame_t1                                  // 定义工具坐标系的方位数据
……
tool1:= [TRUE, [ [97.4, 0, 223.1], [0.966, 0, 0.259, 0] ], [ 5, [23, 0, 75],
[1, 0, 0, 0], 0, 0, 0] ] ;
                                                   // 为工具数据赋值
tool2.tframe.trans := [100, 0, 220] ;              // 仅设定 tool2 的 trans 项
tool2.tframe.trans.z := 300 ;                      // 仅设定 tool2 的 trans 项的 z 位置
frame_t1 := [ [50, 100, 200], [1,0,0,0] ]          // 定义工具坐标系
……
```

由于工具数据的计算较为复杂，为了便于用户编程，ABB 机器人可直接使用工具数据自动测定指令，由控制系统自动测试并设定工具数据。机器人出厂时系统预定义的初始工具数据 tool0 如下，它可以作为工具数据定义指令的初始值。

```
tool0 := [ TRUE, [ [ 0, 0, 0 ], [ 1, 0, 0 ,0 ] ], [ 0.001, [ 0, 0, 0.001 ],
[1, 0, 0, 0 ], 0, 0, 0 ] ] ;
```

tool0 定义的工具特性如下。

作业方式：机器人移动工具作业。

TCP 位置：与 TRP 重合。

工具坐标系方向：与手腕基准坐标系相同。

工具质量：0kg（设定值 0.001kg 为系统允许的最小值，被视为 0）。

工具重心：与 TRP 重合（设定值 z0.001 为系统允许的最小值，被视为 0）。

重心方向：与手腕基准坐标系相同。

负载惯量：0（负载可被视为一个质点）。

2. 工件数据及定义

在 RAPID 程序中，工件数据是用来描述工件安装特性的程序数据，它可用来定义用户坐标系、工件坐标系等与工件安装相关的参数。

对于机器人移动工具作业系统，由于系统默认用户坐标系、工件坐标系和大地坐标系、机器人基坐标系重合，因此，对于简单作业，也可以不定义工件数据，直接使用系统出厂默认值（见下述内容）。

在机器人移动工件作业系统上，由于在机器人手腕上安装的是工件，将工具安装在机器人外部，作业工具的 TCP 位置、安装方向需要利用控制系统的工件坐标系定义，此时，工件坐标系不可能和机器人基坐标系重合，因此，机器人移动工件作业系统必须定义工件数据。

定义工件数据指令的编程格式如下。

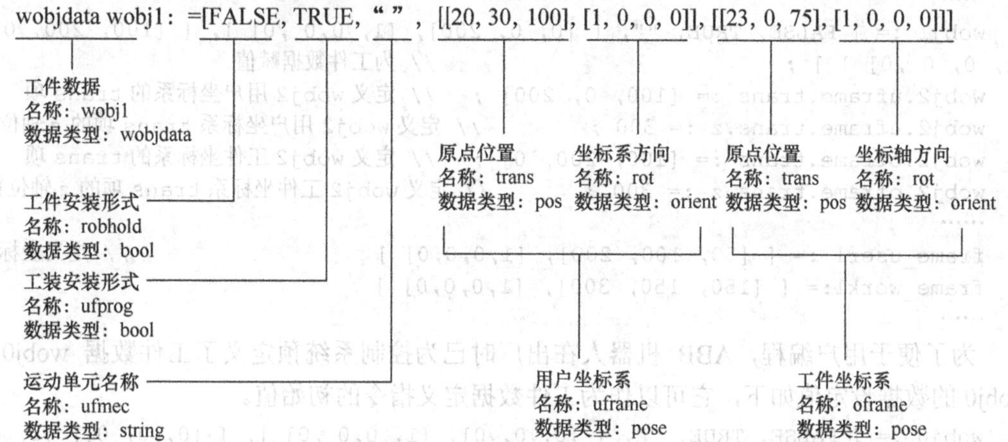

工件数据（wobjdata）是由工件安装形式、工装安装形式、运动单元名称、用户坐标系、工件坐标系构成的 RAPID 结构数据，各数据项说明如下（参见第 2 章内容）。

（1）工件安装形式（robhold）。数据类型为 bool，用来定义工件的安装形式（工件是否被安装在机器人上）。应将机器人移动工具作业系统定义为“FALSE”；应将机器人移动工件作业系统定义为“TURE”。

（2）工装安装形式（ufprog）。数据类型为 bool，用来定义工装的安装形式（用户坐标系特性）。将工装固定安装在地面上时应被定义为“TURE”，带工装变位器的协同作业系统应被定义为“FALSE”，用于工装移动的机械单元名称需要在数据项运动单元名称上定义。

（3）运动单元名称（ufmec）。数据类型为 string，在工装移动协同运动系统上，用来定义工装移动的机械单元名称，需要为名称加上双引号；工装固定作业系统需要保留双引号。

（4）用户坐标系（uframe）。用来定义用户坐标系的原点位置和方向的方位数据，数据类型为 pose，由原点位置 trans（3 元复合型数据）、坐标系方向 rot（4 元复合型数据）构成。原点位置 trans 是用[*x*，*y*，*z*]表示的三维空间 *XYZ* 坐标数据，用来定义用户坐标系的原点位置，数据类型为 pos；坐标系方向 rot 是用[q_1，q_2，q_3，q_4]表示的坐标旋转四元数，用来表示工件坐标系方向，数据类型为 orient。

（5）工件坐标系（oframe）。用来定义工件坐标系的原点位置和方向的方位数据，数据类型为 pose，由原点位置 trans（3 元复合型数据）、坐标轴方向 rot（4 元复合型数据）构成。原点位置 trans 是用[x，y，z]表示的三维空间 XYZ 坐标数据，用来定义工件坐标系的原点位置，数据类型为 pos；坐标系方向 rot 是用[q_1，q_2，q_3，q_4]表示的坐标旋转四元数，用来定义工件坐标系方向，数据类型为 orient。

在 RAPID 程序中，工件数据需要以数据名称的形式编程，既可完整定义数据，也可对其中的某一部分数据进行修改或设定，示例如下。

```
PRES wobjdata wobj1 ;                              //定义工件数据（初始值为 wobj0）
PRES wobjdata wobj2 ;
……
VAR pose frame_user1                                      // 定义坐标系方位数据
VAR pose frame_work1
……
wobj1 := [ FALSE, TRUE, "", [ [0, 0, 200], [1, 0,0 ,0] ], [ [100, 200, 0],
[1, 0, 0 ,0] ] ] ;                                       // 为工件数据赋值
wobj2.uframe.trans := [100, 0, 200] ;   // 定义 wobj2 用户坐标系的 trans 项
wobj2.uframe.trans.z := 300 ;         // 定义 wobj2 用户坐标系 trans 项的 z 轴位置
wobj2.oframe.trans := [100, 200, 0] ;   // 定义 wobj2 工件坐标系的 trans 项
wobj2.oframe.trans.z := 300 ;         // 定义 wobj2 工件坐标系 trans 项的 z 轴位置
……
frame_user1 := [ [50, 100, 200], [1,0,0,0] ]                  // 定义坐标系
frame_work1:= [ [150, 150, 300], [1,0,0,0] ]
……
```

为了便于用户编程，ABB 机器人在出厂时已为控制系统预定义了工件数据 wobj0，wobj0 的数据设定值如下，它可以作为工件数据定义指令的初始值。

```
wobj0 := [ FALSE, TRUE, "", [ [0, 0, 0], [1, 0,0 ,0] ], [ [0, 0, 0], [1, 0,
0 ,0] ] ] ;
```

wobj0 所定义的工件特性为工件和工装固定安装，用户坐标系、工件坐标系与大地坐标系重合。

4.2　机器人移动指令编程

4.2.1　指令格式与说明

1. 指令格式

RAPID 移动指令包括绝对位置定位、关节插补、直线插补、圆弧插补等机器人移动指令，以及带 I/O 控制的控制点输出指令、特殊的独立轴控制指令和伺服焊钳控制指令、智能机器人的同步跟踪和外部引导运动指令等多种，机器人移动指令是 RAPID 程序最常用的编程指令之一，本节将对此进行说明，其他移动指令的编程要求将在随后的内容中逐一说明。

机器人移动指令的名称及编程格式如表 4.2-1 所示。

表 4.2-1　机器人移动指令的名称及编程格式

名称	编程格式与示例		
绝对位置定位	MoveAbsJ	程序数据	ToJointPos，Speed，Zone，Tool
		指令添加项	\Conc
		数据添加项	\ID、\NoEOffs、\V | \T，\Z、\Inpos，\WObj、\TLoad
	编程示例	MoveAbsJ j1，v500，fine，grip1； MoveAbsJ\Conc，j1\NoEOffs，v500，fine\Inpos:=inpos20，grip1； MoveAbsJ j1，v500\V:=580，z20\Z:=25，grip1\WObj:=wobjTable；	
外部轴绝对位置定位	MoveExtJ	程序数据	ToJointPos，Speed，Zone
		指令添加项	\Conc
		数据添加项	\ID、\NoEOffs，\T，\Inpos
	编程示例	MoveExtJ j1，vrot10，fine； MoveExtJ\Conc，j2，vlin100，fine\Inpos:=inpos20； MoveExtJ j1，vrot10\T:=5，z20；	
关节插补	MoveJ	程序数据	ToPoint，Speed，Zone，Tool
		指令添加项	\Conc
		数据添加项	\ID，\V | \T，\Z，\Inpos，\WObj、\TLoad
	编程示例	MoveJ p1，v500，fine，grip1； MoveJ\Conc，p1，v500，fine\Inpos:=inpos50，grip1； MoveJ p1，v500\V:=520，z40\Z:=45，grip1\WObj:=wobjTable；	
直线插补	MoveL	程序数据	ToPoint，Speed，Zone，Tool
		指令添加项	\Conc
		数据添加项	\ID，\V | \T，\Z、\Inpos，\WObj、\Corr、\TLoad

续表

名称	编程格式与示例		
直线插补	编程示例	MoveL p1，v500，fine，grip1； MoveL\Conc，p1，v500，fine\Inpos:=inpos50，grip1\Corr； MoveJ p1，v500\V:=520，z40\Z:=45，grip1\WObj:=wobjTable；	
圆弧插补	MoveC	程序数据	CirPoint，ToPoint，Speed，Zone，Tool
		指令添加项	\Conc
		数据添加项	\ID，\V | \T，\Z、\Inpos，\WObj、\Corr、\TLoad
	编程示例	MoveC p1，p2，v300，fine，grip1； MoveL\Conc，p1，p2，v300，fine\Inpos:=inpos20，grip1\Corr； MoveJ p1，p2，v300\V:=320，z20\Z:=25，grip1\WObj:=wobjTable；	

目标位置、移动速度、到位区间、工具等是机器人移动指令必需的基本程序数据，需要在程序中对它们进行预定义；指令添加项\Conc 用于同步控制；数据添加项是对程序数据的补充说明，可根据程序的实际执行要求及编程的需要添加它们。

机器人移动指令的程序数据、添加项基本相同，下面将对统一进行介绍；其他特殊程序数据及添加项的作用与编程要求，可参见相关指令的说明。

2. 机器人移动指令的程序数据

机器人移动指令的程序数据主要有目标位置（ToJointPoint 或 ToPoint）、移动速度（Speed）、到位区间（Zone）、作业工具（Tool）等，程序数据的含义和编程要求如下，程序数据的定义方法可参见前述内容。

（1）ToJointPoint。机器人、外部轴的绝对位置，数据类型为 jointtarget。绝对位置以各运动轴的绝对原点为基准，利用角度（外部回转轴）或行程（外部直线轴）描述的机器人或外部轴位置，它与机器人的坐标系、TCP 位置等均无关。在指令中，ToJointPoint 一般以数据名称的形式编程，如果以其他方式直接在指令中输入位置值，则用“*”代替数据名称。在多机器人协同作业系统中，如果不同机器人需要同步移动，则需要在 ToJointPoint 后用添加项\ID 指定同步指令编号。

（2）ToPoint。TCP 位置，数据类型为 robtarget。TCP 位置是以指定的机器人的坐标系原点为基准，通过 TCP 在坐标系中的 *XYZ* 坐标值描述的位置，它与坐标系的设定和选择、工具姿态、机器人姿态、外部轴位置等均有关。在指令中，ToPoint 一般以数据名称的形式编程，如果以其他方式直接在指令中输入位置值，则用“*”代替数据名称。在多机器人协同作业系统中，如果不同机器人需要同步移动，则需要在 ToPoint 后用添加项\ID 指定同步指令编号。

TCP 位置还可通过工具偏置 RelTool、程序偏移 Offs 等 RAPID 函数命令指定，函数命令可直接替代 ToPoint 在指令中进行编程，示例如下。

```
MoveL RelTool(p1,50,80,100\Rx:=0\ Ry:=0\ Rz:=90), v1000, z30, Tool1;
MoveL Offs(p1,0,0,100),v1000,z30,grip2\Wobj:=fixture;
```

（3）Speed。移动速度，数据类型为 speeddata。移动速度可以系统预定义的速度名称的形式编程，也可通过使用数据添加项\V 或\T 在指令中直接进行设定。

（4）Zone。到位区间，数据类型为 zonedata。到位区间可以系统预定义的区间名称的形式编程，也可通过数据添加项\Z、\Inpos，在指令中指定定位允差、规定到位条件。

（5）Tool。作业工具，数据类型为 tooldata。作业工具用来确定 TCP 位置、工具姿态等参数。作业工具还可通过添加项\WObj、\TLoad、\Corr，指定工件数据、工具负载、移动轨迹修整等参数；在工具固定安装、机器人移动工件作业系统中，必须使用添加项\WObj 确定工件数据。

3. 添加项

添加项属于指令中的可选项，可以使用也可以不使用。RAPID 移动指令可通过使用添加项改变指令执行条件和程序数据，常用的添加项含义及编程方法如下。

（1）\Conc。连续执行指令添加项，数据类型为 switch，添加在移动指令后。在移动指令后附加添加项\Conc 时，系统可在移动机器人的同时，启动后续程序中的非移动指令，需要用“,”来分隔添加项\Conc 和程序数据，示例如下。

```
MoveJ\Conc, p1, v1000, fine, grip1;
Set do1, on;
```

MoveJ\Conc 指令可使机器人在进行关节插补的同时，启动后续程序中的非移动指令“Set　do1, on ;”，使得系统开关量输出 do1 的状态成为 on；在不使用添加项\Conc 时，只能在机器人移动到目标位置 *p*1 后，再执行非移动指令“Set　do1, on ;”。

添加项\Conc 允许最多 5 条非移动指令连续执行；此外，需要通过使用移动轨迹存储、恢复指令 StorePath、RestoPath 来存储、恢复移动轨迹的指令（见后述内容），不能使用连续执行添加项\Conc 进行编程。

（2）\ID。同步移动指令编号，数据类型为 identno，添加在 ToJointPoint、ToPoint 后。添加项\ID 仅用于多机器人协同作业系统，当不同机器人需要同步移动、协同作业时，添加项\ID 用来指定机器人同步移动的指令编号（见后述内容）。

（3）\V 或\T。TCP 移动速度或指令移动时间，数据类型为 num，用来指定用户自定义的移动速度（见前述内容）；不能在同一指令中同时使用\V 和\T。

（4）\Z、\Inpos。用户自定义的 TCP 到位区间和定位方式、到达目标位置（到位）判定条件，添加项\Z 的数据类型为 num、添加项\Inpos 的数据类型为 stoppointdata。

添加项\Z 可直接指定到位区间（定位允差），如“z40\Z:=45”表示目标位置的定位允差为 45mm。添加项\Inpos 可对目标位置的停止点类型、到位区间、停止速度、停顿时间等条件进行进一步的规定；如“fine\Inpos:=inpos20”代表使用系统预定义停止点 inpos20，停止点类型为“到位停止”、程序同步控制有效、到位区间为停止点设定值的 20%、停止速度为停止点设定值的 20%、最短停顿时间为 0s、最长停顿时间为 2s。

（5）\WObj。工件数据，数据类型为 wobjdata，将\WObj 添加在工具数据后，可和添加项\TLoad、\Corr 同时使用。添加项\WObj 可选择工件坐标系、用户坐标系及工件数据。对于工具固定、机器人移动工件的作业，添加项\Wobj 直接影响机器人本体的运动，故必须予以指定；对于工件固定安装、机器人移动工具作业系统，则可根据实际需要进行选择。

（6）\TLoad。机器人负载，数据类型为 loaddata，可和添加项\WObj、\Corr 同时使用。可通过使用添加项\TLoad 直接设定机器人负载，在指定添加项\TLoad 后，工具数据中的负载特性 tload 将无效；如果不指定添加项或指定\TLoad:=load0，则工具数据中的 tload 有效。

4.2.2 绝对位置定位指令

机器人的移动指令包括定位指令和插补指令两类。定位指令可通过机器人轴、外部轴（基座、工装）的运动，使控制对象移动到目标位置，它仅控制终点定位，不指定移动轨迹；插补指令可以按要求的移动轨迹进行多轴位置同步控制操作，它可保证控制对象沿指定的移动轨迹连续移动。

将 RAPID 定位指令分为绝对位置定位指令和外部轴绝对位置定位指令两种，指令的功能、编程格式、编程要求分别如下。

1. 绝对位置定位指令

绝对位置定位指令可将机器人、外部轴（基座、工装）定位到指定的目标位置上，目标位置是以各运动轴绝对原点为基准的唯一位置，它不受机器人坐标系、工具坐标系、工件坐标系的影响。但是，工具、负载等参数与机器人安全、伺服驱动控制密切相关，因此，在指令中需要指定工具数据、工件数据。

绝对位置定位是以当前位置作为起点、以目标位置为终点的“点到点”的定位运动，它不区分 TCP 定位、工具定向、变位器运动，也不指定运动轨迹；但是，所有轴均可同时到达终点，机器人的 TCP 速度大致与指令速度一致。具体如图 4.2-1 所示。

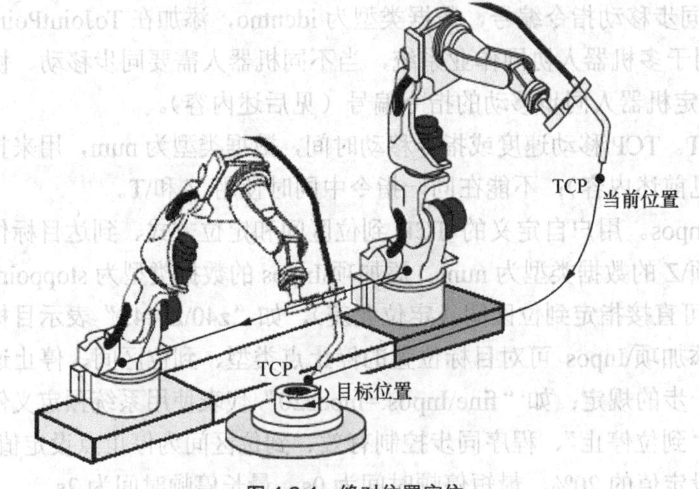

图 4.2-1 绝对位置定位

绝对位置定位指令 MoveAbsJ 的编程格式如下。

```
MoveAbsJ [\Conc,] ToJointPoint [\ID] [\NoEOffs], Speed [\V] | [\T], Zone [\Z]
[\Inpos], Tool [\WObj] [\TLoad];
```

指令中的程序数据 TojointPoint、Speed、Zone、Tool，指令添加项\Conc 及数据添加项\ID，\V 或\T，\Z、\Inpos，\WObj、\TLoad 的含义及编程方法可参见前述内容；添加项\NoEOffs

的含义及编程方法如下。

\NoEOffs：取消外部偏移，数据类型为 switch。增加添加项\NoEOffs，可通过系统参数 NoEOffs =1 的设定，取消外部轴的偏移量（见后述内容）。

绝对位置定位指令 MoveAbsJ 的编程示例如下。

```
MoveAbsJ  p1,v1000,fine,grip1;                       //使用系统预定义的数据定位
MoveAbsJ  p2,v500\V:=520,z30\Z:=35,tool1;            //指定 TCP 速度和到位区间
MoveAbsJ  p3,v500\T:=10,fine\Inpos:=inpos20,tool1;  //指定移动时间和到位判定条件
MoveAbsJ\Conc, p4[\NoEOffs],v1000,fine,tool1;        //使用指令添加项
Set do1,on;                                          //连续执行指令
……
```

2. 外部轴绝对位置定位指令

外部轴绝对位置定位指令用于机器人外部轴（基座、工装）的单独定位，以绝对位置的形式指定外部轴的位置。

外部轴绝对位置定位如图 4.2-2 所示，移动指令目标位置是以运动轴绝对原点为基准的唯一位置，同样不受机器人坐标系、工具坐标系、工件坐标系的影响。在进行外部轴绝对位置定位时，机器人的 TCP 相对于基座无运动，因此，不需要考虑工具、负载等参数的影响，指令不需要指定工具数据、工件数据。

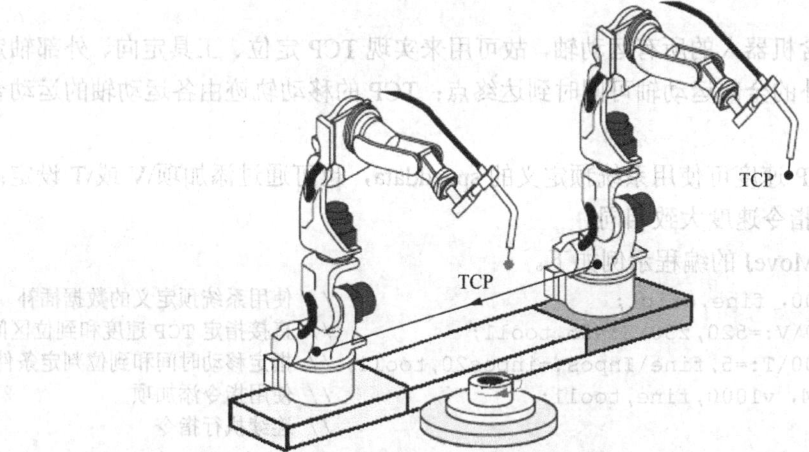

图 4.2-2　外部轴绝对位置定位

外部轴绝对位置定位指令 MoveExtJ 的 RAPID 编程格式如下。

```
MoveExtJ [\Conc,] ToJointPoint [\ID] [\UseEOffs],Speed [\T],Zone [\Inpos];
```

指令中的程序数据 TojointPoint、Speed、Zone，指令添加项\Conc 及数据添加项\ID，\T，\Inpos 的含义及编程方法可参见前述内容，特殊添加项\UseEOffs 的含义及编程方法如下。

\UseEOffs：外部轴偏移，数据类型为 switch。增加添加项\UseEOffs，可通过函数指令 EOffsSet 所设定的外部轴偏移量来改变目标位置（见后述内容）。

指令的编程示例如下。

```
VAR extjoint eax_ap4 := [100, 0, 0, 0, 0, 0] ;  // 定义外部轴偏移量 eax_ap4
……
```

```
MoveExtJ  p1,vrot10,z30;                        // 使用系统预定义的数据定位
MoveExtJ  p2,vrot10\T:=10,fine\Inpos:=inpos20; // 指定移动时间和到位判定条件
MoveExtJ\Conc, p3,vrot10,fine;                  // 使用指令添加项
Set do1,on;                                    // 连续执行指令
……
EOffsSet eax_ap4 ;                             // 生效外部轴偏移量 eax_ap4
MoveExtJ, p4\UseEOffs,vrot10,fine;             // 使用外部轴偏移改变目标位置
……
```

4.2.3 机器人 TCP 插补指令

机器人 TCP 插补指令可以按要求的移动轨迹，使机器人 TCP 移动到指定目标位置。RAPID 插补指令包括关节插补指令、直线插补指令和圆弧插补指令 3 种，这 3 种指令的功能及编程格式、要求分别如下。

1. 关节插补指令

关节插补指令又被称为关节运动指令，其编程格式如下。

```
MoveJ  [\Conc,]  ToPoint[\ID],Speed[\V]|[\T],Zone[\Z][\Inpos],Tool[\WObj]
[\TLoad];
```

在执行关节插补指令时，机器人将以执行指令时的 TCP 位置作为起点、以指令指定的 TCP 目标位置为终点进行关节插补运动。程序数据及添加项的含义及编程方法可参见前述内容。

关节插补可包含机器人的所有运动轴，故可用来实现 TCP 定位、工具定向、外部轴定位等运动；参与插补的全部运动轴可同时到达终点；TCP 的移动轨迹由各运动轴的运动合成，通常不是直线。

关节插补的 TCP 速度可使用系统预定义的 speeddata，也可通过添加项\V 或\T 设定；实际的 TCP 速度与指令速度大致相同。

关节插补指令 MoveJ 的编程示例如下。

```
MoveJ  p1,v1000, fine,grip1;                          // 使用系统预定义的数据插补
MoveJ  p2,v500\V:=520,z30\Z:=35,tool1;                // 直接指定 TCP 速度和到位区间
MoveJ  p3,v1000\T:=5,fine\Inpos:=inpos20,tool1; // 指定移动时间和到位判定条件
MoveJ\Conc, p4, v1000,fine,tool1;                     // 使用指令添加项
Set do1,on;                                           // 连续执行指令
……
MoveJ p5,v1000,fine,grip2\WObj:=fixture;              // 使用工件数据
……
```

2. 直线插补指令

直线插补指令又被称为直线运动指令，目标位置为 TCP 位置。直线插补不仅可保证全部运动轴同时到达终点，且 TCP 的移动轨迹为连接起点和终点的直线，如图 4.2-3 所示。

直线插补指令的编程格式如下。

```
MoveL [\Conc,] ToPoint[\ID],Speed[\V]|[\T],Zone[\Z]  [\Inpos],Tool[\WObj]
[\Corr] [\TLoad];
```

指令中的程序数据及添加项的含义及编程方法可参见前述内容，添加项\Corr 的含义及编程方法如下。

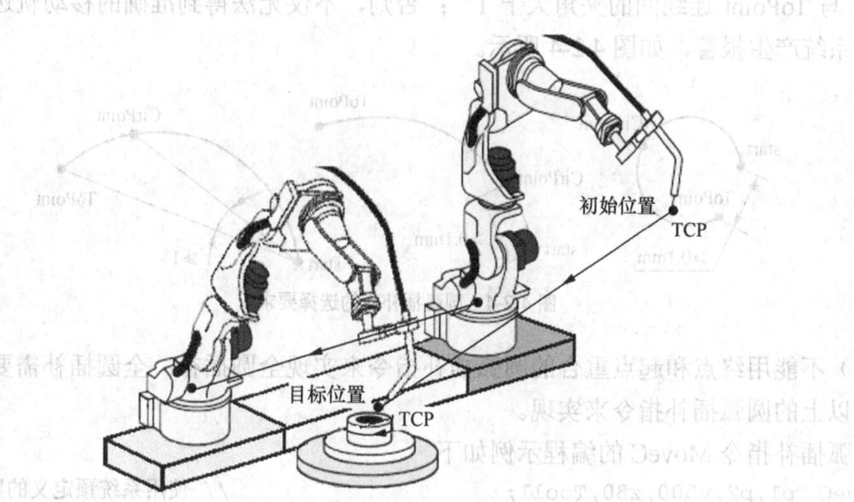

图 4.2-3　直线插补指令 TCP 的移动轨迹

\Corr：轨迹校准，数据类型为 switch。添加项用于带轨迹校准器的智能机器人（见第 7 章内容），在增加添加项\Corr 后，机器人控制系统可通过轨迹校准器自动调整移动轨迹。

直线插补指令 MoveL 与关节插补指令 MoveJ 的编程方法相同，示例如下。

```
MoveL  p1,v500,z30,Tool1;                         // 使用系统预定义的数据插补
Move   p2,v1000\T:=5,fine\Inpos:=inpos20,tool1;   // 使用数据添加项
MoveL\Conc, p3,v1000,fine,tool1;                  // 使用指令添加项
Set do1,on;                                       // 连续执行指令
……
MoveL  p4,v500,z30,Tool1 [\Corr];                 // 使用移动轨迹修整功能
MoveL RelTool(p3,0,0,100\Rx:=0\ Ry:=0\ Rz:=90),v300,fine\Inpos:=inpos20,
Tool1;
                                                  // 使用函数命令
MoveL Offs(p3,0,0,100),v300,fine\Inpos:=inpos20,grip2\WObj:=fixture;
                                                  // 使用函数命令
```

3. 圆弧插补指令

圆弧插补指令又被称为圆周运动指令，它可使机器人的 TCP 按指定的移动速度，沿指定的圆弧轨迹，从当前位置移动到目标位置。需要通过起点（当前位置）、中间点（CirPoint）和终点（目标位置）3 点定义圆弧，圆弧插补指令 MoveC 的编程格式如下。

```
MoveC [\Conc,] CirPoint,ToPoint [\ID],Speed [\V]|[\T],Zone [\Z] [\Inpos],
Tool [\WObj] [\Corr] [\TLoad];
```

指令中的程序数据及添加项的含义及编程方法可参见前述内容，程序数据 CirPoint 用来指定圆弧的中间点，其含义及编程方法如下。

CirPoint：圆弧中间点 TCP 位置，数据类型为 robtarget。中间点是圆弧上位于起点和终点之间的任意一点，但是为了获得正确的移动轨迹，在编程时需要注意以下几点问题。

（1）为了保证圆弧的准确性，应尽可能地在圆弧的中间位置选取 CirPoint。

（2）在起点（start）、CirPoint、终点（ToPoint）三者间应有足够的距离，如 start 与 ToPoint、start 与 CirPoint 之间的距离均应大于等于 0.1mm。此外，还需要保证 start 与 CirPoint 连线

和 start 与 ToPoint 连线间的夹角大于 1°；否则，不仅无法得到准确的移动轨迹，而且还可能使系统产生报警，如图 4.2-4 所示。

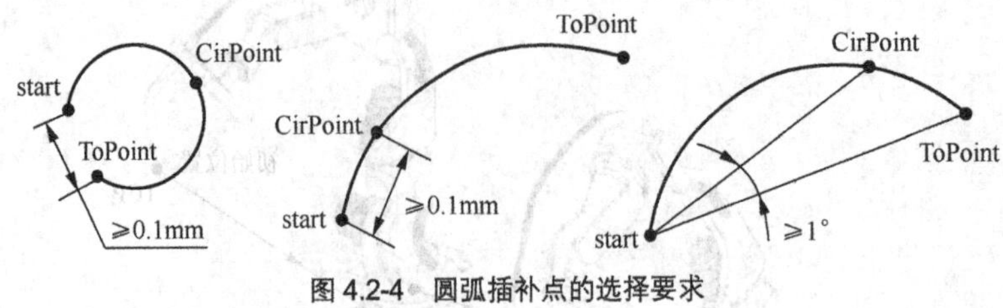

图 4.2-4　圆弧插补点的选择要求

（3）不能用终点和起点重合的圆弧插补指令来实现全圆插补；全圆插补需要通过 2 条或 2 条以上的圆弧插补指令来实现。

圆弧插补指令 MoveC 的编程示例如下。

```
MoveC  p1,p2,v500,z30,Tool1;                          // 使用系统预定义的数据插补
MoveC  p2,p3,v500\V:=550,z30\Z:=35,Tool1;             // 直接指定 TCP 速度和到位区间
MoveC\Conc, p4,p5,v200,fine\Inpos:=inpos20,tool1;     // 使用指令添加项
Set do1, on;                                          // 连续执行指令
……
```

利用 2 条圆弧插补指令 MoveC 实现全圆插补的程序示例如下。

```
MoveL  p1,v500,fine,Tool1;
MoveC  p2,p3,v500,z20,Tool1;
MoveC  p4,p1,v500,fine,Tool1;
```

在执行以上指令时，首先，TCP 速度为系统预定义速度 v500，并以直线运动的形式移动到 *p*1；然后，按照 *p*1、*p*2、*p*3 所定义的圆弧，移动到 *p*3（第一段圆弧的终点）；接着，按照 *p*3、*p*4、*p*1 所定义的圆弧，移动到 *p*1，使两段圆弧闭合。这样，如果指令中的 *p*1、*p*2、*p*3、*p*4 均位于同一圆弧上，便可得到全圆轨迹，如图 4.2-5（a）所示；否则，将得到两段闭合圆弧（非全圆），如图 4.2-5（b）所示。

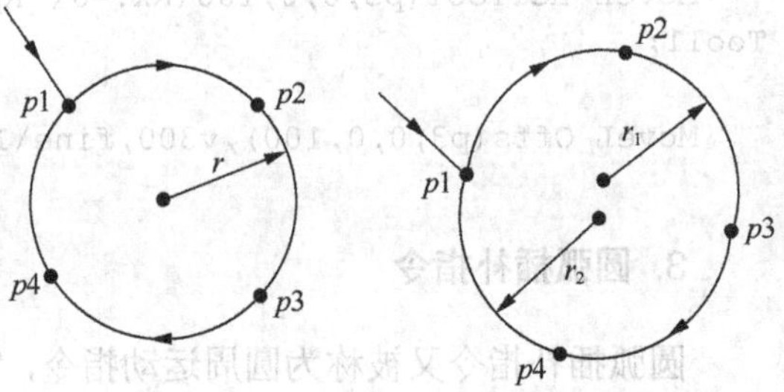

（a）全圆　　（b）非全圆

图 4.2-5　全圆插补指令的轨迹

4.2.4　调用子程序插补指令

1. 指令及编程格式

RAPID 插补指令可附加子程序调用功能。对于普通程序（PROC）的调用，可在关节插补指令、直线插补指令、圆弧插补指令的移动指令目标位置进行；可直接通过使用后缀为 Sync 的移动指令 MoveJSync、MoveLSync、MoveCSync 来实现这一功能。如果需要在关节插补轨迹、直线插补轨迹、圆弧插补轨迹的其他位置调用子程序，则需要使用 RAPID 中断功能，通过带 I/O 控制功能的插补指令 TriggJ、TriggL、TriggC 来实现（见后述内容）。

RAPID 调用普通子程序插补指令的名称及编程格式如表 4.2-2 所示。

表 4.2-2 调用普通子程序插补指令的名称及编程格式

名称	编程格式与示例		
关节插补指令调用子程序	MoveJSync	程序数据	ToPoint，Speed，Zone，Tool，ProcName
		指令添加项	—
		数据添加项	\ID，\T，\WObj，\TLoad
	编程示例	MoveJSync p1, v500, z30, tool2, "proc1" ;	
直线插补指令调用子程序	MoveLSync	程序数据	ToPoint，Speed，Zone，Tool，ProcName
		指令添加项	—
		数据添加项	\ID，\T，\WObj，\TLoad
	编程示例	MoveLSync p1, v500, z30, tool2, "proc1" ;	
圆弧插补指令调用子程序	MoveCSync	程序数据	CirPoint，ToPoint，Speed，Zone，Tool，ProcName
		指令添加项	—
		数据添加项	\ID，\T，\WObj，\TLoad
	编程示例	MoveCSync p1, p2, v500, z30, tool2, "proc1" ;	

MoveJSync、MoveLSync、MoveCSync 的普通子程序调用在移动指令目标位置处进行，对于不经过目标位置的连续移动指令，其程序的调用将在拐角抛物线的中间点处进行。

2. 编程说明

MoveJSync、MoveLSync、MoveCSync 的编程方法与 MoveJ、MoveL、MoveC 类似，但可使用的添加项较少，指令的编程格式如下。

```
MoveJSync ToPoint [\ID],Speed [\T],Zone,Tool [\WObj],ProcName[\TLoad];
MoveLSync ToPoint [\ID],Speed [\T],Zone,Tool [\WObj],ProcName[\TLoad];
MoveCSync CirPoint,ToPoint[\ID],Speed[\T],Zone,Tool[\WObj],ProcName[\TLoad];
```

MoveJSync、MoveLSync、MoveCSync 中的程序数据及添加项的含义、编程要求与 MoveJ、MoveL、MoveC 相同。程序数据 ProcName 为需要调用的普通程序名称，其数据类型为 string。

MoveJSync、MoveLSync、MoveCSync 的编程示例如下。

```
MoveJSync p1, v800, z30, tool2, "proc1";    // 关节插补终点 p1 调用程序 proc1
Set do1,on;                                 // 非连续移动
……
MoveLSync p2, v500, z30, tool2, "proc2" ;  // 直线插补拐角抛物线中间点 p2 调用程序 proc2
MoveL p3, v500, z30, tool2 ;                // 连续移动
MoveCSync p4, p5, v500, z30, tool2, "proc3" ;  // 圆弧插补终点 p5 调用程序 proc3
Set do1,off;                                // 非连续移动
……
```

4.3 速度与姿态控制指令编程

4.3.1 速度控制指令

1. 指令及编程格式

移动速度及加速度是机器人运动的基本要素。为了方便操作、提高作业可靠性，在RAPID 程序中，可通过速度控制指令，对程序中的移动速度的速度倍率、最大值进行设定和限制。

RAPID 速度控制指令的说明如表 4.3-1 所示，在指令 VelSet、SpeedLimAxis、SpeedLimCheckPoint 同时编程时，三者的最小值有效。

表 4.3-1 RAPID 速度控制指令的说明

名称	编程格式与示例		
速度设定	VelSet	编程格式	VelSet Override，Max；
		程序数据	Override：速度倍率（单位为%），数据类型为 num。 Max：最大速度（单位为 mm/s），数据类型为 num
	功能说明	移动速度的速度倍率、最大速度设定	
	编程示例	VelSet 50，800；	
速度倍率调整	SpeedRefresh	编程格式	SpeedRefresh Override；
		程序数据	Override：速度倍率（单位为%），数据类型为 num
	功能说明	调整移动速度的速度倍率	
	编程示例	SpeedRefresh speed_ov1；	
轴速度限制	SpeedLimAxis	编程格式	SpeedLimAxis MechUnit，AxisNo，AxisSpeed；
		程序数据	MechUnit：机械单元名称，数据类型为 mecunit AxisNo：轴序号，数据类型为 num AxisSpeed：速度限制值，数据类型为 num
	功能说明	限制指定机械单元、指定运动轴的最大移动速度	
	编程示例	SpeedLimAxis ROB_1, 1, 10；	
检查点速度限制	SpeedLimCheckPoint	编程格式	SpeedLimCheckPoint RobSpeed；
		程序数据	RobSpeed：速度限制值，数据类型为 num
	功能说明	限制机器人 4 个检查点的最大移动速度	
	编程示例	SpeedLimCheckPoint Lim_ speed1；	

2. 速度设定指令和速度倍率调整指令

RAPID 速度设定指令 VelSet 用来设定移动速度的速度倍率，设定关节插补、直线插补、圆弧插补的最大 TCP 速度。

速度倍率（Override）对全部移动指令、所有形式指定的移动速度均有效，但它不能改变在机器人作业数据中规定的移动速度，如焊接数据（welddata）规定的焊接速度等。速度倍率一经被设定，运动轴的实际移动速度为指令值和速度倍率的乘积。

最大 TCP 速度 Max 仅对以 TCP 为控制对象的关节插补指令、直线插补指令和圆弧插补指令有效，但不能改变绝对位置定位速度和外部轴绝对位置定位速度；而且不能改变添加项\T 指定的速度。

RAPID 速度设定指令 VelSet 的编程示例如下。

```
VelSet 50,800;                          //指定速度倍率为 50%、最大插补速度为 800mm/s
MoveJ  *,v1000,z20,tool1;               //速度倍率有效，实际速度值为 500
MoveL  *,v2000,z20,tool1;               //速度限制有效，实际速度值为 800
MoveL  *,v2000\V:=2400,z10,tool1;       //速度限制有效，实际速度值为 800
MoveAbsJ  *,v2000,fine,grip1;           //速度倍率有效、速度限制无效，实际速度值为 1000
MoveExtJ  j1,v2000,z20;                 //速度倍率有效、速度限制无效，实际速度值为 1000
MoveL  *,v1000\T:=5,z20,tool1;          //速度倍率有效，实际移动时间为 10s
MoveL  *,v2000\T:=6,z20,tool1;          //速度倍率有效、速度限制无效，实际移动时间为 12s
......
```

速度倍率调整指令 SpeedRefresh 可用速度倍率的形式调整移动指令的速度，被允许的速度倍率调整范围为 0～100%，指令的编程示例如下。

```
VAR num speed_ov1 := 50;                // 定义速度倍率 speed_ov1 为 50%
MoveJ  *,v1000,z20,tool1;               // 移动速度值为 1000
MoveL  *,v2000,z20,tool1;               // 移动速度值为 2000
SpeedRefresh speed_ov1 ;                // 速度倍率更新为 speed_ov1（50%）
MoveJ  *,v1000,z20,tool1;               // 速度倍率 speed_ov1 有效，实际速度值为 500
MoveL  *,v2000,z20,tool1;               // 速度倍率 speed_ov1 有效，实际速度值为 1000
......
```

3. 轴速度限制指令

轴速度限制指令 SpeedLimAxis 用来设定指定机械单元、指定运动轴的最大移动速度，指令在系统 DI 信号 LimitSpeed 的状态为“1”时生效。在指令生效时，如指定运动轴的实际移动速度超过了速度限制值，控制系统将自动减速至指令所规定的速度限制值。对于插补运动，只要其中有一个运动轴的速度被限制，参与插补运动的其他运动轴的移动速度也将按照同样的比例降低，以保证插补轨迹不变。

程序数据 MechUnit 用来选择机械单元；程序数据 AxisNo 用来选择轴，对于 6 轴垂直串联机器人的 j1，j2，…，j6 的序号依次为 1，2，…，6；AxisSpeed 为速度限制值，关节轴或外部回转轴的速度单位为°/s；直线轴的速度单位为 mm/s。

轴速度限制指令 SpeedLimAxis 的编程示例如下。

```
SpeedLimAxis ROB_1, 1, 10;
SpeedLimAxis ROB_1, 2, 15;
SpeedLimAxis ROB_1, 3, 15;
SpeedLimAxis ROB_1, 4, 30;
```

```
SpeedLimAxis ROB_1, 5, 30;
SpeedLimAxis ROB_1, 6, 30;
SpeedLimAxis STN_1, 1, 20;
SpeedLimAxis STN_1, 2, 25;
……
```

当系统 DI 信号 LimitSpeed 的状态为“1”时，机器人 ROB_1 的 j1 的最大移动速度限制为 10°/s，j2 和 j3 的最大移动速度限制为 15°/s，j4、j5、j6 的最大移动速度限制为 30°/s；变位器 STN_1 的 e1 轴的最大移动速度限制为 20°/s，e2 轴的最大移动速度限制为 25°/s。

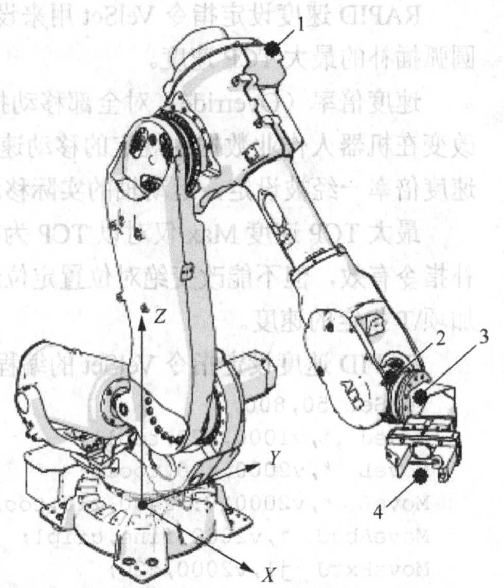

1—上臂端点 2—手腕中心点（WCP）
3—工具参考点（TRP） 4—TCP
图 4.3-1 机器人的速度检查点

4. 检查点速度限制指令

检查点速度限制指令 SpeedLimCheckPoint 用来规定机器人的 4 个检查点的最大移动速度，若 4 个检查点中的任意 1 个检查点的移动速度超过指令所设定的速度限制值，相关运动轴的移动速度都将被自动限制在指令所设定的速度上，如图 4.3-1 所示。SpeedLimCheckPoint 同样只有在系统 DI 信号 LimitSpeed 的状态为“1”时才生效。程序数据 RobSpeed 用来定义检查点的速度限制值，单位为 mm/s。

检查点速度限制指令 SpeedLimCheckPoint 的编程示例如下。

```
MoveJ p1,v1000,z20,tool1;
……
VAR num Lim_ speed := 200;
                // 设定检查点速度限制值为 200mm/s
SpeedLimCheckPoint  Lim_ speed;
                    // 生效检查点速度限制值
MoveJ p2,v1000,z20,tool1;
                      // 检查点速度限制值为 200mm/s
……
```

4.3.2 加速度控制指令

1. 指令及编程格式

工业机器人轴的加/减速方式有线性和 S 型（也称钟形或铃形）两种，如图 4.3-2 所示。

线性加/减速方式的加速度（Acc）为定值，加/减速时的速度如图 4.3-2（a）所示，呈线性变化，它在加/减速开始区、结束区存在较大机械冲击，故不宜用于高速运动。

S 型加/减速方式是加速度变化率 d*a*/d*t*（Ramp）保持恒定的加/减速方式，加/减速时的加速度、速度如图 4.3-2（b）所示，分别呈线性变化、S 型曲线变化，其加/减速平稳、机械冲击小。

ABB 机器人采用的 S 型加/减速方式，其加速度、加速度变化率及 TCP 加速度等，均可通过 RAPID 程序中的加速度设定、加速度限制指令进行规定。

RAPID 加速度控制指令属于模态指令，加速度倍率、加速度变化率倍率、加速度限制值一经被设定，对后续的全部移动指令都将有效，直至利用新的指令重新设定或进行恢复系统默认值的操作。

RAPID 加速度控制指令的名称及编程格式如表 4.3-2 所示。加速度设定指令 AccSet、加速度限制指令 PathAccLim、大地坐标系加速度限制指令 WorldAccLim 在程序中同时编程时，实际加速度将自动取三者中的最小值。

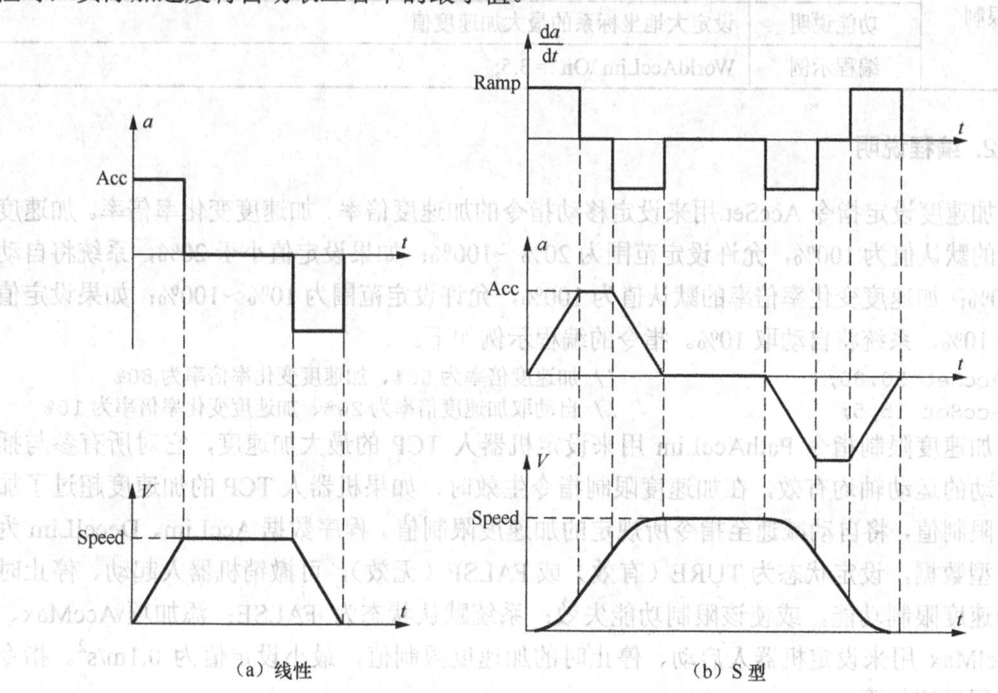

（a）线性　　（b）S 型

图 4.3-2　工业机器人轴的加/减速方式

表 4.3-2　RAPID 加速度控制指令的名称及编程格式

名称		编程格式与示例	
加速度设定	AccSet	编程格式	AccSet Acc, Ramp ;
		程序数据	Acc：加速度倍率（单位为%），数据类型为 num。 Ramp：加速度变化率倍率（单位为%），数据类型为 num
	功能说明	设定加速度倍率、加速度变化率倍率	
	编程示例	AccSet 50, 80 ;	
加速度限制	PathAccLim	编程格式	PathAccLim　AccLim [\AccMax], DecelLim [\DecelMax] ;
		程序数据与添加项	AccLim：机器人启动时的加速度限制有/无，数据类型为 bool \AccMax：机器人启动时的加速度限制值（单位为 m/s^2），数据类型为 num DecelLim：机器人停止时的加速度限制有/无，数据类型为 bool \DecelMax：机器人停止时的加速度限制值（单位为 m/s^2），数据类型为 num

续表

<table>
<tr><th>名称</th><th colspan="3">编程格式与示例</th></tr>
<tr><td rowspan="2">加速度限制</td><td>功能说明</td><td colspan="2">设定启动/停止时的最大加速度</td></tr>
<tr><td>编程示例</td><td colspan="2">PathAccLim TRUE \AccMax := 4, TRUE \DecelMax := 4 ;</td></tr>
<tr><td rowspan="4">大地坐标系加速度限制</td><td rowspan="2">WorldAccLim</td><td>编程格式</td><td>WorldAccLim [\On] | [\Off] ;</td></tr>
<tr><td>程序数据与添加项</td><td>\On：设定加速度限制值，数据类型为 num。
\Off：使用最大加速度值，数据类型为 switch</td></tr>
<tr><td>功能说明</td><td colspan="2">设定大地坐标系的最大加速度值</td></tr>
<tr><td>编程示例</td><td colspan="2">WorldAccLim \On := 3.5;</td></tr>
</table>

2. 编程说明

加速度设定指令 AccSet 用来设定移动指令的加速度倍率、加速度变化率倍率。加速度倍率的默认值为 100%，允许设定范围为 20%～100%；如果设定值小于 20%，系统将自动取 20%；加速度变化率倍率的默认值为 100%，允许设定范围为 10%～100%；如果设定值小于 10%，系统将自动取 10%。指令的编程示例如下。

```
AccSet 50,80;                    // 加速度倍率为 50%、加速度变化率倍率为 80%
AccSet 15,5;                     // 自动取加速度倍率为 20%、加速度变化率倍率为 10%
```

加速度限制指令 PathAccLim 用来设定机器人 TCP 的最大加速度，它对所有参与插补运动的运动轴均有效，在加速度限制指令生效时，如果机器人 TCP 的加速度超过了加速度限制值，将自动减速至指令所规定的加速度限制值。程序数据 AccLim、DecelLim 为 bool 型数据，设定状态为 TURE（有效）或 FALSE（无效），可撤销机器人起动、停止时的加速度限制功能，或使该限制功能失效；系统默认状态为 FALSE；添加项\AccMax、\DecelMax 用来设定机器人启动、停止时的加速度限制值，最小设定值为 $0.1m/s^2$。指令的编程示例如下。

```
MoveL p1, v1000, z30, tool0 ;                // TCP 按系统默认加速度移动到 p1 点
PathAccLim TRUE\AccMax := 4, FALSE ;         // 机器人启动时的加速度限制值为 4m/s²
MoveL p2, v1000, z30, tool0 ;                // TCP 以 4m/s² 的加速度启动，并移
动到 p2 点
PathAccLim FALSE, TRUE\DecelMax := 3 ;       // 机器人停止时的加速度限制值为 3m/s²
MoveL p3, v1000, fine, tool0 ;             // TCP 移动到 p3 点，并以 3m/s² 的加速度
停止
PathAccLim FALSE, FALSE ;                  // 撤销机器人启动/停止时的加速度限制功能
……
```

大地坐标系加速度限制指令 WorldAccLim 用来设定 TCP 在大地坐标系上的最大加速度，它包括了机器人运动和基座轴运动；在加速度限制指令生效时，如果机器人 TCP 的加速度超过了加速度限制值，将自动减速至指令所规定的加速度限制值。在指定添加项\On 时，可使大地坐标系加速度限制功能生效，设定加速度限制值；在指定添加项\OFF 时，将撤销大地坐标系加速度限制功能，按照系统最大加速度加速。指令的编程示例如下。

```
VAR robtarget p1 := [[800, -100,750],[1,0,0,0],[0, -2,0,0],[45,9E9,9E9,9E9,
9E9,9E9]] ;
WorldAccLim \On := 3.5 ;          // 大地坐标系加速度限制值为 3.5m/s²
```

```
MoveJ p1, v1000, z30, tool0 ;          // 机器人移动到p1点，加速度不超过3.5m/s²
WorldAccLim \Off ;                     // 撤销大地坐标系加速度限制功能
MoveL p2, v1000, z30, tool0 ;          // 机器人移动到p2点
……
```

4.3.3 姿态控制指令

1. 指令与编程格式

RAPID 程序的机器人和工具姿态控制指令用于以 TCP 位置为移动指令目标位置的关节插补指令、直线插补指令、圆弧插补指令，姿态控制指令的名称及编程格式如表 4.3-3 所示。

表 4.3-3 RAPID 姿态控制指令的名称及编程格式

名称	编程格式与示例		
关节插补姿态控制	ConfJ	编程格式	ConfJ [\On] | [\Off] ;
		指令添加项	\On：姿态控制功能生效，数据类型为 switch。 \Off：撤销姿态控制功能，数据类型为 switch
	功能说明	撤销关节插补的姿态控制功能或使该功能生效	
	编程示例	ConfJ\On ;	
直线插补、圆弧插补姿态控制	ConfL	编程格式	ConfL [\On] | [\Off] ;
		指令添加项	\On：姿态控制功能生效，数据类型为 switch。 \Off：撤销姿态控制功能，数据类型为 switch
	功能说明	撤销直线插补、圆弧插补的姿态控制功能或使该功能生效	
	编程示例	ConfL\On ;	
圆弧插补工具姿态控制	CirPathMode	编程格式	CirPathMode [\PathFrame] | [\ObjectFrame] | [\CirPointOri] | [\Wrist45] | [\Wrist46] | [\Wrist56] ;
		指令添加项	说明见后述内容
	功能说明	选择圆弧插补的工具姿态控制方式	
	编程示例	CirPathMode \ObjectFrame ;	
奇点姿态控制	SingArea	编程格式	SingArea [\Wrist] | [\LockAxis4] | [\Off] ;
		指令添加项	\Wrist：改变工具姿态、避免奇点，数据类型为 switch。 \LockAxis4：锁定 j4、避免奇点，数据类型为 switch。 \Off：撤销奇点姿态控制功能，数据类型为 switch
	功能说明	撤销奇点姿态控制功能或使该功能生效	
	编程示例	SingArea \Wrist;	

2. 插补姿态控制

关节插补姿态控制指令 ConfJ 用来规定关节插补指令 MoveJ 的机器人、工具的姿态；

直线、圆弧插补姿态控制指令 ConfL 用来规定直线插补指令 MoveL 及圆弧插补指令 MoveC 的机器人、工具姿态。指令可通过添加项\ON 或\OFF 来撤销机器人、工具的姿态控制功能或使该功能生效。

当程序通过 ConfJ\ON、ConfL\ON 指令使姿态控制功能生效时，系统可保证到目标位置的机器人、工具姿态与 TCP 位置数据（数据类型为 robtarget）所规定的姿态相同；如果这样的姿态无法实现，程序将在指令执行前自动停止执行。当程序通过 ConfJ\OFF、ConfL\OFF 指令撤销姿态控制功能时，如果系统无法保证 TCP 位置数据所规定的姿态，将自动选择最接近 TCP 位置数据的姿态执行指令。

指令 ConfJ、ConfL 所设定的控制状态，对后续的程序有效，直至利用新的指令重新设定或进行恢复系统默认值（ConfJ\ON、ConfL\ON）的操作，指令的编程示例如下。

```
ConfJ \ On ;                              // 关节插补姿态控制功能生效
ConfL \ On ;                              // 直线、圆弧插补姿态控制功能生效
MoveJ p1, v1000, z30, tool1 ;             // TCP 以关节插补运动移动到 p1 点，并保证姿态一致
MoveL p2, v300, fine, tool1 ;             // TCP 以直线插补运动移动到 p2 点，并保证姿态一致
MoveC p3, p4, v200, z20, Tool1;           // TCP 以圆弧插补运动移动到 p4 点，并保证姿态一致
……
ConfJ \ Off ;                             // 关节插补姿态控制功能撤销
ConfL \ Off ;                             // 直线、圆弧插补姿态控制功能撤销
MoveJ p10, v1000, fine, tool1 ;           // TCP 以最接近的姿态关节插补到 p10 点
……
```

3. 圆弧插补工具姿态控制

在 RAPID 程序中，在进行机器人 TCP 圆弧插补时的工具姿态可通过圆弧插补工具姿态控制指令 CirPathMode 控制。圆弧插补工具姿态控制指令一旦生效，控制系统将根据不同的要求，在圆弧插补运动过程中自动、连续地调整工具的姿态，使工具在圆弧插补运动的起点、中间点、终点的姿态与 TCP 位置数据所规定的姿态一致。

圆弧插补工具姿态控制指令 CirPathMode 对圆弧插补指令 MoveC 及特殊的圆弧插补指令 MoveCDO、MoveCSync、SearchC、TriggC（见后续内容）均有效，指令的编程格式及添加项含义如下。

```
CirPathMode[\PathFrame]|[\ObjectFrame]|[\CirPointOri]|[\Wrist45]|[\Wrist46]|[\Wrist56];
```

\PathFrame：系统默认标准工具姿态控制方式，以轨迹为基准、姿态连续变化。在进行机器人 TCP 圆弧插补时的工具姿态将以图 4.3-3 所示的方式自动调整，即工具沿圆弧的法线，从圆弧起点起，工具姿态连续发生变化，最终变为圆弧终点姿态；控制系统在改变工具姿态的同时，还需要通过机器人的运动，使 WCP 与 TCP 之间的连线在作业面上的投影方向始终为圆弧的法线方向，以保持工具与轨迹（圆弧）的相对关系不变。由于机器人沿圆弧移动时，工具的姿态由系统自动、连续地调整，因此，在圆弧插补指令的中间点 CirPoint 处，工具的姿态可能与程序点规定的姿态有所不同。

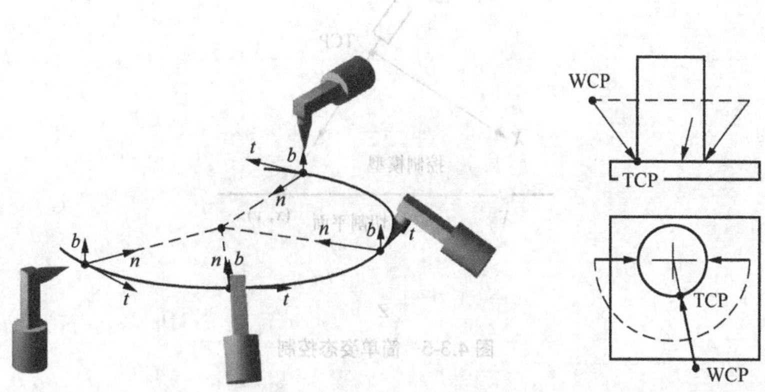

图 4.3-3　标准工具姿态控制

\ObjectFrame：工件坐标系姿态控制方式。以工件为基准、姿态连续发生变化，圆弧插补运动时的工具姿态将以图 4.3-4 所示的方式自动调整，即机器人与工件的相对关系（WCP 与 TCP 之间的连线在作业面上的投影方向）保持不变，工具姿态将沿圆弧的切线，从圆弧起点姿态连续变化为圆弧终点姿态。同样，由于在机器人沿圆弧移动时，工具的姿态由系统自动、连续地调整，因此，在圆弧插补指令的中间点处，工具的姿态可能与程序点规定的姿态有所不同。

\CirPointOri：中间点工具姿态控制方式。中间点工具姿态控制的基本方法与标准工具姿态控制方式相同，但是，工具姿态的变化过程由起点到中间点、中间点到终点两段控制，即工具姿态先从圆弧起点工具姿态连续变化为中间点工具姿态，接着，再从中间点工具姿态连续变化为终点工具姿态；从而保证工具在圆弧中间点、终点的实际姿态都与指令中的程序点规定的姿态一致。在采用中间点工具姿态控制方式时，圆弧插补指令的中间点必须位于圆弧段的 1/4～3/4 区域。

\Wrist45、\Wrist46、\Wrist56：简单姿态控制方式，多用于对工具姿态要求不高的薄板零件切割加工等场合。在采用简单姿态控制方式时，机器人圆弧插补的工具姿态调整只通过 j4/j5（\Wrist45），或 j4/j6（\Wrist46），或 j5/j6（\Wrist56）的运动进行，以使得圆弧插补运动时的工具坐标系 Z 轴在加工平面（切割平面）上的投影方向为圆弧法线方向。例如，在采用\Wrist45 时，工具姿态如图 4.3-5 所示。

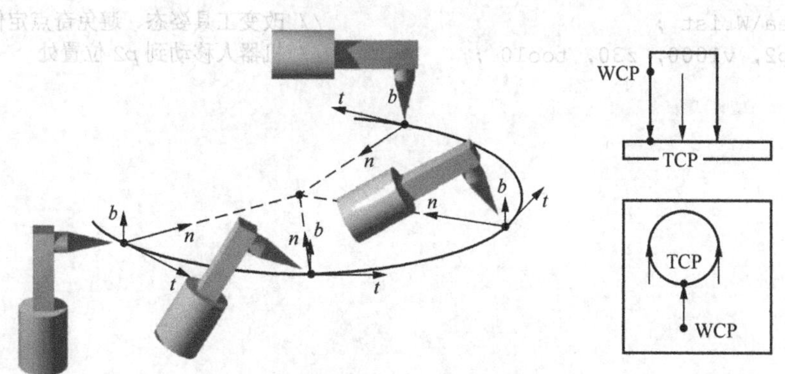

图 4.3-4　工件坐标系姿态控制

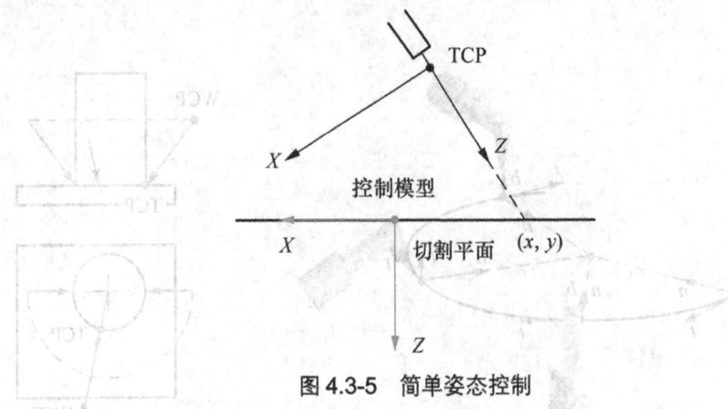

图 4.3-5　简单姿态控制

圆弧插补工具姿态控制指令 CirPathMode 的编程示例如下。

```
CirPathMode \CirPointOri ;                                // 中间点工具姿态控制生效
MoveC  p2, p3, v500, z20, grip2\Wobj:=fixture;  // p2、p3 点的工具姿态与指令规定的姿态一致
```

CirPathMode 所设定的控制状态，对后续的全部圆弧插补指令始终有效，直至利用新的指令重新设定或进行恢复系统默认值（\PathFrame）的操作。

4. 奇点姿态控制

6 轴垂直串联工业机器人的奇点有臂奇点、肘奇点、腕奇点 3 类（参见第 2 章内容）。为了防止奇点的运动失控，在 RAPID 程序中，可通过奇点姿态控制指令 SingArea 来规定机器人的奇点定位方式。奇点姿态控制指令一旦生效，控制系统将通过微调工具姿态、锁定 j4 位置等方式来回避奇点或限定奇点的定位方式，以预防机器人的运动失控。

SingArea 可通过以下添加项来规定奇点的姿态控制方式。

\Off：撤销奇点姿态控制功能，工具姿态调整、j4 位置锁定功能无效。

\Wrist：改变工具姿态、避免奇点定位，同时保证机器人 TCP 移动轨迹与编程规定的移动轨迹一致。

\LockAxis4：将 j4 锁定在 0° 或±180° 位置，以避免奇点的 j1、j4、j6 可能产生的瞬间旋转 180° 的运动，并保证机器人 TCP 的移动轨迹与编程规定的移动轨迹一致。

SingArea 所设定的控制状态对后续的程序均有效，直至利用新的指令重新设定或进行恢复系统默认值（\Off）的操作，指令的编程示例如下。

```
SingArea\Wrist ;                        // 改变工具姿态、避免奇点定位
MoveL p2, v1000, z30, tool0 ;           // 机器人移动到 p2 位置处
```

4.4 程序点调整指令与函数编程

在工业机器人中，关节插补、直线插补、圆弧插补的目标位置（TCP 位置）被称为“程序点”。在 RAPID 程序中，程序点的数据类型为 robtarget，它包含工具控制点的 *XYZ* 坐标（数据类型为 pos）、工具姿态（数据类型为 orient）、机器人姿态（数据类型为 confdata）、外部轴位置（数据类型为 extjoint）等。

在 RAPID 程序中，程序点的位置可通过程序偏移、位置偏置、镜像等方法改变。程序偏移可用来改变程序点的 *XYZ* 坐标、工具姿态、外部轴位置；位置偏置、镜像只能改变程序点的 *XYZ* 坐标，而不能改变工具姿态和外部轴位置。

4.4.1 程序偏移指令与程序偏移设定指令

1. 指令与功能

机器人程序偏移生效指令、机器人程序偏移设定指令可整体改变程序中所有程序点的位置，还有外部轴程序偏移生效指令和外部轴程序偏移设定指令，程序偏移指令的名称及编程格式如表 4.4-1 所示。

表 4.4-1 程序偏移指令的名称及编程格式

名称	编程格式与示例		
机器人程序偏移生效	PDispOn	编程格式	PDispOn [\Rot] [\ExeP,] ProgPoint, Tool [\WObj] ;
		指令添加项	\Rot：工具偏移功能选择，数据类型为 switch。 \ExeP：程序偏移目标位置，数据类型为 robtarget
		程序数据与添加项	ProgPoint：程序偏移参照点，数据类型为 robtarget。 Tool：工具数据，数据类型为 tooldata。 \WObj：工件数据，数据类型为 wobjdata
	功能说明	机器人程序偏移功能生效	
	编程示例	PDispOn\ExeP := p10, p20, tool1 ;	
机器人程序偏移设定	PDispSet	编程格式	PDispSet DispFrame ;
		程序数据	DispFrame：机器人程序偏移量，数据类型为 pose
	功能说明	设定机器人程序偏移量	
	编程示例	PDispSet xp100 ;	
机器人程序偏移撤销	PDispOff	编程格式	PDispOff ;
		程序数据	—
	功能说明	撤销机器人程序偏移功能	
	编程示例	PDispOff ;	

续表

名称	编程格式与示例		
外部轴程序偏移生效	EOffsOn	编程格式	EOffsOn [\ExeP,] ProgPoint ;
		指令添加项	\ExeP：程序偏移目标点，数据类型为 robtarget
		程序数据	ProgPoint：程序偏移参照点，数据类型为 robtarget
	功能说明	外部轴程序偏移功能生效	
	编程示例	EOffsOn \ExeP:=p10, p20 ;	
外部轴程序偏移设定	EOffsSet	编程格式	EOffsSet EAxOffs ;
		程序数据	EaxOffs：外部轴程序偏移量，数据类型为 extjoint
	功能说明	设定外部轴程序偏移量	
	编程示例	EOffsSet eax _p100 ;	
外部轴程序偏移撤销	EOffsOff	编程格式	EOffsOff ;
		程序数据	—
	功能说明	撤销外部轴程序偏移功能	
	编程示例	EOffsOff ;	

机器人程序偏移生效指令、机器人程序偏移设定指令的功能类似于工件坐标系设定，当机器人程序偏移功能生效时，可使所有程序点的 *XYZ* 坐标、工具姿态产生整体偏移；当外部轴程序偏移功能生效时，则可使所有程序点的外部轴位置产生整体偏移。

机器人程序偏移不仅可改变机器人 *XYZ* 位置，如图 4.4-1（a）所示，而且还可添加工具姿态偏移功能，使坐标系产生图 4.4-1（b）所示的旋转。机器人程序偏移通常用来改变机器人的作业区，例如，当机器人需要进行多工件作业时，通过机器人程序偏移指令便可利用同一程序完成作业区 1、作业区 2 内的相同作业。

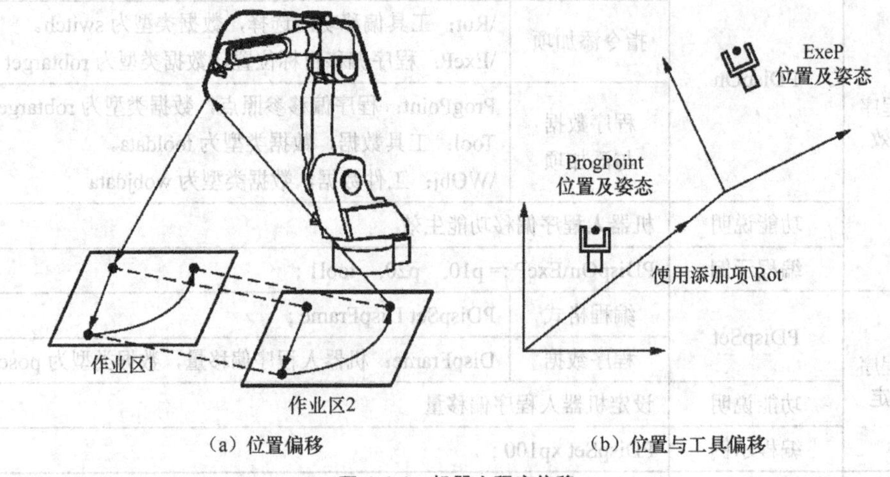

（a）位置偏移　　（b）位置与工具偏移

图 4.4-1　机器人程序偏移

2. 程序偏移生效与撤销

在 RAPID 程序中，机器人、外部轴的程序偏移可分别通过机器人程序偏移生效指令 PDispOn、外部轴程序偏移生效指令 EOffsOn 来实现。

程序偏移生效指令的偏移量可根据指令中的参照点和目标点由系统自动计算生成；程序偏移设定指令可直接定义机器人、外部轴的程序偏移量，不需要指定参照点和目标点。可在程序中同时使用 PDispOn、EOffsOn，所产生的偏移量可自动叠加。

PDispOn、EOffsOn 所产生的程序偏移，可分别通过指令 PDispOff、EOffsOff 撤销，或利用后述的程序偏移量清除函数命令 ORobT 清除；此外，如果在程序中使用了后述的程序偏移设定指令 PDispSet、EoffsSet，也将清除 PDispOn、EOffsOn 指令的程序偏移。

PDispOn、EOffsOn 指令中的添加项、程序数据的作用如下。

\Rot：工具偏移功能选择，数据类型为 switch。增加添加项\Rot 可使机器人在发生 *XYZ* 位置偏移的同时，根据目标位置调整工具姿态。

\ExeP：程序偏移目标位置，数据类型为 robtarget。它用来定义程序偏移参照点 ProgPoint 经程序偏移后的目标位置；如不使用添加项\ExeP，则以当前位置（停止点）为程序偏移目标位置。

ProgPoint：程序偏移参照点，数据类型为 robtarget。参照点是用来计算机器人、外部轴的程序偏移量的基准位置，目标位置与参照点的差值就是程序偏移量。

Tool：工具数据，数据类型为 tooldata。指定程序偏移所对应的工具。

\WObj：工件数据，数据类型为 wobjdata。在增加添加项后，程序数据 ProgPoint、\ExeP 为工件坐标系数据；如果不增加添加项，则为大地坐标系数据。

机器人程序偏移生效/撤销指令的编程示例如下，机器人程序偏移运动的移动轨迹如图 4.4-2 所示。

```
MoveL p0, v500, z10, tool1 ;                        // 无程序偏移运动
MoveL p1, v500, z10, tool1 ;
......
PDispOn\ExeP := p1, p10, tool1 ;                    // 机器人程序偏移生效
MoveL p20, v500, z10, tool1 ;                       // 程序偏移运动
MoveL p30, v500, z10, tool1 ;
PDispOff ;                                          // 机器人程序偏移撤销
MoveL p40, v500, z10, tool1 ;
......
```

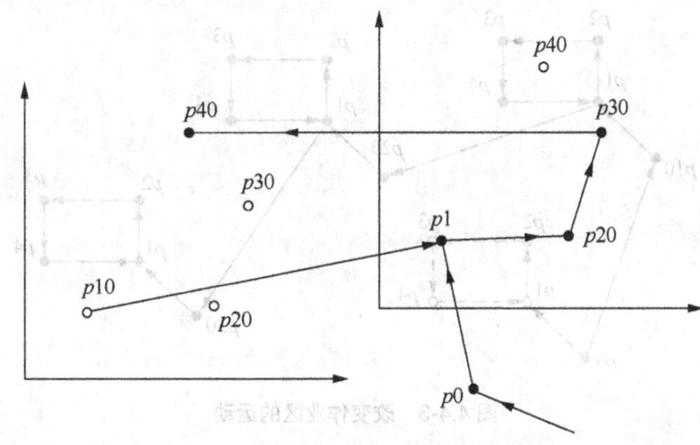

图 4.4-2　机器人程序偏移运动的移动轨迹

外部轴程序偏移指令仅用于已配置外部轴的机器人系统，指令的编程示例如下。

```
MoveL p1, v500, z10, tool1 ;                        // 无程序偏移运动
```

```
EOffsOn \ExeP := p1, p10 ;                    // 外部轴程序偏移生效
MoveL p20, v500, z10, tool1 ;
……
EOffsOff ;                                    // 外部轴程序偏移撤销
```

如果机器人当前位置是以停止点的形式指定的准确位置，则该点可直接作为程序偏移的目标位置，此时，指令中不需要使用添加项\ExeP，示例如下。

```
MoveJ p1, v500, fine \Inpos := inpos50, tool1 ;// 停止点定位
PDispOn p10, tool1 ;                          // 机器人程序偏移运动，目标点 p1
……
MoveJ p2, v500, fine \Inpos := inpos50, tool1 ;// 停止点定位
EOffsOn p20 ;                                 // 外部轴程序偏移运动，目标点 p2
……
```

机器人程序偏移指令还可结合子程序调用使用，使程序的移动轨迹整体偏移，以达到改变作业区的目的。例如，利用以下程序，可实现图 4.4-3 所示的 3 个作业区变换。

```
MoveJ p10, v1000, fine\Inpos := inpos50, tool1 ;// 第 1 偏移目标点定位
draw_square ;                                 // 调用子程序轨迹
MoveJ p20, v1000, fine \Inpos := inpos50, tool1 ;// 第 2 偏移目标点定位
draw_square ;                                   // 调用子程序轨迹
MoveJ p30, v1000, fine \Inpos := inpos50, tool1 ;// 第 3 偏移目标点定位
draw_square ;                                   // 调用子程序轨迹
  ……
!****************************************
  PROC draw_square()
    PDispOn p0, tool1 ;                  // 机器人程序偏移生效，参照点为 p0、目标点为当
前位置
    MoveJ p1, v1000, z10, tool1 ;             // 需要偏移的轨迹
    MoveL p2, v500, z10, tool1 ;
    MoveL p3, v500, z10, tool1 ;
    MoveL p4, v500, z10, tool1 ;
    MoveL p1, v500, z10, tool1 ;
    PDispOff ;                                // 机器人程序偏移撤销
    ENDPROC
!****************************************
```


图 4.4-3 改变作业区的运动

3. 程序偏移设定与撤销

在 RAPID 程序中，机器人和外部轴的程序偏移也可通过机器人程序偏移设定指令、外

部轴程序偏移设定指令来实现。指令 PDispSet、EOffsSet 可直接定义机器人和外部轴的程序偏移量，而不需要利用参照点和目标位置来计算程序偏移量；因此，对于只需要进行坐标轴偏移的作业（如搬运、堆垛等），可利用指令实现位置平移，以简化编程与操作。

PDispSet、EOffsSet 所生成的程序偏移，可分别通过程序偏移撤销指令 PDispOff、EOffsOff 撤销，或利用程序偏移量清除函数命令 ORobT 清除。此外，对于同一程序点，只能利用 PDispSet、EOffsSet 设定一个偏移量，而不能通过指令的重复使用叠加偏移。

机器人程序偏移设定指令、外部轴程序偏移设定指令的程序数据含义如下。

DispFrame：机器人程序偏移量，数据类型为 pose。机器人的程序偏移量需要通过坐标系姿态数据（pose 型数据）定义，坐标系姿态数据中的位置数据项 pos 用来指定坐标系原点的偏移量；方位数据项 orient 用来指定坐标系旋转的四元数，不需要旋转坐标系时，orient 为[1，0，0，0]。

EAxOffs：外部轴程序偏移量，数据类型为 extjoint。直线轴程序偏移量的单位为 mm，回转轴程序偏移量的单位为°。

对于图 4.4-4 所示的简单程序偏移运动，机器人程序偏移设定/撤销指令的编程示例如下。

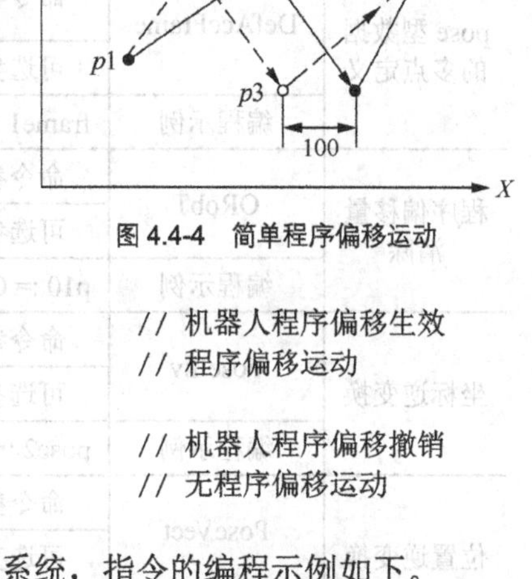

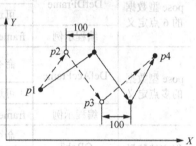

图 4.4-4　简单程序偏移运动

```
VAR pose xp100 := [ [100, 0, 0], [1, 0, 0, 0] ] ;
        // 定义程序偏移量 X+100
MoveJ p1, v1000, z10, tool1 ; // 无偏移运动
……
PDispSet xp100 ;                                    // 机器人程序偏移生效
MoveL p2, v500, z10, tool1 ;                        // 程序偏移运动
MoveL p3, v500, z10, tool1 ;
PDispOff ;                                          // 机器人程序偏移撤销
MoveJ p4, v1000, z10, tool1 ;                       // 无程序偏移运动
……
```

外部轴程序偏移设定仅用于已配置外部轴的机器人系统，指令的编程示例如下。

```
VAR extjoint eax_p100 := [100, 0, 0, 0, 0, 0] ;    // 定义外部轴偏移量 e1+100
MoveJ p1, v1000, z10, tool1 ;                       // 无程序偏移运动
……
EOffsSet eax_p100 ;                                 // 外部轴程序偏移生效
MoveL p2, v500, z10, tool1 ;                        // 程序偏移运动
EOffsOff ;                                          // 程序偏移撤销
MoveJ p3, v1000, z10, tool1 ;                       // 无程序偏移运动
……
```

4.4.2 程序偏移与坐标变换函数命令

1. 命令与功能

在利用机器人程序偏移设定指令、外部轴程序偏移设定指令 PDispSet、EOffsSet 进行程序偏移时，需要在指令中用坐标系姿态数据 pose 定义程序偏移量，由于坐标系姿态数据包含 *XYZ* 位置数据 pos 和方位型数据 orient，因此，它实际上是一种坐标系变换功能。

坐标系姿态数据的计算较复杂，因此，在实际编程时，一般需要通过执行 RAPID 偏移

量计算函数命令，由系统进行自动计算和生成。此外，指令 PDispOn、EOffsOn 及 PDispSet、EOffsSet 所指定的程序偏移量，也可通过利用 RAPID 程序偏移量清除函数命令 ORobT 清除。

RAPID 程序偏移与坐标变换函数命令的名称与编程格式如表 4.4-2 所示，不同函数命令的参数含义及编程要求如下。

表 4.4-2　程序偏移与坐标变换函数命令的名称及编程格式

名称	编程格式与示例		
pose 型数据的 3 点定义	DefFrame	命令参数	NewP1，NewP2，NewP3
		可选参数	\Origin
	编程示例	frame1 := DefFrame (p1, p2, p3) ;	
pose 型数据的 6 点定义	DefDFrame	命令参数	OldP1，OldP2，OldP3，NewP1，NewP2，NewP3
		可选参数	—
	编程示例	frame1 := DefDFrame (p1, p2, p3, p4, p5, p6) ;	
pose 型数据的多点定义	DefAccFrame	命令参数	argetListOne，TargetListTwo，TargetsInList，MaxErrMeanErr
		可选参数	—
	编程示例	frame1 := DefAccFrame (pCAD, pWCS, 5, max_err, mean_err) ;	
程序偏移量清除	ORobT	命令参数	OrgPoint
		可选参数	\InPDisp | \InEOffs
	编程示例	p10 := ORobT(p10\InEOffs) ;	
坐标逆变换	PoseInv	命令参数	Pose
		可选参数	—
	编程示例	pose2 := PoseInv(pose1) ;	
位置逆变换	PoseVect	命令参数	Pose，Pos
		可选参数	—
	编程示例	pos2:= PoseVect(pose1, pos1) ;	
坐标双重变换	PoseMult	命令参数	Pose1，Pose2
		可选参数	—
	编程示例	pose3 := PoseMult(pose1, pose2) ;	

2. pose 型数据的 3 点定义

利用 pose 型数据的 3 点定义函数命令 DefFrame 可通过 3 个基准点，在命令执行结果中获得从当前坐标系变换为目标坐标系的姿态数据 pose。命令的编程格式及命令参数要求如下。

```
DefFrame (NewP1, NewP2, NewP3 [\Origin])
```

NewP1～NewP3：确定目标坐标系的 3 个基准点，数据类型为 robtarget。

\Origin：目标坐标系的原点位置，数据类型为 num，设定值的含义如下。

（1）未指定或\Origin=1

利用 3 点法定义的目标坐标系如图 4.4-5 所示。参数 NewP1 为坐标系原点；NewP2 为 +*X* 轴上的 1 个点；NewP3 为 *XY* 平面+*Y* 方向上的 1 个点；+*Z* 轴方向由右手定则决定。

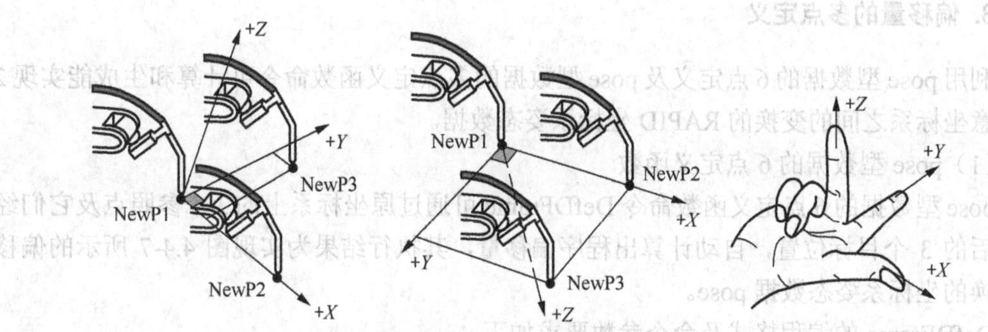

图 4.4-5 \Origin=1 或未指定时的坐标变换

（2）\Origin=2

利用 3 点法定义的目标坐标系如图 4.4-6（a）所示。参数 NewP2 为坐标系原点；NewP1 为–*X* 轴上的 1 个点；NewP3 为 *XY* 平面上的+*Y* 方向上的 1 个点；+*Z* 轴方向由右手定则决定。

（3）\Origin=3

利用 3 点法定义的目标坐标系如图 4.4-6（b）所示。参数 NewP1、NewP2 的矢量为+*X* 轴方向；NewP3 为+*Y* 轴上的 1 个点，NewP3 与 NewP1、NewP2 之间的连线的垂足为坐标系原点；+*Z* 轴方向由右手定则决定。

DefFrame 所生成的坐标系姿态数据可直接用于机器人程序偏移设定指令 PDispSet，可通过 PDispOff 撤销程序偏移量，命令的编程示例如下。

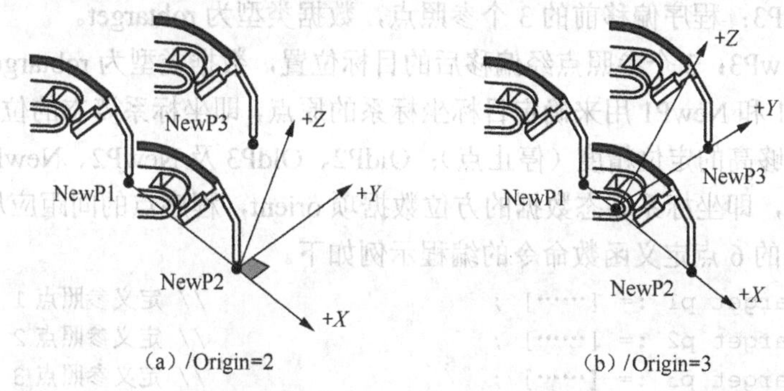

图 4.4-6 /Origin=2 或 3 时的坐标变换

```
CONST robtarget p1 := [……] ;                    // 定义 NewP1
CONST robtarget p2 := [……] ;                    // 定义 NewP2
CONST robtarget p3 := [……] ;                    // 定义 NewP3
VAR pose frame1 ;                               // 定义程序数据
……
frame1 := DefFrame (p1, p2, p3) ;               // 计算坐标变换数据
PDispSet frame1 ;                               // 机器人程序偏移设
定指令生效
MoveL p2, v500, z10, tool1 ;                    // 偏移运动
……
PDispOff ;                                      // 机器人程序偏移撤销
……
```

3. 偏移量的多点定义

利用 pose 型数据的 6 点定义及 pose 型数据的多点定义函数命令可计算和生成能实现 2 个任意坐标系之间的变换的 RAPID 坐标系姿态数据。

（1）pose 型数据的 6 点定义函数

pose 型数据的 6 点定义函数命令 DefDFrame 可通过原坐标系上的 3 个参照点及它们经偏移后的 3 个目标位置，自动计算出程序偏移量，其执行结果为实现图 4.4-7 所示的偏移和变换的坐标系姿态数据 pose。

DefDFrame 的编程格式及命令参数要求如下。

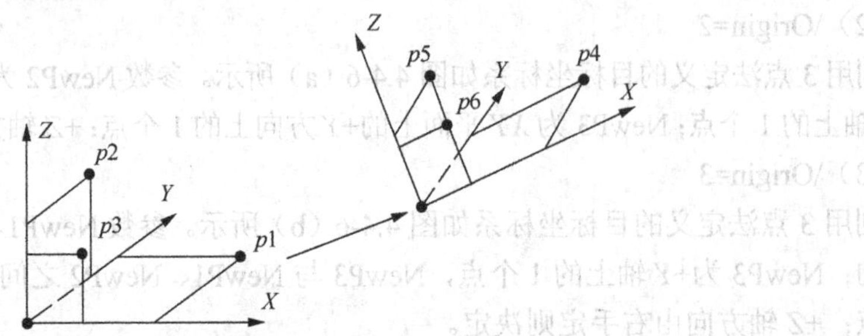

图 4.4-7　pose 型数据的 6 点定义函数命令的执行结果

```
DefDFrame (OldP1, OldP2, OldP3, NewP1, NewP2, NewP3)
```

OldP1～OldP3：程序偏移前的 3 个参照点，数据类型为 robtarget。

NewP1～NewP3：3 个参照点经偏移后的目标位置，数据类型为 robtarget。

其中，OldP1 和 NewP1 用来确定目标坐标系的原点，即坐标系姿态的位置数据项 pos，因此，需要有足够高的定位精度（停止点）；OldP2、OldP3 及 NewP2、NewP3 用来确定目标坐标系的方向，即坐标系姿态数据的方位数据项 orient，程序点的间距应尽可能大。

pose 型数据的 6 点定义函数命令的编程示例如下。

```
CONST robtarget p1 := [……] ;                    // 定义参照点 1
CONST robtarget p2 := [……] ;                    // 定义参照点 2
CONST robtarget p3 := [……] ;                    // 定义参照点 3
VAR robtarget p4 := [……] ;                      // 定义目标位置 1
VAR robtarget p5 := [……] ;                      // 定义目标位置 2
VAR robtarget p6 := [……] ;                      // 定义目标位置 3
VAR pose frame1 ;                               // 定义程序偏移量
……
frame1 := DefDframe (p1, p2, p3, p4, p5, p6) ; // 程序偏移量计算
PDispSet frame1 ;                               // 机器人程序偏移生效
MoveL p2, v500, z10, tool1 ;                  // 程序偏移运动
……
PDispOff ;                                    // 机器人程序偏移撤销
```

（2）pose 型数据的多点定义函数

pose 型数据的多点定义函数命令 DefAccFrame 可通过原坐标系上的 3～10 个参照点及它们经偏移后的目标位置，自动计算程序偏移量，其执行结果同样为坐标系姿态数据。

由于 DefAccFrame 的取样点较多，因此所得到的计算值比利用 DefDFrame 得到的计算值更准确。

DefAccFrame 的编程格式及命令参数要求如下。

```
DefAccFrame (TargetListOne, TargetListTwo, TargetsInList, MaxErr, MeanErr)
```

TargetListOne：以数组形式定义的程序偏移前的 3～10 个参照点，数据类型为 robtarget。

TargetListTwo：以数组形式定义的 3～10 个参照点经偏移后的目标位置，数据类型为 robtarget。

TargetsInList：数组所含的数据数量，数据类型为 num，允许值为 3～10 个。

MaxErr：最大误差值，数据类型为 num，单位为 mm。

MeanErr：平均误差值，数据类型为 num，单位为 mm。

DefAccFrame 的编程示例如下。

```
CONST robtarget p1 := [……] ;                          // 定义参照点 1
……
CONST robtarget p5 := [……] ;                          // 定义参照点 5
VAR robtarget p6 := [……] ;                            // 定义目标位置 1
……
VAR robtarget p10 := [……] ;                           // 定义目标位置 5
VAR robtarget pCAD{5} ;                               // 定义参照点数组
VAR robtarget pWCS{5} ;                               // 定义目标位置数组
VAR pose frame1 ;                                     // 定义程序偏移量
VAR num max_err ;                                     // 定义最大误差量
VAR num mean_err ;                                    // 定义平均误差量
pCAD{1} :=p1 ;                                        // 为参照点数组{1}赋值
……
pCAD{5}:=p5 ;                                         // 为参照点数组{5}赋值
pWCS{1}:=p6 ;                                         // 为目标位置数组{1}赋值
……
pWCS{5}:=p10 ;                                        // 为目标位置数组{5}赋值
frame1 := DefAccFrame (pCAD, pWCS, 5, max_err, mean_err) ;// 程序偏移量计算
PDispSet frame1 ;                                     // 程序偏移生效
MoveL p2, v500, z10, tool1 ;                          // 程序偏移运动
……
PDispOff ;                                            // 程序偏移撤销
```

4. 程序偏移量清除

RAPID 程序偏移量清除函数命令 ORobT 可用来清除执行 PDispOn、PDispSet 所生成的机器人程序偏移量及执行 EOffsOn、EOffsSet 所生成的外部轴程序偏移量；命令的执行结果为程序偏移量清除后的 TCP 位置数据 robtarget。

程序偏移量清除函数命令 ORobT 的编程格式及命令参数要求如下。

```
ORobT (OrgPoint [\InPDisp] | [\InEOffs])
```

OrgPoint：需要清除程序偏移量的程序点，数据类型为 robtarget。

\InPDisp 或\InEOffs：需要保留的程序偏移量，数据类型为 switch。在不指定添加项时，命令将同时清除执行 PDispOn 生成的机器人程序偏移量和执行 EOffsOn 生成的外部轴程序

偏移量；如果选择添加项\InPDisp，执行结果将保留执行 PDispOn 生成的机器人程序偏移量；如果选择添加项\InEOffs，执行结果将保留执行 EOffsOn 生成的外部轴程序偏移量。

程序偏移量清除函数命令 ORobT 的编程示例如下。

```
VAR robtarget p10 ;                         // 定义程序数据
VAR robtarget p11 ;
VAR robtarget p12 ;
……
p10 := ORobT(p1) ;                          // p10 为无程序偏移的 p1 位置
p11 := ORobT(p1 \InPDisp) ;                 // p11 为保留机器人程序偏移的 p1 位置
p12 := ORobT(p1 \InEOffs) ;                 // p12 为保留外部轴程序偏移的 p1 位置
……
```

5. 坐标逆变换与位置逆变换

（1）坐标逆变换

RAPID 坐标逆变换函数命令 PoseInv，可根据坐标系姿态数据，自动计算出从目标坐标系恢复为基准坐标系的坐标变换数据。命令的编程格式如下。

```
PoseInv (Pose) ;
```

命令参数 Pose 为从基准坐标系变换到目标坐标系的坐标变换数据；命令执行结果为从目标坐标系恢复为基准坐标系的坐标变换数据。示例如下。

```
CONST robtarget p1 := [……] ;                    // 定义坐标变换点
CONST robtarget p2 := [……] ;
CONST robtarget p3 := [……] ;
VAR pose frame0 ;                               // 定义程序数据
VAR pose frame1 ;
……
frame1 := DefFrame (p1, p2, p3) ;               // 定义基准坐标系变换到目标坐标系的坐标变换数据
frame0 := PoseInv(frame1) ;                     // 从目标坐标系恢复为基准坐标系的坐标变换数据
……
```

（2）位置逆变换

RAPID 位置逆变换函数命令 PoseVect，可根据坐标变换数据 Pose 自动计算出指定点在基准坐标系上的 *XYZ* 位置数据 Pos。命令的编程格式如下。

```
PoseVect (Pose, Pos) ;
```

命令参数 Pose 为从基准坐标系变换到目标坐标系的坐标变换数据；Pos 为目标坐标系上的 *XYZ* 位置（pos 型数据）；命令执行结果为指定点在基准坐标系上的 *XYZ* 位置（pos 型数据）。例如，以下程序的执行结果 pos2 为目标坐标系上的 *p*1 点在基准坐标系 frame0 上的 *XYZ* 位置数据 pos，如图 4.4-8 所示。

```
VAR pose frame1 ;                               // 定义程序数据
VAR pos p1 ;
VAR pos pos2 ;
……
pos2 := PoseVect(frame1, p1) ;                  // 位置逆变换
……
```

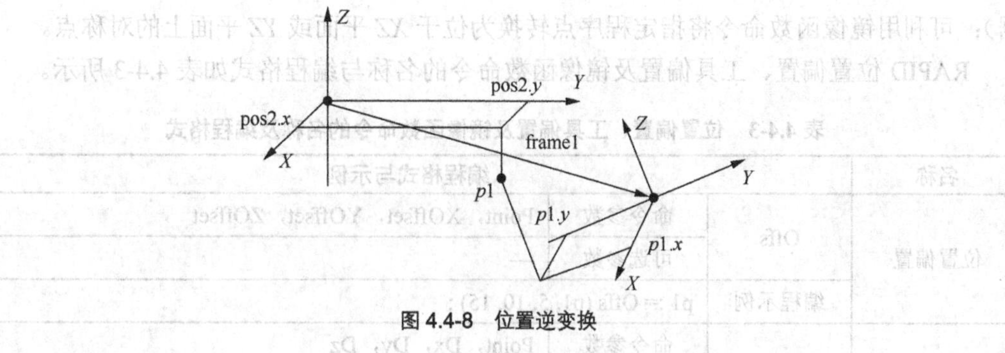

图 4.4-8　位置逆变换

6. 坐标双重变换

RAPID 坐标双重变换函数命令 PoseMult，可通过两个坐标变换数据 pose1、pose2 的矢量乘运算，将由基准坐标系变换到中间坐标系（pose1），再由中间坐标系变换到目标坐标系（pose2）的 2 次变换，转换为由基准坐标系变换为目标坐标系的 1 次变换（pose3），如图 4.4-9 所示。

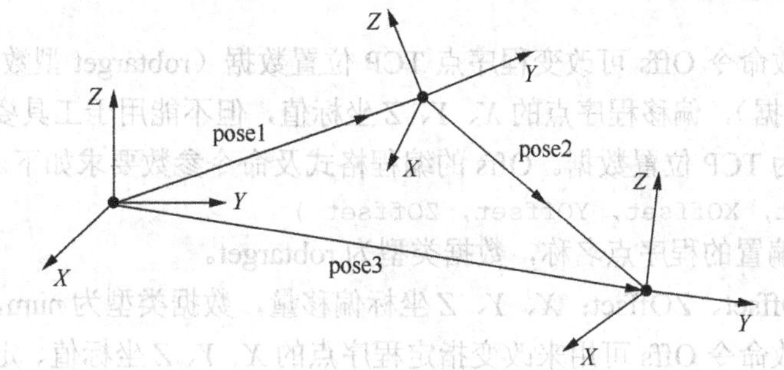

图 4.4-9　坐标双重变换

坐标双重变换函数命令 PoseMult 的编程格式如下。

```
PoseMult (Pose1 , Pose2) ;
```

命令参数 pose1、pose2 分别为由基准坐标系变换到中间坐标系，再由中间坐标系变换到目标坐标系的坐标变换数据；命令的执行结果为由基准坐标系直接变换到目标坐标系的坐标变换数据。

4.4.3　程序点偏置与镜像函数命令

1. 指令与功能

RAPID 程序中的程序点位置不仅可利用前述的程序偏移生效、程序偏移设定指令来进行整体调整，而且还可以利用位置偏置、工具偏置、镜像等 RAPID 函数命令来改变指定程序点的位置。

在 RAPID 程序中，可利用位置偏置函数命令来改变指定程序点（robtarget 型数据）的 *XYZ* 位置数据项 pos，但不改变工具姿态数据项 orient；可利用工具偏置函数命令来改变指定程序点的工具姿态（工具坐标系原点位置、坐标轴方向），但不改变 *XYZ* 位置（pos 型数据)；可利用镜像函数命令将指定程序点转换为位于 *XZ* 平面或 *YZ* 平面上的对称点。

RAPID 位置偏置、工具偏置及镜像函数命令的名称与编程格式如表 4.4-3 所示。

表 4.4-3　位置偏置、工具偏置及镜像函数命令的名称及编程格式

名称	编程格式与示例		
位置偏置	Offs	命令参数	Point，XOffset，YOffset，ZOffset
		可选参数	—
	编程示例	p1 := Offs (p1, 5, 10, 15) ;	
工具偏置	RelTool	命令参数	Point，Dx，Dy，Dz
		可选参数	\Rx、\Ry、\Rz
	编程示例	MoveL RelTool (p1, 0, 0, 0 \Rz:= 25), v100, fine, tool1;	
镜像	MirPos	命令参数	Point，MirPlane
		可选参数	\WObj、\MirY
	编程示例	p2 := MirPos(p1, mirror) ;	

2. 位置偏置函数命令

位置偏置函数命令 Offs 可改变程序点 TCP 位置数据（robtarget 型数据）中的 *XYZ* 位置数据（pos 型数据），偏移程序点的 *X*、*Y*、*Z* 坐标值，但不能用于工具姿态的调整；命令的执行结果同样为 TCP 位置数据。Offs 的编程格式及命令参数要求如下。

```
Offs ( Point, XOffset, YOffset, ZOffset )
```

Point：需要偏置的程序点名称，数据类型为 robtarget。

XOffset、YOffset、ZOffset：*X*、*Y*、*Z* 坐标偏移量，数据类型为 num，单位为 mm。

位置偏置函数命令 Offs 可用来改变指定程序点的 *X*、*Y*、*Z* 坐标值、定义新程序点或直接替代移动指令程序点，命令的编程示例如下。

```
p1 := Offs (p1, 0, 0, 100) ;                    // 改变程序点的 X、Y、Z 坐标值
p2 := Offs (p1, 50, 100, 150) ;                 // 定义新程序点
MoveL Offs(p2, 0, 0, 10), v1000, z50, tool1 ;   // 替代移动指令程序点
……
```

位置偏置函数命令 Offs 可以结合子程序调用功能使用，可用来实现不需要调整工具姿态的分区作业（如搬运、码垛等），以简化编程和操作。例如，对于图 4.4-10 所示的机器人搬运作业，如果使用子程序 PROC pallet，只要在主程序中改变列号参数 cun、行号参数 row 和间距参数 dist，系统便可利用位置偏置函数命令 Offs，自动计算偏移量、调整目标位置 ptpos 的 *X*、*Y* 坐标值；并将机器人定位到目标位置，从而简化机器人作业程序，具体如下。

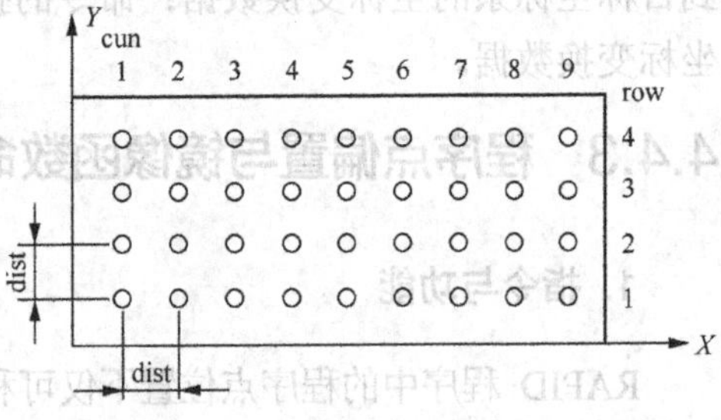

图 4.4-10　位置偏置函数命令应用

```
!*******************************************************************
PROC pallet (num cun, num row, num dist, PERS tooldata tool, PERS wobjdata
wobj )
```

```
  VAR robtarget ptpos:=[[0, 0, 0], [1, 0, 0, 0], [0, 0, 0, 0],[9E9, 9E9, 9E9,
9E9, 9E9, 9E9]] ;
  ptpos := Offs (ptpos, cun*dist, row*dist , 0 ) ;
  MoveL ptpos, v100, fine, tool\WObj:=wobj ;
ENDPROC
!*************************************************************
```

3. 工具偏置函数命令

工具偏置函数命令 RelTool 可用来调整程序点的工具姿态，包括工具坐标系原点的 *X*、*Y*、*Z* 坐标值及工具坐标系的坐标轴方向，命令的执行结果同样为 TCP 位置数据。RelTool 的编程格式及命令参数要求如下。

```
RelTool ( Point, Dx, Dy, Dz [\Rx] [\Ry] [\Rz] )
```

Point：需要工具偏置的程序点名称，数据类型为 robtarget。

Dx、Dy、Dz：工具坐标系原点的 *XYZ* 坐标偏移量，数据类型为 num，单位为 mm。

\Rx、\Ry、\Rz：工具坐标系的坐标轴方向，即工具绕 *X*、*Y*、*Z* 轴旋转的角度，数据类型为 num，单位为°。当同时指定\Rx、\Ry、\Rz 时，工具坐标系绕 *X* 轴、绕 *Y* 轴、绕 *Z* 轴依次回转。

工具偏置函数命令 RelTool 可用来改变指定程序点的工具姿态、定义新程序点或直接替代移动指令程序点，命令的编程示例如下。

```
  p1 := RelTool (p1, 0, 0, 100 \Rx:=30) ;              // 改变指定程序点的工具
姿态
  p2 := RelTool (p1, 50, 100, 150 \Rx:=30 \Ry:= 45) ; // 定义新程序点
  MoveL RelTool (p2, 0, 0, 100 \Rz:=90), v1000, z50, tool1 ;
                                                      // 替代移动指令程序点
  ……
```

4. 镜像函数命令

镜像函数命令 MirPos 可将指定程序点转换为位于 *XZ* 平面或 *YZ* 平面上的对称点，以实现机器人的对称作业功能。例如，对于图 4.4-11 所示的机器人作业，如果原程序点的运动轨迹为 *p*0→*p*1→*p*2→*p*0，若 *XZ* 平面对称的镜像功能生效，则机器人的运动轨迹可被转换成 *p*0′→*p*1′→*p*2′→*p*0′。

RAPID 镜像函数命令 MirPos 的编程格式及命令参数要求如下。

```
MirPos (Point, MirPlane [\WObj] [\MirY])
```

Point：需要进行镜像转换的程序点名称，数据类型为 robtarget。如程序点位于工件坐标系上，则其工件坐标系名称由添加项\WObj 指定。

MirPlane：用来实现程序点镜像变换的工件坐标系名称，数据类型为 wobjdata。

\WObj：Point 所使用的工件坐标系名称，数据类型为 wobjdata。在不使用添加项时，为大地坐标系或机器人基座坐标系数据。

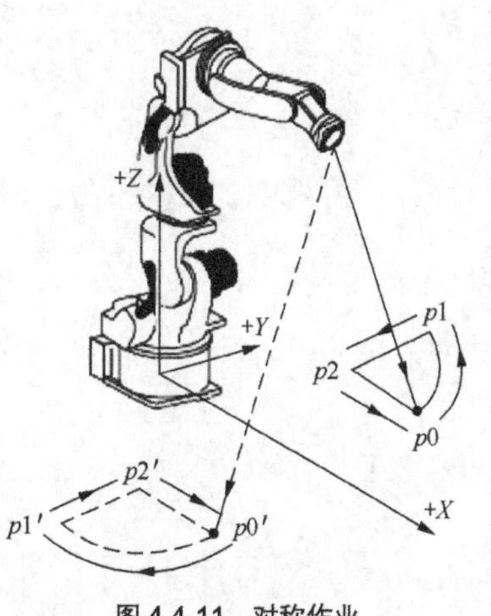

图 4.4-11　对称作业

\MirY：*XZ* 平面对称，数据类型为 switch。在不使用添加项时为 *YZ* 平面对称。

机器人程序点的镜像转换一般在工件坐标系上进行，机器人基座坐标系、工具坐标系上的镜像受结构限制。例如，在机器人基座坐标系上进行程序点镜像转换时，由于坐标系的 *Z* 轴的原点位于机器人安装底面上，故不能实现 *XY* 平面对称作业；如果进行 *YZ* 平面对称作业，则机器人必须增加腰回转动作等。此外，由于机器人的工具坐标系原点位于手腕工具安装法兰基准面上，且程序点镜像转换不能改变工具安装，因而一般也不使用工具坐标系的镜像功能。

镜像函数命令 MirPos 一般可用来定义新程序点或直接替代移动指令程序点，命令的编程示例如下。

```
PERS wobjdata mirror := [……] ;                        // 定义进行程序点镜像转换的坐标系
p2 := MirPos(p1, mirror) ;                             // 定义新程序点
MoveL RelTool MirPos(p1, mirror), v1000, z50, tool1 ;  // 替代移动指令程序点
……
```

4.5　数据读入与变换函数命令编程

4.5.1　基本程序数据读入函数命令

1. 命令与功能

在 RAPID 程序中，控制系统信息、机器人和外部轴移动数据、系统 I/O 信号状态等均可通过程序指令或函数命令读入程序，以便在程序中对相关部件的工作状态进行监控或进行相关参数的运算和处理。

控制系统信息主要用于检查机器人控制系统及机器人的型号、规格、软件版本等配置和控制网络，在机器人作业程序中一般较少涉及，有关内容将在后续内容中进行介绍。I/O 信号状态多用于 DI/DO 信号、AI/AO 信号的逻辑运算处理、算术运算处理，有关内容可参见后述内容。

机器人和外部轴移动数据包括机器人、外部轴的当前位置、移动速度、使用的工具/工件等。机器人和外部轴移动数据不仅可用于机器人、外部轴工作状态的监控，而且人们还可以直接或间接地在程序中使用机器人和外部轴移动数据，因此需要通过 RAPID 函数命令予以读取。

机器人和外部轴移动数据读入函数命令说明如表 4.5-1 所示。

表 4.5-1　移动数据读入函数命令说明

名称		编程格式与示例	
XYZ 位置读取	CPos	命令格式	CPos ([\Tool] [\WObj])
		基本参数	—
		可选参数	\Tool：工具数据，未指定时为当前工具。 \WObj：工件数据，未指定时为当前工件
		执行结果	机器人当前的 *XYZ* 位置，数据类型为 pos
	功能说明	读取当前的 *XYZ* 位置值、到位区间要求：inpos50 以下的停止点	
	编程示例	pos1 := CPos(\Tool:=tool1 \WObj:=wobj0) ;	
TCP 位置读取	CRobT	命令格式	CRobT ([\TaskRef] | [\TaskName] [\Tool] [\WObj])
		基本参数	—
		可选参数	\TaskRef | \TaskName：任务代号或名称，未指定时为当前任务。 \Tool：工具数据，未指定时为当前工具。 \WObj：工件数据，未指定时为当前工件
		执行结果	机器人当前的 TCP 位置，数据类型为 robtarget
	功能说明	读取机器人当前的 TCP 位置值、到位区间要求：inpos50 以下的停止点	
	编程示例	p1 := CRobT(\Tool:=tool1 \WObj:=wobj0) ;	

续表

<table>
<tr><th>名称</th><th colspan="3">编程格式与示例</th></tr>
<tr><td rowspan="4">关节位置读取</td><td rowspan="4">CJointT</td><td>命令格式</td><td>CJointT ([\TaskRef] | [\TaskName])</td></tr>
<tr><td>基本参数</td><td>—</td></tr>
<tr><td>可选参数</td><td>\TaskRef | \TaskName：同 CRobT 命令</td></tr>
<tr><td>执行结果</td><td>机器人当前的关节位置，数据类型为 jointtarget</td></tr>
<tr><td rowspan="2">关节位置读取</td><td>功能说明</td><td colspan="2">读取机器人及外部轴的关节位置、到位区间要求：停止点</td></tr>
<tr><td>编程示例</td><td colspan="2">joints := CJointT() ;</td></tr>
<tr><td rowspan="6">电机转角读取</td><td rowspan="4">ReadMotor</td><td>命令格式</td><td>ReadMotor ([\MecUnit], Axis)</td></tr>
<tr><td>基本参数</td><td>Axis：轴序号为 1～6</td></tr>
<tr><td>可选参数</td><td>\MecUnit：机械单元名称，未指定时为机器人</td></tr>
<tr><td>执行结果</td><td>当前的电机转角，数据类型为 num，单位为弧度</td></tr>
<tr><td>功能说明</td><td colspan="2">读取指定机械单元、指定轴的电机转角</td></tr>
<tr><td>编程示例</td><td colspan="2">motor_angle := ReadMotor(\MecUnit:=STN1, 1) ;</td></tr>
<tr><td rowspan="6">工具数据读取</td><td rowspan="4">CTool</td><td>命令格式</td><td>CTool ([\TaskRef] | [\TaskName])</td></tr>
<tr><td>基本参数</td><td>—</td></tr>
<tr><td>可选参数</td><td>\TaskRef | \TaskName：同 CRobT 命令</td></tr>
<tr><td>执行结果</td><td>当前有效的工具数据，数据类型为 tooldata</td></tr>
<tr><td>功能说明</td><td colspan="2">读取当前有效的工具数据</td></tr>
<tr><td>编程示例</td><td colspan="2">temp_tool := CTool() ;</td></tr>
<tr><td rowspan="6">工件数据读取</td><td rowspan="4">CWObj</td><td>命令格式</td><td>CWObj ([\TaskRef] | [\TaskName])</td></tr>
<tr><td>基本参数</td><td>—</td></tr>
<tr><td>可选参数</td><td>\TaskRef | \TaskName：同 CRobT 命令</td></tr>
<tr><td>执行结果</td><td>当前有效的工件数据，数据类型为 wobjdata</td></tr>
<tr><td>功能说明</td><td colspan="2">读取当前有效的工件数据</td></tr>
<tr><td>编程示例</td><td colspan="2">temp_wobj := CWObj() ;</td></tr>
<tr><td rowspan="6">速度倍率读取</td><td rowspan="4">CSpeedOverride</td><td>命令格式</td><td>CSpeedOverride ([\CTask])</td></tr>
<tr><td>基本参数</td><td>—</td></tr>
<tr><td>可选参数</td><td>\CTask：当前任务（switch 型数据），未指定时为系统总值</td></tr>
<tr><td>执行结果</td><td>示教器的速度倍率调整值，数据类型为 num</td></tr>
<tr><td>功能说明</td><td colspan="2">读取当前设定的示教器速度倍率调整值</td></tr>
<tr><td>编程示例</td><td colspan="2">myspeed := CSpeedOverride() ;</td></tr>
<tr><td rowspan="6">最大TCP速度读取</td><td rowspan="4">MaxRobSpeed</td><td>命令格式</td><td>MaxRobSpeed ()</td></tr>
<tr><td>基本参数</td><td>—</td></tr>
<tr><td>可选参数</td><td>—</td></tr>
<tr><td>执行结果</td><td>最大 TCP 速度，数据类型为 num，单位为 mm/s</td></tr>
<tr><td>功能说明</td><td colspan="2">读取机器人的最大 TCP 速度</td></tr>
<tr><td>编程示例</td><td colspan="2">myspeed := MaxRobSpeed() ;</td></tr>
</table>

2. 编程示例

RAPID 移动数据读入函数命令的编程示例如下。

```
VAR pos pos1 ;                                     // 定义程序数据
VAR robtarget p1 ;
VAR jointtarget joints1 ;
PERS tooldata temp_tool ;
PERS wobjdata temp_wobj ;
VAR num Mspeed_Ov1 ;
VAR num Mspeed_Max1 ;
……
MoveL *, v500, fine\Inpos := inpos50, grip2\Wobj:=fixture;  // 定位到程序点
pos1 := CPos(\Tool:=tool1 \WObj:=wobj0) ;         // 将当前的 XYZ 坐标读入 pos1
p1 := CRobT(\Tool:=tool1 \WObj:=wobj0) ;          // 将当前的 TCP 位置读入 p1
joints1 := CJointT() ;                            // 将当前的关节位置读入 joints1
temp_tool := CTool() ;                            // 将当前的工具数据读入 temp_tool
temp_wobj := CWObj() ;                            // 将当前的工件数据读入 temp_wobj
Mspeed_Ov1 := CSpeedOverride() ;                  // 将当前的速度倍率读入 Mspeed_Ov1
Mspeed_Max1 :=MaxRobSpeed() ;                  // 将最大 TCP 速度读入 Mspeed_Max1
……
```

4.5.2 位置转换与计算函数

1. 命令与功能

RAPID 移动数据转换函数命令可用于机器人的 TCP 位置数据和关节位置数据之间的相互转换，以及两个程序点间的空间距离计算。移动数据转换函数命令说明如表 4.5-2 所示。

表 4.5-2　移动数据转换函数命令说明

名称	编程格式与示例		
将 TCP 位置转换为关节位置	CalcJointT	命令格式	CalcJointT ([\UseCurWObjPos], Rob_target, Tool [\WObj] [\ErrorNumber])
		基本参数	Rob_target：需要转换的机器人 TCP 位置（程序点） Tool：指定工具
		可选参数	\UseCurWObjPos：用户坐标系位置（switch 型数据），未指定时为工件坐标系位置。 \WObj：工件数据，未指定时为 wobj0。 \ErrorNumber：存储错误的变量名称
		执行结果	程序点 Rob_target 的关节位置，数据类型为 jointtarget
	功能说明	将机器人的 TCP 位置转换为关节位置	
	编程示例	jointpos1 := CalcJointT(p1, tool1 \WObj:=wobj1) ;	
将关节位置转换为 TCP 位置	CalcRobT	命令格式	CalcRobT(Joint_target, Tool [\WObj])
		命令参数	Joint_target：需要转换的机器人关节位置（程序点） Tool：工具数据

续表

名称	编程格式与示例		
将关节位置转换为 TCP 位置	CalcRobT	可选参数	\WObj：工件数据，未指定时为 wobj0
		执行结果	程序点 Joint_target 的 TCP 位置，数据类型为 robtarget
	功能说明	将机器人的关节位置转换为 TCP 位置	
	编程示例	p1 := CalcRobT(jointpos1, tool1 \WObj:=wobj1) ;	
位置矢量长度计算	VectMagn	命令格式	VectMagn (Vector)
		命令参数	Vector：位置数据，数据类型为 pos
		可选参数	—
		执行结果	指定位置矢量长度（模），数据类型为 num
	功能说明	计算指定位置的矢量长度	
	编程示例	magnitude := VectMagn(vector) ;	
两个程序点之间的空间距离计算	Distance	命令格式	Distance (Point1，Point2)
		命令参数	Point1：程序点 1（数据类型为 pos）。 Point2：程序点 2（数据类型为 pos）
		可选参数	—
		执行结果	Point1 与 Point2 之间的空间距离，数据类型为 num
	功能说明	计算两个程序点之间的空间距离	
	编程示例	dist := Distance(p1, p2) ;	
位置矢量乘积计算	DotProd	命令格式	DotProd (Vector1, Vector2)
		命令参数	Vector1、Vector2：位置数据，数据类型为 pos
		可选参数	—
		执行结果	Vector1、Vector2 的矢量乘积，数据类型为 num
	功能说明	计算两位置数据的矢量乘积	
	编程示例	dotprod := DotProd (p1, p2) ;	

2. 编程示例

CalcJointT 可根据指定点的 TCP 位置数据计算出机器人在使用指定工具、工件时的关节位置数据。系统在计算关节位置时，机器人的姿态将根据 TCP 位置数据的定义确定，它不受插补姿态控制指令 ConfL、ConfJ 的影响；如指定点为机器人奇点，则 j4 的位置被规定为 0°。如果在执行命令时，机器人程序偏移、外部轴程序偏移有效，则转换结果为程序偏移后的机器人、外部轴关节位置。

例如，计算机器人 TCP 位置 *p1* 在使用工具 tool1、工件 wobj1 时被转换为机器人关节位置 jointpos1 的程序如下。

```
VAR jointtarget jointpos1 ;                          // 定义程序数据
CONST robtarget p1 ;
jointpos1 := CalcJointT(p1, tool1 \WObj:=wobj1) ;    // 机器人关节位置计算
……
```

CalcRobT 可将指定的机器人关节位置数据转换为指定工具、工件时的机器人 TCP 位

置数据。如果在执行命令时，机器人程序偏移、外部轴程序偏移有效，则转换结果为程序偏移后的机器人 TCP 位置。

例如，计算机器人关节位置 jointpos1 在使用工具 tool1、工件 wobj1 时被转换为机器人 TCP 位置 *p*1 的程序如下。

```
VAR robtarget p1 ;                                    // 定义程序数据
CONST jointtarget jointpos1;
p1 := CalcRobT(jointpos1, tool1 \WObj:=wobj1) ;      // 机器人 TCP 位置计算
……
```

执行 VectMagn 可计算指定程序点的 *XYZ* 位置数据（pos 型数据）（x，y，z）的矢量长度，其计算结果为 $\sqrt{x^2+y^2+z^2}$。执行 Distance 可计算两个 *XYZ* 位置数据（pos 型数据）分别为（x_1，y_1，z_1）和（x_2，y_2，z_2）的程序点之间的空间距离，其计算结果为 $\sqrt{(x_1-x_2)^2+(y_1-y_2)^2+(z_1-z_2)^2}$。执行 DotProd 可计算两个 *XYZ* 位置数据（pos 型数据）分别为（x_1，y_1，z_1）和（x_2，y_2，z_2）的程序点之间的矢量乘积，其计算结果为 $|A||B|\cos\theta_{AB}$。

VectMagn、Distance、DotProd 的编程示例如下。

```
VAR pos p1 ;                                 // 定义程序数据
VAR pos p2 ;
VAR num magnitude ;
VAR num dist ;
……
magnitude := VectMagn(p1) ;                  // 位置矢量长度计算
dist := Distance(p1, p2) ;                 // 两个程序点之间的空间距离计算
dotprod := DotProd(p1, p2) ;               // 位置矢量乘积计算
……
```

| 第 5 章 |

I/O 指令编程

5.1 I/O 配置与检测指令编程

5.1.1 I/O 信号及连接

1. I/O 信号分类

在工业机器人作业时，不仅需要利用移动指令来控制机器人移动，而且还需要通过利用 I/O 指令来辅助部件的动作，以满足工业机器人作业所需要的辅助控制要求。例如，对于点焊机器人作业，需要进行焊钳的开合、电极加压、焊接电流通断等控制，同时还要进行焊接电流、焊接电压等模拟量的调节；对于弧焊机器人作业，需要进行引弧、熄弧、送丝、通气等动作控制，同时还要进行焊接电流、焊接电压等模拟量的调节等。

根据信号性质与处理方式的不同，机器人控制系统的辅助控制信号分为开关量控制信号（DI/DO 信号）和模拟量控制信号（即模拟量输入/模拟量输出信号，又称 AI/AO 信号）两大类。

（1）DI/DO 信号

开关量控制信号用于电磁元件的通断控制，电磁元件的通断状态可用 bool 型数据或二进制数字量来描述。将开关量控制信号分为两类，一类是用来检测电磁元件通断状态的信号，此类信号对于控制器来说属于输入信号，故被称为开关量输入或数字输入信号，即 DI 信号；另一类也是用来控制电磁元件通断状态的信号，此类信号对于控制器来说属于输出信号，故被称为开关量输出或数字输出信号，即 DO 信号。在 RAPID 程序中，对于 DI/DO 信号，可直接利用逻辑运算函数命令进行处理。

（2）AI/AO 信号

将模拟量控制信号用于连续变化参数的检测与调节，状态以连续变化的数值描述。模拟量控制信号同样可分为两类，一类是用来检测实际参数值的信号，此类信号对于控制器来说属于输入信号，故被称为模拟量输入信号，即 AI 信号；另一类是用来改变参数值的信号，此类信号对于控制器来说属于输出信号，故被称为模拟量输出信号，即 AO 信号。对于AI/AO 信号，需要通过算术运算函数命令进行处理。

根据信号功能与用途的不同，机器人的辅助控制信号又可分为系统内部信号和外部控制信号两大类。

（1）系统内部信号

将系统内部信号用于PLC 程序设计或机器人作业监控，但不能连接外部检测开关和执行元件。将系统内部信号分为系统输入信号和系统输出信号两类：系统输入信号用于系统的运行控制，如伺服驱动器启动/急停、主程序启动、程序运行/暂停等；系统输出信号为系统的运行状态信号，如伺服驱动器已启动、系统急停、程序运行中、系统报警等。系统输入信号的功能、用途一般由系统生产厂家规定；而系统输出信号的功能、状态则由系统自动生成，用户不能通过程序改变其状态。

（2）外部控制信号

外部控制信号可直接连接机器人及作业工具等部件上的检测开关、电磁元件或控制装置，外部控制信号的地址、功能、用途可由用户定义。外部控制信号的数量、功能、地址在不同公司生产的机器人上将有所不同，外部控制信号需要通过系统的 I/O 单元进行连接。

2. 外部 I/O 信号连接

在工业机器人控制系统中，机器人、作业工具和作业工件的移动和位置控制，需要通过伺服驱动器来实现；而实现辅助部件的动作控制，则需要配套 I/O 单元。ABB 机器人常用的 IRC5 控制系统结构及 I/O 单元的安装如图 5.1-1 所示。

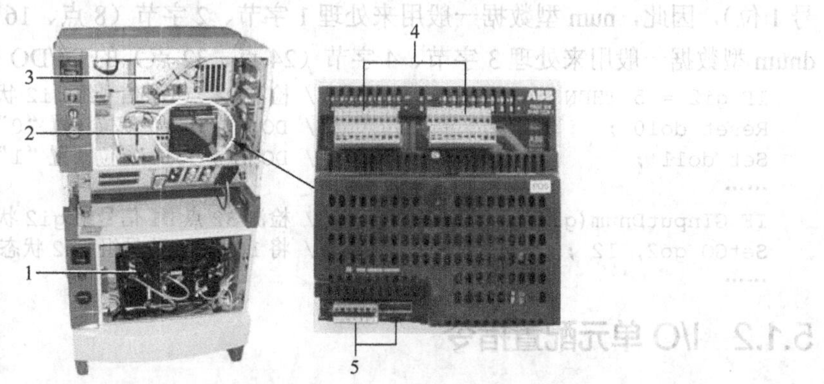

1—伺服驱动器　2—I/O 单元　3—机器人控制器　4—I/O 连接器　5—总线连接和地址设定

图 5.1-1　IRC5 控制系统结构及 I/O 单元的安装

ABB 机器人的 IRC5 控制系统的 I/O 单元的用途、功能及电路结构，均与 PLC 的分布式 I/O 单元十分相似。在 ABB 机器人的 IRC5 控制系统中，标准 I/O 单元可通过 Device Net 总线和机器人控制器连接，I/O 单元数量、型号规格可根据机器人的实际需要选配；如果需要，也可使用 Interbus-S、Profibus-DP 等总线连接的开放式网络从站。

IRC5 控制系统的最大可连接 I/O 点数为 512/512 点，但由于机器人的辅助动作通常比较简单，因此，单机控制的实际可连接 I/O 点数通常较少。IRC5 控制系统常用的 I/O 单元主要有以下几种。

DSQC 320：16/16 点 AC 120V 开关量输入/输出单元（120V AC I/O）。

DSQC 327：16/16 点 DC 24V 开关量输入/晶体管输出和 2 通道 DC 12V 模拟量输出组合单元（Combi I/O）。

DSQC 328：16/16 点 DC 24V 开关量输入/晶体管输出单元（Digital I/O）。

DSQC 332：16/16 点 DC 24V 开关量输入/继电器输出单元（Relay I/O）。

DSQC 350：128/128 点 AB（Allen-Bradley）公司标准远程 I/O 单元（Remote I/O）。

DSQC 351：128/128 点 Interbus-S 网络从站。

DSQC 352：128/128 点 Profibus-DP 网络从站。

DSQC 354：编码器接口单元，需要与 Conveyer Tracking 软件配合使用。

DSQC 355：4/4 通道 DC 12V 模拟量输入/输出单元（Analog I/O）。

3. DI/DO 信号组的处理

工业机器人的辅助控制信号以 DI/DO 信号居多。在控制系统中，DI/DO 信号状态以二进制位（bit）表示，存储器地址采用连续分配的方式；因此，在 RAPID 程序中，不仅可以通过普通的逻辑操作指令，以 bool 型数据的形式对数据类型为 signaldi、signaldio 的 DI/DO 信号进行单独的逻辑处理；而且也可以 num 型数据或 dnum 型数据的形式，通过多位逻辑处理函数命令（如 GOutput、GInputDnum、BitAnd、BitAndDnum 等）对数据类型为 signalgi、signalgo 的 GI/GO 信号进行成组逻辑处理。

一般按字节（8bit）对计算机控制系统的 DI/DO 信号接口电路分组。由于 num 型数据的数据位为 23 位（指数 8 位、符号 1 位）、dnum 型数据的数据位为 52 位（指数 11 位、符号 1 位），因此，num 型数据一般用来处理 1 字节、2 字节（8 点、16 点）的 DI/DO 信号；dnum 型数据一般用来处理 3 字节、4 字节（24 点、32 点）的 DI/DO 信号。示例如下。

```
IF gi2 = 5 THEN                  // 检测 16 点 DI 信号组 gi2 状态 0…0101
Reset do10 ;                     // DO 信号 do10 复位（置“0”）
Set do11 ;                       // DO 信号 do11 置位（置“1”）
……
IF GInputDnum(gi2) = 25 THEN     // 检测 32 点 DI 信号组 gi2 状态 0…01 1001
SetGO go2, 12 ;                  // 将 16 点 DO 信号组 go2 状态设定为 12(0…0 1100)
……
```

5.1.2 I/O 单元配置指令

1. 指令与功能

通常情况下，控制系统的 I/O 单元应在系统参数上配置，I/O 单元可在控制系统启动时自动工作（启用）；但是，如果需要，也可在 RAPID 程序中，通过 I/O 单元撤销指令 IODisable 停用指定的 I/O 单元，在需要时再通过 I/O 单元使能指令 IOEnable 重新启用 I/O 单元。

为了提升程序的通用性，在 RAPID 程序中所使用的 I/O 信号可自由命名，当程序用于特定机器人时，可通过 I/O 连接定义指令 AliasIO，建立程序中的 I/O 信号和系统实际配置的 I/O 信号之间的连接。利用 AliasIO 所建立的 I/O 连接，还可通过 I/O 连接撤销指令 AliasIOReset 撤销，以便重新建立程序 I/O 信号与其他实际配置 I/O 信号之间的连接。

由于 IRC5 控制系统的标准 I/O 单元利用 Device Net 总线连接，因此，当使用 Interbus-S

网络从站、Profibus-DP 网络从站时，需要在 RAPID 程序中利用 I/O 总线使能指令使相应的总线和网络从站生效。

RAPID 程序的 I/O 单元配置指令的名称与编程格式如表 5.1-1 所示，指令编程要求和编程示例如下。

表 5.1-1　I/O 单元配置指令的名称及编程格式

名称	编程格式与示例		
I/O 单元使能	IOEnable	程序数据	UnitName，MaxTime
	编程示例	IOEnable board1, 5 ;	
I/O 单元撤销	IODisable	程序数据	UnitName，MaxTime
	编程示例	IODisable board1, 5 ;	
I/O 连接定义	AliasIO	程序数据	FromSignal，ToSignal
	编程示例	AliasIO config_do, alias_do ;	
I/O 连接撤销	AliasIOReset	程序数据	Signal
	编程示例	AliasIOReset alias_do ;	
I/O 总线使能	IOBusStart	程序数据	BusName
	编程示例	IOBusStart "IBS";	

2. I/O 单元使能/撤销指令

I/O 单元使能/撤销指令 IOEnable/IODisable 可用来启用/禁止已经在系统中完成实际配置的指定 I/O 单元。

I/O 单元一旦被禁止，I/O 单元上的所有输出信号状态将变成“0”（OFF 或 FALSE）；在 I/O 单元重新启用后，输出信号状态可恢复为执行 IODisable 前的状态。IODisable 对将单元属性 Unit Trustlevel 设定为“Required”的 I/O 单元无效。

I/O 单元使能/撤销指令 IOEnable/IODisable 的编程格式及程序数据含义如下。

```
IODisable UnitName MaxTime ;
IOEnable UnitName MaxTime ;
```

UnitName：I/O 单元名称，数据类型为 string。I/O 单元名称必须与在系统参数中所设定的名称统一，否则，系统将发生“名称不存在”报警（ERR_NAME_INVALID）。

MaxTime：指令执行最大等待时间，数据类型为 num，单位为 s。I/O 单元使能/撤销指令需要进行总线通信、状态保存等操作，其执行时间为 2～5s。

I/O 单元使能/撤销指令 IOEnable/ IODisable 的编程示例如下。

```
CONST string board1 := "board1" ;                    // 定义 I/O 单元名称
IODisable board1, 5 ;                                // 撤销 I/O 单元
……
IOEnable board1, 5 ;                                 // 重新启用 I/O 单元
……
```

3. I/O 连接定义/撤销指令

（1）I/O 连接定义指令

I/O 连接定义指令 AliasIO 可用来建立 RAPID 程序中的 I/O 信号和系统实际配置的 I/O

信号之间的连接，使程序中的 I/O 信号成为系统实际配置的 I/O 信号。通过使用 I/O 连接定义指令，可以在进行 RAPID 编程时自由定义 I/O 信号的名称，然后通过 I/O 连接指令使之与系统实际配置的 I/O 信号对应。

I/O 连接定义指令 AliasIO 的编程格式及程序数据含义如下。

```
AliasIO FromSignal, ToSignal;
```

FromSignal：系统实际配置的 I/O 信号名称，数据类型为 signal**或 string，signal**中的“**”可为 di（DI）、do（DO）、ai（AI）、ao（AO）、gi（GI）、go（GO）。程序数据 FromSignal 所指定的 I/O 信号必须是系统实际存在的 I/O 信号；使用 string 型数据信号名称时，还需要通过数据声明指令，将 string 型数据定义为系统中实际存在的 I/O 信号。

ToSignal：RAPID 程序中所使用的 I/O 信号名称，数据类型为 signal**（**可为 di、do、ai、ao、gi、go，含义同上）。程序数据 ToSignal 所指定的 I/O 信号，必须在程序中利用数据声明指令定义其程序数据类型。

执行 I/O 连接指令，系统便可用实际配置的 I/O 信号 FromSignal 来替代 RAPID 程序中的 I/O 信号 ToSignal。

（2）I/O 连接撤销指令

利用 I/O 连接撤销指令 AliasIOReset 来撤销利用 AliasIO 所建立的 RAPID 程序中的 I/O 信号和系统实际配置的 I/O 信号之间的连接，以便重新连接其他 I/O 信号。

I/O 连接指令 AliasIOReset 的编程格式及程序数据含义如下。

```
AliasIOReset Signal;
```

Signal：RAPID 程序中的 I/O 信号名称，数据类型为 signal**（**可为 di、do、ai、ao、gi、go，含义同上）。程序数据 Signal 所指定的 I/O 信号同样必须是程序中已经通过数据声明指令定义了类型的程序数据。

I/O 连接定义/撤销指令的编程示例如下。

```
MODULE mainmodu (SYSMODULE)                           // 主模块
  !***********************************************************
     VAR signaldi alias_di ;                          // 定义 alias_di 信号类型
     VAR signaldo alias_do ;                          // 定义 alias_do 信号类型
     ……
!**************************************************************
   PROC prog_start()                                  // I/O 连接定义程序
     CONST string config_string := "config_di";// DI 信号名称定义
     ……
     AliasIO config_string, alias_di ; // 连接 config_string、alias_di 信号
     AliasIO config_do, alias_do ;       // 连接 config_do、alias_do 信号
     IF alias_di = 1 THEN
     SetDO alias_do, 1 ;
     ……
     AliasIOReset alias_di ;             // 撤销 alias_di 信号连接
     AliasIOReset alias_do ;             // 撤销 alias_do 信号连接
     ……
```

4. I/O 总线使能指令

I/O 总线使能指令 IOBusStart 可用来使能 Interbus-S、Profibus-DP 等总线及与之相连接

的网络从站，并对总线进行命名。

I/O 总线使能指令 IOBusStart 的编程格式及程序数据含义如下。

```
IOBusStart BusName;
```

BusName：I/O 总线名称，数据类型为 string。

I/O 总线使能指令的编程示例如下。

```
……
IOBusStart "IBS" ;                                // 使能 I/O 总线，并命名为 IBS
……
```

5.1.3 I/O 检测函数命令与 I/O 总线检测指令

1. 函数命令与指令

为了检查 I/O 信号的状态，在 RAPID 程序中，可以利用 I/O 单元检测、I/O 信号或 I/O 单元的运行检测及连接检测函数命令 IOUnitState、ValidIO 及 GetSignalOrigin 来检测 I/O 单元及 I/O 信号的实际运行、连接状态。在此基础上，还可通过 I/O 总线检测指令 IOBusState 获得 I/O 总线的运行状态、物理状态或逻辑状态。

I/O 检测函数命令、I/O 总线检测指令的名称及编程格式如表 5.1-2 所示，命令和指令的编程要求和示例如下。

表 5.1-2 I/O 检测函数命令、I/O 总线检测指令的名称及编程格式

<table>
<tr><th colspan="2">名称</th><th colspan="3">编程格式与示例</th></tr>
<tr><td rowspan="7">函数命令</td><td rowspan="3">I/O 单元检测</td><td rowspan="2">IOUnitState</td><td>命令参数</td><td>UnitName</td></tr>
<tr><td>可选参数</td><td>\Phys | \Logic</td></tr>
<tr><td>编程示例</td><td colspan="2">IF(IOUnitState("UNIT1"\Phys)= IOUNIT_RUNNING) THEN</td></tr>
<tr><td rowspan="2">I/O 运行检测</td><td>ValidIO</td><td>命令参数</td><td>Signal</td></tr>
<tr><td>编程示例</td><td colspan="2">IF ValidIO(ai1) SetDO do1, 1 ;
IF NOT ValidIO(di17) SetDO do1, 1 ;
IF ValidIO(gi1) AND ValidIO(go1) SetDO do3, 1 ;</td></tr>
<tr><td rowspan="2">I/O 连接检测</td><td>GetSignalOrigin</td><td>命令参数</td><td>Signal，SignalName</td></tr>
<tr><td>编程示例</td><td colspan="2">reg1:= GetSignalOrigin(di1, di1_name) ;</td></tr>
<tr><td rowspan="3">程序指令</td><td rowspan="3">I/O 总线检测</td><td rowspan="2">IOBusState</td><td>程序数据</td><td>BusName，State</td></tr>
<tr><td>数据添加项</td><td>\Phys | \Logic</td></tr>
<tr><td>编程示例</td><td colspan="2">IOBusState "IBS", bstate \Phys ;
TEST bstate
CASE IOBUS_PHYS_STATE_RUNNING :</td></tr>
</table>

2. I/O 单元检测函数命令

I/O 单元检测函数命令 IOUnitState 可用来检测指定 I/O 单元当前的运行状态，其执行结果为只具有特殊值的 I/O 单元状态型枚举数据（iounit_state 型数据），iounit_state 型数据通常以字符串（文本）的形式表示，数据可设定的数值及含义如表 5.1-3 所示。

I/O 单元检测函数命令 IOUnitState 的编程格式，以及命令参数、可选参数的要求如下。

```
IOUnitState (UnitName [\Phys] | [\Logic])
```

UnitName：需要检测的 I/O 单元名称，数据类型为 string。I/O 单元名称以 string 型数据的形式指定，名称必须与系统参数定义的 I/O 单元名称一致。如果未指定可选参数\Phys 或\Logic，则可获得表 5.1-3 中的 I/O 单元的运行状态 1～4。

表 5.1-3　I/O 单元状态型枚举数据的数值及含义

I/O 单元状态值		含义
数值	字符串（文本）	
1	IOUNIT_RUNNING	运行状态：I/O 单元正常运行
2	IOUNIT_RUNERROR	运行状态：I/O 单元的运行出错
3	IOUNIT_DISABLE	运行状态：I/O 单元已撤销
4	IOUNIT_OTHERERR	运行状态：I/O 单元配置或初始化出错
10	IOUNIT_LOG_STATE_DISABLED	逻辑状态：I/O 单元已撤销
11	IOUNIT_LOG_STATE_ENABLED	逻辑状态：I/O 单元已使能
20	IOUNIT_PHYS_STATE_DEACTIVATED	物理状态：I/O 单元被程序撤销，未运行
21	IOUNIT_PHYS_STATE_RUNNING	物理状态：I/O 单元已使能，正常运行中
22	IOUNIT_PHYS_STATE_ERROR	物理状态：系统报警，I/O 单元停止运行
23	IOUNIT_PHYS_STATE_UNCONNECTED	物理状态：I/O 单元已配置，总线通信出错
24	IOUNIT_PHYS_STATE_UNCONFIGURED	物理状态：I/O 单元未配置，总线通信出错
25	IOUNIT_PHYS_STATE_STARTUP	物理状态：I/O 单元正在启动中
26	IOUNIT_PHYS_STATE_INIT	物理状态：I/O 单元正在初始化

\Phys 或\Logic：物理状态或逻辑状态检测，数据类型为 switch。在增加选择参数\Phys 后，可获得表 5.1-3 中的 I/O 单元的物理状态 20～26；在增加选择参数\Logic 后，可获得表 5.1-3 中的 I/O 单元的逻辑状态 10～11。

I/O 单元检测函数命令的检测结果［iounit_state 型数据，通常以字符串（文本）的形式表示］一般作为 IF、TEST 等指令的判断条件、测试数据，指令的编程示例如下。

```
IF (IOUnitState("UNIT1")= IOUNIT_RUNNING) THEN
……
                                        // 检测 I/O 单元的运行状态
IF (IOUnitState("UNIT1" \Phys)=IOUNIT_PHYS_STATE_RUNNING) THEN
……
                                        // 检测 I/O 单元的物理状态
IF (IOUnitState("UNIT1" \Logic)=IOUNIT_LOG_STATE_DISABLED) THEN
……
                                        // 检测 I/O 单元的逻辑状态
```

3. I/O 运行检测函数命令

I/O 运行检测函数命令 ValidIO 用来检测指定 I/O 信号及对应 I/O 单元的实际运行状态，其执行结果为 bool 型数据。在执行命令后，如果命令参数所指定的 I/O 信号及所在的 I/O 单元运行正常，且 I/O 信号已通过 AliasIO 定义了连接，则命令执行结果为“TRUE”；如果该 I/O 单元运行不正常或指定的 I/O 信号未通过 AliasIO 定义连接，则命令执行结果为“FALSE”。

I/O 运行检测函数命令 ValidIO 的编程格式及参数要求如下。

```
ValidIO (Signal)
```

Signal：需要检测的 I/O 信号名称，数据类型为 signal**（**可为 di、do、ai、ao、gi、go，含义同前）。

I/O 运行检测函数命令一般作为 IF、TEST 等指令的判断条件、测试数据，并可使用 NOT、AND、OR 等逻辑运算表达式，命令的编程示例如下。

```
IF ValidIO(di17) SetDO do1, 1 ;                    //di17 正常，do1=1
IF NOT ValidIO(do9) SetDO do2, 1 ;                  // do9 不正常，do2=1
IF ValidIO(ai1) AND ValidIO(ao1) SetDO do3, 1 ;     // ai1、ao1 均正常，do3=1
IF ValidIO(gi1) AND ValidIO(go1) SetDO do4, 1 ;     // gi1、go1 均正常，do4=1
……
```

4. I/O 连接检测函数命令

I/O 连接检测函数命令 GetSignalOrigin 可用来检测程序中以字符串（文本）形式定义的 I/O 信号的连接定义情况，其执行结果为只具有特殊值的信号来源型枚举数据（SignalOrigin 型数据）。SignalOrigin 型数据通常以字符串（文本）的形式表示，数据可设定的数值及含义如表 5.1-4 所示。

表 5.1-4　信号来源型枚举数据的数值及含义

I/O 信号连接定义状态		含义
数值	字符串（文本）	
0	SIGORIG_NONE	I/O 信号已通过数据声明指令定义，但未进行 I/O 连接定义
1	SIGORIG_CFG	I/O 信号在系统的实际配置中存在
2	SIGORIG_ALIAS	I/O 信号已通过数据声明指令定义，I/O 连接定义已完成

I/O 连接检测函数命令 GetSignalOrigin 的编程格式及参数要求如下。

```
GetSignalOrigin (Signal, SignalName)
```

Signal：需要检测的 I/O 信号名称，数据类型为 signal**（**可为 di、do、ai、ao、gi、go，含义同前）。

SignalName：RAPID 程序中以字符串（文本）的形式定义的 I/O 信号名称，数据类型为 string。

I/O 连接检测函数命令 GetSignalOrigin 的检测结果［SignalOrigin 型数据，通常以字符串（文本）的形式表示］同样可作为 IF、TEST 等指令的判断条件、测试数据，指令的编程示例如下。

```
  VAR signalorigin reg1 ;                  // 定义保存指令执行结果的程序变量 reg1
  VAR string di1_name ;                    // 定义检测信号的名称 di1_name
  ……
  reg1 := GetSignalOrigin( di1, di1_name ) ;
IF reg1 := SIGORIG_NONE THEN
  ……
  ELSEIF reg1 := SIGORIG_CFG THEN
  ……
  ELSEIF reg1 := SIGORIG_ALIAS THEN
  ……
ENDIF
  ……
```

5. I/O 总线检测指令

I/O 总线检测指令 IOBusState 可用来检测指定 I/O 总线的运行状态，其执行结果为特殊的总线状态型枚举数据（busstate 型数据）。busstate 型数据通常以字符串（文本）的形式表示，数据可设定的数值及含义如表 5.1-5 所示。

表 5.1-5　总线状态型枚举数据的数值及含义

I/O 总线运行状态		含义
数值	字符串（文本）	
0	BUSSTATE_HALTED	运行状态：I/O 总线停止运行
1	BUSSTATE_RUN	运行状态：I/O 总线正常运行
2	BUSSTATE_ERROR	运行状态：系统报警，I/O 总线停止运行
3	BUSSTATE_STARTUP	运行状态：I/O 总线正在启动中
4	BUSSTATE_INIT	运行状态：I/O 总线正在初始化
10	IOBUS_LOG_STATE_STOPPED	逻辑状态：系统报警，I/O 总线停止运行
11	IOBUS_LOG_STATE_STARTED	逻辑状态：I/O 总线正常运行
20	IOBUS_PHYS_STATE_HALTED	物理状态：I/O 总线被程序撤销，未运行
21	IOBUS_PHYS_STATE_RUNNING	物理状态：I/O 总线使能，正常运行中
22	IOBUS_PHYS_STATE_ERROR	物理状态：系统报警，I/O 总线停止运行
23	IOBUS_PHYS_STATE_STARTUP	物理状态：I/O 总线正在启动中
24	IOBUS_PHYS_STATE_INIT	物理状态：I/O 总线正在初始化

I/O 总线检测指令 IOBusState 的编程格式及程序数据、数据添加项的要求如下。

```
IOBusState BusName, State [\Phys] | [\Logic]
```

BusName：需要检测的 I/O 总线名称，数据类型为 string。

State：总线状态存储数据名称，数据类型为 busstate。该数据用来存储 I/O 总线检测结果，如果未指定添加项\Phys 或\Logic，则可获得表 5.1-5 中的 I/O 总线运行状态 0～4。

\Phys 或\Logic：I/O 总线的物理状态或逻辑状态检测，数据类型为 switch。在增加添加项\Phys 后，可获得表 5.1-5 中的 I/O 总线物理状态 20～24；在增加添加项\Logic 后，可获得表 5.1-5 中的 I/O 总线逻辑状态 10～11。

I/O 总线检测指令 IOBusState 的检测结果一般作为 IF、TEST 等指令的判断条件、测试数据，指令的编程示例如下。

```
VAR busstate bstate ;                          // 定义I/O总线状态存储变量bstate
  ……
IOBusState "IBS", bstate ;                     // I/O总线的运行状态测试
TEST bstate
  CASE BUSSTATE_RUN:
  ……
  IOBusState "IBS", bstate \Phys ;             // I/O总线的物理状态测试
TEST bstate
```

```
  CASE IOBUS_PHYS_STATE_RUNNING:
  ……
  IOBusState "IBS", bstate \Logic ;           // I/O 总线的逻辑状态测试
TEST bstate
  CASE IOBUS_LOG_STATE_STARTED:
  ……
```

5.2 I/O 读写指令与函数命令编程

5.2.1 I/O 状态读入函数命令

1. 函数与功能

在 RAPID 程序中，系统 I/O 信号的当前状态可通过 I/O 状态读入函数命令在程序中进行读取或检查；也可成组读取 DI/DO 信号状态；可通过命令参数指定 DI/DO 信号（组）名称。

I/O 状态读入函数命令的名称及编程格式如表 5.2-1 所示。

表 5.2-1 I/O 信号状态读入函数命令的名称及编程格式

名称	编程格式与示例		
DI 状态读入	DInput	命令参数	Signal
	编程示例	flag1:= DInput(di1)；或：flag1:= di1；	
DO 状态读入	DOutput	命令参数	Signal
	编程示例	flag1:= DOutput(do1)；	
AI 数值读入	AInput	命令参数	Signal
	编程示例	reg1:= AInput(current)；或：reg1:= current；	
AO 数值读入	AOutput	命令参数	Signal
	编程示例	reg1:= AOutput(current)；	
16 点 DI 状态成组读入	GInput	命令参数	Signal
	编程示例	reg1:= GInput(gi1)；或：reg1:= gi1；	
32 点 DI 状态成组读入	GInputDnum	命令参数	Signal
	编程示例	reg1:= GInputDnum (gi1)；	
16 点 DO 状态成组读入	GOutput	命令参数	Signal
	编程示例	reg1:= GInput(go1)；	
32 点 DO 状态成组读入	GOutputDnum	命令参数	Signal
	编程示例	reg1:= GOutputDnum (go1)；	
DI 状态检测	TestDI	命令参数	Signal
	编程示例	IF TestDI (di2) SetDO do1, 1； IF NOT TestDI (di2) SetDO do2, 1； IF TestDI (di1) AND TestDI(di2) SetDO do3, 1；	

DI 状态读入函数命令、AI 数值读入函数命令 DInput、AInput 及 16 点 DI 状态成组读入函数命令 GInput 为早期系统遗留命令，在现行系统中可直接用程序参数表示，例如，程序参数 di1 可替代命令 DInput(di1)、current 可替代命令 AInput(current)、gi1 可直接替代命令 GInput(gi1)等。其他函数命令的编程要求和编程示例如下。

2. DI/DO 状态读入函数命令

DI/DO 状态读入函数命令用来读入参数指定的 DI/DO 信号状态，命令的执行结果为 dionum 型数据，数值为“0”或“1”。命令的编程格式及参数要求如下，在现行系统中，可直接用参数 Signal 替代 DInput(Signal)。

```
DInput(Signal) ; 或: Signal ;                  // DI 信号状态读入
DOutput(Signal) ;                               // DO 信号状态读入
```

Signal：DI/DO 信号名称，DI 状态读入函数命令的数据类型为 signaldi、DO 状态读入函数命令的数据类型为 signaldo。

DI/DO 状态读入函数命令的编程示例如下。

```
flag1:= di1 ;                                   // 读入 di1 信号状态
flag2:= DOutput(do1) ;                          // 读入 do1 信号状态
......
IF di2 = 1 THEN                                 // 将 di2 状态用作 IF 指令的判断条件
......
IF DOutput(do2) = 1 THEN                        // 将 do2 状态用作 IF 指令的判断条件
......
```

3. AI/AO 数值读入函数命令

AI/AO 数值读入函数命令用来读入指定 AI/AO 通道的模拟量输入/输出值，命令的执行结果为 num 型数据。命令的编程格式及参数要求如下，在现行系统中，可直接用参数 Signal 替代 AInput(Signal)。

```
AInput(Signal) ; 或: Signal ;                  // AI 数值读入
AOutput(Signal) ;                               // AO 数值读入
```

Signal：AI/AO 信号名称，AI 数值读入函数命令的数据类型为 signalai、AO 数值读入函数命令的数据类型为 signalao。

AI/AO 数值读入函数命令的编程示例如下。

```
reg1:= ai1 ;                                    // 读入 ai1 数值
reg2:= AOutput(ao1) ;                           // 读入 ao1 数值
......
deviation1 := 3 * ai2 + 10 ;                    // ai2 数值参与运算
deviation2 := deviation1 + reg2 ;
......
IF ai2 = 5.12 THEN                              // 将 ai2 数值用作 IF 指令的判断条件
......
IF AOutput(ao2) ≥ 10.25 THEN                    // 将 ao2 数值用作 IF 指令的判断条件
......
```

4. DI/DO 状态成组读入函数命令

DI/DO 状态成组读入函数命令用来一次性读入 8～32 点 DI/DO 信号状态，命令执行结果为 num 型数据或 dnum 型数据，num 型数据一般用来处理 1 字节、2 字节（8 点、16 点）DI/DO 信号；dnum 型数据一般用来处理 3 字节、4 字节（24 点、32 点）DI/DO 信号。

DI/DO 状态成组读入函数命令的编程格式及参数要求如下，在现行系统中，可直接用参数 Signal 替代 GInput(Signal)。

```
GInput(Signal) ; 或：Signal ;                    // 16 点 DI 状态成组读入
GInputDnum (Signal) ;                            // 32 点 DI 状态成组读入
GOutput(Signal) ;                                // 16 点 DO 状态成组读入
GOutputDnum (Signal) ;                           // 32 点 DO 状态成组读入
```

Signal：DI/DO 信号组名称，DI 状态读入函数命令的数据类型为 signalgi、DO 状态读入函数命令的数据类型为 signalgo。

DI/DO 状态成组读入函数命令的编程示例如下。

```
reg1:= gi1 ;                        // 读入 gi1 组 16 点 DI 状态
reg2:= GOutput(go1) ;               // 读入 go1 组 16 点 DI 状态
reg3:= GInputDnum (gi1) ;           // 读入 gi1 组 32 点 DI 状态
reg4:= GOutputDnum (go1) ;          // 读入 go1 组 32 点 DI 状态
……
IF gi2 = 5 THEN                     // 检查 gi2 组的 16 点 DI 状态（0…0101）
……
IF GInputDnum(gi2) = 25 THEN        // 检查 gi2 组的 32 点 DI 状态（0…01 1001）
……
```

5. DI 状态检测函数命令

DI 状态检测函数命令 TestDI 用来检测命令参数所指定的 DI 信号状态，根据 DI 信号的“1”或“0”状态，命令执行结果为 bool 型数据“TRUE”或“FALSE”。命令的编程格式及参数要求如下。

```
TestDI (Signal) ;
```

Signal：DI 信号名称，数据类型为 signaldi。

DI 状态检测函数命令 TestDI 多作为 IF 指令的判断条件使用，并可使用 NOT、AND、OR 等逻辑运算表达式，TestDI 的编程示例如下。

```
IF TestDI (di2) SetDO do1, 1 ;                   // 在 di2=1 时，do1 输出 1
IF NOT TestDI (di2) SetDO do2, 1 ;               // 在 di2=0 时，do2 输出 1
IF TestDI (di1) AND TestDI(di2) SetDO do3, 1 ;   // 在 di1、di2 同时为 1 时，do3 输出 1
……
```

5.2.2 DO/AO 输出指令

1. 指令与功能

在 RAPID 程序中，DO 信号状态、AO 信号输出值均可通过 DO/AO 输出（写）指令定义；可通过程序数据指定 DO/AO 信号名称。对于 DO 信号，不仅可进行多 DO 信号状态的成组输出，也可用状态取反、脉冲、时延、同步等方式进行 DO 信号状态输出。

DO/AO 输出指令的名称及编程格式如表 5.2-2 所示，指令的编程要求和编程示例如下。

表 5.2-2 DO/AO 输出指令的名称及编程格式

名称		编程格式与示例		
输出控制	DO 信号 ON	Set	程序数据	Signal
			指令添加项	—
		编程示例	Set do15 ;	
	DO 信号 OFF	Reset	程序数据	Signal

续表

<table>
<tr><th colspan="3">名称</th><th colspan="2">编程格式与示例</th></tr>
<tr><td rowspan="5">输出控制</td><td rowspan="2">DO 信号 OFF</td><td>Reset</td><td>指令添加项</td><td>—</td></tr>
<tr><td>编程示例</td><td colspan="2">Reset do15 ;</td></tr>
<tr><td rowspan="3">DO 信号取反</td><td rowspan="2">InvertDO</td><td>程序数据</td><td>Signal</td></tr>
<tr><td>指令添加项</td><td>—</td></tr>
<tr><td>编程示例</td><td colspan="2">InvertDO do15 ;</td></tr>
<tr><td colspan="2" rowspan="3">脉冲输出</td><td rowspan="2">PulseDO</td><td>程序数据</td><td>Signal</td></tr>
<tr><td>指令添加项</td><td>\High，\PLength</td></tr>
<tr><td>编程示例</td><td colspan="2">PulseDO do15 ;
PulseDO\High do3 ;
PulseDO\PLength:=1.0, do3 ;</td></tr>
<tr><td rowspan="9">输出设置</td><td rowspan="3">DO 信号状态设置</td><td rowspan="2">SetDO</td><td>程序数据</td><td>Signal，Value</td></tr>
<tr><td>指令添加项</td><td>\SDelay，\Sync</td></tr>
<tr><td>编程示例</td><td colspan="2">SetDO do15, 1 ;
SetDO \SDelay := 0.2, do15, 1 ;
SetDO \Sync ,do1, 0 ;</td></tr>
<tr><td rowspan="3">DO 信号组状态设置</td><td rowspan="2">SetGO</td><td>程序数据</td><td>Signal，Value | Dvalue</td></tr>
<tr><td>指令添加项</td><td>\SDelay</td></tr>
<tr><td>编程示例</td><td colspan="2">SetGO go2, 12 ;
SetGO \SDelay := 0.4, go2, 10 ;</td></tr>
<tr><td rowspan="3">AO 值设置</td><td rowspan="2">SetAO</td><td>程序数据</td><td>Signal，Value</td></tr>
<tr><td>指令添加项</td><td>—</td></tr>
<tr><td>编程示例</td><td colspan="2">SetAO ao2, 5.5 ;</td></tr>
</table>

2. 输出控制指令

输出控制指令用来定义指定 DO 点的信号输出状态，信号输出状态可为 ON（1）、OFF（0）或对现行信号输出状态取反。输出控制指令的编程格式及程序数据的要求如下。

```
Set Signal ;                                  // DO 信号 ON
Reset Signal ;                                // DO 信号 OFF
InvertDO Signal ;                             // DO 信号取反
```

Signal：DO 信号名称，数据类型为 signaldo。

DO 信号输出控制指令的编程示例如下。

```
Set do2 ;                         // do2 输出 ON
Reset do15 ;                      // do15 输出 OFF
InvertDO do10 ;                   // do10 输出状态取反
……
```

3. 脉冲输出指令

执行脉冲输出指令 PulseDO 可在指定的 DO 点上输出脉冲信号，输出脉冲宽度、输出脉冲形式可通过指令添加项定义。

PulseDO 的编程格式及指令添加项、程序数据的要求如下。

```
PulseDO [ \High, ] [ \PLength, ] Signal ;
```

Signal：DO 信号名称，数据类型为 signaldo。在未使用指令添加项\High 时，执行 PulseDO 的脉冲信号输出如图 5.2-1（a）所示，脉冲的形状与指令执行前的 DO 信号状态有关：如果指令执行前 DO 信号状态为“0”，则会产生一个正脉冲，可通过指令添加项\PLength 指定脉冲宽度，在未使用指令添加项\PLength 时，系统默认的脉冲宽度为 0.2s；如果指令执行前 DO 信号状态为“1”，则会产生一个负脉冲，可通过指令添加项\PLength 指定脉冲宽度，在未使用指令添加项\PLength 时，系统默认的脉冲宽度为 0.2s。

\PLength：输出脉冲宽度，数据类型为 num，单位为 s，允许输入范围为 0.001～2000。在省略该指令添加项时，系统默认的脉冲宽度为 0.2s。

\High：输出脉冲形式定义，数据类型为 switch。如果增加指令添加项\High，则将规定输出脉冲信号只能为“1”状态，故而，实际输出脉冲信号有图 5.2-1（b）所示的两种情况：如果指令执行前 DO 信号状态为“0”，则会产生一个正脉冲，可通过指令添加项\PLength 指定脉冲宽度，在未使用指令添加项\PLength 时，系统默认的脉冲宽度为 0.2s；如果指令执行前 DO 信号状态为“1”，则“1”状态将保持\PLength 指定的时间，在未使用指令添加项\PLength 时，系统默认的保持时间为 0.2s。

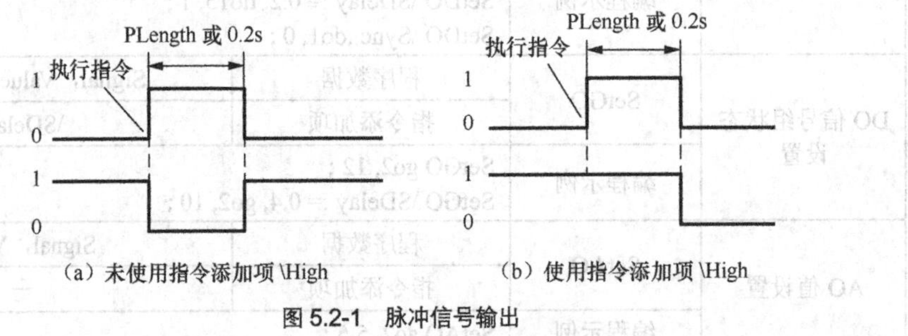

（a）未使用指令添加项 \High　　（b）使用指令添加项 \High

图 5.2-1　脉冲信号输出

PulseDO 的编程示例如下。

```
PulseDO do15 ;                          // do15 输出脉冲宽度为 0.2s 的脉冲信号
PulseDO \PLength :=1.0, do2 ;           // do2 输出脉冲宽度为 1s 的脉冲信号
PulseDO \High, do3 ;                    // do3 输出脉冲宽度为 0.2s 的脉冲信号，或保
持“1”状态的时间为 0.2s
……
```

4. 输出设置指令

输出设置指令不仅可用来控制 DO 信号状态、AO 信号输出值，且可通过指令添加项定义时延、同步等控制参数，还可用于 DO 信号状态的成组输出（GO 信号组状态输出）。

输出设置指令的编程格式及指令添加项、程序数据的要求如下。

```
SetDO [ \SDelay, ] | [ \Sync, ] Signal, Value ;    // DO 信号状态输出设置
SetAO Signal, Value ;                               // AO 信号状态输出设置
SetGO [ \SDelay , ] Signal, Value | Dvalue ;       // DO 信号状态的成组输出设置
```

Signal：输出信号名称，SetDO 的数据类型为 signaldo；SetAO 的数据类型为 signalao；SetGO 的数据类型为 signalgo。

Value 或 Dvalue：输出值，SetDO 的数据类型为 dionum（0 或 1）；SetAO 的数据类型为 num；SetGO 的数据类型为 num 或 dnum。

\SDelay：输出时延，数据类型为 num，单位为 s，允许输入范围为 0.001～2000。系统

在输出时延阶段，可继续执行后续的其他指令，时延到达后改变输出信号状态。如果在输出时延期间再次出现了同一输出信号的设置指令，则前一指令的执行被自动取消，系统直接执行最后一条输出设置指令。

\Sync：同步控制，数据类型为 switch。在增加指令添加项\Sync 后，系统在执行输出设置指令时，需要确认 DO 信号的实际输出状态已发生改变，之后才能继续执行下一指令；如果无指令添加项\Sync，则系统不需要等待 DO 信号的实际输出状态发生变化。

输出设置指令的编程示例如下。

```
VAR dionum off := 0 ;                    // 定义程序数据
VAR dionum high := 1 ;
……
SetDO do1, 1 ;                           // 设定输出 do1 为 1
SetDO do2, off ;                         // 设定输出 do2 为 0
SetDO \SDelay := 0.5, do3, high ;        // 时延 0.5s 后，设定输出 do3 为 1
SetDO \Sync ,do4, 0 ;                    // 设定输出 do4 为 0，并确认实际输出状态
……
SetAO ao1, 5.5 ;                         // 设定 ao1 模拟量输出值为 5.5
……
SetGO go1, 12 ;                          // 设定输出组 go1 为 0…0 1100
SetGO\SDelay := 0.5, go2, 10 ;           // 时延 0.5s 后，将设定输出组 go2 为 0…0 1010
……
```

5.2.3 I/O 读写等待指令

1. 指令与功能

在 RAPID 程序中，DI/DO、AI/AO 或 GI/GO 组信号的状态可用来控制程序的执行过程，使得程序只有在满足指定的条件后，才能继续执行下一指令；否则，将进入程序暂停执行的等待状态。

I/O 读写等待指令的名称及编程格式如表 5.2-3 所示，其编程要求和编程示例如下。

表 5.2-3 I/O 读写等待指令的名称及编程格式

名称	编程格式与示例		
DI 读入等待	WaitDI	程序数据	Signal，Value
		指令添加项	—
		数据添加项	\MaxTime，\TimeFlag
	编程示例	WaitDI di4, 1; WaitDI di4, 1\ MaxTime:=2 ; WaitDI di4, 1\ MaxTime:=2\ TimeFlag:= flag1 ;	
DO 输出等待	WaitDO	程序数据	Signal，Value
		指令添加项	—
		数据添加项	\MaxTime，\TimeFlag
	编程示例	WaitDI do4, 1; WaitDI do4, 1\ MaxTime:=2 ; WaitDI do4, 1\ MaxTime:=2\ TimeFlag:= flag1 ;	

续表

名称	编程格式与示例		
AI 读入等待	WaitAI	程序数据	Signal，Value
		指令添加项	—
		数据添加项	\LT | \GT，\MaxTime，\ValueAtTimeout
	编程示例		WaitAI ai1, 5 ; WaitAI ai1, \GT, 5 ; WaitAI ai1, \LT, 5 \MaxTime:=4 ; WaitAI ai1, \LT, 5 \MaxTime:=4 \ValueAtTimeout:= reg1 ;
AO 输出等待	WaitAO	程序数据	Signal，Value
		指令添加项	—
		数据添加项	\LT | \GT，\MaxTime，\ValueAtTimeout
	编程示例		WaitAO ao1, 5 ; WaitAO ao1, \GT, 5 ; WaitAO ao1, \LT, 5 \MaxTime:=4 ; WaitAO ao1, \LT, 5 \MaxTime:=4 \ValueAtTimeout:= reg1 ;
GI 读入等待	WaitGI	程序数据	Signal，Value | Dvalue
		指令添加项	—
		数据添加项	\NOTEQ、\LT | \GT，\MaxTime，\TimeFlag
	编程示例		WaitGI gi1, 5 ; WaitGI gi1, \NOTEQ, 0 ; WaitGI gi1, 5\MaxTime := 2 ; WaitGI gi1, \NOTEQ, 0\MaxTime := 2 ;
GO 输出等待	WaitGO	程序数据	Signal，Value | Dvalue
		指令添加项	—
		数据添加项	\NOTEQ、\LT | \GT，\MaxTime， \ValueAtTimeout | \DvalueAtTimeout
	编程示例		WaitGO go1, 5 ; WaitGO go1, \NOTEQ, 0 ; WaitGO go1, 5\MaxTime := 2 ; WaitGO go1, \NOTEQ, 0\MaxTime := 2\ValueAtTimeout := reg1 ;

2. DI/DO 读写等待指令

DI/DO 读写等待指令可通过系统对指定 DI/DO 点的信号状态检查来决定是否继续执行程序；如果需要，指令还可通过增加数据添加项来规定最长等待时间、生成超时标志等。

DI/DO 读写等待指令的编程格式及指令添加项、程序数据的要求如下。

```
WaitDI Signal, Value [\MaxTime] [\TimeFlag] ;          // DI 读入等待
WaitDO Signal, Value [\MaxTime] [\TimeFlag] ;          // DO 输出等待
```

Signal：DI/DO 信号名称，WaitDI 指令的数据类型为 signaldi、WaitDO 指令的数据类型为 signaldo。

Value：DI/DO 信号状态，数据类型为 dionum（0 或 1）。

\MaxTime：最长等待时间，数据类型为 num，单位为 s。在不使用本数据添加项时，

系统必须等待 DI/DO 信号状态满足条件，才能继续执行后续指令；在使用本数据添加项时，如果 DI/DO 信号状态在\MaxTime 规定的时间内未满足条件，则进行如下处理。

（1）在未定义数据添加项\TimeFlag 时，系统将发出等待超时报警（ERR_WAIT_MAXTIME），并停止执行程序。

（2）在已定义数据添加项\TimeFlag 时，则将\TimeFlag 指定的等待超时标志置为"TURE"状态，系统可继续执行后续指令。

\TimeFlag：等待超时标志，数据类型为 bool。在增加本数据添加项时，如指定的条件在\MaxTime 规定的时间内仍未被满足，则该程序数据将为"TURE"状态，系统可继续执行后续指令。

DI/DO 读写等待指令的编程示例如下。

```
VAR bool flag1 ;                                    // 定义程序数据
VAR bool flag2 ;
  ……
  WaitDI di4, 1 ;                                   // 等待 di4=1
  WaitDI di4, 1\MaxTime:=2 ;                        // 等待 di4=1，2s 后系统报警停止
  WaitDI di4, 1\MaxTime:=2\TimeFlag:= flag1 ;
                        // 等待 di4=1，2s 后 flag1 为 TURE，并执行下一指令
IF flag1 THEN
  ……
  WaitDO do4, 1;                                    // 用于 DO 信号状态输出等待，含义同上
  WaitDO do4, 1\MaxTime:=2 ;
  WaitDO do4, 1\MaxTime:=2\TimeFlag:= flag2 ;
IF flag2 THEN
  ……
```

3. AI/AO 读写等待指令

AI/AO 读写等待指令可通过系统对 AI/AO 信号的数值检查来决定程序是否继续执行；如果需要，指令还可通过增加数据添加项来增加判断条件、规定最长等待时间、保存超时瞬间当前值等。

AI/AO 读写等待指令的编程格式及指令添加项、程序数据要求如下。

```
WaitAI Signal [\LT] | [\GT] , Value [\MaxTime] [\ValueAtTimeout] ;
                                                    // 等待 AI 值满足条件
WaitAO Signal [\LT] | [\GT] , Value [\MaxTime] [\ValueAtTimeout];
                                             // 等待 AO 值满足条件
```

Signal：AI/AO 信号名称，WaitAI 指令的数据类型为 signalai、WaitAO 指令的数据类型为 signalao。

Value：AI/AO 判别值，数据类型为 num。

\LT 或\GT：判断条件，小于或大于 AI/AO 判别值，数据类型为 switch。当指令不使用数据添加项\LT 或\GT 时，直接以判别值（等于）作为判断条件。

\MaxTime：最长等待时间，数据类型为 num，单位为 s；含义同 WaitDI/WaitDO 指令。

\ValueAtTimeout：AI/AO 当前值存储数据，数据类型为 num。当 AI/AO 值在规定\MaxTime 内未满足条件时，超时瞬间的 AI/AO 当前值被保存在该程序数据中。

AI/AO 读写等待指令的编程示例如下。

```
VAR num reg1:=0 ;                              // 定义程序数据
VAR num reg2:=0 ;
……
WaitAI ai1, 5 ;                                // 等待 ai1=5
WaitAI ai1, \GT, 5 ;                           // 等待 ai1>5
WaitAI ai1, \LT, 5\MaxTime:=4 ;               // 等待 ai1<5，4s 后系统报警停止
WaitAI ai1, \LT, 5\MaxTime:=4\ValueAtTimeout:= reg1 ;
                          // 等待 ai1<5，4s 后系统报警停止，将 AI/AO 当前值保存至 reg1
……
WaitAO ao1, 5 ;                                // 用于 AO 数值输出等待，含义同上
WaitAO ao1, \GT, 5 ;
WaitAO ao1, \LT, 5\MaxTime:=4 ;
WaitAO ao1, \LT, 5\MaxTime:=4\ValueAtTimeout:= reg2 ;
……
```

4. GI/GO 读写等待指令

GI/GO 读写等待指令可通过系统对成组 DI/DO 信号（GI/GO 信号组）的信号状态检查来决定程序是否继续执行；如果需要，指令还可通过增加数据添加项来规定判断条件、规定最长等待时间、保存超时瞬间当前值等。

GI/GO 读写等待指令的编程格式及指令添加项、程序数据的要求如下。

```
WaitGI Signal, [ \NOTEQ ] | [ \LT ] | [ \GT ] , Value | Dvalue [ \MaxTime ]
       [ \ValueAtTimeout ] | [ \DvalueAtTimeout ] ;
WaitGO Signal, [\NOTEQ] | [ \LT ] | [ \GT ] , Value | Dvalue [ \MaxTime ]
       [ \ValueAtTimeout ] | [ \DvalueAtTimeout ] ;
```

Signal：GI/GO 信号名称，WaitGI 指令的数据类型为 signalgi、WaitGO 指令的数据类型为 signalgo。

Value 或 Dvalue：GI/GO 判别值，数据类型为 num 或 dnum。

\NOTEQ、\LT 或\GT：判断条件，不等于、小于或大于判别值，数据类型为 switch。在指令不使用数据添加项\NOTEQ、\LT 或\GT 时，以判别值（等于）作为判断条件。

\MaxTime：最长等待时间，数据类型为 num，单位为 s；含义同 WaitDI/WaitDO 指令。

\ValueAtTimeout 或\DvalueAtTimeout：当前值存储数据，数据类型为 num 或 dnum。当 GI/GO 信号在规定\MaxTime 内未满足条件时，超时瞬间的 GI/GO 信号当前值将被保存在该程序数据中。

GI/GO 读写等待指令的编程示例如下。

```
VAR num reg1:=0 ;                              // 定义程序数据
VAR num reg2:=0 ;
……
WaitGI gi1, 5 ;                                // 等待 gi1=0…0 0101
WaitGI gi1, \NOTEQ, 0 ;                        // 等待 gi1 不为 0
WaitGI gi1, 5\MaxTime := 2 ;                   // 等待 gi1=0…0 0101，2s 后系统报警停止
WaitGI gi1, \GT, 0\MaxTime := 2 ;              // 等待 gi1 大于 0，2s 后系统报警停止
WaitGO gi1, \GT, 0\MaxTime := 2\ValueAtTimeout := reg1 ;
                          // 等待 gi1 大于 0，2s 后系统报警停止，将当前值保存至 reg1
WaitGO go1, 5 ;                                // 用于 GO 信号状态输出等待，含义同上
```

```
WaitGO go1, \NOTEQ, 0 ;
WaitGO go1, 5\MaxTime := 2 ;
WaitGI go1, \GT, 0\MaxTime := 2 ;
WaitGO go1, \GT, 0\MaxTime := 2\ValueAtTimeout := reg2 ;
……
```

5.3 控制点输出指令编程

5.3.1 控制点与设定

1. 控制点及功能

在 PAPID 程序中，系统 I/O 信号的状态检测与信号输出，不仅可通过前述的 I/O 读写指令控制，还可在机器人进行关节插补运动、直线插补运动、圆弧插补运动的过程中进行控制，从而实现机器人移动和 I/O 控制的同步。这一功能可用于点焊机器人的焊钳开合、电极加压、焊接启动、多点连续焊接，以及弧焊机器人的引弧、熄弧等诸多控制场合。

在机器人关节插补运动轨迹、直线插补运动轨迹、圆弧插补运动轨迹上需要进行 I/O 控制的位置，被称为 I/O 控制点或触发点，简称控制点。在 RAPID 程序中，控制点不但可以是关节插补运动、直线插补运动、圆弧插补运动的目标位置，还可以是插补运动轨迹上的任意位置，两者的区别如下。

（1）目标位置控制

以关节插补运动、直线插补运动、圆弧插补运动的目标位置为控制点的 I/O 控制指令可用于系统 DO 信号、GO 信号及 AO 信号的输出控制，故直接被称为目标点输出控制指令。

在 RAPID 程序中，目标点输出控制指令不需要定义控制点，因此，指令直接以基本移动后缀输出信号的形式表示，例如，MoveJDO、MoveJAO、MoveJGO 分别为关节插补运动的目标位置 DO 信号、AO 信号、GO 信号输出指令；而 MoveLDO、MoveCAO 则为直线插补运动的目标位置 DO 信号输出指令、圆弧插补运动的目标位置 AO 信号输出指令等。

（2）任意位置控制

以机器人关节插补运动轨迹、直线插补运动轨迹、圆弧插补运动轨迹上的任意位置为控制点的 I/O 控制指令，不仅可用于 DO 信号、AO 信号、GO 信号的输出控制，还可用于 DI/DO 信号、AI/AO 信号、GI/GO 信号的状态检查和输出控制，机器人移动速度和线性变化模拟量输出控制，程序中断控制等。

除目标点输出控制功能外，其他全部 I/O 控制功能都需要通过专门的 I/O 控制插补指令来实现，并需要利用对应的控制点设定指令定义控制点及功能。在 RAPID 程序中，用于机器人关节插补运动、直线插补运动、圆弧插补运动的基本 I/O 控制插补指令分别为 TriggJ、TriggL、TriggC；指令的控制点及功能需要利用控制点设定指令事先定义。

对于机器人关节插补运动、直线插补运动的 DO 信号、AO 信号、GO 信号输出，还可使用 TriggJIOs、TriggLIOs 指令进行控制。TriggJIOs、TriggLIOs 的控制点可通过程序数据 triggios、triggstrgo、triggiosdnum 设定，指令的格式和编程要求与 TriggJ、TriggL、TriggC 有所不同，且不能用于圆弧插补运动轨迹上的 I/O 控制。

2. 控制点的设定

在 RAPID 程序中，TriggJ、TriggL、TriggC 的控制点及控制功能需要利用控制点设定指令进行定义；TriggJIOs、TriggLIOs 的控制点与功能则需要通过程序数据定义。

根据 I/O 控制功能的不同，控制点设定指令的格式、编程要求有所不同。利用控制点设定指令所创建的控制点数据，通称控制点数据，但是，由于 I/O 控制功能包括 DI/DO、AI/AO、GI/GO 信号状态检查和输出控制，机器人移动速度和线性变化模拟量输出控制，程序中断控制等多种，因此，程序数据并不能以统一的格式表示，一般也不能通过修改程序数据的方法来改变控制点和功能。然而，对于 TriggJIOs、TriggLIOs 的控制点，可直接用固定格式的程序数据进行设定和修改。

利用控制点设定指令创建的控制点数据，可通过控制点数据清除指令、控制点数据复制指令进行控制点数据的清除与复制；或者通过 RAPID 函数命令 TriggDataValid 进行控制点数据的检查与确认。

在 RAPID 程序中，控制点设定指令、控制点检查指令，函数命令，程序数据及功能如表 5.3-1 所示，指令的编程格式与要求，将结合 I/O 控制功能，在后述的内容中进行具体介绍。

表 5.3-1 I/O 控制点设定指令、控制点检查指令、函数命令，程序数据及功能

控制点设定指令、控制点检查指令		I/O 控制功能	I/O 控制插补指令
程序指令	名称		
TriggIO	固定输出控制点设定	DO/AO/GO 信号输出	TriggJ、TriggL、TriggC
TriggEquip	浮动输出控制点设定	DO/AO/GO 信号输出	TriggJ、TriggL、TriggC
TriggSpeed	机器人 TCP 速度模拟量输出设定	AO 信号输出	TriggJ、TriggL、TriggC
TriggRampAO	线性变化模拟量输出设定	AO 信号输出	TriggJ、TriggL、TriggC
TriggInt	控制点中断设定	程序中断	TriggJ、TriggL、TriggC
TriggCheckIO	I/O 检测中断设定	程序中断	TriggJ、TriggL、TriggC
TriggDataReset	控制点数据清除	清除控制点数据	—
TriggDataCopy	控制点数据复制	复制控制点数据	—
函数命令：TriggDataValid		检查控制点数据	—
程序数据：triggios、triggiosdnum		DO/AO/GO 信号输出	TriggJIOs、TriggLIOs
程序数据：triggstrgo		GO 信号输出	TriggJIOs、TriggLIOs

3. 控制点数据的清除、复制与检查

由于控制点设定指令所创建的控制点数据不能以统一的格式表示，故不能利用修改程序数据的方法来改变控制点和功能。因此，需要通过控制点数据清除指令、控制点数据复制指令进行控制点数据的清除与复制；如果需要，也可通过 RAPID 函数命令 TriggDataValid 进行控制点数据的检查与确认。

控制点数据清除指令、数据点复制指令及检查函数命令，可用于所有控制点设定指令所创建的控制点数据 triggdata，控制点数据清除指令、控制点数据复制指令及控制点数据

检查函数命令的名称及编程格式如表 5.3-2 所示，指令编程要求和编程示例统一说明如下。

表 5.3-2 控制点数据清除指令、控制点数据复制指令及控制点数据检查函数命令的名称及编程格式

名称	编程格式与示例		
控制点数据清除	TriggDataReset	程序数据	TriggData
		数据添加项	—
	编程示例		TriggDataReset gunon;
控制点数据复制	TriggDataCopy	程序数据	Source，Destination
		数据添加项	—
	编程示例		TriggDataCopy gunon1, gunon2 ;
控制点数据检查	TriggDataValid	命令参数	TriggData
		编程示例	IF TriggDataValid(T1) THEN

（1）控制点数据清除指令、控制点数据复制指令

控制点数据清除指令、控制点数据复制指令 TriggDataReset、TriggDataCopy，可用来清除、复制控制点设定指令所创建的控制点数据，指令的编程格式及程序数据含义如下。

```
TriggDataReset TriggData ;
TriggDataCopy Source, Destination ;
```

TriggData：需要清除的控制点数据名称。

Source：需要复制的控制点数据名称。

Destination：需要粘贴的控制点数据名称。

控制点数据清除指令、控制点数据复制指令 TriggDataReset、TriggDataCopy 的编程示例如下。

```
VAR triggdata gunon ;                        // 定义控制点
VAR triggdata glueflow ;
......
TriggDataCopy gunon, glueflow ;              // 将控制点 gunon 复制到 glueflow
TriggDataReset gunon ;                       // 清除控制点 gunon
......
```

（2）控制点数据检查函数命令

控制点数据检查函数命令 TriggDataValid 可用来检查控制点设定指令所创建的控制点数据的设定的正确性，命令的执行结果为 bool 型数据；如果控制点数据设定正确，则结果为 TRUE；如控制点数据未设定或设定不正确，则结果为 FALSE。

控制点数据检查函数命令 TriggDataValid 的编程格式及参数要求如下。

```
TriggDataValid (TriggData)
```

TriggData：需要检查的控制点数据名称。

控制点数据检查函数命令的执行结果一般作为 IF 指令的判断条件，命令的编程示例如下。

```
VAR triggdata gunon ;                             // 定义控制点
TriggIO gunon, 1.5\Time\DOp:=do1, 1 ;             // 设定控制点 gunon
......
IF TriggDataValid(gunon) THEN                     // 检查控制点 gunon
......
```

5.3.2　移动目标点输出指令

1. 指令与功能

以关节插补运动、直线插补运动、圆弧插补运动的目标位置作为控制点的目标点输出控制指令，可以直接用于 DO 信号、AO 信号或 GO 信号的输出，目标点输出控制指令直接以基本移动后缀输出信号的形式表示。

当以移动目标位置作为控制点时，DO 信号、AO 信号或 GO 信号将在移动指令执行完成、机器人到达插补运动目标位置时输出。对于图 5.3-1 所示的 $p1 \to p2 \to p3$ 连续移动轨迹，如果 $p1 \to p2$ 的移动采用的是移动目标点输出指令，其 DO 信号、AO 信号或 GO 信号将在拐角抛物线的中间点输出。

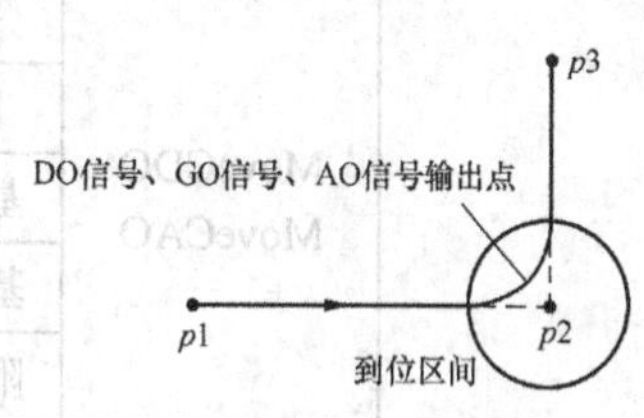

图 5.3-1　连续移动时的信号输出点

移动目标点输出指令的名称及编程格式如表 5.3-3 所示，编程要求和示例如下。

表 5.3-3　移动目标点输出指令的名称及编程格式

名称	编程格式与示例		
关节插补	MoveJDO MoveJAO	基本程序数据	ToPoint，Speed，Zone，Tool
		附加程序数据	Signal，Value
		基本指令添加项	—
		基本数据添加项	\ID，\T，\WObj，\TLoad
		附加数据添加项	—
	MoveJGO	基本程序数据	ToPoint，Speed，Zone，Tool
		附加程序数据	Signal
		基本指令添加项	—
		基本数据添加项	\ID，\T，\WObj，\TLoad
		附加数据添加项	\Value | \DValue
	编程示例	MoveJDO p1, v1000, z30, tool2, do1, 1 ; MoveJAO p1, v1000, z30, tool2, ao1, 5.2 ; MoveJGO p1, v1000, z30, tool2, go1 \Value:=5 ;	
直线插补	MoveLDO MoveLAO	基本程序数据	ToPoint，Speed，Zone，Tool
		附加程序数据	Signal，Value
		基本指令添加项	—
		基本数据添加项	\ID，\T，\WObj，\TLoad
		附加数据添加项	—
	MoveLGO	基本程序数据	ToPoint，Speed，Zone，Tool
		附加程序数据	Signal
		基本指令添加项	

续表

<table>
<tr><th>名称</th><th colspan="3">编程格式与示例</th></tr>
<tr><td rowspan="3">直线插补</td><td rowspan="2">MoveLGO</td><td>基本数据添加项</td><td>\ID，\T，\WObj，\TLoad</td></tr>
<tr><td>附加数据添加项</td><td>\Value | \DValue</td></tr>
<tr><td>编程示例</td><td colspan="2">MoveLDO p1, v500, z30, tool2, do1, 1 ;
MoveLAO p1, v500, z30, tool2, ao1, 5.2 ;
MoveLGO p1, v500, z30, tool2, go1 \Value:=5 ;</td></tr>
<tr><td rowspan="11">圆弧插补</td><td rowspan="5">MoveCDO
MoveCAO</td><td>基本程序数据</td><td>CirPoint，ToPoint，Speed，Zone，Tool</td></tr>
<tr><td>附加程序数据</td><td>Signal，Value</td></tr>
<tr><td>基本指令添加项</td><td>—</td></tr>
<tr><td>基本数据添加项</td><td>\ID，\T，\WObj，\TLoad</td></tr>
<tr><td>附加数据添加项</td><td>—</td></tr>
<tr><td rowspan="5">MoveCGO</td><td>基本程序数据</td><td>ToPoint，Speed，Zone，Tool</td></tr>
<tr><td>附加程序数据</td><td>Signal</td></tr>
<tr><td>基本指令添加项</td><td>—</td></tr>
<tr><td>基本数据添加项</td><td>\ID，\T，\WObj，\TLoad</td></tr>
<tr><td>附加数据添加项</td><td>\Value | \DValue</td></tr>
<tr><td>编程示例</td><td colspan="2">MoveCDO p1, p2, v500, z30, tool2, do1, 1 ;
MoveCAO p1, p2, v500, z30, tool2, ao1, 5.2 ;
MoveCGO p1, p2, v500, z30, tool2, go1 \Value:=5 ;</td></tr>
</table>

2. 编程要求与示例

移动目标点输出指令的机器人移动过程、基本程序数据及添加项含义均与基本移动指令相同，有关内容可参见第 3 章，但两者的添加项的编程位置稍有不同。关节插补、直线插补、圆弧插补移动目标点输出指令的编程格式和要求如下。

关节插补移动目标点输出指令的编程格式如下。

```
MoveJDO ToPoint [\ID], Speed [\T], Zone, Tool [\WObj], Signal, Value[\TLoad] ;
MoveJAO ToPoint [\ID], Speed [\T], Zone, Tool [\WObj], Signal, Value[\TLoad] ;
MoveJGO ToPoint [\ID], Speed[\T], Zone, Tool [\WObj], Signal[\Value]|[\DValue] [\TLoad] ;
```

直线插补移动目标点输出指令的编程格式如下。

```
MoveLDO ToPoint [\ID], Speed [\T], Zone, Tool [\WObj], Signal, Value[\TLoad] ;
MoveLAO ToPoint [\ID], Speed [\T], Zone, Tool [\WObj], Signal, Value[\TLoad] ;
MoveLGO ToPoint [\ID], Speed [\T], Zone, Tool [\WObj], Signal[\Value]|[\DValue] [\TLoad] ;
```

圆弧插补移动目标点输出指令的编程格式如下。

```
MoveCDO CirPoint, ToPoint [\ID], Speed [\T], Zone, Tool [\WObj], Signal, Value [\TLoad] ;
MoveCAO CirPoint, ToPoint [\ID], Speed [\T], Zone, Tool [\WObj], Signal, Value [\TLoad] ;
MoveCGO CirPoint, ToPoint [\ID], Speed [\T], Zone, Tool [\WObj], Signal [\Value] | [\DValue] [\TLoad] ;
```

移动目标点输出指令的附加程序数据 Signal、Value 及添加项\Value 或\Dvalue 用来指定输出信号名称、输出值，其含义及编程要求如下。

Signal：DO 信号、AO 信号或 GO 信号名称，MoveJDO 的数据类型为 signaldo，MoveJAO 的数据类型为 signalao，MoveJGO 的数据类型为 signalgo。

Value：DO、AO 信号输出值，DO 信号的数据类型为 dionum，AO 信号的数据类型为 num。

\Value 或\Dvalue：GO 信号的输出值，数据类型为 num 或 dnum。

移动目标点输出指令的编程示例如下。

```
MoveJDO p1, v1000, fine, tool2, do1, 1 ;          // 在终点 p1 输出 do1=1
Reset do0 ;                                       // 非移动指令
MoveLAO p2, v1000, z30, tool2, ao1, 5.2 ;         // 在 p2 拐角中间点输出 ao1=5.2
MoveC p3, p4, v500, fine, tool2 ao1, 6;           // 在 p4 拐角中间点输出 ao1=6
MoveLAO p5, v1000, z30, tool2 ;                   // 连续移动指令
MoveJGO p6, v1000, z30, tool2, go1 \Value:=6 ;   // 输出组 go1= 0…0 0110
……
```

5.3.3 输出控制点设定

1. 控制点输出功能

输出控制点是在机器人关节插补运动轨迹、直线插补运动轨迹、圆弧插补运动轨迹上用来输出 DO 信号、AO 信号或 GO 信号的位置。在 RAPID 程序中，用于 DO 信号、AO 信号或 GO 信号输出的 I/O 控制插补指令有 TriggJ、TriggL、TriggC 及 TriggJIOs、TriggLIOs 两类，两类指令的输出控制点设定方式有所不同。

（1）TriggJ、TriggL、TriggC 的输出控制点设定

TriggJ、TriggL、TriggC 的输出控制点需要通过输出控制点设定指令 TriggIO、TriggEquip 进行设定，指令所创建的控制点数据可通过前述的控制点数据清除指令 TriggDataReset、控制点数据复制指令 TriggDataCopy 来进行控制点数据的清除与复制；或者通过 RAPID 函数命令 TriggDataValid 进行控制点数据的检查与确认。

TriggJ、TriggL、TriggC 的输出控制点设定指令的名称及编程格式如表 5.3-4 所示。

表 5.3-4 输出控制点设定指令的名称及编程格式

名称	编程格式与示例		
固定输出控制点设定	TriggIO	程序数据	TriggData，Distance，SetValue | SetDvalue
		数据添加项	\Start | \Time，\DOp | \GOp | \AOp | \ProcID，\DODelay
	编程示例	TriggIO gunon, 0.2\Time\DOp:=gun, 1 ;	
浮动输出控制点设定	TriggEquip	程序数据	TriggData，Distance，EquipLag，SetValue | SetDvalue
		数据添加项	\Start，\DOp | \GOp | \AOp | \ProcID，\Inhib
	编程示例	TriggEquip gunon, 10, 0.1 \DOp:=gun, 1 ;	

（2）TriggJIOs、TriggLIOs 的输出控制点设定

TriggJIOs、TriggLIOs 的输出控制点需要通过程序数据 triggios、triggiosdnum、triggstrgo 进行设定，程序数据具有统一的格式，并可利用程序数据定义的方法对程序数据进行定义或

修改，改变输出控制点位置及控制要求。

TriggJ、TriggL、TriggC 的输出控制点设定指令及 TriggJIOs、TriggLIOs 的输出控制点的设定方法、编程要求和编程示例如下。

2. 输出控制点设定指令

执行输出控制点设定指令 TriggIO、TriggEquip，以进行 TriggJ、TriggL、TriggC 的 DO 信号、AO 信号或 GO 信号输出位置及功能的设定。输出控制点设定如图 5.3-2 所示。

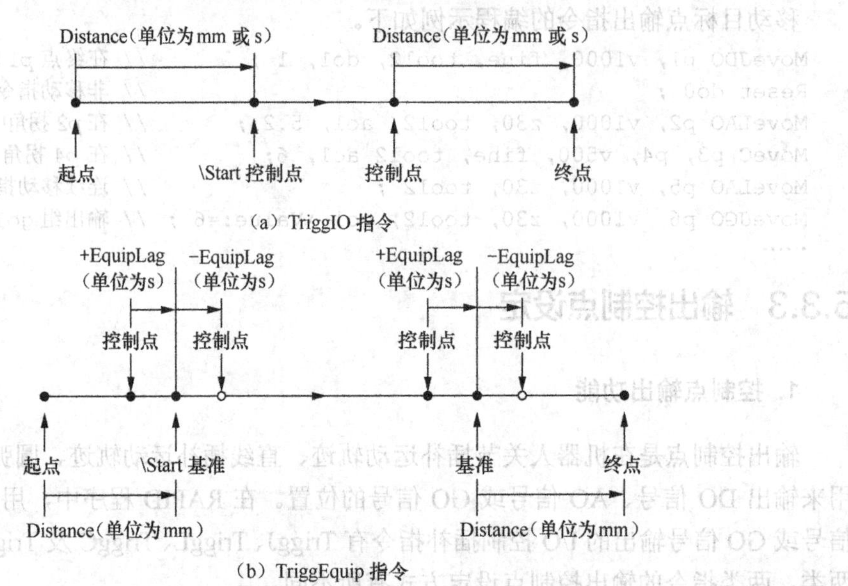

图 5.3-2　输出控制点设定

TriggIO 指令以图 5.3-2（a）所示的 TriggJ、TriggL、TriggC 终点或起点（\Start）为基准，通过程序数据 Distance 设定的距离或移动时间（\Time）来定义输出控制点的位置。

TriggEquip 指令以图 5.3-2（b）所示的位于 TriggJ、TriggL、TriggC 移动轨迹上的与终点或起点（\Start）之间的距离为指定距离（Distance）的位置为基准，通过补偿外设动作的机器人实际移动时间（EquipLag）设定来定义输出控制点的位置。

由于移动指令的起点或终点在系统中具有固定的值，而移动轨迹上的指定点只是运动经过的虚拟点，因此，在需要准确定义输出控制点的位置时，应使用 TriggIO。

输出控制点设定指令 TriggIO、TriggEquip 的编程格式及添加项、程序数据的含义如下。

```
TriggIO  TriggData, Distance [ \Start ] | [ \Time ] [ \DOp] | [\GOp] | [\AOp ]
        | [ \ProcID ],SetValue | SetDvalue [ \DODelay ] ;
TriggEquip TriggData, Distance [ \Start ], EquipLag [ \DOp] | [\GOp] | [ \AOp ]
        | [ \ProcID],SetValue | SetDvalue [ \Inhib ] ;
```

TriggData：控制点名称，数据类型为 triggdata。控制点可用于后述 TriggJ、TriggL、TriggC 的 DO 信号、AO 信号或 GO 信号输出控制。

Distance：输出控制点位置（在使用 TriggIO 的情况下）或基准位置（在使用 TriggEquip 的情况下），数据类型为 num。TriggIO 可使用添加项\Time 或\Start，在无添加项时，Distance 为控制点与终点之间的绝对距离（单位为 mm）；在使用添加项\Start 时，Distance 的基准位置为起点；在使用添加项\Time 时，Distance 为从输出控制点到基准位置的机器人移动时间（单位为 s）。TriggEquip 只能使用添加项\Start，Distance 为基准位置与起点或终点之间的绝对距离（单位为 mm）。

SetValue 或 SetDvalue：DO 信号、AO 信号、GO 信号输出值，数据类型为 num。

EquipLag：补偿外设动作的机器人实际移动时间（仅在使用 TriggEquip 的情况下），数据类型为 num，单位为 s。当 EquipLag 为正时，输出控制点将位于超前于 Distance 的基准位置的位置；当 EquipLag 为负时，输出控制点将位于滞后于 Distance 基准位置的位置。

\Start 或\Time：基准位置或机器人移动时间，数据类型为 switch。在不使用添加项\Start 时，Distance 以移动指令的终点为基准位置；在使用添加项\Start 时，Distance 以移动指令的起点为基准位置。在使用添加项\Time 时（在使用 TriggIO 指令的情况下），Distance 为机器人实际移动时间（单位为 s）。

\DOp、\GOp 或\AOp：需要输出的 DO 信号、GO 信号、AO 信号名称，数据类型为 signaldo、signalgo 或 signalao，在增加添加项后，可以在输出控制点上输出对应的 DO 信号、GO 信号或 AO 信号。

\DODelay：DO 信号、AO 信号、GO 信号的输出时延，数据类型为 num，单位为 s。

\ProcID：调用的 IPM 程序号，数据类型为 num。用户不能使用该添加项。

输出控制点设定指令 TriggIO、TriggEquip 的编程示例如下，程序所实现的控制点输出功能如图 5.3-3 所示。

```
VAR triggdata gunon ;                              // 定义控制点
VAR triggdata glueflow ;
……
TriggIO gunon, 1\Time\DOp:=do1, 1 ;                // 设定固定输出控制点 gunon
TriggEquip glueflow, 20\Start, 0.5\AOp:=ao1, 5.3 ; // 设定浮动输出控制点 glueflow
……
TriggL p1, v500, gunon, fine, gun1 ;               // 在 gunon 上输出 do1=1
TriggL p2, v500, glueflow, z50, tool1 ;            // 在 glueflow 上输出 ao1=5.3
……
```

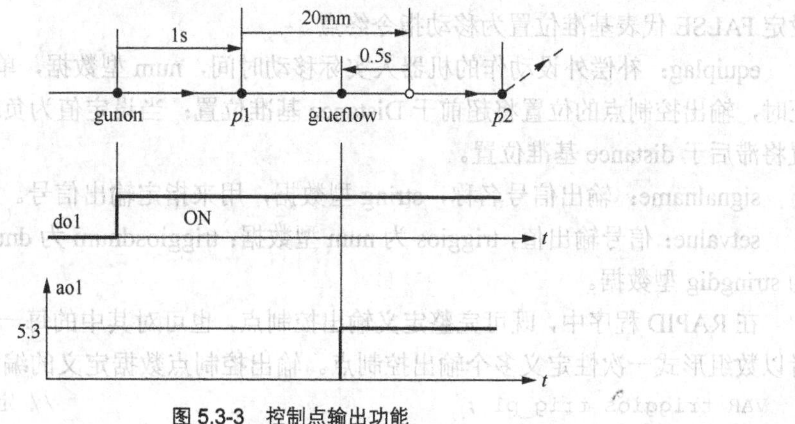

图 5.3-3 控制点输出功能

3. 程序数据定义

TriggJIOs、TriggLIOs 的 DO 信号、AO 信号或 GO 信号的输出位置，可通过程序数据

triggios、triggiosdnum、triggstrgo 定义，程序数据具有统一的格式，因此，可以利用常规的方法，通过对程序数据进行设定或修改来改变控制点的位置及功能。在 RAPID 程序中，通常以数组的形式定义程序数据 triggios、triggiosdnum、triggstrgo。

程序数据 triggios、triggiosdnum 用于 DO 信号、AO 信号或 GO 信号的输出控制点定义，程序数据 triggios 的信号输出值用 num 型数据设定，程序数据 triggiosdnum 的信号输出值用 dnum 型数据设定。程序数据 triggstrgo 只能用于 GO 信号的输出控制点定义，信号输出值用 stringdig 型数据设定。

程序数据 triggios、triggiosdnum、triggstrgo 的基本格式如下，程序数据的名称可由用户自由定义为 gun1。

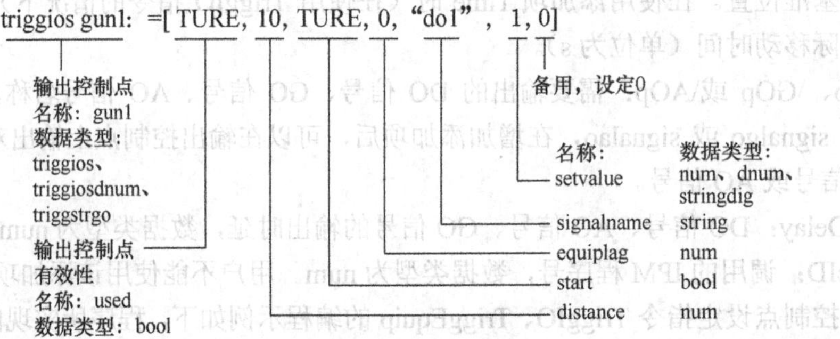

triggios、triggiosdnum、triggstrgo 型数据由 bool 型数据 used、start，num 型数据 distance、equiplag，string 型数据 signalname 及 setvalue（数据类型可为 num、dnum、stringdig）复合而成；数据项的含义如下，有关说明可参见前述的输出控制点定义。

used：输出控制点有效性，bool 型数据，TURE 代表输出控制点有效；FALSE 代表输出控制点无效。

distance：控制点位置，num 型数据，单位为 mm。设定值为输出控制点与基准位置之间的距离。

start：distance 的基准位置，bool 型数据，设定 TURE 代表基准位置为移动指令起点；设定 FALSE 代表基准位置为移动指令终点。

equiplag：补偿外设动作的机器人实际移动时间，num 型数据，单位为 s。当设定值为正时，输出控制点的位置将超前于 Distance 基准位置；当设定值为负时，输出控制点的位置将滞后于 distance 基准位置。

signalname：输出信号名称，string 型数据，用来指定输出信号。

setvalue：信号输出值，triggios 为 num 型数据；triggiosdnum 为 dnum 型数据；triggstrgo 为 stringdig 型数据。

在 RAPID 程序中，既可完整定义输出控制点，也可对其中的每一项进行单独修改，或者以数组形式一次性定义多个输出控制点。输出控制点数据定义的编程示例如下。

```
VAR triggios trig_p1 ;                                  // 定义输出控制点
VAR triggiosdnum trig_p2 ;
VAR triggstrgo trig_p3 ;
……
trig_p1 := [ TRUE, 5, FALSE, 0, "do1",1, 0 ] ;       // 完整定义
trig_p2:= [ TRUE, 10, TRUE, 0, "go3", 4294967295, 0 ] ;
```

```
trig_p3 := [ TRUE, 15, TRUE, 0, "go2", "800000", 0 ] ;
……
trig_p1.distance:=10 ;                          // 逐项定义或修改
trig_p1.start:=TRUE ;
……
VAR triggios trig_A1{3} := [ [TRUE, 3, FALSE, 0, "do1", 1, 0],
                             [TRUE, 15, TRUE, 0, "ao1", 10, 0],
                             [TRUE, 3, TRUE, 0, "go1", 55, 0] ] ;
                                                // 以数组形式进行定义
VAR triggiosdnum trig_A2{3}:= [ [TRUE, 10, TRUE, 0, "do2", 1, 0],
                                [TRUE, 10, TRUE, 0, "ao2", 5, 0],
                                [TRUE, 10, TRUE, 0,"go3", 4294967295, 0] ] ;
VAR triggstrgo trig_A3{3}:= [ [TRUE, 3, TRUE, 0, "go2", "1",0],
                              [TRUE, 15, TRUE, 0, "go2", "800000", 0],
                              [TRUE, 4, FALSE, 0, "go2", "4294967295", 0] ] ;
……
trig_A1{1}.start:= TRUE ;                       // 对数组进行逐项定义或修改
trig_A1{1}.equiplag :=0.5
……
```

5.3.4 控制点输出指令

1. 指令与功能

RAPID 控制点输出指令可在机器人关节插补运动轨迹、直线插补运动轨迹、圆弧插补运动轨迹的任意位置上，输出控制点设定指令所设定的 DO 信号、AO 信号或 GO 信号。有 TriggJ、TriggL、TriggC 及 TriggJIOs、TriggLIOs 两类指令，上述两类指令的输出控制点的定义方式、使用要求有所不同。

利用 TriggJ、TriggL、TriggC，机器人可在关节插补运动、直线插补运动、圆弧插补运动到达指定的输出控制点时，输出控制点设定指令所定义的 DO 信号、AO 信号或 GO 信号。TriggJ、TriggL、TriggC 的输出控制点，需要通过前述的 TriggIO、TriggEquip 设定；在每一条指令所指定的插补运动轨迹中，最多允许存在 8 个输出控制点，对于大于 8 个输出控制点的插补运动轨迹，则需要分段编程。

利用 TriggJIOs、TriggLIOs，机器人同样可在关节插补运动、直线插补运动到达指定的输出控制点时，输出控制点设定指令所定义的 DO 信号、AO 信号或 GO 信号，但圆弧插补运动不能使用本方式。对于 TriggJIOs、TriggLIOs 的输出控制点，需要通过程序数据 triggios、triggstrgo、triggiosdnum 定义（数组），每一条 TriggJIOs、TriggLIOs 指令所指定的插补运动轨迹，最多可以有 50 个输出控制点。

控制点输出指令的名称及编程格式如表 5.3-5 所示，其编程要求和编程示例如下。

表 5.3-5 控制点输出指令的名称及编程格式

名称	编程格式与示例		
关节插补控制点输出	TriggJ	基本程序数据	ToPoint，Speed，Zone，Tool
		附加程序数据	Trigg_1 | TriggArray{*}
		基本指令添加项	\Conc

续表

名称	编程格式与示例		
关节插补控制点输出	TriggJ	基本数据添加项	\ID，\T，\Inpos，\WObj、\TLoad
		附加数据添加项	\T2、\T3、\T4、\T5、\T6、\T7、\T8
	TriggJIOs	基本程序数据	ToPoint，Speed，Zone，Tool
		附加程序数据	—
		基本指令添加项	—
		基本数据添加项	\ID，\T，\Inpos，\WObj、\Corr、\TLoad
		附加数据添加项	\TriggData1、\TriggData2、\TriggData3
	编程示例	TriggJ p2, v500, gunon, fine, gun1; TriggJIOs p3, v500, \TriggData1:=gunon, z50, gun1 ;	
直线插补控制点输出	TriggL	基本程序数据	ToPoint，Speed，Zone，Tool
		附加程序数据	Trigg_1 | TriggArray{*}
		基本指令添加项	\Conc
		基本数据添加项	\ID，\T，\Inpos，\WObj、\Corr、\TLoad
		附加数据添加项	\T2、\T3、\T4、\T5、\T6、\T7、\T8
	TriggLIOs	基本程序数据	ToPoint，Speed，Zone，Tool
		附加程序数据	—
		基本指令添加项	—
		基本数据添加项	\ID，\T，\Inpos，\WObj、\Corr、\TLoad
		附加数据添加项	\TriggData1、\TriggData2、\TriggData3
	编程示例	TriggL p2, v500, gunon, fine, gun1 ; TriggLIOs p3, v500, \TriggData1:=gunon, z50, gun1 ;	
圆弧插补控制点输出	TriggC	基本程序数据	CirPoint，ToPoint，Speed，Zone，Tool
		附加程序数据	Trigg_1 | TriggArray{*}
		基本指令添加项	\Conc
		基本数据添加项	\ID，\T，\Inpos，\WObj、\Corr、\TLoad
		附加数据添加项	\T2、\T3、\T4、\T5、\T6、\T7、\T8
	编程示例	TriggC p2, p3, v500, gunon, fine, gun1 ;	

2. TriggJ、TriggL、TriggC

TriggJ、TriggL、TriggC 可分别在关节插补运动、直线插补运动、圆弧插补运动到达输出控制点时，输出指定的 DO 信号、AO 信号或 GO 信号，指令的编程格式及程序数据要求如下。

```
TriggJ[\Conc]  ToPoint [\ID], Speed [\T], Trigg_1 | TriggArray{*} [\T2] [\T3]
          [\T4] [\T5] [\T6][\T7] [\T8], Zone [\Inpos], Tool [\WObj] [\TLoad] ;
TriggL[\Conc]  ToPoint [\ID], Speed [\T], Trigg_1 | TriggArray{*} [\T2] [\T3]
          [\T4] [\T5] [\T6][\T7] [\T8], Zone [\Inpos], Tool[\WObj] [\Corr]
          [\TLoad] ;
```

```
TriggC[\Conc] CirPoint, ToPoint [\ID], Speed [\T], Trigg_1 |TriggArray{*}
       [\T2] [\T3] [\T4] [\T5] [\T6] [\T7] [\T8], Zone[\Inpos], Tool
       [\WObj] [\Corr ] [\TLoad] ;
```

TriggJ、TriggL、TriggC 的基本指令添加项、基本程序数据、基本数据添加项的含义及格式要求与关节插补指令、直线插补指令、圆弧插补指令 MoveJ、MoveL、MoveC 相同，有关内容可参见第 4 章。指令需要增加的附加程序数据、附加数据添加项的含义及要求如下。

Trigg_1 或 TriggArray{*}：输出控制点名称，数据类型为 triggdata。程序数据 Trigg_1 允许使用添加项\T2～\T8，指定 8 个输出控制点；程序数据 TriggArray{*}为数组型变量，最大允许定义 25 个输出控制点（triggdata 型数据），在以 TriggArray{*}数组的形式指定输出控制点时，不允许使用添加项\T2～\T8。

\T2～\T8：输出控制点 2～8 的名称，数据类型为 triggdata。在以 TriggArray{*}数组的形式指定输出控制点时，不允许使用添加项\T2～\T8。

TriggJ、TriggL、TriggC 的编程示例如下，程序所实现的输出控制如图 5.3-4 所示。

```
VAR triggdata gunon ;                          // 定义控制点
VAR triggdata gunoff ;
……
TriggIO gunon, 5\Start\DOp:=do1, 1 ;           // 设定输出控制点
TriggIO gunoff, 10\DOp:= do1, 0 ;
……
MoveJ p1, v500, z50, gun1 ;
TriggL p2, v500, gunon, fine, gun1 ;           // gunon 输出 do1=1
TriggL p3, v500, gunoff, fine, gun1 ;          // gunoff 输出 do1=0
MoveJ p4, v500, z50, gun1 ;
TriggL p5, v500, gunon\T2:= gunoff, fine, gun1 ;
                                               // gunon、gunoff 同时有效
……
```

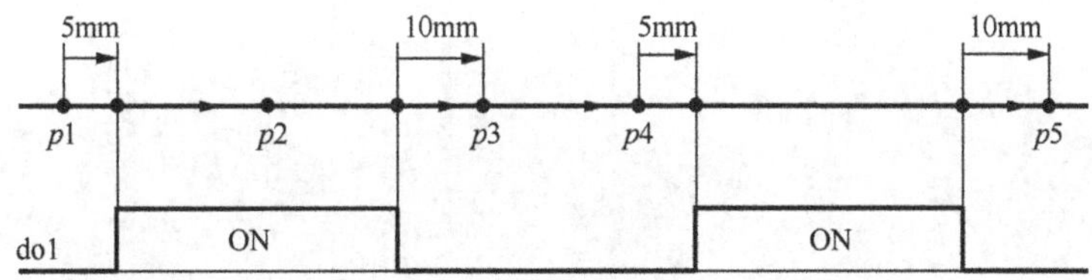

图 5.3-4　TriggJ/TriggL/TriggC 输出控制

3. TriggJIOs、TriggLIOs

TriggJIOs、TriggLIOs 可在关节插补运动、直线插补运动到达程序数据 triggios、triggiosdnum、triggstrgo 指定的输出控制点时，输出程序数据所设定的 DO 信号、AO 信号或 GO 信号，但圆弧插补运动不能使用本方式控制。指令的编程格式及程序数据要求如下。

```
TriggJIOs ToPoint[\ID], Speed [\T], [\TriggData1] [\TriggData2] [\TriggData3],
       Zone[\Inpos],Tool [\WObj] [\Corr] [\TLoad] ;
TriggLIOs[\Conc] ToPoint[\ID], Speed [\T], [\TriggData1] [\TriggData2]
       [\TriggData3], Zone[\Inpos], Tool [\WObj] [\Corr] [\TLoad] ;
```

TriggJIOs、TriggLIOs 的基本指令添加项、基本程序数据、基本数据添加项的含义及格式要求与关节插补指令、直线插补指令、圆弧插补指令 MoveJ、MoveL 相同，有关内容可

参见第 4 章。指令需要增加的附加程序数据、附加数据添加项的含义及要求如下。

\TriggData1、\TriggData2、\TriggData3：triggios、triggiosdnum、triggstrgo 名称，一般以数组的形式定义。

TriggJIOs、TriggLIOs 的编程示例如下，程序所实现的输出控制如图 5.3-5 所示。

```
VAR triggios gunon{1} := [ TRUE, 5, TRUE, 0, "do1", 1, 0 ] ;
                                                  // 定义程序数据
VAR triggios trig_A1{3} := [ [TRUE, 6, FALSE, 0, "do1", 0, 0],
                             [TRUE, 5, TRUE, 0, "ao1", 10, 0],
                             [TRUE, 20, TRUE, 0, "go1", 55, 0] ] ;
……
MoveJ p1, v500, z50, gun1 ;
TriggLIOs p2, v500, \TriggData1:=gunon, z50, gun1 ;
Reset do1 ;
TriggJIOs p3, v500, \TriggData1:= gunon \TriggData2:= trig_A1, z50, gun1;
……
```

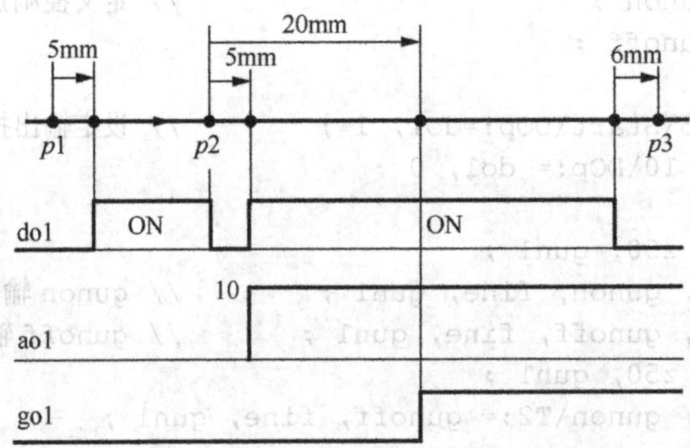

图 5.3-5　TriggJIOs/TriggLIOs 输出控制

5.4 其他 I/O 控制指令编程

5.4.1 特殊模拟量输出指令

1. 指令与功能

RAPID 特殊模拟量输出指令有线性变化模拟量输出指令和机器人 TCP 速度模拟量输出指令两类。线性变化模拟量输出指令可在机器人进行关节插补运动、直线插补运动、圆弧插补运动的同时，在指定的移动区域中输出线性增、减的模拟量；利用机器人 TCP 速度模拟量输出指令可在机器人关节插补运动轨迹、直线插补运动轨迹、圆弧插补运动轨迹的指定控制点上，输出与机器人 TCP 实际速度成正比的模拟量。

线性变化模拟量输出指令、机器人 TCP 速度模拟量输出指令常用于弧焊机器人，以提高焊接质量。例如，线性变化模拟量输出指令可用于薄板类零件的“渐变焊接”，使焊接过程中的焊接电流、焊接电压逐步减小，以防止由于零件自身温度的大幅度上升，在焊接结束阶段可能出现工件烧穿、断裂等现象。而利用机器人 TCP 速度模拟量输出指令，可使焊接电流、焊接电压随焊接移动速度的变化而变化，以保证焊缝均匀。

线性变化模拟量输出指令、机器人 TCP 速度模拟量输出指定的输出点及功能，分别需要用模拟量输出设定指令 TriggRampAO、TriggSpeed 进行设定，利用该指令所设定的数据同样以控制点数据的形式保存；移动指令仍使用 TriggJ、TriggL、TriggC，但指令中的控制点应为线性变化模拟量、机器人 TCP 速度模拟量设定点。

线性变化模拟量输出指令、机器人 TCP 速度模拟量输出指令的名称及编程格式如表 5.4-1 所示。

表 5.4-1　特殊模拟量输出指令的名称及编程格式

名称	编程格式与示例		
线性变化模拟量输出	TriggRampAO	程序数据	TriggData，Distance，EquipLag，AOutput，SetValue，RampLength
		指令添加项	—
		数据添加项	\Start，\Time
	编程示例	TriggRampAO aoup, 10\Start, 0.1, ao1, 8, 12 ;	
机器人 TCP 速度模拟量输出	TriggSpeed	程序数据	TriggData，Distance，ScaleLag，AOp，ScaleValue
		指令添加项	—
		数据添加项	\Start，\DipLag、\ErrDO、\Inhib
	编程示例	TriggSpeed flow, 10\Start, 0.5, ao1, 0.5\DipLag:=0.03 ;	

2. 线性变化模拟量输出指令

线性变化模拟量输出的功能、输出点及变化区位置，需要用线性变化模拟量输出指令 TriggRampAO 定义，控制点设定数据同样以控制点数据的形式保存；这一控制点如果被 TriggJ、TriggL、TriggC 所引用，系统便可在执行机器人关节插补指令、直线插补指令、圆弧插补指令的同时，在指定的移动区域中输出线性增、减的模拟量。

TriggRampAO 的编程格式如下，其程序数据及添加项的含义如图 5.4-1 所示。

```
TriggRampAO  TriggData, Distance[\Start], EquipLag, AOutput, SetValue,
                 RampLength [\Time] ;
```

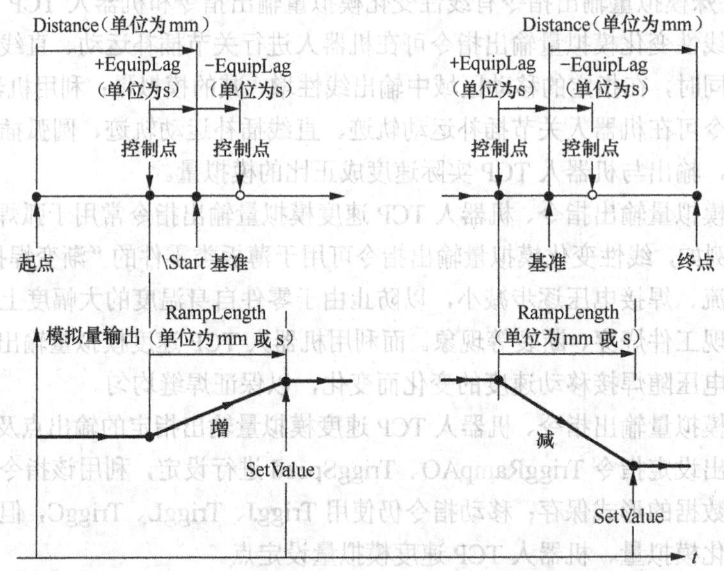

图 5.4-1　TriggRampAO 的程序数据与添加项的含义

程序数据 TriggData、Distance、EquipLag 及数据添加项\Start，用来设定线性变化模拟量输出控制点的位置，其含义与输出控制点设定指令相同；其他程序数据及数据添加项的含义、编程要求如下。

AOutput：模拟量输出信号名称，数据类型为 signalao。

SetValue：模拟量输出信号线性增、减的目标值，数据类型为 num。

RampLength：模拟量输出信号的线性变化区域，数据类型为 num。在未使用数据添加项\Time 时，设定值为线性变化区域的插补运动轨迹长度，单位为 mm；在使用数据添加项\Time 时，设定值为线性变化区域的机器人移动时间，单位为 s。

\Time：线性变化区域的机器人移动时间定义有效，数据类型为 switch。在使用数据添加项时，RampLength 设定值为机器人移动时间。

线性变化模拟量输出指令可通过 TriggJ、TriggL、TriggC 来实现，但指令中的控制点需要改为线性变化模拟量输出控制点。线性变化模拟量输出指令 TriggRampAO 的编程示例如下，程序所对应的 ao1 模拟量输出如图 5.4-2 所示。

```
VAR triggdata upao ;                                    // 定义控制点
VAR triggdata dnao ;
```

```
……
TriggRampAO upao, 10\Start, 0.1, ao1, 8, 12 ;   // 设定线性变化模拟量输出
TriggRampAO dnao, 8, 0.1, ao1, 2, 10 ;
……
MoveL p1, v200, z10, gun1 ;                      // 线性变化模拟量输出指令
TriggL p2, v200, upao, z10, gun1 ;
TriggL p3, v200, dnao, z10, gun1 ;
```

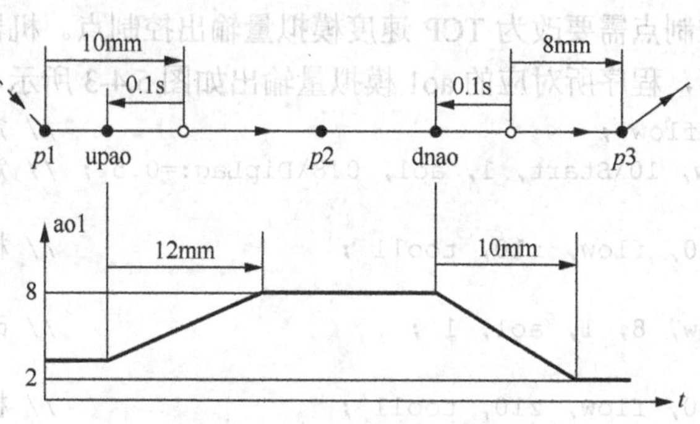

图 5.4-2　线性变化模拟量输出

3. 机器人 TCP 速度模拟量输出指令

机器人 TCP 速度模拟量输出的功能、输出点，需要用机器人 TCP 速度模拟量输出设定指令 TriggSpeed 定义，控制点设定数据同样以控制点数据 triggdata 的形式保存；这一控制点如果被 I/O 控制插补指令 TriggJ、TriggL、TriggC 所引用，系统便可在机器人关节插补运动轨迹、直线插补运动轨迹、圆弧插补运动轨迹的同时，在指定的点上输出机器人 TCP 速度模拟量。

TriggSpeed 的编程格式及程序数据要求如下。

```
TriggSpeed  TriggData, Distance[\Start], ScaleLag, AOp, ScaleValue[\DipLag]
            [\ErrDO] [\Inhib]
```

程序数据 TriggData、Distance 及数据添加项\Start，用来设定机器人 TCP 速度模拟量输出控制点的位置，其含义与输出控制点设定指令相同；其他程序数据及数据添加项的含义、编程要求如下。

ScaleLag：外设动作时延补偿，数据类型为 num，单位为 s。以机器人实际移动时间的形式补偿外设动作时延，含义与输出控制点设定指令的 EquipLag 相同。当设定值为正时，模拟量输出控制点的位置将超前于 Distance 位置；当设定值为负时，模拟量输出控制点的位置将滞后于 Distance 位置。

AOp：AO 信号名称，数据类型为 signalao。指定的 AO 信号用于机器人 TCP 速度模拟量输出。

ScaleValue：模拟量输出倍率，数据类型为 num。该设定值以倍率的形式调整实际模拟量输出值。

\DipLag：机器人减速补偿，数据类型为 num，设定值为正，单位为 s。在增加本数据添加项后，可在机器人进行终点减速前，输出减速的速度模拟量，以补偿模拟量输出滞后。\DipLag 为模态参数，该数据添加项一经被设定，对后续的所有 TriggSpeed 指令均有效。

\ErrDO：模拟量出错时的 DO 信号名称，数据类型为 signaldo。如果在机器人移动过

程中，AOp 所指定 DO 信号的逻辑模拟量输出值溢出，则该 DO 信号将输出 1。\ErrDO 为模态参数，该数据添加项一经被设定，对后续的所有 TriggSpeed 指令均有效。

\Inhib：模拟量输出禁止，数据类型为 bool。在将该数据添加项定义为 TRUE 时，禁止 AOp 所指定 DO 信号的模拟量输出（DO 信号输出为 0）。\Inhib 为模态参数，该数据添加项一经被设定，对后续的所有 TriggSpeed 指令均有效。

机器人 TCP 速度模拟量输出指令可通过 I/O 控制插补指令 TriggJ、TriggL、TriggC 来实现，但指令中的控制点需要改为 TCP 速度模拟量输出控制点。机器人 TCP 速度模拟量输出的编程示例如下，程序所对应的 ao1 模拟量输出如图 5.4-3 所示。

```
VAR triggdata flow ;                                              // 定义控制点
TriggSpeed flow, 10\Start, 1, ao1, 0.8\DipLag:=0.5 ; // 定义机器人TCP速度模拟量输出
TriggL p1, v500, flow, z10, tool1 ;                    // 机器人TCP速度模拟量输出
……
TriggSpeed flow, 8, 1, ao1, 1 ;                        // 改变机器人TCP速度模拟量输出
TriggL p2, v500, flow, z10, tool1 ;                    // 机器人TCP速度模拟量输出
……
```

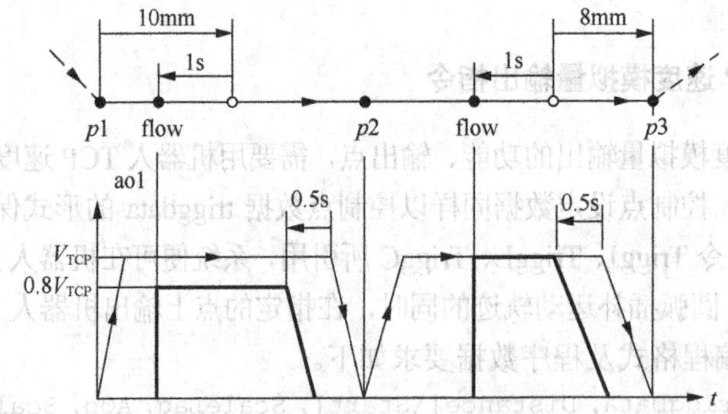

图 5.4-3　机器人 TCP 速度模拟量输出

5.4.2　控制点 I/O 中断指令

1. 指令与功能

中断是系统对在程序执行过程中出现的异常情况的处理，中断功能一旦使能（启用），只要满足中断条件，系统便可立即终止现行程序的执行，直接转入中断程序的执行（Trap routines，TRAP），而不需要进行其他编程。有关中断程序的结构和格式，可参见本书第 3 章内容。

实现 RAPID 程序中断的方式有两种。一种方式是机器人关节插补运动轨迹、直线插补运动轨迹、圆弧插补运动轨迹上的定点中断（控制点中断）；另一种方式是在其他情况下的中断。由于控制点中断同样需要通过 I/O 控制插补指令 TriggJ、TriggL、TriggC 来实现，且与 I/O 控制点设定密切相关，在此一并进行说明，具体如下；有关 RAPID 程序中断控制功能的详细内容，将在后述内容中详述。

RAPID 控制点中断方式有无条件中断和 I/O 检测中断（条件中断）两种。无条件中断可在指定的插补控制点上无条件停止机器人运动、结束当前程序执行，并转入中断程序的

执行；I/O 检测中断可通过对插补控制点的 I/O 信号的状态进行检测和判别，决定是否需要进行程序中断。控制点中断同样需要通过第 5 章所述的中断连接指令连接中断程序，并可通过使能、禁止、删除、启用、停用等基本中断控制指令控制中断。

控制点中断、I/O 检测中断均可在机器人关节插补运动轨迹、直线插补运动轨迹、圆弧插补运动轨迹的控制点上进行，需要利用相应的中断控制点设定指令定义控制点。对于中断控制点的数据，同样以控制点数据 triggdata 的形式保存；移动指令仍使用 TriggJ、TriggL、TriggC，但指令中的控制点应为无条件中断点或 I/O 检测中断点。

控制点中断的优先级高于控制点输出，如果中断控制点同时被定义为输出控制点，则系统将优先执行控制点中断。

控制点中断指令的名称及编程格式如表 5.4-2 所示。

表 5.4-2　控制点中断指令的名称及编程格式

名称	编程格式与示例		
控制点中断设定	TriggInt	程序数据	TriggData，Distance，Interrupt
		指令添加项	—
		数据添加项	\Start | \Time
	编程示例	TriggInt trigg1, 5, intno1;	
I/O 检测中断设定	TriggCheckIO	程序数据	TriggData，Distance，Signal，Relation，CheckValue | CheckDvalue，Interrupt
		指令添加项	—
		数据添加项	\Start | \Time，\StopMove
	编程示例	TriggCheckIO checkgrip, 100, airok, EQ, 1, intno1 ;	

2. 控制点中断指令

RAPID 控制点中断可用于机器人关节插补运动轨迹、直线插补运动轨迹、圆弧插补运动轨迹的指定插补控制点上的无条件中断，控制点需要通过控制点中断设定指令 TriggInt 来定义，并以控制点数据 triggdata 的形式保存；这一控制点如果被 I/O 控制插补指令 TriggJ、TriggL、TriggC 所引用，机器人在到达控制点时，系统可无条件终止现行程序的执行而转入中断程序的执行。

TriggInt 的编程格式及程序数据要求如下。

```
TriggInt TriggData, Distance [\Start] | [\Time], Interrupt ;
```

程序数据 TriggData、Distance 及数据添加项\Start 或\Time，用来设定中断控制点的位置，其含义与输出控制点设定指令相同；程序数据 Interrupt 用来定义中断名称，其数据类型为 intnum，它可用来连接中断程序。

控制点中断可通过 I/O 控制插补指令 TriggJ、TriggL、TriggC 来实现，但指令中的控制点应为中断点。TriggInt 及控制点中断的编程示例如下，程序所对应的中断控制功能如图 5.4-4 所示。

```
VAR intnum intno1 ;                                    // 定义中断名称
VAR triggdata trigg1 ;                                 // 定义控制点
……
! ************************************
PROC main()
```

```
CONNECT intno1 WITH trap1 ;                        // 连接中断程序
TriggInt trigg1, 5, intno1 ;                       // 中断点设定
……
TriggJ p1, v500, trigg1, z50, gun1 ;               // 控制点中断
TriggL p2, v500 , z50, gun1 ;
TriggL p3, v500, trigg1, z50, gun1 ;               // 控制点中断
……
IDelete intno1 ;                                   // 删除中断
……
```

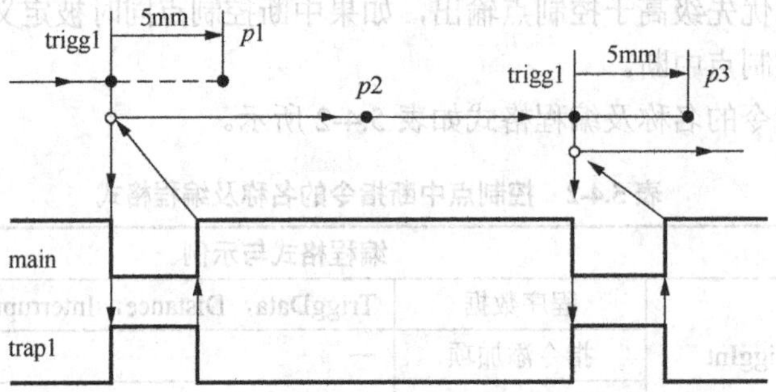

图 5.4-4　控制点中断

3. I/O 检测中断指令

I/O 检测中断指令可在机器人关节插补运动轨迹、直线插补运动轨迹、圆弧插补运动轨迹的控制点上，通过对指定 I/O 信号的状态进行检测和判别，决定是否需要终止现行程序的执行而转入中断程序的执行。需要通过 I/O 检测中断设定指令 TriggCheckIO 定义控制点，并以控制点数据 triggdata 的形式保存；这一控制点如果被 I/O 控制插补指令 TriggJ、TriggL、TriggC 所引用，在机器人到达控制点时，系统可检测指定 I/O 信号的状态，决定是否需要中断。

I/O 检测中断设定指令 TriggCheckIO 的编程格式及程序数据要求如下。

```
TriggCheckIO  TriggData, Distance [\Start] | [\Time], Signal, Relation,
                 CheckValue |CheckDvalue [\StopMove], Interrupt ;
```

程序数据 TriggData、Distance 及数据添加项\Start 或\Time，用来设定中断控制点的位置，其含义与输出控制点设定指令相同；其他程序数据及数据添加项的含义、编程要求如下。

Signal：检测 I/O 信号名称，数据类型为 signal**或 string（字符串型信号名称），signal**中的“**”可为 di（开关量输入）、do（开关量输入）、ai（模拟量输入）、ao（模拟量输出）、gi（开关量输入组）、go（开关量输出组）。

Relation：文字型比较符，数据类型为 opnum；可使用的符号及含义见第 2.4 节。

CheckValue 或 CheckDvalue：比较基准值，数据类型为 num 或 dnum。

\StopMove：运动停止选项，数据类型为 switch。增加本选项，可在调用中断程序前立即停止机器人运动。

Interrupt：中断名称，数据类型为 intnum。

I/O 检测中断可通过 TriggJ、TriggL、TriggC 来实现，但指令中的控制点应为 I/O 检测中断点，I/O 检测中断设定指令及控制点中断指令的编程示例如下，程序所对应的中断控

制功能如图 5.4-5 所示。

```
VAR intnum gateclosed ;                          // 定义中断名称
VAR triggdata checkgate ;                        // 定义控制点
……
! ***********************************
PROC main()
CONNECT gateclosed WITH waitgate ;               // 连接中断程序
TriggCheckIO checkgate, 5, di1, EQ, 1\StopMove, gateclosed ; //中断点设定
……
TriggJ p1, v600, checkgate, z50, grip1 ;         // 中断控制
TriggL p2, v500, checkgate, z50, grip1 ;         // 中断控制
……
IDelete gateclosed ;                             // 删除中断
……
```

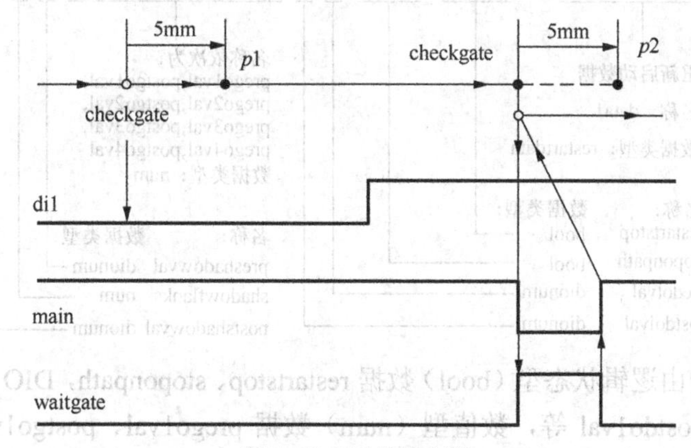

图 5.4-5　I/O 检测中断

5.4.3　输出状态保存指令

1. 指令功能与编程格式

输出状态保存指令 TriggStopProc 可用来保存程序停止（STOP）或系统急停（QSTOP）时的 DO 信号或 GO 信号状态，指令所保存的信号状态以重新启动数据（restartdata 型数据）的形式，保存在系统的永久数据中，以便在系统重新启动时检查、恢复输出状态。指令的执行状态可通过指定的 DO 信号输出。

TriggStopProc 在程序停止或系统急停时的基本执行过程如下。

（1）机器人正常减速，最终停止运动（在程序停止时），或以紧急制动的方式停止运动（在系统急停时）。

（2）系统读取指定信号的状态，并作为重新启动数据的初始值（prevalue）保存。

（3）在时延 400～500ms 后，再次读取指定信号的状态，并作为重新启动数据的最终值（postvalue）保存。

（4）将系统的全部 DO 信号输出的状态设定为 0。

（5）根据重新启动数据的设定，输出指令执行状态输出信号 ShadowDO。

TriggStopProc 的编程格式及程序数据、添加项的含义如下。

```
TriggStopProc RestartRef [\DO] [\GO1] [\GO2] [\GO3] [\GO4] , ShadowDO ;
```

RestartRef：系统重新启动数据名称，数据类型为 restartdata。在系统中，对于重新启动数据，需要以永久数据变量的形式进行存储。

ShadowDO：指令执行状态输出信号，数据类型为 signaldo。

\DO1：程序停止时需要保存的 DO 信号，数据类型为 signaldo。

\GO1～\GO4：程序停止时需要保存的 GO 信号 1～4，数据类型为 signalgo。

2. 程序数据及设定

系统停止输出保存指令 TriggStopProc 所保存的程序数据 restartdata 的编程格式如下，重新启动数据的名称（data1）可自由定义。

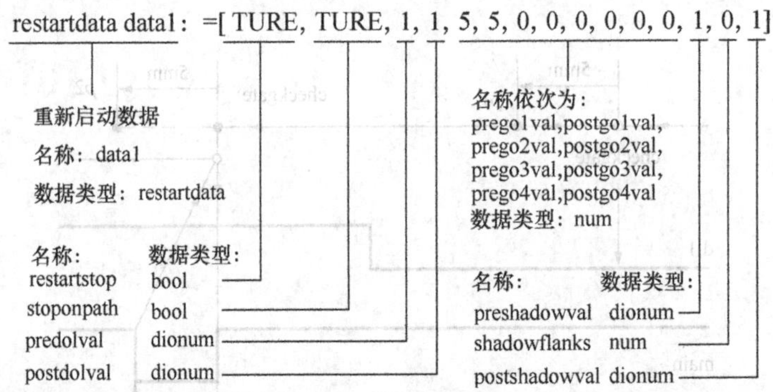

重新启动数据由逻辑状态型（bool）数据 restartstop、stoponpath，DIO 状态型（dionum）数据 predo1val、postdo1val 等，数值型（num）数据 prego1val、postgo1val 等复合而成，数据构成项的含义如下。

restartstop：数据有效性，逻辑状态型（bool）数据，TURE 代表数据有效；FALSE 代表数据无效。

stoponpath：机器人停止状态，逻辑状态型（bool）数据，TURE 代表在插补运动轨迹上停止；FALSE 代表不在插补运动轨迹上停止。

predo1val：DO1 初始值，DIO 状态型（dionum）数据。

postdo1val：DO1 最终值，DIO 状态型（dionum）数据。

prego1val～pretgo4val：GO1～GO4 初始值，数值型（num）数据。

postgo1val～postgo4val：GO1～GO4 最终值，数值型（num）数据。

preshadowval：ShadowDO 初始值设定，DIO 状态型（dionum）数据。

shadowflanks：ShadowDO 信号状态变化次数设定，数值型（num）数据。

postshadowval：ShadowDO 最终值设定，DIO 状态型（dionum）数据。

利用数据项 preshadowval、shadowflanks、postshadowval 的初始值、最终值、信号状态变化次数的设定，可在指令执行状态输出信号 ShadowDO 上得到不同的输出状态。例如，当将 preshadowval、postshadowval、shadowflanks 全部设定为 0 时，ShadowDO 的输出状态始终为 0；当设定 preshadowval=1、postshadowval=1、shadowflanks=0 时，保存数据后 ShadowDO 的输出状态将为“1”；而当设定 preshadowval=0、postshadowval=1、shadowflanks=1 时，在保存数据时，在 ShadowDO 上将产生一个上升沿；在设定 preshadowval=0、postshadowval=0、 shadowflanks=2 时，在保存数据时，则可在 ShadowDO 上获得一个宽度为 400～500ms 的脉冲，等等。

5.4.4 DI 监控点搜索指令

1. 指令与功能

所谓 DI 监控点，就是系统的 DI 信号状态发生变化的点。利用 DI 监控点搜索指令可通过机器人 TCP 的直线插补运动、圆弧插补运动或外部轴的运动来搜索指定 DI 监控点，并将该点的位置保存到指定的程序数据中；同时，还可根据需要，使机器人或外部轴在 DI 监控点上以不同的方式停止运动。对于 DI 监控点搜索指令指定的程序运动轨迹，不能通过执行指令 StorePath 存储。

DI 监控点搜索指令的名称及编程格式如表 5.4-3 所示。

表 5.4-3 DI 监控点搜索指令的名称及编程格式

名称	编程格式与示例		
直线插补 DI 监控点搜索	SearchL	编程格式	SearchL [\Stop] | [\PStop] | [\SStop] | [\Sup], PersBool | Signal [\Flanks] | [\PosFlank] | [\NegFlank] | [\HighLevel] | [\LowLevel], SearchPoint, ToPoint [\ID], Speed [\V] | [\T], Tool [\WObj] [\Corr] [\TLoad] ;
		指令添加项	\Stop：DI 监控点快速停止，数据类型为 switch。 \PStop：DI 监控点轨迹停止，数据类型为 switch。 \SStop：DI 监控点减速停止，数据类型为 switch。 \Sup：多 DI 监控点允许，数据类型为 switch
		程序数据与添加项	PersBool：监控信号及初始状态，数据类型为 bool。 Signal：监控信号名称，数据类型为 signaldi。 \Flanks：上升/下降沿监控，数据类型为 switch。 \PosFlank：上升沿监控，数据类型为 switch。 \NegFlank：下降沿监控，数据类型为 switch。 \HighLevel：高电平监控，数据类型为 switch。 \LowLevel：低电平监控，数据类型为 switch。 SearchPoint：DI 监控点位置，数据类型为 robtarget。 ToPoint：插补目标位置，数据类型为 robtarget。 \ID：同步运动，数据类型为 switch。 Speed：移动速度，数据类型为 speeddata。 \V：TCP 速度，数据类型为 num。 \T：移动时间，数据类型为 num。 Tool：工具数据，数据类型为 tooldata。 \WObj：工件数据，数据类型为 wobjdata。 \Corr：轨迹校准，数据类型为 switch。 \TLoad：工具负载，数据类型为 loaddata
	功能说明	以直线插补运动的方式搜索 DI 监控点，并将该 DI 监控点的位置保存到程序数据 SearchPoint 中	
	编程示例	SearchL \Stop, di1, sp, p10, v100, tool1 ;	

续表

名称	编程格式与示例		
圆弧插补 DI 监控点搜索	SearchC	编程格式	SearchC [\Stop] | [\PStop] | [\SStop] | [\Sup], PersBool | Signal [\Flanks] | [\PosFlank] | [\NegFlank] | [\HighLevel] | [\LowLevel], SearchPoint, CirPoint, ToPoint [\ID], Speed [\V] | [\T], Tool [\WObj] [\Corr] [\TLoad] ;
		指令添加项	同指令 SearchL
		程序数据与添加项	CirPoint：圆弧插补中间点，数据类型为 robtarget。 ToPoint：圆弧插补目标位置，数据类型为 robtarget。 其他同指令 SearchL
	功能说明	以圆弧插补运动的方式搜索 DI 监控点，并将该 DI 监控点的位置保存到程序数据 SearchPoint 中	
	编程示例	SearchC \Sup, di1\Flanks, sp, cirpoint, p10, v100, probe ;	
外部轴 DI 监控点搜索	SearchExtJ	编程格式	SearchExtJ [\Stop] | [\PStop] | [\SStop] | [\Sup], PersBool | Signal [\Flanks] | [\PosFlank] | [\NegFlank] | [\HighLevel] | [\LowLevel], SearchJointPos, ToJointPos [\ID] [\UseEOffs], Speed [\T] ;
		指令添加项	同指令 SearchL
		程序数据与添加项	SearchJointPos：DI 监控点位置，数据类型为 jointtarget。 ToJointPos：外部轴目标位置，数据类型为 jointtarget。 其他同指令 SearchL
	功能说明	通过外部轴的运动搜索 DI 监控点，并将其保存到程序数据 SearchJointPos 中	
	编程示例	SearchC \Sup, di1\Flanks, sp, cirpoint, p10, v100, probe ;	

2. 后续运动控制

机器人 TCP 或外部轴搜索到指定的 DI 监控点后，其后续运动可以通过指令添加项完成，可选择以下几种方式之一。

不使用添加项：终点停止。程序数据仅保存 DI 监控点的位置值，机器人 TCP 或外部轴继续以指定方式运动到目标位置，再停止运动；如果运动轨迹中存在多个 DI 监控点，则系统发生“ERR_WHLSEARCH”报警、停止机器人 TCP 或外部轴的运动。

\Sup：多 DI 监控点允许。程序数据仅保存 DI 监控点的位置值，机器人 TCP 或外部轴继续以指定方式运动到目标位置，再停止运动；当运动轨迹中存在多个 DI 监控点时，仅产生系统警示，允许机器人 TCP 或外部轴继续运动至目标位置。

\Stop：DI 监控点快速停止。用于 TCP 速度低于 100mm/s 的 DI 监控点搜索，通过机器人 TCP 或外部轴搜索到 DI 监控点后立即快速停止运动。由于运动轴停止运动需要一定的时间，因此，实际停止位置将偏离 DI 监控点，例如，对于 TCP 速度为 50mm/s 的 DI 监控点搜索，其定位误差为 1～3mm。

\PStop：DI 监控点轨迹停止。机器人 TCP 或外部轴搜索到 DI 监控点后，继续沿插补运动轨迹减速，直到停止运动；停止运动需要较长的时间，对于 TCP 速度为 50mm/s 的 DI 监控点搜索，实际停止位置将偏离 DI 监控点，其定位误差为 15～25mm。

\SStop：DI 监控点减速停止。机器人 TCP 或外部轴搜索到 DI 监控点后，按照正常的速度减速，直到停止；对于 TCP 速度为 50mm/s 的 DI 监控点搜索，实际停止位置将偏离

DI 监控点，其定位误差为 4～8mm。

3. DI 信号状态

DI 监控点的 DI 信号状态可通过程序数据 PersBool 或 Signal 指定。PersBool 需要预先定义监控信号的名称及初始状态（TURE 或 FALSE），信号状态改变点即为 DI 监控点。Signal 用来指定监控信号名称，可通过以下添加项定义监控信号状态。

不使用添加项：状态“1”监控。监控信号状态为“1”的点为 DI 监控点；如果指令执行前信号状态为“1”，则直接以指令起点为 DI 监控点。

\Flanks：上升/下降沿监控。只要监控信号的状态发生变化，即为 DI 监控点。

\PosFlank：上升沿监控。监控信号状态由“0”变为“1”的点为 DI 监控点。

\NegFlank：下降沿监控。监控信号状态由“1”变为“0”的点为 DI 监控点。

\HighLevel：高电平监控。监控信号状态为“1”的点为 DI 监控点；如果指令执行前信号状态为“1”，则直接以指令起点为 DI 监控点。

\LowLevel：低电平监控。监控信号状态为“0”的点为 DI 监控点；如果指令执行前信号状态为“0”，则直接以指令起点为 DI 监控点。

4. 编程示例

DI 监控点搜索指令的编程示例如下。

```
PERS bool mypers:=FALSE ;                         // 定义监控信号及初始状态
……
SearchExJ \Stop, di2, posx, jpos20, vlin50 ; // 通过外部轴的运动搜索 DI 监控点、di2 高电平监控、快速停止
SearchL di1, sp, p10, v100, probe ;   // 通过直线插补运动搜索 DI 监控点、di1 高电平监控、终点停止
SearchL \Sup, di1 \Flanks, sp, p10, v100, probe ;
                          // 通过直线插补运动搜索 DI 监控点、di1 上升/下降沿监控、终点停止
……
SearchC \Stop, mypers, sp, cirpoint, p10, v100, probe ;
                          // 通过圆弧插补运动搜索 DI 监控点、mypers 状态 TURE 监控、快速停止
……
SearchL \Stop, di1, sp, p10, v100, tool1 ; // 通过直线插补运动搜索 DI 监控点、di1 高电平监控、快速停止
MoveL sp, v100, fine, tool1 ;    // DI 监控点准确定位
```

| 第 6 章 |
程序控制指令编程

6.1 程序控制指令编程

6.1.1 程序等待指令

1. 指令与功能

通常情况下，RAPID 程序的自动运行是一个连续的过程，在当前指令执行结束后，系统将自动执行下一指令。但是，为了协调机器人运动，有时需要暂停程序的执行，以等待满足系统其他条件，这就需要使用程序等待指令。

RAPID 程序等待指令较多，除可通过利用在第 5 章中所述的 I/O 读写等待指令，利用 I/O 信号来控制程序的执行外，还可通过定时等待、移动到位等待、永久数据等待等方式来控制程序的执行，程序等待指令的名称及编程格式如表 6.1-1 所示，编程要求和编程示例如下。

表 6.1-1　程序等待指令的名称及编程格式

名称	编程格式与示例		
定时等待	WaitTime	程序数据	Time
		指令添加项	\InPos
		数据添加项	—
	编程示例	WaitTime \InPos, 0 ;	
移动到位等待	WaitRob	程序数据	—
		指令添加项	\InPos | \ZeroSpeed
		数据添加项	—
	编程示例	WaitRob \ZeroSpeed ;	
逻辑状态等待	WaitUntil	程序数据	Cond
		指令添加项	\InPos
		数据添加项	\MaxTime，\TimeFlag，\PollRate
	编程示例	WaitUntil di4 = 1 \MaxTime:=5.5 ;	

续表

名称	编程格式与示例		
永久数据等待	WaitTestAndSet	程序数据	Object
		指令添加项	—
		数据添加项	—
	编程示例	WaitTestAndSet semPers ;	
程序同步等待	WaitSyncTask	程序数据	SyncID，TaskList
		指令添加项	\InPos
		数据添加项	\TimeOut
	编程示例	WaitSyncTask \InPos, sync1, task_list \TimeOut := 60 ;	
程序加载等待	WaitLoad	程序数据	LoadNo
		指令添加项	\UnloadPath，\UnloadFile
		数据添加项	\CheckRef
	编程示例	WaitLoad load1 ;	
同步监控等待	WaitSensor	程序数据	MechUnit
		指令添加项	—
		数据添加项	\RelDist，\PredTime，\MaxTime，\TimeFlag
	编程示例	WaitSensor Ssync1\RelDist:=500.0 ;	
工件等待	WaitWObj	程序数据	WObj
		指令添加项	—
		数据添加项	\RelDist，\PredTime，\MaxTime，\TimeFlag
	编程示例	WaitWObj wobj_on_cnv1\RelDist:=0.0 ;	

2. 定时等待指令与移动到位等待指令

定时等待指令 WaitTime 和移动到位等待指令 WaitRob 是 RAPID 程序的最常用和最基本的程序等待指令，指令编程要求分别如下。

（1）定时等待指令

定时等待指令 WaitTime 可直接通过程序暂停时间的设定来控制程序的执行，WaitTime 的编程格式及指令添加项、程序数据的要求如下。

```
WaitTime [\InPos, ] Time ;
```

\InPos：移动到位，数据类型为 switch。在不使用添加项、系统执行指令时，将立即开始暂停计时。在使用添加项后，需要在机器人、外部轴移动到位，且完全停止运动后才开始暂停计时；如果将程序暂停时间 Time 设为 0，指令功能与下述的移动到位等待指令 WaitRob 相同。

Time：程序暂停时间，数据类型为 num，单位为 s；设定值的精度为 0.001s，最大值无限制。

定时等待指令 WaitTime 的编程示例如下。

```
MoveJ p1, v1000, z30, tool1 ;
```

```
WaitTime \InPos, 0 ;                              // 程序暂停，等待机器人移动到位
SetDO do1, 1 ;
WaitTime 0.5 ;                                    // 程序暂停 0.5s
……
```

（2）移动到位等待指令

移动到位等待指令 WaitRob 可通过对机器人、外部轴的到位区间或移动速度进行判别来控制程序的执行，指令的编程格式及指令添加项的要求如下。

```
WaitRob [\InPos] | [\ZeroSpeed] ;
```

\InPos 或\ZeroSpeed：到位区间或移动速度判别条件，数据类型为 switch，这两个指令添加项只能选择一个。如果选择\InPos，则系统以机器人、外部轴到达停止点规定的到位区间，作为程序暂停结束的条件；如果选择\ZeroSpeed，则系统以机器人、外部轴移动速度为 0，作为程序暂停结束的条件。

移动到位等待指令 WaitRob 的编程示例如下。

```
MoveJ p1, v1000, fine\Inpos:=inpos20, tool1 ;
WaitRob \InPos ;                                  // 等待机器人、外部轴到达停止点规定的到位区间
MoveJ p2, v1000, fine, tool1 ;
WaitRob \ZeroSpeed ;                              // 等待机器人、外部轴移动速度为 0
……
```

3. 逻辑状态等待指令

逻辑状态等待指令 WaitUntil 可通过对系统逻辑状态的判别来控制程序的执行，WaitUntil 的编程格式及指令添加项的要求如下。

```
WaitUntil [\InPos,] Cond [\MaxTime] [\TimeFlag] [\PollRate] ;
```

\InPos：移动到位，数据类型为 switch。在不使用添加项、系统执行指令时，只需要判断是否满足逻辑条件；在使用添加项后，需要增加机器人、外部轴移动到位的附加判别条件。

Cond：逻辑判断条件，数据类型为 bool，可以使用逻辑表达式。

\MaxTime：最长等待时间，数据类型为 num，单位为 s。在不使用本添加项时，系统必须等待逻辑条件被满足，才能继续执行后续指令；在使用本添加项时，如果在\MaxTime 规定的时间内未满足逻辑条件，则进行如下处理。

（1）在未定义添加项\TimeFlag 时，系统将发出等待超时报警（ERR_WAIT_MAXTIME），并停止执行。

（2）在已定义添加项\TimeFlag 时，则将\TimeFlag 指定的等待超时标志置为“TURE”状态，系统可继续执行后续指令。

\TimeFlag：等待超时标志，数据类型为 bool。在增加本添加项时，如指定的逻辑条件在\MaxTime 规定的时间内仍未被满足，则该程序数据将为“TURE”状态，系统可继续执行后续指令。

\PollRate：检测周期，数据类型为 num，单位为 s，最小设定值为 0.04s。使用该添加项来设定逻辑条件的状态更新周期，在不使用本添加项时，系统默认的检测周期为 0.1s。

逻辑状态等待指令 WaitUntil 的编程示例如下。

```
  WaitUntil \Inpos, di4 = 1 ;                    // 等待机器人、外部轴移动到位及 di4
信号 ON
  WaitUntil di1=1 AND di2=1 \MaxTime:=5 ;    // 等待 di1、di2 信号 ON，5s 后系统
发出等待超时报警
  ……
  VAR bool tmout ;                               // 定义超时标志
  WaitUntil di1=1 \MaxTime:= 5 \TimeFlag:= tmout ; // 等待 di1 信号 ON，5s 后继续
执行后续指令
 IF tmout THEN                                   // 检查超时标志
 SetDO do1, 1 ;
   ELSE
   SetDO do1, 0;
 ENDIF
```

4. 永久数据等待指令

永久数据 PERS（persistent）是可定义初始值并能保存最后结果的数据，可通过模块的数据声明指令定义永久数据，但不能在主程序、子程序中定义，有关内容可参见第 3 章。

永久数据等待指令 WaitTestAndSet 可通过控制逻辑状态型（bool 型）永久数据的状态，来控制程序的执行过程，指令的编程格式与程序数据要求如下。

```
WaitTestAndSet Object ;
```

Object：永久数据，数据类型为 bool。将该指令用于不同控制任务时，Object 必须被定义为全局永久数据（参见第 3 章）。

永久数据等待指令 WaitTestAndSet 具有如下功能。

（1）如果在指令执行时永久数据的状态为 TRUE，则程序暂停执行，直至其状态成为 FALSE；随后，将永久数据的状态设置为 TRUE。

（2）如果在指令执行时永久数据的状态为 FALSE，则将其设置为 TRUE，并继续执行后续指令。

永久数据等待指令 WaitTestAndSet 的编程示例如下。

```
  MODULE mainmodu (SYSMODULE)                  // 主模块
   PERS bool semPers := FALSE ;                // 定义永久数据
   ……
  ENDMODULE
! ***************************************************
  PROC doit()                                   // 程序模块
  ……
  WaitTestAndSet semPers ;                      // 等待永久数据的状态为 FALSE
  ……
```

永久数据等待指令 WaitTestAndSet 的功能，实际上也可通过逻辑状态等待指令 WaitUntil 实现，例如，上述程序的功能与以下程序相同。

```
IF semPers = FALSE THEN
  semPers := TRUE ;
ELSE
  WaitUntil semPers = FALSE ;
  semPers:= TRUE ;
ENDIF
```

5. 其他等待指令

在多任务、协同作业的复杂机器人系统上，RAPID 程序还可使用程序同步等待指令 WaitSyncTask、程序加载等待指令 WaitLoad、同步监控等待指令 WaitSensor、工件等待指令 WaitWObj 等来暂停程序、协调系统动作，这些指令多用于复杂机器人系统，有关内容可参见后述内容。

6.1.2 程序停止指令

1. 指令与功能

利用程序停止指令以停止程序的自动运行，RAPID 程序可通过程序停止、程序退出、移动停止、系统停止 4 种方式结束程序的自动运行。因为程序的自动运行一旦停止，系统将无法再进行程序数据的处理，所以程序停止指令均无程序数据；但部分指令可通过增加指令添加项，以实现不同的控制目的。

RAPID 程序停止指令的名称及编程格式如表 6.1-2 所示，指令的编程要求和示例如下。

表 6.1-2　程序停止指令的名称及编程格式

类别与名称		编程格式与示例		
程序停止	程序终止	Break	指令添加项	—
		编程示例	Break ;	
	程序停止	Stop	指令添加项	\NoRegain | \AllMoveTasks
		编程示例	Stop \NoRegain ;	
程序退出	退出程序	EXIT	指令添加项	—
		编程示例	EXIT;	
	退出循环	ExitCycle	指令添加项	—
		编程示例	ExitCycle ;	
移动停止	移动暂停	StopMove	指令添加项	\Quick，\AllMotionTasks
		编程示例	StopMove ;	
	恢复移动	StartMove	指令添加项	\AllMotionTasks
		编程示例	StartMove ;	
	移动结束	StopMoveReset	指令添加项	\AllMotionTasks
		编程示例	StopMoveReset ;	
系统停止	系统停止	SystemStopAction	指令添加项	\Stop，\StopBlock，\Halt
		编程示例	SystemStopAction \Stop ;	

2. 程序停止

可以通过利用程序终止指令 Break、程序停止指令 Stop 两种指令停止程序的运行。在程序的运行停止时，系统将保留程序的执行状态信息，操作者可通过按下示教器的程序启动按钮 START 重新启动程序，在重新启动程序后，系统可继续执行后续指令。

（1）程序终止指令

在利用程序终止指令 Break 停止程序的运行时，系统将立即停止机器人、外部轴的移动，并结束程序的自动运行，以便操作者进行所需要的测量检测、作业检查等工作。被终止运行的程序可通过操作者按下示教器的程序启动按钮 START 重新启动，以继续执行后续指令。

（2）程序停止指令

在利用程序停止指令 Stop 停止程序的运行时，系统将完成当前的移动指令执行，在机器人、外部轴的运行停止后，结束程序的自动运行。指令可通过使用指令添加项\NoRegain 或\AllMoveTasks，选择以下停止方式之一。

\NoRegain：停止点检查功能无效，数据类型为 switch。如果使用添加项\NoRegain，则在程序重新启动时将不检查机器人、外部轴的当前位置是否为程序的自动运行停止时的位置，而直接执行后续的指令。如果不使用该添加项，则在程序重新启动时检查机器人、外部轴的当前位置是否为程序的自动运行停止时的位置，如果机器人、外部轴已经不在程序的运行停止时的位置，在示教器上将显示操作信息，由操作者选择是否先使机器人、外部轴返回程序的运行停止时的位置。

\AllMoveTasks：所有任务停止，数据类型为 switch。在使用该添加项时，可停止所有任务中的程序运行；在不使用该添加项时，仅停止使用该指令的任务中的程序运行。

程序终止指令 Break、程序停止指令 Stop 的编程示例如下。

```
MoveJ p0, v1000, z30, tool1 ;
Break ;                                    // 程序终止指令，机器人、外部轴的移动立即停止
MoveJ p1, v1000, fine, tool1 ;
Stop ;                                     // 程序停止指令，到达 p1 后机器人、外部轴的移动停止
……
```

3. 程序退出

程序退出不但可结束程序的自动运行，还将退出程序或循环。一旦退出程序或循环，将立即停止机器人及外部轴的移动，并清除运动轨迹及全部未完成的动作，系统无法再通过按下示教器的程序启动按钮 START，继续执行后续的指令。

RAPID 程序可以通过退出程序指令 Exit、退出循环指令 ExitCycle 两种方式退出。

（1）退出程序指令

在利用退出程序指令 Exit 退出程序时，系统将立即结束当前程序的自动运行，并清除全部执行状态数据；想要重新启动程序必须先重新选择程序，并从主程序的起始位置开始重新运行。

（2）退出循环指令

在利用退出循环指令 ExitCycle 退出程序时，系统将立即结束当前程序的自动运行，并返回主程序的起始位置处；但变量或永久数据的当前值、运动设置、打开的文件及文件路径、中断设定等不受影响。因此，如果系统选择了程序连续执行模式，便可直接通过按下示教器的程序启动按钮 START 重新启动主程序。

退出程序指令 Exit、退出循环指令 ExitCycle 的编程示例如下。

```
……
IF di0 = 0 THEN
  Exit ;                                        // 退出程序指令
ELSE
  ExitCycle ;                                   // 退出循环指令
ENDIF
ENDPROC
```

4. 移动停止

移动停止可以暂停或结束当前机器人和外部轴的移动，在移动停止后，系统可继续执行后续指令，机器人和外部轴的移动可通过恢复移动指令恢复。机器人和外部轴是否处于移动停止状态，可通过 RAPID 函数命令 IsStopMoveAct 检查，如果机器人和外部轴处于移动停止状态，命令的执行结果将为 TRUE，否则为 FALSE。

移动暂停指令 StopMove、恢复移动指令 StartMove 也经常被用于后述的程序中断控制，以便进行程序运行轨迹的存储、恢复及重新启动，有关内容可参见后述内容。

RAPID 程序可以通过移动暂停指令 StopMove、移动结束指令 StopMoveReset 停止机器人和外部轴的移动。

（1）移动暂停指令

移动暂停指令 StopMove 可暂停当前机器人和外部轴的移动，在移动停止后，系统可继续执行后续指令；对于当前指令中的剩余行程，可通过恢复移动指令 StartMove 恢复机器人和外部轴的移动。指令可通过使用以下添加项选择停止方式。

\Quick：快速停止，数据类型为 switch。在不使用该添加项时，机器人、外部轴的移动正常减速，直至停止；在使用该添加项后，机器人、外部轴以动力制动的形式快速停止移动。

\AllMotionTasks：所有任务停止，数据类型为 switch。该添加项仅用于非移动任务，在使用该添加项时，可停止所有同步执行任务中的机器人、外部轴的移动。

（2）移动结束指令

移动结束指令 StopMoveReset 将暂停当前机器人和外部轴的移动，并清除剩余行程；在恢复移动后，将执行下一指令，启动机器人和外部轴的移动。指令添加项的含义与移动暂停指令 StopMove 相同。

移动暂停指令 StopMove、移动结束指令 StopMoveReset 的编程示例如下。

```
IF di0 = 1 THEN
  StopMove ;                                    // 移动暂停指令
  WaitDI di1, 1 ;
  StartMove ;                                   // 恢复移动指令
ELSE
  StopMoveReset ;                               // 移动结束指令
ENDIF
……
```

5. 系统停止

系统停止指令 SystemStopAction 可通过使用添加项选择控制系统的程序停止方式，添加项的含义如下。

\Stop：正常停止，数据类型为 switch。在使用该添加项时，系统将结束程序的自动运行和机器人、外部轴的移动；程序可以按照正常操作重新启动。

\StopBlock：程序段结束运行，数据类型为 switch。在使用该添加项时，系统将结束程序的自动运行和机器人、外部轴的移动；在程序重新启动时，必须重新选定重新启动的指令（程序段）。

\Halt：伺服关闭，数据类型为 switch。在使用该添加项时，系统在结束程序的自动运行和机器人、外部轴移动的同时，将关闭伺服；在程序重新启动时，必须重新启动伺服。

系统停止指令 SystemStopAction 的编程示例如下。

```
IF di0 = 1 THEN
  SystemStopAction \Stop ;                         // 正常停止
ELSE
  SystemStopAction \Halt ;                         // 伺服关闭
ENDIF
……
```

6.1.3 程序跳转指令与程序指针复位指令

程序跳转指令可用来实现程序的跳转功能，程序跳转指令包括程序跳转指令和跨程序跳转（子程序调用）指令两类。在本书第 3 章中已对子程序调用、返回的基本指令及编程要求予以介绍，在此不再重复说明。

1. 程序跳转指令与功能

RAPID 程序跳转指令及子程序的变量调用指令的名称及编程格式如表 6.1-3 所示，指令的编程要求和编程示例如下。

表 6.1-3 RAPID 程序转移指令的名称及编程格式

名称	编程格式与示例		
程序跳转	GOTO	程序数据	Label
	编程示例	GOTO ready ;	
条件跳转	IF-GOTO	程序数据	Condition，Label
	编程示例	IF reg1 > 5 GOTO next ;	
子程序的变量调用	CallByVar	程序数据	Name，Number
	编程示例	CallByVar "proc", reg1 ;	

程序跳转指令 GOTO 可中止后续指令的执行、使程序直接跳转至跳转目标（Label）位置继续执行。以字符的形式表示跳转目标，它需要单独占一个指令行，并以“:”结束；跳转目标既可位于 GOTO 之后（向下跳转），也可位于 GOTO 之前（向上跳转）。如果需要，GOTO 还可结合 IF、TEST、FOR、WHILE 等条件判断指令一起使用，以实现程序的条件跳转及分支转移等。

利用 GOTO 及 IF 实现程序跳转、重复执行、分支转移的编程示例如下。

```
GOTO next1 ;                               // 跳转至 next1 处继续执行（向下跳转）
……                                         // 被跳过的指令
next1:                                     // 跳转目标
```

```
……
! ****************************************
reg1 := 1 ;
next2:                                    // 跳转目标
……                                        // 重复执行 4 次
reg1 := reg1 + 1 ;
IF reg1<5 GOTO next2 ;                    // 条件跳转，跳转至 next2 处重复执行
! ****************************************
IF reg1>100 THEN
  GOTO next3 ;                            // 如果 reg1>100，则跳转至 next3 分支
ELSE
  GOTO next4 ;                            // 如果 reg1≤100，则跳转至 next4 分支
ENDIF
next3:
  ……                                      // next3 分支，reg1>100 时执行
  GOTO ready ;                            // 分支结束
next4:
  ……                                      // next4 分支，reg1≤100 时执行
ready:                                    // 分支合并
  ……
```

2. 子程序的变量调用指令

子程序的变量调用指令 CallByVar 可用于名称为“字符+数字”的无参数普通子程序（PROC）调用，它可用变量替代数字，以达到调用不同子程序的目的。例如，对于名称为 proc1、proc2、proc3 的普通子程序，程序名称由字符“proc”及数字（1～3）组成，此时，可用 num 型数据变量（如 reg1）替代数字 1～3，这样，便可通过改变变量值来有选择地调用 proc1、proc2、proc3。

CallByVar 的编程格式及程序数据要求如下。

```
CallByVar Name, Number ;
```

Name：子程序名称的字符部分，数据类型为 string。

Number：子程序名称的数字部分，数据类型为 num，正整数。

例如，利用子程序的变量调用指令 CallByVar 选择调用普通子程序 proc1、proc2、proc3 的程序示例如下，程序中的 reg1 值可以为 1、2 或 3。

```
VAR num reg1 ;                    // 定义变量
……
CallByVar "proc", reg1 ;          // 子程序的变量调用
……
```

以上程序也可通过 TEST 指令实现，其程序示例如下。

```
TEST reg1
 CASE 1:
  proc1 ;
 CASE 2:
  proc2 ;
 CASE 3:
  proc3 ;
 ENDTEST
```

3. 程序指针复位指令与检查函数命令

图 6.1-1　操作模式转换开关

程序指针就是用来选择程序编辑、程序重新启动位置的光标，它可以通过示教器的操作改变位置；因此，在程序运行前一般需要将程序指针复位到起始位置处。

在 ABB 机器人控制系统的控制面板上设置了图 6.1-1 所示的操作模式转换开关，利用该开关，可进行自动（程序的自动运行）、手动低速（移动速度不超过 250mm/s）、手动高速（100%速度）3 种操作模式的切换。可以通过 RAPID 函数命令 OpMode 读取系统当前的操作模式，自动模式的函数命令执行结果为 OP_AUTO、手动低速模式的函数命令执行结果为 OP_MAN_TEST、手动高速模式的函数命令执行结果为 OP_MAN_PROG。

当系统由自动模式切换为手动（低速或高速）模式时，程序指针可以自动复位到程序的起始位置处。但是，如果操作者在手动模式下调整了程序指针的位置，再切换到自动模式时，需要通过程序指针复位指令 ResetPPMoved 复位程序指针，以保证程序能够从起始位置处开始运行。

RAPID 程序指针复位指令与检查函数命令的名称及编程格式如表 6.1-4 所示。

表 6.1-4　程序指针复位指令与检查函数命令的名称及编程格式

名称	编程格式与示例		
程序指针复位	ResetPPMoved	编程格式	ResetPPMoved ;
		程序数据	—
	功能说明	复位程序指针到程序起始位置处	
	编程示例	ResetPPMoved ;	
程序指针移动状态手动检查	PPMovedInManMode	命令格式	PPMovedInManMode()
		命令参数	—
		执行结果	TRUE：手动移动了程序指针 FALSE：未手动移动程序指针
	编程示例	IF PPMovedInManMode() THEN	
程序指针停止位置检查	IsStopStateEvent	命令格式	IsStopStateEvent ([\PPMoved] | [\PPToMain])
		命令参数与添加项	\PPMoved：程序指针移动检查，数据类型为 switch。 \PPToMain：程序指针移动至主程序检查，数据类型为 switch
		执行结果	TRUE：程序指针被移动。 FALSE：程序指针未被移动
	编程示例	IF IsStopStateEvent (\PPMoved) = TRUE THEN	

检查函数命令 PPMovedInManMode 用来检查手动模式下的程序指针移动状态，如果在手动模式下移动了程序指针，则执行结果为 TRUE；检查函数命令 IsStopStateEvent 用来检

查当前任务的程序指针停止位置，如果在程序运行停止后，程序指针被移动，则执行结果为 TRUE。

RAPID 程序指针复位指令与检查函数命令的编程示例如下。

```
IF PPMovedInManMode() THEN          // 程序指针移动状态手动检查
  ResetPPMoved ;                    // 程序指针复位
  DoJob ;                           // 程序调用
ELSE
  DoJob ;
ENDIF
……
```

6.2　程序中断指令编程

6.2.1　中断监控指令

1. 指令与功能

实现 RAPID 程序中断的方式有两种。一种方式是控制点中断；另一种方式是在其他情况下的中断。对于前者，需要使用 TriggJ、TriggL、TriggC，并利用无条件中断指令 TriggInt、I/O 检测中断指令 TriggCheckIO 的设定来实现无条件中断、条件中断；有关控制点中断的内容可参见第 5 章。

RAPID 程序中断指令总体可分为中断监控指令和中断设定指令（包括控制点中断设定、I/O 中断设定、状态中断设定等）两类。中断设定指令用来定义中断条件，控制点中断的设定方法可参见第 4.4 节，I/O 中断设定、状态中断设定的设定方法见后述内容。

中断监控指令包括实现中断连接，使能、禁止、删除、启用、停用中断功能的中断控制指令，以及读入中断数据、系统出错信息的中断监视指令两类。中断控制指令是实现中断的前提条件，对任何形式的中断均有效，它们通常在主程序中编程；中断监视指令是用来读取当前中断数据及系统出错信息的指令，它们只能在中断程序中编程。

RAPID 中断监控指令的名称及编程格式如表 6.2-1 所示，指令均无指令添加项。

表 6.2-1　中断监控指令的名称及编程格式

名称	编程格式与示例		
中断连接	CONNECT-WITH	程序数据	Interrupt，Trap_routine
	编程示例	CONNECT feeder_low WITH feeder_empty ;	
中断删除	IDelete	程序数据	Interrupt
	编程示例	IDelete feeder_low ;	
中断使能	IEnable	程序数据	—
	编程示例	IEnable ;	
中断禁止	IDisable	程序数据	—
	编程示例	IDisable ;	
中断停用	ISleep	程序数据	Interrupt
	编程示例	ISleep siglint ;	
中断启用	IWatch	程序数据	Interrupt
	编程示例	IWatch siglint ;	
中断数据读入	GetTrapData	程序数据	TrapEvent
	编程示例	GetTrapData err_data;	

续表

名称	编程格式与示例		
出错信息读入	ReadErrData	程序数据	TrapEvent，ErrorDomain，ErrorId，ErrorType
		数据添加项	\Title，\Str1，…，\Str5
	编程示例	ReadErrData err_data, err_domain, err_number,err_type \Title:=titlestr \Str1:=string1 \Str2:=string2 ;	

2. 中断连接指令与中断删除指令

使用 RAPID 中断功能时，首先需要通过中断连接指令 CONNECT-WITH，建立中断名称和中断程序之间的连接；在需要改变中断程序时，应先利用中断删除指令 IDelete 删除中断名称和原中断程序之间的连接。

CONNECT-WITH、IDelete 的编程要求如下，每一个中断名称只能连接唯一的中断程序；但是，允许多个中断名称与同一中断程序连接。

```
CONNECT Interrupt WITH Trap_routine ;                    // 连接中断
IDelete Interrupt ;                                      // 删除中断
```

Interrupt：中断名称，数据类型为 intnum。

Trap_routine：中断程序名称。

中断连接指令、中断删除指令的编程示例如下。

```
 MODULE mainmodu (SYSMODULE)                             // 主模块
  ……
  VAR intnum P_WorkStop ;                                // 定义中断名称
  ……
 ENDMODULE
!*****************************************************
 PROC main ()                                            // 主程序
  CONNECT P_WorkStop WITH WorkStop ;                     // 连接中断
  ISignalDI di0, 0, P_WorkStop ;                         // 中断设定
  ……
  IDelete P_WorkStop ;                                   // 删除中断
 ENDPROC
 !*********************************************************
 TRAP WorkStop                                           // 中断程序
 ……
ENDTRAP
!*********************************************************
```

3. 中断禁止指令与中断使能指令

中断名称与中断程序之间的连接一旦建立，系统的中断功能将自动生效，此时，只要满足中断条件，系统便立即终止现行程序的执行，而转入中断程序的执行。因此，对于某些不允许中断的程序指令，为了避免指令的执行被意外中断，就需要通过中断禁止指令 IDisable 来暂时禁止中断功能；被 IDisable 禁止的中断功能，可以通过中断使能指令 IEnable 重新使能。

IDisable、IEnable 对所有中断均有效，如果只需要禁止特定的中断，则应使用下述的中断停用指令与中断启用指令。

IDisable、IEnable 的编程示例如下。

```
……
IDisable ;                                          // 禁止中断
FOR i FROM 1 TO 100 DO                              // 不允许中断的程序指令
  character[i]:=ReadBin(sensor) ;
ENDFOR
IEnable ;                                           // 使能中断
……
```

4. 中断停用指令与中断启用指令

中断停用指令 ISleep 用来停用指定的中断，它不影响其他中断；可以通过中断启用指令 IWatch，重新启用被停用的中断。

ISleep、IWatch 的编程格式如下。

```
ISleep Interrupt ;                                  // 停用中断
IWatch Interrupt ;                                  // 启用中断
```

Interrupt：需要停用、启用的中断名称，数据类型为 intnum。

中断停用、启用指令的编程示例如下。

```
……
ISleep sig1int ;                                    // 停用中断 sig1int
weldpart1 ;                      // 调用子程序 weldpart1，中断 sig1int 无效
IWatch sig1int ;                 // 启用中断 sig1int
weldpart2 ;                      // 调用子程序 weldpart2，中断 sig1int 有效
……
```

5. 中断数据读入指令和出错信息读入指令

中断数据读入指令 GetTrapData 用来获取当前中断的状态信息，读入状态信息后，便可进一步通过出错信息读入指令 ReadErrData，读取导致系统出错的错误类别、错误代码、错误性质等更多信息。中断数据读入指令、出错信息读入指令只能在中断程序中编程，它们一般用于后述的系统出错中断程序。

通常在系统出错中断程序中配合使用 GetTrapData、ReadErrData，指令的编程格式及程序数据、数据添加项的含义如下。

```
GetTrapData TrapEvent ;
ReadErrData TrapEvent, ErrorDomain, ErrorId, ErrorType [\Title] [\Str1]…
[\Str5] ;
```

TrapEvent：中断事件，数据类型为 trapdata。用来存储引起中断的相关信息。

ErrorDomain：错误类别，数据类型为 errdomain（枚举数据）。可以数值或字符串的形式表示 errdomain 型数据，其含义如表 6.2-2 所示。

表 6.2-2 errdomain 型数据及含义

错误类别		含义
数值	字符串	
0	COMMON_ERR	所有错误及状态变更
1	OP_STATE	操作状态变更
2	SYSTEM_ERR	系统出错

续表

错误类别		含义
数值	字符串	
3	HARDWARE_ERR	硬件出错
4	PROGRAM_ERR	程序出错
5	MOTION_ERR	运动出错
6	OPERATOR_ERR	运算出错（新版本已撤销）
7	IO_COM_ERR	I/O 和通信出错
8	USER_DEF_ERR	用户定义出错
9	OPTION_PROD_ERR	选择功能出错（新版本已撤销）
10	PROCESS_ERR	过程出错
11	CFG_ERR	机器人配置出错

ErrorId：错误代码，数据类型为 num。机器人 IRC5 控制系统的错误号以“错误类别+错误代码”的形式表示，例如，错误号 10008 的错误类别为“1（操作状态变更）”、错误代码为“0008（程序重新启动）”，对于该出错中断，ErrorId 值为 8。

ErrorType：错误性质，数据类型为 errtype（枚举数据）。可以数值或字符串的形式表示 errtype 型数据，其含义如表 6.2-3 所示。

表 6.2-3　errtype 型数据及含义

错误性质		含义
数值	字符串	
0	TYPE_ALL	任意性质的错误（操作提示、系统警示、系统报警）
1	TYPE_STATE	操作状态变更（操作提示）
2	TYPE_WARN	系统警示
3	TYPE_ERR	系统报警

\Title：文件标题，数据类型为 string。指保存系统错误信息的 UTF8 格式的文件的标题。

\Str1… \Str5：错误信息，数据类型为 string。存储系统错误信息的内容。

中断数据读入指令、出错信息读入指令的编程示例如下。

```
    VAR errdomain err_domain ;                          // 定义程序数据
    VAR num err_number ;
    VAR errtype err_type ;
    VAR trapdata err_data ;
    VAR string titlestr ;
    VAR string string1 ;
    VAR string string2 ;
    ……
  ! ***************************************************
    TRAP err_trap                                       // 中断程序
    GetTrapData err_data ;                              // 中断数据读入
    ReadErrData err_data, err_domain, err_number, err_type \Title:=titlestr
\Str1:=string1 \Str2:=string2 ;                         // 出错信息读入
  ENDTRAP
  ! ***************************************************
```

6.2.2　I/O 中断设定指令

1. 指令与功能

I/O 中断是利用系统 DI/DO（开关量输入/输出）、AI/AO（模拟量输入/输出）、GI/GO（开关量输入组/输出组）状态，控制程序中断的功能，它在实际程序中使用较多。

通过 TriggCheckIO 的设定，I/O 中断也可在 TriggJ、TriggL、TriggC 的关节插补运动轨迹、直线插补运动轨迹、圆弧插补运动轨迹的特定控制点上实现，有关内容可参见第 5 章。

对于其他形式的 I/O 中断，其中断设定指令的名称及编程格式如表 6.2-4 所示，指令添加项、程序数据的编程要求与编程示例如下。

表 6.2-4　I/O 中断设定指令的名称及编程格式

名称	编程格式与示例		
DI/DO 中断设定	ISignalDI ISignalDO	程序数据	Signal，TriggValue，Interrupt
		指令添加项	\Single | \SingleSafe
		数据添加项	—
	编程示例	ISignalDI di1, 1, siglint ; ISignalDO\Single, do1, 1, siglint ;	
GI/GO 中断设定	ISignalGI ISignalGO	程序数据	Signal，Interrupt
		指令添加项	\Single | \SingleSafe
		数据添加项	—
	编程示例	ISignalGI gi1, siglint ; ISignalGO go1, siglint ;	
AI/AO 中断设定	ISignalAI/ ISignalAO	程序数据	Signal，Condition，HighValue，LowValue，DeltaValue，Interrupt
		指令添加项	\Single | \SingleSafe
		数据添加项	\Dpos | \DNeg
	编程示例	ISignalAI ai1, AIO_OUTSIDE, 1.5, 0.5, 0.1, siglint ; ISignalAO ao1, AIO_OUTSIDE, 1.5, 0.5, 0.1, siglint ;	

2. DI/DO 中断设定指令

DI/DO 中断设定指令可在系统 DI/DO 信号满足指定中断条件时，立即终止现行程序的执行，直接转入中断程序的执行，指令的编程格式及指令添加项、程序数据的含义如下。

```
ISignalDI [ \Single,] | [ \SingleSafe,] Signal, TriggValue, Interrupt ;
ISignalDO [ \Single, ] | [ \SingleSafe, ] Signal, TriggValue, Interrupt ;
```

\Single 或\SingleSafe：一次性中断或一次性安全中断，数据类型为 switch。指定添加项\Single 为一次性中断，系统仅在 DI 信号第一次满足指定中断条件时启动中断；指定添加项\SingleSafe 为一次性安全中断，系统同样仅在 DI 信号第一次满足指定中断条件时启动中断，而且，如果系统处于程序停止执行的状态，中断将进入“列队等候”状态，在程序再次执行时，才执行中断程序。在无该添加项时，只要 DI 信号满足指定中断条件，系统便会立即启动中断。

Signal：中断信号名称，数据类型为 signaldi（DI 中断）或 signaldo（DO 中断）。

TriggValue：中断条件，数据类型为 dionum。设定 0（或 low）为下降沿中断；设定 1（或 high）为上升沿中断；设定 2（或 edge）为边沿中断（上升/下降沿中断同时有效）。如果在中断控制指令使能前，指定信号的状态已为 0（或 1），则不会产生下降沿（或上升沿）中断及边沿中断。

Interrupt：中断名称，数据类型为 intnum。

DI/DO 中断设定指令的编程示例如下。

```
  MODULE mainmodu (SYSMODULE)                          // 主模块
  VAR intnum siglint ;                                 // 定义中断名称
  ......
ENDMODULE
！************************************************
PROC main ()                                           // 主程序
  ......
  CONNECT siglint WITH iroutine1 ;                     // 连接中断
  ISignalDO di1, 0, siglint ;                          // 中断设定
  ......
  IDelete siglint ;                                    // 删除中断
  ......
ENDPROC
！************************************************
TRAP iroutine1                                         // 中断程序
  ......
ENDTRAP
！************************************************
```

3. GI/GO 中断设定指令

GI/GO 中断设定指令可在系统 GI/GO 信号满足指定中断条件时，立即终止现行程序的执行，直接转入中断程序的执行，指令的编程格式及指令添加项、程序数据的含义如下。

```
ISignalGI [ \Single,] | [ \SingleSafe,] Signal, Interrupt ;
ISignalGO [ \Single, ] | [ \SingleSafe, ] Signal, Interrupt ;
```

\Single 或\SingleSafe：一次性中断或一次性安全中断，数据类型为 switch。该指令添加项的含义同 DI/DO 中断设定指令。

Signal：中断信号组名称，数据类型为 signalgi（GI 中断）或 signalgo（GO 中断）。

Interrupt：中断名称，数据类型为 intnum。

GI/GO 中断设定指令可在 GI/GO 信号内的任一 DI/DO 信号发生改变导致 GI/GO 信号状态产生变化时启动中断，因此，对于 GI/GO 中断，需要在程序中读取 GI/GO 信号的信号状态，并进行相关处理。

GI/GO 中断设定指令只需要以诸如“ISignalGI gi1, siglint ;”或“ISignalGI go1, siglint;”代替上述 DI/DO 中断设定指令的编程示例中的“ISignalDO di1, 0, siglint ;”，便可实现 GI/GO 中断。

4. AI/AO 中断设定指令

AI/AO 中断设定指令可在系统 AI/AO 信号满足指定中断条件时，立即终止现行程序的执行，直接转入中断程序的执行，指令的编程格式及指令添加项、程序数据、数据添加项的含义如下。

```
ISignalAI [\Single,] | [\SingleSafe,] Signal, Condition, HighValue, LowValue,
DeltaValue [\DPos] | [\DNeg], Interrupt ;
ISignalAO [\Single,] | [\SingleSafe,] Signal, Condition, HighValue, LowValue,
DeltaValue [\DPos] | [\DNeg], Interrupt ;
```

\Single 或\SingleSafe：一次性中断或一次性安全中断，数据类型为 switch。该指令添加项的含义同 DI/DO 中断设定指令。

Signal：中断信号名称，数据类型为 signalai（AI 中断）或 signalao（AO 中断）。

Condition：中断条件，数据类型为 aiotrigg（枚举数据）。通常以字符串的形式定义设定值，数据可设定的值及含义如表 6.2-5 所示。

表 6.2-5 aiotrigg 设定值及含义

设定值		含义
数值	字符串	
1	AIO_ABOVE_HIGH	AI/AO 实际值>HighValue 时产生中断
2	AIO_BELOW_HIGH	AI/AO 实际值<HighValue 时产生中断
3	AIO_ABOVE_LOW	AI/AO 实际值>LowValue 时产生中断
4	AIO_BELOW_LOW	AI/AO 实际值<LowValue 时产生中断
5	AIO_BETWEEN	HighValue≥AI/AO 实际值≥LowValue 时产生中断
6	AIO_OUTSIDE	AI/AO 实际值<LowValue 及 AI/AO 实际值>HighValue 时产生中断
7	AIO_ALWAYS	只要存在 AI/AO 即产生中断

HighValue、LowValue：AI/AO 中断判别阈值（上限、下限），数据类型为 num。HighValue 的设定值必须大于 LowValue 的设定值。

DeltaValue：AI/AO 最小变化量，数据类型为 num，只能为 0 或正值。AI/AO 变化量必须大于 DeltaValue 的设定值，才会更新测试值并可能产生新的中断。

\DPos 或\DNeg：AI/AO 极性选择，数据类型为 switch。在指定\DPos 时，仅在 AI/AO 值增加时产生中断；在指定\DNeg 时，仅在 AI/AO 值减少时产生中断；如果不指定\DPos 及\DNeg，则无论 AI/AO 值如何变化均可以产生中断。

Interrupt：中断名称，数据类型为 intnum。

例如，对于图 6.2-1 所示的 ai1 或 ao1 实际值变化，如设定 HighValue=6.1、LowValue=2.2、DeltaValue=1.2，利用不同的 ISignalAI 或 ISignalAO 指令，所产生的中断情况如下。

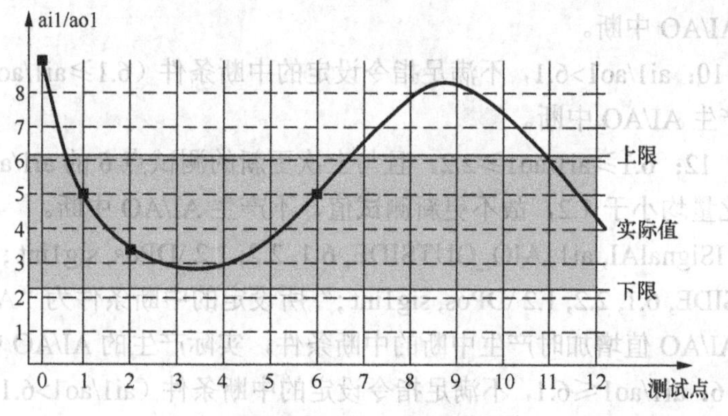

图 6.2-1 ai1/ao1 实际值变化

（1）指令“ISignalAI ai1, AIO_BETWEEN, 6.1, 2.2, 1.2, siglint ;”或“ISignalAO ao1, AIO_BETWEEN, 6.1, 2.2, 1.2, siglint ;”设定的中断条件为“AIO_BETWEEN”，产生的 AI/AO 中断如下。

测试点 1：ai1/ao1 实际值如图 6.2-1 所示（下同），6.1≥ai1/ao1≥2.2，与测试点 0 的 ai1/ao1 实际值进行比较，AI/AO 变化量>1.2，则更新测试值并产生 AI/AO 中断。

测试点 2：6.1≥ai1/ao1≥2.2，与上次发生中断的测试点 1 的 ai1/ao1 实际值进行比较，AI/AO 变化量>1.2，故更新测试值并产生 AI/AO 中断。

测试点 3～5：6.1≥ai1/ao1≥2.2，但与上次发生中断的测试点 2 的 ai1/ao1 实际值进行比较，AI/AO 变化量均小于 1.2，故不更新测试值、不产生 AI/AO 中断。

测试点 6：6.1≥ai1/ao1≥2.2，且与上次发生中断的测试点 2 的 ai1/ao1 实际值进行比较，AI/AO 变化量>1.2，故更新测试值并产生 AI/AO 中断。

测试点 7～10：ai1/ao1≥6.1，ai1/ao1 实际值不满足指令设定的中断条件（6.1≥ai1/ao1≥2.2），故不产生 AI/AO 中断也不更新测试值。

测试点 11、12：6.1≥ai1/ao1≥2.2，且与上次发生中断的测试点 6 的 ai1/ao1 实际值进行比较，AI/AO 变化量均小于 1.2，故不更新测试值、不产生 AI/AO 中断。

（2）指令“ISignalAI ai1, AIO_BETWEEN, 6.1, 2.2, 1.2 \DPos, siglint ;”或“ISignalAO ao1, AIO_BETWEEN, 6.1, 2.2, 1.2 \DPos, siglint ;”所设定的中断条件同样为“AIO_BETWEEN”，但数据添加项附加了仅在 AI/AO 值增加时产生中断的中断条件，故实际产生的 AI/AO 中断如下。

测试点 1：6.1≥ai1/ao1≥2.2，与测试点 0 的 ai1/ao1 实际值进行比较，AI/AO 变化量>1.2，故更新测试值；但 AI/AO 值小于测试点 0 的 ai1/ao1 实际值、数值减小，故不产生 AI/AO 中断。

测试点 2：6.1≥ai1/ao1≥2.2，与测试点 1 的 ai1/ao1 实际值进行比较，AI/AO 变化量>1.2，故更新测试值；但 ai1/ao1 实际值小于测试点 1 的 ai1/ao1 值、数值减小，故不产生 AI/AO 中断。

测试点 3～5：6.1≥ai1/ao1≥2.2，但与上次更新的测试点 2 的 ai1/ao1 实际值进行比较，AI/AO 实际变化量均小于 1.2，故既不更新测试值，也不产生 AI/AO 中断。

测试点 6：6.1≥ai1/ao1≥2.2，且与上次更新的测试点 2 的 ai1/ao1 实际值进行比较，AI/AO 变化量>1.2，故更新测试值；且 AI/AO 值大于测试点 2 的 ai1/ao1 实际值、数值增加，故可产生 AI/AO 中断。

测试点 7～10：ai1/ao1>6.1，不满足指令设定的中断条件（6.1≥ai1/ao1≥2.2），故不更新测试值、不产生 AI/AO 中断。

测试点 11、12：6.1≥ai1/ao1≥2.2，且与上次更新的测试点 6 的 ai1/ao1 实际值进行比较，AI/AO 变化量均小于 1.2，故不更新测试值、不产生 AI/AO 中断。

（3）指令“ISignalAI, ai1, AIO_OUTSIDE, 6.1, 2.2, 1.2 \DPos, sig1int ;”或“ISignalAO, ao1, AIO_OUTSIDE, 6.1, 2.2, 1.2 \DPos, sig1int ;”所设定的中断条件为“AIO_OUTSIDE”，并附加了仅在 AI/AO 值增加时产生中断的中断条件，实际产生的 AI/AO 中断如下。

测试点 1～6：ai1/ao1≤6.1，不满足指令设定的中断条件（ai1/ao1>6.1 或 ai1/ao1<2.2），故不更新测试值、不产生 AI/AO 中断。

测试点 7：ai1/ao1>6.1，满足指令设定的中断条件，且与测试点 0 的 ai1/ao1 实际值进行比较，AI/AO 变化量>1.2，故更新测试值；但 ai1/ao1 实际值小于测试点 0 的 ai1/ao1 实际值、数值减小，故不产生 AI/AO 中断。

测试点 8：ai1/ao1>6.1，满足指令设定的中断条件，与上次更新的测试点 7 的 ai1/ao1 实际值进行比较，AI/AO 变化量>1.2，故更新测试值；且 ai1/ao1 实际值大于测试点 7 的 ai1/ao1 实际值、数值增加，故可产生 AI/AO 中断。

测试点 9、10：ai1/ao1>6.1，满足指令设定的中断条件，但与上次更新的测试点 8 的 ai1/ao1 实际值进行比较，AI/AO 变化量均小于 1.2，故不更新测试值、不产生 AI/AO 中断。

测试点 11、12：ai1/ao1≤6.1，不满足指令设定的中断条件，故不更新测试值、不产生 AI/AO 中断。

（4）指令“ISignalAI ai1, AIO_ALWAYS, 6.1, 2.2, 1.2 \DPos, siglint ;”或“ISignalAO ao1, AIO_ALWAYS, 6.1, 2.2, 1.2 \DPos, siglint;”所设定的中断条件为“AIO_ALWAYS”，并附加了仅在 AI/AO 值增加时产生中断的中断条件，实际产生的 AI/AO 中断如下。

测试点 1、2：与上一测试点的值比较，AI/AO 变化量>1.2，故可更新测试值；但 ai1/ao1 实际值小于上一测试点的 ai1/ao1 实际值、数值减小，故不产生 AI/AO 中断。

测试点 3～5：与上次更新的测试点 2 的 ai1/ao1 实际值进行比较，AI/AO 变化量均小于 1.2，故既不更新测试值，也不产生 AI/AO 中断。

测试点 6～8：与上次更新的测试点 2 的 ai1/ao1 实际值进行比较，AI/AO 变化量均大于 1.2，故都可更新测试值；且 ai1/ao1 实际值均大于上一测试点的 ai1/ao1 实际值，数值增加，故都可产生 AI/AO 中断。

测试点 9、10：与上次更新的测试点 8 的 ai1/ao1 实际值进行比较，AI/AO 变化量均小于 1.2，故既不更新测试值，也不产生 AI/AO 中断。

测试点 11、12：与上次更新的测试点 8 的 ai1/ao1 实际值进行比较，AI/AO 变化量均大于 1.2，故都可更新测试值；但由于 ai1/ao1 实际值均小于上一测试点的 ai1/ao1 实际值，数值减小，故不产生 AI/AO 中断。

6.2.3　状态中断设定指令

1．指令与功能

状态中断是系统根据除 I/O 信号外的其他状态，控制程序中断的功能。例如，通过时延、系统出错、外设检测变量或永久数据状态判别等来控制程序中断。状态中断设定指令的名称及编程格式如表 6.2-6 所示，指令添加项、程序数据的编程要求与程序示例如下。

表 6.2-6　状态中断设定指令的名称及编程格式

名称	编程格式与示例		
定时中断设定	ITimer	程序数据	Time，Interrupt
		指令添加项	\Single | \SingleSafe
		数据添加项	—
	编程示例	ITimer \Single, 60, timeint ;	

续表

名称	编程格式与示例		
系统出错中断设定	IError	程序数据	ErrorDomain，ErrorType，Interrupt
		指令添加项	—
		数据添加项	\ErrorId
	编程示例	IError COMMON_ERR, TYPE_ALL, err_int ;	
永久数据中断设定	IPers	程序数据	Name，Interrupt
		指令添加项	—
		数据添加项	—
	编程示例	IPers counter, pers1int ;	
探测数据中断设定	IVarValue	程序数据	Device，VarNo，Value，Interrupt
		指令添加项	—
		数据添加项	\Unit，\DeadBand，\ReportAtTool，\SpeedAdapt，\APTR
	编程示例	IVarValue "sen1:", GAP_VARIABLE_NO, gap_value, IntAdap ;	
通信消息中断设定	IRMQMessage	程序数据	InterruptDataType，Interrupt
		指令添加项	—
		数据添加项	—
	编程示例	IRMQMessage dummy, rmqint ;	

2. 定时中断设定指令

定时中断设定指令可在指定的时间点上启动中断程序，因此，它可用来定时启动系统 I/O 信号状态检测等中断程序，以定时监控外部设备的运行状态。定时中断设定指令的编程格式及指令添加项、程序数据的含义如下。

```
ITimer [ \Single,] | [ \SingleSafe,] Time, Interrupt ;
```

\Single 或\SingleSafe：一次性中断或一次性安全中断，数据类型为 switch。该指令添加项的含义同 DI/DO 中断设定指令。

Time：定时值，数据类型为 num，单位为 s。在已指定添加项\Single 或\SingleSafe 时，仅在指定时间后，执行一次中断程序，可设定的最小时延值为 0.01s；在未指定添加项\Single 或\SingleSafe 时，系统将以设定的时间间隔，不断重复执行中断程序，可设定的最小时延值为 0.1s。

Interrupt：中断名称，数据类型为 intnum。

定时中断设定指令的编程示例如下。

```
MODULE mainmodu (SYSMODULE)                    // 主模块
  VAR intnum timeint ;                         // 定义中断名称
  ……
ENDMODULE
! ***************************************************
 PROC main ()                              // 主程序
  CONNECT timeint WITH iroutine1 ;         // 连接中断
  ITimer \Single, 60, timeint ;            // 60s 后执行 1 次中断程序
```

```
    ......
    IDelete timeint ;                              // 删除中断
    CONNECT timeint WITH iroutine1 ;               // 重新连接中断
    ITimer 60, timeint ;                           // 每隔 60s 重复执行 1 次中断程序
    ......
    IDelete siglint ;                              // 删除中断
  ENDPROC
!**************************************************
  TRAP iroutine1                                   // 中断程序
  ......
  ENDTRAP
!**************************************************
```

3. 系统出错中断设定指令

系统出错中断设定指令可在系统出现指定的错误时启动中断程序，因此，它可用于系统出错时的程序处理。系统出错中断设定指令的编程格式、指令添加项、程序数据含义如下。

```
IError ErrorDomain [\ErrorId], ErrorType, Interrupt ;
```

ErrorDomain：错误类别，数据类型为 errdomain（枚举数据）。错误类别以字符串的形式表示，设定值及含义可见表 6.2-2。设定 COMMON_ERR，可在系统出现任何错误及操作状态变更的情况时，启动中断程序。

\ErrorId：错误代码，数据类型为 num。机器人 IRC5 控制系统的错误号以"错误类别+错误代码"的形式表示，例如，错误号 10008 的类别为"1（操作状态变更）"、错误代码为"0008（程序重新启动）"，对于该出错中断，\ErrorId 的设定值应为 0008 或 8。

ErrorType：错误性质，数据类型为 errtype（枚举数据）。错误性质以字符串的形式表示，设定值及含义可见表 6.2-3。设定 TYPE_ALL，在系统出现任何性质的错误时，均可启动中断程序。

Interrupt：中断名称，数据类型为 intnum。

例如，利用如下指令设定的中断 err_int，在系统出现任何类别、任何性质的错误时，均可启动中断程序 trap_err。

```
CONNECT err_int WITH err_trap ;
IError COMMON_ERR, TYPE_ALL, err_int ;
......
```

4. 永久数据中断设定指令

永久数据中断设定指令可在永久数据数值发生改变时启动中断程序，中断程序执行完成后，可返回被中断的程序继续执行后续指令；但是，如果永久数据数值在程序停止运行期间发生改变，在程序重新启动后，将不会产生中断。永久数据中断设定指令的编程格式及指令添加项、程序数据的含义如下。

```
IPers Name, Interrupt ;
```

Name：永久数据名称，任意数据类型。如果指定的永久数据为复合数据或数组，只要任意一部分数据发生改变，都将会产生中断。

Interrupt：中断名称，数据类型为 intnum。

例如，对于以下程序，只要永久数据 counter 发生变化，便可执行中断程序，并通过文本显示指令 TPWrite，在示教器上显示文本“Current value of counter = **”（**为永久数据 counter 的当前值）；然后，继续执行后续指令。

```
  MODULE mainmodu (SYSMODULE)                                   // 主模块
    ……
    VAR intnum perslint ;                                       // 定义中断名称
    PERS num counter := 0 ;                                     // 定义永久数据
    ……
  ENDMODULE
!*********************************************************
  PROC main()                                                   // 主程序
    CONNECT perslint WITH iroutine1 ;                           // 连接中断
    IPers counter, perslint ;                                   // 中断设定
    ……
    IDelete perslint ;
    ……
    ENDPROC
!*********************************************************
    TRAP iroutine1
      TPWrite "Current value of counter = " \Num:=counter ;     // 显示文本
      ……
    ENDTRAP
!*********************************************************
```

5. 其他中断设定指令

探测数据中断设定指令 IVarValue 仅用于携带串行通信探测传感器的特殊机器人，如携带焊缝跟踪器的弧焊机器人等，它可根据机器人传感器的检测值（如焊缝体积或间隙等），启动指定的中断程序。对于机器人所使用的串行通信探测传感器，操作人员应事先对该传感器进行通信接口、波特率等的配置，并进行串行设备连接。指令需要利用 string 型程序数据 Device 定义设备名称、利用 num 型程序数据 VarNo 及 Value 定义监控变量的数量及数值，此外，还可利用 num 型数据添加项\Unit、\DeadBand、\SpeedAdapt 设定数值倍率、区域、速度倍率。

通信消息中断设定指令 IRMQMessage 是一种通信中断功能，它可以根据 RAPID 消息队列通信数据的数据类型，启动中断程序，程序数据 InterruptDataType 用来定义启动中断程序的消息数据类型。有关消息队列通信的内容可参见后述的通信指令编程。

探测数据中断设定指令、消息中断设定指令属于复杂机器人系统的高级中断功能，在普通机器人上使用较少，有关内容可参见 ABB 公司手册。

6.3 错误处理指令编程

6.3.1 错误中断及设定指令

1. 指令与功能

机器人及控制系统正常工作、程序正确是程序自动运行的必要条件。如果在程序执行过程中出现错误，系统会立即中断程序的执行，并进行相应的处理。

在 RAPID 程序中，当系统出现错误时，有两种程序中断方式。第一种方式是通过系统出错中断设定指令 IError，直接调用中断处理程序，通过中断处理程序进行相关处理；另一种方式是通过系统错误处理器，调用 RAPID 程序中的错误处理程序，进行相关处理。

系统出错中断属于程序中断方式的一种，它可根据系统产生错误的错误类别（ErrorDomain）、错误编号（\ErrorId）及错误性质（ErrorType）等设定相应的中断条件，然后通过中断连接指令 CONNECT 调用指定的中断处理程序，由中断处理程序进行相应的处理。系统出错中断设定指令 IError 的编程方法可参见第 6.2 节。

系统错误处理器实际上是一种简单的软件处理功能的体现，它通常可用来处理程序中的可恢复的一般系统错误，如运算表达式、程序数据定义等错误。在利用系统错误处理器处理系统错误时，同样可立即中断现行指令的执行，然后直接跳转至程序的错误处理程序块 ERROR，执行相应的错误处理指令；处理完成后，可通过后述的故障重试指令、重启移动指令等方式返回被中断的程序继续执行后续指令。

RAPID 错误处理器设定指令的名称及编程格式如表 6.3-1 所示。

表 6.3-1 错误处理器设定指令的名称及编程格式

名称	编程格式与示例		
定义错误编号	BookErrNo	编程格式	BookErrNo ErrorName ;
		程序数据	ErrorName：错误编号名称，数据类型为 errnum
	功能说明	定义错误编号名称	
	编程示例	BookErrNo ERR_GLUEFLOW ;	
调用错误处理程序	RAISE	编程格式	RAISE [Error no.] ;
		程序数据	Error no.：错误编号名称，数据类型为 errnum
	功能说明	调用指定的错误处理程序	
	编程示例	RAISE ERR_MY_ERR ;	
用户错误处理方式	RaiseToUser	编程格式	RaiseToUser[\Continue] | [\BreakOff] [\ErrorNumber] ;
		指令添加项	\Continue：程序连续，数据类型为 switch。 \BreakOff：强制中断，数据类型为 switch。 \ErrorNumber：错误编号名称，数据类型为 errnum
	功能说明	用于不能单步执行的模块（NOSTEPIN），进行用户指定的错误处理操作	
	编程示例	RaiseToUser \Continue \ErrorNumber:=ERR_MYDIVZERO ;	

2. 定义错误编号

对于系统所出现的不同错误，需要用不同的方式进行处理。因此，在 RAPID 程序中，需要为不同的错误定义不同的错误编号（ERRNO），并通过不同的错误处理指令处理错误。在 RAPID 程序中，错误编号用 errnum 型数据表示，通常直接以字符串形式的名称表示，其数值由系统自动分配。例如，“ERR_DIVZERO”代表除法运算表达式中的除数为 0 的错误编号、“ERR_AO_LIM”代表 AO 值超过规定范围的错误编号等。

系统错误的形式众多，为了便于用户编程，系统在出厂时已经根据程序指令、函数命令、运算表达式、程序数据的基本要求，预定义了大量的系统通用错误编号名称，如为 0 的错误编号名称为“ERR_DIVZERO”、模拟量输出值超过错误编号名称为“ERR_AO_LIM”等，有关内容可参见相关程序指令、函数命令、运算表达式及程序数据的说明或 ABB 公司技术资料。

对于用户自定义的特殊系统出错，可通过指令 BookErrNo 定义错误编号名称，可通过指令 RAISE 调用错误处理程序。为了使系统能够识别并自动分配错误编号的数值，还需要在程序中事先将错误编号所对应的 errnum 型数据的值定义为-1。

例如，通过以下程序，可将系统 di1=0 的状态设定为错误编号为“ERR_GLUEFLOW”的用户自定义系统错误，并通过指令 RAISE 调用对应的错误处理程序。

```
VAR errnum ERR_GLUEFLOW := -1 ;                    // 定义 errnum 型数据
BookErrNo ERR_GLUEFLOW ;                           // 定义错误编号
……
IF di1 = 0 THEN
RAISE ERR_GLUEFLOW ;                               // 调用错误处理程序
ENDIF
……
ERROR                                              // 开始执行错误处理程序
IF ERRNO = ERR_GLUEFLOW THEN
……
ENDIF                                              // 错误处理程序执行结束
……
```

3. 调用错误处理程序

RAPID 错误处理程序是以错误处理程序块 ERROR 为起始标记（跳转目标）的程序块。错误处理程序块 ERROR 实际上属于程序本身的组成部分，当在程序的执行过程中出现系统错误时，将立即中断现行指令的执行，跳转至错误处理程序块 ERROR 执行相应的错误处理指令；处理完成后，可返回被中断的程序继续执行后续指令。

任何类型的程序（普通程序 PROC、功能程序 FUNC、中断程序 TRAP）都可编制一个错误处理程序块 ERROR。为了对错误编号不同的错误进行不同的处理，对于错误处理程序块 ERROR，一般都用 IF 指令进行编程。如果在用户程序中没有编制错误处理程序块 ERROR，或者，在错误处理程序块 ERROR 中无相应的错误处理指令，将自动调用系统的错误处理程序，由系统软件进行错误处理。

既可直接将用来处理错误的错误处理指令编制在当前程序的错误处理程序块 ERROR 中，也可通过错误处理程序块 ERROR 中的指令 RAISE 引用其他程序（如主程序）的错误处理程序块 ERROR 中的错误处理指令。

在当前程序中直接编制针对“ERR_PATH_STOP”的错误处理指令的示例如下。由于“ERR_PATH_STOP”为系统预定义的错误编号，且错误处理程序被直接编制在当前程序中，因此，不需要进行错误编号定义，也不需要使用指令 RAISE。

```
PROC routine1()
MoveL p1\ID:=50, v1000, z30, tool1 \WObj :=stn1 ;
……
ERROR                                           // 开始执行错误处理程序
IF ERRNO = ERR_PATH_STOP THEN
StorePath ;
p_err := CRobT(\Tool:= tool1 \WObj:=wobj0) ;
MoveL p_err, v100, fine, tool1 ;
RestoPath ;
StartMoveRetry ;
ENDIF                                           // 错误处理程序执行结束
ENDPROC
```

在程序中引用主程序的错误处理程序块 ERROR 中的针对 “ERR_DIVZERO”的错误处理指令的示例如下。同样，由于“ERR_DIVZERO”为系统预定义的错误编号，故在程序中不需要再进行错误编号定义；但是，由于错误处理指令被编制在主程序的错误处理程序块 ERROR 中，因此，在程序中需要编制指令 RAISE。

```
PROC main()                                       // 主程序
  routine1 ;
  ……
  ERROR                                           // 开始执行错误处理程序
  IF ERRNO = ERR_DIVZERO THEN
  value2 := 1;
  RETRY;
  ENDIF                                           // 错误处理程序执行结束
  ……
ENDPROC
  ! *****************************************
PROC routine1()                                   // 子程序
  ……
  value1 := 5/value2 ;
  ……
  ERROR
  RAISE ;                                         // 调用主程序的错误处理程序
  ……
```

4. 用户错误处理方式

一般而言，需要按规定的步骤进行系统错误处理，但对于属性为“NOSTEPIN”（不能单步执行的模块，见第 3 章）的模块，可通过指令 RaiseToUser 进行用户错误处理方式的定义。

用户错误处理方式可利用指令 RaiseToUser 的添加项\Continue 或\BreakOff。在指定添加项\Continue 时，程序将跳转至错误处理程序块 ERROR 并继续执行；在指定添加项\BreakOff 时，系统将强制中断当前程序的执行并返回主程序。如该指令不指定添加项，则仍按系统规定的步骤执行错误处理程序。

例如，在以下程序中，程序 PROC routine1 所在的模块 MODULE MySysModule 的属性为 NOSTEPIN（不能单步执行的模块），因此，可通过利用指令 RaiseToUser 进行如下用户指定的错误处理操作。

（1）当程序 PROC routine1 中的运算表达式 reg1:=reg2/reg3，出现除数 reg3 为 0 的系统预定义错误编号“ERR_DIVZERO”时，系统可继续执行错误处理程序（\Continue），并调用主程序中的针对“ERR_MYDIVZERO”的错误处理程序，设定 reg1:=0，然后执行指令 TRYNEXT，继续执行程序 PROC routine2 的后续指令。

（2）当程序 PROC routine1 出现其他错误时，可强制中断当前程序的执行（\BreakOff），返回主程序。

```
PROC main()                                                   // 主程序
  VAR errnum ERR_MYDIVZERO:= -1 ;                             // 定义errnum型数据
  BookErrNo ERR_MYDIVZERO ;                                   // 定义错误编号
  routine1 ;                                                  // 调用子程序
  ……
  ERROR                                                       // 错误处理程序
  IF ERRNO = ERR_MYDIVZERO THEN
  reg1:=0 ;
  TRYNEXT ;
  ENDIF
ENDPROC
! ******************************************
MODULE MySysModule (SYSMODULE, NOSTEPIN)                      // 定义模块及模块属性
  PROC routine1()                                             // 子程序
  ……
  reg1:=reg2/ reg3 ;
  ……
  ERROR                                                     // 错误处理程序
  IF ERRNO = ERR_DIVZERO THEN                                 // 如果出现错误编号
“ERR_DIVZERO”
  RaiseToUser \Continue \ErrorNumber:=ERR_MYDIVZERO ;// 继续执行错误处理程序
  ELSE                                                       // 如果出现其他错误
  RaiseToUser \BreakOff ;                                  //强制中断当前程序的执行
  ENDIF
ENDPROC
```

6.3.2 故障履历创建指令

1. 指令与功能

在系统运行时所出现的错误（系统错误、系统警示或操作提示）可被保存在系统的故障履历文件（事件日志）或用户自定义的 XML 文件中，以便操作者随时查阅。RAPID 故障履历由错误代码和信息文本组成，内容可通过故障履历创建指令定义，指令的名称及编程格式如表 6.3-2 所示。

表 6.3-2　故障履历创建指令的名称及编程格式

<table>
<tr><th>名称</th><th colspan="3">编程格式与示例</th></tr>
<tr><td rowspan="4">创建故障履历信息</td><td rowspan="2">ErrLog</td><td>编程格式</td><td>ErrLog Errorid [\W,] | [\I,] Argument1, Argument2, Argument3, Argument4, Argument5 ;</td></tr>
<tr><td>程序数据与添加项</td><td>ErrorId：错误代码，数据类型为 num。
\W：仅将系统警示信息保存在故障履历表中，数据类型为 switch。
\I：仅将操作提示信息保存在故障履历表中，数据类型为 switch。
Argument1～5：1～5 行信息文本，数据类型为 errstr</td></tr>
<tr><td>功能说明</td><td colspan="2">创建故障履历信息</td></tr>
<tr><td>编程示例</td><td colspan="2">ErrLog 5300, ERRSTR_TASK, arg, ERRSTR_CONTEXT, ERRSTR_UNUSED, ERRSTR_UNUSED ;</td></tr>
<tr><td rowspan="4">创建并处理系统警示信息</td><td rowspan="2">ErrRaise</td><td>编程格式</td><td>ErrRaise ErrorName, ErrorId, Argument1, Argument2, Argument3, Argument4, Argument5 ;</td></tr>
<tr><td>程序数据</td><td>ErrorName：错误编号名称，数据类型为 errnum。
ErrorId：错误代码，数据类型为 num。
Argument1～5：1～5 行信息文本，数据类型为 errstr</td></tr>
<tr><td>功能说明</td><td colspan="2">创建系统警示信息，并调用错误处理程序</td></tr>
<tr><td>编程示例</td><td colspan="2">ErrRaise "ERR_BATT", 7055, ERRSTR_TASK, ERRSTR_CONTEXT, ERRSTR_UNUSED, ERRSTR_UNUSED, ERRSTR_UNUSED ;</td></tr>
<tr><td rowspan="4">错误写入</td><td rowspan="2">ErrWrite</td><td>编程格式</td><td>ErrWrite [\W,] | [\I,] Header, Reason [\RL2] [\RL3] [\RL4] ;</td></tr>
<tr><td>程序数据与添加项</td><td>\W：仅将系统警示信息保存在故障履历表中，数据类型为 switch。
\I：仅将操作提示信息保存在故障履历表中，数据类型为 switch。
Header：信息标题，数据类型为 string。
Reason：第 1 行信息，数据类型为 string。
\RL2、\RL3、\RL4：第 2～4 行信息，数据类型为 string</td></tr>
<tr><td>功能说明</td><td colspan="2">创建示教器操作信息显示页面，并写入故障履历</td></tr>
<tr><td>编程示例</td><td colspan="2">ErrWrite "PLC error", "Fatal error in PLC" \RL2:="Call service";</td></tr>
</table>

2. 创建故障履历信息指令

创建故障履历信息指令 ErrLog 可用来创建故障履历表中的错误代码和信息文本（1～5 行），并可根据需要保存到系统的故障履历文件（事件日志）或用户自定义的 XML 文件中。

在使用系统的故障履历文件（事件日志）保存故障履历信息时，错误代码应被定义为 4800～4814；在使用用户自定义的 XML 文件保存故障履历信息时，错误代码应被定义为 5000～9999。对于系统警示信息（Warning）或操作提示信息（Information），还可通过添加项\W 或\I，指定仅将对应的信息保存在故障履历表中，而不在示教器上显示。

例如，通过以下程序，可将故障履历信息“T_ROB1；p1；Position_error”的错误代码定义为 4800，并保存到系统的故障履历文件（事件日志）中，同时在示教器上显示该出错信息。

```
VAR errstr str1 := " T_ROB1" ;
VAR errstr str2 := " p1" ;
VAR errstr str3 := " Position_error " ;
ErrLog 4800, str1, str2, str3, ERRSTR_UNUSED, ERRSTR_UNUSED ;
……
```

如果使用指令“ErrLog 5210[\W], str1, str2, str3, ERRSTR_UNUSED, ERRSTR_UNUSED ;”，则可将故障履历信息的错误代码定义为 5210，并作为系统警示信息保存到在用户自定义的 XML 文件中，但示教器不显示该系统警示信息。

3. 创建并处理系统警示信息指令

创建并处理系统警示信息指令 ErrRaise 不仅可以创建故障履历表中的系统警示信息（最多 5 行），且还可以调用错误处理程序进行错误处理。

例如，通过以下程序，可将机器人 T_ROB1 后备电池未充满的错误编号定义为“ERR_BATT”；故障履历信息的错误代码为 4800、信息文本为“T_ROB1：Backup battery status：no fully charged”，将故障履历信息保存到系统的故障履历文件（事件日志）中；同时，可调用系统的错误处理程序 ERROR 处理错误。

```
VAR errnum ERR_BATT:= -1 ;                                   // 定义 errnum 型数据
VAR errstr str1 := " T_ROB1" ;
VAR errstr str2 := "Backup battery status" ;
VAR errstr str3 := "no fully charged" ;
……
BookErrNo ERR_BATT ;                                         // 定义错误编号
ErrRaise "ERR_BATT", 4800, str1, str2, str3, ERRSTR_UNUSED, ERRSTR_UNUSED;
                                                    // 创建警示信息并调用错误处理程序
……
ERROR                                                        // 错误处理程序
IF ERRNO = ERR_BATT THEN
TRYNEXT ;
ENDIF
ENDPROC
```

4. 错误写入指令

错误写入指令 ErrWrite 实际上属于示教器通信指令的一种，它用来创建示教器的操作信息显示页面，但也能将此信息写入系统的故障履历中。错误信息显示文本最多可显示 5 行操作错误信息（含标题），总字符数不能超过 195 个字符；信息的类别可分为系统错误信息、系统警示信息或操作提示信息，分别将它们在故障履历中的错误代码规定为 80001、80002、80003。

错误写入指令 ErrWrite 在未指定添加项\W 或\I 时，可将对应的信息作为系统错误信息（错误代码为 80001）保存到故障履历中，并在示教器的操作信息显示页面上显示该信息。在指令指定添加项\W 或\I 时，信息仅作为系统警示信息（错误代码为 80002）或操作提示信息（错误代码为 80003）被写入系统的故障履历中，但不在示教器的操作信息显示页面上显示。

有关指令 ErrWrite 的详细说明及编程要求，可参见后述的示教器通信指令说明。

6.3.3 故障重试指令与重启移动指令

1. 指令与功能

故障重试指令用于系统故障程序执行完成后的返回，重启移动指令可实现移动恢复和故障重试功能。系统的故障重试可进行多次，系统剩余的故障重试次数可以通过 RAPID 函数命令读取；为增加系统的故障重试次数，还可通过故障重试计数器清除指令清除故障重试计数器的计数值，进行故障重试次数的重新计数。故障重试指令、重启移动指令、函数命令的名称及编程格式如表 6.3-3 所示。

表 6.3-3　故障重试指令、重启移动指令、函数命令的名称及编程格式

名称	编程格式与示例		
故障重试	RETRY	编程格式	RETRY ;
		程序数据	—
	功能说明	再次执行出现错误的指令（只能用于错误处理程序）	
	编程示例	RETRY ;	
重试下一个指令	TRYNEXT	编程格式	TRYNEXT ;
		程序数据	—
	功能说明	执行出现错误的指令的下一个指令（只能用于错误处理程序）	
	编程示例	TRYNEXT ;	
重启移动	StartMoveRetry	编程格式	StartMoveRetry ;
		程序数据	—
	功能说明	恢复程序运行轨迹、重启机器人移动	
	编程示例	StartMoveRetry ;	
跳过系统警示	SkipWarn	编程格式	SkipWarn ;
		程序数据	—
	功能说明	跳过指定的系统警示信息，不记录故障履历和不显示故障信息	
	编程示例	SkipWarn ;	
故障重试计数器清除	ResetRetryCount	编程格式	ResetRetryCount ;
		程序数据	—
	功能说明	清除故障重试计数器的计数值	
	编程示例	ResetRetryCount ;	
移动指令错误恢复模式	ProcerrRecovery	编程格式	ProcerrRecovery[\SyncOrgMoveInst] | [\SyncLastMoveInst] [\ProcSignal] ;
		指令添加项	\SyncOrgMoveInst：恢复原轨迹，数据类型为 switch。 \SyncLastMoveInst：恢复下一轨迹，数据类型为 switch。 \ProcSignal：状态输出，数据类型为 signaldo
	功能说明	设定机器人移动时的错误恢复模式	
	编程示例	ProcerrRecovery \SyncOrgMoveInst ;	
读取剩余故障重试次数	RemainingRetries	命令格式	RemainingRetries()
		命令参数	—
		执行结果	剩余故障重试次数，数据类型为 num
	编程示例	Togo_Retries:=RemainingRetries() ;	

2. 故障重试指令与跳过系统警示指令

故障重试指令 RETRY、TRYNEXT 用于系统故障程序执行完成后的返回。跳过系统警示指令 SkipWarn，可直接跳过指定的系统警示信息，不再记录故障履历、不显示故障信息，以上指令只能在错误处理程序中编程。

RETRY 和 TRYNEXT 的返回位置有所不同，RETRY 可返回到出现错误的指令处并重新执行该指令，TRYNEXT 将跳过出现错误的指令继续下一个指令。

例如，利用下述程序，当程序中的 reg3=2、reg4=0 时，将通过错误处理程序设定 reg4=1，并重新执行出现错误的指令“reg2 := reg3/reg4”，其结果为 reg2=2。

```
reg2 := reg3/reg4 ;
MoveL p1, v50, z30, tool2 ;
……
ERROR
IF ERRNO = ERR_DIVZERO THEN
reg4 :=1 ;
RETRY ;
ENDIF
```

如果利用下述程序，当程序中的 reg3=2、reg4=0 时，将通过错误处理程序强制设定 reg2=0，然后跳过出现错误的指令“reg2 := reg3/reg4”，直接执行下一个指令 MoveL p1。

```
reg2 := reg3/reg4 ;
MoveL p1, v50, z30, tool2 ;
……
ERROR
IF ERRNO = ERR_DIVZERO THEN
reg2:=0 ;
TRYNEXT ;
ENDIF
```

3. 重启移动指令

重启移动指令 StartMoveRetry 相当于恢复移动指令 StartMove 与故障重试指令 RETRY 的合成，它可以一次性实现移动恢复和故障重试功能。例如，利用下述程序，如果系统在执行 MoveL p1 指令时发生“ERR_PATH_STOP”错误，则在执行错误处理程序 ERROR 后，可恢复机器人移动、重新执行指令 MoveL p1。

```
MoveL p1, v1000, z30, tool1 \WObj:=stn1 ;
……
ERROR
IF ERRNO = ERR_PATH_STOP THEN
StorePath ;                    // 存储运行轨迹
……                             // 错误处理
RestoPath ;                    // 恢复运行轨迹
StartMoveRetry ;               // 恢复机器人移动并重新执行出现错误的指令
ENDIF
ENDPROC
```

4. 故障重试设定

（1）故障重试次数及设置。利用指令 RETRY、TRYNEXT，系统的故障重试可进行多次，可通过系统参数 No Of Retry 事先设置故障重试次数，系统已执行的故障重试次数被保存在故障重试计数器中。为了能够在不改变系统参数 No Of Retry 的情况下，增加故障重试次数，可通过故障重试计数器清除指令 ResetRetryCount 清除故障重试计数器的计数值，进行故障重试次数的重新计数。系统剩余的故障重试次数可以通过 RAPID 函数命令 RemainingRetries 读取。

例如，通过以下程序，可以在系统剩余的故障重试次数小于 2 时，清除故障重试计数器的计数值，从而不断进行故障重试。

```
VAR num Togo_Retries ;
……
ERROR
……                                          // 错误处理程序
Togo_Retries:=RemainingRetries() ;          // 读取剩余故障重试次数
IF Togo_Retries < 2 THEN
ResetRetryCount ;                           // 清除故障重试计数器的计数值
ENDIF
RETRY;
ENDPROC
```

（2）移动指令错误恢复模式设定。指令 ProcerrRecovery 可针对在机器人移动过程中所产生的错误中断，通过添加项\SyncOrgMoveInst 或\SyncLastMoveInst，选择移动指令重启后的程序起始位置。

例如，对于以下程序，如果机器人在向 *p*1 移动时出现了系统错误，在执行错误处理程序后，重启指令 StartMove、RETRY，可继续执行 MoveL p1 指令。

```
  MoveL p1, v50, z30, tool2 ;
  ProcerrRecovery \SyncOrgMoveInst ;        // 设定移动指令错误恢复模式
  MoveL p2, v50, z30, tool2 ;
  ……
  ERROR                                     // 错误处理程序
  IF ERRNO = ERR_PATH_STOP THEN
  ……
  StartMove ;                               // 恢复机器人移动
  RETRY;                                    // 故障重试
  ENDIF
ENDPROC
```

如果在上述程序中，将指令 ProcerrRecovery 的添加项改为\SyncLastMoveInst，同样，若机器人在向 *p*1 移动时出现系统错误，在错误处理程序执行完成后，系统重启 StartMove、RETRY 指令，将执行 MoveL p2 指令。

6.4 轨迹存储及记录指令编程

6.4.1 轨迹存储与恢复指令

1. 指令与功能

RAPID 程序中断、错误中断的优先级高于正常执行指令。系统在执行机器人移动指令时，一旦出现程序中断或出现错误，系统将立即停止机器人的移动，转入中断程序或错误处理程序的执行。

为了在系统执行完中断程序或错误处理程序后，使机器人继续完成未结束的移动，可使用 RAPID 轨迹存储与恢复指令，来存储被中断的指令轨迹，使机器人继续移动。

RAPID 轨迹存储与恢复指令的名称及编程格式如表 6.4-1 所示。

表 6.4-1 轨迹存储与恢复指令的名称及编程格式

<table>
<tr><th>名称</th><th colspan="3">编程格式与示例</th></tr>
<tr><td rowspan="5">轨迹存储指令</td><td rowspan="3">StorePath</td><td>编程格式</td><td>StorePath [\KeepSync] ;</td></tr>
<tr><td>指令添加项</td><td>\KeepSync：保持协同作业同步，数据类型为 switch</td></tr>
<tr><td>程序数据</td><td>—</td></tr>
<tr><td>功能说明</td><td colspan="2">保存当前移动指令的轨迹，并选择独立或同步运动模式</td></tr>
<tr><td>编程示例</td><td colspan="2">StorePath ;</td></tr>
<tr><td rowspan="4">剩余轨迹清除</td><td rowspan="2">ClearPath</td><td>编程格式</td><td>ClearPath ;</td></tr>
<tr><td>程序数据</td><td>—</td></tr>
<tr><td>功能说明</td><td colspan="2">清除当前移动指令所剩余的轨迹</td></tr>
<tr><td>编程示例</td><td colspan="2">ClearPath ;</td></tr>
<tr><td rowspan="4">轨迹恢复指令</td><td rowspan="2">RestoPath</td><td>编程格式</td><td>RestoPath ;</td></tr>
<tr><td>程序数据</td><td>—</td></tr>
<tr><td>功能说明</td><td colspan="2">恢复 StorePath 所保存的指令轨迹</td></tr>
<tr><td>编程示例</td><td colspan="2">RestoPath ;</td></tr>
<tr><td rowspan="4">恢复移动</td><td rowspan="2">StartMove</td><td>编程格式</td><td>StartMove [\AllMotionTasks] ;</td></tr>
<tr><td>指令添加项</td><td>\AllMotionTasks：全部任务有效，数据类型为 switch</td></tr>
<tr><td>功能说明</td><td colspan="2">重新恢复机器人的移动</td></tr>
<tr><td>编程示例</td><td colspan="2">StartMove ;</td></tr>
<tr><td rowspan="4">沿原轨迹返回</td><td rowspan="2">StepBwdPath</td><td>编程格式</td><td>StepBwdPath StepLength, StepTime ;</td></tr>
<tr><td>程序数据</td><td>StepLength：返回行程（单位为 mm），数据类型为 num。
StepTime：返回时间，该程序数据已作废，固定为 1</td></tr>
<tr><td>功能说明</td><td colspan="2">机器人沿原轨迹返回指定行程</td></tr>
<tr><td>编程示例</td><td colspan="2">StepBwdPath 30, 1 ;</td></tr>
</table>

续表

名称	编程格式与示例		
当前轨迹检查	PathLevel	命令格式	PathLevel()
		命令参数	—
		执行结果	（1）原轨迹；（2）指令轨迹存储
	功能说明	检查机器人当前有效的移动轨迹	
	编程示例	level:= PathLevel() ;	
断电后的轨迹检查	PFRestart	命令格式	PFRestart([\Base] | [\Irpt])
		命令参数与添加项	\Base：基本轨迹检查，数据类型为 switch。 \Irpt：指令轨迹存储检查，数据类型为 switch
		执行结果	要求的轨迹存在为 TRUE，否则为 FALSE
	功能说明	电源中断重启后的指令轨迹检查	
	编程示例	IF PFRestart(\Irpt) = TRUE THEN	

2. 编程说明

轨迹存储指令 StorePath 可保存当前指令轨迹；剩余轨迹清除指令 ClearPath 可清除移动指令所剩余的轨迹；可通过轨迹恢复指令 RestoPath 恢复 StorePath 所保存的指令轨迹，并利用恢复移动指令 StartMove 恢复机器人的移动。

轨迹存储与恢复指令可以用于诸如焊接机器人的焊钳更换、焊枪清洗等中断作业控制，指令的编程示例如下。

```
VAR intnum int_move_stop ;                          // 定义中断名称
……
CONNECT int_move_stop WITH trap_move_stop ;         // 连接中断
ISignalDI di1, 1, int_move_stop ;                   // 中断设定
……
MoveJ p10, v200, z20, gripper ;                     // 执行移动指令
MoveL p20, v200, z20, gripper ;
……
! ********************************************
TRAP trap_move_stop                                 // 中断程序
StopMove ;                                          // 移动暂停
ClearPath ;                                         // 剩余轨迹清除
StorePath ;                                         // 保存轨迹
……                                                  // 中断处理
StepBwdPath 30, 1 ;                                 // 沿原轨迹返回 30mm
MoveJ p10, v200, z20, gripper ;                     // 重新定位到起点
RestoPath ;                                         // 恢复轨迹
StartMove ;                                         // 恢复机器人移动
……
```

在执行以上程序时，如果机器人在执行移动期间，将中断输入信号 di1 设为“1”，系统将立即执行中断程序 TRAP trap_move_stop。在中断程序中，首先，暂停机器人移动（StopMove）、清除当前移动指令的剩余轨迹（ClearPath）、保存轨迹（StorePath）；其次，进行相关的中断处理，在中断处理完成后，可通过 StepBwdPath 指令使机器人沿原轨迹返回 30mm；然后，利用 MoveJ 指令，将机器人重新定位到起点 *p*10；最后，恢复指令轨迹

（RestoPath）、恢复机器人移动（StartMove）。

6.4.2 轨迹记录指令与函数命令

将 RAPID 轨迹记录指令用于机器人移动轨迹的记录与恢复，它不但能够保存当前指令执行后的机器人移动轨迹，而且还可以记录多条已执行的指令轨迹；任意轨迹记录指令记录的机器人移动轨迹，可被保存在系统存储器中，以便机器人能够沿记录轨迹前进、回退。

RAPID 轨迹记录指令与函数命令名称及编程格式如表 6.4-2 所示。

表 6.4-2　轨迹记录指令与函数命令的名称及编程格式

<table>
<tr><th>名称</th><th colspan="3">编程格式与示例</th></tr>
<tr><td rowspan="4">开始记录轨迹</td><td rowspan="2">PathRecStart</td><td>编程格式</td><td>PathRecStart ID ;</td></tr>
<tr><td>程序数据</td><td>ID：轨迹名称，数据类型为 pathrecid</td></tr>
<tr><td>功能说明</td><td colspan="2">开始记录机器人移动轨迹</td></tr>
<tr><td>编程示例</td><td colspan="2">PathRecStart fixture_id ;</td></tr>
<tr><td rowspan="4">停止记录轨迹</td><td rowspan="2">PathRecStop</td><td>编程格式</td><td>PathRecStop [\Clear] ;</td></tr>
<tr><td>指令添加项</td><td>\Clear：轨迹记录清除，数据类型为 switch</td></tr>
<tr><td>功能说明</td><td colspan="2">停止记录机器人移动轨迹、清除轨迹记录</td></tr>
<tr><td>编程示例</td><td colspan="2">PathRecStop ;</td></tr>
<tr><td rowspan="4">沿记录轨迹回退</td><td rowspan="2">PathRecMoveBwd</td><td>编程格式</td><td>PathRecMoveBwd [\ID] [\ToolOffs] [\Speed] ;</td></tr>
<tr><td>指令添加项</td><td>\ID：轨迹名称，数据类型为 pathrecid。
\ToolOffs：工具偏移（间隙补偿），数据类型为 pos。
\Speed：回退速度，数据类型为 speeddata</td></tr>
<tr><td>功能说明</td><td colspan="2">机器人沿记录轨迹回退</td></tr>
<tr><td>编程示例</td><td colspan="2">PathRecMoveBwd \ID:=fixture_id \ToolOffs:=[0, 0, 10] \Speed:=v500 ;</td></tr>
<tr><td rowspan="4">沿记录轨迹前进</td><td rowspan="2">PathRecMoveFwd</td><td>编程格式</td><td>PathRecMoveFwd [\ID] [\ToolOffs] [\Speed] ;</td></tr>
<tr><td>指令添加项</td><td>\ID：轨迹名称，数据类型为 pathrecid。
\ToolOffs：工具偏移（间隙补偿），数据类型为 pos。
\Speed：前进速度，数据类型为 speeddata</td></tr>
<tr><td>功能说明</td><td colspan="2">机器人沿记录轨迹前进</td></tr>
<tr><td>编程示例</td><td colspan="2">PathRecMoveFwd \ID:=mid_id ;</td></tr>
<tr><td rowspan="4">回退轨迹检查</td><td rowspan="3">PathRecValidBwd</td><td>命令格式</td><td>PathRecValidBwd ([\ID])</td></tr>
<tr><td>命令参数</td><td>\ID：轨迹名称，数据类型为 pathrecid</td></tr>
<tr><td>执行结果</td><td>回退轨迹有效（TRUE），回退轨迹无效（FALSE）</td></tr>
<tr><td>编程示例</td><td colspan="2">bwd_path := PathRecValidBwd (\ID := id1) ;</td></tr>
<tr><td rowspan="4">前进轨迹检查</td><td rowspan="3">PathRecValidFwd</td><td>命令格式</td><td>PathRecValidFwd ([\ID])</td></tr>
<tr><td>命令参数</td><td>\ID：轨迹名称，数据类型为 pathrecid</td></tr>
<tr><td>执行结果</td><td>前进轨迹有效（TRUE），前进轨迹无效（FALSE）</td></tr>
<tr><td>编程示例</td><td colspan="2">fwd_path := PathRecValidBwd (\ID := id1) ;</td></tr>
</table>

RAPID 轨迹记录指令与函数命令的编程示例如下。

```
VAR pathrecid id1 ;                                    // 定义程序数据
VAR pathrecid id2 ;
VAR pathrecid id3 ;
……
MoveJ p0, vmax, fine, tool1 ;
PathRecStart id1 ;                                     // 记录轨迹 id1
MoveL p1, v500, z50, tool1 ;
PathRecStart id2 ;                                     // 记录轨迹 id2
MoveL p2, v500, z50, tool1 ;
PathRecStart id3 ;                                     // 记录轨迹 id3
MoveL p3, 500, z50, tool1;
PathRecStop ;                                          // 停止记录轨迹
……
ERROR                                                  // 错误处理程序
StorePath ;                                            // 保存指令轨迹
IF PathRecValidBwd(\ID:=id3) THEN                      // 检查轨迹 id3
  PathRecMoveBwd \ID:=id3 ;                            // 如果已记录轨迹 id3，回退到 p2
ENDIF
IF PathRecValidBwd(\ID:=id2) THEN                      // 检查轨迹 id2
  PathRecMoveBwd \ID:=id2 ;                            // 如果已记录轨迹 id2，回退到 p1
ENDIF
  PathRecMoveBwd ;                                     // 沿轨迹 id1 回退到 p0
IF PathRecValidFwd(\ID:=id2) THEN                      // 检查轨迹 id2
  PathRecMoveFwd \ID:=id2 ;                            // 如果已记录轨迹 id2，前进到 p2
ENDIF
IF PathRecValidFwd(\ID:=id3) THEN                      // 检查轨迹 id3
  PathRecMoveFwd \ID:=id3 ;                            // 如果已记录轨迹 id3，前进到 p3
ENDIF
  PathRecMoveFwd ;                                     // 沿轨迹 id1 前进到 p1
  RestoPath ;                                          // 恢复指令轨迹
  StartMove ;                                          // 恢复机器人移动
RETRY ;                                                // 故障重试
……
```

6.4.3　执行时间记录指令与函数命令

1. 指令与功能

RAPID 程序的执行时间记录指令可用来精确记录程序指令的执行时间，系统计时器的计时单位为 ms，最大计时值为 4 294 967s（49 天 17 时 2 分 47 秒）；系统计时器的时间值可以通过函数命令读入，读入的时间单位可以为 μs。执行时间记录指令及函数命令的功能说明及编程格式如表 6.4-3 所示。

表 6.4-3　执行时间记录指令、函数命令的功能说明及编程格式

名称	编程格式与示例		
计时器计时启动	ClkStart	编程格式	ClkStart Clock ;
		程序数据	Clock：计时器名称，数据类型为 clock

续表

名称	编程格式与示例		
计时器计时启动	功能说明	启动计时器计时	
	编程示例	ClkStart clock1;	
计时器计时停止	ClkStop	编程格式	ClkStop Clock ;
		程序数据	Clock：计时器名称，数据类型为 clock
	功能说明	停止计时器计时	
	编程示例	ClkStop clock1;	
计时器复位	ClkReset	编程格式	ClkReset Clock ;
		程序数据	Clock：计时器名称，数据类型为 clock
	功能说明	复位计时器的计时值	
	编程示例	ClkReset clock1 ;	
执行时间记录启动	SpyStart	编程格式	SpyStart File ;
		程序数据	File：文件路径与名称，数据类型为 string
	功能说明	详细记录每一个指令的执行时间，并将执行时间保存到指定的文件中	
	编程示例	SpyStart "HOME:/spy.log" ;	
执行时间记录停止	SpyStop	编程格式	SpyStop ;
		程序数据	—
	功能说明	停止记录指令的执行时间	
	编程示例	SpyStop ;	
计时器时间值读入	ClkRead	命令格式	ClkRead (Clock \HighRes)
		命令参数	Clock：计时器名称，数据类型为 clock。 \HighRes：时间单位可以选择 μs，数据类型为 switch
		执行结果	计时器时间值，数据类型为 num，单位为 ms 或 μs
	功能说明	读取计时器时间值	
	编程示例	time:=ClkRead(clock1) ;	
系统时间读取	GetTime	命令格式	GetTime ([\WDay] | [\Hour] | [\Min] | [\Sec])
		命令参数与添加项	\Wday：当前日期，数据类型为 switch。 \Hour：当前时间（时），数据类型为 switch。 \Min：当前时间（分），数据类型为 switch。 \Sec：当前时间（秒），数据类型为 switch
		执行结果	系统当前的时间值，数据类型为 num
	功能说明	读取系统当前的时间值	
	编程示例	hour := GetTime(\Hour) ;	

2. 编程示例

执行时间记录指令的编程示例如下，该程序可以通过计时器 clock1 的计时，将系统 DI 信号 di1 输入“1”的时延读入程序数据 time 中。

```
VAR clock clock1 ;                                   // 定义程序数据
VAR num time ;
……
ClkReset clock1 ;                                    // 计时器计时值复位
ClkStart clock1 ;                                    // 启动计时器计时
```

```
WaitUntil di1 = 1 ;                          // 程序暂停，等待 di1 输入
ClkStop clock1 ;                             // 停止计时器计时
time:=ClkRead(clock1);                       // 读取计时器的时间值
……
```

执行时间记录启动/停止指令 SpyStart/SpyStop，可对每一个程序指令的执行时间进行详细记录并将执行时间保存到指定的文件中，由于时间计算和数据保存需要较长的时间，因此，该功能通常用于程序调试，而不用于实际作业。

例如，利用指令 SpyStart/SpyStop 记录子程序 rProduce1 的指令执行时间，并将其保存到 SD 卡（HOME:）文件 spy.log 中，示例程序如下。

```
  ……
  SpyStart "HOME:/spy.log";                  // 指令执行时间记录启动
  rProduce1 ;                                // 调用需要被记录的程序
  SpyStop ;                                  // 指令执行时间记录停止
  ……
!***********************************************************************
PROC rProduce1()
  SetDo1,1 ;
  IF di1=0 THEN
  MoveL p1, v200, fine, tool0 ;
  ENDIF
  MoveL p2, v200, fine, tool0 ;
  ……
ENDPROC
!***********************************************************************
```

程序执行后，在文件 spy.log 中保存的数据如表 6.4-4 所示，表中各栏的含义如下，时间单位均为 ms。

任务：程序所在的任务名。

指令：系统所执行的指令。

进/出：该指令开始执行/完成执行的时刻，从 SpyStart 指令执行完成的时刻开始计算。

代码：指令执行状态，“就绪”为完成指令执行的时间，“等待”为指令准备时间。

表 6.4-4 执行时间记录启动而保存的数据

任务	指令	进	代码	出
MAIN	SetDo1,1 ;	0	就绪	0
MAIN	IF di1=0 THEN	0	就绪	1
MAIN	MoveL p1, v200, fine, tool0 ;	1	等待	11
MAIN	MoveL p1, v200, fine, tool0 ;	498	就绪	498
MAIN	ENDIF	495	就绪	495
MAIN	MoveL p2, v200, fine, tool0 ;	498	等待	505
MAIN	MoveL p2, v200, fine, tool0 ;	812	就绪	812
MAIN	……	……	……	……
MAIN	SpyStop ;	……	就绪	

例如，移动指令“MoveL p1, v200, fine, tool0 ;”的准备时间为 10ms，机器人实际移动时间为 487ms 等。

6.5 协同作业指令与函数命令编程

6.5.1 协同作业指令与函数命令

1. 指令与函数功能

将协同作业指令用于多机器人复杂系统的多机器人同步运动控制。协同作业指令需要在各机器人的主模块上定义协同作业任务表（tasks 型数据，永久数据）、同步点（syncident 型数据，程序变量）；然后在同步点上进行协同作业的启动、结束；在多机器人进行协同作业时需要使用添加项\ID 标记的机器人的同步移动指令。

RAPID 协同作业指令与函数命令的名称及编程格式如表 6.5-1 所示。

表 6.5-1　协同作业指令与函数命令的名称及编程格式

<table>
<tr><th>名称</th><th colspan="3">编程格式与示例</th></tr>
<tr><td rowspan="4">协同作业启动</td><td rowspan="2">SyncMoveOn</td><td>编程格式</td><td>SyncMoveOn SyncID, TaskList [\TimeOut] ;</td></tr>
<tr><td>程序数据与添加项</td><td>SyncID：同步点名称，数据类型为 syncident。
TaskList：协同作业任务表名称，数据类型为 tasks。
\TimeOut：同步等待时间（单位为 s），数据类型为 num</td></tr>
<tr><td>功能说明</td><td colspan="2">在指定的同步点上，启动协同作业同步运行</td></tr>
<tr><td>编程示例</td><td colspan="2">SyncMoveOn sync2, task_list ;</td></tr>
<tr><td rowspan="4">协同作业结束</td><td rowspan="2">SyncMoveOff</td><td>编程格式</td><td>SyncMoveOff SyncID [\TimeOut] ;</td></tr>
<tr><td>程序数据与添加项</td><td>SyncID：同步点名称，数据类型为 syncident。
\TimeOut：同步等待时间（单位为 s），数据类型为 num</td></tr>
<tr><td>功能说明</td><td colspan="2">在指定的同步点上，结束协同作业同步运行</td></tr>
<tr><td>编程示例</td><td colspan="2">SyncMoveOff sync2 ;</td></tr>
<tr><td rowspan="4">协同作业暂停</td><td rowspan="2">SyncMoveSuspend</td><td>编程格式</td><td>SyncMoveSuspend ;</td></tr>
<tr><td>程序数据</td><td>—</td></tr>
<tr><td>功能说明</td><td colspan="2">暂时停止协同作业同步运行、进入独立控制模式</td></tr>
<tr><td>编程示例</td><td colspan="2">SyncMoveSuspend ;</td></tr>
<tr><td rowspan="4">协同作业恢复</td><td rowspan="2">SyncMoveResume</td><td>编程格式</td><td>SyncMoveResume ;</td></tr>
<tr><td>程序数据</td><td>—</td></tr>
<tr><td>功能说明</td><td colspan="2">恢复协同作业同步运行</td></tr>
<tr><td>编程示例</td><td colspan="2">SyncMoveResume ;</td></tr>
<tr><td rowspan="4">协同作业撤销</td><td rowspan="2">SyncMoveUndo</td><td>编程格式</td><td>SyncMoveUndo ;</td></tr>
<tr><td>程序数据</td><td>—</td></tr>
<tr><td>功能说明</td><td colspan="2">强制撤销协同作业同步运行，恢复独立控制模式</td></tr>
<tr><td>编程示例</td><td colspan="2">SyncMoveUndo ;</td></tr>
</table>

续表

名称	编程格式与示例		
当前任务名称读取	GetTaskName	命令格式	GetTaskName ([\TaskNo] | [\MecTaskNo])
		命令参数与添加项	\TaskNo：任务编号，数据类型为 num。 \MecTaskNo：运行任务编号，数据类型为 num
		执行结果	当前执行任务名称、任务编号，数据类型为 string
	功能说明	读取当前执行的任务名称、任务编号	
	编程示例	taskname := GetTaskName(\MecTaskNo:=taskno) ;	
协同作业同步运行检查	IsSyncMoveOn	命令格式	IsSyncMoveOn()
		命令参数	—
		执行结果	程序处于协同作业同步运行模式则为 TRUE，否则为 FALSE
	功能说明	检查当前程序（任务）是否处于协同作业同步运行模式	
	编程示例	Task_state:=IsSyncMoveOn() ;	
协同作业同步运行控制器编号读取	MotionPlannerNo	命令格式	MotionPlannerNo()
		命令参数	—
		执行结果	协同作业同步运行控制器编号，数据类型为 num
	功能说明	读取协同作业同步运行控制器编号	
	编程示例	motion_planner := MotionPlannerNo();	
任务中运行的机械单元检测	TaskRunMec	命令格式	TaskRunMec( );
		命令参数	—
		执行结果	TRUE：所有机械单元运行。 FALSE：并非所有机械单元运行
	功能说明	检测当前任务是否控制所有机械单元运行	
	编程示例	flag := TaskRunMec( );	
任务中运行的机器人检测	TaskRunRob	命令格式	TaskRunRob( )
		命令参数	—
		执行结果	TRUE：机器人运行。 FALSE：无机器人运行
	功能说明	检测当前任务是否控制机器人运行	
	编程示例	flag := TaskRunRob( );	
同步运行任务检测	TaskInSync	命令格式	TaskInSync (TaskList)
		命令参数	TaskList：同步运行任务名称
		执行结果	同步运行的任务数量
	功能说明	检测同步运行的任务数量	
	编程示例	noOfSynchTasks:= TasksInSync (tasksInSyncList);	
同步运行状态检测与设定	TestAndSet	命令格式	TestAndSet（Object）
		命令参数	Object：同步运行禁止信号，数据类型为 bool；Object 为 FALSE，允许任务同步运行；Object 为 TRUE，禁止任务同步运行

续表

名称	编程格式与示例		
同步运行状态检测与设定	TestAndSet	执行结果	Object 为 FALSE，执行结果为 TRUE，同时将 Object 设定为 TRUE、禁止其他程序同步运行；Object 为 TRUE，执行结果为 FALSE
	功能说明	检测并设定同步运行控制信号	
	编程示例	WaitUntil TestAndSet(tproutine_inuse);	

2. 协同作业控制

协同作业的启动、结束需要在同步点上进行，指令 SyncMoveOn 的添加项\TimeOut 为程序等待同步对象到达同步点的最长时间，如未选择该添加项，程序将永久等待；如果在规定的\TimeOut 内，同步对象未到达同步点，则会产生系统错误 ERR_SYNCMOVEOFF，并调用错误处理程序；如果未编制错误处理程序，机器人将停止运动。

使用协同作业暂停指令 SyncMoveSuspend 可暂时取消协同作业的同步控制模式，使系统恢复独立控制模式；在使用协同作业暂停指令前，必须使用 StorePath 及添加项\KeepSync，保持同步运行数据。

当前任务名称读取函数命令 GetTaskName 可用来检查系统当前执行的任务名称及任务编号。

协同作业同步运行检查函数命令 IsSyncMoveOn 可用来检查系统当前任务是否处于协同作业同步运行模式。

协同作业同步运行控制器编号读取函数命令 MotionPlannerNo，可用来读取与任务相关的同步运行控制器编号（运行任务）或机械单元（非运行任务）控制器编号，其编程示例见后述内容。

任务中运行的机械单元检测函数命令、任务中运行的机器人检测函数命令和同步运动任务检测函数命令可以用来检测机械单元、机器人运行和同步运行的任务数量，函数命令的编程方法与同步运行控制器编号读取命令 MotionPlannerNo 类似；同步运行状态检测与设定函数命令可用于同步运行协调控制，其编程示例见后述内容。

6.5.2 协同作业程序编制

1. 协同作业程序示例

多机器人协同作业的程序示例如下，程序可用于机器人 ROB1、机器人 ROB2 协同作业控制的任务 T_ROB1、T_ROB2。

用于机器人 ROB1 协同作业控制的任务 T_ROB1 的程序示例如下。

```
MODULE mainmodu (SYSMODULE)                          // T_ROB1 主模块
   ……
   PERS tasks task_list{2} := [["T_ROB1"], ["T_ROB2"]] ; // 定义协同作业任务
   VAR syncident sync1 ;                              // 定义同步点
   VAR syncident sync2 ;
   VAR syncident sync3 ;
   ……
```

```
! ***************************************************
PROC main()                                              // T_ROB1 主程序
  ……
  MoveL p0, vmax, z50, tool1 ;
  WaitSyncTask sync1, task_list \TimeOut :=60 ;   // 等待 T_ROB2 同步 60s
  MoveL p1, v500, fine, tool1 ;
  syncmove ;                                             // 调用协同作业程序
  ……
  ERROR                                                  // 同步超时错误处理
  IF ERRNO = ERR_SYNCMOVEON THEN
  RETRY ;
  ENDIF
ENDPROC
! ***************************************************
PROC syncmove()                                          // T_ROB1 协同作业程序
  SyncMoveOn sync2, task_list ;                          // 启动协同作业
  MoveL * \ID:=10, v100, z10, tool1 \WObj:= rob2_obj ;  //与 T_ROB2 同步运行
  SyncMoveOff sync3 ;                                    // 结束协同作业
  UNDO                                                   // 任务还原
  SyncMoveUndo ;                                         // 撤销协同作业
  ERROR                                                  // 同步出错处理
  StorePath \KeepSync ;                                  //保存指令轨迹
  p10 := CRobT(\Tool:=tool1 \WObj:= rob2_obj) ;         // 记录当前位置
  SyncMoveSuspend ;                                      // 暂停协同作业
  MoveL p1, v100, fine, tool1 ;                          // 进入独立控制模式
  SyncMoveResume ;                                       // 恢复协同作业
  MoveL p10\ID:=111, fine, z10, tool1 \WObj:= rob2_obj ;//与 T_ROB2 同步运行
  RestoPath ;                                            // 恢复轨迹
  StartMove ;                                            // 恢复机器人移动
  RETRY ;
ENDPROC
! ***************************************************
```

用于机器人 ROB2 协同作业控制的任务 T_ROB2 的程序示例如下。

```
MODULE mainmodu (SYSMODULE)                              // T_ROB2 主模块
  ……
  PERS tasks task_list{2} := [["T_ROB1"], ["T_ROB2"]] ;
  VAR syncident sync1 ;
  VAR syncident sync2 ;
  VAR syncident sync3 ;
  ……
! ***************************************************
PROC main()                                              // T_ROB2 主程序
  ……
  MoveL p0, vmax, z50, tool2 ;
  WaitSyncTask sync1, task_list ;                        // 永久等待 T_ROB1 同步
  MoveL p1, v500, fine, tool2\WObj:= rob2_obj ;
  syncmove ;                                             // 调用协同作业程序
  ……
  ERROR                                                  // 同步超时错误处理
  IF ERRNO = ERR_SYNCMOVEON THEN
  RETRY ;
```

```
    ENDIF
  ENDPROC
  ! ******************************************************
  PROC syncmove()                                        // T_ROB2 协同作业程序
    SyncMoveOn sync2, task_list ;                        // 启动协同作业
    MoveL * \ID:=10, v100, z10, tool2\WObj:= rob2_obj ; // 与 T_ROB1 同步运行
    SyncMoveOff sync3 ;                                  // 结束协同作业
    UNDO                                                 // 任务还原
    SyncMoveUndo ;                                       // 撤销协同作业
    ERROR                                                // 同步出错处理
    StorePath \KeepSync ;                                // 保存指令轨迹
    p10 := CRobT(\Tool:=tool2 \WObj:=rob2_obj) ;         // 记录当前位置
    SyncMoveSuspend ;                                    // 暂停协同作业
    MoveL p1, v100, fine, tool2 \WObj:=rob2_obj ;        // 进入独立控制模式
    SyncMoveResume ;                                     // 恢复协同作业
    MoveL p10\ID:=111, fine, z10, tool2 \WObj:= rob2_obj ; // 与 T_ROB1 同步运行
    RestoPath ;                                          // 恢复轨迹
    StartMove ;                                          // 恢复机器人移动
    RETRY ;
  ENDPROC
  ! ******************************************************
```

执行以上协同作业程序，T_ROB1、T_ROB2 的主程序可在同步点 sync1 上完成同步后，先各自独立定位到 *p*1 处；接着，T_ROB1、T_ROB2 的主程序在程序 PROC syncmove、同步点 sync2 上再次同步；然后开始进行指定位置（*）上的直线插补同步运行（ID:=10）；同步运行完成后，在同步点 sync3 上结束同步、还原任务、撤销协同作业。如果程序 PROC syncmove 的同步运动出错，错误处理程序可保持程序同步运行轨迹、记录出错位置（*p*11）、暂停协同作业，并各自独立返回到 *p*1 处；随后，恢复协同作业，并同步运行到出错位置 *p*11（ID:=111）处；接着，恢复轨迹、恢复机器人的同步移动（ID:=10）。

2. 同步运行控制器编号读取程序示例

同步运行控制器编号读取程序示例如下，程序可将与机器人 ROB1、ROB2 同步运行的机械单元控制器编号，分别读入机器人任务 T_ROB1、T_ROB1 上；并在字符串数组的对应位置上显示状态“READY”。同时，在后台运行的非运行任务 BCK1、BCK2 上，以字符串数组的形式显示同步运行控制器编号。

```
  ! ******************************************************
  !Motion task T_ROB1                                     // 机器人任务
T_ROB1
  PERS string buffer{6} := ["", "", "", "", "", ""];
                                 // 定义程序数据，保存同步运行机械单元控制器状态
  VAR num motion_planner;        // 定义程序数据，保存同步运行机械单元控制器编号
  PROC main()                                            // 机器人主程序
  ……
  MoveL point, v1000, fine, tcp1;
  motion_planner := MotionPlannerNo();        // 读取同步运行机械单元控制器编号
  buffer{motion_planner} := "READY";          // 设定同步运行机械单元控制器状态
  ……
  ENDPROC
```

```
! *****************************************************
!Background task BCK1                                // 后台运行非运行任务
PERS string buffer{6};                               // 定义程序数据
VAR num motion_planner;
VAR string status;
PROC main()
……
motion_planner := MotionPlannerNo();                 // 读取同步运行控制器编号
status := buffer{motion_planner};                    // 保存同步运行控制器状态
……
ENDPROC
! *****************************************************
! *****************************************************
!Motion T_ROB2                                       // 机器人任务
T_ROB2
PERS string buffer{6}:= ["", "", "", "", "", ""];
                        // 定义程序数据，保存同步运行机械单元控制器状态
VAR num motion_planner;      // 定义程序数据，保存同步运行机械单元控制器编号
PROC main()
……
MoveL point, v1000, fine, tcp1;
motion_planner := MotionPlannerNo();       // 读取同步运行机械单元控制器编号
buffer{motion_planner} := "READY";         // 设定同步运行机械单元控制器状态
……
ENDPROC
! *****************************************************
!Background task BCK2                                // 后台运行非运行任务
PERS string buffer{6};                               // 定义程序数据
VAR num motion_planner;
VAR string status;
PROC main()
……
motion_planner := MotionPlannerNo();                 // 读取同步运行控制器编号
status := buffer{motion_planner};                    // 保存同步运行控制器状态
……
ENDPROC
```

3. 同步运行状态检测与设定程序示例

同步运行状态检测与设定函数命令 TestAndSet 可用于同步运行任务间的指令执行协调控制，如果系统的同步运行禁止信号的状态为 FALSE，则命令的执行结果为 TRUE，同时，将同步运行禁止信号的状态设定为 TRUE、禁止其他程序同步运行；如同步运行禁止信号的状态为 TRUE，则命令的执行结果为 FALSE。

TestAndSet 的编程示例如下，利用以下程序，可保证主任务信息 1～3 及后台任务信息 1～3 在示教器上连续显示。

```
! *****************************************************
!Motion task T_ROB1                                  // 机器人任务 T_ROB1
PERS bool tproutine_inuse                           // 定义同步运行禁止信号
PROC main()                                          // 机器人主程序
……
```

```
tproutine_inuse := FALSE;          // 撤销同步运行禁止信号，允许其他任务同步运行
……
WaitUntil TestAndSet(tproutine_inuse);
```

// 检测并设定同步运行禁止信号，如果 tproutine_inuse 的状态为 FALSE，则执行本任务后续指令，同时，设定 tproutine_inuse 的状态为 TRUE、禁止其他任务同步运行

```
TPWrite "First line from MAIN";          // 示教器显示主任务信息 1
TPWrite "Second line from MAIN";         // 示教器显示主任务信息 2
TPWrite "Third line from MAIN";          // 示教器显示主任务信息 3
tproutine_inuse := FALSE;        // 撤销同步运行禁止信号，允许其他任务同步运行
……
ENDPROC
! ************************************************************
!Background task BCK1                             // 后台运行非运行任务
PERS bool tproutine_inuse                         // 定义同步运行禁止信号
PROC main()
……
tproutine_inuse := FALSE;   // 撤销同步运行禁止信号，允许其他任务同步运行
WaitUntil TestAndSet(tproutine_inuse);
```

// 检测并设定同步运行禁止信号，如果 tproutine_inuse 的状态为 FALSE，则执行本任务后续指令，同时，设定 tproutine_inuse 的状态为 TRUE、禁止其他任务同步运行

```
TPWrite "First line from BACK1";         // 示教器显示后台任务信息 1
TPWrite" Second line from BACK1";        // 示教器显示后台任务信息 2
TPWrite "Third line from BACK1";         // 示教器显示后台任务信息 3
tproutine_inuse := FALSE;        // 撤销同步运行禁止信号，允许其他任务同步运行
……
ENDPROC
! ************************************************************
```

| 第 7 章 |
通信指令编程

7.1 示教器通信指令编程

7.1.1 示教器通信指令与函数命令

1. 指令与功能

机器人控制器和示教器通信是 RAPID 程序最为常用的通信操作，指令可用于 FlexPendant 示教器操作信息显示窗编程，如图 7.1-1 所示。

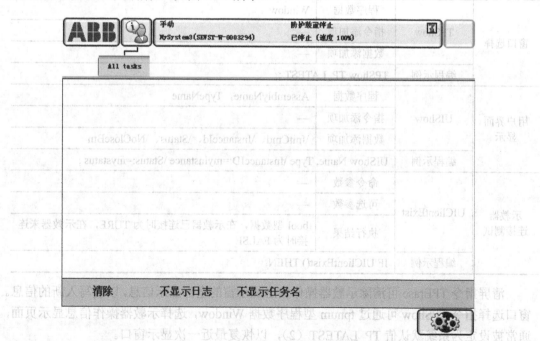

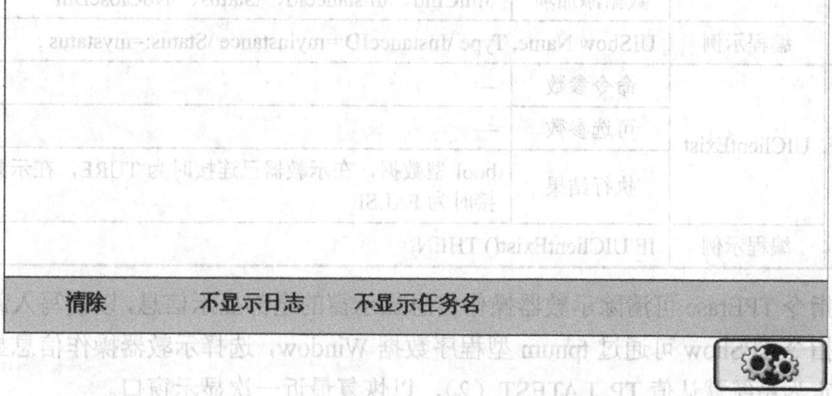

图 7.1-1 FlexPendant 示教器操作信息显示窗

示教器操作信息显示窗可通过示教器顶部、ABB 图标右侧的操作信息图标来选择，底部的触摸功能键【清除】、【不显示日志】、【不显示任务名】可用来清除显示信息、关闭显示窗、隐藏任务名。

利用 RAPID 示教器通信指令和函数命令，用户不仅可以在示教器操作信息显示窗中显示信息文本，而且还可以对示教器操作信息显示窗的样式、对话操作界面等进行设计。其中，清屏指令、窗口选择指令、文本写入指令及示教器连接测试函数命令等是示教器通信最常用的基本通信指令，相关指令与函数命令的名称及编程格式如表 7.1-1 所示。

表 7.1-1　示教器基本通信指令与函数命令的名称及编程格式

名称	编程格式与示例		
清屏	TPErase	程序数据	—
		指令添加项	—
		数据添加项	—
	编程示例	TPErase ;	
文本写入	TPWrite	程序数据	String
		指令添加项	—
		数据添加项	\Num | \Bool | \Pos | \Orient | \Dnum
	编程示例	TPWrite "No of produced parts=" \Num:=reg1 ;	
错误写入	ErrWrite	程序数据	Header，Reason
		指令添加项	\ W | \ I
		数据添加项	\RL2、RL3、\RL4
	编程示例	ErrWrite "PLC error", "Fatal error in PLC" \RL2:="Call service";	
窗口选择	TPShow	程序数据	Window
		指令添加项	—
		数据添加项	—
	编程示例	TPShow TP_LATEST ;	
用户界面显示	UIShow	程序数据	AssemblyName，TypeName
		指令添加项	—
		数据添加项	\InitCmd、\InstanceId、\Status、\NoCloseBtn
	编程示例	UIShow Name, Type \InstanceID:=myinstance \Status:=mystatus ;	
示教器连接测试	UIClientExist	命令参数	—
		可选参数	—
		执行结果	bool 型数据，在示教器已连接时为 TURE，在示教器未连接时为 FALSE
	编程示例	IF UIClientExist() THEN	

清屏指令 TPErase 可清除示教器操作信息显示窗的全部显示信息，以便写入新的信息。窗口选择指令 TPShow 可通过 tpnum 型程序数据 Window，选择示教器操作信息显示页面，通常被设定为系统默认值 TP_LATEST（2），以恢复最近一次显示窗口。

示教器连接测试函数命令 UIClientExist 用来检查示教器的连接状态，如果示教器已连接，命令的执行结果为 TURE，如果示教器未连接，则命令的执行结果为 FALSE。UIClientExist 不需要参数，在编程时只需要保留该函数命令的参数括号。

以上指令、函数命令的使用简单，不再另行说明。文本写入指令、错误写入指令的编程格式与要求如下。

2. 文本写入指令

文本写入指令 TPWrite 可将指定的文本（字符串）写入示教器操作信息显示窗，指令的编程格式及程序数据、数据添加项的含义如下。

```
TPWrite String [\Num] | [\Bool] | [\Pos] | [\Orient] | [\Dnum] ;
```

String：需要写入的字符串文本，数据类型为 string。在操作信息显示窗上，每行可显示 TPWrite 指令写入的长度为 40 个字符的操作信息，程序数据 String 最大可定义 80 个字符（2 行）。

多个 String，可通过运算符"+"连接，也可通过以下添加项之一附加其他程序数据；附加程序数据作为文本信息显示时，系统可自动将其转换为 string 型数据。

\Num：数据类型为 num，文本后附加的 num 型数据。在将 num 型数据转换为 string 型数据时，将自动保留 6 个有效数字（符号、小数点除外），系统可自动对多余的小数位进行四舍五入处理；如 num 型数据 1.141367 的转换结果为字符"1.14137"。

\Dnum：数据类型为 dnum，文本后附加的 dnum 型数据。在将 dnum 型数据转换为 string 型数据时，将自动保留 15 个有效数字（符号、小数点除外），系统可自动对多余的小数位同样进行四舍五入处理。

\Bool：数据类型为 bool，文本附加的 bool 型数据，将 bool 型数据转换为 string 型数据的结果为"TRUE"或"FALSE"。

\Pos：数据类型为 pos，文本后附加的 pos 型数据。将 pos 型数据转换为 string 型数据时，将保留括号和逗号，如 pos 型数据[817.3, 905.17, 879.1]的转换结果为字符"[817.3, 905.17, 879.1]"。

\Orient：数据类型为 orient，文本后附加的 orient 型数据。在将 orient 型数据转换为 string 型数据时，同样可保留括号、逗号，如 orient 型数据[0.96593, 0, 0.25882, 0]的转换结果为字符"[0.96593, 0, 0.25882, 0]"。

文本写入指令 TPWrite 的编程示例如下。

```
……
TPShow TP_LATEST ;                          // 恢复最近一次显示窗口
TPErase ;                                   // 清屏
TPWrite "Execution started" ;               // 显示操作信息 Execution started
……
VAR string str1:= T_ROB1 ;                  // 定义程序数据
TPWrite "This task controls TCP robot with name "+ str1 ;
// 字符串连接，显示操作信息 This task controls TCP robot with name T_ROB1
……
VAR num reg1:= 5 ;                          // 定义程序数据
TPWrite "No of produced parts=" \Num:=reg1 ;
                                 // 附加程序数据，显示操作信息 No of produced parts= 5
……
```

3. 错误写入指令

错误写入指令 ErrWrite 可在示教器操作信息显示窗写入程序指定的错误信息文本，并保存到系统的故障履历（事件日志）中。

最多可显示 5 行错误信息文本（含标题），总字符数不能超过 195 个。信息的类别可为系统错误信息、系统警示信息或操作提示信息，它们在系统故障履历中的错误代码分别为 80001、80002、80003。

错误写入指令的编程格式及程序数据、添加项的含义如下。

```
ErrWrite [ \W, ] | [\ I,] Header, Reason [ \RL2] [ \RL3] [ \RL4]
```

\W 或\I：信息显示选择，数据类型为 switch。当添加项\W 或\I 均未指定时，示教器在显示错误信息的同时，将此信息作为系统错误信息（错误代码为 80001）保存到系统故障履历中；指定添加项\W，示教器不显示错误信息，但此信息可作为系统警示信息（错误代码为 80002）被写入系统故障履历；指定添加项\I，示教器不显示操作信息，但此信息作为操作提示信息（错误代码为 80003）被写入系统故障履历。

Header：错误信息标题，数据类型为 string，最大长度为 46 个字符。

Reason：第 1 行错误信息显示内容，数据类型为 string。

\RL2、\RL3、\RL4：第 2～4 行错误信息显示内容，数据类型为 string。

例如，执行如下指令。

```
ErrWrite "PLC error", "Fatal error in PLC" \RL2:="Call service" ;
```

示教器可显示以下错误信息，同时，将以下错误信息作为系统错误信息（错误代码为 80001）保存到系统故障履历中。

```
PLC error
Fatal error in PLC
Call service
```

再如，执行如下指令。

```
ErrWrite \W, "Search error", "No hit for the first search" ;
```

示教器不显示错误信息，但会在系统故障履历中保存如下系统警示信息（错误代码为 80002）。

```
Search error
No hit for the first search
```

4. 用户界面显示指令

用户界面显示指令 UIShow 通常面向机器人生产厂家，利用该指令可在示教器操作信息显示窗上显示用户图形，应以扩展名.dll 将图形文件安装在“HOME:”路径下。

用户界面显示指令的编程格式及程序数据、添加项的含义如下。

```
UIShow AssemblyName, TypeName [\InitCmd] [\InstanceID] [\Status] [\NoCloseBtn] ;
```

AssemblyName：图形文件名称，数据类型为 string。

TypeName：图形文件类型，数据类型为 string。

\InitCmd：图形初始化数据，数据类型为 string。

\InstanceID：用户界面识别标记，数据类型为 uishownum。当指定的用户界面显示后，该用户界面的识别号将被保存，因此，程序数据应被定义为永久数据，以便其他 UIShow 调用。

\Status：指令执行状态标记，数据类型为 num。在已指定添加项时，系统将等待、检查指令执行结果，“0”代表指令正确执行，负值代表指令执行出错。

\NoCloseBtn：关闭用户界面，数据类型为 switch。

用户界面显示指令 UIShow 的编程示例如下。

```
CONST string Name:="TpsViewMyAppl.gtpu.dll" ;
CONST string Type:="ABB.Robotics.SDK.Views.TpsViewMyAppl" ;
CONST string Cmd1:="Init data string passed to the view" ;
CONST string Cmd2:="New init data string passed to the view" ;
PERS uishownum myinstance:=0 ;
VAR num mystatus:=0 ;
……
UIShow Name, Type \InitCmd:=Cmd1 \Status:=mystatus ;
UIShow Name, Type \InitCmd:=Cmd2 \InstanceID:=myinstance \Status:=mystatus;
……
```

7.1.2 示教器基本对话指令

1. 指令与功能

示教器基本对话指令可用于简单的示教器对话操作，它可以在示教器操作信息显示窗显示文本信息的同时，进行对话操作。如果操作者未按指令的规定与要求操作示教器按键，程序将进入等待状态，直至操作者操作指定的应答键。

示教器基本对话操作可以通过 num 型或 dnum 型数据输入、触摸功能键进行应答，示教器基本对话指令的名称及编程格式如表 7.1-2 所示。

表 7.1-2 示教器基本对话指令的名称及编程格式

名称	编程格式与示例		
数值应答	TPReadNum TPReadDnum	程序数据	TPAnswer，TPText
		指令添加项	—
		数据添加项	\MaxTime，\DIBreak，\DIPassive，\DOBreak]，\DOPassive，\BreakFlag
	编程示例	TPReadDnum value, "How many units should be produced?" ;	
功能键应答	TPReadFK	程序数据	TPAnswer，TPText，TPFK1，…，TPFK5
		指令添加项	—
		数据添加项	\MaxTime，\DIBreak，\DIPassive，\DOBreak，\DOPassive，\BreakFlag
	编程示例	TPReadFK reg1, "More?", stEmpty, stEmpty, stEmpty, "Yes", "No";	

2. 数值应答指令

数值应答指令 TPReadNum、TPReadDnum 之间的区别，仅在于在 RAPID 程序中以不同的数据类型保存输入示教器的数值，TPReadNum 以 num 型数据的形式保存输入示教器的数值、TPReadDnum 则以 dnum 型数据的形式保存输入示教器的数值。指令的编程格式及程序数据说明如下。

```
TPReadNum TPAnswer, TPText [\MaxTime] [\DIBreak] [\DIPassive] [\DOBreak]
          [\DOPassive] [\BreakFlag] ;
TPReadDnum TPAnswer, TPText [\MaxTime] [\DIBreak] [\DIPassive] [\DOBreak]
          [\DOPassive] [\BreakFlag] ;
```

TPAnswer：示教器输入数值，数据类型为 num 或 dnum。当程序数据用来存储示教器对话操作时，对于操作者输入示教器的数值，TPReadNum 以 num 型数据的形式保存，TPReadDnum 以 dnum 型数据的形式保存。

TPText：示教器显示，数据类型为 string。用来指定在示教器对话操作中写入示教器操作信息显示窗的文本，文本最多为 2 行、最大长度为 80 个字符，每行最多可显示 40 个字符。

\MaxTime：操作应答等待时间，数据类型为 num，单位为 s。在不指定添加项时，系统必须等待操作者操作触摸功能键进行应答后才能结束指令的执行，继续后续程序的执行。在指定添加项\MaxTime、但未选择添加项\BreakFlag 时，如果操作者未在\MaxTime 规定的时间内，通过操作触摸功能键进行应答，系统将自动终止指令的执行并出现“操作应答超时（ERR_TP_MAXTIME）”错误。如果该指令同时指定了添加项\MaxTime 和\BreakFlag，则可按添加项\BreakFlag（见下述内容）的要求处理错误，并继续执行后续程序指令。

\DIBreak：终止指令执行的 DI 信号，数据类型为 signaldi。在使用添加项时，如果在指定的 DI 信号状态为“1”或“0（指定添加项\DIPassive）”时，操作者尚未进行规定的应答操作，则系统自动终止指令的执行、出现“操作应答 DI 信号终止（ERR_TP_DIBREAK）”错误，并根据添加项\BreakFlag 的情况，对错误进行相应的处理。

\DIPassive：终止指令执行的 DI 信号极性选择，数据类型为 switch。在未指定添加项且 DI 信号状态为“1”时终止指令的执行；在指定添加项且 DI 信号状态为“0”时终止指令的执行。

\DOBreak：终止指令执行的 DO 信号，数据类型为 signaldo。在使用添加项时，当指定的 DO 信号状态为“1”或“0（指定添加项\DOPassive）”时，操作者尚未通过操作触摸功能键进行应答，则系统自动终止指令的执行、出现“操作应答 DO 信号终止（ERR_TP_DOBREAK）” 错误，并根据添加项\BreakFlag 的情况，对错误进行相应的处理。

\DOPassive：终止指令执行的 DO 信号极性选择，数据类型为 switch。在未指定添加项且 DO 状态为“1”时终止指令的执行；在指定添加项且 DO 状态为“0”时终止指令的执行。

\BreakFlag：错误存储，数据类型为 errnum。在未指定添加项时，当指令出现操作应答超时、操作应答 DI 终止、操作应答 DO 终止等错误时，系统停止执行程序并进行系统错误处理；在指定添加项时，如果指令出现操作应答超时、操作应答 DI 信号终止、操作应答 DO 信号终止等错误，可在指定的程序数据上保存系统出错信息 ERR_TP_MAXTIME、ERR_TP_DIBREAK 或 ERR_TP_DOBREAK，然后终止指令的执行，继续执行后续程序。

数值应答指令 TPReadNum 的编程示例如下，与 TPReadDnum 的编程示例相比，区别仅为后者将数值保存为 dnum 型数据，其他一致。

```
VAR num value ;                                                   // 定义程序数据
……
TPReadNum value, "How many units should be produced?" ;    // 对话显示与操作
FOR i FROM 1 TO value DO                                          // 重复执行
  produce_part ;                                                   // 子程序调用
ENDFOR
……
```

利用以上指令，可在示教器上显示文本“How many units should be produced?”，并永久等待操作者向示教器输入数值进行应答。一旦操作者操作数字键进行了应答，系统将以应答值为子程序的重复执行次数，重复执行子程序 produce_part。

3. 功能键应答指令

功能键应答指令 TPReadFK 和数值应答指令之间的区别在于前者需要使用示教器上的触摸功能键进行应答，指令的其他功能均相同。TPReadFK 的编程格式如下，程序数据 TPText 及全部数据添加项的含义均与数值应答指令 TPReadNum、TPReadDnum 相同；TPReadFK 的其他程序数据的说明如下。

```
TPReadFK TPAnswer, TPText, TPFK1, TPFK2, TPFK3, TPFK4, TPFK5 [\MaxTime]
        [\DIBreak] [\DIPassive] [\DOBreak] [\DOPassive] [\BreakFlag] ;
```

TPAnswer：示教器输入的触摸功能键编号（1~5），数据类型为 num。示教器所显示的触摸功能键名称可通过程序数据 TPFK1~TPFK5 定义；触摸功能键的位置、编号与名称之间的对应关系如图 7.1-2 所示。

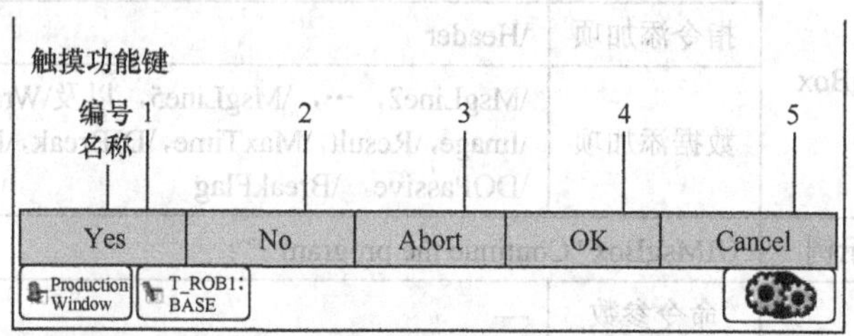

图 7.1-2　触摸功能键的位置、编号与名称之间的对应关系

TPFK1~TPFK5：触摸功能键 1~5 在示教器上显示的名称，数据类型为 string。触摸功能键名称的最大长度允许 45 个字符，无名称显示的空白功能键，应指定系统预定义的空白字符 stEmpty 或空字符标记（“”）。

TPReadFK 的编程示例如下。

```
VAR errnum errvar ;
......
TPReadFK reg1, "Go to service position?", stEmpty, stEmpty, stEmpty, "Yes",
"No" \MaxTime:= 600 \DIBreak:= di5 \BreakFlag:= errvar ;
IF reg1 = 4 OR errvar = ERR_TP_DIBREAK THEN
MoveL service, v500, fine, tool1 ;
Stop ;
ENDIF
IF errvar = ERR_TP_MAXTIME EXIT ;
......
```

在以上程序中，指令 TPReadFK 定义了触摸功能键 4 为 Yes、5 为 NO；并定义了操作应答等待时间（10min）、终止指令执行的 DI 信号（di5 =1）、出错信息保存程序数据 errvar。在执行指令时，示教器将显示信息“Go to service position？”和触摸功能键 Yes、NO；如果操作者操作触摸功能键 Yes（reg1 = 4）或 di5 =1，则可将机器人定位到 service 位置并执行 STOP 指令，程序停止执行；否则，10min 后系统将出现 ERR_TP_MAXTIME 错误，执行 EXIT 指令，退出程序。

7.1.3 对话设定指令与函数命令

1. 指令与功能

RAPID 示教器对话设定指令用于 FlexPendant 示教器操作信息显示窗的操作界面样式定义和操作对话编程。

利用示教器对话设定指令与利用函数命令创建的 FlexPendant 示教器操作信息显示窗，可通过指定的应答操作关闭，操作对话的形式可为触摸功能键应答、文本输入框应答、数字键盘应答、数值增减键应答等；应答操作的状态可被保存在指定的程序数据中。

RAPID 示教器对话设定指令与函数命令的名称及编程格式如表 7.1-3 所示。

表 7.1-3 对话设定指令与函数命令的名称及编程格式

名称	编程格式与示例		
键应答对话设定	UIMsgBox	程序数据	MsgLine1
		指令添加项	\Header
		数据添加项	\MsgLine2，…，\MsgLine5，以及\Wrap，\Buttons，\Icon，\Image，\Result，\MaxTime，\DIBreak，\DIPassive，\DOBreak，\DOPassive，\BreakFlag
	编程示例	UIMsgBox "Continue the program ?" ;	
键应答对话设定	UIMessageBox	命令参数	—
		可选参数	\Header，\Message | \MsgArray，\Wrap，\Buttons| \BtnArray，\DefaultBtn，\Icon，\Image，\MaxTime，\DIBreak，\DIPassive，\DOBreak，\DOPassive，\BreakFlag
		执行结果	触摸功能键状态，数据类型为 btnres
	编程示例	answer := UIMessageBox (\Header:= "Cycle step 3" \Message:="Continue with the calibration ?" \Buttons:=btnOKCancel \DefaultBtn:=resCancel \Icon:=iconInfo \MaxTime:=60 \DIBreak:=di5 \BreakFlag:=err_var) ;	
菜单对话设定	UIListView	命令参数	ListItems
		可选参数	\Result，\Header，\Buttons | \BtnArray，\Icon，\DefaultIndex，\MaxTime，\DIBreak，\DIPassive，\DOBreak，\DOPassive，\BreakFlag
		执行结果	所选的菜单序号，数据类型为 num
	编程示例	list_item := UIListView (\Result :=button_answer \Header :="UIListView Header", list\Buttons:=btnOKCancel \Icon:=iconInfo \DefaultIndex:=1) ;	
输入框对话设定	UIAlphaEntry	命令参数	—
		可选参数	\Header，\Message | \MsgArray，\Wrap，\Icon，\InitString，\MaxTime，\DIBreak，\DIPassive，\DOBreak，\DOPassive，\BreakFlag
		执行结果	输入框所输入的文本，数据类型为 string
	编程示例	answer := UIAlphaEntry(\Header:= "UIAlphaEntry Header",\Message:= "Which procedure do You want to run?"\Icon:=iconInfo \InitString:= "default_proc") ;	

续表

名称	编程格式与示例		
数字键盘对话设定	UINumEntry UIDnumEntry	命令参数	—
		可选参数	\Header，\Message | \MsgArray，\Wrap，\Icon，\InitValue，\MinValue，\MaxValue，\AsInteger，\MaxTime，\DIBreak，\DIPassive，\DOBreak，\DOPassive，\BreakFlag
		执行结果	键盘输入的数值，数据类型为 num、dnum
	编程示例	answer := UIDnumEntry (\Header:= "BWD move on path" \Message := "Enter the path overlap?" \Icon:=iconInfo \InitValue:=5 \MinValue:=0 \MaxValue:=10 \MaxTime:=60 \DIBreak:=di5 \BreakFlag:=err_var) ;	
数值增减对话设定	UINumTune UIDnumTune	命令参数	InitValue，Increment
		可选参数	\Header，\Message | \MsgArray，\Wrap，\Icon，\MinValue，\MaxValue，\MaxTime，\DIBreak，\DIPassive，\DOBreak，\DOPassive，\BreakFlag
		执行结果	调节后的数值，数据类型为 num、dnum
	编程示例	tune_answer := UIDnumTune (\Header:=" BWD move on path" \Message := "Enter the path overlap?" \Icon:=iconInfo, 5, 1 \MinValue:=0 \MaxValue:=10\MaxTime:=60 \DIBreak:=di5 \BreakFlag:=err_var) ;	

2. 键应答对话设定指令

键应答对话设定指令 UIMsgBox 用来创建示教器的触摸功能键应答操作对话显示窗。利用该指令，示教器可显示的触摸功能键应答操作对话显示窗如图 7.1-3 所示。

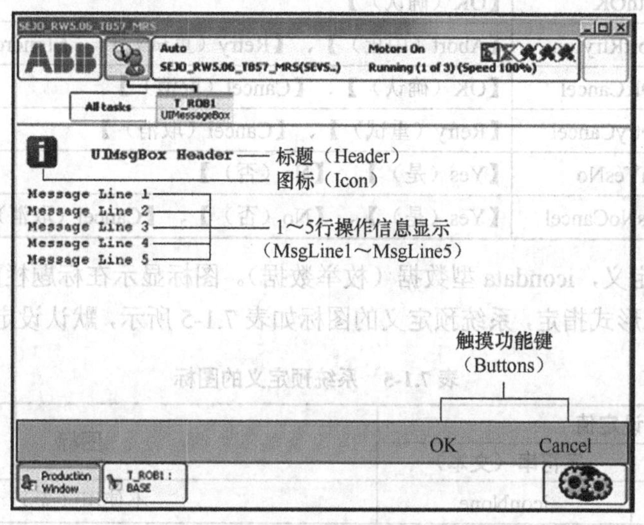

图 7.1-3 触摸功能键应答操作对话显示窗

键应答对话设定指令一旦执行，系统需要等待操作者通过操作对应的触摸功能键应答后，才能结束指令的执行、关闭对话显示窗，并继续执行后续指令；如果需要，也可通过程序数据添加项，选择操作应答超时、操作应答 DI 信号终止、操作应答 DO 信号终止错误等方式，结束指令的执行、关闭对话显示窗，并进行相应的操作出错处理。

UIMsgBox 的编程格式如下，程序数据添加项\MaxTime、\DIBreak、\DIPassive、\DOBreak、

\DOPassive、\BreakFlag 的含义均与 TPReadNum、TPReadDnum 相同；指令的其他程序数据的说明如下。

```
UIMsgBox [\Header,] MsgLine1 [\MsgLine2]… [\MsgLine5] [\Wrap] [\Buttons] [\Icon] [\Image] [\Result] [\MaxTime] [\DIBreak] [\DIPassive] [\DOBreak] [\DOPassive] [\BreakFlag] ;
```

\Header：操作信息标题，数据类型为 string，最大长度允许 40 个字符。

MsgLine1：第 1 行操作信息显示，数据类型为 string，最大长度允许 55 个字符。

\MsgLine2～\MsgLine5：第 2～5 行操作信息显示，数据类型为 string，最大长度允许 55 个字符。

\Wrap：字符串连接选择，数据类型为 switch。在未指定添加项时，MsgLine1…MsgLine5 信息为独立行显示；在指定添加项时，在 MsgLine1…MsgLine5 之间插入一个空格后合并显示。

\Buttons：操作应答触摸功能键定义，buttondata 型数据（枚举数据）。操作应答触摸功能键在窗口右下方显示，一般以字符串（文本）的形式指定设定值，且只能定义其中的一组。系统预定义的触摸功能键如表 7.1-4 所示，系统默认设定\Buttons:=btnOK，即使用触摸功能键【OK（确认）】应答。

表 7.1-4　系统预定义的触摸功能键

设定值		触摸功能键
数值	字符串（文本）	
–1	btnNone	不使用（无）
0	btnOK	【OK（确认）】
1	btnAbrtRtryIgn	【Abort（中止）】、【Retry（重试）】、【Ignore（忽略）】
2	btnOKCancel	【OK（确认）】、【Cancel（取消）】
3	btnRetryCancel	【Retry（重试）】、【Cancel（取消）】
4	btnYesNo	【Yes（是）】、【No（否）】
5	btnYesNoCancel	【Yes（是）】、【No（否）】、【Cancel（取消）】

\Icon：图标定义，icondata 型数据（枚举数据）。图标显示在标题栏前，设定值一般以字符串（文本）的形式指定，系统预定义的图标如表 7.1-5 所示，默认设定值为 0（无图标）。

表 7.1-5　系统预定义的图标

设定值		图标
数值	字符串（文本）	
0	iconNone	不使用（无）
1	iconInfo	操作提示图标
2	iconWarning	操作警示图标
3	iconError	操作出错图标

\Image：用户图形文件名称，数据类型为 string。如果需要，操作信息显示窗也可显示用户图形，图形文件应事先被存储在系统的“HOME:”路径下，像素规定为 185 像素×300 像素；在像素超过时，在操作信息显示窗中只能显示图形左上方的 185 像素×300 像素图像。

\Result：应答操作状态存储数据名，btnres 型数据（枚举数据）。添加项用来指定保存触摸功能键应答操作状态的程序数据；程序数据的值一般为字符串（文本）的形式，系统预定义的应答操作状态数据如表 7.1-6 所示。当指令\MaxTime、\DIBreak 或\DOBreak 终止执行时，数据值为 resUnkwn（0）。

表 7.1-6　　系统预定义的应答操作状态数据

btnres 型数据的值		触摸功能键应答操作状态
数值	字符串（文本）	
0	resUnkwn	未知
1	resOK	【OK（确认）】键应答
2	resAbort	【Abort（中止）】键应答
3	resRetry	【Retry（重试）】键应答
4	resIgnore	【Ignore（忽略）】键应答
5	resCancel	【Cancel（取消）】键应答
6	resYes	【Yes（是）】应答
7	resNo	【No（否）】应答

UIMsgBox 的编程示例如下。

```
……
UIMsgBox "Continue the program ?" ;
                // 第 1 行显示：Continue the program ?，应答键为默认【OK（确认）】
……
! ***********************************************
VAR btnres answer ;
UIMsgBox \Header := "UIMsgBox Header",
"Message Line 1"
\MsgLine2 := "Message Line2"
\MsgLine3:= "Message Line3"
\MsgLine4 := "Message Line4"
\MsgLine5 := "Message Line 5"
\Buttons:= btnOKCancel
\Icon := iconInfo
\Result:=answer ;
                // 操作对话显示窗如图 7.1-3 所示，应答键为【OK（确认）】、【Cancel（取消）】
IF answer = resOK my_proc ;
……
! ************************************************
VAR errnum err_var ;
UIMsgBox "Waiting for a break condition"
\Buttons:=btnNone \Icon:=iconInfo \MaxTime:=60 \DIBreak:=di5 \BreakFlag:=
err_var ;
// 第 1 行显示：Waiting for a break condition；未指定应答键，利用 60s 超时、di5=1 关闭
操作对话显示窗
……
```

3. 键应答对话设定函数命令

键应答对话设定函数命令 UIMessageBox 的功能与 RAPID 键应答对话设定指令 UIMsgBox 基本相同，它同样可用来创建示教器的触摸功能键应答操作对话显示窗，但所显示的操作信息可扩展到 11 行，且自定义触摸功能键最多为 5 个。

键应答对话设定函数命令 UIMessageBox 的执行结果为触摸功能键的应答操作状态，数据类型为 btnres。命令的执行结果与可选参数\Buttons（\BtnArray）有关，在使用可选参数\Buttons 时，执行结果为表 7.1-6 所示的系统预定义值；在使用可选参数\BtnArray 时，执行结果为用户定义的触摸功能键的数组序号。

键应答对话设定函数命令 UIMessageBox 的编程格式，命令参数的含义如下。

```
UIMessageBox ( [\Header] [\Message] | [\MsgArray] [\Wrap][\Buttons] | [\BtnArray]
                [\DefaultBtn] [\Icon] [\Image] [\MaxTime] [\DIBreak] [\DIPassive]
                [\DOBreak] [\DOPassive] [\BreakFlag]) ;
```

可选参数\Header、\Wrap、\Icon、\Image、\MaxTime、\DIBreak、\DIPassive、\DOBreak、\DOPassive、\BreakFlag 的含义、编程要求均与 UIMsgBox 的同名添加项相同，其他参数说明如下。

\Message 或\MsgArray：可选参数\Message 用来写入第 1 行操作信息显示的内容，其含义与 UIMsgBox 的程序数据 MsgLine1 相同；如果使用参数\MsgArray，则可以数组的形式定义操作信息显示的内容，最多可显示 11 行操作信息、每行最多 55 个字符。

\Buttons 或\BtnArray：可选参数\Buttons 用来选择系统预定义的触摸功能键，其含义与 UIMsgBox 的数据添加项\Buttons 相同；如果使用参数\BtnArray，则可以数组的形式自行定义触摸功能键，自定义触摸功能键最多为 5 个、每一个功能键的名称长度不能超过 42 个字符。

\DefaultBtn：默认的执行结果，btnres 型数据。定义在命令出现操作应答超时、操作应答 DI 信号终止、操作应答 DO 信号终止错误时，系统执行默认结果；系统预定义的 btnres 型数据值及含义见 UIMsgBox 的数据添加项\Buttons。

键应答对话设定函数命令 UIMessageBox 的编程示例如下，使用该函数命令所显示的操作对话显示窗如图 7.1-3 所示，但触摸功能键为程序数据 my_buttons{2}自定义的【OK（确认）】、【Skip（跳过）】。

```
……
VAR btnres answer ;                                         // 定义程序数据
CONST string my_message{5} := ["Message Line 1", "Message Line 2",
"Message Line 3", "Message Line 4", "Message Line 5"] ;
CONST string my_buttons{2} := ["OK","Skip"] ;
……
answer:= UIMessageBox (\Header:="UIMessageBox Header" \MsgArray:=my_message
\BtnArray:=my_buttons \Icon:=iconInfo) ;                   // 显示操作对话显示窗
……
IF answer = 1 THEN                                   // 执行结果判断：操作【OK】
 ! Operator selection OK
 ……
 ELSEIF answer = 2 THEN                              // 执行结果判断：操作【Skip】
 ! Operator selection Skip
 ……
```

```
ELSE
  ! No such case defined
  ……
ENDIF
……
```

4. 菜单对话设定函数命令

菜单对话设定函数命令 UIListView 可创建的菜单对话页面如图 7.1-4 所示，它需要操作者操作相应的菜单键，用触摸功能键【OK（确认）】应答；或者直接用菜单键应答（在未指定应答的触摸功能键时）。

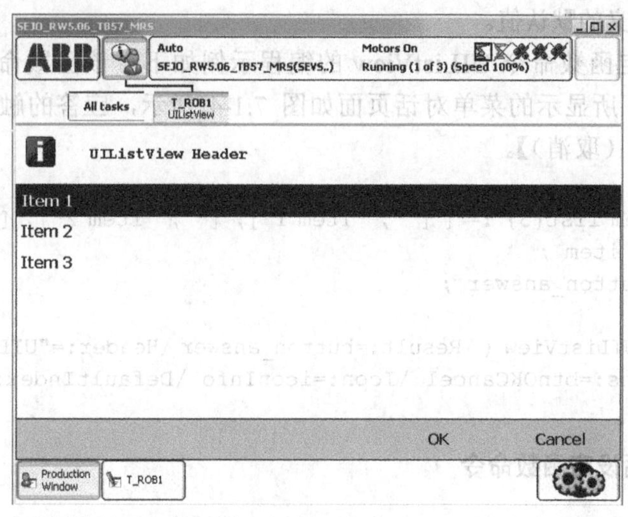

图 7.1-4 菜单对话页面

当菜单对话设定函数命令正常执行（应答）时，其执行结果为操作者选择的菜单序号（num 型数据）；当函数命令出现操作应答超时、操作应答 DI 信号终止、操作应答 DO 信号终止错误时，如果指定\BreakFlag，则执行结果为可选参数\DefaultIndex 所定义的默认值或 0（在可选参数\DefaultIndex 未定义时）；如果未指定\BreakFlag，则认为系统操作出错，进行相应的操作出错处理，无执行结果。

UIListView 的编程格式及参数含义如下。

```
UIListView ( [\Result] [\Header] ListItems [\Buttons] | [\BtnArray] [\Icon]
[\DefaultIndex ] [\MaxTime] [\DIBreak] [\DIPassive] [\DOBreak] [\DOPassive]
[\BreakFlag]);
```

命令参数\Header、\Buttons 或\BtnArray、\Icon、\MaxTime、\DIBreak、\DIPassive、\DOBreak]、\DOPassive、\BreakFlag 的基本含义、编程要求均与键应答对话函数命令 UIMessageBox 的同名可选参数相同。命令其他参数的含义如下。

\Result：触摸功能键的应答操作状态存储数据，数据类型为 btnres。如果指定参数\Buttons，则在选择系统预定义的触摸功能键时，执行结果可使用的字符串（文本）如表 7.1-5 所示；如果指定参数\BtnArray，则在以数组的形式自行定义触摸功能键时，执行结果为应答键对应的数组序号；如果参数\Buttons、\BtnArray 均未指定，或定义参数\Buttons := btnNone，或在指定参数\BreakFlag 时，则\Result 值为 resUnkwn（0）。

ListItems：菜单表名称，数据类型为 listitem。listitem 型数据用来定义操作菜单，因此，它是命令必备的基本参数。listitem 型数据可定义多个菜单，它是一组由复合数据[image, text]组成的数组数据。

复合数据的数据项 image 为 string 型菜单图标文件名称，图形文件应被事先存储在系统的"HOME："路径下，像素规定为 28 像素×28 像素；如果不使用图标，应将数据项设定为空字符串（""）或 stEmpty。复合数据的数据项 text 为 string 型菜单文本，最大长度为 75 个字符。

\DefaultIndex：默认的菜单序号，数据类型为 num。当函数命令出现操作应答超时、操作应答 DI 信号终止、操作应答 DO 信号终止错误时，如果指定\BreakFlag，则命令的执行结果为本参数定义的默认值。

菜单对话设定函数命令 UIListView 的编程示例如下，该函数命令定义了 3 个不使用图标的菜单，所显示的菜单对话页面如图 7.1-4 所示，应答的触摸功能键为【OK（确认）】、【Cancel（取消）】。

```
……
CONST listitem list{3} := [ ["", "Item 1"], ["", "Item 2"], ["", "Item3"] ] ;
VAR num list_item ;
VAR btnres button_answer ;
……
list_item := UIListView ( \Result:=button_answer \Header:="UIListView Header",
list, \Buttons:=btnOKCancel \Icon:=iconInfo \DefaultIndex:=1) ;
……
```

5. 输入框对话设定函数命令

输入框对话设定函数命令 UIAlphaEntry 可创建的输入框对话页面如图 7.1-5 所示，它需要通过操作者在显示的文本输入框内输入文本（字符串）后，再用触摸功能键【OK（确认）】进行应答。

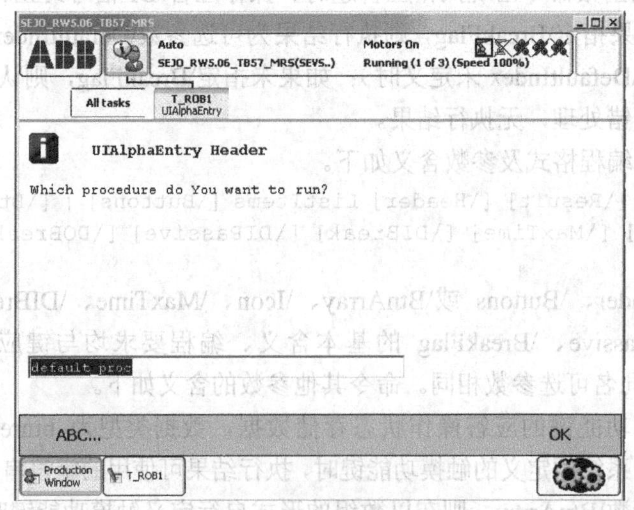

图 7.1-5　输入框对话页面

在 UIAlphaEntry 正常执行（应答）时，其执行结果为操作者在文本输入框内输入的 string

型字符；当函数命令出现操作应答超时、操作应答DI信号终止、操作应答DO信号终止错误时，如果指定\BreakFlag，则执行结果为\InitString定义的初始文本或空白（在未定义\InitString时）；如果未指定\BreakFlag，则进行相应的操作出错处理，无执行结果。

UIAlphaEntry的编程格式、可选参数含义如下。

```
UIAlphaEntry ([\Header] [\Message] | [\MsgArray] [\Wrap] [\Icon] [\InitString]
[\MaxTime] [\DIBreak] [\DIPassive] [\DOBreak] [\DOPassive] [\BreakFlag]) ;
```

可选参数\Header、\Message或\MsgArray、\Wrap、\Icon、\MaxTime、\DIBreak、\DIPassive、\DOBreak、\DOPassive、\BreakFlag的基本含义、编程要求均与UIMessageBox的同名可选参数相同，但是，因文本输入框需要占用2行位置显示，因此，利用\MsgArray定义的操作信息最多只能是9行、1行的最大长度为55个字符。该函数命令的特殊可选参数\InitString的含义如下。

\InitString：初始文本，数据类型为string，该文本可作为输入初始值自动在文本输入框上显示，操作者可对其进行编辑或修改。

输入框对话设定函数命令UIAlphaEntry的编程示例如下，在函数命令执行时可显示的页面如图7.1-4所示；输入框的初始文本为"default_proc"；该函数命令需要等待操作者完成文本输入或修改，再使用触摸功能键【OK（确认）】进行应答。

```
……
answer := UIAlphaEntry( \Header:= "UIAlphaEntry Header" \Message:= "Which
procedure do You want to run?" \Icon:=iconInfo \InitString:= "default_proc");
……
```

6. 数字键盘对话设定函数命令

数字键盘对话设定函数命令UINumEntry、UIDnumEntry可创建的数字键盘对话页面如图7.1-6所示，它需要操作者在显示的输入框内输入数值后，再用触摸功能键【OK（确认）】应答。

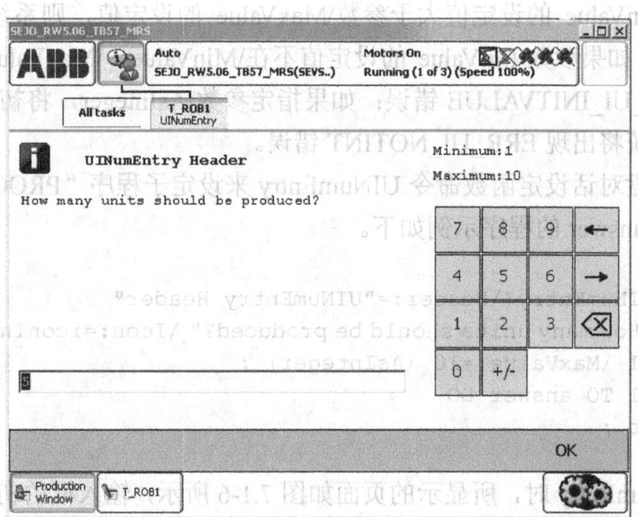

图7.1-6 数字键盘对话页面

UINumEntry、UIDnumEntry之间的区别只是输入数据的数据类型（num型数据或dnum型数据）不同，其他无区别。在该函数命令正常执行（应答）时，其执行结果为在输入框内所输入的 num（dnum）型数据；当函数命令出现操作应答超时、操作应答 DI 信号终止、操作应答 DO 信号终止错误时，如果指定\BreakFlag，则执行结果为\InitValue 定义的初始值或 0（在未定义\InitValue 时）；如果未指定\BreakFlag，则进行相应的操作出错处理，无执行结果。

UINumEntry、UIDnumEntry 的编程格式及参数含义如下。

在输入数据为 num 型数据时，编程格式如下。

```
UINumEntry ( [\Header] [\Message] | [\MsgArray] [\Wrap] [\Icon] [\InitValue]
        [\MinValue] [\MaxValue] [\AsInteger] [\MaxTime] [\DIBreak] [\DIPassive]
        [\DOBreak] [\DOPassive] [\BreakFlag]) ;
```

在输入数据为 dnum 型数据时，编程格式如下。

```
UIDnumEntry ( [\Header] [\Message] | [\MsgArray] [\Wrap] [\Icon] [\InitValue]
        [\MinValue] [\MaxValue] [\AsInteger] [\MaxTime] [\DIBreak]
        [\DIPassive] [\DOBreak] [\DOPassive] [\BreakFlag]) ;
```

可选参数\Header、\Message 或\MsgArray、\Wrap、\Icon、\MaxTime、\DIBreak、\DIPassive、\DOBreak、\DOPassive、\BreakFlag 的基本含义、编程要求均与 UIMessageBox 的同名可选参数相同，但因输入框需要占用 2 行位置显示、键盘需要占用显示区，因此，利用\MsgArray 定义的操作信息最多只能为 9 行，利用\Message 或\MsgArray 定义的每行操作信息长度只能在 40 个字符以下。命令其他可选参数的含义如下。

\InitValue：初始值，数据类型为 num（dnum）。该数值可作为输入初始值自动在输入框内显示，操作者可对其进行编辑或修改。

\MinValue：最小输入值，数据类型为 num（dnum）。最小输入值显示在数字键盘上方。

\MaxValue：最大输入值，数据类型为 num（dnum）。最大输入值显示在数字键盘上方。

\AsInteger：不显示小数点，数据类型为 switch。在指定该添加项时，数字键盘将不显示小数点键，输入数值只能为整数。

如果参数\MinValue 的设定值大于参数\MaxValue 的设定值，则系统将出现 ERR_UI_MAXMIN 错误。如果参数\InitValue 的设定值不在\MinValue～\MaxValue 的规定范围内，系统将出现 ERR_UI_INITVALUE 错误；如果指定参数\AsInteger，将初始值参数\InitValue 定义为小数，系统将出现 ERR_UI_NOTINT 错误。

利用数字键盘对话设定函数命令 UINumEntry 来设定子程序“PROC produce_part”调用（执行）次数 answer 的程序示例如下。

```
……
answer := UINumEntry(\Header:="UINumEntry Header"
\Message:="How many units should be produced?" \Icon:=iconInfo \InitValue:=5
\MinValue:=1 \MaxValue:=10 \AsInteger) ;
FOR i FROM 1 TO answer DO
produce_part ;
……
```

在执行 UINumEntry 时，所显示的页面如图 7.1-6 所示，输入框的初始值为“5”，允许输入的值为 1～10。UINumEntry 需要等待操作者输入数值，再使用触摸功能键【OK（确认)】进行应答，接着，系统可执行 IF 指令，连续调用子程序“PROC produce_part”，调用次数为操作者所输入的次数。

7. 数值增减对话设定函数命令

数值增减对话设定函数命令 UINumTure、UIDnumTure 可创建的数值增减调节对话页面如图 7.1-7 所示，它需要操作者利用数值增减键（“+”或“–”）调节数值后，使用触摸功能键【OK（确认）】进行应答。

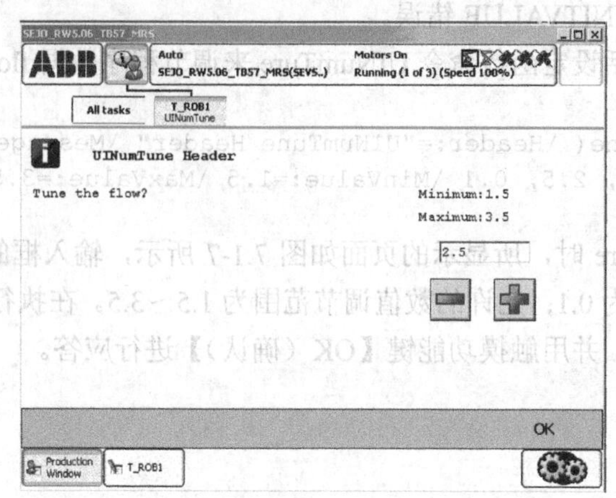

图 7.1-7　数值增减调节对话页面

UINumTure、UIDnumTure 之间的区别只是输入数据的数据类型（num 型数据或 dnum 型数据）不同，其他无区别。在该函数命令正常执行（应答）时，其执行结果为操作者利用数值增减键调节数值后的 num（dnum）型数据；当命令出现操作应答超时、操作应答 DI 信号终止、操作应答 DO 信号终止错误时，如果指定\BreakFlag，则执行结果为\InitValue 定义的初始值或 0（在未定义\InitValue 时）；如果未指定\BreakFlag，则进行相应的操作出错处理，无执行结果。

UINumTure、UIDnumTure 的编程格式及参数含义如下。

在输入数据为 num 型数据时，编程格式如下。

```
UINumTune ( [\Header] [\Message] | [\MsgArray] [\Wrap] [\Icon] InitValue,
          Increment [\MinValue] [\MaxValue] [\MaxTime] [\DIBreak] [\DIPassive]
          [\DOBreak] [\DOPassive] [\BreakFlag] ) ;
```

在输入数据为 dnum 型数据时，编程格式如下。

```
UIDnumTune ( [\Header] [\Message] | [\MsgArray] [\Wrap] [\Icon] InitValue,
           Increment [\MinValue] [\MaxValue] [\MaxTime][\DIBreak] [\DIPassive]
           [\DOBreak] [\DOPassive] [\BreakFlag] ) ;
```

可选参数\Header、\Message 或\MsgArray、\Wrap、\Icon、\MaxTime、\DIBreak、\DIPassive、\DOBreak、\DOPassive、\BreakFlag 的基本含义、编程要求均与 UIMessageBox 的同名可选参数相同。利用\MsgArray 定义的操作信息最多可为 11 行，但因为数值增减调节图标占用显示区，因此，参数\Message 或\MsgArray 设定的每行操作信息长度只能在 40 个字符以下。命令其他参数的含义如下。

InitValue：初始值，数据类型为 num（dnum）。该数值可作为输入初始值自动在输入框内显示，操作者可对其进行编辑或修改。数值增减调节对话操作必须定义初始值，因此，参数 InitValue 为命令必备的基本参数。

Increment：调节增量，数据类型为 num（dnum）。该数值为每次操作数值增减键的增量值。

数值增减调节对话操作必须定义增量值，因此，参数 Increment 同样为命令必备的基本参数。

\MinValue：最小输入值，数据类型为 num（dnum）。最小输入值显示在数字键盘上方。

\MaxValue：最大输入值，数据类型为 num（dnum）。最大输入值显示在数字键盘上方。

如果参数\MinValue 的设定值大于参数\MaxValue 的设定值，系统将出现 ERR_UI_MAXMIN 错误。如果参数 InitValue 的设定值不在\MinValue～\MaxValue 的规定范围内，系统将出现 ERR_UI_INITVALUE 错误。

利用数值增减对话设定函数命令 UINumTure 来调节程序数据 flow 的程序示例如下。

```
……
flow := UINumTune( \Header:="UINumTune Header" \Message:="Tune the flow?"
\Icon:=iconInfo, 2.5, 0.1 \MinValue:=1.5 \MaxValue:=3.5) ;
……
```

在执行 UINumTure 时，所显示的页面如图 7.1-7 所示，输入框的初始值为“2.5”；数值增减键的调节增量为 0.1；允许的数值调节范围为 1.5～3.5。在执行该函数命令时，需要等待操作者调节数值，并用触摸功能键【OK（确认）】进行应答。

7.2　串行通信指令编程

7.2.1　串行接口控制指令

1. 指令与功能

RAPID 串行通信包括简单串行通信设备（如 SD 卡、U 盘、打印机等）的数据读/写操作及 DeviceNet 总线通信、互联网通信等；其通信方式主要有串行接口控制与数据读/写操作、DeviceNet 总线的原始数据包（RawData）发送/接收、互联网的套接字通信与消息队列通信等，其指令功能与编程要求有所不同。

DeviceNet 总线通信、互联网通信是用来实现机器人控制器与外部网络设备之间的数据交换的高级应用功能，通常用于机器人生产厂家的设计与调试，在机器人用户的作业程序中一般较少使用，有关内容可参见后述内容。

在实际使用机器人时，RAPID 串行接口控制指令多用于简单串行通信设备（SD 卡、U 盘、打印机等）的文件指针复位，接口打开、关闭，缓存数据清除等控制，串行接口控制指令的名称及编程格式与示例如表 7.2-1 所示。

表 7.2-1　串行接口控制指令的名称及编程格式与示例

<table>
<tr><th>名称</th><th colspan="3">编程格式与示例</th></tr>
<tr><td rowspan="4">串行接口打开</td><td rowspan="2">Open</td><td>编程格式</td><td>Open Object [\File], IODevice [\Read] | [\Write] | [\Append] [\Bin] ;</td></tr>
<tr><td>程序数据及添加项</td><td>Object：通信对象，数据类型为 string。
\File：文件名，数据类型为 string。
IODevice：I/O 设备名称，数据类型为 iodev。
\Read：文件读入，数据类型为 switch。
\Write：文件写出（覆盖），数据类型为 switch。
\Append：文件写出（接续），数据类型为 switch。
\Bin：二进制格式文件，数据类型为 switch</td></tr>
<tr><td>功能说明</td><td colspan="2">打开指定的串行接口或文件，定义 RAPID 程序的 I/O 设备名称，文件指针定位于文件结束位置</td></tr>
<tr><td>编程示例</td><td colspan="2">Open "HOME:" \File:= "LOGFILE1.DOC", logfile \Write ;</td></tr>
<tr><td rowspan="4">文件指针复位</td><td rowspan="2">Rewind</td><td>编程格式</td><td>Rewind IODevice ;</td></tr>
<tr><td>程序数据</td><td>IODevice：I/O 设备名称，数据类型为 iodev</td></tr>
<tr><td>功能说明</td><td colspan="2">将文件指针定位到文件的起始位置</td></tr>
<tr><td>编程示例</td><td colspan="2">Rewind iodev1 ;</td></tr>
<tr><td rowspan="4">串行接口关闭</td><td rowspan="2">Close</td><td>编程格式</td><td>Close IODevice ;</td></tr>
<tr><td>程序数据</td><td>IODevice：I/O 设备名称，数据类型为 iodev</td></tr>
<tr><td>功能说明</td><td colspan="2">关闭指定的串行接口或文件</td></tr>
<tr><td>编程示例</td><td colspan="2">Close channel2 ;</td></tr>
</table>

续表

名称	编程格式与示例		
串行接口缓冲器清除	ClearIOBuff	编程格式	ClearIOBuff IODevice ;
		程序数据	IODevice：I/O 设备名称，数据类型为 iodev
	功能说明	清除串行接口缓冲器的数据	
	编程示例	ClearIOBuff channel1 ;	

2. 编程说明

RAPID 串行接口打开/关闭指令 Open/Close 用来打开/关闭 SD 卡、U 盘、打印机等标准 I/O 设备的文件或接口。其中，Open 还可用来定义通信对象、I/O 设备名称，定义操作方式（数据读/写操作）及规定文件的格式等。

文件指针复位指令 Rewind 可将文件指针定位到文件的起始位置，以便通过数据读入函数命令 ReadBin 等，从头读入文件的全部内容；或者利用输出数据覆盖原文件。缓冲器清除指令 ClearIOBuff 可用来清除串行接口缓冲器的全部数据，以结束打印等操作。

RAPID 串行控制指令的编程示例如下。

```
 VAR iodev logfile ;                          // 定义程序数据（I/O 设备名称）
 Open "HOME:" \File:= "LOGFILE1.DOC", logfile \Bin ;
           // 打开 SD 卡（HOME）的文件 LOGFILE1.DOC，并定义为二进制文件 logfile
 Rewind logfile ;                             // 将文件指针定位到文件的开始位置
 bindata := ReadBin(dev) ;                    // 读入数据
 ……
 Close logfile ;                              // 关闭 SD 卡（HOME）文件 LOGFILE1.DOC
! ***********************************************************************
 VAR iodev printer ;                          // 定义程序数据（I/O 设备名称）
 Open "com1:", printer \Bin ;
           // 打开串行接口 com1，并定义为二进制格式的打印机文件 printer
 ……
 ClearIOBuff printer ;                        // 清除缓存数据
 Close printer ;                              // 关闭打印机
 ……
```

7.2.2 串行数据输出指令

1. 指令与功能

RAPID 串行数据输出指令用于简单串行通信设备的数据输出（写入）操作，串行数据输出指令的名称及编程格式如表 7.2-2 所示，指令的编程要求如下。

表 7.2-2 串行数据输出指令的名称及编程格式

名称	编程格式与示例		
文本输出	Write	编程格式	Write IODevice, String [\Num] | [\Bool] | [\Pos] | [\Orient] | [\Dnum] [\NoNewLine] ;
		程序数据及添加项	IODevice：I/O 设备名称，数据类型为 iodev。 String：需要输出的文本，数据类型为 string。 \Num：文本后附加的数值，数据类型为 num。

续表

名称	编程格式与示例		
文本输出	Write	程序数据及添加项	\Bool：文本后附加的逻辑状态，数据类型为 bool。 \Pos：文本后附加的 *XYZ* 位置数据，数据类型为 pos。 \Orient：文本后附加的方位数据，数据类型为 orient。 \Dnum：文本后附加的双精度数值，数据类型为 dnum。 \NoNewLine：文本结束，数据类型为 switch
	功能说明	将文本输出到 Open…\Write 指令打开的文件中或串行接口上	
	编程示例	Write printer, "Produced part="\Num:=reg1\NoNewLine ;	
ASCII 码输出	WriteBin	编程格式	WriteBin IODevice，Buffer，NChar;
		程序数据	IODevice：I/O 设备名称，数据类型为 iodev。 Buffer：输出的 ASCII 码数组，数据类型为 array of num。 Nchar：ASCII 码数据的数量，数据类型为 num
	功能说明	将 ASCII 码（数组）输出到 Open…\Bin 指令打开的文件中或串行接口上	
	编程示例	WriteBin channel2, text_buffer, 10 ;	
混合数据输出	WriteStrBin	编程格式	WriteStrBin IODevice，Str ;
		程序数据	IODevice：I/O 设备名称，数据类型为 iodev。 Str：需要输出的混合数据，数据类型为 string
	功能说明	将由字符、ASCII 码混合而成的混合数据输出到 Open…\Bin 指令打开的文件中或串行接口上	
	编程示例	WriteStrBin channel2, "Hello World\0A" ;	
任意数据输出	WriteAnyBin	编程格式	WriteAnyBin IODevice，Data ;
		程序数据	IODevice：I/O 设备名，数据类型为 iodev。 Data：需要输出的数据名称，数据类型任意
	功能说明	将任意数据类型的程序数据输出到 Open…\Bin 指令打开的文件中或串行接口上	
	编程示例	WriteAnyBin channel1, quat1 ;	
原始数据输出	WriteRawBytes	编程格式	WriteRawBytes IODevice, RawData [\NoOfBytes] ;
		程序数据及添加项	IODevice：I/O 设备名称，数据类型为 iodev。 RawData：数据包名称，数据类型为 rawbytes。 \NoOfBytes：数据长度，数据类型为 num
	功能说明	向 Open…\Bin 打开的 I/O 设备输出 rawbytes 型数据	
	编程示例	WriteRawBytes io_device, raw_data_out ;	

2. 文本输出指令

文本输出指令 Write 可将指令所定义的文本直接输出到 Open…\Write 指令打开的串行通信设备上。文本可为纯字符串或添加了数值、逻辑状态、位置数据、方位数据的字符串；添加数据可被自动转换为字符串输出，其转换方式与指令 TPWrite 相同。

在文本输出指令 Write 指定添加项\NoNewLine 时，可删除文本结束处的换行符 LF，以接续随后输出的文本。例如，在 reg1=5、系统时间（CTime）为 09:45:15 的时刻，通过执行以下指令，可在 COM1 接口的打印机上打印出一行文本“Produced part=5 09:45:15”。

```
VAR iodev printer ;
……
Open "com1:", printer\Write ;
Write printer, "Produced part="\Num:=reg1\NoNewLine ;   // 文本输出，不换行
Write printer, " "\NoNewLine ;                          // 空格输出，不换行
Write printer, CTime() ;                                // 系统时间输出，换行
……
```

3. ASCII 码输出指令

ASCII 码输出指令 WriteBin 可将数组形式的数据转换为 ASCII 码，并输出到 Open…\Bin 指令打开的文件中或串行接口上，可通过程序数据 Nchar 指定数据的数量。

例如，英文单词"Hello"各字母的 ASCII 码（见表 2.4-6）依次为 48H（72）、65H（101）、6CH（108）、6CH（108）、6FH（111），通过执行以下指令，便可在 COM1 接口的打印机上打印出一行文本"Hello"。

```
VAR iodev printer ;
VAR num Text{5} :=[72, 101, 108, 108, 111] ;
……
Open "com1:", printer \Bin ;
WriteBin printer, Text, 5 ;                    // 打印文本"Hello"
……
```

4. 混合数据输出指令

混合数据输出指令 WriteStrBin 可将由字符与 ASCII 码混合（或单独）而成的数据输出到 Open…\Bin 指令打开的文件中或串行接口上，在 ASCII 码前需要加上"\"标记。

例如，通过输出 ASCII 码字符 ENQ（\05H，通信请求）、读入 ASCII 码字符 ACK（\06H，通信确认），建立 COM1 接口的打印机通信；然后，在英文单词"Hello"前、后附加 ASCII 码字符 STX（\02H，正文开始）、ETX（\03H，正文结束），在打印机上输出混合数据的程序如下。

```
  VAR iodev printer ;
  VAR num input ;
  ……
  Open "com1:", printer \Bin ;
  WriteStrBin printer, "\05";                     // 输出通信请求信号
  input := ReadBin (printer \Time:= 0.1) ;        // 读入应答数据
IF input = 6 THEN                                 // 检查通信确认信号
  WriteStrBin printer, "\02Hello\03" ;            // 混合数据输出
ENDIF
  ……
```

5. 任意数据输出指令和原始数据输出指令

任意数据输出指令 WriteAnyBin 可将 RAPID 程序中有确定值的任意数据类型的 RAPID 程序数据，如 num 型数据、bool 型数据、pos 型数据、robtarget 型数据等，转换为对应的 ASCII 码，并输出到 Open…\Bin 指令打开的文件中或串行接口上。

例如，将机器人当前的 TCP 位置数据 cur_robt 转换为 ASCII 码，并在 COM1 接口的打印机上输出如下程序。

```
……
VAR iodev printer ;
VAR robtarget cur_robt ;
……
cur_robt := CRobT(\Tool:= tool1\WObj:= wobj1) ;
Open "com1:", printer \Bin ;
WriteAnyBin printer, cur_robt;
……
```

原始数据输出指令 WriteRawBytes 用于使用 DeviceNet 网络通信协议的串行通信设备的数据输出，DeviceNet 总线通信一般以原始数据或数据包的形式发送/接收数据，有关内容可参见后述内容。

7.2.3 数据读入指令与函数命令

1. 指令、函数命令与功能

RAPID 数据读入指令与函数命令可用于简单串行通信设备的数据读入操作，数据读入指令、函数命令的名称及编程格式如表 7.2-3 所示。

表 7.2-3 数据读入指令与函数命令的名称及编程格式

名称		编程格式与示例	
任意数据读入	ReadAnyBin	编程格式	ReadAnyBin IODevice，Data [\Time] ;
		程序数据	IODevice：I/O 设备名称，数据类型为 iodev。 Data：存储数据的程序数据名，数据类型任意。 \Time：数据读入等待时间，数据类型为 num，单位为 s
	功能说明	从 Open…\Bin 指令打开的文件中或串行接口上读入数据，并将该数据保存到 Data 中； 如数据在\Time 内未读入，系统将出现操作错误	
	编程示例	ReadAnyBin channel1, next_target ;	
原始数据读入	ReadRawBytes	编程格式	ReadRawBytes IODevice RawData [\Time] ;
		程序数据及添加项	IODevice：I/O 设备名称，数据类型为 iodev。 RawData：数据包名称，数据类型为 rawbytes。 \Time：最大读取时间，数据类型为 num，单位为 s
	功能说明	从由 Open…\Bin 指令打开的设备中，读取原始数据包（rawbytes 型数据）	
	编程示例	ReadRawBytes io_device, raw_data_in \Time:=1 ;	
字符串读入	ReadStr	命令格式	ReadStr(IODevice[\Delim][\RemoveCR][\DiscardHeaders][\Time])
		基本参数	IODevice：I/O 设备名称，数据类型为 iodev
		可选参数	\Delim：需要删除的分隔符，数据类型为 string。 \RemoveCR：删除回车符，数据类型为 switch。 \DiscardHeaders：删除换行符，数据类型为 switch。 \Time：数据读入等待时间，数据类型为 num，单位为 s
		执行结果	读入、变换后的 RAPID 程序数据（string 型数据）
	功能说明	从 Open…\Read 指令打开的文件中或串行接口上读入字符串	
	编程示例	text := ReadStr(infile) ;	

…续表

名称	编程格式与示例		
数值读入	ReadNum	命令格式	ReadNum (IODevice [\Delim] [\Time])
		基本参数	IODevice：I/O 设备名称，数据类型为 iodev
		可选参数	\Delim：数据分隔符，数据类型为 string。 \Time：数据读入等待时间，数据类型为 num，单位为 s
		执行结果	读入、变换后的 RAPID 程序数据（num 型数据）
	功能说明	从 Open…\Read 指令打开的文件中或串行接口上读入数据并转换为 num 型数据	
	编程示例	reg1 := ReadNum(infile) ;	
ASCII 码读入	ReadBin	命令格式	ReadBin (IODevice [\Time])
		基本参数	IODevice：I/O 设备名称，数据类型为 iodev
		可选参数	\Time：数据读入等待时间，数据类型为 num，单位为 s
		执行结果	读入的 ASCII 码（1 字节正整数），数据类型为 num
	功能说明	从 Open…\Bin 指令打开的文件中或串行接口上读入 ASCII 码	
	编程示例	character := ReadBin(inchannel) ;	
混合数据读入	ReadStrBin	命令格式	ReadStrBin (IODevice, NoOfChars [\Time])
		基本参数	IODevice：I/O 设备名称，数据类型为 iodev。 NoOfChars：混合数据字符数，数据类型为 num
		可选参数	\Time：数据读入等待时间，数据类型为 num，单位为 s
		执行结果	读入的混合数据，数据类型为 string
	功能说明	从 Open…\Bin 指令打开的文件中或串行接口上读入由字符、ASCII 码混合而成的数据	
	编程示例	text := ReadStrBin(infile,20) ;	

表 7.2-3 中的指令添加项\Time 与函数命令可选参数\Time 的含义相同，它用来定义数据读入的等待时间；在不使用添加项、可选参数\Time 时，系统默认的数据读入等待时间为 60s；如果需要无限时等待，则应指定“\Time :=WAIT_MAX”。指令及函数命令的编程要求如下。

2. 任意数据读入指令与原始数据包读入指令

任意数据读入指令 ReadAnyBin 可从 Open…\Bin 指令打开的文件中或串行接口上读入数据，并将其转换为指定数据类型的 RAPID 程序数据。

例如，通过执行以下指令，控制系统可从串行接口 COM1 所连接的 I/O 设备 channel 上读入数据，并将其转换为 RAPID 程序中的 TCP 位置（robtarget 型）数据 cur_robt。

```
VAR robtarget cur_robt ;
……
Open "com1:", channel\Bin ;
ReadAnyBin channel, cur_robt ;
……
```

原始数据读入指令 ReadRawBytes 用于使用 DeviceNet 网络通信协议的串行通信设备的数据输入，DeviceNet 总线通信一般以原始数据或数据包的形式发送/接收数据，有关内容可参见后述内容。

3. 字符串读入函数命令

字符串读入函数命令 ReadStrBin 可从 Open…\Read 指令打开的文件中或串行接口上读入数据，并将其转换为 RAPID 程序中的字符串（string 型）数据。

字符串读入函数命令可读入从文件起始位置开始到分隔符结束的最多 80 个字符数据；在读入数据时需要删除的分隔符可通过选择参数\Delim、\RemoveCR、\DiscardHeaders 指定；在不使用可选参数时，系统默认以换行符 LF（0AH）为数据读入结束分隔符。在选择\DiscardHeaders 时，可删除换行符 LF（0AH）；在选择\RemoveCR 参数，可删除回车符 CR（0DH）；在选择\Delim 时，可删除第 1 字符串中的\Delim 分隔符（ASCII 码），但不能读入后续的字符串。

例如，通过以下程序，可从 I/O 设备 infile（SD 卡文件 HOME: file.doc）中读入从起始位置开始到换行符 LF（0AH）结束的数据，并将其转换为 RAPID 程序的字符串（string 型）数据，并将数据保存到 text 中。

```
VAR string text ;
VAR iodev infile ;
……
Open "HOME:/file.doc", infile\Read ;
text := ReadStr(infile) ;
……
```

因此，SD 卡文件 HOME: file.doc 的内容为包含换行符 LF（0AH）、空格 SP（20H）、水平制表符 HT（09H）、回车符 CR（0DH）及"Hello""World"的如下文本。

```
<LF><SP><HT>Hello<SP><SP>World<CR><LF>
```

由于系统默认以换行符 LF 为数据读入结束分隔符，执行指令"text := ReadStr(infile)"，将无法读入第 1 个换行符 LF 后的其他数据，程序数据 text 的内容为空字符串；但是，如果使用不同的可选参数，则可获得如下执行结果。

```
text := ReadStr(infile\DiscardHeaders) ;
删除换行符 LF，text 内容为：<SP><HT>Hello<SP><SP>World<CR>;
text := ReadStr(infile\RemoveCR\DiscardHeaders);
删除换行符 LF 和回车符 CR，text 内容为：<SP><HT>Hello<SP><SP>World;
text := ReadStr(infile\Delim:=" \09"\RemoveCR\DiscardHeaders);
删除换行符 LF、回车符 CR，以及第 1 个字符串中的水平制表符 HT 和前空格 SP，但不能读入第 2 个字符串 World ，text 内容为：Hello。
```

4. 数值读入函数命令

数值读入函数命令 ReadNum 可从 Open…\Read 指令打开的文件中或串行接口上读入数据，并将其转换为 RAPID 程序中的 num 型数据。

使用该函数命令可读入从文件起始位置开始到分隔符结束的最多 80 字符数据，即在系统默认的 ASCII 码换行符 LF（0AH）处结束。参数\Delim 可用来增加结束数据读入操作的分隔符（ASCII 码）；在指定\Delim 后，系统将以 ASCII 码换行符 LF（0AH）、回车符 CR（0DH）及\Delim 指定的字符为数据读入结束分隔符。

例如，通过以下程序，可从 SD 卡文件 HOME: file.doc 中读入从起始位置开始到换行符 LF、回车符 CR 或水平制表符 HT（09H）结束的数据，并将其转换为 RAPID 程序的 num 型数据，再将该数据保存到 reg1 中。

```
VAR iodev infile;
……
Open "HOME:/file.doc", infile\Read ;
reg1 := ReadNum(infile\Delim:="\09") ;
……
```

5. ASCII 码读入函数命令及混合数据读入函数命令

ASCII 码读入函数命令 ReadBin 可从 Open…\Bin 指令打开的文件中或串行接口上读入 ASCII 码，并将其转换为 RAPID 程序中的 num 型数据（正整数）；如果文件为空或文件指针位于文件结束位置，则其执行结果为 EOF_BIN（-1）。

混合数据读入函数命令 ReadStrBin 可从 Open…\Bin 指令打开的文件中或串行接口上读入指定数量的由字符、ASCII 码混合而成的混合数据；如果文件为空或文件指针位于文件结束位置，其执行结果为空文本“EOF”。

ASCII 码读入函数命令、混合数据读入函数命令的编程示例如下，通过以下程序，可从 SD 卡文件 HOME: myfile.bin 中读入文本的 ASCII 码，并以 num 型数据的形式被保存在 RAPID 程序数据 bindata 中；此外，还可在 string 型程序数据 text 中，保存前 20 个字符的 ASCII 码及混合数据。

```
VAR iodev file ;
VAR num bindata ;
VAR string text ;
……
Open "HOME:/myfile.bin", file \Read \Bin ;
bindata := ReadBin(file) ;
text := ReadStrBin(file,20) ;
```

7.3　网络通信指令编程

7.3.1　DeviceNet 总线通信指令与函数命令

1. 指令与功能

RAPID 程序的 DeviceNet 总线通信指令与函数命令属于机器人控制系统的高级应用功能，通常用于机器人生产厂家的软件开发。

ABB 工业机器人控制系统的各控制部件通过串行总线进行现场连接，网络通信协议采用 DeviceNet，故又被称为 DeviceNet 总线系统。在 20 世纪 90 年代中期，由美国 Rockwell 公司在 CAN（是 ISO 国际标准化的串行通信协议）的基础上研发出的 DeviceNet 总线，目前已经成为 IEC 62026-3、GB/T 18858.3 标准总线。

DeviceNet 是用于开放系统互联（OSI）参考模型的应用层的用户程序和数据链路层之间的数据通信的网络协议，数据链路层和物理层间的数据交换采用 CAN。

应用层和数据链路层的通信数据一般以原始数据或数据包的形式发送/接收；数据包的数据容量可为 0～1024 个字节，数据内容可为 RAPID 程序的 num、dnum、byte、string 型程序数据，但不能使用数组；数据包还可添加标题。RAPID 程序可使用的 DeviceNet 总线通信指令及函数命令的简要说明如表 7.3-1 所示。

表 7.3-1　DeviceNet 总线通信指令与函数命令的简要说明

名称	编程格式与示例		
标题写入	PackDNHeader	编程格式	PackDNHeader Service, Path, RawData ;
		程序数据及添加项	Service：服务模式，数据类型为 string。 Path：EDS 文件路径，数据类型为 string。 RawData：数据包名称，数据类型为 rawbytes
	功能说明	定义服务模式、路径，将 DeviceNet 标题写入指定的 raw_data 中	
	编程示例	PackDNHeader "10", "20 1D 24 01 30 64", raw_data ;	
数据写入	PackRawBytes	编程格式	PackRawBytes Value, RawData [\Network], StartIndex [\Hex1] | [\IntX] | [\Float4] | [\ASCII] ;
		程序数据及添加项	Value：待写入的数据，数据类型为 num、dnum, byte 或 string（不能为数组）。 RawData：数据包名称，数据类型为 rawbytes。 \Network：数据存储形式选择，数据类型为 switch；可使用大端法增加本项，否则可使用小端法。 StartIndex：起始地址，数据类型为 num。 \Hex1：数据格式为 byte，数据类型为 switch。 \IntX：num、dnum 型数据的长度及格式，数据类型为 inttypes。 \Float4：num 型数据的格式为 Float4，数据类型为 switch。 \ASCII：byte 型数据为 ASCII 码，数据类型为 switch

续表

名称	编程格式与示例		
数据写入	功能说明		将指定格式的数据写入数据包指定位置
	编程示例		PackRawBytes intr, raw_dt, (RawBytesLen(raw_dt)+1) \IntX := DINT ;
数据读出	UnpackRaw Bytes	编程格式	UnpackRawBytes RawData [\Network], StartIndex, Value [\Hex1] | [\IntX] | [\Float4] | [\ASCII] ;
		程序数据及添加项	Value：读取的数据，数据类型为 num、dnum, byte 或 string。 其他：同指令 PackRawBytes
	功能说明		将位于指定位置、指定格式的数据从数据包中读出
	编程示例		UnpackRawBytes raw_data_in, 1, integer \IntX := DINT ;
数据复制	CopyRawBytes	编程格式	CopyRawBytes FromRawData, FromIndex, ToRawData, ToIndex[\NoOfBytes] ;
		程序数据及添加项	FromRawData：源数据包，数据类型为 rawbytes。 FromIndex：源数据起始地址，数据类型为 num。 ToRawData：目标数据包，数据类型为 rawbytes。 ToIndex：目标数据起始地址，数据类型为 num。 \NoOfBytes：数据长度（字节），数据类型为 num
	功能说明		将源数据包中位于指定区域、指定长度的数据复制至目标数据包的指定区域内
	编程示例		CopyRawBytes from_raw_data, 1, to_raw_data, 3, 16 ;
数据清除	ClearRawBytes	编程格式	ClearRawBytes RawData [\FromIndex] ;
		程序数据及添加项	RawData：数据包名称，数据类型为 rawbytes。 \FromIndex：清除范围（起始地址），数据类型为 num
	功能说明		清除数据包中的全部数据（不指定 FromIndex）或自起始地址起的全部数据
	编程示例		ClearRawBytes raw_data \FromIndex := 5 ;
数据包长度读取	RawBytesLen	命令参数	RawData：数据包名称，数据类型为 rawbytes
		执行结果	数据包长度，数据类型为 num
	编程示例		reg1 := RawBytesLen(raw_data) ;

2. 基本说明

DeviceNet 总线通信指令属于高级应用功能，在编制 RAPID 通信程序时，需要对总线连接设备的硬件、软件、功能及网络通信协议等专业知识有全面的了解，因此，它通常只用于机器人生产厂家的软件开发，普通工业机器人用户使用较少，本书不再对此进行详细说明。为了便于阅读，对指令所涉及的一些基本网络专业名词进行说明，具体如下。

（1）大端法与小端法

大端法、小端法是计算机存储多字节数据的两种方法。在存储器中，数据的存储以字节（byte）为单位分配地址，因此，多字节数据的存储需要占用多个地址（字节）；如果存储器的低字节地址用来存储数据的高字节内容，则被称为大端法；反之，如果存储器的低字节地址用来存储数据的低字节内容，则被称为小端法。

例如，将 4 字节、32 位数据 0A 0B 0C 0D 存储到存储器地址 0000～0003 中，在采用大端法存储时，存储器地址 0000 存储的内容为 0A、0001 存储的内容为 0B、0002 存储的内容为 0C、0003 存储的内容为 0D；而在采用小端法存储时，存储器地址 0000 存储的内容为 0D、0001 存储的内容为 0C、0002 存储的内容为 0B、0003 存储的内容为 0A。

使用大端法还是使用小端法进行数据的存储取决于控制系统计算机本身的操作系统设计，在常用的总线系统中，ProfiBus、InterBus 总线采用的是大端法，DeviceNet 总线采用的是小端法；此外，个人计算机的大多数操作系统采用小端法。

（2）数据格式

在进行 DeviceNet 总线通信时，数据包中的数据类型可以为 RAPID 程序中的 num、dnum、byte 或 string 型，不同程序数据可以使用的数据格式要求如表 7.3-2 所示，当 num、dnum 型数据为整数（\IntX）时，还需要进一步指定数据的数据类别及取值范围，如表 7.3-3 所示。

表 7.3-2　数据包的数据格式要求

数据类型	格式选项	允许设定
num	\IntX、\Float4	\IntX :=USINT 或 UINT、UDINT、SINT、INT、DINT，或\Float4
dnum	IntX	\IntX :=USINT 或 UINT、UDINT、SINT、INT、DINT、LINT
string	\ASCII	1～80 个 ASCII 字符
byte	\Hex1、\ASCII	ASCII 码或 ASCII 字符

表 7.3-3　num、dnum 型整数的数据类别及取值范围

数据类别	数据长度与性质	取值范围
USINT	1 字节正整数	0～255
UINT	2 字节正整数	0～65 535
UDINT	4 字节正整数	0～8 388 608（num 型数据），0～4 294 967 295（dnum 型数据）
ULINT	8 字节正整数	0～4 503 599 627 370 496（仅 dnum 型数据）
SINT	1 字节带符号整数	−128～127
INT	2 字节带符号整数	−32 768～32 767
DINT	4 字节带符号整数	−8 388 607～8 388 608 （num 型数据），−2 147 483 648～2 147 483 647（dnum 型数据）
LINT	8 字节带符号整数	−4 503 599 627 370 496～4 503 599 627 370 496（仅 dnum 型数据）
Float4	4 字节浮点数	符号位 1、小数位 23、指数位 8

3. 编程示例

网络通信程序的示例及说明如下。

```
VAR rawbytes raw_data1 ;
VAR rawbytes raw_data2 ;
VAR num integer := 8 ;
VAR num float := 13.4 ;
……
ClearRawBytes raw_data1 ;
```

```
PackDNHeader "10", "20 1D 24 01 30 64", raw_data1 ;
reg1:= RawBytesLen(raw_data1)+1 ;
PackRawBytes integer, raw_data1, reg1 \IntX := INT ;
PackRawBytes float, raw_data1, (RawBytesLen(raw_data1)+1)\Float4 ;
CopyRawBytes raw_data1, reg1, raw_data2, 1 ;
......
```

VAR rawbytes 为原始数据包 raw_data1、raw_data2 的变量申明指令，利用变量申明指令定义的数据包的数据初始值为 0。使用 VAR num 来定义两个需要被写入数据包的数值型数据[integer（8）、float（13.4）]。

利用数据清除指令 ClearRawBytes 来清除数据包 raw_data1 的所有数据；可利用 PackDNHeader 为数据包 raw_data1 添加标题。由于标题长度不详，因此，写入标题后的数据包 raw_data1 中用来存储数据的起始地址 reg1，需要对通过函数命令 RawBytesLen 所读入的数据包当前长度进行加 1 计算后得到。

利用数据写入指令 PackRawBytes，可将 2 字节带符号整数（INT）integer（8）、4 字节浮点数 float（13.4），依次写入数据包 raw_data1 中；也可直接将指令中存储数据 float 的起始地址设定为 reg1+2。

利用数据复制指令 CopyRawBytes，可将去除标题后的数据包 raw_data1 的 6 字节数据 integer（8）、float（13.4），复制到数据包 raw_data2 的起始位置处。

7.3.2 互联网通信指令与函数

1. 互联网通信方式

ABB 工业机器人控制器与远程计算机等的互联网通信同样属于高级应用功能，通常用于机器人或控制器生产厂家的软件开发、系统调试。

ABB 工业机器人控制器可作为服务器或客户机，与远程计算机进行互联网通信。互联网通信指令有套接字通信指令和 RAPID 消息队列（RMQ）通信指令两类。为了便于读者了解 RAPID 指令，现简要介绍互联网通信的一些基本概念，具体如下。

（1）服务器、客户机和 IP 地址

服务器、客户机是一种网络数据访问的实现方式。当机器人控制器为网络中的其他通信设备（如远程计算机）提供共享文件、资源时，其被称为服务器；当机器人控制器用来访问网络服务器（如远程计算机）上的共享文件、资源时，其被称为客户机。在进行互联网通信时，需要明确双方的通信地址，如设备的通信地址以互联网协议（IP）的形式表示，这样的地址被称为 IP 地址。

（2）套接字通信

IP 地址和端口号的组合被称为套接字，套接字通信是通过套接字来表示客户机通信请求及服务器通信响应的通信方式。在利用套接字进行互联网通信时，至少需要一对套接字，其中，一个套接字运行于客户机，被称为 ClientSocket；另一个套接字运行于服务器，被称为 ServerSocket。

套接字通信一般用于实时通信，将其通信连接建立过程分为服务器监听、客户机请求、连接确认 3 步，在通信连接建立后便可进行数据发送、接收通信。服务器监听是指网络中的服务器处于等待客户机连接的状态，实时监控网络运行；客户机请求是指客户机向服务器提出套接字连接请求；连接确认是指当服务器处于监听状态且接收到客户机连接请求时，响应客户机的连接请求并发送响应信息，待客户机确认后，即建立通信连接。随后，服务器继续处于监听状态，以接收其他客户机的连接请求。

（3）消息队列通信

消息队列通信是通过网络设备之间相互发送、接收消息，进行数据交换的一种通信方式，它既可用于已联网设备间的实时通信，也可用于未联网设备间的非实时通信。

2. 套接字通信指令

RAPID 套接字通信采用的通信协议是 TCP/IP、UDP/IP，在 RAPID 程序中，发送/接收的数据内容可为 RAPID 文本（string 型程序数据）、原始数据包（rawbytes 型程序数据）及字节型数组（程序数据 array of byte）。

TCP（传输控制协议）、UDP（用户数据报协议）都是用于 OSI 参考模型的应用层的用户程序和网络传输层之间的数据交换的通信协议，其传输层和数据链路层之间的数据交换均采用 IP。TCP/IP、UDP/IP 的作用类似；但 UDP 可用于无连接通信，且不能进行未完成传送数据的再次发送，数据传输的可靠性较差。

RAPID 套接字通信指令及函数命令的简要说明如表 7.3-4 所示。

表 7.3-4 RAPID 套接字通信指令及函数命令的简要说明

<table>
<tr><th>名称</th><th colspan="3">编程格式与示例</th></tr>
<tr><td rowspan="4">创建套接字</td><td rowspan="2">SocketCreate</td><td>编程格式</td><td>SocketCreate Socket [\UDP] ;</td></tr>
<tr><td>程序数据及添加项</td><td>Socket：需要创建的套接字，数据类型为 socketdev。
\UDP：通信协议选择，数据类型为 switch。未指定时为 TCP/IP；指定\UDP 时为 UDP/IP</td></tr>
<tr><td>功能说明</td><td colspan="2">创建套接字、选择通信协议</td></tr>
<tr><td>编程示例</td><td colspan="2">SocketCreate udp_sock1 \UDP ;</td></tr>
<tr><td rowspan="4">关闭套接字</td><td rowspan="2">SocketClose</td><td>编程格式</td><td>SocketClose Socket ;</td></tr>
<tr><td>程序数据</td><td>Socket：需要关闭的套接字，数据类型为 socketdev</td></tr>
<tr><td>功能说明</td><td colspan="2">关闭套接字</td></tr>
<tr><td>编程示例</td><td colspan="2">SocketClose socket1 ;</td></tr>
<tr><td rowspan="4">连接套接字</td><td rowspan="2">SocketConnect</td><td>编程格式</td><td>SocketConnect Socket, Address, Port [\Time] ;</td></tr>
<tr><td>程序数据及添加项</td><td>Socket：套接字，数据类型为 socketdev。
Address：IP 地址，数据类型为 string。
Port：服务器端口号，数据类型为 num，一般为 1025～4999。
\Time：连接等待时间，数据类型为 num，单位为 s；未指定时为 60s</td></tr>
<tr><td>功能说明</td><td colspan="2">客户机应用，套接字连接远程计算机（服务器）</td></tr>
<tr><td>编程示例</td><td colspan="2">SocketConnect socket1, "192.168.0.1", 1025 ;</td></tr>
</table>

续表

<table>
<tr><th>名称</th><th colspan="3">编程格式与示例</th></tr>
<tr><td rowspan="10">套接字数据发送</td><td rowspan="2">SocketSend</td><td>编程格式</td><td>SocketSend Socket [\Str] | [\RawData] | [\Data][\NoOfBytes]</td></tr>
<tr><td>程序数据及添加项</td><td>Socket：套接字，数据类型为 socketdev。
\Str：文本发送，数据类型为 string。
\RawData：数据包发送，数据类型为 rawbytes。
\Data：字节数组发送，数据类型为 array of byte。
\NoOfBytes：指定发送的字节数，数据类型为 num</td></tr>
<tr><td>功能说明</td><td colspan="2">TCP/IP 通信，向远程计算机发送数据</td></tr>
<tr><td>编程示例</td><td colspan="2">SocketSend socket1 \Str := "Hello world" ;</td></tr>
<tr><td rowspan="2">SocketSendTo</td><td>编程格式</td><td>SocketSendTo Socket, RemoteAddress, RemotePort [\Str] | [\RawData] | [\Data] [\NoOfBytes] ;</td></tr>
<tr><td>程序数据及添加项</td><td>Socket：套接字，数据类型为 socketdev
RemoteAddress：远程计算机 IP 地址，数据类型为 string。
RemotePort：远程计算机通信端口，数据类型为 string。
\Str | \RawData | \Data，\NoOfBytes ：同 SocketSend</td></tr>
<tr><td>功能说明</td><td colspan="2">UDP/IP 通信，向远程计算机发送数据</td></tr>
<tr><td>编程示例</td><td colspan="2">SocketSendTo client_socket, "192.168.0.2", 1025 \Str := "Hello server" ;</td></tr>
<tr><td colspan="3"></td></tr>
<tr><td colspan="3"></td></tr>
<tr><td rowspan="8">套接字数据接收</td><td rowspan="2">SocketReceive</td><td>编程格式</td><td>SocketReceive Socket [\Str] | [\RawData] | [\Data] [\ReadNoOfBytes] [\NoRecBytes] [\Time] ;</td></tr>
<tr><td>程序数据及添加项</td><td>Socket：套接字，数据类型为 socketdev。
\Str：文本接收，数据类型为 string。
\RawData：数据包接收，数据类型为 rawbytes。
\Data：字节数组接收，数据类型为 array of byte。
\ReadNoOfBytes：指定接收的字节数，数据类型为 num。
\NoRecBytes：接收数据长度（字节），数据类型为 num。
\Time：数据接收等待时间，数据类型为 num</td></tr>
<tr><td>功能说明</td><td colspan="2">TCP/IP 通信，接收远程计算机数据</td></tr>
<tr><td>编程示例</td><td colspan="2">SocketReceive client_socket \Str := receive_string ;</td></tr>
<tr><td rowspan="2">SocketReceiveFrom</td><td>编程格式</td><td>SocketReceiveFrom Socket [\Str] | [\RawData] | [\Data] [\NoRecBytes], RemoteAddress, RemotePort [\Time] ;</td></tr>
<tr><td>程序数据及添加项</td><td>Socket：套接字，数据类型为 socketdev。
RemoteAddress：远程计算机 IP 地址，数据类型为 string。
RemotePort：远程计算机通信端口，数据类型为 string。
\Str | \RawData | \Data，\NoOfBytes，\Time：同 SocketReceive</td></tr>
<tr><td>功能说明</td><td colspan="2">UDP/IP 通信，接收远程计算机数据</td></tr>
<tr><td>编程示例</td><td colspan="2">SocketReceiveFrom udp_socket \Str := receive_string, client_ip,client_port ;</td></tr>
<tr><td rowspan="4">套接字端口绑定</td><td rowspan="2">SocketBind</td><td>编程格式</td><td>SocketBind Socket, LocalAddress, LocalPort ;</td></tr>
<tr><td>程序数据及添加项</td><td>Socket：套接字，数据类型为 socketdev。
LocalAddress：端口地址，数据类型为 string。
LocalPort：服务器端口号，数据类型为 num，一般为 1025～4999</td></tr>
<tr><td>功能说明</td><td colspan="2">绑定套接字和服务器端口</td></tr>
<tr><td>编程示例</td><td colspan="2">SocketBind server_socket, "192.168.0.1", 1025 ;</td></tr>
</table>

续表

名称	编程格式与示例		
套接字输入监听	SocketListen	编程格式	SocketListen Socket
		程序数据	Socket：套接字，数据类型为 socketdev
	功能说明	服务器应用，监听输入连接	
	编程示例	SocketListen server_socket ;	
接受套接字连接	SocketAccept	编程格式	SocketAccept Socket, ClientSocket [\ClientAddress] [\Time] ;
		程序数据及添加项	Socket：输入连接套接字，数据类型为 socketdev。 ClientSocket：客户机套接字，数据类型为 socketdev。 \ClientAddress：客户机 IP 地址，数据类型为 string。 \Time：连接等待时间，数据类型为 num，单位为 s；未指定时为 60s
	功能说明	服务器应用，接受客户机连接、保存客户机 IP 地址	
	编程示例	SocketAccept server_socket, client_socket ;	
套接字永久数据发送	SCWrite	编程格式	SCWrite [\ToNode,] Variable ;
		程序数据及添加项	\ToNode：需要忽略的客户机 IP 地址，数据类型为 string。 Variable：永久数据名称，数据类型为 string
	功能说明	服务器应用，将指定的永久数据发送到客户机	
	编程示例	SCWrite \ToNode := "138.221.228.4", numarr ;	
套接字读入	SocketGetStatus	命令参数	Socket：套接字，数据类型为 socketdev
		执行结果	套接字通信状态，数据类型为 socketstatus
	编程示例	VAR socketstatus state := SocketGetStatus(socket1) ;	
套接字数据长度读入	SocketPeek	命令参数	Socket：套接字，数据类型为 socketdev
		执行结果	接收的数据长度（字节），数据类型为 num
	编程示例	VAR num peek_value := SocketPeek(client_socket) ;	

3. 套接字通信编程

机器人控制器作为客户机与远程计算机（服务器）进行 TCP/IP 套接字通信的程序示例如下。

```
  VAR socketdev client_socket ;                     // 定义程序数据
  VAR string receive_string ;
  VAR socketstatus status ;
  ……
  SocketCreate client_socket ;                 // 创建客户机套接字 client_socket
  SocketConnect client_socket, "192.168.0.2", 1025 ;      // 连接服务器
  ……
  status := SocketGetStatus(client_socket ) ;               // 读取套接字
IF status = SOCKET_CONNECTED THEN
  SocketSend client_socket \Str := "Hello server" ;  // 发送文本
  SocketReceive client_socket \Str := receive_string ; // 接收文本
  ……
ENDIF
```

```
SocketClose client_socket ;                         // 关闭套接字
……
```

机器人控制器作为客户机与远程计算机（服务器）进行 UDP/IP 套接字通信的程序示例如下。

```
VAR socketdev client_socket ;                       // 定义程序数据
VAR string receive_string ;
VAR string RemoteAddress ;
VAR num RemotePort ;
……
SocketCreate client_socket \UDP ;
                      // 创建 UDP/IP 通信的客户机套接字 client_socket
SocketBind client_socket, "192.168.0.2", 1025 ;
            // client_socket 绑定服务器 IP 地址 192.168.0.2 的端口 1025
……
SocketSendTo client_socket, "192.168.0.2", 1025 \Str := "Hello server" ;
                                                    // 向服务器发送文本
SocketReceiveFrom client_socket \Str := receive_string, RemoteAddress,
RemotePort ;
                                                    // 接收服务器文本
……
SocketClose client_socket ;                         // 关闭套接字
……
```

机器人控制器作为服务器与远程计算机（客户机）进行套接字通信的程序示例如下。

```
VAR socketdev server_socket ;                       // 定义程序数据
VAR socketdev client_socket ;
VAR string receive_string ;
VAR string client_ip ;
……
SocketCreate server_socket ;
                              // 创建服务器套接字 server_socket
SocketBind server_socket, "192.168.0.1", 1025;
            // server_socket 绑定控制器 IP 地址 192.168.0.1 的端口 1025
SocketListen server_socket;
            // 监听 server_socket 输入连接
……
WHILE TRUE DO
SocketAccept server_socket, client_socket\ClientAddress:=client_ip;
            // 接受客户机输入连接，将客户机 IP 地址保存到程序数据 client_ip 中
SocketReceive client_socket \Str := receive_string;
            // 接收来自客户机的数据输入（文本），并保存在程序数据 receive_string 中
SocketSend client_socket \Str := client_ip;
            // 向客户机发送客户机 IP 地址（文本）
SocketClose client_socket ;                         // 关闭套接字
……
! ****************************************
PERS num cycle_done ;                               // 定义永久数据
PERS num numarr{2}:=[1,2];
……
SCWrite cycle_done ;                                // 将永久数据发送至所有客户机
```

```
SCWrite \ToNode := "138.221.228.4", numarr ;
                              // 忽略 IP 地址 138.221.228.4，将永久数据发送至其他所有客户机
......
```

7.3.3 消息队列通信指令与函数命令

1. 指令与功能

消息队列通信通过发送、接收消息进行数据交换，它既可用于已联网设备间的实时通信，也可用于未联网设备间的非实时通信。将 RAPID 消息队列通信指令及函数命令用于消息的发送、接收和处理，RAPID 消息队列通信指令及函数命令的简要说明如表 7.3-5 所示。

表 7.3-5　RAPID 消息队列通信指令及函数命令的简要说明

名称	编程格式与示例		
清空消息队列	RMQEmptyQueue	编程格式	RMQEmptyQueue ;
		程序数据	无程序数据及添加项
	功能说明	清空当前执行 RAPID 任务中的所有消息队列	
	编程示例	RMQEmptyQueue ;	
定义消息队列	RMQFindSlot	编程格式	RMQFindSlot Slot, Name ;
		程序数据	Slot：消息队列名称，数据类型为 rmqslot。 Name：客户机名称，数据类型为 string
	功能说明	定义指定客户机的消息队列名称	
	编程示例	RMQFindSlot myrmqslot, "RMQ_T_ROB2" ;	
消息读入	RMQGetMessage	编程格式	RMQGetMessage Message ;
		程序数据	Message：消息名称，数据类型为 rmqmessage；消息最大长度为 3KB
	功能说明	读入消息队列中的第一条消息，并被保存到程序数据 Message 中	
	编程示例	RMQGetMessage myrmqmsg ;	
消息数据读入	RMQGetMsgData	编程格式	RMQGetMsgData Message, Data ;
		程序数据	Message：消息名称，数据类型为 rmqmessage。 Data：数据名称，数据类型任意
	功能说明	读入消息中的数据，并被保存到程序数据 Data 中	
	编程示例	RMQGetMsgData myrmqmsg, data ;	
消息标题读入	RMQGetMsgHeader	编程格式	RMQGetMsgHeader, Message [\Header] [\SenderId] [\UserDef] ;
		程序数据及添加项	Message：消息，数据类型为 rmqmessage。 \Header：标题，数据类型为 rmqheader。 \SenderId：发送方消息队列，数据类型为 rmqslot。 \UserDef：用户数据，数据类型为 num
	功能说明	读入消息的标题信息，并保存到指定的程序数据中	
	编程示例	RMQGetMsgHeader message \Header:=header ;	

续表

名称	编程格式与示例		
消息读入等待	RMQReadWait	编程格式	RMQReadWait Message [\TimeOut] ;
		程序数据及添加项	Message：消息名称，数据类型为 rmqmessage。 \TimeOut：最大等待时间，数据类型为 num，单位为 s
	功能说明	用于消息队列实时通信，按照 FIFO（先入先出）次序等待消息读入	
	编程示例	RMQReadWait myrmqmsg ;	
消息发送	RMQSendMessage	编程格式	RMQSendMessage Slot, SendData [\UserDef] ;
		程序数据及添加项	Slot：消息队列名称，数据类型为 rmqslot。 SendData：需要发送的数据，数据类型任意。 \UserDef：用户数据，数据类型为 num
	功能说明	将数据以消息队列的形式发送到指定的客户机	
	编程示例	RMQSendMessage destination_slot, p5 \UserDef:=my_id ;	
消息发送等待	RMQSendWait	编程格式	RMQSendWait Slot, SendData [\UserDef], Message, ReceiveDataType[\TimeOut] ;
		程序数据及添加项	Slot：消息队列名称，数据类型为 rmqslot。 SendData：需要发送的数据，数据类型任意。 \UserDef：用户数据，数据类型为 num。 Message：消息名称，数据类型为 rmqmessage。 ReceiveDataType：响应数据类型，数据类型任意。 \TimeOut：最大等待时间，数据类型为 num，单位为 s
	功能说明	用于消息队列实时通信，向指定的客户机发送消息，并等待回复	
	编程示例	RMQSendWait rmqslot1, mysendstr \UserDef:=mysendid, rmqmessage1, receivestr \TimeOut:=20 ;	
客户机名称读入	RMQGetSlotName	命令参数	Slot：消息队列名称，数据类型为 rmqslot
		执行结果	客户机名称，数据类型为 string
	编程示例	client_name := RMQGetSlotName(slot) ;	

2. 编程示例

机器人控制器与客户机进行非实时消息队列通信的程序示例如下。

```
   VAR rmqmessage message ;
   VAR rmqheader header ;
   VAR num data ;
   ……
   RMQGetMessage message ;                                      // 消息读入
   RMQGetMsgHeader message \Header:=header ;                    // 消息标题读入
   RMQGetMsgData message, data ;                           // 消息数据读入
   ……
   ! ************************************************************
   VAR rmqslot destination_slot ;
   VAR string data:="Hello world" ;
   CONST robtarget p5:=[ [0, 50, 25], [1, 0, 0, 0], [1, 1, 0,0], [ 0, 45, 9E9,
9E9, 9E9, 9E9] ];
   VAR num my_id:=1 ;
```

```
……
RMQFindSlot destination_slot,"RMQ_Task2" ;
RMQSendMessage destination_slot,data ;          // 发送文本"Hello world"
my_id:=my_id + 1 ;
RMQSendMessage destination_slot, p5 \UserDef:=my_id ;  // 发送 TCP 位置 p5
my_id:=my_id + 1 ;
……
```

机器人控制器与客户机进行实时消息队列通信的程序示例如下。

```
VAR rmqmessage myrmqmsg ;
……
RMQReadWait myrmqmsg \TimeOut:=30 ;             // 读入第 1 条消息，等待 30s
……
!************************************************************
VAR rmqslot destination_slot ;
VAR string sendstr:="This string is from T_ROB1";
VAR rmqmessage receivemsg ;
VAR num mynum ;
……
RMQFindSlot destination_slot, "RMQ_T_ROB2";   // 定义消息队列
RMQSendWait destination_slot, sendstr, receivemsg, mynum ;
                                              // 发送消息，等待响应
RMQGetMsgData receivemsg, mynum ;             // 读入响应数据
……
```

7.4 文件管理指令编程

7.4.1 文件管理指令与函数命令

1. 指令与功能

文件管理指令与函数命令通常用于 SD 卡、U 盘、打印机等简单串行通信设备的文件管理与检查，以便通过串行接口控制指令进行文件输入/输出等操作。

RAPID 文件管理指令与函数命令的名称及编程格式如表 7.4-1 所示。

表 7.4-1 文件管理指令与函数命令的名称及编程格式

名称	编程格式与示例		
创建文件目录	MakeDir	编程格式	MakeDir Path ;
		程序数据	Path：路径，数据类型为 string
	功能说明	创建程序执行、编辑的文件目录	
	编程示例	MakeDir "HOME:/newdir" ;	
删除文件目录	RemoveDir	编程格式	RemoveDir Path ;
		程序数据	Path：路径，数据类型为 string
	功能说明	删除无文件的空目录	
	编程示例	RemoveDir "HOME:/newdir" ;	
打开文件目录	OpenDir	编程格式	OpenDir Dev, Path ;
		程序数据	Dev：目录名，数据类型为 dir。 Path：路径，数据类型为 string
	功能说明	打开指定的文件目录	
	编程示例	OpenDir directory, dirname ;	
关闭文件目录	CloseDir	编程格式	CloseDir Dev ;
		程序数据	Dev：目录名，数据类型为 dir
	功能说明	关闭指定的文件目录	
	编程示例	CloseDir directory ;	
删除文件	RemoveFile	编程格式	RemoveFile Path ;
		程序数据	Path：路径，数据类型为 string
	功能说明	删除指定的文件	
	编程示例	RemoveFile "HOME:/mydir/myfile.log" ;	
重新命名文件	RenameFile	编程格式	RenameFile OldPath, NewPath ;
		程序数据	OldPath：文件原路径、名称，数据类型为 string。 NewPath：文件新路径、名称，数据类型为 string
	功能说明	更改文件名、路径	
	编程示例	RenameFile "HOME:/myfile", "HOME:/yourfile" ;	

续表

名称	编程格式与示例		
复制文件	CopyFile	编程格式	CopyFile OldPath NewPath ;
		程序数据	OldPath：源文件路径、名称，数据类型为 string。 NewPath：复制目标路径、名称，数据类型为 string
	功能说明	将文件复制到指定位置处	
	编程示例	CopyFile "HOME:/myfile", "HOME:/mydir/yourfile" ;	
文件类型检查	IsFile	命令格式	IsFile (Path [\Directory] [\Fifo] [\RegFile] [\BlockSpec] [\CharSpec])
		命令参数与添加项	Path：路径，数据类型为 string。 \Directory：目录文件，数据类型为 switch。 \Fifo：FIFO 文件，数据类型为 switch。 \RegFile：标准二进制或 ASCII 文件，数据类型为 switch。 \BlockSpec：特殊块文件，数据类型为 switch。 \CharSpec：特殊字符串文件，数据类型为 switch
		执行结果	Bool 型数据，当文件类型与要求相符时为 TURE，不符时则为 FALSE
	功能说明	检查文件类型是否与要求相符	
	编程示例	Myfiletype := IsFile(filename \RegFile) ;	
文件系统存储容量检查	FSSize	命令格式	FSSize (Name [\Total] | [\Free] [\Kbyte] [\Mbyte])
		命令参数与添加项	Name：文件名，数据类型为 string。 \Total：文件总长，数据类型为 switch。 \Free：空余区，数据类型为 switch。 \Kbyte：单位为 KB，数据类型为 switch。 \Mbyte：单位为 MB，数据类型为 switch
		执行结果	存储容量，数据类型为 num，单位为 Byte 或 KB、MB
	功能说明	检测文件系统的存储总容量或剩余容量	
	编程示例	totalfsyssize := FSSize("HOME:/spy.log" \Total) ;	
文件长度检查	FileSize	命令格式	FileSize (Path)
		命令参数	Path：路径，数据类型为 string
		执行结果	文件长度，数据类型为 num，单位为 Byte（字节）
	功能说明	检测指定文件的长度	
	编程示例	size := FileSize(filename) ;	
读入目录文件	ReadDir	命令格式	ReadDir (Dev, FileName)
		命令参数	Dev：目录名，数据类型为 dir。 FileName：目录文件名，数据类型为 string
		执行结果	Bool 型数据，正确读入目录为 TURE，读入出错则为 FALSE
	功能说明	将指定的目录读入文件	
	编程示例	WHILE ReadDir(directory, filename) DO	

续表

名称	编程格式与示例		
读入文件最后操作时间信息	FileTime	命令格式	FileTime (Path [\ModifyTime] | [\AccessTime] | [\StatCTime] [\StrDig])
		命令参数与添加项	Path：路径，数据类型为 string。 \ModifyTime：最后修改时间，数据类型为 switch。 \AccessTime：最后访问时间，数据类型为 switch。 \StatCTime：最后状态变更时间，数据类型为 switch。 \StrDig：stringdig 格式的文件最后操作时间，数据类型为 stringdig
		执行结果	指定的文件最后操作时间信息，数据类型为 num
	功能说明	读入文件最后操作时间信息	
	编程示例	FileTime ("HOME:/mymod.mod" \ModifyTime)	

2. 编程说明

RAPID 文件管理指令可用于文件目录的创建、删除、打开、关闭，以及文件的删除、重新命名、复制等操作；RAPID 文件类型检查函数命令可用于文件系统存储容量、文件长度和文件类型的检查，或进行目录文件的读入操作；指令及函数命令的编程较为简单。例如，通过以下程序，可将路径为"HOME:/myfile"（SD 卡）的文件目录 directory 读入 filename 文件中，并在示教器上显示该目录文件。

```
……
VAR dir directory ;                                  // 定义程序数据
VAR string filename ;
……
OpenDir directory, "HOME:/myfile" ;                  // 打开目录
WHILE ReadDir(directory, filename) DO                // 将目录读入文件
TPWrite filename ;                                   // 显示目录文件
ENDWHILE
CloseDir directory ;                                 // 关闭目录
……
```

7.4.2 程序文件加载及保存指令

1. 指令与功能

RAPID 程序文件加载及保存指令一般用于 SD 卡、U 盘等外部存储设备的程序模块调用（加载）、删除（卸载）及保存。该指令的功能、编程格式及程序数据、命令参数的简要说明如表 7.4-2 所示。

表 7.4-2　程序文件加载及保存指令的简要说明

名称	编程格式与示例		
程序文件加载	Load	编程格式	Load [\Dynamic,]　FilePath [\File] [\CheckRef] ;
		程序数据与添加项	\Dynamic：动态加载选择，数据类型为 switch。 FilePath：文件路径，数据类型为 string。 \File：文件名，数据类型为 string。 \CheckRef：检查引用，数据类型为 switch

续表

<table>
<tr><th>名称</th><th colspan="3">编程格式与示例</th></tr>
<tr><td rowspan="2">程序文件加载</td><td colspan="2">功能说明</td><td>将外部存储器中的普通程序（PROC）文件加载到程序存储器中</td></tr>
<tr><td colspan="2">编程示例</td><td>Load \Dynamic, "HOME:/DOORDIR/DOOR1.MOD" ;</td></tr>
<tr><td rowspan="4">启动文件加载</td><td rowspan="2">StartLoad</td><td>编程格式</td><td>StartLoad [\Dynamic,] FilePath [\File] , LoadNo ;</td></tr>
<tr><td>程序数据与添加项</td><td>\Dynamic：动态加载选择，数据类型为 switch。
FilePath：文件路径，数据类型为 string。
\File：文件名，数据类型为 string。
LoadNo：加载会话名，数据类型为 loadsession</td></tr>
<tr><td colspan="2">功能说明</td><td>启动普通程序文件的加载操作，并继续执行后续程序</td></tr>
<tr><td colspan="2">编程示例</td><td>StartLoad \Dynamic, "HOME:/DOORDIR/DOOR1.MOD", load1 ;</td></tr>
<tr><td rowspan="4">等待文件加载</td><td rowspan="2">WaitLoad</td><td>编程格式</td><td>WaitLoad [\UnloadPath,] [\UnloadFile,] LoadNo [\CheckRef] ;</td></tr>
<tr><td>程序数据与添加项</td><td>\UnloadPath：需要卸载的程序文件路径，数据类型为 string。
\UnloadFile：需要卸载的程序文件名称，数据类型为 string。
LoadNo：加载会话名，数据类型为 loadsession。
\CheckRef：检查引用，数据类型为 switch</td></tr>
<tr><td colspan="2">功能说明</td><td>等待在执行 StartLoad 指令时的程序文件加载完成</td></tr>
<tr><td colspan="2">编程示例</td><td>WaitLoad \UnloadPath:="HOME:/DOORDIR/DOOR1.MOD", load1 ;</td></tr>
<tr><td rowspan="4">删除文件加载</td><td rowspan="2">CancelLoad</td><td>编程格式</td><td>CancelLoad LoadNo ;</td></tr>
<tr><td>程序数据</td><td>LoadNo：加载会话名，数据类型为 loadsession</td></tr>
<tr><td colspan="2">功能说明</td><td>删除在执行 StartLoad 指令时，未加载完成的程序文件</td></tr>
<tr><td colspan="2">编程示例</td><td>CancelLoad load1 ;</td></tr>
<tr><td rowspan="4">程序文件卸载</td><td rowspan="2">UnLoad</td><td>编程格式</td><td>UnLoad [\ErrIfChanged,] | [\Save,] FilePath [\File] ;</td></tr>
<tr><td>程序数据与添加项</td><td>\ErrIfChanged：输出错误恢复代码，数据类型为 switch。
\Save：保存加载的程序模块，数据类型为 switch。
FilePath：文件路径，数据类型为 string。
\File：文件名，数据类型为 string</td></tr>
<tr><td colspan="2">功能说明</td><td>卸载 Load 或 StartLoad 指令加载的程序文件</td></tr>
<tr><td colspan="2">编程示例</td><td>UnLoad "HOME:/DOORDIR/DOOR1.MOD" ;</td></tr>
<tr><td rowspan="4">清除程序模块</td><td rowspan="2">EraseModule</td><td>编程格式</td><td>EraseModule ModuleName</td></tr>
<tr><td>程序数据</td><td>ModuleName：程序模块名称，数据类型为 string</td></tr>
<tr><td colspan="2">功能说明</td><td>将指定的程序模块从程序存储器中清除</td></tr>
<tr><td colspan="2">编程示例</td><td>EraseModule "PART_A" ;</td></tr>
<tr><td rowspan="4">引用检查</td><td rowspan="2">CheckProgRef</td><td>编程格式</td><td>CheckProgRef ;</td></tr>
<tr><td>程序数据</td><td>—</td></tr>
<tr><td colspan="2">功能说明</td><td>检查程序引用，作用同 Load、WaitLoad 指令的添加项\CheckRef</td></tr>
<tr><td colspan="2">编程示例</td><td>CheckProgRef ;</td></tr>
</table>

续表

<table>
<tr><th>名称</th><th colspan="3">编程格式与示例</th></tr>
<tr><td rowspan="4">程序文件保存</td><td rowspan="2">Save</td><td>编程格式</td><td>Save [\TaskRef,] | [\TaskName,] ModuleName [\FilePath] [\File] ;</td></tr>
<tr><td>程序数据与添加项</td><td>\TaskRef：任务名，数据类型为 taskid。
\TaskName：任务名，数据类型为 string。
ModuleName：模块名，数据类型为 string。
\FilePath：文件路径，数据类型为 string。
\File：文件名，数据类型为 string</td></tr>
<tr><td colspan="2">功能说明</td><td>将指定的普通程序文件保存到指定的外部存储器中</td></tr>
<tr><td colspan="2">编程示例</td><td>Save "PART_A" \FilePath:="HOME:/DOORDIR/PART_A.MOD" ;</td></tr>
</table>

程序文件加载指令 Load、启动文件加载指令 StartLoad 均可将在外部存储器中以文件形式保存的普通程序模块调入系统的程序存储器，并予以执行。

在利用程序文件加载指令 Load 加载 RAPID 程序模块时，系统将停止执行后续指令，直至程序加载完成。在利用启动文件加载指令 StartLoad 启动文件加载时，需要以"会话型"程序数据（loadsession 型数据）的形式启动程序文件加载操作，系统在执行程序文件加载的同时，可继续执行后续的其他指令；如果需要，还可通过删除文件加载指令 CancelLoad 来删除未完成的程序加载操作。

利用指令 Load、StartLoad 加载的程序执行完成后，可通过程序文件卸载指令 Unload 将其从程序存储器中删除；或者，直接利用清除程序模块指令 EraseModule 清除程序存储器中的以任何形式保存的程序模块。

利用程序文件保存指令 Save 可将系统程序存储器中的普通程序模块以文件的形式保存到外部存储器中。

2. 编程说明

RAPID 程序文件加载指令 Load、启动文件加载指令 StartLoad 可通过添加项\Dynamic 来选择动态加载，在未使用\Dynamic 时则为静态加载。动态加载的程序模块在示教器完成返回主程序的操作时，将被自动卸载；而静态加载的程序模块则不受此操作的影响。

加载、卸载的程序模块既可以直接用完整的文件路径（FilePath）指定，也可通过"文件路径+文件名"的形式指定，两者只是在编程形式上存在区别，作用相同。例如，在加载或卸载 SD 卡（HOME:）上的程序文件 DOORDIR/DOOR1.MOD 时，既可直接用完整的文件路径"HOME:/DOORDIR/DOOR1.MOD"指定，也可用"HOME:"指定路径，用添加项\File:="DOORDIR/DOOR1.MOD"选择文件。

引用检查指令 CheckProgRef 和 Load、WaitLoad 指令中的添加项\CheckRef 的功能完全相同，它可用来检查程序是否存在未完成的程序加载操作，如果存在，则系统会出现 ERR_LINKREF 错误；但这一检查并不影响程序的执行。

RAPID 程序模块加载、卸载及保存的编程示例如下。

```
VAR loadsession load1 ;                    // 定义程序数据
……
Load\Dynamic, "HOME:/DOORDIR/DOOR1.MOD" ;        // 加载程序模块 DOOR1.MOD
```

```
%"routine_door1"% ;                                       // 执行 DOOR1.MOD 中的程序
Save "DOOR.MOD" \FilePath:="HOME:" \File:="DOORDIR/DOOR2.MOD ";
                                        // 将程序模块保存为 HOME:/DOORDIR/DOOR2.MOD
UnLoad "HOME:/DOORDIR/DOOR1.MOD";                         // 卸载程序模块 DOOR1.MOD
……
StartLoad "HOME:/PART_A.MOD", load1;                      // 启动程序模块 PART_A.MOD 加载
MoveL p10, v1000, z50, tool1 \WObj:=wobj1;                // 加载同时执行的指令
……
IF di0:=1 THEN
CancelLoad load1 ;                                        // 删除 PART_A.MOD 加载
EraseModule "PART_A.MOD" ;                                // 清除程序模块 PART_A.MOD
StartLoad "HOME:"\File:="PART_B.MOD",load1 ;              // 启动程序模块 PART_B.MOD 加载
ENDIF
MoveL p20, v1000, z50, tool1 \WObj:=wobj1;                // 加载同时执行的指令
……
WaitLoad load1;                                           // 等待程序模块加载完成
%"routine_part1"%;                                        // 执行程序模块中的程序
CheckProgRef ;                                            // 检查程序引用
……
```

7.4.3 文本表格安装指令与读写指令

1. 指令、函数命令与功能

文本表格是由多行字符串（文本）组成的表格，它可用来一次性定义多个文本信息。可通过 RAPID 函数命令将表格中的文本读入程序数据，并作为示教器的显示文本、系统操作履历信息文本等使用。文本表格可实现 RAPID 程序文本的统一输入、编辑和管理，并能以文件的形式一次性加载到系统中，从而方便程序编制。

RAPID 文本表格安装指令、读写指令与函数命令的简要说明如表 7.4-3 所示。

表 7.4-3 文本表格安装指令、读写指令与函数命令的简要说明

名称	编程格式与示例		
安装文本表格	TextTabInstall	编程格式	TextTabInstall File ;
		程序数据	File：文件名，数据类型为 string
	功能说明	将指定的文本表格加载到系统中	
	编程示例	TextTabInstall "HOME:/text_file.eng" ;	
读取文本表格编号	TextTabGet	命令格式	TextTabGet (TableName)
		命令参数	TableName：表格名称，数据类型为 string
		执行结果	文本表格编号，数据类型为 num
	编程示例	text_res_no := TextTabGet("deburr_part1") ;	
文本表格文本读入	TextGet	命令格式	TextGet (Table, Index)
		命令参数	Table：文本表格编号，数据类型为 num。 Index：文本表格行号，数据类型为 num
		执行结果	指定行文本，数据类型为 string
	编程示例	text1 := TextGet(14, 5) ;	

续表

名称	编程格式与示例		
文本表格安装检查	TextTabFreeToUse	命令格式	TextTabFreeToUse (TableName)
		命令参数	TableName：表格名称，数据类型为 string
		执行结果	文本表格未安装时为 TRUE，文本表格已安装时则为 FALSE
	编程示例	text_table_Free:=TextTabFreeToUse("text_table_name") ;	

2. 编程说明

安装文本表格指令 TextTabInstall 可将文本表格以文件的形式一次性加载到机器人控制器中，但是，在同一个机器人控制系统中，文本表格不能同名，因此，在加载前一般需要利用文本表格安装检查函数命令 TextTabFreeToUse 来检查文本表格状态。文本表格一旦加载，只能通过机器人控制系统重启删除，而不能通过执行文件卸载指令删除文本表格。

文本表格安装后，系统将分配表格编号，这一编号可通过函数命令 TextTabGet 读取；在此基础上，便可利用文本表格文本读入函数命令 TextGet 将指定文本表格编号、指定行的字符串（文本）读入程序数据中。

假设 RAPID 文本表格的文件名为 deburr.eng、文本表格名为 deburr_part1，文本表格中的文本行信息如下。

```
# deburr.eng - USERS deburr_part1 english text description file
#
# DESCRIPTION:
# Users text file for RAPID development
#
deburr_part1::
0: RAPID S4: Users text table deburring part1
1: Part 1 is not in pos
2: Identity of worked part: XYZ
3: Part error in line 1
#
# End of file
```

文本表格安装指令、读写指令与函数命令的编程示例如下。

```
VAR num text_res_no ;                                              // 定义程序数据
VAR bool text_table_Free ;
……
text_table_Free:=TextTabFreeToUse("deburr_part1") ;               // 检查文本表格安装
IF text_table_Free THEN
TextTabInstall "HOME:/ deburr_part1" ;                            // 安装文本表格
ENDIF
text_res_no := TextTabGet("deburr_part1") ;                       // 读取文本表格编号
TPWrite TextGet(text_res_no, 1), TextGet(text_res_no, 2) ; // 读取并显示文本
……
```

此时，示教器可显示如下文本表格 deburr_part1 中的第 1、2 行文本信息。

```
Part 1 is not in pos
Identity of worked part: XYZ
```

第8章
其他指令编程

8.1 软件限位及作业禁区设定指令编程

8.1.1 行程保护的基本形式

为了防止工业机器人运动时可能产生的关节运动超程、干涉、碰撞等安全性问题，机器人的运动轴一般需要有行程极限、作业禁区等保护功能。

1. 软件限位与作业空间

机器人的行程保护通常有硬件行程保护和软件行程保护两方面。硬件行程保护是通过各运动轴所安装的行程开关及相关的电气控制线路，利用控制运动轴停止、关闭伺服驱动器或紧急分断驱动器主回路等措施来防止运动轴超程；硬件行程保护功能一般不能通过作业程序来改变，且不能用于360° 连续回转轴。软件行程保护通常有软件限位和作业禁区两种保护方式，当机器人的实际位置或定位目标点位于软件限位、作业禁区时，机器控制系统将产生报警并使运动轴停止运动；软件行程保护的功能可通过应用程序指令编程、系统参数设定等方式实现。

软件限位又称软极限，这是一种利用机器人控制系统软件对机器人位置进行监控，规定机器人的运动范围（作业空间）、防止运动轴超程的保护功能。

机器人软件限位有多种定义方式，关节坐标系限位和直角坐标系限位是两种常用的定义方式，如图 8.1-1 所示。

关节坐标系限位可直接通过各关节轴的位置（转角或行程）定义，对各关节轴进行独立设定。关节坐标系限位只是机器人本体结构允许的极限位置，不考虑工具、工件安装，机器人生产厂家在机器人出厂时设定的关节坐标系限位位置，就是样本中工作范围参数的最大值/最小值。

关节坐标系限位所规定的作业空间与机器人的结构、形态有关，多为不规则形状。例如，垂直串联机器人的 WCP 运动范围为不规则空心球体，如图 8.1-1（a）所示，并联机器人的作业空间为锥底圆柱体，圆柱坐标机器人的作业空间为部分圆柱体等，为使机器人的操作、编程更简单和直观，工业机器人一般可增加直角坐标系限位功能，如图 8.1-1（b）所示。

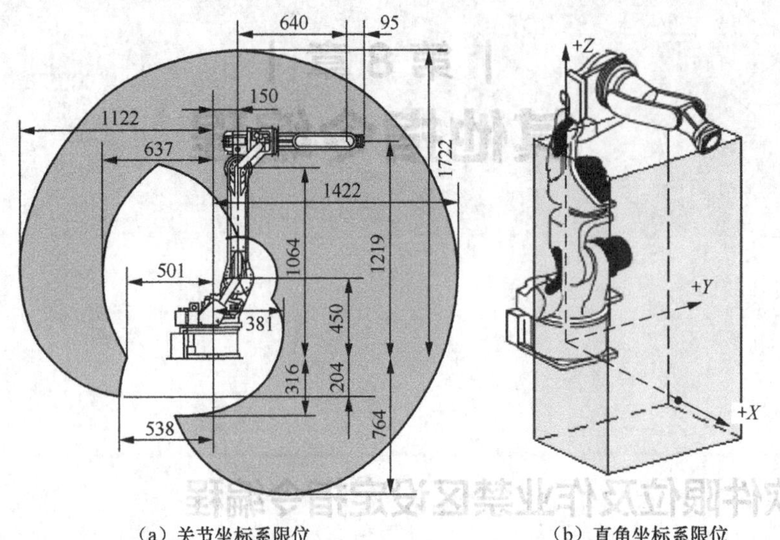

（a）关节坐标系限位　　（b）直角坐标系限位

图 8.1-1　机器人的软件限位

直角坐标系限位是一种附加的软件限位功能，它所规定的工作范围是三维空间的立方体，故又被称为“立方体软极限”“箱体形软极限”等。直角坐标系限位规定的作业空间只能在关节坐标系限位允许的作业空间内截取，而不能超越；因此，它不能全面反映机器人的实际作业空间，只能作为机器人的附加保护措施使用。

2. 作业禁区

硬件保护开关、软件限位所规定的行程保护区只涉及机器人本体结构的保护参数，没有考虑在机器人实际作业时工具、工件可能对机器人运动所产生的干涉，故只能用于机器人本体保护。当在机器人手腕上安装了作业工具或工件、在作业区间内存在影响机器人运动的部件时，机器人作业空间内的某些区域将成为机器人实际不能运动的干涉区，为此，需要通过机器人控制系统的“作业禁区”设定功能来限制机器人的运动，避免发生碰撞。

机器人的作业禁区（运动干涉区）一般可通过直角坐标系、关节坐标系两种方法进行定义，如图 8.1-2 所示。在 ABB 机器人上，还可利用禁区形状定义指令，将机器人作业禁区定义为圆柱体或球体。

如图 8.1-2（a）所示，直角坐标系禁区一般在大地坐标系、用户坐标系或基座坐标系上定义，它是一个边界与坐标轴平行的三维立方体，故又被称为“箱体形禁区”“立方体禁区”等。直角坐标系禁区多用于工具、夹具、工件等外部装置的保护。

如图 8.1-2（b）所示，关节坐标系禁区是以机器人 TCP、外部轴、关节轴位置的形式设定的作业禁区，故又被称为“轴禁区”“关节禁区”等。轴禁区可在关节坐标系限位的基础上附加作业禁区，以防止在机器人本体运动时与工具、夹具、工件等外部装置发生碰撞。

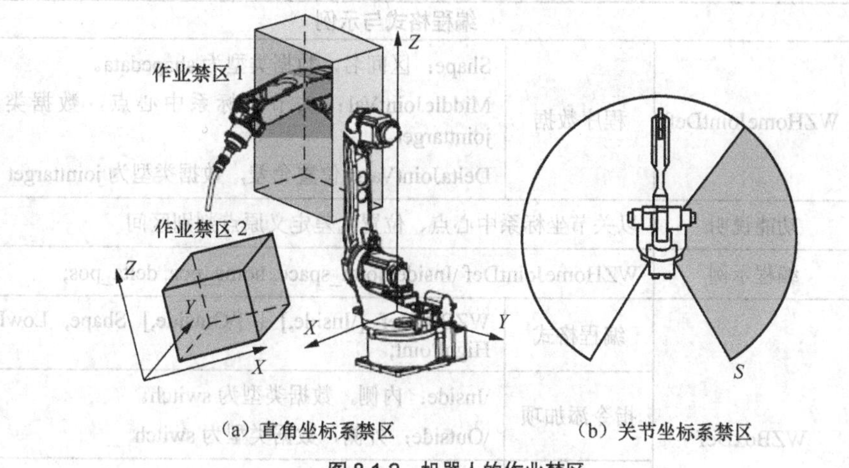

（a）直角坐标系禁区　　（b）关节坐标系禁区

图 8.1-2　机器人的作业禁区

作业禁区可以是指定边界的内侧或外侧。在选择指定边界的内侧时，边界框的内部禁止机器人进入；在选择指定边界的外侧时，边界框的外部禁止机器人进入，其作用与软件限位相同。

8.1.2　行程监控区设定指令

1. 指令与功能

RAPID 行程监控区设定指令可用来定义机器人的软件限位区、原点判别区及不同形状的作业禁区、位置监控区等，行程监控区设定指令的名称及编程格式如表 8.1-1 所示。

表 8.1-1　行程监控区设定指令的名称及编程格式

名称	编程格式与示例		
软件限位区设定	WZLimJointDef	编程格式	WZLimJointDef [\Inside,] | [\Outside,] Shape, LowJointVal, HighJointVal;
		指令添加项	\Inside：内侧，数据类型为 switch。 \Outside：外侧，数据类型为 switch
		程序数据	Shape：区间名，数据类型为 shapedata。 LowJointVal：负极限位置，数据类型为 jointtarget。 HighJointVal：正极限位置，数据类型为 jointtarget
	功能说明	通过关节坐标系的绝对位置，设定机器人各运动轴的软件限位位置	
	编程示例	WZLimJointDef \Outside, joint_space, low_pos, high_pos;	
原点判别区设定	WZHomeJointDef	编程格式	WZHomeJointDef [\Inside] | [\Outside,] Shape, MiddleJointVal, DeltaJointVal;
		指令添加项	\Inside：内侧，数据类型为 switch。 \Outside：外侧，数据类型为 switch

续表

名称	编程格式与示例		
原点判别区设定	WZHomeJointDef	程序数据	Shape：区间名，数据类型为 shapedata。 MiddleJointVal：关节坐标系中心点，数据类型为 jointtarget。 DeltaJointVal：位置允差，数据类型为 jointtarget
	功能说明	以关节坐标系中心点、位置允差定义原点判别区间	
	编程示例	WZHomeJointDef \Inside, joint_space, home_pos, delta_pos;	
箱体形监控区设定	WZBoxDef	编程格式	WZBoxDef [\Inside,] | [\Outside,] Shape, LowPoint, HighPoint;
		指令添加项	\Inside：内侧，数据类型为 switch。 \Outside：外侧，数据类型为 switch
		程序数据	Shape：区间名，数据类型为 shapedata。 LowPoint：边界点 1，数据类型为 pos。 HighPoint：边界点 2，数据类型 pos
	功能说明	以大地坐标系为基准，通过对角线上的两点定义箱体形监控区间	
	编程示例	WZBoxDef \Inside, volume, corner1, corner2;	
圆柱形监控区设定	WZCylDef	编程格式	WZCylDef [\Inside,] | [\Outside,] Shape, CentrePoint, Radius, Height;
		指令添加项	\Inside：内侧，数据类型为 switch。 \Outside：外侧，数据类型为 switch
		程序数据	Shape：区间名，数据类型为 shapedata。 CentrePoint：圆心，数据类型为 pos。 Radius：圆柱半径，数据类型为 num。 Height：圆柱高度，数据类型为 num
	功能说明	以大地坐标系为基准，定义圆柱形的监控区间	
	编程示例	WZCylDef \Inside, volume, C2, R2, H2;	
球形监控区设定	WZSphDef	编程格式	WZSphDef [\Inside] | [\Outside,] Shape, CentrePoint, Radius;
		指令添加项	\Inside：内侧，数据类型为 switch。 \Outside：外侧，数据类型为 switch
		程序数据	Shape：区间名，数据类型为 shapedata。 CentrePoint：球心，数据类型为 pos。 Radius：球半径，数据类型为 num
	功能说明	以大地坐标系为基准，定义球形的监控区间	
	编程示例	WZSphDef \Inside, volume, C1, R1;	
中空手腕复位	HollowWristReset	编程格式	HollowWristReset;
		指令添加项	—
		程序数据	—
	功能说明	复位可无限回转的关节轴实际位置	
	编程示例	HollowWristReset;	

中空手腕复位指令 HollowWristReset 是用于复位可无限回转的关节轴（无限回转轴）实际位置（绝对位置）的特殊指令。机器人的关节轴采用中空结构减速器，可将穿越关节的线管布置在关节内部，提高机器人作业的灵活性、避免管线缠绕，从而使手腕的无限回转成为可能，但是，它也可能导致机器人控制系统的实际位置计数器溢出，例如，对于 ABB 机器人，其最大计数范围为–114×360° ～114×360° 等。因此，对于使用中空结构的无限回转轴，当实际位置接近于计数器的计数极限时，需要利用 HollowWristReset 指令，复位实际位置计数器，以避免发生实际位置计数器溢出错误。HollowWristReset 指令必须在机器人的所有运动轴都处于准确停止（fine）的情况下执行，并以无限回转轴处于 n×360° 的位置时进行复位为宜。

2. 软件限位区设定与原点判别区设定

机器人的软件限位区、原点判别区均以关节绝对位置（jointtarget 型数据）的形式指定，回转摆动轴的单位为°、直线轴的单位为 mm。软件限位区、原点判别区可以程序数据 Shape 所指定的区间名被保存在系统中，以便通过执行 WZLimSup、WZEnable、WZDisable 等监控指令（见后述内容）使其生效、对其进行撤销。

WZLimJointDef、WZHomeJointDef 所定义的软件限位区、原点判别区如图 8.1-3 所示。

WZLimJointDef 所定义的软件限位区如图 8.1-3（a）所示，它可用于机器人的运动超程保护。机器人运动轴的正极限位置、负极限位置可分别通过程序数据 LowJointVal、HighJointVal 进行定义，不使用软件限位功能的运动轴可被设定为 9E9；软件限位区的运动禁止区通常取指定边界的外侧。

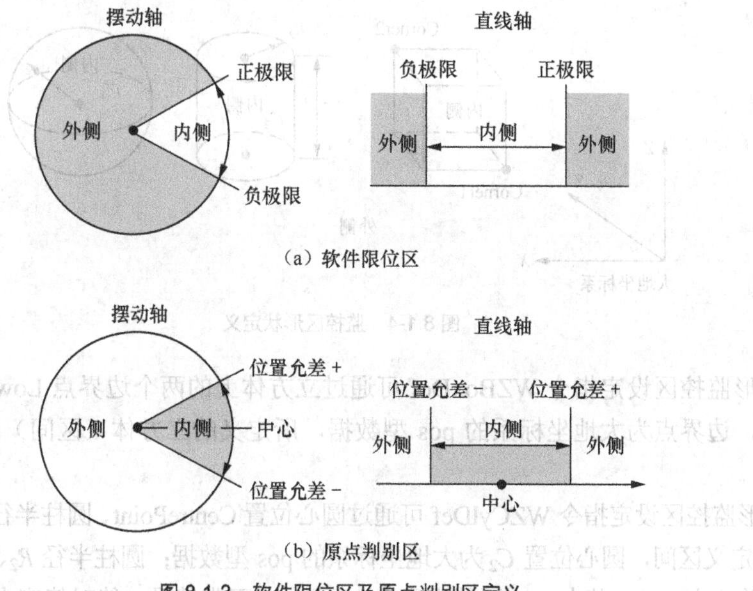

图 8.1-3　软件限位区及原点判别区定义

WZHomeJointDef 所定义的原点判别区如图 8.1-3（b）所示，它可用于机器人零点位置判别。原点判别区的中心位置（目标点）、位置允差可分别通过程序数据 MiddleJointVal、DeltaJointVal 进行定义，判别区间通常取指定边界的内侧。

例如，将机器人的工作范围设定为 *j*1=−170°～170°、*j*2=−90°～155°、*j*3=−175°～250°、*j*4=−180°～180°、*j*5=−45°～155°、*j*6=−360°～360°、*e*1=−1000～1000mm；将原点判别区 *j*1～*j*6 设定为−2°～2°、将 *e*1 设定为−10～10mm 的编程示例如下。

```
VAR shapedata joint_ limit;                                         // 定义区间名
CONST jointtarget low_pos:= [ [-170, -90, -175, -180, -45, -360], [-1000, 9E9,
9E9, 9E9, 9E9, 9E9]];                                               // 负极限位置
CONST jointtarget high_pos := [ [ 170, 155, 250, 180,225, 360], [ 1000, 9E9,
9E9, 9E9, 9E9, 9E9] ];                                              // 正极限位置
WZLimJointDef \Outside, joint_ limit, low_pos, high_pos; // 设定软件限位区
……
! ******************************************
VAR shapedata joint_home;                                           // 定义区间名
CONST jointtarget home_pos := [ [ 0, 0, 0, 0, 0, 0], [ 0,9E9,9E9,9E9,9E9,9E9] ];
                                                                    // 关节坐标系中心
CONST jointtarget delta_pos := [ [2, 2, 2, 2, 2, 2], [ 10,9E9,9E9,9E9,9E9,
9E9] ];                                                             // 位置允差
WZHomeJointDef \Inside, joint_ home, home_pos, delta_pos;  // 设定原点判别区
……
```

3. 监控区形状设定

ABB 机器人的作业禁区、位置监控区可以被定义为箱体形、圆柱形、球形等不同的形状。监控区设定指令均以大地坐标系为基准，指令所设定的区间可以程序数据 Shape 所指定的区间名被保存在系统中，以便通过执行 WZLimSup、WZEnable、WZDisable 等监控指令使其生效，对其进行撤销。监控区设定指令所定义的监控区形状如图 8.1-4 所示。

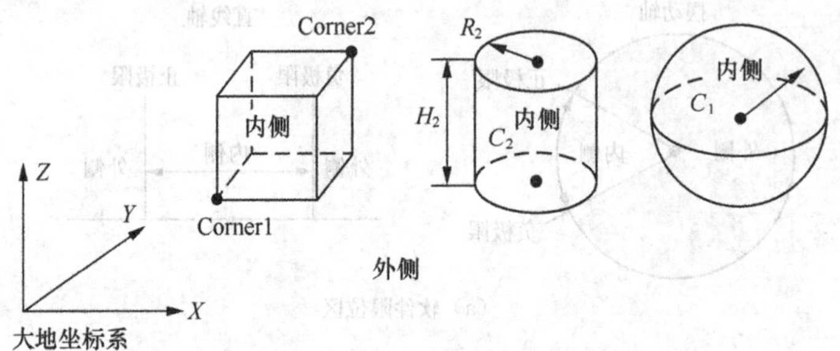

图 8.1-4　监控区形状定义

箱体形监控区设定指令 WZBoxDef 可通过立方体上的两个边界点 LowPoint、HighPoint 定义区间，边界点为大地坐标系的 pos 型数据，所定义的立方体（区间）的每边长度至少为 10mm。

圆柱形监控区设定指令 WZCylDef 可通过圆心位置 CentrePoint、圆柱半径 Radius、圆柱高度 Height 定义区间，圆心位置 C_2 为大地坐标系的 pos 型数据；圆柱半径 R_2、高度 H_2 为 num 型数据，单位为 mm；其中，R_2 不能小于为 5mm；H_2 可带符号，绝对值应大于 10，当 H_2 为正时，所设定的圆心位于圆柱体的底面，当 H_2 为负时，所设定的圆心位于圆柱体的顶面。

球形监控区设定指令 WZSphDef 可通过球心位置 CentrePoint、球半径 Radius 定义区间，球心位置 C_1 为大地坐标系的 pos 型数据；球半径 R_1 为 num 型数据，单位为 mm，设定值至少为 5mm。

例如，通过监控区设定指令，设定箱体形外侧监控区 volume1、圆柱形内侧监控区 volume2、球形外侧监控区 volume3 的编程示例如下。

```
VAR shapedata volume1;
CONST pos corner1:=[200,200,100];
CONST pos corner2:=[600,600,800];
WZBoxDef \Outside, volume1, corner1, corner2;
……
! ***************************************
VAR shapedata volume2;
CONST pos C2:=[0, 0, 0];
CONST num R2:=400;
CONST num H2:=800;
WZCylDef \Inside, volume2, C2, R2, H2;
……
! ***************************************
VAR shapedata volume3;
CONST pos C1:=[0, 0, 0];
CONST num R1:=800;
WZSphDef \Outside, volume3, C1, R1;
……
```

8.1.3 行程监控功能设定指令

1. 指令与功能

RAPID 行程监控功能设定指令用来定义监控区的性质及行程监控方式，监控区可以是软件限位区、原点判别区或监控区设定指令所定义的形状。

监控区的性质可定义为临时监控区或固定监控区。将临时监控区以 wztemporary 型数据的形式保存在系统中，并可通过执行 PAPID 程序指令使其生效，对其进行撤销或清除；将固定监控区以 wzstationary 型数据的形式保存在系统中，它在系统启动时将自动生效，且不能通过执行 PAPID 程序指令使其生效，对其进行撤销或清除。

监控区的行程监控方式分为禁区监控和 DO 输出监控。禁区监控可禁止机器人在禁区内的运动，并产生系统报警，因此，它多用于软件限位区，作业禁区的设定；DO 输出监控可在机器人进入监控区时自动输出指定的 DO 信号，但不禁止机器人的运动，故而可用于机器人原点等特殊位置的检测。

RAPID 行程监控功能设定指令的名称及编程格式如表 8.1-2 所示。

表 8.1-2　行程监控功能设定指令的名称及编程格式

名称	编程格式与示例		
禁区监控	WZLimSup	编程格式	WZLimSup [\Temp] | [\Stat,] WorldZone, Shape;
		指令添加项	\Temp：临时监控区，数据类型为 switch。 \Stat：固定监控区，数据类型为 switch
		程序数据	WorldZone：禁区名称，数据类型为 wztemporary 或 wzstationary。 Shape：区间名称，数据类型为 shapedata

续表

<table>
<tr><th>名称</th><th colspan="3">编程格式与示例</th></tr>
<tr><td rowspan="2">禁区监控</td><td>功能说明</td><td colspan="2">定义作业禁区</td></tr>
<tr><td>编程示例</td><td colspan="2">WZLimSup \Stat, max_workarea, volume;</td></tr>
<tr><td rowspan="5">DO 输出监控</td><td rowspan="3">WZDOSet</td><td>编程格式</td><td>WZDOSet [\Temp] | [\Stat,] WorldZone [\Inside] | [\Before], Shape, Signal, SetValue;</td></tr>
<tr><td>指令添加项</td><td>\Temp：临时监控区，数据类型为 switch。
\Stat：固定监控区，数据类型为 switch</td></tr>
<tr><td>程序数据与添加项</td><td>WorldZone：DO 输出区名称，数据类型为 wztemporary 或 wzstationary。
\Inside：在监控区内侧输出 DO 信号，数据类型为 switch。
\Before：在监控区边界前输出 DO 信号，数据类型为 switch。
Shape：区间名称，数据类型为 shapedata。
Signal：DO 信号名称，数据类型为 signaldo。
SetValue：DO 信号输出值，数据类型为 dionum</td></tr>
<tr><td>功能说明</td><td colspan="2">设定监控区 DO 信号的输出方式、名称、输出值</td></tr>
<tr><td>编程示例</td><td colspan="2">WZDOSet \Temp, service \Inside, volume, do_service, 1;</td></tr>
<tr><td rowspan="4">临时监控区生效</td><td rowspan="2">WZEnable</td><td>编程格式</td><td>WZEnable WorldZone;</td></tr>
<tr><td>程序数据</td><td>WorldZone：临时区间名称，数据类型为 wztemporary</td></tr>
<tr><td>功能说明</td><td colspan="2">临时监控区生效</td></tr>
<tr><td>编程示例</td><td colspan="2">WZEnable wzone;</td></tr>
<tr><td rowspan="4">临时监控区撤销</td><td rowspan="2">WZDisable</td><td>编程格式</td><td>WZDisable WorldZone;</td></tr>
<tr><td>程序数据</td><td>WorldZone：临时区间名称，数据类型为 wztemporary</td></tr>
<tr><td>功能说明</td><td colspan="2">撤销临时监控区</td></tr>
<tr><td>编程示例</td><td colspan="2">WZDisable wzone;</td></tr>
<tr><td rowspan="4">临时监控区清除</td><td rowspan="2">WZFree</td><td>编程格式</td><td>WZFree WorldZone;</td></tr>
<tr><td>程序数据</td><td>WorldZone：临时区间名称，数据类型为 wztemporary</td></tr>
<tr><td>功能说明</td><td colspan="2">清除临时监控区的全部设定</td></tr>
<tr><td>编程示例</td><td colspan="2">WZFree wzone;</td></tr>
</table>

2. 禁区监控指令

禁区监控指令 WZLimSup 用来使监控区的运动保护功能生效，指令一经执行，无论机器人是处于程序自动运行模式还是点动模式，只要机器人 TCP 到达禁区，机器人控制系统便将自动停止机器人的运动，并产生相应的报警。

WZLimSup 指令中的监控区间，既可以是指令 WZLimJointDef 所设定的软件限位区，也可为其他行程监控区设定指令所定义的作业区间；指令必须通过指定添加项\Temp 或\Stat，定义临时监控区或固定监控区。

例如，通过以下程序，可将机器人的软件限位区固定为 $j1=-170°\sim170°$、$j2=-90°\sim155°$、$j3=-175°\sim250°$、$j4=-180°\sim180°$、$j5=-45°\sim155°$、$j6=-360°\sim360°$；并且，临时监控区将机器人 TCP 的工作范围限制在 $X=400\sim1200$mm、$Y=400\sim1200$mm；$Z=0\sim$

1500mm 的区域内。

```
VAR wzstationary work_limit;                              // 定义固定监控区名称
VAR wztemporary work _temp;                               // 定义临时监控区名称
……
! ********************************************************
VAR shapedata joint_ limit;                               // 定义区间名称
CONST jointtarget low_pos:= [ [-170, -90, -175, -180, -45, -360], [-1000, 9E9,
9E9, 9E9, 9E9, 9E9]];                                     // 负极限位置
CONST jointtarget high_pos := [ [ 170, 155, 250, 180,225, 360], [ 1000, 9E9,
9E9, 9E9, 9E9, 9E9] ];                                    // 正极限位置
……
WZLimJointDef \Outside, joint_ limit, low_pos, high_pos; // 设定软件限位区
WZLimSup \Stat, work_limit, joint_ limit;                 // 定义固定监控区
……
! ********************************************************
……
VAR shapedata box_space;                                  // 定义区间名称
CONST pos box_c1:=[ 400,400,0 ];                          // 边界点 1
CONST pos box_c2:=[1200,1200,1500];                       // 边界点 2
……
WZBoxDef \Outside, box_space, box_c1, box_c2;             // 区间设定
WZLimSup \Temp, work _temp, box_space;                    // 定义临时监控区
……
```

3. DO 输出监控指令

DO 输出监控指令 WZDOSet 可在机器人 TCP 进入监控区时，自动输出 DO 信号。指令同样可通过指定添加项\Temp 或\Stat，定义临时监控区或固定监控区。DO 输出监控指令并不禁止机器人在监控区内的运动，因此需要通过对输出的 DO 信号的处理进行相关控制。

输出的 DO 信号的地址、输出值及输出位置可通过指令定义。指令必须利用添加项\Before 或\Inside，明确在机器人 TCP 到达监控区边界前或进入监控区内侧后输出 DO 信号；如果监控区以关节绝对位置（jointtarget 型数据）的形式规定，例如，WZHomeJointDef 所定义的原点判别区、WZLimJointDef 所定义的软件限位区等，需要在所有机器人运动轴均到达监控区时，才能输出 DO 信号。

例如，当机器人的原点位于（800，0，800）且位置允差为 10mm 时，可以通过以下程序，设定以原点为球心、半径为 10mm 的球形监控区，然后利用 WZDOSet 指令的设定，使机器人在到达原点时，自动输出原点到达信号 do_home = 1。

```
VAR wzstationary home;                                 // 定义固定监控区名称
……
VAR shapedata volume;                                  // 定义区间名称
CONST pos p_home:=[800,0,800];                         // 定义球形监控区
WZSphDef \Inside, volume, p_home, 10;
WZDOSet \Stat, home \Inside, volume, do_home, 1;       // DO 输出监控
……
```

4. 临时监控区的生效、撤销与清除指令

临时监控区的生效、撤销与清除指令可用来生效、撤销与清除以 wztemporary 型数据

的形式保存的临时监控区，指令可在 PAPID 程序中直接使用，以便对机器人 TCP 的运动范围施加临时性的限制。但是，以 wzstationary 型数据的形式保存在系统中的固定监控区，不能通过 RAPID 程序指令对其进行撤销、清除。

例如，为了防止作业干涉，在机器人 TCP 向作业点 p_work1、p_work2……运动时，需要临时生效的范围在 X= 400～1200mm、Y= 400～1200mm；Z= 0～1500mm 的外侧禁区内，将机器人移动限制在区间内；而在机器人回原点 p_home 时，则需要撤销临时监控区；在作业完成后，需要清除临时监控区，程序示例如下。

```
  VAR wztemporary work _temp;                              // 定义临时监控区名称
  ……
  !*******************************************************
 PROC WORK_temp
  VAR shapedata box_space;                                  // 定义区间名称
  CONST pos box_c1:=[ 400,400,0 ];                          // 边界点 1
  CONST pos box_c2:=[1200,1200,1500];                       // 边界点 2
  ……
  WZBoxDef \Outside, box_space, box_c1, box_c2;             // 区间设定
  WZLimSup \Temp, work _temp, box_space;                    // 定义临时监控区
  MoveL p_work1, v500, z40, tool1;                          // 临时监控区有效
  ……
  WZDisable work _temp;                                     // 撤销临时监控区
  MoveL p_home, v200, z30, tool1;                           // 临时监控区无效
  ……
  WZEnable work _temp;                                      // 临时监控区重新生效
  MoveL p_work2, v200, z30, tool1;                          // 临时监控区有效
  ……
  WZDisable work _temp;                                     // 撤销临时监控区
  MoveL p_home, v200, z30, tool1;                           // 临时监控区无效
  WZFree wzone;                                             // 清除临时监控区
  ……
 ENDPROC
```

8.2 作业参数设定指令编程

8.2.1 负载设定指令及碰撞检测设定指令

1. 指令与功能

多关节机器人的自由度较多、运动复杂，轨迹可预测性差；加上位置控制采用的是逆运动学，使得实现工作范围内的某些 TCP 位置存在多种可能（即奇点），从而引起机器人不可预测的运动，因此，机器人的干涉、碰撞保护功能显得尤其重要。机器人的干涉、碰撞保护同样有硬件保护和软件保护两种保护方式。

硬件保护可通过安装检测开关、摄像头、位置传感器等检测装置，直接利用电气控制线路或系统逻辑控制程序来防止机器人运动时可能出现的干涉和碰撞。硬件保护可直接避免碰撞，属于预防性保护，其可靠性较高，但需要选配相关软硬件，通常属于系统附加功能。

软件保护一般需要通过机器人控制系统的碰撞检测功能实现。碰撞检测功能是指控制系统通过对运动轴伺服电机的输出转矩（电流）进行监控来判断机器人运动时是否发生干涉和碰撞的功能；一旦系统检测到运动轴伺服电机的输出转矩（电流）超过了规定值，表明机器人或外部轴的运动可能出现了机械碰撞、干涉等故障，系统将立即停止机器人的运动，以免损坏机器人或外部设备。碰撞检测功能实际上并不具备预防性保护功能，但可防止事故的扩大。

运动轴伺服电机的输出转矩（电流）取决于负载。机器人系统的负载通常包括机器人本体运动负载、工具负载、作业负载、外部轴负载等。机器人本体运动负载通常由机器人生产厂家设定；工具负载可通过工具数据中的负载特性数据项 tload 定义；它们不需要在程序中另行编程。

作业负载是在机器人作业时产生的附加负载，如搬运机器人的物品质量等。作业负载是随机器人作业任务的改变而变化的参数，因此，在 RAPID 程序中，需要根据实际作业要求，利用作业负载设定指令 GripLoad 进行准确的设定。

外部轴负载与机器人使用厂家所选配的变位器、工件质量等因素有关，它同样随机器人作业任务的改变而变化，因此也需要根据实际作业要求，利用 RAPID 程序中的外部轴负载设定指令 MechUnitLoad 进行准确的设定。

在 RAPID 程序中，以格式统一的负载型（loaddata 型）程序数据描述外部轴负载、工具负载、作业负载，loaddata 型数据是由负载质量 mass（num 型数据）、*XYZ* 轴转动惯量 ix/iy/iz（num 型数据）、负载重心位置 cog（pos 型数据）、负载重心方位 aom（orient 型数据）等数据项复合而成的结构数据；有关内容可参见工具数据说明。

由于机器人的负载计算复杂、烦琐，为了便于操作者使用，先进的机器人控制系统一般具有负载自动测定功能。在 RAPID 程序中，机器人的工具负载、作业负载、外部轴负载均可通过负载测定指令，由控制系统自动进行负载测试和数据设定。

RAPID 负载设定指令、碰撞检测设定指令的名称及编程格式如表 8.2-1 所示。

表 8.2-1　负载设定指令、碰撞检测设定指令的名称及编程格式

名称	编程格式与示例		
作业负载设定	GripLoad	编程格式	GripLoad Load;
		程序数据	Load：作业负载，数据类型为 loaddata
	功能说明	定义机器人作业时的附加负载	
	编程示例	GripLoad load1;	
外部轴负载设定	MechUnitLoad	编程格式	MechUnitLoad MechUnit, AxisNo, Load;
		程序数据	MechUnit：外部机械单元名称，数据类型为 mecunit。 AxisNo：外部轴序号，数据类型为 num。 Load：外部轴负载，数据类型为 loaddata
	功能说明	定义外部机械单元运动轴的额定负载	
	编程示例	ActUnit SNT1; MechUnitLoad STN1, 1, load1;	
碰撞检测设定	MotionSup	编程格式	MotionSup[\On] | [\Off] [\TuneValue];
		指令添加项	\On：负载监控生效，数据类型为 switch。 \Off：负载监控撤销，数据类型为 switch。 \TuneValue：碰撞检测等级，数据类型为 num
		程序数据	—
	功能说明	使碰撞检测功能生效，或撤销碰撞检测功能并设定碰撞检测等级	
	编程示例	MotionSup \On \TuneValue:= 200;	

2. 负载设定指令

在机器人作业时，需要在 RAPID 程序中设定的负载包括作业负载和外部轴负载两类。

GripLoad 用于设定机器人作业时的附加负载，如搬运机器人的物品质量等。作业负载一旦设定，控制系统便可自动调整机器人各运动轴的负载特性，重新设定控制模型，实现最佳控制；同时，也能够通过利用碰撞检测功能有效地监控机器人。作业负载在系统 DI 信号 SimMode（程序模拟）为 1、进行程序试运行时无效；此外，当 RAPID 程序被重新加载或重新执行时，系统将默认作业负载为 load0（负载为 0）。

例如，在搬运机器人上，在 DO 输出信号 gripper =1 时，机器人将抓取物品；物品的负载数据利用 loaddata 型程序数据 piece 定义，其作业负载设定指令的程序示例如下。

```
Set gripper;                                    // 抓取物品
WaitTime 0.3;                                   // 程序运行暂停
GripLoad piece;                                 // 设定作业负载
……
```

MechUnitLoad 用于外部轴（如变位器等）的负载设定。MechUnitLoad 应在执行启用机械单元指令 ActUnit 后立即进行编程，以便伺服驱动系统建立动态模型，实现最佳控制；同时，也能够通过利用碰撞检测功能有效地监控外部轴。

例如，在使用双轴工件回转变位器（机械单元 STN1）的系统上，如果分别利用 loaddata 型程序数据 fixTRUE、workpiece 定义第 1 个轴、第 2 个轴的负载数据，则外部轴 1、外部轴 2 的负载设定指令的程序示例如下。

```
ActUnit STN1;                                          // 启用机械单元 STN1
MechUnitLoad STN1, 1, fixTRUE;                         // 设定外部轴 1 负载
MechUnitLoad STN1, 2, workpiece;                       // 设定外部轴 2 负载
……
```

3. 碰撞检测设定指令

一旦正确设定机器人的负载，控制系统便可通过对运动轴伺服电机的输出转矩（电流）进行监控，来确定机器人运动时是否产生了机械干涉和碰撞。

在 RAPID 程序中，碰撞检测功能可通过碰撞检测设定指令 MotionSup 的执行生效或被撤销；在碰撞检测设定指令 MotionSup\On 中，还可通过添加项 TuneValue 指定碰撞检测等级。所谓检测等级，就是控制系统允许的过载倍数，其设定范围为 1%～300%；当 RAPID 程序被重新加载或重新执行时，系统将默认碰撞检测等级为 100%（额定负载）。碰撞检测功能一旦生效，只要负载超过碰撞检测等级，系统将立即停止机器人的运动并使机器人适当后退以消除碰撞，同时发出碰撞报警。

碰撞检测设定指令的编程示例如下。

```
MotionSup \On \TuneValue:= 200;                        // 碰撞检测功能生效
MoveAbsJ p1, v2000, fine \Inpos := inpos50, grip1;
……
MotionSup \Off;                                        // 撤销碰撞检测功能
```

8.2.2 负载自动测定指令与函数命令

程序数据自动测定是由机器人控制系统自动测试、计算、设定复杂程序数据的一种功能，这一功能既可通过示教器的对话操作来实现，也可以通过执行程序指令来实现。在 RAPID 程序中，程序数据自动测定指令包括工具负载自动测定指令、作业负载自动测定指令、外部轴负载自动测定指令的负载自动测定指令，工具坐标系自动测定指令，用户坐标系测算函数命令等。负载自动测定指令的编程方法如下，工具坐标系自动测定指令及用户坐标系测算函数命令的编程要求见后述内容。

1. 指令、函数命令与功能

为了保证机器人控制系统能准确判别在机器人运动时是否产生了机械干涉和碰撞故障，同时，使伺服驱动系统获得最佳控制性能，机器人的作业负载、外部轴负载等需要在 RAPID 程序中进行准确设定。

机器人负载计算是一个复杂、烦琐的过程，为了获得准确的负载数据，在 RAPID 程序中，可通过执行 RAPID 系统程序 LoadIdentify 或利用 RAPID 负载自动测定（又称负载自动识别）指令，由机器人控制系统自动测试、设定负载数据。系统程序 LoadIdentify 可在目录“ProgramEditor/Debug/CallRoutine.../LoadIdentify”下选定并启动；RAPID 负载自动测定指令与函数命令的名称及编程格式如表 8.2-2 所示。

表 8.2-2　负载自动测定指令与函数命令的名称及编程格式

<table>
<tr><th>名称</th><th colspan="3">编程格式与示例</th></tr>
<tr><td rowspan="5">工具及作业负载自动测定</td><td rowspan="3">LoadId</td><td>编程格式</td><td>LoadId ParIdType, LoadIdType, Tool [\PayLoad] [\WObj] [\ConfAngle] [\SlowTest] [\Accuracy];</td></tr>
<tr><td>指令添加项</td><td>—</td></tr>
<tr><td>程序数据与添加项</td><td>ParIdType：负载类别，数据类型为 paridnum。
LoadIdType：负载测定条件，数据类型为 loadidnum。
Tool：工具名称，数据类型为 tooldata。
\PayLoad：作业负载名称，数据类型为 loaddata。
\WObj：工件名称，数据类型为 wobjdata。
\ConfAngle：j6 位置设定，数据类型为 num。
\SlowTest：慢速测定有效，数据类型为 switch。
\Accuracy：测定精度，数据类型为 num</td></tr>
<tr><td colspan="2">功能说明</td><td>自动测定工具及作业负载，并将工具负载、作业负载保存在指定的程序数据中</td></tr>
<tr><td colspan="2">编程示例</td><td>%"LoadId"% TOOL_LOAD_ID, MASS_WITH_AX3, grip3 \SlowTest;</td></tr>
<tr><td rowspan="5">外部轴负载自动测定</td><td rowspan="3">ManLoadIdProc</td><td>编程格式</td><td>ManLoadIdProc [\ParIdType] [\MechUnit] | [\MechUnitName] [\AxisNumber] [\PayLoad] [\ConfigAngle] [\DeactAll] | [\AlreadyActive] [\DefinedFlag] [\DoExit];</td></tr>
<tr><td>指令添加项</td><td>\ParIdType：负载类别，数据类型为 paridnum。
\MechUnit：机械单元名称，数据类型为 mecunit。
\MechUnitName：机械单元名称，数据类型为 string。
\AxisNumber：外部轴序号，数据类型为 num。
\PayLoad：外部轴负载名称，数据类型为 loaddata。
\ConfigAngle：测定位置，数据类型为 num。
\DeactAll：机械单元被停用，数据类型为 switch。
\AlreadyActive：机械单元生效，数据类型为 switch。
\DefinedFlag：测定完成标记名称，数据类型为 bool。
\DoExit：测定完成后执行 Exit 指令结束，数据类型为 bool</td></tr>
<tr><td>程序数据</td><td>—</td></tr>
<tr><td colspan="2">功能说明</td><td>自动测定机械单元外部轴负载，并将负载保存在指定的程序数据中</td></tr>
<tr><td colspan="2">编程示例</td><td>ManLoadIdProc \ParIdType := IRBP_L\MechUnit := STN1 \PayLoad := myload \ConfigAngle := 60 \AlreadyActive \DefinedFlag := defined;</td></tr>
<tr><td rowspan="5">负载测定对象检查</td><td rowspan="3">ParIdRobValid</td><td>命令格式</td><td>ParIdRobValid(ParIdType [\MechUnit] [\AxisNo])</td></tr>
<tr><td>命令参数与添加项</td><td>ParIdType：负载类别，数据类型为 paridnum。
\MechUnit：机械单元名称，数据类型为 mecunit。
\AxisNo：轴序号，数据类型为 num</td></tr>
<tr><td>执行结果</td><td>机器人负载自动测定功能有效或无效，paridvalidnum 型数据</td></tr>
<tr><td colspan="2">功能说明</td><td>检查当前的测定对象是否符合负载自动测定条件</td></tr>
<tr><td colspan="2">编程示例</td><td>TEST ParIdRobValid (TOOL_LOAD_ID)</td></tr>
</table>

续表

<table>
<tr><th>名称</th><th colspan="3">编程格式与示例</th></tr>
<tr><td rowspan="6">负载测定位置检查</td><td rowspan="4">ParIdPosValid</td><td>命令格式</td><td>ParIdPosValid (ParIdType, Pos, AxValid [\ConfAngle])</td></tr>
<tr><td>命令参数与添加项</td><td>ParIdType：负载类别，数据类型为 paridnum。
Pos：当前位置，数据类型为 jointtarget。
AxValid：测定结果，bool 型数组。
\ConfAngle：j6 位置，数据类型为 num</td></tr>
<tr><td>执行结果</td><td>数据类型为 bool，当前位置适合负载自动测定则为 TRUE，否则为 FALSE</td></tr>
<tr><td colspan="2">功能说明</td><td>检查当前位置是否适合进行负载自动测定</td></tr>
<tr><td colspan="2">编程示例</td><td>IF ParIdPosValid (TOOL_LOAD_ID, joints, valid_joints) = TRUE THEN</td></tr>
<tr style="display:none"></tr>
<tr><td rowspan="5">转矩补偿系统参数读取</td><td rowspan="3">GetModalPayLoadMode</td><td>命令格式</td><td>GetModalPayLoadMode()</td></tr>
<tr><td>命令参数</td><td>—</td></tr>
<tr><td>执行结果</td><td>系统参数 ModalPayLoadMode 的设定值，数据类型为 num</td></tr>
<tr><td colspan="2">功能说明</td><td>读取转矩补偿系统参数 ModalPayLoadMode 的设定值</td></tr>
<tr><td colspan="2">编程示例</td><td>reg1:=GetModalPayloadMode();</td></tr>
</table>

工具及作业负载自动测定指令 LoadId 可用于作业负载、工具负载的自动测定。在执行 LoadId 前，机器人应满足以下条件。

（1）确认所有负载均已被正确地加载在机器人上。

（2）通过负载测定对象检查函数命令 ParIdRobValid，确认测定对象有效。

（3）通过负载测定位置检查函数命令 ParIdPosValid，确认测定位置有效。

（4）确认机器人的 j3、j5 和 j6 有足够的自由运动空间。

（5）确认机器人的 j4 处于原点位置（0°位置），手腕为水平状态。

（6）在执行 LoadId 前，通过执行以下指令，加载系统程序模块。

```
Load \Dynamic, "RELEASE:/system/mockit.sys";
Load \Dynamic, "RELEASE:/system/mockit1.sys";
```

（7）测定完成后，再利用下述指令，卸载系统程序模块。

```
UnLoad "RELEASE:/system/mockit.sys";
UnLoad "RELEASE:/system/mockit1.sys";
```

2. 负载测定检查函数命令

负载测定检查函数命令可用来检查当前测定对象、测定位置是否符合负载自动测定条件，命令需要通过 paridnum 型命令参数 ParIdType（枚举数据），定义需要测定的负载类别，命令参数 ParIdType 一般以字符串的形式设定，其设定值及含义如表 8.2-3 所示。

表 8.2-3 命令参数 ParIdType 的设定值及含义

<table>
<tr><th colspan="2">设定值</th><th rowspan="2">含义</th></tr>
<tr><th>数值</th><th>字符串</th></tr>
<tr><td>1</td><td>TOOL_LOAD_ID</td><td>工具负载测定</td></tr>
<tr><td>2</td><td>PAY_LOAD_ID</td><td>作业负载测定</td></tr>
</table>

续表

设定值		含义
数值	字符串	
3	IRBP_K	外部轴负载测定（IRBP K 型变位器）
4	IRBP_L 或 IRBP_C、IRBP_C_INDEX、IRBP_T	外部轴负载测定（IRBP L/C/T 型变位器）
5	IRBP_R 或 IRBP_A、IRBP_B、IRBP_D	外部轴负载测定（IRBP R/A/B/D 型变位器）

负载测定对象检查函数命令 ParIdRobValid 可用来检查当前的测定对象是否符合负载自动测定条件，它需要明确测定的负载类别（命令参数 ParIdType）；对于外部轴负载自动测定，还需要利用添加项\MechUnit、\AxisNo 指定外部机械单元名称及外部轴序号。ParIdRobValid 的执行结果为 paridvalidnum 型数据（枚举数据），数据的含义如表 8.2-4 所示。

表 8.2-4　paridvalidnum 数据的含义

执行结果		含义
数值	字符串	
10	ROB_LOAD_VAL	有效的测定对象
11	ROB_NOT_LOAD_VAL	无效的测定对象
12	ROB_LM1_LOAD_VAL	当负载<200kg 时，测定对象有效（IRB 6400FHD 机器人）

负载测定位置检查函数命令 ParIdPosValid 可用来检查机器人当前的位置（pos）是否适合进行负载自动测定，如果适合，函数命令的执行结果为 TRUE，否则为 FALSE。命令同样需要明确测定的负载类别（命令参数 ParIdType）；此外，还需要指定、保存机器人轴 j1～j6、外部轴 e1～e6 的测定位置检查结果，其执行结果（TRUE 或 FALSE）为 12 维 bool 型数组；如果需要，还可通过添加项\ConfAngle 指定 j6 位置（未指定时默认 90°）。

负载测定检查函数命令的编程示例如下。

```
VAR jointtarget joints;                         // 定义程序数据
VAR bool valid_joints{12};
……
IF ParIdRobValid(TOOL_LOAD_ID) <> ROB_LOAD_VAL THEN
EXIT;                                           // 检查测定对象，在无效时直接结束程序的执行
ENDIF
joints := CJointT();                            // 读取当前位置
IF ParIdPosValid (TOOL_LOAD_ID, joints, valid_joints) = FALSE THEN
EXIT;                                           // 检查测定位置，在不合适时直接结束程序的执行
ENDIF
……
```

3. 工具及作业负载自动测定指令

LoadId 可用于工具负载、作业负载的自动测定，该指令通常以混合数据“%"LoadId"%”的形式编程，指令的程序数据的编程要求如下。

ParIdType：负载类别，数据类型为 paridnum。在使用混合数据编程时，一般直接以表 8.2-3 中的字符串为设定值，例如，将工具负载测定设定为“TOOL_LOAD_ID”、将作业负载测定设定为“PAY_LOAD_ID”。

LoadIdType：测定条件，数据类型为 loadidnum。在使用混合数据编程时，一般直接以字符串的形式设定，设定“MASS_KNOWN”为负载质量已知，设定“MASS_WITH_AX3”为负载质量未知，需要通过 j3 的运动自动测定负载质量。

Tool：工具名称，数据类型为 tooldata。如果将指令用于工具负载测定，则需要在执行测定指令前，利用永久数据事先完成工具安装形式 robhold、工具坐标系 tframe 等数据项的定义，同时，将负载特性 tload 中的未知参数设定为 0 或初始值，有关工具数据的组成与格式可参见第 4 章。

\PayLoad：作业负载名称，数据类型为 loaddata。该添加项仅用于作业负载自动测定指令，在测定前同样需要通过永久数据事先定义程序数据。

\WObj：工件名称，数据类型为 loaddata。该添加项仅用于作业负载自动测定指令，在测定前同样需要通过永久数据事先定义程序数据。

\ConfAngle：j6 位置设定，数据类型为 num；未指定时默认 90°。

\SlowTest：慢速测定有效，数据类型为 switch。在指定该添加项时，系统仅进行慢速测定，不保存测定结果。

\Accuracy：测定精度，数据类型为 num。以百分率的形式表示的测定精度。

在 LoadId 编程前，需要事先利用负载测定检查函数命令检查当前的测定对象、测定位置是否符合负载自动测定条件；然后，利用程序加载指令加载系统程序模块 mockit.sys、mockit1.sys；在测定完成后卸载系统程序模块。指令执行后，测定得到的工具负载、作业负载数据可分别保存至程序数据 Tool 或\PayLoad 中。

利用 LoadId 测定负载质量为 5kg 的作业负载数据 piece5 的编程示例如下。

```
PERS tooldata grip3 := [ FALSE, [[97.4, 0, 223.1], [0.924, 0, 0.383,0]], [6,
[10, 10, 100], [0.5, 0.5, 0.5, 0.5], 1.2, 2.7,0.5]];  // 已知工具数据定义
PERS wobjdata wobj2 := [ TRUE, TRUE, "", [ [34, 0, -45], [0.5, -0.5, 0.5
,-0.5] ], [ [0.56, 10, 68], [0.5, 0.5, 0.5 ,0.5] ]];    // 已知工件数据定义
PERS loaddata piece5 := [ 5, [0, 0, 0], [1, 0, 0, 0], 0, 0, 0];
                                                        // 预定义作业负载数据
VAR num load_accuracy;                                  // 定义测定精度数据
……
Load \Dynamic, "RELEASE:/system/mockit.sys";            // 加载系统程序模块
Load \Dynamic, "RELEASE:/system/mockit1.sys";
%"LoadId"% PAY_LOAD_ID, MASS_KNOWN, grip3 \PayLoad:=piece5\WObj:=wobj2\
Accuracy:=load_accuracy;                                // 测定作业负载并保存
UnLoad "RELEASE:/system/mockit.sys";                    // 卸载系统程序模块
UnLoad "RELEASE:/system/mockit1.sys";
……
```

利用 LoadId 指令测定质量未知的工具 grip3 负载数据（tooldata 的负载特性项 tload）的编程示例如下。

```
PERS tooldata grip3 := [ TRUE, [[97.4, 0, 223.1], [0.924, 0, 0.383,0]], [0,
[0, 0, 0], [1, 0, 0, 0], 0, 0, 0]];                     // 预定义工具数据
Load \Dynamic, "RELEASE:/system/mockit.sys";            // 加载系统程序模块
Load \Dynamic, "RELEASE:/system/mockit1.sys";
%"LoadId"% TOOL_LOAD_ID, MASS_WITH_AX3, grip3 \SlowTest;      // 慢速测定
%"LoadID"% TOOL_LOAD_ID, MASS_WITH_AX3, grip3;          // 测定工具负载并保存
UnLoad "RELEASE:/system/mockit.sys";                    // 卸载系统程序模块
```

```
UnLoad "RELEASE:/system/mockit1.sys";
……
```

4. 外部轴负载自动测定指令

ManLoadIdProc 可用于机器人变位器、工件变位器等外部轴的负载测定，指令的程序数据的编程要求如下。

\ParIdType：负载类别，数据类型为 paridnum。指定变位器类别，一般以表 8.2-2 中的字符串为设定值，例如，设定 IRBP_K、IRBP_L、IRBP_R，分别代表 ABB 公司的 K/L/R 型变位器等。

\MechUnit 或\MechUnitName：机械单元名称，数据类型为 mecunit 或 string。指定变位器所在的机械单元名称或 string 型机械单元名称。

\AxisNumber：外部轴序号，数据类型为 num。指定外部轴的序号。

\PayLoad：外部轴负载名称，数据类型为 loaddata。该程序数据为需要测定的外部轴负载名称，在执行测定指令前，需要利用永久数据事先定义负载质量，并将其他未知参数设定为 0 或初始值。

\ConfigAngle：测定位置，数据类型为 num。指定在进行负载测定时的外部轴位置。

\DeactAll 或\AlreadyActive：测定时的机械单元工作状态选择（被停用或已生效），数据类型为 switch。

\DefinedFlag：测定完成标记名称，数据类型为 bool。该程序数据用来保存指令执行完成状态，测定完成后，其状态为 TRUE，否则为 FALSE。

\DoExit：测定完成后执行 Exit 指令结束，数据类型为 bool。如果设定为 TRUE，系统将自动执行 Exit 指令来结束负载测定，并返回到主程序；如果不指定或设定为 FALSE，则不能自动执行 Exit 指令。

ManLoadIdProc 的编程示例如下。

```
PERS loaddata myload := [60, [0,0,0], [1,0,0,0], 0, 0, 0]; // 预定义外部轴负载
VAR bool defined;                                          // 定义测定完成标记
……
ActUnit STN1;                                              // 机械单元生效
ManLoadIdProc \ParIdType := IRBP_L \MechUnit := STN1 \PayLoad := myload \
ConfigAngle := 60 \AlreadyActive \DefinedFlag := defined;  // 负载测定
……
```

8.2.3 工具坐标系自动测定指令

1. 指令与功能

由第 4 章中的工具数据说明可知，工具数据 tooldata 是由工具安装形式 robhold（bool 型数据）、工具坐标系 tframe（pose 型数据）、负载特性 tload（loaddata 型数据）复合而成的结构数据，其中，只需要将工具安装形式 robhold 设定 TRUE 或 FALSE（确定是移动工具还是固定工具）；负载特性 tload 可通过上述的负载自动测定指令设定；而工具坐标系 tframe 则可通过 RAPID 移动工具 TCP 位置测定指令及移动工具方位四元数测定指令，由控制系统自动计算、设定工具坐标系的原点（TCP）及方位四元数。

RAPID 工具坐标系自动测定指令的名称及编程格式如表 8.2-5 所示。

表 8.2-5 工具坐标系自动测定指令的名称及编程格式

名称	编程格式与示例		
移动工具 TCP 位置测定	MToolTCPCalib	编程格式	MToolTCPCalib Pos1, Pos2, Pos3, Pos4, Tool, MaxErr, MeanErr;
		程序数据与添加项	Pos1, Pos2, Pos3, Pos4：测试点 1～4，数据类型为 jointtarget。 Tool：工具名称，数据类型为 tooldata。 MaxErr：最大误差，数据类型为 num。 MeanErr：平均误差，数据类型为 num
	功能说明	利用 4 点定位，计算移动工具的坐标系原点（TCP）位置	
	编程示例	MToolTCPCalib p1, p2, p3, p4, tool1, max_err, mean_err;	
移动工具方位四元数测定	MToolRotCalib	编程格式	MToolRotCalib RefTip, ZPos [\XPos],Tool;
		程序数据与添加项	RefTip：TCP 位置，数据类型为 jointtarget。 Zpos：在工具坐标系+Z 轴上的一点，数据类型为 jointtarget。 \Xpos：在工具坐标系+X 轴上的一点，数据类型为 jointtarget。 Tool：工具名称，数据类型为 tooldata
	功能说明	利用 2 点定位或 3 点定位，计算移动工具的方位四元数	
	编程示例	MToolRotCalib pos_tip, pos_z \XPos:=pos_x, tool1;	
固定工具 TCP 位置测定	SToolTCPCalib	编程格式	SToolTCPCalib Pos1, Pos2, Pos3, Pos4, Tool, MaxErr, MeanErr;
		程序数据与添加项	Pos1, Pos2, Pos3, Pos4：测试点 1～4，数据类型为 robtarget。 Tool：工具名称，数据类型为 tooldata。 MaxErr：最大误差，数据类型为 num。 MeanErr：平均误差，数据类型为 num
	功能说明	利用 4 点定位，计算固定工具的 TCP 位置	
	编程示例	SToolTCPCalib p1, p2, p3, p4, tool1, max_err, mean_err;	
固定工具方位四元数测定	SToolRotCalib	编程格式	SToolRotCalib RefTip, ZPos, XPos, Tool;
		程序数据与添加项	RefTip：TCP 位置，数据类型为 robtarget。 Zpos：在工具坐标系+Z 轴上的一点，数据类型为 robtarget。 Xpos：在工具坐标系+X 轴上的一点，数据类型为 robtarget。 Tool：工具名称，数据类型为 tooldata
	功能说明	利用 3 点定位，计算固定工具的方位四元数	
	编程示例	SToolRotCalib pos_tip, pos_z, pos_x, tool1;	

2. 移动工具测定

对于安装在机器人手腕上的工具移动作业系统，为了进行自动测试及设定工具坐标系

tframe，需要利用移动工具 TCP 位置测定指令 MToolTCPCalib 自动测试、设定工具坐标系的原点（TCP）位置数据项 tframe.trans；利用移动工具方位四元数测定指令 MtoolRotCalib 自动测试、设定工具坐标系的方向数据项 tframe.rot。

在执行移动工具 TCP 位置测定指令、移动工具方位四元数测定指令前，必须利用永久数据 PERS 事先完成工具安装形式 robhold、负载特性 tload 等数据项的定义。其中，必须将工具安装形式 robhold 定义为 TRUE（移动工具）；应将工具坐标系 tframe 数据设定为 tool0 的初始值（见第 4 章）。此外，必须将工件数据 WObj 指定为初始值 wobj0；如果在程序中存在机器人程序偏移，则必须通过执行 PdispOff 指令进行机器人程序偏移的撤销。

移动工具 TCP 位置测定指令的测试要求如图 8.2-1（a）所示。在测定时首先需要在大地坐标系上建立一个测试基准位置，然后给定 4 个工具姿态不同但 TCP 均位于测试基准位置上的 jointtarget 型测试点 Pos1、Pos2、Pos3、Pos4，这样，便可通过机器人在 4 个测试点上的绝对定位运动（MoveAbsJ），由控制系统自动测试、计算 TCP 在机器人手腕基准坐标系上的位置值，完成 tframe.trans 的设定。与此同时，系统还可计算出原点的最大测量误差和平均测量误差；4 个测试点的关节位置变化量越大，测定结果就越准确。

移动工具方位四元数测定指令的测试要求如图 8.2-1（b）所示。在测定时需要给定工具姿态保持不变的 2 个或 3 个关节位置：如果工具坐标系的 *X*、*Y* 轴方向与机器人手腕基准坐标系的 *X* 轴、*Y* 轴方向相同，则在测定时只需要给定工具坐标系原点 RefTip、工具坐标系+*Z* 轴上的任意一点 Zpos；如果工具坐标系的 *X*、*Y* 轴方向与机器人手腕基准坐标系的 *X*、*Y* 轴方向不同，则需要给定工具坐标系原点 RefTip、工具坐标系+*Z* 轴上的任意一点 ZPos、工具坐标系+*X* 轴上的任意一点 Xpos。这样，便可通过机器人在测试点上的绝对定位运动（MoveAbsJ），由控制系统自动测试、计算工具坐标系的方位四元数，完成 tframe.rot 的设定。

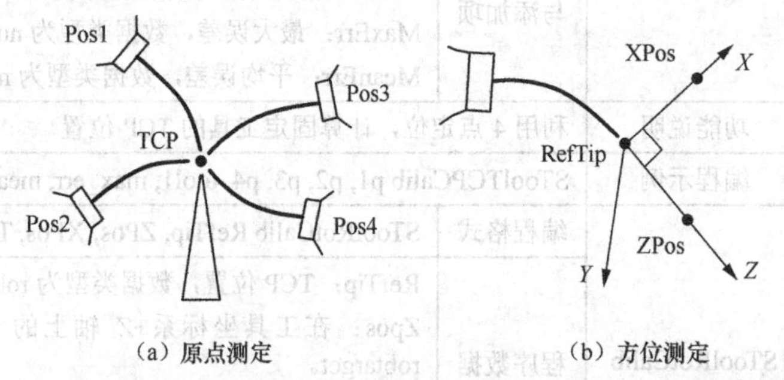

图 8.2-1 移动工具 TCP 位置测定指令和移动工具方位四元数测定指令的测试要求

移动工具 TCP 位置测定指令和移动工具方位四元数测定指令的编程示例如下。

```
CONST jointtarget p1 := [...];                                   // 定义测试点
CONST jointtarget p2 := [...];
CONST jointtarget p3 := [...];
CONST jointtarget p4 := [...];
PERS tooldata tool1:= [TRUE, [ [0, 0, 0], [1, 0, 0 ,0] ], [0.001, [0, 0, 0.001],
[1, 0, 0, 0], 0, 0, 0] ];                                        // 预定义工具数据
VAR num max_err;                                                 // 定义测量误差数据
```

```
    VAR num mean_err;
    ……
    MoveAbsJ p1, v10, fine, tool0;                // 测试点定位
    MoveAbsJ p2, v10, fine, tool0;
    MoveAbsJ p3, v10, fine, tool0;
    MoveAbsJ p4, v10, fine, tool0;
    MToolTCPCalib p1, p2, p3, p4, tool1, max_err, mean_err; // 工具坐标系原点测定
    ……
    ! *************************************************************
    CONST jointtarget pos_tip := [...];           // 定义测试点
    CONST jointtarget pos_z := [...];
    CONST jointtarget pos_x := [...];
    PERS tooldata tool1:= [ TRUE, [ [20, 30, 100], [1, 0, 0 ,0] ], [0.001,[0,
0, 0.001], [1, 0, 0, 0], 0, 0, 0 ] ];            // 预定义工具方位
    MoveAbsJ pos_tip, v10, fine, tool0;           // 测试点定位
    MoveAbsJ pos_z, v10, fine, tool0;
    MoveAbsJ pos_x, v10, fine, tool0;
    MToolRotCalib pos_tip, pos_z\XPos:=pos_x, tool1;   // 工具坐标系方位测定
    ……
```

3. 固定工具测定

对于工具固定安装、机器人移动工件的工件移动作业系统，为了自动测试、设定工具坐标系数据 tframe，需要利用固定工具 TCP 位置测定指令 SToolTCPCalib 自动测试、设定工具坐标系的原点（TCP）位置数据项 tframe.trans；利用固定工具方位四元数测定指令 SToolRotCalib 自动测试、设定工具坐标系的方向数据项 tframe.rot。

在执行固定工具 TCP 位置测定指令、固定工具方位四元数测定指令前，同样必须利用永久数据事先完成工具安装形式 robhold、负载特性 tload 等数据项的定义。其中，必须将工具安装形式数据 robhold 定义为 FALSE（固定工具）；应将工具坐标系数据 tframe 设定为 tool0 的初始值（见第 3.2 节）。此外，必须将工件数据 WObj 指定为初始值 wobj0；如果在程序中存在机器人程序偏移，则必须通过执行 PdispOff 指令进行机器人程序偏移的撤销。

固定工具 TCP 位置测定指令、固定工具方位四元数测定指令的测试要求与移动工具测定要求类似，但其测试点必须以 robtarget 型数据的形式给定，在进行测试点定位时需要使用关节插补指令 MoveJ，而且，SToolRotCalib 必须使用 3 点定位。

固定工具 TCP 位置测定指令、固定工具方位四元数测定指令的编程示例如下。

```
    CONST robtarget p1 := [...];                      // 定义测试点
    CONST robtarget p2 := [...];
    CONST robtarget p3 := [...];
    CONST robtarget p4 := [...];
    PERS tooldata point_tool:= [ FALSE, [[0, 0, 0], [1, 0, 0 ,0] ], [0,001,[0,
0, 0.001], [1, 0, 0, 0], 0, 0, 0] ];                      // 定义初始工具
    PERS tooldata tool1:= [ FALSE, [ [0, 0, 0], [1, 0, 0 ,0] ], [0,001, [0, 0,
0.001], [1, 0, 0, 0], 0, 0, 0] ];                       // 预定义工具数据
    VAR num max_err;
    VAR num mean_err;
    ……
```

```
    MoveJ p1, v10, fine, point_tool;                          // 测试点定位
    MoveJ p2, v10, fine, point_tool;
    MoveJ p3, v10, fine, point_tool;
    MoveJ p4, v10, fine, point_tool;
    SToolTCPCalib p1, p2, p3, p4, tool1, max_err, mean_err;   // 工具坐标系原点测定
    ……
    ! ***************************************************************
    CONST robtarget pos_tip := [...];                         // 定义测试点
    CONST robtarget pos_z := [...];
    CONST robtarget pos_x := [...];
    PERS tooldata tool1:= [ FALSE, [[20, 30, 100], [1, 0, 0 ,0] ], [0,001, [0,
0, 0.001], [1, 0, 0, 0], 0, 0, 0] ];                          // 预定义工具方位
    MoveJ pos_tip, v10, fine, point_tool;                     // 测试点定位
    MoveJ pos_z, v10, fine, point_tool;
    MoveJ pos_x, v10, fine, point_tool;
    SToolRotCalib pos_tip, pos_z, pos_x, tool1;               // 工具坐标系方位测定
    ……
```

8.2.4 回转轴用户坐标系测算函数命令

1. 函数命令与功能

RAPID 回转轴用户坐标系测算函数命令可用来测试及计算使用回转轴的用户坐标系原点和方位（pose 型数据），其基准为大地坐标系，如图 8.2-2 所示。

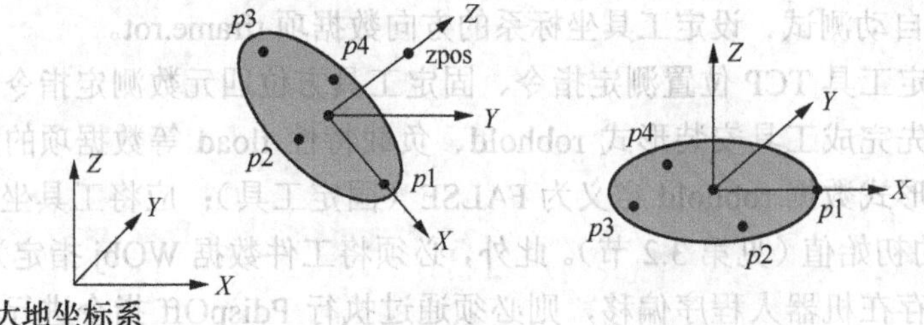

图 8.2-2 回转轴用户坐标系的测算

RAPID 回转轴用户坐标系测算函数命令的名称及编程格式如表 8.2-6 所示。

表 8.2-6 回转轴用户坐标系测算函数命令的名称及编程格式

名称		编程格式与示例	
用户坐标系测算	CalcRotAxFrameZ	命令格式	CalcRotAxFrameZ (TargetList, TargetsInList, PositiveZPoint, MaxErr, MeanErr)
		命令参数与添加项	TargetList：测试点位置，robtarget 型数组。 TargetsInList：测试点数量，数据类型为 num。 PositiveZPoint：+Z 轴上的点，数据类型为 robtarget。 MaxErr：最大误差，数据类型为 num。 MeanErr：平均误差，数据类型为 num
		执行结果	用户坐标系数据（原点、方位）
	编程示例	resFr:=CalcRotAxFrameZ(targetlist, 4, zpos, max_err, mean_err);	

续表

名称	编程格式与示例		
外部轴用户坐标系测算	CalcRotAxisFrame	命令格式	CalcRotAxisFrame (MechUnit [\AxisNo], TargetList, TargetsInList, MaxErr, MeanErr)
		命令参数与添加项	MechUnit：机械单元名称，数据类型为 mecunit。 \AxisNo：轴序号（默认 1），数据类型为 num。 TargetList：测试点位置，robtarget 型数组。 TargetsInList：测试点数量，数据类型为 num。 MaxErr：最大误差，数据类型为 num。 MeanErr：平均误差，数据类型为 num
		执行结果	外部轴用户坐标系数据（原点、方位）
	编程示例	resFr:=CalcRotAxisFrame(STN1, targetlist, 4, max_err, mean_err);	

用户坐标系测算函数命令 CalcRotAxFrameZ 可用于 Z 轴方向未知的回转轴用户坐标系测试、计算，命令可通过机器人在+X 轴上的 $p1$ 点、+Z 轴上的 zpos 点及 XY 平面上的任意 3 点 $p2$、$p3$、$p4$ 的关节插补定位（MoveJ），由控制系统自动测算用户坐标系的原点和方向。

外部轴用户坐标系测算函数命令 CalcRotAxisFrame 可用于 Z 轴方向已知的外部回转轴用户坐标系测试、计算，命令只需要通过+X 轴上的 $p1$ 点及 XY 平面上的任意 3 点 $p2$、$p3$、$p4$ 的关节插补定位（MoveJ），便可由控制系统自动测算用户坐标系的原点和方向。

2. 编程说明

在用户坐标系测算函数命令中，XY 平面上的测试点需要以数组的形式定义，数组可以由 4～10 个 robtarget 型数据组成；增加测试点，可提高用户坐标系的测算精度。

用户坐标系测算函数命令的编程示例如下。

```
VAR robtarget targetlist{4};                          // 定义程序数据
VAR num max_err := 0;
VAR num mean_err := 0;
VAR pose resFr1:=[...];
VAR pose resFr2:=[...];
......
CONST robtarget pos11 := [...];                       // 定义测试点
CONST robtarget pos12 := [...];
CONST robtarget pos13 := [...];
CONST robtarget pos14 := [...];
CONST robtarget zpos;
MoveJ pos11, v10, fine, Tool1;                        // 测试点定位
MoveJ pos12, v10, fine, Tool1;
MoveJ pos13, v10, fine, Tool1;
MoveJ pos14, v10, fine, Tool1;
MoveJ zpos, v10, fine, Tool1;
targetlist{1}:= pos11;                                // 定义数组
targetlist{2}:= pos12;
targetlist{3}:= pos13;
targetlist{4}:= pos14;
resFr1:=CalcRotAxFrameZ(targetlist, 4, zpos, max_err, mean_err);
                                                      // 用户坐标系测算
```

```
……
! ********************************************************8
CONST robtarget pos21 := [...];                          // 定义测试点
CONST robtarget pos22 := [...];
CONST robtarget pos23 := [...];
CONST robtarget pos24 := [...];
MoveJ pos21, v10, fine, Tool1;                           // 测试点定位
MoveJ pos22, v10, fine, Tool1;
MoveJ pos23, v10, fine, Tool1;
MoveJ pos24, v10, fine, Tool1;
targetlist{1}:= pos21;                                   // 定义数组
targetlist{2}:= pos22;
targetlist{3}:= pos23;
targetlist{4}:= pos24;
resFr2:=CalcRotAxisFrame(STN_1 , targetlist, 4, max_err, mean_err);
……                                                       // 外部回转轴用户坐标系测算
```

8.3 伺服设定指令编程

8.3.1 伺服控制模式设定指令与函数命令

1. 指令与函数命令功能

一般情况下，机器人系统的伺服驱动轴均处于闭环位置控制模式，伺服轴可实时跟随系统指令作脉冲运动（伺服跟随控制）。从自动控制理论的角度看，伺服驱动系统的闭环位置控制实际上采用的是转矩、速度、位置内外三闭环控制；驱动器可根据需要选择转矩控制、速度控制、位置跟随、伺服锁定等多种控制模式。例如，对于系统中不需要经常运动的伺服轴，如机器人变位器等，为了提高系统处理其他命令的速度，可以选择伺服锁定模式，使对应的伺服驱动电机保持在指定的位置上。

RAPID 伺服控制模式设定指令包括启用/停用机械单元、软伺服控制两类指令。利用启用/停用机械单元指令，可成组生效/撤销指定机械单元的所有运动轴，进行伺服跟随/伺服锁定模式的切换；软伺服控制相关指令可对指定轴进行位置控制/转矩控制的切换。机械单元的名称、工作状态及基本信息可通过 RAPID 函数命令读取。

伺服控制模式设定指令与函数命令的名称及编程格式如表 8.3-1 所示。

表 8.3-1 伺服控制模式设定指令与函数命令的名称及编程格式

<table>
<tr><th>名称</th><th colspan="3">编程格式与示例</th></tr>
<tr><td rowspan="4">启用机械单元</td><td rowspan="2">ActUnit</td><td>编程格式</td><td>ActUnit MechUnit;</td></tr>
<tr><td>程序数据</td><td>MechUnit：机械单元名称，数据类型为 mecunit</td></tr>
<tr><td>功能说明</td><td colspan="2">指定机械单元的伺服驱动器使能，进入伺服跟随控制模式</td></tr>
<tr><td>编程示例</td><td colspan="2">ActUnit track_motion;</td></tr>
<tr><td rowspan="4">停用机械单元</td><td rowspan="2">DeactUnit</td><td>编程格式</td><td>DeactUnit MechUnit;</td></tr>
<tr><td>程序数据</td><td>MechUnit：机械单元名称，数据类型为 mecunit</td></tr>
<tr><td>功能说明</td><td colspan="2">指定机械单元的伺服驱动器关闭，进入伺服锁定控制模式</td></tr>
<tr><td>编程示例</td><td colspan="2">DeactUnit track_motion;</td></tr>
<tr><td rowspan="5">启用软伺服</td><td rowspan="3">SoftAct</td><td>编程格式</td><td>SoftAct [\MechUnit] Axis, Softness [\Ramp];</td></tr>
<tr><td>指令添加项</td><td>\MechUnit：机械单元名称，数据类型为 mecunit</td></tr>
<tr><td>程序数据与添加项</td><td>Axis：轴序号，数据类型为 num。
Softness：柔性度，数据类型为 num。
\Ramp：加减速倍率，数据类型为 num</td></tr>
<tr><td>功能说明</td><td colspan="2">使能指定轴的转矩控制（软伺服）功能</td></tr>
<tr><td>编程示例</td><td colspan="2">SoftAct \MechUnit:=orbit1, 1, 40 \Ramp:=120;</td></tr>
</table>

续表

<table>
<tr><th>名称</th><th colspan="3">编程格式与示例</th></tr>
<tr><td rowspan="4">停用软伺服</td><td rowspan="2">SoftDeact</td><td>编程格式</td><td>SoftDeact [\Ramp];</td></tr>
<tr><td>指令添加项</td><td>\Ramp：加减速倍率，数据类型为 num</td></tr>
<tr><td>功能说明</td><td colspan="2">撤销全部轴的转矩控制（软伺服）功能</td></tr>
<tr><td>编程示例</td><td colspan="2">SoftDeact \Ramp:=150;</td></tr>
<tr><td rowspan="5">启动软伺服抖动</td><td rowspan="3">DitherAct</td><td>编程格式</td><td>DitherAct [\MechUnit] Axis [\Level];</td></tr>
<tr><td>指令添加项</td><td>\MechUnit：机械单元名称，数据类型为 mecunit</td></tr>
<tr><td>程序数据与添加项</td><td>Axis：轴序号，数据类型为 num;
\Level：幅值倍率，数据类型为 num</td></tr>
<tr><td>功能说明</td><td colspan="2">使指定的转矩控制（软伺服）轴产生抖动，消除间隙</td></tr>
<tr><td>编程示例</td><td colspan="2">DitherAct \MechUnit:=ROB_1, 2;</td></tr>
<tr><td rowspan="4">撤销软伺服抖动</td><td rowspan="2">DitherDeact</td><td>编程格式</td><td>DitherDeact;</td></tr>
<tr><td>程序数据</td><td>—</td></tr>
<tr><td>功能说明</td><td colspan="2">撤销所有转矩控制（软伺服）轴的抖动</td></tr>
<tr><td>编程示例</td><td colspan="2">DitherDeact;</td></tr>
<tr><td rowspan="5">机械单元名称读入</td><td rowspan="3">GetMecUnitName</td><td>命令格式</td><td>GetMecUnitName (MechUnit)</td></tr>
<tr><td>命令参数</td><td>MechUnit：机械单元名称，数据类型为 mecunit</td></tr>
<tr><td>执行结果</td><td>字符型机械单元名称 UnitName，数据类型为 string</td></tr>
<tr><td>功能说明</td><td colspan="2">读取字符型机械单元名称 UnitName，数据类型为 string</td></tr>
<tr><td>编程示例</td><td colspan="2">mecname:= GetMecUnitName(ROB1)</td></tr>
<tr><td rowspan="5">机械单元启用检查</td><td rowspan="3">IsMechUnitActive</td><td>命令格式</td><td>IsMechUnitActive (MechUnit)</td></tr>
<tr><td>命令参数</td><td>MechUnit：机械单元名称，数据类型为 mecunit</td></tr>
<tr><td>执行结果</td><td>在机械单元启用时为 TRUE，在机械单元停用时则为 FALSE</td></tr>
<tr><td>功能说明</td><td colspan="2">检查机械单元是否启用</td></tr>
<tr><td>编程示例</td><td colspan="2">Curr_MechUnit:=IsMechUnitActive(SpotWeldGun);</td></tr>
<tr><td rowspan="5">机械单元基本信息读入</td><td rowspan="3">GetNextMechUnit</td><td>命令格式</td><td>GetNextMechUnit (ListNumber, UnitName [\MecRef] [\TCPRob] [\NoOfAxes] [\MecTaskNo] [\MotPlanNo] [\Active] [\DriveModule] [\OKToDeact])</td></tr>
<tr><td>命令参数与添加项</td><td>ListNumber：机械单元列表序号，数据类型为 num。
UnitName：字符型机械单元名称，数据类型为 string。
\MecRef：机械单元名称，数据类型为 mecunit。
\TCPRob：机械单元为机器人，数据类型为 bool。
\NoOfAxes：机械单元轴数量，数据类型为 num。
\MotPlanNo：使用的驱动器号，数据类型为 num。
\Active：机械单元状态，数据类型为 bool。
\DriveModule：驱动器模块号，数据类型为 num。
\OKToDeact：可停用机械单元，数据类型为 bool</td></tr>
<tr><td>执行结果</td><td>读取指定的机械单元状态信息</td></tr>
<tr><td>功能说明</td><td colspan="2">检查指定机械单元的状态</td></tr>
<tr><td>编程示例</td><td colspan="2">found: = GetNextMechUnit (listno, name);</td></tr>
</table>

续表

名称	编程格式与示例		
机械单元服务信息读入	GetServiceInfo	命令格式	GetServiceInfo (MechUnit [\DutyTimeCnt])
		命令参数与添加项	MechUnit：机械单元名称，数据类型为 mecunit。 \DutyTimeCnt：机械单元运行时间，数据类型为 switch
		执行结果	读取机械单元运行时间
	功能说明	读取机械单元运行时间等服务信息	
	编程示例	mystring:=GetServiceInfo(ROB_ID \DutyTimeCnt);	

2. 启用/停用机械单元指令

机械单元又称控制轴组，是由若干伺服轴组成的、具有独立功能的基本运动单元，如机器人本体、机器人变位器、工件变位器等。机械单元的名称及所属的控制轴，必须利用系统参数进行定义，而不能通过执行 RAPID 指令在程序中指定；机械单元的状态可通过机械单元基本信息读入函数命令 GetNextMechUnit 检查；机械单元运行时间等服务信息可通过机械单元服务信息读入函数命令 GetServiceInfo 读取。

RAPID 启用/停用机械单元指令 ActUnit/DeactUnit 可用来使能/关闭指定机械单元全部运动轴的伺服驱动器。启用机械单元，控制系统将对该机械单元的全部运动轴实施闭环位置控制，驱动器进入伺服跟随控制模式；停用机械单元，该机械单元的全部运动轴将处于伺服锁定状态，运动轴位置保持不变。在执行启用/停用机械单元指令 ActUnit/DeactUnit 前，运动轴必须已完成到位区间为 fine 的准确定位。

例如，如果机械单元 track_motion 为机器人变位器控制轴组，则运行以下程序可通过变位器的运动，使机器人整体移动到位置 *p*0 处；然后使机器人变位器成为伺服锁定状态，进行机器人的移动。

```
ActUnit track_motion;                          // 启用机械单元
MoveExtJ  p0, vrot10, fine;                    // 外部轴定位
DeactUnit track_motion;                        // 停用机械单元
MoveL p10, v100, z10, tool1;
MoveL p20, v100, fine, tool1;
……
```

3. 软伺服控制相关指令

ABB 机器人所谓的软伺服实际上是伺服驱动系统的转矩控制功能，它通常用于机器人与工件存在刚性接触的作业场合。软伺服（转矩控制）功能一旦生效，伺服电机的输出转矩将保持不变，因此，运动轴受到的作用力（负载转矩）越大，定位点的位置误差也就越大。

启用软伺服指令 SoftAct 可将指定轴切换到转矩控制模式，可通过指令的程序数据 Softness（柔性度）以百分率的形式定义电机输出转矩；柔性度为 0%代表电机以额定转矩输出（接触刚度最大），柔性度为 100%代表电机以最低转矩输出（接触刚度最小）。电机在转矩控制模式下的启动/制动加速度，可通过指定 SoftAct 的指令添加项\Ramp，以百分率的形式进行设定与调整。

当运动轴进入转矩控制模式后，如果需要，还可以通过启动软伺服抖动指令 DitherAct 使运动轴产生短时间的抖动，以消除摩擦力等因素的影响。抖动的频率、转矩、幅值（位移）等参数由控制系统自动调整，但抖动幅值可通过指定 DitherAct 的指令添加项\Level，以百分率的形式在 50%～150%的范围内进行调整。

```
MoveJ p0, v100, fine, tool1;
SoftAct \MechUnit:=ROB_1, 2, 120;                         // 启用软伺服
WaitTime 2;
DitherAct \MechUnit:=ROB_1, 2;                            // 启用软伺服抖动
WaitTime 1;
DitherDeact;                                              // 撤销软伺服抖动
SoftDeact;                                                // 停用软伺服
MoveL p10, v100, z10, tool1;
......
```

8.3.2 伺服参数设定指令与函数命令

1. 指令函数命令与功能

伺服参数设定指令是用于伺服驱动系统参数自动测试或设定、调整的高级应用功能，包括阻尼自动测试相关指令、伺服驱动系统相关指令等，伺服参数设定指令与函数命令的名称及编程格式如表 8.3-2 所示。

表 8.3-2 伺服参数设定指令与函数命令的名称及编程格式

名称	编程格式与示例		
位置采样周期调整	PathResol	编程格式	PathResol PathSampleTime;
		程序数据	PathSampleTime：位置采样周期倍率（%），数据类型为 num
	功能说明	在 25%～400%的位置采样周期倍率范围内，调整系统的位置采样周期	
	编程示例	PathResol 150;	
启用事件缓冲功能	ActEventBuffer	编程格式	ActEventBuffer;
		程序数据	—
	功能说明	启用事件缓冲功能	
	编程示例	ActEventBuffer;	
停用事件缓冲功能	DeactEventBuffer	编程格式	DeactEventBuffer;
		程序数据	—
	功能说明	停用事件缓冲功能	
	编程示例	DeactEventBuffer;	
启动阻尼自动测试	FricIdInit	编程格式	FricIdInit;
		程序数据	—
	功能说明	启动机器人运动轴的阻尼自动测试功能	
	编程示例	FricIdInit;	

续表

名称	编程格式与示例		
阻尼自动测试参数设定	FricIdEvaluate	编程格式	FricIdEvaluate FricLevels [\MechUnit] [\BwdSpeed] [\NoPrint] [\FricLevelMax] [\FricLevelMin] [\OptTolerance];
		程序数据与添加项	FricLevels：阻尼系数名称，数据类型为 array of num（数值型数组，按轴序排列） \MechUnit：机械单元名称，数据类型为 mecunit。 \BwdSpeed：机器人回退速度，数据类型为 speeddata。 \NoPrint：示教器不显示测试过程，数据类型为 switch。 \FricLevelMax：阻尼系数最大值（%），数据类型为 num，设定范围为 101%～500%，默认 500%。 \FricLevelMin：阻尼系数最小值（%），数据类型为 num，设定范围为 1%～100%，默认 100%。 \OptTolerance：公差优化系数，数据类型为 num，设定范围为 1～10，默认 1
	功能说明	设定阻尼自动测试参数	
	编程示例	FricIdEvaluate friction_levels;	
生效阻尼系数	FricIdSetFricLevels	编程格式	FricIdSetFricLevels FricLevels [\MechUnit];
		程序数据与添加项	FricLevels：阻尼系数名称，数据类型为 array of num（数值型数组，按轴序排列） \MechUnit：机械单元名称，数据类型为 mecunit
	功能说明	生效阻尼系数	
	编程示例	FricIdSetFricLevels friction_levels;	
伺服调节模式选择	MotionProcessModeSet	编程格式	MotionProcessModeSet Mode;
		程序数据	Mode：调节模式，数据类型为 motionprocessmode
	功能说明	定义伺服驱动系统的位置调节模式	
	编程示例	MotionProcessModeSet LOW_SPEED_ACCURACY_MODE;	
伺服参数调整	TuneServo	编程格式	TuneServo MechUnit, Axis, TuneValue [\Type];
		程序数据与添加项	MechUnit：机械单元名称，数据类型为 mecunit。 Axis：轴序号，数据类型为 num。 TuneValue：参数调整值（%），数据类型为 num。 \Type：调节器参数选择，数据类型为 tunetype
	功能说明	对指定伺服轴进行独立的伺服驱动系统的调节器参数设定	
	编程示例	TuneServo ROB_1,1, DF\Type:=TUNE_DF;	
伺服参数初始化	TuneReset	编程格式	TuneReset;
		程序数据	—
	功能说明	清除 TuneServo 指令设定的伺服调节器参数，恢复出厂设定	
	编程示例	TuneReset;	

续表

<table>
<tr><th>名称</th><th colspan="3">编程格式与示例</th></tr>
<tr><td rowspan="5">当前事件读入</td><td rowspan="3">EventType</td><td>命令格式</td><td>EventType ()</td></tr>
<tr><td>命令参数</td><td>—</td></tr>
<tr><td>执行结果</td><td>当前执行的事件类型（0～7），数据类型为 event_type</td></tr>
<tr><td>功能说明</td><td colspan="2">读取系统当前执行的事件类型，无事件时执行结果为 0</td></tr>
<tr><td>编程示例</td><td colspan="2">Curr_EventType EventType();</td></tr>
</table>

2. 位置采样周期调整指令和启用/停用事件缓冲功能指令

位置采样周期是闭环位置控制的重要参数，位置采样周期越短，系统检测实际位置的间隔时间就越短，轨迹控制精度就越高，但对系统 CPU 运行速度的要求也就越高。通过系统参数 PathSampleTime 对 ABB 机器人控制系统的位置采样周期进行设定，并利用位置采样周期调整指令 PathResol 及启用/停用事件缓冲功能指令进行调整。

位置采样周期调整指令 PathResol 可对系统参数 PathSampleTime 的设定值进行倍率调整，指令允许调整的位置采样周期倍率范围为 25%～400%。通常而言，对于低速、高精度插补运动，可适当缩短位置采样周期，提高轨迹控制精度；而对于高速定位运动，则可适当加长位置采样周期，以加快指令的处理速度。

启用/停用事件缓冲功能指令 ActEventBuffer/DeactEventBuffer 可以间接改变轨迹控制精度。在事件缓冲功能停用后，机器人在进行插补运动时，系统将不再对普通事件（如通信命令、一般系统出错等）进行预处理，从而可提高轨迹控制精度。系统正在执行的当前事件可利用函数命令 EventType 读取。

3. 启动阻尼自动测试指令与阻尼自动测试参数设定指令

阻尼是伺服驱动系统闭环位置控制的基本参数，确定阻尼是系统实现最优控制的前提条件。运动系统的阻尼与机械传动系统的结构部件、安装调整、润滑等诸多因素密切相关，进行理论计算相当困难，为此，在进行实际调试时一般需要使用 RAPID 阻尼自动测试的相关指令，实现阻尼自动测试功能以进行自动计算、设定系统阻尼。

阻尼自动测试功能只能用于控制机器人 TCP 定位运动的伺服轴，且需要将系统参数 Friction FFW On 设定为 TRUE。在测试阻尼时，机器人需要利用插补轨迹（通常为圆弧插补）的前进和回退，对比正反向运动的数据，以计算阻尼值；为保证测试数据的准确性，插补指令的到位区间必须定义为 z0（fine）。

利用 RAPID 阻尼自动测试的相关指令，进行系统阻尼自动测试，设定的程序示例如下。

```
FricIdInit;                                   // 启动阻尼自动测试
MoveC p10, p20, Speed, z0, Tool;              // 测试运动
MoveC p30, p40, Speed, z0, Tool;
FricIdEvaluate friction_levels;               // 阻尼自动测试参数设定
FricIdSetFricLevels friction_levels;          // 阻尼系数生效
……
```

伺服调节模式选择指令 MotionProcessModeSet 可用来定义伺服驱动系统的位置调节模式，程序数据 Mode 一般以字符串的形式设定，在将其设定为“OPTIMAL_CYCLE_

TIME_MODE”（数值 1）时，此时为时间最短的最佳位置调节模式；在将其设定为“LOW_SPEED_ACCURACY_MODE”（数值 2）时，此时为低速高精度位置调节模式；在将其设定为“LOW_SPEED_STIFF_MODE”（数值 3）时，此时为低速高刚度调节模式。

4. 伺服参数调整指令

伺服参数调整指令 TuneServo 可对伺服轴的位置和速度调节器参数进行设定，使用该指令将直接影响机器人的位置控制精度和动态特性，故一般多用于机器人生产厂家的调试，不推荐用户使用。

伺服驱动系统的调节器参数可通过 TuneServo 的指令添加项\Type 指定，参数值以系统默认值百分率的形式设定，允许的调整范围为 1%～500%。

一般以字符串的形式设定调节器参数\Type，设定值的含义如下。

TUNE_DF：伺服驱动系统的谐振频率。

TUNE_DH：伺服驱动系统的频带宽度。

TUNE_KP：伺服驱动器的位置调节器增益。

TUNE_KV：伺服驱动器的速度调节器增益。

TUNE_TI：伺服驱动器的速度调节器积分时间。

TUNE_FRIC_LEV、TUNE_FRIC_RAMP：伺服驱动系统的摩擦与间隙补偿参数。

改变调节器参数将直接影响系统的静态性能和动态性能，若参数调整不当，将导致系统超调量增加、刚性下降、定位不准等，严重时甚至会引起系统振荡，因此，原则上用户不应使用该指令。如果在使用该指令后出现问题，可利用伺服参数初始化指令 TuneReset 恢复出厂参数。

8.3.3 伺服参数测试指令与函数命令

1. 指令、函数命令与功能

伺服参数测试指令与函数命令用于伺服轴参数的检查，可以通过系统的数据采集通道记录与保存伺服参数，如果需要，还可以利用系统的模拟量输出信号 AO 输出到系统外部，作为仪表显示或外部设备控制信号。

RAPID 伺服参数测试指令与函数命令的名称及编程格式如表 8.3-3 所示。

表 8.3-3　伺服参数测试指令与函数命令的名称及编程格式

名称		编程格式与示例	
测试信号定义	TestSignDefine	编程格式	TestSignDefine Channel, SignalId, MechUnit, Axis, SampleTime;
		程序数据	Channel：测试通道号，数据类型为 num。 SignalId：信号名称，数据类型为 testsignal。 MechUnit：机械单元名称，数据类型为 mecunit。 Axis：轴序号，数据类型为 num。 SampleTime：采样周期（单位为 s），数据类型为 num
	功能说明	定义测试信号，并按指定的采样周期更新数据	
	编程示例	TestSignDefine 1, resolver_angle, Orbit, 2, 0.1;	

续表

名称	编程格式与示例		
测试信号清除	TestSignReset	编程格式	TestSignReset;
		程序数据	—
	功能说明	测试停止，清除全部测试信号	
	编程示例	TestSignReset;	
信号测试值读取	TestSignRead	命令格式	TestSignRead (Channel)
		命令参数	Channel：测试通道号，数据类型为 num
		执行结果	指定测试通道的信号测试值
	功能说明	读取指定测试通道的信号测试值	
	编程示例	speed_value := TestSignRead(speed_channel);	
电机输出转矩读取	GetMotorTorque	命令格式	GetMotorTorque([\MechUnit] AxisNo)
		命令参数与添加项	\MechUnit：机械单元名称，数据类型为 mecunit。 AxisNo：轴序号，数据类型为 num
		执行结果	指定伺服驱动电机的当前输出转矩（N • m），数据类型为 num
	功能说明	读取指定伺服驱动电机的当前输出转矩	
	编程示例	motor_torque2 := GetMotorTorque(2);	

2. 编程说明

ABB 机器人的控制系统最多可检测 12 个伺服信号，检测不同伺服信号需要使用不同的数据采集（测试）通道，并通过指令中的程序数据 Channel，区分测试通道号。在利用测试信号定义指令 TestSignDefine 定义测试信号或利用信号测试值读取函数命令 TestSignRead 读取信号测试值时，均需要通过程序数据 Channel 来指定测试通道号。

需要测试的伺服参数可通过程序数据 SignalId（枚举数据），信号名称以字符串（文本）的形式定义，在机器人系统出厂时，已经预定义了部分常用的测试信号，如表 8.3-4 所示。

表 8.3-4　系统预定义的测试信号名称

信号名称		单位	含义
字符串（文本）	数值		
resolver_angle	1	rad	实际位置反馈（编码器角度）
speed_ref	4	rad/s	电机转速给定值
speed	6	rad/s	电机实际转速值
torque_ref	9	N • m	转矩给定值
dig_input1	102	—	驱动器 DI 信号 di1 状态
dig_input2	103	—	驱动器 DI 信号 di2 状态

系统针对测试信号的数据采样周期可通过测试信号定义指令 TestSignDefine 中的程序

数据 SampleTime 定义；采样周期不同，通过执行信号测试值读取函数命令 TestSignRead 所读取的信号测试值也有所区别，具体如下。

SampleTime=0：信号测试值为最近 0.5ms 内的 8 次采样数据平均值。

SampleTime=0.001：信号测试值为最近 1ms 内的 4 次采样数据平均值。

SampleTime=0.002：信号测试值为最近 2ms 内的 2 次采样数据平均值。

SampleTime≥0.004：信号测试值为最近 1 次采样的瞬时值。

伺服参数测试指令与函数命令的编程示例如下，该程序可测试机器人 ROB_1 的 j1 转矩给定值，如最近 1ms 内的 4 次采样数据平均值大于 6N·m，示教器将显示“Motor of j1 axis are overloaded”报警。

```
CONST num torque_channel:=2;                       // 定义程序数据
VAR num curr_torque;
VAR num max_torque:=6;
……
motor_torque2 := GetMotorTorque(2);                // 读取 j2 电机输出转矩
IF (motor_torque2 > max_torque) THEN
  TPWrite "Motor of J2 axis are overloaded ";
Stop;
……
TestSignDefine torque_channel, torque_ref, ROB_1, 1, 0.001; // 定义测试信号
……
curr_torque := TestSignRead(torque_channel);       // 读取信号测试值
IF (curr_torque > max_torque) THEN
  TPWrite "Motor of J1 axis are overloaded ";
Stop;
TestSignReset;                                     // 清除测试信号
……
```

8.4 特殊轴控制指令编程

8.4.1 独立轴控制指令与函数命令

1. 指令与函数命令功能

利用独立轴控制指令，可将指定机械单元的指定轴定义为独立位置控制模式，独立轴可在位置控制模式或速度控制模式下单独运动，但不能参与机器人 TCP 的关节插补运动、直线插补运动、圆弧插补运动。独立轴的位置控制模式有绝对位置定位、相对位置定位和增量移动 3 种，在采用速度控制模式时，伺服驱动电机将连续回转。在独立运动结束后，可通过独立轴控制功能撤销指令撤销独立轴控制功能，并重新设定独立轴的参考点。

RAPID 独立轴控制指令与函数命令的名称及编程格式如表 8.4-1 所示。

表 8.4-1 独立轴控制指令与函数命令的名称及编程格式

<table>
<tr><th>名称</th><th colspan="3">编程格式与示例</th></tr>
<tr><td rowspan="4">独立轴绝对位置定位</td><td rowspan="2">IndAMove</td><td>编程格式</td><td>IndAMove MechUnit, Axis [\ToAbsPos] | [\ToAbsNum] , Speed [\Ramp];</td></tr>
<tr><td>程序数据与添加项</td><td>MechUnit：机械单元名称，数据类型为 mecunit。
Axis：轴序号，数据类型为 num。
\ToAbsPos：TCP 型绝对目标位置，数据类型为 robtarget。
\ToAbsNum：数值型绝对目标位置，数据类型为 num。
Speed：移动速度（单位°/s 或 mm/s），数据类型为 num。
\Ramp：加速度倍率（%），数据类型为 num</td></tr>
<tr><td>功能说明</td><td colspan="2">独立轴控制功能生效，并进行绝对位置定位</td></tr>
<tr><td>编程示例</td><td colspan="2">IndAMove Station_A, 2\ToAbsPos:=p4, 20;</td></tr>
<tr><td rowspan="4">独立轴相对位置定位</td><td rowspan="2">IndRMove</td><td>编程格式</td><td>IndRMove MechUnit, Axis [\ToRelPos] | [\ToRelNum] [\Short] | [\Fwd] | [\Bwd], Speed [\Ramp];</td></tr>
<tr><td>程序数据与添加项</td><td>\ToRelPos：TCP 型相对目标位置，数据类型为 robtarget。
\ToRelNum：数值型相对目标位置，数据类型为 num。
\Short：捷径定位，数据类型为 switch。
\Fwd：正向回转，数据类型为 switch。
\Bwd：反向回转，数据类型为 switch。
其他：同指令 IndAMove</td></tr>
<tr><td>功能说明</td><td colspan="2">回转轴独立控制功能生效，并进行相对位置定位</td></tr>
<tr><td>编程示例</td><td colspan="2">IndRMove Station_A,2\ToRelPos:=p5 \Short,20;</td></tr>
<tr><td rowspan="2">独立轴增量移动</td><td rowspan="2">IndDMove</td><td>编程格式</td><td>IndDMove MechUnit, Axis, Delta, Speed [\Ramp];</td></tr>
<tr><td>程序数据与添加项</td><td>Delta：增量距离（单位为°或 mm）及方向，数据类型为 num；正值代表正向回转，负值代表反向回转。
其他：同指令 IndAMove</td></tr>
</table>

续表

名称			编程格式与示例
独立轴增量移动	功能说明		独立轴控制功能生效，并按指定的速度和方向移动指定的距离
	编程示例		IndDMove Station_A, 2, –30, 20;
独立轴连续回转	IndCMove	编程格式	IndCMove MechUnit, Axis, Speed [\Ramp];
		程序数据与添加项	Speed：回转速度（单位为°/s 或 mm/s）及方向，数据类型为 num；正值代表正向回转，负值代表反向回转。 其他：同指令 IndAMove
	功能说明		回转轴独立控制功能生效，并按指定的速度和方向连续回转
	编程示例		IndCMove Station_A, 2, –30;
独立轴控制功能撤销	IndReset	编程格式	IndReset MechUnit, Axis [\RefPos] | [\RefNum] [\Short] | [\Fwd] | [\Bwd] | \Old];
		程序数据与添加项	\RefPos：TCP 型参考点位置，数据类型为 robtarget。 \RefNum：数值型参考点位置，数据类型为 num。 \Short：捷径参考点位置，数据类型为 switch。 \Fwd：参考点位于正向，数据类型为 switch。 \Bwd：参考点位于负向，数据类型为 switch。 \Old：参考点位置不变（默认），数据类型为 switch。 其他：同指令 IndAMove
	功能说明		撤销独立轴控制功能，重新设定独立轴的参考点位置
	编程示例		IndReset Station_A,1 \RefNum:=300 \Short;
独立轴到位检查	IndInpos	命令格式	IndInpos (MechUnit , Axis)
		命令参数	MechUnit：机械单元名称，数据类型为 mecunit。 Axis：轴序号，数据类型为 num
		执行结果	在独立轴到位时为 TRUE，否则为 FALSE
	功能说明		检测独立轴是否完成定位
	编程示例		WaitUntil IndInpos(Station_A,1) = TRUE;
独立轴速度检查	IndSpeed	命令格式	IndSpeed (MechUnit , Axis [\InSpeed] | [\ZeroSpeed])
		命令参数与添加项	MechUnit：机械单元名称，数据类型为 mecunit。 Axis：轴序号，数据类型为 num。 \InSpeed：到位速度检查，数据类型为 switch。 \ZeroSpeed：零速检查，数据类型为 switch
		执行结果	独立轴速度符合检查条件为 TRUE，否则为 FALSE
	功能说明		检测独立轴速度是否到达规定值
	编程示例		WaitUntil IndSpeed(Station_A,2 \InSpeed) = TRUE;

2. 编程说明

（1）位置控制

独立轴的位置控制模式可根据实际需要，选择绝对位置定位、相对位置定位和增量移动 3 种模式。

独立轴绝对位置定位指令 IndAMove 可用于直线轴与回转轴，它可将指定的伺服轴独立移动到指定的绝对位置，对于回转轴，伺服驱动电机的回转角度可以超过 360°；其运动方向可根据当前位置和目标位置自动确定。

独立轴相对位置定位指令 IndRMove 只能用于回转轴，轴的运动距离被限定在 360° 以内；轴的运动方向可通过添加项\Fwd 或\Bwd 选择正向回转或反向回转，或者利用添加项\Short 选择捷径定位；在采用捷径定位时，轴的运动距离将被限制在 180° 以内。

绝对位置定位和相对位置定位的目标位置均可为 TCP 型位置或数值型位置。在以 TCP 型位置指定时，系统需要通过对 TCP 位置的计算，得到指定轴的目标位置；由于 TCP 位置与 EOffsSet、PDispOn 等程序偏移指令有关，因此，目标位置将受到程序偏移的影响。在以数值型位置指定时，目标位置是以 mm（直线轴）或°（回转轴）为单位的位置值，它不受 EOffsSet、PDispOn 等程序偏移指令的影响。

独立轴增量移动指令 IndDMove 可控制独立轴在指定的方向上移动指定的距离，通过独立轴的移动距离的符号表示运动方向。

独立轴的定位完成后，可通过函数命令 IndInpos、IndSpeed 进行到位检查与速度检查。

（2）速度控制

独立轴连续回转指令 IndCMove 可将伺服轴从位置控制模式切换为速度控制模式，此时，系统仅控制伺服驱动电机的转速，其运动部件将连续回转，因此，它只能用于回转轴控制。独立轴连续回转指令 IndCMove 指定的伺服轴将按指定的速度连续回转，以速度的符号来表示运动方向。

（3）独立轴控制功能撤销

可通过执行独立轴控制功能撤销指令 IndReset 撤销独立轴控制功能，在撤销独立轴控制功能时需要对运动轴参考点的位置进行重新设定，重新设定运动轴参考点的位置只是改变系统实际位置存储器的数据，而不会产生轴的运动。

运动轴参考点位置重新设定可通过添加项选择多种设定方式：如果选择\RefPos，则可按 TCP 位置重新定义运动轴参考点，如果选择\RefNum，则可按绝对位置重新定义运动轴参考点，如果选择\Old，则可保持运动轴参考点位置不变；运动轴参考点的方向可由添加项\Fwd（正向）或\Bwd（反向）指定，如果选择\Short，则可保证运动轴参考点在\RefPos 或\RefNum 位置的±180° 范围内。

RAPID 独立轴控制指令的编程示例如下，程序可用于变位器 Station_B、Station_A 的独立运动控制。

```
ActUnit Station_B;                              // 启用 Station_B
IndAMove Station_B,1\ToAbsNum:=90, 20;  // Station_B 第 1 轴 90°绝对位置定位
DeactUnit Station_B;                            // 停用 Station_B
……
ActUnit Station_A;                              // 启用 Station_A
IndCMove Station_A, 2, 20;                      // Station_A 第 2 轴正向连续回转
WaitUntil IndSpeed(Station_A, 2 \InSpeed) = TRUE;   // 等待速度达到设定值
WaitTime 0.2;                                        // 暂停 0.2s
MoveL p10, v1000, fine, tool1;                       // 机器人运动
……
```

```
IndCMove Station_A, 2, -10;              // Station_A 第 2 轴反向连续回转
MoveL p20, v1000, z50, tool1;            // 机器人运动
……
IndRMove Station_A,2 \ToRelPos:=p1 \Short,10;
                                         // Station_A 第 2 轴相对位置捷径定位
MoveL p30, v1000, fine, tool1;           // 机器人运动
WaitUntil IndInpos(Station_A, 2 ) = TRUE;  // 等待机器人到达指定位置
WaitTime 0.2;                            // 暂停 0.2s
IndReset Station_A, 2 \RefPos:=p40\Short;  // 撤销独立轴控制功能，设定参考点
MoveL p40, v1000, fine, tool1;           // TCP 定位
……
```

8.4.2　伺服焊钳设定指令

1. 指令与功能

伺服焊钳是一种利用伺服驱动电机驱动的点焊工具，它用于点焊机器人。伺服焊钳的开合、电极加压均可利用伺服驱动电机进行控制；为了方便使用，焊钳的伺服轴通常作为外部轴，直接由机器人控制系统对其进行控制。

伺服焊钳有单行程伺服焊钳和双行程伺服焊钳之分。常用的单行程伺服焊钳如图 8.4-1 所示，这种焊钳一侧的电极固定，另一侧的电极移动；双行程伺服焊钳的两侧电极同时移动。

点焊作业一般被分为焊钳闭合（接触工件）、电极加压（可进行多次）、焊接启动（电极通电）、焊钳打开 4 步进行。在焊钳闭合时，电极将与工件接触，此后，伺服驱动器将由位置控制模式切换为转矩控制模式，并根据电极压力推算出伺服驱动电机转矩，然后在转矩控制模式下移动电极，直至电机转矩（电极压力）到达固定值。

单行程焊钳的作业参数主要有电极接触行程、工件厚度及电极压力等，系统控制参数则包括焊钳开合的转矩变化率、焊钳开合速度、焊钳开合时延及伺服驱动器速度环增益、速度极限、转矩极限等。

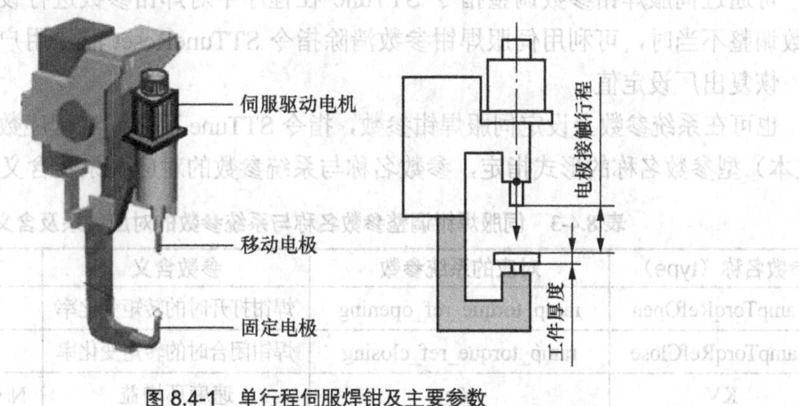

图 8.4-1　单行程伺服焊钳及主要参数

伺服焊钳设定指令的名称及编程格式如表 8.4-2 所示。

表 8.4-2　伺服焊钳设定指令的名称及编程格式

<table>
<tr><th>名称</th><th colspan="3">编程格式与示例</th></tr>
<tr><td rowspan="4">伺服焊钳参数调整</td><td rowspan="2">STTune</td><td>编程格式</td><td>STTune MechUnit, TuneValue, Type;</td></tr>
<tr><td>程序数据</td><td>MechUnit：机械单元名称，数据类型为 mecunit。
TuneValue：参数调整值，数据类型为 num。
Type：调节器参数选择，数据类型为 tunetype</td></tr>
<tr><td colspan="2">功能说明</td><td>调整程序数据 Type 指定的伺服焊钳参数</td></tr>
<tr><td colspan="2">编程示例</td><td>STTune SEOLO_RG, 0.050, CloseTimeAdjust;</td></tr>
<tr><td rowspan="4">伺服焊钳参数清除</td><td rowspan="2">STTuneReset</td><td>编程格式</td><td>STTuneReset MechUnit;</td></tr>
<tr><td>程序数据</td><td>MechUnit：机械单元名称，数据类型为 mecunit</td></tr>
<tr><td colspan="2">功能说明</td><td>清除用户设定的伺服焊钳参数，恢复出厂设定值</td></tr>
<tr><td colspan="2">编程示例</td><td>STTuneReset SEOLO_RG;</td></tr>
<tr><td rowspan="4">伺服焊钳校准</td><td rowspan="2">STCalib</td><td>编程格式</td><td>STCalib ToolName [\ToolChg] | [\TipChg] | [\TipWear] [\RetTipWear] [\RetPosAdj] [\PrePos] [\Conc];</td></tr>
<tr><td>程序数据与添加项</td><td>ToolName：伺服焊钳名称，数据类型为 string。
\ToolChg：焊钳更换校准，数据类型为 switch。
\TipChg：电极更换校准，数据类型为 switch。
\TipWear：电极磨损校准，数据类型为 switch。
\RetTipWear：电极磨损量（单位为 mm），数据类型为 num。
\RetPosAdj：电极位置调整量（单位为 mm），数据类型为 num。
\PrePos：快速行程（单位为 mm），数据类型为 num。
\Conc：连续执行后续指令，数据类型为 switch</td></tr>
<tr><td colspan="2">功能说明</td><td>在更换焊钳、电极或电极磨损时，重新设置、保存伺服焊钳参数</td></tr>
<tr><td colspan="2">编程示例</td><td>STCalib gun1 \TipWear \RetTipWear := curr_tip_wear;</td></tr>
</table>

2. 编程说明

可通过伺服焊钳参数调整指令 STTune 在程序中对焊钳参数进行设定与调整；当焊钳参数调整不当时，可利用伺服焊钳参数清除指令 STTuneReset 清除用户设定的伺服焊钳参数，恢复出厂设定值。

也可在系统参数上设定伺服焊钳参数，指令 STTune 可以通过程序数据 Type，以字符串（文本）型参数名称的形式指定，参数名称与系统参数的对应关系及含义如表 8.4-3 所示。

表 8.4-3　伺服焊钳调整参数名称与系统参数的对应关系及含义

参数名称（type）	对应的系统参数	参数含义	单位	推荐值
RampTorqRefOpen	ramp_torque_ref_opening	焊钳打开时的转矩变化率	N·m/s	200
RampTorqRefClose	ramp_torque_ref_closing	焊钳闭合时的转矩变化率	N·m/s	80
KV	Kv	速度环增益	N·m·s/rad	1
SpeedLimit	speed_limit	速度极限值	rad/s	60
CollAlarmTorq	alarm_torque	转矩极限值	%	1
CollContactPos	distance_to_contact_position	电极接触行程	m	0.002

续表

参数名称（type）	对应的系统参数	参数含义	单位	推荐值
CollisionSpeed	col_speed	焊钳开合速度	m/s	0.02
CloseTimeAdjust	min_close_time_adjust	焊钳最小闭合时间	s	—
ForceReadyDelayT	pre_sync_delay_time	焊钳闭合时延	s	—
PostSyncTime	post_sync_time	焊钳打开时延	s	—
CalibTime	calib_time	电极校准等待时间	s	—
CalibForceLow	calib_force_low	电极校准最低压力	N	—
CalibForceHigh	calib_force_high	电极校准最高压力	N	—

伺服焊钳参数调整指令的编程示例如下。

```
STTuneReset SEOLO_RG;                              // 恢复出厂设置
STTune SEOLO_RG, 0.05, CloseTimeAdjust;            // 设定焊钳最小闭合时间为0.05s
STTune SEOLO_RG, 0.1, ForceReadyDelayT;            // 设定焊钳闭合时延为 0.1s
……
```

将伺服焊钳校准指令 STCalib 用于电极、焊钳更换后的校准，以便重新设定伺服焊钳参数，伺服焊钳校准可通过添加项\ToolChg、\TipChg、\TipWear 选择以下方式之一。

\ToolChg：焊钳更换校准。焊钳低速闭合，直至电极接触工件，并产生较低的电极压力，然后设定电极接触行程、打开焊钳，电极磨损量保持不变。

\TipChg：电极更换校准。焊钳低速闭合，直至电极接触工件，并产生较低的电极压力，然后重新设定电极磨损量、打开焊钳。

\TipWear：电极磨损校准。焊钳快速闭合，直至电极接触工件，并产生较低的电极压力，然后重新设定电极磨损量、打开焊钳。

添加项\RetTipWear、\RetPosAdj 用来保存校准得到的电极磨损量、电极位置调整量；添加项\PrePos 用来预设电极快速移动行程，加快电极校准速度。

伺服焊钳校准指令的编程示例如下。

```
VAR num curr_tip_wear;                             // 定义程序数据
VAR num curr_ adjustmen;
CONST num max_adjustment := 20;                    // 定义电极允许的最大调整量
CONST num max_ tip_wear := 1;                      // 定义电极允许的最大磨损量
……
STCalib gun1 \ToolChg \PrePos:=10;                 // 伺服焊钳校准，快速行程 10mm
……
STCalib gun1 \TipChg \RetPosAdj:=curr_adjustmen 1; // 伺服电极校准，保存电极位置调整值
IF curr_ adjustmen > max_adjustment THEN
TPWrite "The tips are lost ! ";                    // 电极失效
……
STCalib gun1 \TipWear \RetTipWear := curr_tip_wear;// 电极磨损校准，保存电极磨损量
IF curr_tip_wear > max_ tip_wear THEN
TPWrite "The tips are lost ! ";                    // 电极失效
……
```

8.4.3 伺服焊钳监控指令与函数命令

1. 伺服焊钳监控指令

伺服焊钳的动作有闭合（包括电极加压）、打开、电极校准等，它们均可由 RAPID 指令控制，伺服焊钳也可使用独立轴控制模式单独控制运动。伺服焊钳监控指令的名称及编程格式如表 8.4-4 所示。

表 8.4-4 伺服焊钳监控指令的名称及编程格式

名称	编程格式与示例		
伺服焊钳独立移动	STIndGun	编程格式	STIndGun ToolName GunPos;
		程序数据	ToolName：伺服焊钳名称，数据类型为 string。 GunPos：电极移动行程（单位为 mm），数据类型为 num
	功能说明	以独立轴控制模式移动电极	
	编程示例	STIndGun gun1, 30;	
撤销伺服焊钳独立轴控制功能	STIndGunReset	编程格式	STIndGunReset ToolName;
		程序数据	ToolName：伺服焊钳名称，数据类型为 string
	功能说明	撤销伺服焊钳独立轴控制功能，并将电极定位到当前 TCP 规定的位置	
	编程示例	STIndGunReset gun1;	
伺服焊钳闭合	STClose	编程格式	STClose ToolName, TipForce, Thickness [\RetThickness] [\Conc];
		程序数据与添加项	ToolName：伺服焊钳名称，数据类型为 string。 TipForce：电极压力（单位为 N），数据类型为 num。 Thickness：电极接触行程（单位为 mm），数据类型为 num。 \RetThickness：工件厚度（单位为 mm），数据类型为 num。 \Conc：连续执行后续指令，数据类型为 switch
	功能说明	闭合伺服焊钳、电极加压，将工件厚度数据保存在\RetThickness 指定的程序数据中	
	编程示例	STClose gun1, 2000, 3\RetThickness:=curr_thickness \Conc;	
伺服焊钳打开	STOpen	编程格式	STOpen ToolName [\WaitZeroSpeed] [\Conc];
		程序数据与添加项	ToolName：伺服焊钳名称，数据类型为 string。 \WaitZeroSpeed：等待机器人停止运动，数据类型为 switch。 \Conc：连续执行后续指令，数据类型为 switch
	功能说明	打开伺服焊钳	
	编程示例	STOpen gun1;	

将伺服焊钳独立移动指令、伺服焊钳闭合指令、伺服焊钳打开指令用于点焊作业控制。指令 STIndGun 可以独立轴控制模式移动电极；指令 STClose 可使伺服焊钳闭合、电极加压；指令 STOpen 用来打开伺服焊钳。

指令 STClose 可通过添加项\RetThickness，将伺服焊钳闭合时实际检测到的工件厚度数据保存到\RetThickness 指定的程序数据中。但是，如果使用添加项\Conc，则系统将在闭合伺服焊钳的同时，继续执行后续指令，故无法得到正确的工件厚度数据，工件厚度数据需要通过伺服焊钳检测函数命令 STIsClosed 读取。

伺服焊钳独立移动指令、伺服焊钳闭合指令、伺服焊钳打开指令的编程示例如下。

```
VAR num curr_thickness1;                              // 定义程序数据
……
STOpen gun1;                                          // 打开伺服焊钳
MoveL p1, v200, z50, gun1;                            // 机器人定位
STClose gun1, 2000, 5\RetThickness:=curr_thickness1;  // 闭合伺服焊钳
……
STIndGun gun1, 30;                                    // 独立移动伺服焊钳
STClose gun1, 1000, 5;                                // 闭合伺服焊钳
WaitTime 10;                                          // 程序运行暂停
STOpen gun1;                                          // 打开伺服焊钳
STIndGunReset gun1;                                   // 撤销伺服焊钳独立轴控制功能
MoveL p2, v200, z50, gun1;                            // 机器人定位
……
```

2. 伺服焊钳参数计算与伺服焊钳检测函数命令

RAPID 伺服焊钳参数计算与伺服焊钳检测函数命令可用于伺服驱动电机输出转矩与电极压力之间的互换计算、伺服焊钳初始化及位置同步检查、伺服控制模式检查，还有工件厚度、电极磨损量、电极位置调整量数据的读取。函数命令的名称及编程格式如表 8.4-5 所示。

表 8.4-5 伺服焊钳参数计算与伺服焊钳检测函数命令的名称及编程格式

名称		编程格式与示例	
伺服焊钳压力计算	STCalcForce	命令格式	STCalcForce(ToolName, MotorTorque)
		命令参数	ToolName：伺服焊钳名称，数据类型为 string。 MotorTorque：伺服驱动电机转矩（单位为 N・m），数据类型为 num
		执行结果	伺服驱动电机转矩所对应的电极压力（单位为 N）
	编程示例	tip_force := STCalcForce(gun1, 7);	
伺服焊钳转矩计算	STCalcTorque	命令格式	STCalcForce(ToolName, TipForce)
		命令参数	ToolName：伺服焊钳名称，数据类型为 string。 TipForce：电极压力（单位为 N），数据类型为 num
		执行结果	电极压力所对应的伺服驱动电机转矩（单位为 N・m）
	编程示例	curr_motortorque := STCalcTorque(gun1, 1000);	
伺服焊钳状态检查	STIsCalib	命令格式	STIsCalib(ToolName [\sguninit] | [\sgunsynch])
		命令参数与添加项	ToolName：伺服焊钳名称，数据类型为 string。 \sguninit：伺服焊钳初始化检查，数据类型为 switch。 \sgunsynch：位置同步检查，数据类型为 switch
		执行结果	状态正确时为 TRUE；否则为 FALSE
	编程示例	curr_gunSynchronize := STIsCalib(gun1\sgunsynch);	

续表

名称	编程格式与示例		
伺服焊钳闭合检查	STIsClosed	命令格式	STIsClosed(ToolName [\RetThickness])
		命令参数与添加项	ToolName：伺服焊钳名称，数据类型为 string。 \RetThickness：工件厚度（单位为 mm），数据类型为 num
		执行结果	在伺服焊钳已闭合、电极压力正确时为 TRUE，否则为 FALSE；将工件厚度数据保存在\RetThickness 指定的程序数据中
	编程示例	curr_ gunClosed :=STIsClosed(gun1 \RetThickness:=thickness2);	
伺服焊钳打开检查	STIsOpen	命令格式	STIsOpen (ToolName [\RetTipWear] [\RetPosAdj])
		命令参数与添加项	ToolName：伺服焊钳名称，数据类型为 string。 \RetTipWear：电极磨损量（单位为 mm），数据类型为 num。 \RetPosAdj：电极位置调整量（单位为 mm），数据类型为 num
伺服焊钳打开检查	STIsOpen	执行结果	在伺服焊钳打开时为 TRUE，否则为 FALSE；电极磨损量、电极位置调整量分别被保存在\RetTipWear、\RetPosAdj 指定的程序数据中
	编程示例	curr_ gunOpen := STIsOpen(gun1 \RetTipWear:=tipwear_2);	
焊钳独立控制检查	STIsIndGun	命令格式	STIsIndGun (ToolName)
		命令参数	ToolName：伺服焊钳名称，数据类型为 string
		执行结果	伺服焊钳为独立轴控制模式时为 TRUE，否则为 FALSE
	编程示例	curr_ gunIndmode := STIsIndGun(gun1);	

RAPID 伺服焊钳参数计算与伺服焊钳检测函数命令的编程示例如下。

```
VAR num curr_tip_wear;                                  // 定义程序数据
VAR num curr_ adjustmen;
VAR bool curr_ gunOpen;
CONST num max_adjustment := 20;                         // 定义允许的最大电极位置调整量
CONST num max_ tip_wear := 1;                           // 定义允许的最大电极磨损量
……
curr_ gunOpen := STIsOpen(gun1 \RetTipWear:= curr_tip_wear \RetPosAdj:=
curr_ adjustmen);                                       // 伺服焊钳打开检查
IF curr_ gunOpen THEN
MoveL p0, v200, z50, gun1;                              // 机器人定位
ENDIF
IF curr_ adjustmen > max_adjustment THEN
TPWrite "The tips are lost ! ";                         // 电极失效
ENDIF
IF curr_tip_wear > max_ tip_wear THEN
TPWrite "The tips are lost ! ";                         // 电极失效
ENDIF
……
```

8.5　智能机器人控制指令编程

8.5.1　智能传感器通信指令

1. 串行传感器 RTP 通信指令

串行传感器 RTP 通信指令多用于具有同步跟踪、轨迹校准等特殊功能的机器人。串行传感器通常可与机器人控制器的串行接口 COM1 连接，两者可使用 RTP（实时传输协议）通信；以 RTP 信息包的形式发送和接收 RTP 通信数据，RTP 信息包的内容包括数据块、变量、RTP 标题等。

RAPID 串行传感器 RTP 通信指令可用于串行传感器的通信连接、数据块读写、通信变量读写等控制，相关指令的名称及编程格式如表 8.5-1 所示。

表 8.5-1　串行传感器 RTP 通信指令的名称及编程格式

<table>
<tr><th>名称</th><th colspan="3">编程格式与示例</th></tr>
<tr><td rowspan="4">串行传感器通信连接</td><td rowspan="2">SenDevice</td><td>编程格式</td><td>SenDevice device;</td></tr>
<tr><td>程序数据</td><td>device：I/O 设备名称，数据类型为 string</td></tr>
<tr><td>功能说明</td><td colspan="2">定义连接串行传感器的 I/O 设备名称</td></tr>
<tr><td>编程示例</td><td colspan="2">SenDevice "sen1:";</td></tr>
<tr><td rowspan="4">数据块写入</td><td rowspan="2">WriteBlock</td><td>编程格式</td><td>WriteBlock device, BlockNo, FileName [\TaskName];</td></tr>
<tr><td>程序数据与添加项</td><td>device：I/O 设备名称，数据类型为 string。
BlockNo：数据块编号，数据类型为 num。
FileName：通信文件名称，数据类型为 string。
\TaskName：任务名称，数据类型为 string</td></tr>
<tr><td>功能说明</td><td colspan="2">将指定通信文件中的数据块写入串行传感器中</td></tr>
<tr><td>编程示例</td><td colspan="2">ReadBlock "sen1:", ParBlock, SensorPar;</td></tr>
<tr><td rowspan="4">数据块读取</td><td rowspan="2">ReadBlock</td><td>编程格式</td><td>ReadBlock device, BlockNo, FileName [\TaskName];</td></tr>
<tr><td>程序数据与添加项</td><td>device：I/O 设备名称，数据类型为 string。
BlockNo：数据块编号，数据类型为 num。
FileName：通信文件名称，数据类型为 string。
\TaskName：任务名称，数据类型为 string</td></tr>
<tr><td>功能说明</td><td colspan="2">将串行传感器数据块读取到指定通信文件中</td></tr>
<tr><td>编程示例</td><td colspan="2">ReadBlock "sen1:", ParBlock, SensorPar;</td></tr>
</table>

续表

<table>
<tr><th>名称</th><th colspan="3">编程格式与示例</th></tr>
<tr><td rowspan="4">通信变量写入</td><td rowspan="2">WriteVar</td><td>编程格式</td><td>WriteVar device, VarNo, VarData [\TaskName];</td></tr>
<tr><td>程序数据与添加项</td><td>device：I/O 设备名称，数据类型为 string。
VarNo：通信变量编号，数据类型为 num。
VarData：通信变量值，数据类型为 num。
\TaskName：任务名称，数据类型为 string</td></tr>
<tr><td>功能说明</td><td colspan="2">写入串行传感器的通信变量值</td></tr>
<tr><td>编程示例</td><td colspan="2">WriteVar "sen1:", SensorOn, 1;</td></tr>
<tr><td rowspan="4">通信变量读取</td><td rowspan="3">ReadVar</td><td>命令格式</td><td>ReadVar (device, VarNo, [\TaskName])</td></tr>
<tr><td>命令参数</td><td>device：I/O 设备名称，数据类型为 string。
VarNo：通信变量编号，数据类型为 num。
\TaskName：任务名称，数据类型为 string</td></tr>
<tr><td>执行结果</td><td>指定通信变量的值，数据类型与通信变量编号有关</td></tr>
<tr><td>编程示例</td><td colspan="2">SensorPos.x := ReadVar ("sen1:", XCoord);</td></tr>
</table>

RAPID 串行传感器 RTP 通信指令的编程示例如下。程序可用于串行传感器“sen1:”的通信连接、串行传感器与通信文件“flp1:senpar.cfg”之间的数据块传输，以及传感器启动等通信变量的读写操作。

```
CONST num SensorOn := 6;                        // 定义通信变量编号
CONST num XCoord := 8;
CONST num YCoord := 9;
CONST num ZCoord := 10;
CONST string SensorPar := "flp1:senpar.cfg";
CONST num ParBlock:= 1;
VAR pos SensorPos;
……
SenDevice "sen1:";                              // 串行传感器通信连接
WriteVar "sen1:", SensorOn, 1;                  // 通信变量写入
WriteBlock "sen1:", ParBlock, SensorPar;        // 数据块写入
……
SensorPos.x := ReadVar ("sen1:", XCoord);       // 通信变量读取
SensorPos.y := ReadVar ("sen1:", YCoord);
SensorPos.z := ReadVar ("sen1:", ZCoord);
ReadBlock "sen1:", ParBlock, SensorPar;         // 数据块读取
……
WriteVar "sen1:", SensorOn, 0;                  // 通信变量写入
……
```

串行传感器 RTP 通信指令需要定义机器人控制器的串行接口 RTP 通信配置参数。例如，当将接口 COM1 用于串行传感器“sen1:”的 RTP 通信时，应定义如下 RTP 通信配置参数。

```
COM_PHY_CHANNEL :
• Name “COM1:”
• Connector “COM1”
• Baudrate 19200
COM_TRP :
```

- Name "sen1:"
- Type "RTP1"
- PhyChannel "COM1"

当串行传感器RTP通信出错时，系统将输出错误代码（ERROR），通常以如下字符串的形式表示错误代码。

SEN_NO_MEAS：测量系统出错。

SEN_NOREADY：串行传感器未准备好。

SEN_GENERRO：一般通信出错。

SEN_BUSY：串行总线忙。

SEN_UNKNOWN：使用了未知的传感器。

SEN_EXALARM：外部错误。

SEN_CAALARM：内部错误。

SEN_TEMP：温度错误。

SEN_VALUE：数据值出错。

SEN_CAMCHECK：通信校验出错。

SEN_TIMEOUT：通信超时。

2. 传感器TCP/UDP通信指令

当在机器人控制器与智能传感器之间采用网络连接时，它们之间的数据交换可采用TCP/UDP进行。RAPID传感器TCP/UDP通信指令的名称及编程格式如表8.5-2所示。

表8.5-2 传感器TCP/UDP通信指令的名称及编程格式

名称	编程格式与示例		
传感器连接	SiConnect	编程格式	SiConnect Sensor [\NoStop];
		程序数据与添加项	Sensor：传感器名称，数据类型为sensor。 \NoStop：在连接出错时不停止机器人的运动，数据类型为switch
	功能说明	建立机器人控制器和智能传感器之间的通信连接	
	编程示例	SiConnect AnyDevice;	
传感器关闭	SiClose	编程格式	SiClose Sensor;
		程序数据	Sensor：传感器名称，数据类型为sensor
	功能说明	关闭机器人控制器和传感器之间的通信连接	
	编程示例	SiConnect AnyDevice;	
传感器数据发送周期	SiSetCyclic	编程格式	SiSetCyclic Sensor, Data, Rate;
		程序数据	Sensor：传感器名称，数据类型为sensor。 Data：数据名称，数据类型任意。 Rate：发送周期（单位为ms），数据类型为num
	功能说明	设定智能传感器的数据发送周期	
	编程示例	SiSetCyclic AnyDevice, DataOut, 40;	

续表

名称	编程格式与示例		
传感器数据接收周期	SiGetCyclic	编程格式	SiGetCyclic Sensor Data Rate;
		程序数据	Sensor：传感器名称，数据类型为 sensor。 Data：数据名称，数据类型任意。 Rate：接收周期（单位为 ms），数据类型为 num
	功能说明	设定智能传感器的数据接收周期	
	编程示例	SiGetCyclic AnyDevice, DataIn, 64;	

智能传感器的名称 Sensor 必须与系统安装文件 Settings.xml 中的客户端所定义的名称相同；智能传感器的发送数据必须为文件 Configuration.xml 中的 Writable 数据，接收数据必须为文件 Configuration.xml 中的 Readable 数据；应将数据发送/接收周期定义为 4ms 的倍数。

当传感器连接指令 SiConnect 使用添加项\NoStop 时，即使传感器通信出错，机器人仍可继续移动，但机器人控制器与传感器之间的通信将中断；此时，可使用指令 IError 或 Ipers，利用中断程序处理传感器通信错误。

```
PERS sensor AnyDevice;                                   // 定义程序数据
PERS robdata DataOut := [[0,0,0,0,0,0,0,0,0,0,0,0,0,0,0,0,0,0]];
PERS sensdata DataIn :=["No",[0,0,0,0,0,0,0,0,0,0,0,0,0,0,0,0,0,0,0]];
VAR num SampleRate:=64;
……
SiConnect AnyDevice;                                     // 传感器连接
SiSetCyclic AnyDevice, DataOut, SampleRate;              // 设置数据发送周期
SiGetCyclic AnyDevice, DataIn, SampleRate;               // 设置数据接收周期
……
```

8.5.2 机器人同步跟踪指令

1. 同步跟踪控制指令

同步跟踪通常用于分拣机器人、搬运机器人控制，它可通过位置检测传感器跟踪对象，使机器人能在一定的范围内同步跟踪工件的运动，以便完成抓取、分拣等动作。同步跟踪的对象可为在指定机械单元上安装传感器的运动物体或传送带上的移动工件。

RAPID 机器人同步跟踪控制指令的名称及编程格式如表 8.5-3 所示。

表 8.5-3 同步跟踪控制指令的名称及编程格式

名称	编程格式与示例		
传感器启用	SupSyncSensorOn	编程格式	SupSyncSensorOn MechUnit, MaxSyncSup, SafetyDist, MinSyncSup [\SafetyDelay];
		程序数据与添加项	MechUnit：同步机械单元名称，数据类型为 mecunit。 MaxSyncSup：最大检测距离（单位为 mm），数据类型为 num。 SafetyDist：安全距离（单位为 mm），数据类型为 num。 MinSyncSup：最小检测距离（单位为 mm），数据类型为 num。 \SafetyDelay：安全时延（单位为 s），数据类型为 num

续表

名称	编程格式与示例		
传感器启用	功能说明	启用同步检测传感器，设定检测参数	
	编程示例	SupSyncSensorOn SSYNC1, 150, 100, 50;	
传感器停用	SupSyncSensorOff	编程格式	SupSyncSensorOff MechUnit;
		程序数据	MechUnit：同步机械单元名称，数据类型为 mecunit
	功能说明	停用同步检测传感器	
	编程示例	SupSyncSensorOff SSYNC1;	
同步报警设定	PrxSetSyncalarm	编程格式	PrxSetSyncalarm MechUnit [\Time] | [\NoPulse];
		程序数据与添加项	MechUnit：同步机械单元名称，数据类型为 mecunit。 \Time：脉冲宽度（单位为 s），数据类型为 num。 \NoPulse：电平信号输出，数据类型为 switch
	功能说明	设定系统同步报警信号的类别与脉冲宽度	
	编程示例	PrxSetSyncalarm SSYNC1 \time:=2;	
传感器信号等待	WaitSensor	编程格式	WaitSensor MechUnit [\RelDist] [\PredTime] [\MaxTime] [\TimeFlag];
		程序数据与添加项	MechUnit：同步机械单元名称，数据类型为 mecunit。 \RelDist：等待距离（单位为 mm），数据类型为 num。 \PredTime：等待时间（单位为 s），数据类型为 num。 \MaxTime：最大等待时间（单位为 s），数据类型为 num。 \TimeFlag：等待超时标志，数据类型为 bool
	功能说明	等待同步检测传感器信号	
	编程示例	WaitSensor SSYNC1\RelDist:=120\MaxTime:=0.1\TimeFlag:=flag1;	
同步跟踪启动/停止控制	SyncToSensor	编程格式	SyncToSensor MechUnit [\MaxSync] [\On] | [\Off];
		程序数据与添加项	MechUnit：同步机械单元名称，数据类型为 mecunit。 \MaxSync：最大同步跟踪距离（单位为 mm），数据类型为 num。 \On：启动同步，数据类型为 switch。 \Off：停止同步，数据类型为 switch
	功能说明	启动/停止机器人的同步跟踪运动	
	编程示例	SyncToSensor SSYNC1\On;	
结束同步跟踪	DropSensor	编程格式	DropSensor MechUnit;
		程序数据	MechUnit：同步机械单元名称，数据类型为 mecunit
	功能说明	结束机器人对当前对象的同步跟踪运动	
	编程示例	DropSensor SSYNC1;	
工件同步跟踪等待	WaitWObj	编程格式	WaitWObj WObj [\RelDist][\MaxTime][\TimeFlag];
		程序数据与添加项	WObj：同步工件名，数据类型为 wobjdata。 \RelDist：等待距离（单位为 mm），数据类型为 num。 \PredTime：等待时间（单位为 s），数据类型为 num。 \MaxTime：最大等待时间（单位为 s），数据类型为 num。 \TimeFlag：等待超时标志，数据类型为 bool
	功能说明	等待工件进入同步跟踪位置	

续表

名称	编程格式与示例		
工件同步跟踪等待	编程示例	WaitWObj wobj_on_cnv1\RelDist:=500.0;	
工件同步跟踪结束	DropWObj	编程格式	DropWObj WObj;
		程序数据	WObj：同步工件名，数据类型为 wobjdata
	功能说明	结束当前的工件同步跟踪运动	
	编程示例	DropWObj wobj_on_cnv1;	
最大同步跟踪距离读入	PrxGetMaxRecordpos	命令格式	PrxGetMaxRecordpos(MechUnit)
		命令参数	MechUnit：同步机械单元名称，数据类型为 mecunit
		执行结果	最大同步跟踪距离（单位为 mm），数据类型为 num
	功能说明	读入最大同步跟踪距离	
	编程示例	maxpos:=PrxGetMaxRecordpos(Ssync1);	

传感器启用/停用指令 SupSyncSensorOn/SupSyncSensorOff 用来启用/停用同步检测传感器。在启用同步检测传感器时，还需要进行同步检测传感器的最大检测距离/最小检测距离、安全距离、安全时延的设定，当检测距离在最小检测距离到最大检测距离的范围内时，允许机器人同步跟踪对象的运动；当检测距离小于安全距离时，系统将产生同步报警，安全距离的设定值通常为负，以使机器人的跟踪运动滞后于对象的运动；安全时延用来设定机器人跟踪运动的滞后时间。

同步报警设定指令 PrxSetSyncalarm 用来设定系统同步报警信号 sync_alarm_signal 的输出形式，它可以是脉冲宽度（\Time）为 0.1～60s 的脉冲输出或状态为“1”的电平信号（\NoPulse）输出；电平型报警信号需要通过传感器停用指令 SupSyncSensorOff 复位。

传感器信号等待指令 WaitSensor 可使机器人处于同步跟踪等待状态，当跟踪对象（传感器）进入监控范围时，将启动机器人的同步跟踪运动。等待时间可以对象移动距离的方式定义，在等待时间超过最大等待时间时，系统将产生等待超时报警。

同步跟踪启动/停止控制指令 SyncToSensor 用来启动、停止机器人的同步跟踪运动，如果需要，还可指定最大同步跟踪距离。结束同步跟踪指令 DropSensor 用来结束机器人对当前对象的同步跟踪，等待机器人对下一对象的同步跟踪。

机械单元运动物体的同步跟踪程序示例如下。

```
SupSyncSensorOn SSYNC1, 150, 100, 50;                 // 启用传感器
WaitSensor SSYNC1;                                    // 等待传感器信号
……
SyncToSensor SSYNC1\On;                               // 启动机器人的同步跟踪运动
MoveL *, v1000, z20, tool, \WObj:=wobj0;              // 同步跟踪运动
MoveL *, v1000, z20, tool, \WObj:=wobj0;
SyncToSensor SSYNC1\Off;                              // 停止机器人的同步跟踪运动
DropSensor SSYNC1;                                    // 结束机器人对当前对象的同步跟踪
……
```

当机器人同步跟踪的对象为传送带上的工件时，同步跟踪控制指令只需要指定对应的移动工件坐标系（工件数据），并通过工件同步跟踪等待指令 WaitWObj 等待工件进入同步跟踪位置，启动机器人的同步跟踪运动；在同步跟踪结束后，通过工件同步跟踪结束指令 DropWObj 结束机器人对当前工件的同步跟踪运动，进入对下一工件的同步跟踪。

工件同步跟踪的程序示例如下。

```
WaitWObj wobj_on_cnv1;                              // 等待工件进入同步跟踪位置
……
MoveL *, v1000, z10, tool, \WObj:=wobj_on_cnv1;     // 工件同步跟踪运动
MoveL *, v1000, fine, tool, \WObj:=wobj0;
DropWObj wobj_on_cnv1;                              // 工件同步跟踪结束
……
```

2. 同步轨迹记录指令

同步轨迹记录功能可用于记录机器人同步跟踪的运动轨迹，可以文件的形式将这一轨迹保存在系统中，并重新启用。

RAPID 同步轨迹记录指令的名称及编程格式如表 8.5-4 所示。

表 8.5-4 同步轨迹记录指令的名称及编程格式

名称	编程格式与示例		
传感器位置清除	PrxResetPos	编程格式	PrxResetPos MechUnit;
		程序数据	MechUnit：同步机械单元名称，数据类型为 mecunit
	功能说明	清除检测传感器的位置数据，设定传感器零点	
	编程示例	PrxResetPos SSYNC1;	
传感器位置偏移设定	PrxSetPosOffset	编程格式	PrxSetPosOffset MechUnit, Reference;
		程序数据	MechUnit：同步机械单元名称，数据类型为 mecunit。 Reference：参考值（单位为 mm），数据类型为 num
	功能说明	设定同步跟踪的传感器位置偏移量	
	编程示例	PrxSetPosOffset SSYNC1, reference;	
位置采样周期设定	PrxSetRecordSampleTime	编程格式	PrxSetRecordSampleTime MechUnit, SampleTime;
		程序数据	MechUnit：同步机械单元名称，数据类型为 mecunit。 SampleTime：采样周期（单位为 s），数据类型为 num
	功能说明	设定同步轨迹的位置采样周期	
	编程示例	PrxSetRecordSampleTime SSYNC1, 0.04;	
开始记录同步轨迹	PrxStartRecord	编程格式	PrxStartRecord MechUnit, Record_duration, Profile_type;
		程序数据与添加项	MechUnit：同步机械单元名称，数据类型为 mecunit。 Record_duration：同步轨迹记录时间（单位为 s），数据类型为 num。 Profile_type：同步轨迹记录启动/停止控制方式，数据类型为 num
	功能说明	开始记录同步轨迹	
	编程示例	PrxStartRecord SSYNC1, 1, PRX_PROFILE_T1;	
停止记录同步轨迹	PrxStopRecord	编程格式	PrxStopRecord MechUnit;
		程序数据	MechUnit：同步机械单元名称，数据类型为 mecunit
	功能说明	停止记录同步轨迹	
	编程示例	PrxStopRecord SSYNC1;	

续表

名称	编程格式与示例		
生效同步轨迹	PrxActivRecord	编程格式	PrxActivRecord MechUnit Delay;
		程序数据	MechUnit：同步机械单元名称，数据类型为 mecunit Delay：启动时延（单位为 s），数据类型为 num
	功能说明	使程序所记录的同步轨迹生效	
	编程示例	PrxActivRecord SSYNC1, 0;	
保存同步轨迹	PrxStoreRecord	编程格式	PrxStoreRecord MechUnit, Delay, Filename;
		程序数据	MechUnit：同步机械单元名称，数据类型为 mecunit。 Delay：记录时延（单位为 s），数据类型为 num。 Filename：存储文件名称，数据类型为 string
	功能说明	以可启用文件的形式保存同步轨迹记录	
	编程示例	PrxStoreRecord SSYNC1, 0, "profile.log";	
生效并保存同步轨迹	PrxActivAndStoreRecord	编程格式	PrxActivAndStoreRecord MechUnit Delay Filename;
		程序数据	MechUnit：同步机械单元名称，数据类型为 mecunit。 Delay：启动时延（单位为 s），数据类型为 num。 Filename：存储文件名称，数据类型为 string
	功能说明	使程序所记录的同步轨迹生效，并将其保存为系统文件	
	编程示例	PrxActivAndStoreRecord SSYNC1, 1, "profile.log";	
保存同步轨迹调试文件	PrxDbgStoreRecord	编程格式	PrxDbgStoreRecord MechUnit Filename;
		程序数据	MechUnit：同步机械单元名称，数据类型为 mecunit Filename：存储文件名称，数据类型为 string
	功能说明	以调试文件的形式保存同步轨迹记录	
	编程示例	PrxDbgStoreRecord SSYNC1, "debug_profile.log";	
撤销同步轨迹	PrxDeact Record	编程格式	PrxDeactRecord MechUnit;
		程序数据	MechUnit：同步机械单元名称，数据类型为 mecunit
	功能说明	撤销程序所记录的同步轨迹	
	编程示例	PrxDeactRecord SSYNC1;	
清除同步轨迹	PrxResetRecords	编程格式	PrxResetRecords MechUnit;
		程序数据	MechUnit：同步机械单元名称，数据类型为 mecunit
	功能说明	撤销并清除全部同步轨迹	
	编程示例	PrxResetRecords SSYNC1;	
启用同步轨迹文件	PrxUseFileRecord	编程格式	PrxUseFileRecord MechUnit Delay Filename;
		程序数据	MechUnit：同步机械单元名称，数据类型为 mecunit Delay：启动时延（单位为 s），数据类型为 num Filename：存储文件名称，数据类型为 string
	功能说明	加载并启用系统保存的同步轨迹文件	
	编程示例	PrxUseFileRecord SSYNC1, 0, "profile.log";	

传感器位置清除指令 PrxResetPos、传感器位置偏移设定指令 PrxSetPosOffset 用于设定同步跟踪的传感器零点和传感器位置偏移量，传感器零点可用来替代同步轨迹记录控制信号启动或停止系统的同步轨迹记录功能。执行指令 PrxResetPos，可清除传感器位置数据，将当前位置设定为传感器零点；执行指令 PrxSetPosOffset，可设定传感器的当前位置值，以位置偏移的方式间接指定传感器零点。在执行传感器位置设定指令时，对应的机械单元必须已处于停止状态。

位置采样周期设定指令 PrxSetRecordSampleTime 用于设定同步轨迹的位置采样周期，以规定系统采集同步跟踪位置的间隔时间，系统默认的位置采样周期可通过系统参数 Pos Update time 设定。RAPID 同步轨迹记录文件可保存 300 个位置数据，如果同步跟踪运动的时间大于 300 ×（Pos Update time），需要用指令 PrxSetRecordSampleTime 重新设定位置采样周期。例如，当同步跟踪运动的时间为 12s 时，应将位置采样周期设定为 12/300=0.04s；指令允许设定的位置采样周期为 0.01～0.1s。

开始记录同步轨迹指令 PrxStartRecord、停止记录同步轨迹 PrxStopRecord 用来启动或停止同步轨迹记录。在启动同步轨迹记录前，必须利用传感器信号等待指令 WaitSensor，使机器人处于同步跟踪等待状态，接着，可通过程序数据 Record_duration 及程序数据 Profile_type 指定的控制方式来启动/停止同步轨迹记录。Profile_type 指定的控制方式一般以字符串（文本）的形式指定，系统预定义的控制方式如下。

PRX_INDEX_PROF：利用系统信号 sensor_start_signal 启动同步轨迹记录。

PRX_STOP_M_PROF：利用系统信号 sensor_stop_signal 停止同步轨迹记录。

PRX_START_ST_PR：利用系统信号 sensor_start_signal 启动同步轨迹记录、利用系统信号 sensor_stop_signal 停止同步轨迹记录。

PRX_STOP_ST_PROF：利用系统信号 sensor_stop_signal 停止同步轨迹记录、利用系统信号 sensor_start_signal 启动同步轨迹记录。

PRX_HPRESS_PROF：利用传感器零点启动同步轨迹记录。

PRX_PROFILE_T1：利用传感器零点停止同步轨迹记录。

在执行开始记录同步轨迹指令后，至少应等待 0.2s，才能启动传感器机械单元运动。

可对利用指令 PrxStartRecord/PrxStopRecord 记录的同步轨迹进行生效、保存、撤销、清除等处理。对于已生效的同步轨迹记录，可利用指令 PrxStoreRecord 以文件的形式将其保存在系统中；对于未生效的同步轨迹记录，则可利用指令 PrxDbgStoreRecord 以调试文件的形式将其保存在系统中；调试文件只能用于数据比较、检索等操作。保存在系统中的同步轨迹记录文件，可通过启用指令重新加载到程序中。

同步轨迹记录指令的编程示例如下。

……

```
ActUnit SSYNC1;                              // 启用传感器机械单元运动
WaitSensor SSYNC1;                           // 等待传感器信号
PrxStartRecord SSYNC1, 0, PRX_PROFILE_T1;    // 开始记录同步轨迹
WaitTime 0.2;                                // 程序运行暂停
SetDo do_startstop_machine, 1;               // 输出传感器启动信号
WaitTime 2;                                  // 程序运行暂停
PrxStopRecord SSYNC1;                        // 停止同步轨迹记录
PrxActivRecord SSYNC1;                       // 生效同步轨迹记录
SetDo do_startstop_machine, 0;               // 撤销传感器启动信号
```

```
PrxStoreRecord SSYNC1, 0, "profile.log";        // 保存同步轨迹记录
......
```

8.5.3 机器人 EGM 控制指令

EGM 指外部引导运动，这是一种利用位置检测传感器实时引导机器人完成定位、直线插补运动、圆弧插补运动的特殊运动方式，该功能一般用于高端、智能工业机器人，如探测机器人等。

在 RAPID 程序中，EGM 需要进行位置检测传感器的通信接口、输入/输出信号（AI/AO 及 GI）、通信协议等基本参数的定义，并设定 EGM 定位或轨迹校准的参数，然后，利用 EGM 定位、插补指令完成相应的 EGM。

EGM 控制指令与函数命令的名称及编程格式如表 8.5-5 所示。

表 8.5-5 EGM 控制指令与函数命令的名称及编程格式

名称		编程格式与示例	
EGM 定义	EGMGetId	编程格式	EGMGetId EGMid;
		程序数据	EGMid：EGM 名称，数据类型为 egmident
	功能说明		使 EGM 操作生效，定义 EGM 名称
	编程示例		EGMActJoint egmID1 \J1:=egm_minmax1 \J3:=egm_minmax1;
EGM 清除	EGMReset	编程格式	EGMReset EGMid;
		程序数据	EGMid：EGM 名称，数据类型为 egmident
	功能说明		撤销 EGM 操作，清除 EGM 数据
	编程示例		EGMReset egmID1;
EGM 传感器 AI 定义	EGMSetupAI	编程格式	EGMSetupAI MechUnit, EGMid, ExtConfigName [\Joint] | [\Pose] | [\PathCorr] [\APTR] | [\LATR] [\aiR1x] [\aiR2y] [\aiR3z] [\aiR4rx] [\aiR5ry] [\aiR6rz] [\aiE1] [\aiE2] [\aiE3] [\aiE4] [\aiE5] [\aiE6];
		程序数据与添加项	MechUnit：机械单元名称，数据类型为 mecunit。 EGMid：EGM 名称，数据类型为 egmident。 ExtConfigName：接口名称，数据类型为 string。 \Joint：关节位置检测，数据类型为 switch。 \Pose：姿态位置检测，数据类型为 switch。 \PathCorr：轨迹校准检测，数据类型为 switch。 \APTR：传感器用途，数据类型为 switch。 \LATR：传感器类别，数据类型为 switch。 \aiR1x、\aiR2y、\aiR3z：AI 信号 1～3 名称，数据类型为 signalai。 \aiR4rx、\aiR5ry、\aiR6rz：AI 信号 4～6 名称，数据类型为 signalai。 \aiE1～\aiE6：外部轴 AI 信号 1～6 名称，数据类型为 signalai
	功能说明		定义用于 EMG 传感器的 AI 信号及参数
	编程示例		EGMSetupAI ROB_1, egmID1, "default" \Pose \aiR1x:=ai_01 \aiR2y:=ai_02 \aiR3z:=ai_03 \aiR4rx:=ai_04 \aiR5ry:=ai_05 \aiR6rz:=ai_06;

续表

名称	编程格式与示例		
EGM 传感器 AO 定义	EGMSetupAO	编程格式	EGMSetupAO MechUnit, EGMid, ExtConfigName [\Joint] | [\Pose] | [\PathCorr] [\APTR] | [\LATR] [\aoR1x] [\aoR2y] [\aoR3Z] [\aoR4rx] [\aoR5ry] [\aoR6rz] [\aoE1] [\aoE2] [\aoE3] [\aoE4] [\aoE5] [\aoE6];
		程序数据与添加项	\aoR1x、\aoR2y、\aoR3z：AO 信号 1～3 名称，数据类型为 signalao。 \aoR4rx、\aoR5ry、\aoR6rz：AO 信号 4～6 名称，数据类型为 signalao。 \aoE1～\aoE6：外部轴 AO 信号 1～6 名称，数据类型为 signalao。 其他：同指令 EGMSetupAI
	功能说明	定义用于 EMG 传感器的 AO 信号及参数	
	编程示例	EGMSetupAO ROB_1, egmID1, "default" \Pose \aoR1x:=ao_01 \aoR2y:=ao_02 \aoR3z:=ao_03 \aoR4rx:=ao_04 \aoR5ry:=ao_05 \aoR6rz:=ao_06;	
EGM 传感器 GI 定义	EGMSetupGI	编程格式	EGMSetupGI MechUnit, EGMid, ExtConfigName [\Joint] | [\Pose] | [\PathCorr] [\APTR] | [\LATR] [\giR1x] [\giR2y] [\giR3Z] [\giR4rx] [\giR5ry] [\giR6rz] [\giE1] [\giE2] [\giE3] [\giE4] [\giE5] [\giE6];
		程序数据与添加项	\giR1x、\giR2y、\giR3z：GI 信号 1～3 名称，数据类型为 signalgi。 \giR4rx、\giR5ry、\giR6rz：GI 信号 4～6 名称，数据类型为 signalgi。 \giE1～\giE6：外部轴GI信号1～6名称，数据类型为signalgi。 其他：同指令 EGMSetupAI
	功能说明	定义用于 EMG 传感器的 GI 信号及参数	
	编程示例	EGMSetupGI ROB_1, egmID1, "default" \Pose \giR1x:=gi_01 \giR2y:=gi_02 \giR3z:=gi_03 \giR4rx:=gi_04 \giR5ry:=gi_05 \giR6rz:=gi_06;	
EGM 传感器 LTAPP 通信定义	EGMSetupLTAPP	编程格式	EGMSetupLTAPP MechUnit, EGMid, ExtConfigName, Device, JointType [\APTR] | [\LATR];
		程序数据与添加项	Device: LTAPP 通信设备名称，数据类型为 string。 JointType：关节类型，数据类型为 num。 其他：同指令 EGMSetupAI
	功能说明	定义用于 EMG 轨迹校准传感器的 LTAPP 通信参数	
	编程示例	EGMSetupLTAPP ROB_1, EGMid1, "pathCorr", "OptSim", 1\LATR;	
EGM 传感器 UC 通信定义	EGMSetupUC	编程格式	EGMSetupUC MechUnit, EGMid, ExtConfigName, UCDevice [\Joint] | [\Pose] | [\PathCorr] [\APTR] | [\LATR] [\CommTimeout];
		程序数据与添加项	UCDevice: UC 通信设备名称，数据类型为 string。 \CommTimeout：UC 通信超时（单位为 s），数据类型为 num。 其他：同指令 EGMSetupAI
	功能说明	定义用于 EMG 传感器的 UC 通信参数	
	编程示例	EGMSetupUC ROB_1, EGMid1, "default", egmSensor\Pose;	

续表

名称	编程格式与示例		
EGM 关节位置设定	EGMActJoint	编程格式	EGMActJoint EGMid [\Tool] [\WObj] [\TLoad] [\J1] [\J2] [\J3] [\J4] [\J5] [\J6] [\LpFilter] [\SampleRate] [\MaxPosDeviation] [\MaxSpeedDeviation];
		程序数据与添加项	EGMid：EGM 名称，数据类型为 egmident。 \Tool：工具数据，数据类型为 tooldata。 \WObj：工件数据，数据类型为 wobjdata。 \TLoad：负载数据，数据类型为 loaddata。 \J1～\J6：J1～J6 定位允差（单位为°），数据类型为 egm_minmax。 \LpFilter：输入滤波频率（单位为 Hz），数据类型为 num。 \SampleRate：输入采样周期（单位为 ms），数据类型为 num。 \MaxPosDeviation：最大位置偏差（单位为°），数据类型为 num。 \MaxSpeedDeviation：最大速度偏差（单位为°/s），数据类型为 num
	功能说明		设定 EGM 操作的关节位置参数
	编程示例		EGMActJoint egmID1 \J1:=egm_minmax1 \J3:=egm_minmax1;
EGM 姿态位置设定	EGMActPose	编程格式	EGMActPose EGMid [\Tool] [\WObj] [\TLoad], CorrFrame, CorrFrType, SensorFrame, SensorFrType [\x] [\y] [\z] [\rx] [\ry] [\rz] [\LpFilter] [\SampleRate] [\MaxPosDeviation] [\MaxSpeedDeviation]
		程序数据与添加项	CorrFrame：基准坐标系，数据类型为 pose。 CorrFrType：基准坐标系类别，数据类型为 egmframetype。 SensorFrame：传感器坐标系，数据类型为 pose。 SensorFrType：传感器坐标系类别，数据类型为 egmframetype。 \x、\y、\z：直线轴定位允差（单位为 mm），数据类型为 egm_minmax。 \rx、\ry、\rz：回转轴定位允差（单位为°），数据类型为 egm_minmax。 其他：同指令 EGMActJoint
	功能说明		设定 EGM 操作的姿态位置参数
	编程示例		EGMActPose egmID1 \Tool:=tool0 \WObj:=wobj0, posecor, EGM_FRAME_WOBJ, posesens, EGM_FRAME_TOOL;
EGM 移动设定	EGMActMove	编程格式	EGMActMove EGMid, SensorFrame [\SampleRate];
		程序数据与添加项	EGMid：EGM 名称，数据类型为 egmident。 SensorFrame：传感器坐标系，数据类型为 pose。 \SampleRate：输入采样周期（单位为 ms），数据类型为 num
	功能说明		设定 EGM 操作的移动轨迹校准参数
	编程示例		EGMActMove EGMid1, tLaser.tframe\SampleRate:=48;
EGM 关节定位	EGMRunJoint	编程格式	EGMRunJoint EGMid, Mode [\J1] [\J2] [\J3] [\J4] [\J5] [\J6] [\CondTime] [\RampInTime] [\RampOutTime] [\Offset] [\PosCorrGain];

续表

名称	编程格式与示例		
EGM 关节定位	EGMRunJoint	程序数据与添加项	EGMid：EGM 名称，数据类型为 egmident。 Mode：运动停止方式，数据类型为 egmstopmode。 \J1～\J6：关节轴选择，数据类型为 switch。 \CondTime：程序暂停时间（单位为 s），数据类型为 num。 \RampInTime：加速时间（单位为 s），数据类型为 num。 \RampOutTime：减速时间（单位为 s），数据类型为 num。 \Offset：位置偏移，数据类型为 pose。 \PosCorrGain：位置调节器增益，数据类型为 num
	功能说明	在传感器的引导下，将指定关节轴定位到 EGMActJoint 指令位置	
	编程示例	EGMRunJoint egmID1, EGM_STOP_HOLD \J1 \J3 \RampInTime:=0.2;	
EGM 姿态定位	EGMRunPose	编程格式	EGMRunPose EGMid, Mode [\x] [\y] [\z] [\rx] [\ry] [\rz] [\CondTime] [\RampInTime] [\RampOutTime] [\Offset] [\PosCorrGain];
		程序数据与添加项	\x、\y、\z：直线轴选择，数据类型为 switch。 \rx、\ry、\rz：回转轴选择，数据类型为 switch。 其他：同指令 EGMRunJoint
	功能说明	在传感器的引导下，将指定轴定位到 EGMActPose 指令位置	
	编程示例	EGMRunPose egmID1, EGM_STOP_HOLD \x \y \z \rx \ry \rz \RampInTime:=0.2;	
EGM 直线插补	EGMMoveL	编程格式	EGMMoveL EGMid, ToPoint, Speed, Zone, Tool, [\WObj] [\TLoad] [\NoCorr];
		程序数据与添加项	EGMid：EGM 名称，数据类型为 egmident。 ToPoint：目标位置，数据类型为 robtarget。 Speed：移动速度，数据类型为 speeddata。 Zone：定位区间，数据类型为 zonedata。 Tool：工具数据，数据类型为 tooldata。 \WObj：工件数据，数据类型为 wobjdata。 \TLoad：负载数据，数据类型为 loaddata。 \NoCorr：关闭轨迹校准功能，数据类型为 switch
	功能说明	按 EGMActMove 指令的设定，进行利用传感器校准轨迹的直线插补运动	
	编程示例	EGMMoveL EGMid1, p12, v10, z5, tReg\WObj:=wobj0;	
EGM 圆弧插补	EGMMoveC	编程格式	EGMMoveC EGMid, CirPoint, ToPoint, Speed, Zone, Tool, [\WObj] [\TLoad] [\NoCorr];
		程序数据与添加项	CirPoint：圆弧插补中间点，数据类型为 robtarget。 ToPoint：目标位置，数据类型为 robtarget。 其他：同指令 EGMMoveL
	功能说明	按 EGMActMove 指令的设定，进行利用传感器校准轨迹的圆弧插补运动	
	编程示例	EGMMoveC EGMid1, p13, p14, v10, z5, tReg\WObj:=wobj0;	
EGM 移动停止	EGMStop	编程格式	EGMStop EGMid, Mode [\RampOutTime];
		程序数据与添加项	EGMid：EGM 名称，数据类型为 egmident。 Mode：运动停止方式，数据类型为 egmstopmode。 \RampOutTime：减速时间（单位为 s），数据类型为 num

续表

名称	编程格式与示例		
EGM 移动停止	功能说明	停止 EGM 移动（通常用于中断程序）	
	编程示例	EGMStop egmID1, EGM_STOP_HOLD;	
EGM 状态读入	EGMGetState	命令格式	EGMGetState (EGMid)
		命令参数	EGMid：EGM 名称，数据类型为 egmident
		执行结果	当前的 EMG 状态，数据类型为 egmstate
	功能说明	读入当前的 EMG 状态	
	编程示例	egmState1 := EGMGetState(egmID1);	

实现 EGM 定位运动的程序示例如下。

```
VAR egmident egmID1;                                          // 定义程序数据
  PERS pose pose1:=[[0,0,0], [1,0,0,0]];
  CONST egm_minmax egm_lin:=[-0.1, 0.1];
  CONST egm_minmax egm_rot:=[-0.1, 0.2];
  CONST pose posecor:=[[1200,400,900], [0,0,1,0]];
  CONST pose posesens:=[ [12.3,-0.1,416.1],[0.904,-0.0032,0.427666,0.00766]];
  ……
  EGMGetId egmID1;                                             // EGM 定义
  EGMSetupAI  ROB_1,  egmID1,  "default"  \Pose  \aiR1x:=ai_01  \aiR2y:=ai_02
\aiR3z:=ai_03 \aiR4rx:=ai_04 \aiR5ry:=ai_05 \aiR6rz:=ai_06;  // EGM 传感器 AI 定义
  EGMActPose  egmID1  \Tool:=tool0  \WObj:=wobj0, posecor,  EGM_FRAME_WOBJ,
posesens,  EGM_FRAME_TOOL  \x:=egm_lin  \y:=egm_lin  \z:=egm_lin  \rx:=egm_rot
\ry:=egm_ rot  \rz:=egm_rot \LpFilter:=20;                     // EGM 姿态位置设定
  EGMRunPose egmID1, EGM_STOP_HOLD \x \y \z \rx \ry \rz \RampInTime:=0.2;
                                                               // EGM 姿态定位
  EGMReset egmID1;                                             // EGM 清除
  ……
```

实现 EGM 插补轨迹校准的程序示例如下。

```
  VAR egmident EGMid1;                                              // 定义程序数据
  PERS tooldata tReg := [TRUE, [[148,0,326],[0.834,0,0.552,0]], [1,[0,0,100],
[1,0,0,0], 0,0,0]];
  PERS tooldata tLaser := [TRUE,[[148,50,326],[0.39,-0.59, -0.59,0.39]],[1,
[ -0.92,0, -0.39], [1,0,0,0], 0,0,0]];
  ……
  EGMGetId EGMid1;                                                 // EGM 定义
  EGMSetupLTAPP ROB_1, EGMid1, "pathCorr", "OptSim", 1\LATR; // EGM 传感器 LTAPP 通
信定义
  EGMActMove EGMid1, tLaser.tframe\SampleRate:=50;                 // EGM 移动设定
  MoveL p6, v10, fine, tReg\WObj:=wobj0;                           // 非 EGM 移动
  EGMMoveL EGMid1, p12, v10, z5, tReg\WObj:=wobj0;                 // EGM 直线插补
  EGMMoveL EGMid1, p7, v10, z5, tReg\WObj:=wobj0;
  EGMMoveC EGMid1, p13, p14, v10, z5, tReg\WObj:=wobj0;
  EGMMoveL EGMid1, p15, v10, fine, tReg\WObj:=wobj0;
  MoveL p8, v1000, z10, tReg\WObj:=wobj0;                             // 非 EGM 移动
  EGMReset EGMid1;                                                 // EGM 清除
  ……
```

8.5.4　轨迹校准器控制指令、摄像设备控制指令与函数命令

1. 轨迹校准器控制指令与函数命令

轨迹校准器是一种用于物体间距离检测的位置检测传感器，在机器人系统上，它可用于定位点、运动轨迹的检测与自动调整。

例如，弧焊作业可通过轨迹校准器对焊枪与工件的间距进行检测，调整焊枪姿态，以保证焊枪始终位于工件的中间位置，从而提高焊接质量，如图 8.5-1 所示。

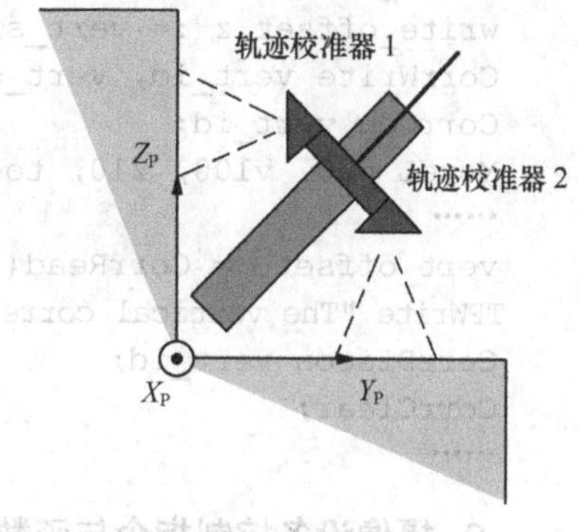

图 8.5-1　弧焊作业

轨迹校准功能可用于机器人的直线插补运动、圆弧插补运动。当 RAPID 程序通过轨迹校准器的连接、设定（控制）指令正确编程后，只要在直线插补指令 MoveL、圆弧插补指令 MoveC 中指定添加项\Corr，系统便可利用轨迹校准器测量的偏移量，自动调整移动轨迹。

轨迹校准器控制指令与函数命令的名称及编程格式如表 8.5-6 所示，简要说明如下。

表 8.5-6　轨迹校准器控制指令与函数命令的名称及编程格式

名称	编程格式与示例		
连接轨迹校准器	CorrCon	编程格式	CorrCon Descr;
		程序数据	Descr：轨迹校准器名称，数据类型为 corrdescr
	功能说明	连接指定的轨迹校准器	
	编程示例	CorrCon hori_id;	
断开轨迹校准器	CorrDiscon	编程格式	CorrDiscon Descr;
		程序数据	Descr：轨迹校准器名称，数据类型为 corrdescr
	功能说明	断开指定的轨迹校准器之间的连接	
	编程示例	CorrDiscon hori_id;	
删除轨迹校准器	CorrClear	编程格式	CorrClear;
		程序数据	—
	功能说明	删除所有轨迹校准器，清除校准值	
	编程示例	CorrClear;	
校准值设定	CorrWrite	编程格式	CorrWrite Descr, Data;
		程序数据	Descr：轨迹校准器名称，数据类型为 corrdescr。 Data：轨迹校准器的偏移量名称，数据类型为 pos
	功能说明	设定轨迹校准器的偏移量	
	编程示例	CorrWrite hori_id, offset;	
校准值读取	CorrRead	命令格式	CorrRead()
		命令参数	—
		执行结果	轨迹校准器的总偏移量（绝对值），数据类型为 pos
	编程示例	offset := CorrRead();	

例如，利用测量输入为 vert_sig 的垂直轨迹校准器，修整直线插补运动轨迹的编程示例如下。

```
VAR corrdescr vert_id;                                       // 定义程序数据
VAR pos vert_offset;
……
write_offset.x := 0;
write_offset.y := 0;
write_offset.z := vert_sig;
CorrWrite vert_id, vert_offset;                              // 校准值设定
CorrCon vert_id;                                             // 连接轨迹校准器
MoveL p20, v100, z10, tool1 \Corr;                           // 功能启用
……
vert_offset := CorrRead();                                   // 读入校准值
TPWrite "The vertical correction is:" \Num:= vert_offset.z;  // 校准值显示
CorrDiscon vert_id;                                          // 断开轨迹校准器
CorrClear;                                                   // 清除校准数据
……
```

2. 摄像设备控制指令与函数命令

RAPID 摄像设备控制指令与函数命令可以用于摄像机器人控制和数据读入，其使用相对较少，摄像设备控制指令与函数命令的名称及编程格式如表 8.5-7 所示，简要说明如下。

表 8.5-7 摄像设备控制指令与函数命令的名称及编程格式

名称	编程格式与示例		
摄像设备编程模式	CamSetProgramMode	编程格式	CamSetProgramMode Camera;
		程序数据	Camera：摄像设备名称，数据类型为 cameradev
	功能说明	启动摄像设备编程模式	
	编程示例	CamSetProgramMode mycamera;	
摄像任务加载	CamLoadJob	编程格式	CamLoadJob Camera, JobName [\KeepTargets] [\MaxTime];
		程序数据与添加项	Camera：摄像设备名称，数据类型为 cameradev。 JobName：任务名称，数据类型为 string。 \KeepTargets：保留图像数据，数据类型为 switch。 \MaxTime：最长等待时间（单位为 s），数据类型为 num
	功能说明	加载摄像任务	
	编程示例	CamLoadJob mycamera, "myjob.job";	
开始加载摄像任务	CamStartLoadJob	编程格式	CamStartLoadJob Camera Name [\KeepTargets];
		程序数据与添加项	Camera：摄像设备名称，数据类型为 cameradev。 Name：任务名称，数据类型为 string。 \KeepTargets：保留图像数据，数据类型为 switch
	功能说明	开始加载摄像任务，并继续执行下一指令	
	编程示例	CamStartLoadJob mycamera, "myjob.job";	

续表

<table>
<tr><th>名称</th><th colspan="3">编程格式与示例</th></tr>
<tr><td rowspan="4">等待摄像任务加载完成</td><td rowspan="2">CamWaitLoadJob</td><td>编程格式</td><td>CamWaitLoadJob Camera;</td></tr>
<tr><td>程序数据</td><td>Camera：摄像设备名称，数据类型为 cameradev</td></tr>
<tr><td>功能说明</td><td colspan="2">等待摄像任务加载完成</td></tr>
<tr><td>编程示例</td><td colspan="2">CamWaitLoadJob mycamera;</td></tr>
<tr><td rowspan="4">摄影参数设定</td><td rowspan="2">CamSet Exposure</td><td>编程格式</td><td>CamSetExposure Camera [\ExposureTime] [\Brightness] [\Contrast];</td></tr>
<tr><td>程序数据与添加项</td><td>Camera：摄像设备名称，数据类型为 cameradev。
\ExposureTime：曝光时间，数据类型为 num。
\Brightness：亮度，数据类型为 num。
\Contrast：对比度，数据类型为 num</td></tr>
<tr><td>功能说明</td><td colspan="2">设定摄像设备的曝光时间、亮度、对比度等参数</td></tr>
<tr><td>编程示例</td><td colspan="2">CamSetExposure mycamera \ExposureTime:=10;</td></tr>
<tr><td rowspan="4">摄像设备参数设定</td><td rowspan="2">CamSetParameter</td><td>编程格式</td><td>CamSetParameter Camera ParName [\NumVal] | [\BoolVal] | [\StrVal];</td></tr>
<tr><td>程序数据与添加项</td><td>Camera：摄像设备名称，数据类型为 cameradev。
ParName：参数名称，数据类型为 string。
\NumVal：num 型参数值，数据类型为 num。
\BoolVal：bool 型参数值，数据类型为 bool。
\StrVal：string 型参数值，数据类型为 string</td></tr>
<tr><td>功能说明</td><td colspan="2">设定摄影设备的参数</td></tr>
<tr><td>编程示例</td><td colspan="2">CamSetParameter mycamera, "Pattern_1.Tool_Enabled" \BoolVal:= FALSE;</td></tr>
<tr><td rowspan="4">摄像设备运行模式</td><td rowspan="2">CamSetRunMode</td><td>编程格式</td><td>CamSetRunMode Camera;</td></tr>
<tr><td>程序数据</td><td>Camera：摄像设备名称，数据类型为 cameradev</td></tr>
<tr><td>功能说明</td><td colspan="2">启动摄像设备运行模式</td></tr>
<tr><td>编程示例</td><td colspan="2">CamSetRunMode mycamera;</td></tr>
<tr><td rowspan="4">启动图像采集</td><td rowspan="2">CamReqImage</td><td>编程格式</td><td>CamReqImage Camera [\SceneId] [\KeepTargets] [\AwaitComplete];</td></tr>
<tr><td>程序数据与添加项</td><td>Camera：摄像设备名称，数据类型为 cameradev。
\SceneId：图像编号，数据类型为 num。
\KeepTargets：保留图像数据，数据类型为 switch。
\AwaitComplete：执行等待，数据类型为 switch</td></tr>
<tr><td>功能说明</td><td colspan="2">启动摄像设备图像采集</td></tr>
<tr><td>编程示例</td><td colspan="2">CamReqImage mycamera;</td></tr>
<tr><td rowspan="2">图像数据读入</td><td rowspan="2">CamGetResult</td><td>编程格式</td><td>CamGetResult Camera, CamTarget [\SceneId] [\MaxTime];</td></tr>
<tr><td>程序数据与添加项</td><td>Camera：摄像设备名称，数据类型为 cameradev。
CamTarget：数据存储变量名称，数据类型为 cameratarget。
\SceneId：图像编号，数据类型为 num。
\MaxTime：最长等待时间（单位为 s），数据类型为 num</td></tr>
</table>

续表

<table>
<tr><th>名称</th><th colspan="3">编程格式与示例</th></tr>
<tr><td rowspan="2">图像数据读入</td><td colspan="2">功能说明</td><td>读入图像数据 cameratarget</td></tr>
<tr><td colspan="2">编程示例</td><td>CamGetResult mycamera, mycamtarget \SceneId:= mysceneid;</td></tr>
<tr><td rowspan="4">摄像设备参数读入</td><td rowspan="2">CamGetParameter</td><td>编程格式</td><td>CamGetParameter Camera, ParName [\Num] | [\Bool] | [\Str];</td></tr>
<tr><td>程序数据与添加项</td><td>Camera：摄像设备名称，数据类型为 cameradev。
ParName：参数名称，数据类型为 string。
\NumVar：num 型参数存储变量名称，数据类型为 num。
\BoolVar：bool 型参数存储变量名称，数据类型为 bool。
\StrVar：string 型参数存储变量名称，数据类型为 string</td></tr>
<tr><td colspan="2">功能说明</td><td>读入摄像设备的参数，并保存到指定的 VAR 变量中</td></tr>
<tr><td colspan="2">编程示例</td><td>CamGetParameter mycamera, "Pattern_1.Tool_Enabled_Status" \BoolVar:=mybool;</td></tr>
<tr><td rowspan="4">图像数据删除</td><td rowspan="2">CamFlush</td><td>编程格式</td><td>CamFlush Camera;</td></tr>
<tr><td>程序数据</td><td>Camera：摄像设备名称，数据类型为 cameradev</td></tr>
<tr><td colspan="2">功能说明</td><td>删除指定摄像设备的全部图像数据 cameratarget</td></tr>
<tr><td colspan="2">编程示例</td><td>CamFlush mycamera;</td></tr>
<tr><td rowspan="4">当前摄像设备名称读入</td><td rowspan="3">CamGetName</td><td>命令格式</td><td>CamGetName(Camera)</td></tr>
<tr><td>命令参数</td><td>Camera：摄像设备名称，数据类型为 cameradev</td></tr>
<tr><td>执行结果</td><td>当前摄像设备的配置名，数据类型为 string</td></tr>
<tr><td colspan="2">编程示例</td><td>currentdev:=CamGetName(camdev);</td></tr>
<tr><td rowspan="4">当前摄像任务名称读入</td><td rowspan="3">CamGetLoadedJob</td><td>命令格式</td><td>CamGetLoadedJob (Camera)</td></tr>
<tr><td>命令参数</td><td>Camera：摄像设备名称，数据类型为 cameradev</td></tr>
<tr><td>执行结果</td><td>当前加载的摄像任务名称，数据类型为 string</td></tr>
<tr><td colspan="2">编程示例</td><td>currentjob:=CamGetLoadedJob(mycamera);</td></tr>
<tr><td rowspan="4">当前摄影参数读入</td><td rowspan="3">CamGetExposure</td><td>命令格式</td><td>CamGetExposure (Camera [\ExposureTime] | [\Brightness] | [\Contrast])</td></tr>
<tr><td>命令参数与添加项</td><td>Camera：摄像设备名称，数据类型为 cameradev。
\ExposureTime：曝光时间，数据类型为 num。
\Brightness：亮度，数据类型为 num。
\Contrast：对比度，数据类型为 num</td></tr>
<tr><td>执行结果</td><td>命令所指定的摄影参数值，数据类型为 num</td></tr>
<tr><td colspan="2">编程示例</td><td>exposuretime:=CamGetExposure(mycamera \ExposureTime);</td></tr>
<tr><td rowspan="4">当前图像数据的输入读入</td><td rowspan="3">CamNumberOfResults</td><td>命令格式</td><td>CamNumberOfResults (Camera [\SceneId])</td></tr>
<tr><td>命令参数与添加项</td><td>Camera：摄像设备名称，数据类型为 cameradev。
\SceneId：图像编号，数据类型为 num</td></tr>
<tr><td>执行结果</td><td>图像数据的数量，数据类型为 num</td></tr>
<tr><td colspan="2">编程示例</td><td>FoundParts := CamNumberOfResults(mycamera);</td></tr>
</table>

摄像设备的摄像任务加载、参数设定等操作需要在摄像设备编程模式下进行；摄像任务加载、摄像设备的参数设定完成后，可启动摄像设备运行模式，并启动图像采集；当前

所使用的摄像设备、摄像任务、摄影数据及所采集的图像数据可通过相关指令读入 RAPID 程序，或予以删除。

利用 RAPID 摄像设备控制指令与函数命令编程的示例如下。

```
CamSetProgramMode mycamera;                                    // 启动摄像设备编程模式
CamStartLoadJob mycamera, "myjob.job";                         // 开始加载摄像任务
MoveL p1, v1000, fine, tool2;                                  // 其他指令
……
CamWaitLoadJob mycamera;                                       // 等待摄像任务加载完成
CamSetParameter mycamera, "Pattern_1.Tool_Enabled" \BoolVal:=FALSE;
CamSetExposure mycamera \ExposureTime:=10;                     // 摄影参数设定
CamSetRunMode mycamera;                                        // 启动摄像设备、运行模式
CamReqImage mycamera \SceneId:= mysceneid;                     // 启动图像采集
……
WaitTime 1;
CamGetResult mycamera, mycamtarget \SceneId:= mysceneid;       // 图像数据读入
exposuretime:=CamGetExposure(mycamera \ExposureTime);
FoundParts := CamNumberOfResults(mycamera);
TPWrite "Now using camera:"+CamGetName(mycamera);              //设备显示
TPWrite "Job"+CurrentJob+"is loaded in camera"+CamGetName(mycamera);
                                                               //任务显示
……
```

8.6 系统设定及监控指令编程

8.6.1 系统参数读写指令

1. 指令与功能

系统参数读写指令可用于系统参数的设定和检查。系统参数是直接影响到系统结构和功能的重要数据，原则上需要由机器人生产厂家设置，但是，RAPID 语言的功能较强，因此，ABB 机器人控制系统的部分参数（如系统配置参数、工具工件数据等）可在 RAPID 程序中利用指令写入、保存且在系统重启后生效。如果需要，部分参数也可利用 RAPID 程序指令读取，并在程序中进行相关处理。

系统参数读写指令的名称及编程格式如表 8.6-1 所示。

表 8.6-1　系统参数读写指令的名称及编程格式

名称		编程格式与示例	
系统配置参数读取	ReadCfgData	编程格式	ReadCfgData InstancePath, Attribute, CfgData [\ListNo];
		程序数据与添加项	InstancePath：参数访问路径，数据类型为 string。 Attribute：参数名称，数据类型为 string。 CfgData：读取的参数值，数据类型取决于参数。 \ListNo：参数值序号，数据类型为 num
	功能说明	将系统配置参数值读入程序数据 CfgData	
	编程示例	ReadCfgData "/EIO/EIO_SIGNAL/process_error", "Device", io_device;	
系统配置参数写入	WriteCfgData	编程格式	ReadCfgData InstancePath, Attribute, CfgData [\ListNo];
		程序数据与添加项	InstancePath：参数访问路径，数据类型为 string。 Attribute：参数名称，数据类型为 string。 CfgData：写入的参数值，数据类型取决于参数。 \ListNo：参数值序号，数据类型为 num
	功能说明	将程序数据 CfgData 的值写入系统配置参数值	
	编程示例	WriteCfgData "/MOC/MOTOR_CALIB/rob1_1", "cal_offset", offset1;	
系统配置参数保存	SaveCfgData	编程格式	SaveCfgData FilePath [\File], Domain;
		程序数据与添加项	FilePath：文件路径，数据类型为 string。 \File：文件名，数据类型为 string。 Domain：系统配置参数类别，数据类型为 cfgdomain
	功能说明	将指定类别的系统配置参数保存到指定的文件路径或文件中	
	编程示例	SaveCfgData "SYSPAR" \File:="MYEIO.cfg", EIO_DOMAIN;	

续表

名称		编程格式与示例	
系统重启	WarmStart	编程格式	WarmStart;
		程序数据	—
	功能说明	系统重启，配置参数生效	
	编程示例	WarmStart;	
系统数据设置	SetSysData	编程格式	SetSysData SourceObject [\ObjectName];
		程序数据与添加项	SourceObject：系统数据，数据类型为 tooldata、wobjdata 或 loaddata。 \ObjectName：系统数据名称设置，数据类型为 string
	功能说明	将 SourceObject 指定的工具数据或工件数据、负载数据设置为系统当前的有效数据	
	编程示例	SetSysData tool0 \ObjectName := "tool6";	
系统数据读入	GetSysData	编程格式	GetSysData [\TaskRef] | [\TaskName] DestObject [\ObjectName];
		程序数据与添加项	\TaskRef：当前任务号读取，数据类型为 taskid。 \TaskName：当前任务名读取，数据类型为 string。 DestObject：系统数据，数据类型为 tooldata、wobjdata 或 loaddata。 \ObjectName：系统数据名称读取，数据类型为 string
	功能说明	将系统当前有效的工具数据或工件数据、负载数据读入 SourceObject	
	编程示例	GetSysData curtoolvalue \ObjectName := curtoolname;	

2. 系统配置参数的读取与设定

系统参数种类繁多，其中，系统配置参数是用于软硬件设置的基本参数，它直接影响系统结构和功能。可以通过 RAPID 指令，以文件的形式读取、写入及保存系统配置参数，指令需要以字符串（文本）形式的文件名，指定需要读取、写入及保存的系统配置参数类别。

系统配置参数的文件名（类别）由系统生产厂家定义，内容如下。

EIO_DOMAIN：系统 I/O 配置参数 EIO.cfg。

MOC_DOMAIN：系统运动配置参数 MOC.cfg。

SIO_DOMAIN：系统通信配置参数 SIO.cfg。

PROC_DOMAIN：系统程序配置参数 PROC.cfg。

SYS_DOMAIN：系统配置参数 SYS.cfg。

MMC_DOMAIN：系统人机界面配置参数 MMC.cfg。

ALL_DOMAINS：以上所有系统配置参数。

系统配置参数的写入、保存、读取的编程示例如下。

```
VAR num offset1;                                          // 定义程序数据
……
ReadCfgData "/MOC/MOTOR_CALIB/rob1_1","cal_offset",offset1;   // 系统配置参数读取
offset1 := offset1+1.2;                                   // 数值处理
```

```
WriteCfgData "/MOC/MOTOR_CALIB/rob1_1","cal_offset",offset1;   // 系统配置参数写入
WarmStart;                                            // 系统重启，配置参数生效
……
SaveCfgData "SYSPAR", ALL_DOMAINS;                    // 保存全部系统配置参数
SaveCfgData "SYSPAR" \File:="MYEIO.cfg", EIO_DOMAIN;   // 单独保存 EIO.cfg
……
```

利用上述程序，可将系统配置参数“/MOC/MOTOR_CALIB/rob1_1（运动配置/伺服驱动电机/机器人 1_第 1 轴）”的偏移量校准参数 cal_offset 增加 1.2 后重新写入；接着，可将系统现有的所有配置参数，统一保存至 SYSPAR 文件夹中；然后，将系统 I/O 配置参数 EIO.cfg 单独保存到 SYSPAR 文件夹的 MYEIO.cfg 文件中。执行程序后，文件夹 SYSPAR 中将包括 EIO.cfg、MOC.cfg、SIO.cfg、PROC.cfg、SYS.cfg、MMC.cfg 文件及 MYEIO.cfg 文件。

3. 系统数据的读取与设定

系统数据的设置与读入的程序示例如下。

```
PERS tooldata curTvalu := [TRUE, [[0, 0, 0], [1, 0, 0, 0]],[2, [0, 0, 2], [1, 0, 0, 0], 0, 0, 0]];
VAR string curTname;
……
GetSysData curTvalu;                          // 将当前工具数据读入 curTvalu
GetSysData curTname \ObjectName := curTname;   // 将当前工具名称读入 curTname
……
SetSysData tool5;                             // 设定 tool5 为当前工具数据
SetSysData tool0 \ObjectName := "tool5";       // 设定"tool5"为当前工具名称
……
```

利用上述程序，可将指定的工具数据设定为当前有效的工具数据。

8.6.2 系统状态检测函数命令

1. 函数命令与功能

系统状态检测函数命令可用于系统系列号、系统基本信息、程序存储器容量等系统软硬件信息的读取及当前的机器人操作模式、程序运行模式、指令处理状态等程序执行状态检查，利用函数命令读取的状态数据可在程序中使用，但不能利用写入操作对其进行修改。

系统状态检测函数命令的名称及编程格式如表 8.6-2 所示。

表 8.6-2 系统状态检测函数命令的名称及编程格式

名称	编程格式与示例		
控制系统系列号读入	IsSysId	命令格式	IsSysId (SystemId)
		命令参数	SystemId：系列号，数据类型为 string
		执行结果	系列号与实际控制系统一致时为 TRUE，否则为 FALSE
	功能说明	控制系统系列号检查	
	编程示例	IF NOT IsSysId("6400-1234") THEN	

续表

名称	编程格式与示例		
控制系统基本信息读取	GetSysInfo	命令格式	GetSysInfo ([\SerialNo] | [\SWVersion] | [\RobotType] | [\CtrlId] | [\LanIp] | [\CtrlLang] | [\SystemName])
		命令参数	\SerialNo：系列号，数据类型为 switch。 \SWVersion：软件版本，数据类型为 switch。 \RobotType：机器人型号，数据类型为 switch。 \CtrlId：控制系统 ID 号，数据类型为 switch。 \LanIp：控制系统的 IP 地址，数据类型为 switch。 \CtrlLang：控制系统使用的语言，数据类型为 switch。 \SystemName：控制系统名称，数据类型为 switch
		执行结果	函数命令要求的控制系统基本信息
	功能说明	读取控制系统的基本信息	
	编程示例	version := GetSysInfo(\SWVersion);	
剩余程序存储器容量检查	ProgMemFree	命令格式	ProgMemFree()
		命令参数	—
		执行结果	剩余存储器容量（单位：字节）
	功能说明	读取系统剩余的程序存储器容量	
	编程示例	pgmfree_before:=ProgMemFree()	
机器人名称读入	RobName	命令格式	RobName()
		命令参数	—
		执行结果	执行当前任务的机器人名称
	功能说明	读取执行当前任务的机器人名称，未控制机器人的任务为空字符串	
	编程示例	my_robot := RobName();	
机器人当前操作模式检查	OpMode	命令格式	OpMode()
		命令参数	—
		执行结果	机器人当前操作模式，数据类型为 symnum
	功能说明	读入机器人当前操作模式	
	编程示例	TEST OpMode();	
机器人非运动模式检查	NonMotionMode	命令格式	NonMotionMode ([\Main])
		命令参数	[\Main]：可选添加项，数据类型为 switch；在使用添加项时可读取主程序的运动模式数据，在省略添加项时读取当前程序的运动模式数据
		执行结果	FALSE 代表机器人运动模式；TRUE 代表机器人非运动模式
	功能说明	确认程序执行状态为机器人非运动模式	
	编程示例	IF OpMode() THEN	
当前程序运行模式检查	RunMode	命令格式	RunMode ([\Main])
		命令参数	[\Main]：可选添加项，数据类型为 switch；在使用添加项时可读取主程序的程序运行模式，在省略添加项时读取当前程序的运行模式
		执行结果	机器当前的程序运行模式，数据类型为 symnum
	功能说明	读取当前的程序运行模式数据	
	编程示例	IF RunMode() = RUN_CONT_CYCLE THEN	

续表

<table>
<tr><th>名称</th><th colspan="3">编程格式与示例</th></tr>
<tr><td rowspan="5">程序虚拟运行检查</td><td rowspan="3">RobOS</td><td>命令格式</td><td>RobOS()</td></tr>
<tr><td>命令参数</td><td>—</td></tr>
<tr><td>执行结果</td><td>FALSE 代表仿真软件运行；TRUE 代表机器人控制器运行</td></tr>
<tr><td>功能说明</td><td colspan="2">检查当前程序的运行环境（虚拟仿真环境或实际运行环境）</td></tr>
<tr><td>编程示例</td><td colspan="2">IF RobOS() THEN</td></tr>
<tr><td rowspan="5">RAPID 指令执行处理器类型检查</td><td rowspan="3">ExecHandler</td><td>命令格式</td><td>ExecHandler ( )</td></tr>
<tr><td>命令参数</td><td>—</td></tr>
<tr><td>执行结果</td><td>执行当前指令的 RAPID 处理器类型，数据类型为 handler_type</td></tr>
<tr><td>功能说明</td><td colspan="2">执行当前指令的 RAPID 处理器类型检查</td></tr>
<tr><td>编程示例</td><td colspan="2">TEST ExecHandler();</td></tr>
<tr><td rowspan="5">RAPID 指令执行等级检查</td><td rowspan="3">ExecLevel</td><td>命令格式</td><td>ExecLevel()</td></tr>
<tr><td>命令参数</td><td>—</td></tr>
<tr><td>执行结果</td><td>当前指令的执行等级，数据类型为 exec_level</td></tr>
<tr><td>功能说明</td><td colspan="2">当前指令的执行等级检查</td></tr>
<tr><td>编程示例</td><td colspan="2">TEST ExecLevel();</td></tr>
</table>

2. 系统信息检查

RAPID 系统信息可通过执行函数命令 IsSysId（系统系列号）、GetSysInfo（系统基本信息）、ProgMemFree（剩余程序存储器容量）、RobName（机器人名称）在程序中读取，并利用示教器显示指令显示。

例如，利用示教器显示机器人名称的程序示例如下。

```
VAR string my_robot;
……
my_robot := RobName();
IF my_robot="" THEN
  TPWrite "This task does not control any TCP robot";
ELSE
  TPWrite "This task controls TCP robot with name "+ my_robot;
ENDIF
```

上述程序可读取执行当前任务的机器人名称，如果在当前任务中不含机器人运动（名称为空字符），示教器将显示“This task does not control any TCP robot”；否则，示教器将显示机器人名称，如“This task controls TCP robot with name ROB_1”。

再如，利用函数命令 GetSysInfo 读取控制系统系列号、软件版本、机器人型号、控制系统 IP 地址、控制系统使用的语言等控制系统基本信息的编程示例如下。

```
VAR string serial;
VAR string version;
VAR string rtype;
VAR string cid;
VAR string lanip;
VAR string clang;
```

```
VAR string sysname;
serial := GetSysInfo(\SerialNo);
version := GetSysInfo(\SWVersion);
rtype := GetSysInfo(\RobotType);
cid := GetSysInfo(\CtrlId);
lanip := GetSysInfo(\LanIp);
clang := GetSysInfo(\CtrlLang);
sysname := GetSysInfo(\SystemName);
```

利用上述程序可在对应的程序数据上获得如下格式的字符串（文本）信息。

系列号：14～21 858。

软件版本：ROBOTWARE_5.08.134。

机器人型号（rtype）：2400/16 Type A。

控制系统 ID 号：44～1267。

控制系统的 IP 地址：192.168.8.103。

控制系统使用的语言：en。

控制系统名称：MYSYSTEM。

3. 机器人操作模式与运动模式检查

ABB 机器人可选择自动、手动、手动快速 3 种机器人操作模式，控制系统当前有效的机器人操作模式可通过执行函数命令 OpMode 读取，并在程序中使用。OpMode 的执行结果为枚举数据（symnum 型数据），数据需要以系统预定义的字符串（文本）表示，OpMode 的执行结果的 symnum 型数据含义如表 8.6-3 所示。

表 8.6-3　机器人操作模式数据含义

Symnum 型数据		含义
字符串（文本）	数值	
OP_UNDEF	0	未定义机器人操作模式
OP_AUTO	1	程序自动运行模式（AUTO）
OP_MAN_PROG	2	手动
OP_MAN_TEST	3	手动快速

当前机器人的运动模式可利用函数命令 NonMotionMode 检查，如果主程序（使用添加项\Main）或当前程序（省略添加项\Main）为非运动模式，则执行结果为 TRUE，否则，执行结果为 FALSE。

4. 程序运行模式

控制系统当前有效的程序运行模式、运行环境可分别利用函数命令 RunMode、RobOS 读取。

ABB 机器人的程序运行模式可通过示教器选择单循环（ABB 说明书称之为“单周”，下同）、连续循环（连续）、单步前进（步进入）、单步后退（步退出）、单步移动（下一移动指令）等，当前有效的程序运行模式可利用函数命令 RunMode 读取，命令的执行结果同样为枚举数据（symnum 型数据），需要以系统预定义的字符串（文本）表示，但是，数值的含义与 OpMode 函数命令的数值含义不同，RunMode 的执行结果的 symnum 型数据含义如表 8.6-4 所示。

表 8.6-4　程序运行模式数据含义

Symnum 型数据		含义
字符串（文本）	数值	
RUN_UNDEF	0	未定义程序运行模式
RUN_CONT_CYCLE	1	程序连续循环运行
RUN_INSTR_FWD	2	程序单步前进运行
RUN_INSTR_BWD	3	程序单步后退运行
RUN_SIM	4	程序模拟
RUN_STEP_MOVE	5	单步移动

RAPID 程序既可以在机器人控制器（RC）上进行实际运行，也可以在计算机上利用仿真软件（VC）进行虚拟运行，当前程序的运行环境可以通过函数命令 RobOS 检查，如果程序在机器人控制器上进行实际运行，RobOS 的执行结果为 TRUE；如果在计算机上利用仿真软件进行虚拟运行，则 RobOS 的执行结果为 FALSE。

5. 指令执行状态检查

既可以用执行处理器处理（前台）RAPID 程序，也可以利用后台处理器、错误处理器、操作恢复处理器处理 RAPID 程序，将函数命令 ExecHandler 用于处理当前程序的处理器检查，函数命令的执行结果为处理器类型数据 handler_type 型数据（枚举数据），handler_type 型数据需要以系统预定义的字符串（文本）表示，数据含义如表 8.6-5 所示。

表 8.6-5　处理器类型数据含义

handler_type 型数据		含义
字符串（文本）	数值	
HANDLER_NONE	0	RAPID 程序未执行
HANDLER_BWD	1	在后台处理器上执行 RAPID 程序
HANDLER_ERR	2	在错误处理器上执行 RAPID 程序
HANDLER_UNDO	3	在操作恢复处理器上执行 RAPID 程序

将 RAPID 程序指令的执行等级由低到高分为普通级（NORMAL）、中断级（TRAP）、服务级（SERVICE）3 级，函数命令 ExecLevel 用于当前指令的执行等级检查，该函数命令的执行结果为指令执行等级数据 exec_level 型数据（枚举数据），exec_level 型数据需要以系统预定义的字符串（文本）表示，数据含义如表 8.6-6 所示。

表 8.6-6　指令执行等级数据含义

exec_level 型数据		含义
字符串（文本）	数值	
LEVEL_NORMAL	0	普通级
LEVEL_TRAP	1	中断级
LEVEL_SERVICE	2	服务级

8.6.3　程序数据检索及设定指令与函数命令

1. 指令、函数命令与功能

RAPID 程序数据检索及设定指令可在指定的应用程序区域（任务、模块、程序）或指定性质的数据（常量 CONST、永久数据 PERS、程序变量 VAR）中，检索指定的程序数据，并对其进行数值读取、数值设定等操作。

RAPID 程序数据检索及设定指令与函数命令的名称及编程格式如表 8.6-7 所示。

表 8.6-7　程序数据检索及设定指令与函数命令的名称及编程格式

名称	编程格式与示例		
数据检索及设定	SetDataSearch	编程格式	SetDataSearch Type [\TypeMod] [\Object] [\PersSym] [\VarSym] [\ConstSym] [\InTask] | [\InMod] [\InRout] [\GlobalSym] | [\LocalSym];
		程序数据与添加项	Type：检索数据类型名称，数据类型为 string。 \TypeMod：用户定义的数据类型名称，数据类型为 string。 \Object：检索对象，数据类型为 string。 \PersSym：永久数据 PERS 检索，数据类型为 switch。 \VarSym：程序变量 VAR 检索，数据类型为 switch。 \ConstSym：常量 CONST 检索，数据类型为 switch。 \InTask：指定任务检索，数据类型为 switch。 \InMod：指定模块检索，数据类型为 string。 \InRout：指定程序检索，数据类型为 string。 \GlobalSym：仅检索全局模块，数据类型为 switch。 \LocalSym：仅检索局部模块，数据类型为 switch
	功能说明	定义数据检索对象、检索范围等	
	编程示例	SetDataSearch "robtarget"\InTask;	
数值读取	GetDataVal	编程格式	GetDataVal Object [\Block] | [\TaskRef] | [\TaskName] Value;
		程序数据与添加项	Object：检索对象，数据类型为 string。 \Block：程序模块信息，数据类型为 datapos。 \TaskRef：任务代号，数据类型为 taskid。 \TaskName：任务名称，数据类型为 string。 Value：数值，数据类型任意
	功能说明	检索指定的程序模块，读取指定的数值并保存到 Value 指定的程序数据中	
	编程示例	GetDataVal name\Block:=block,valuevar;	
数值设定	SetDataVal	编程格式	SetDataVal Object [\Block] | [\TaskRef] | [\TaskName] Value;
		程序数据与添加项	Object：检索对象，数据类型为 string。 \Block：程序模块信息，数据类型为 datapos。 \TaskRef：任务代号，数据类型为 taskid。 \TaskName：任务名称，数据类型为 string。 Value：设定值，数据类型任意
	功能说明	将指定检索区域的检索对象设定为程序数据 Value 定义的值	
	编程示例	SetDataVal name\Block:=block,truevar;	

续表

名称	编程格式与示例		
全部数值设定	SetAllDataVal	编程格式	SetAllDataVal Type [\TypeMod] [\Object] [\Hidden] Value;
		程序数据与添加项	Type：检索数据类型名称，数据类型为 string。 \TypeMod：定义用户数据的模块名，数据类型为 string。 \Object：检索对象，数据类型为 string。 \Hidden：隐藏数据有效，数据类型为 switch。 Value：设定值，数据类型任意
	功能说明		将 Type 所指定的程序数据类型，一次性设定为程序数据 Value 定义的值
	编程示例		SetAllDataVal "mydata"\TypeMod:="mytypes"\Hidden, mydata 0;
数据检索	GetNextSym	命令格式	GetNextSym (Object, Block [\Recursive])
		命令参数	Object：检索对象，数据类型为 string。 Block：程序模块信息，数据类型为 datapos。 \Recursive：可循环程序块，数据类型为 switch
		执行结果	在存在检索对象时为 TRUE，在不存在时则为 FALSE
	命令功能		确定检索对象是否存在，并将检索对象所在的程序块信息保存至命令参数 Block 中
	编程示例		WHILE GetNextSym(name,block) DO

2. 编程示例

程序数据检索及设定指令与函数命令的编程示例如下。

```
……
VAR datapos block;                                    // 定义程序数据
VAR num valuevar;
VAR string name:= "my.* ";
VAR bool truevar:=TRUE;
VAR mydata mydata0:=0;
……
! ***********************************************************
SetDataSearch "num" \Object:="my.* " \InMod:="mymod";  // num 型数据检索及设定
WHILE GetNextSym(name,block) DO                        // num 型数据检索
GetDataVal name\Block:=block,valuevar;                 // num 型数据读取
TPWrite name+" " \Num:=valuevar;                       // num 型数据显示
ENDWHILE
……
! ***********************************************************
SetDataSearch "bool" \Object:="my.*" \InMod:="mymod";  // bool 型数据检索及
设定
WHILE GetNextSym(name,block) DO                        // bool 型数据检索
SetDataVal name\Block:=block, truevar;                 // bool 型数据设定
ENDWHILE
……
! ***********************************************************
SetAllDataVal "mydata"\TypeMod:="mytypes"\Hidden,mydata0;  // 全部用户数据设定
……
```

上述程序的第 1 部分程序用来定义程序数据，例如，将 valuevar 定义为 num 型数据；

将 bool 型数据 truevar 定义为 TRUE；将 mydata 型数据 mydata0 定义为 0。

第 2 部分程序可利用 SetDataSearch"num"指令，在名称为 mymod 的程序模块中，检索前缀为“my.”的 num 型程序数据；如果该数据存在，则将数值读入 valuevar，并利用示教器显示指令 TPWrite 在示教器上显示数值。

第 3 部分程序可利用 SetDataSearch "bool" 指令，检索前缀为“my.”的 bool 型程序数据；如果该数据存在，则利用 SetDataVal 指令将数值设定为 TRUE。

第 4 部分程序可利用 SetAllDataVal 指令将 mytypes 模块中用户定义的、数据类型为 mydata 的所有程序数据的数值，一次性设定为 0（mydata0）。

| 第 9 章 |
机器人应用程序实例

9.1 机器人作业与控制

9.1.1 搬运机器人与控制

1. 主要用途

搬运机器人是从事物体移动作业的工业机器人的总称，主要用于物体的输送和装卸。从产品功能来看，装配机器人中的部件装配，包装机器人中的物品分拣、物料码垛、成品包装，实际上也属于物体移动作业的范畴，故也可将它们归至搬运机器人大类。

搬运机器人主要有输送机器人和装卸机器人两大类。前者通常用于物品的长距离、大范围、批量移动作业，自动导引车（AGV）是其代表性产品；后者主要用于单件物品的小范围、定点移动和装卸作业，其代表性产品主要有上下料机器人、码垛机器人和分拣机器人等。

装卸机器人、分拣机器人、码垛机器人的作业性质类似，操作和控制要求相近，在实际应用中往往难以对它们进行严格分类。因此，在自动化仓储系统、自动生产线上，通常将机器人与自动化仓库、物料输送线相结合，组成具有装卸、分拣、码垛功能的机器人综合搬运系统，部分机器人可能需要同时承担多种功能。例如，用于自动化仓库、自动生产线、自动化加工设备零件的提取、移动、安放作业的装卸机器人，实际上也需要码垛机器人具备的定点堆放功能；同样，对于完成分拣、码垛作业的机器人来说，物品的提取、移动、安放也是机器人所必备的功能。因此，所谓的搬运机器人、装卸机器人、装配机器人、分拣机器人、码垛机器人、包装机器人，只是搬运机器人的特殊应用，其控制要求类似，编程、操作方法相同。

2. 系统组成

从事物体移动作业的搬运机器人系统通常由机器人基本部件、夹持器（工具）及控制装置等组成，有时还需要为其增设防护网、警示灯等安全保护装置，构成自动、安全运行的搬运工作站系统。例如，使用真空吸盘的搬运机器人系统基本组成如图 9.1-1 所示，系统主要部件如下。

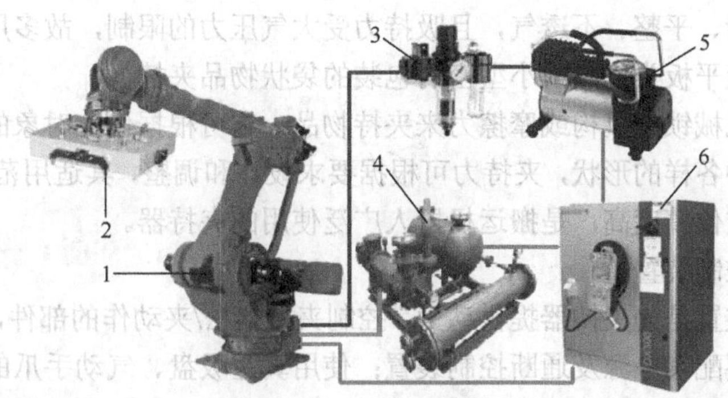

1—机器人本体　2—夹持器　3—气动部件　4—真空泵　5—气泵　6—控制柜

图 9.1-1　机器人搬运系统

（1）机器人选择

搬运机器人用来移动物品，可根据搬运要求选择不同结构的机器人。通常而言，如果作业内容为质量不超过 20kg、移动距离在 2m 以内的小型物品搬运，可根据工作范围、移动速度、安装位置等要求，选择垂直串联、并联、水平串联机器人；当需要搬运的物体的质量为 20～100kg、移动距离超过 2m 时，一般应选择垂直串联机器人，但如果作业内容为液晶屏、太阳能电池板等大尺寸平板物品的搬运，一般应采用大型水平串联机器人；当需要搬运的物体的质量超过 100kg 时，基本上会使用垂直串联机器人。

（2）夹持器

夹持器是用来抓取物品的作业工具，它与作业对象的外形、体积、质量等因素密切相关，其形式多样，搬运机器人常用夹持器有电磁吸盘、真空吸盘和手爪 3 类，如图 9.1-2 所示。

（a）电磁吸盘

（b）真空吸盘

（c）手爪

图 9.1-2　搬运机器人常用夹持器

电磁吸盘通过电磁吸力抓取金属零件，其结构简单、控制方便，夹持力大、对夹持面的要求不高，在夹持工件时也不会损伤工件，且可制成各种形状，但它只能用于由导磁材料制作的物品的抓取，并容易留下剩磁，故多用于原材料、集装箱类物品的搬运作业。

真空吸盘利用吸盘内部和大气压力间的压力差来吸持物品，它对物品制作材料无要求，但要求吸持面光滑、平整、不透气，且吸持力受大气压力的限制，故多用于玻璃、金属、塑料或木材等轻量平板类物品或小型密封包装的袋状物品夹持。

手爪可利用机械锁紧机构或摩擦力来夹持物品，它可根据作业对象的外形、质量和夹持要求设计成各种各样的形状，夹持力可根据要求设计和调整，其适用范围广、可靠性高、使用灵活方便、定位精度高，是搬运机器人广泛使用的夹持器。

（3）夹持器控制装置

夹持器控制装置是为夹持器提供动力、控制夹持器松/夹动作的部件，使用电磁吸盘的搬运机器人，需要配套电源及通断控制装置；使用真空吸盘、气动手爪的搬运机器人，需要配套真空泵、气泵（气源）及电磁阀等部件；在分拣机器人、仓储机器人、码垛机器人上，有时还需要配备相应的物品识别、检视等传感系统，以及质量复检设备、不合格品剔除设备、堆垛整形设备、输送带等附加设备。

3. 作业控制

搬运机器人的作业控制比较简单，在绝大多数场合只需要利用控制系统的 DI/DO 信号连接相应的检测开关/电磁线圈，便可利用输入/输出指令控制（夹持器的松/夹动作）。

将物品按规律堆叠的码垛是搬运机器人的常见作业内容。在进行码垛作业时，机器人的移动路线、定位点选择都有一定的规律，为了简化操作、方便编程，工业机器人通常有用于程序点位置自动计算的专门编程指令。

例如，在 FANUC 机器人上，可直接利用“叠栈指令”，实现 4 种不同的码垛作业方式，如图 9.1-3 所示。

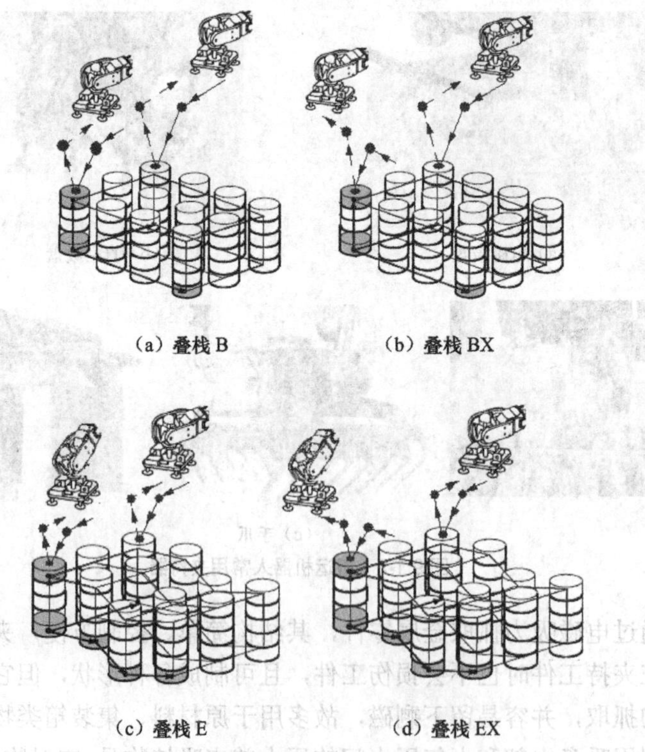

图 9.1-3　机器人码垛作业方式

叠栈 B：工具姿态、层式样不变，物品为直线、矩形、平行四边形或梯形布置，机器人移动路线固定的码垛作业方式。

叠栈 BX：工具姿态、层式样不变，物品为直线、矩形、平行四边形或梯形布置，机器人移动路线可变的多路线码垛作业方式。

叠栈 E：物品自由布置或工具姿态、层式样可变，移动路线固定的码垛。

叠栈 EX：物品自由布置或工具姿态、层式样、机器人移动路线可变的多路线码垛作业方式。

码垛作业的开始位置、物体堆叠或提取路线及垛形（码垛形状）、层式样等均可通过码垛作业参数进行定义，有关内容可参见本书作者编写的《FANUC 工业机器人应用技术全集》（人民邮电出版社，2021.11）一书。

9.1.2　机器人焊接作业

1. 焊接的基本方法

焊接是以高温、高压的方式接合金属或其他热塑性材料的制造工艺与技术，是制造业的重要生产方式之一。焊接加工环境恶劣，作业时产生的强弧光、高温、烟尘、飞溅、电磁干扰不仅危害人体健康，甚至可能为人体带来烧伤、触电、视力受损、有毒气体吸入、紫外线过度照射等伤害。焊接加工对位置精度的要求远低于金属切削加工对位置精度的要求，因此，它是最适合使用工业机器人的领域之一，据统计，在工业机器人中，焊接机器人占比高达 50%，其中，金属焊接在工业领域中的应用最为广泛。

目前，金属焊接方法主要有钎焊、熔焊和压焊 3 类。

（1）钎焊

钎焊是将熔点低于工件（母材）、焊件的金属材料作为填充料（钎料），将钎料加热至熔化但低于工件、焊件熔点的温度后，利用液态钎料填充间隙，使钎料与工件、焊件相互扩散，以实现焊接的方法。例如，电子元器件焊接就是典型的钎焊，其焊接方法有烙铁焊、波峰焊及表面安装技术（SMT）等，钎焊一般较少直接使用机器人焊接。

（2）压焊

压焊是在加压条件下，使工件（母材）和焊件在固态下实现原子间结合的焊接方法。压焊的加热时间短、温度低，热影响小，作业过程简单、安全、卫生，同样在工业领域中得到了广泛应用，其中，电阻焊是最常用的压焊工艺，工业机器人的压焊一般采用电阻焊。

（3）熔焊

熔焊是通过加热，使工件（母材）、焊件及熔填物（焊丝、焊条等）局部熔化、形成熔池，冷却凝固后再将它们接合为一体的焊接方法。熔焊不需要对焊接部位施加压力，熔化金属材料的方法可采用电弧、气体火焰、等离子、激光等，其中，电弧熔化焊接（弧焊）是在金属熔焊中使用最广的方法。

2. 点焊机器人

用于压焊作业的工业机器人一般统称为点焊机器人，它是焊接机器人中最早研发的产品，主要用于点焊和滚焊（缝焊）作业，如图 9.1-4 所示。

点焊机器人一般采用电阻压焊工艺，其作业工具为焊钳。焊钳需要有电极张开、闭合、加压等动作，需要有相应的控制设备。

伺服焊钳适应性强、焊接质量好、运动平稳快速、作业效率高，焊钳开/合的位置、速度、压力等参数均由控制系统附加轴伺服驱动电机直接控制，它是目前被点焊机器人广泛使用的标准作业工具。

焊钳及控制部件（阻焊变压器等）的体积较大，质量大致为 30～100kg，而且对工作范围、运动灵活性的要求较高，因此，点焊机器人通常以中、大型垂直串联机器人为主。

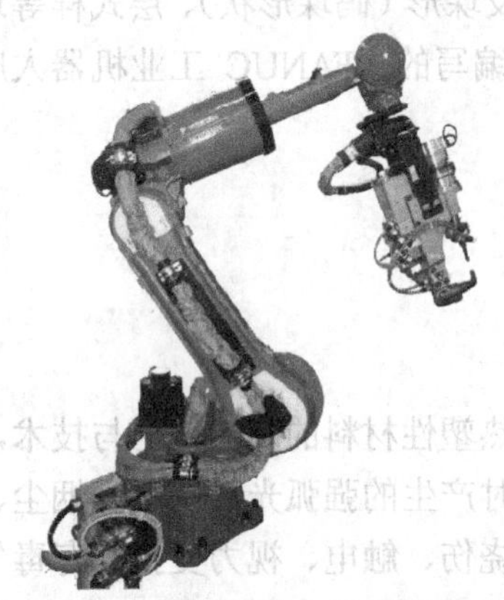

（a）点焊

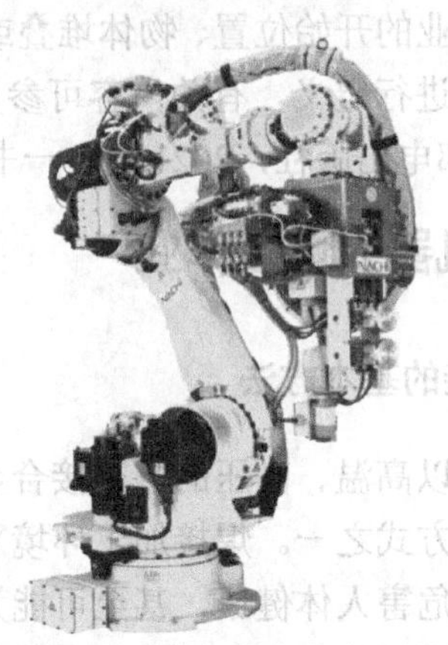

（b）缝焊

图 9.1-4　点焊机器人

3. 弧焊机器人

用于熔焊作业的机器人被称为弧焊机器人。弧焊机器人需要进行焊缝的连续焊接作业，对运动灵活性、速度平稳性和定位精度有一定的要求；但作业工具（焊枪）的质量较小，对机器人承载能力要求不高；因此，通常以 20kg 以下的小型、6 轴或 7 轴垂直串联机器人为主，机器人的重复定位精度通常为 0.1～0.2mm。

弧焊机器人的作业工具为焊枪，焊枪安装形式主要有内置焊枪、外置焊枪两类，如图 9.1-5 所示。

（a）内置焊枪

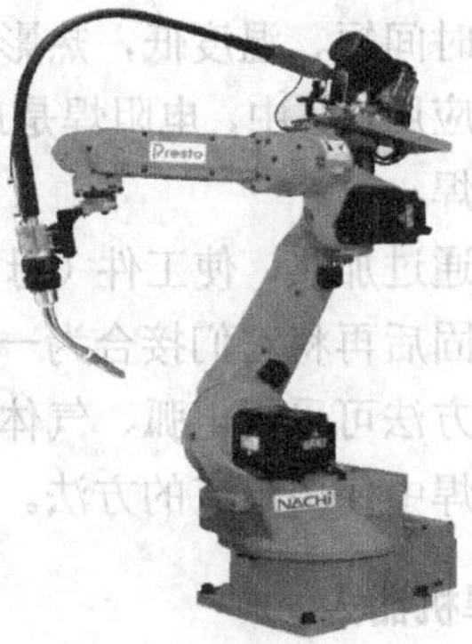

（b）外置焊枪

图 9.1-5　弧焊机器人焊枪安装形式

内置焊枪所使用的气管、电缆、焊丝直接从机器人的手腕、手臂内部引入焊枪，焊枪被直接安装在机器人手腕上。内置焊枪的结构紧凑、外形简洁，手腕运动灵活，但其安装、维护较为困难，因此，通常用于作业空间受限制的设备内部焊接作业。

外置焊枪所使用的气管、电缆、焊丝等均从机器人手腕的外部引入焊枪，焊枪通过支架被安装在机器人手腕上。外置焊枪的安装简单、维护容易，但其结构松散、体积较大，气管、电缆、焊丝等部件会对机器人手腕运动产生一定程度的干涉，因此，通常用于作业面敞开的零件或设备外部焊接作业。

9.1.3 点焊机器人控制

1. 电阻焊原理

电阻焊属于压焊，焊接原理如图 9.1-6 所示。

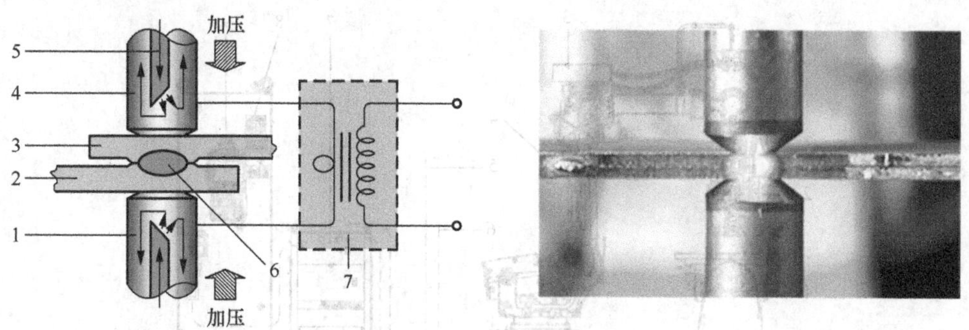

1、4—电极 2—工件 3—焊件 5—冷却水 6—焊核 7—电阻焊变压器

图 9.1-6 电阻焊的焊接原理

电阻焊的工件和焊件都必须使用导电材料，需要焊接的工件和焊件的焊接部位一般被加工成相互搭接的接头，在进行焊接时，可将工件和焊件压紧在两电极之间。在工件和焊件被电极压紧后，由于接触面的接触电阻的阻值大大超过了导电材料本身电阻的阻值，因此，当在电极上施加大电流时，接触面的温度将急剧升高、并迅速达到塑性状态；工件和焊件便可在电极轴向压力的作用下形成焊核，焊核冷却后，两者便可连为一体。

如果电极与工件、焊件为定点接触，则电阻焊所产生的焊核为“点”状，这样的焊接被称为“点焊”；如果电极在工件和焊件上连续滚动，所形成的焊核便成为一条连续的焊缝，被称为“滚焊”或“缝焊”。

电阻焊所产生的热量与接触电阻、通电时间、电流的平方成正比。为了使焊接部位迅速升温，电极必须通入足够大的电流，为此，需要通过变压器，将高电压、小电流的电源，变换成低电压、大电流的焊接电源，将这一变压器称为“电阻焊变压器”。

电阻焊变压器可安装在机器人的机身上，也可直接安装在焊钳上，前者被称为分离型焊钳、后者被称为一体型焊钳。电阻焊变压器输出侧用来连接电极的导线需要承载数千甚至数万安培的大电流，其截面积很大且需要冷却水；如果导线过长，不仅损耗极大，而且拉伸和扭转也较困难，因此，点焊机器人一般宜采用一体型焊钳。

2. 系统组成

点焊机器人系统组成如图 9.1-7 所示，主要部件的作用如下。

（1）焊机

电阻点焊的焊机简称为阻焊机，主要用于焊接电流、焊接时间等焊接参数及焊机冷却等的自动控制与调整。

阻焊机主要有单相工频焊机、三相整流焊机、中频逆变焊机、交流变频焊机几类，机器人使用的焊机多为中频逆变焊机、交流变频焊机。

中频逆变焊机、交流变频焊机的原理类似，它们通常采用“交—直—交—直”逆变电路，首先将来自电网的交流电转换为脉宽可调的 1000～3000Hz 的中频、高压脉冲；然后再利用电阻焊变压器将其变换为低压、大电流信号，之后再整流成直流焊接电流、加入电极，如图 9.1-8（b）所示。

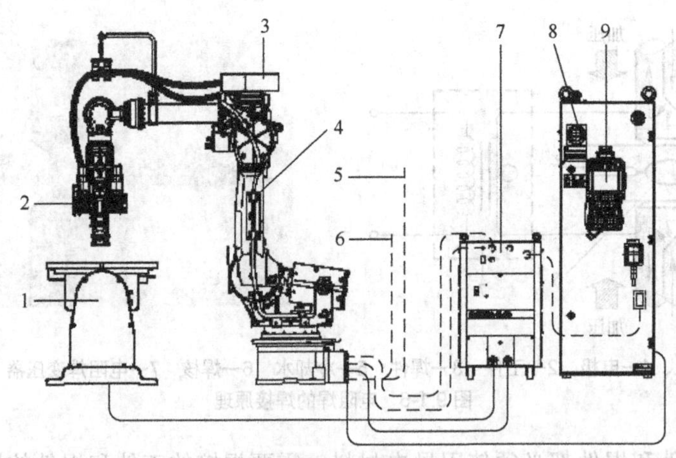

1—变位器　2—焊钳　3—控制部件　4—机器人　5、6—水、气管　7—焊机
8—控制柜　9—示教器

图 9.1-7　点焊机器人系统组成

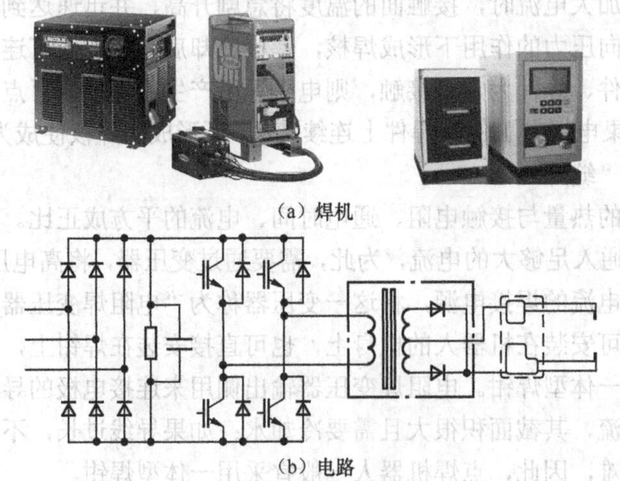

（a）焊机

（b）电路

图 9.1-8　焊机外观与电路原理

（2）焊钳

焊钳是点焊作业的基本工具，伺服焊钳的开合位置、速度、压力等均可利用伺服驱动电机进行控制，故通常将其作为机器人的辅助轴（工装轴），由机器人控制系统直接控制。

（3）附件

点焊系统的常用附件有变位器、电极修磨器、焊钳自动更换装置等，可根据系统的实际需要对附件进行选配。电极修磨器用来修磨电极表面的氧化层，以改善焊接效果、提高焊接质量；焊钳自动更换装置用于焊钳的自动更换。

3. 作业控制

点焊机器人常用的作业形式有焊接（单点焊接或多点连续焊接）和空打两种，其作业过程与控制要求在不同机器人上稍有不同，常用的点焊作业过程及控制要求如下。

（1）单点焊接

单点焊接是对工件指定位置所进行的焊接操作，其作业过程如图 9.1-9 所示，作业过程及控制要求如下。

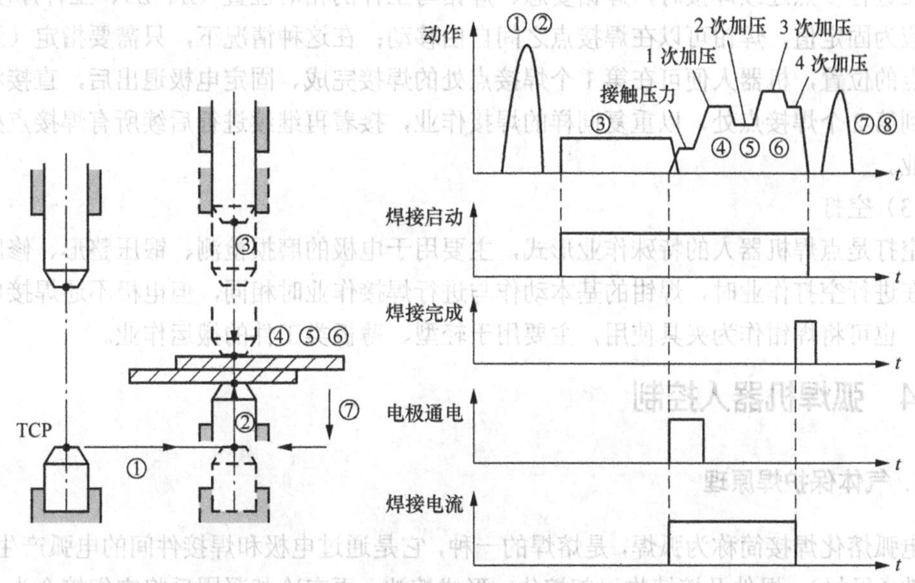

图 9.1-9　单点焊接作业过程

① 机器人移动，将焊钳作业中心线定位到焊接点法线上。

② 机器人移动，使焊钳的固定电极与工件下方接触，完成焊接定位。

③ 焊接启动，焊钳的移动电极伸出、使工件和焊件的焊接部位接触并被焊钳夹紧。

④ 电极通电，焊点加热。

⑤ 加压，焊钳的移动电极继续伸出、对焊接部位加压；一般可根据需要设定加压次数、压力。

⑥ 焊接完成，断开移动电极电源、移动电极退回。

⑦ 机器人移动，使焊钳的固定电极与工件下方脱离。

⑧ 机器人移动，使焊钳退出工件。

（2）多点连续焊接

多点连续焊接通常用于板材的多点焊接，其作业过程如图 9.1-10 所示。

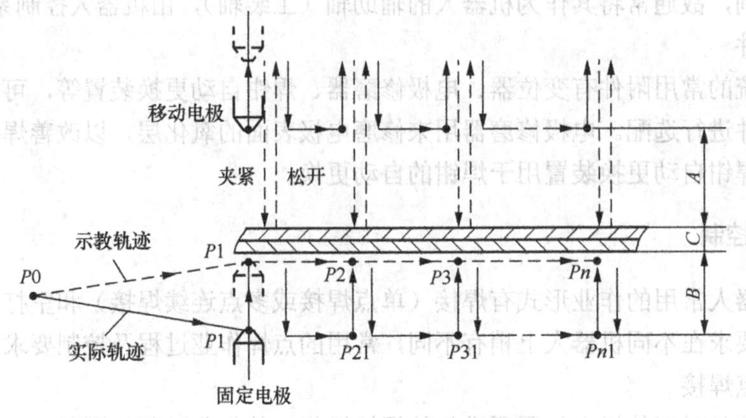

图 9.1-10　多点连续焊接作业过程

在进行多点连续焊接时，焊钳姿态、焊钳与工件的相对位置（*A*、*B*）、工件厚度（*C*）等均应为固定值，焊钳可以在焊接点之间自由移动；在这种情况下，只需要指定（示教）焊接点的位置，机器人便可在第 1 个焊接点处的焊接完成、固定电极退出后，直接将焊钳定位到第 2 个焊接点处，以重复同样的焊接作业，接着再继续进行后续所有焊接点处的焊接作业。

（3）空打

空打是点焊机器人的特殊作业形式，主要用于电极的磨损检测、锻压整形、修磨等操作；在进行空打作业时，焊钳的基本动作与进行焊接作业时相同，但电极不通焊接电流，因此，也可将焊钳作为夹具使用，主要用于轻型、薄板类工件的搬运作业。

9.1.4　弧焊机器人控制

1. 气体保护焊原理

电弧熔化焊接简称为弧焊，是熔焊的一种，它是通过电极和焊接件间的电弧产生高温，使工件（母材）、焊件及熔填物局部熔化、形成熔池，再在冷却凝固后将它们接合为一体的焊接方法。

由于大气中存在氧气、氮气、水蒸气，高温熔池如果与大气直接接触，金属或合金就会氧化或产生气孔、夹渣、裂纹等缺陷，因此，通常需要通过焊枪的导电嘴将氩气（Ar）、氦气（He）、二氧化碳（CO_2）或混合气体连续喷到焊接区，来隔绝大气、保护熔池，这种焊接方式被称为气体保护电弧焊。

弧焊既可直接将熔填物作为电极并熔化，也可将其由熔点极高的电极（一般为钨电极）加热后，与工件、焊件一起熔化，前者被称为“熔化极气体保护电弧焊”，后者被称为“不熔化极气体保护电弧焊”；两种焊接方式的电极极性相反，如图 9.1-11 所示。

熔化极气体保护电弧焊需要以连续送进的可熔焊丝为电极，产生电弧并熔化焊丝、工件及焊件，实现金属熔合。根据保护气体种类，其主要分为 MIG 焊、MAG 焊、CO_2 焊 3 类。

（1）MIG 焊

MIG 焊是惰性气体保护电弧焊（Metal Inert-gas Welding）的简称，保护气体为氩气（Ar）、氦气（He）等惰性气体，使用氩气的 MIG 焊俗称“氩弧焊”。MIG 焊几乎可用于所有金属的焊接，尤为适合铝及合金的焊接、铜及合金的焊接、不锈钢等材料的焊接。

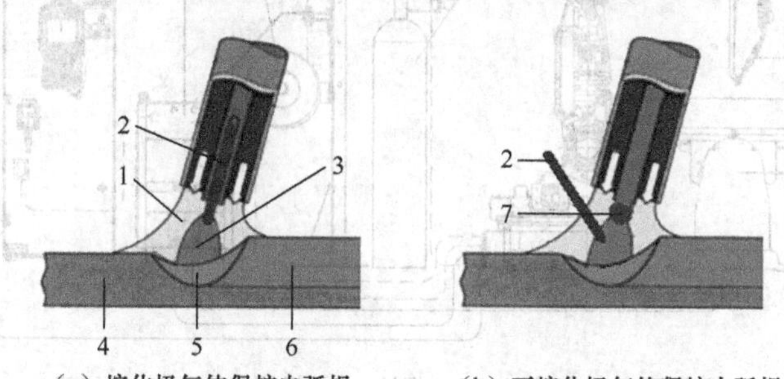

（a）熔化极气体保护电弧焊　（b）不熔化极气体保护电弧焊

1—保护气体　2—焊丝　3—电弧　4—工件　5—熔池　6—焊件　7—钨极

图 9.1-11　气体保护电弧焊原理

（2）MAG 焊

MAG 焊是活性气体保护电弧焊（Metal Active-gas Welding）的简称，保护气体为惰性气体和氧化性气体的混合物，如在氩气中加入氧气、二氧化碳或两者的混合物，由于混合气体以氩气为主，故又称“富氩混合气体保护焊”。MAG 焊主要适用于碳钢、合金钢和不锈钢等黑色金属的焊接，在不锈钢焊接中应用十分广泛。

（3）CO_2 焊

CO_2 焊是二氧化碳气体保护电弧焊的简称，保护气体为二氧化碳或二氧化碳与氩气的混合气体。二氧化碳的价格低廉、焊缝成形良好，它是目前碳钢、合金钢等黑色金属最主要的焊接方法之一。

不熔化极气体保护电弧焊主要有 TIG 焊、原子氢焊及等离子弧焊等，TIG 焊是最常用的方法，介绍如下。

TIG 焊是钨极惰性气体保护电弧焊（Tungsten Inert Gas Welding）的简称。TIG 焊以钨电极为电极，产生电弧并熔化工件、焊件和焊丝，实现金属熔合，保护气体一般为惰性气体，如氩气、氦气或氩气与氦气的混合气体。以氩气为保护气体的 TIG 焊被称为“钨极氩弧焊”，以氦气为保护气体的 TIG 焊被称为“钨极氦弧焊”，由于氦气的价格昂贵，目前工业上以“钨极氩弧焊”为主。“钨极氩弧焊”多用于铝、镁、钛、铜等有色金属及用不锈钢、耐热钢等材料制成的薄板焊接，对铅、锡、锌等低熔点、焊接易蒸发金属的焊接较困难。

2. 系统组成

弧焊机器人系统组成如图 9.1-12 所示，焊接设备主要有焊枪（内置焊枪或外置焊枪）、焊机、送丝机构、保护气体及输送管路（气瓶、气管）等，自动化弧焊工作站、生产线一般还配套有焊枪清洗装置、焊枪自动交换装置等辅助设备，如图 9.1-13 所示。

MIG 焊、MAG 焊、CO_2 焊将焊丝作为填充料，在焊接过程中焊丝将不断熔化，故需要有焊丝盘、送丝机构来保证焊丝的连续输送；保护气体一般通过气瓶、气管，向导电嘴连续输送。

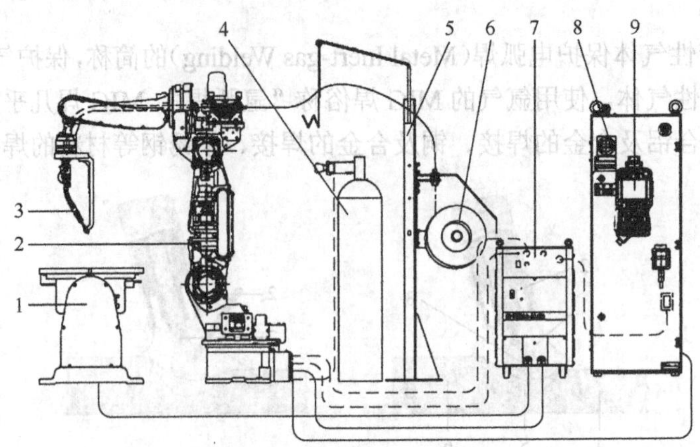

1—变位器 2—机器人 3—焊枪 4—保护气体 5—焊丝架
6—焊丝盘 7—焊机 8—控制柜 9—示教器

图 9.1-12 弧焊机器人系统组成

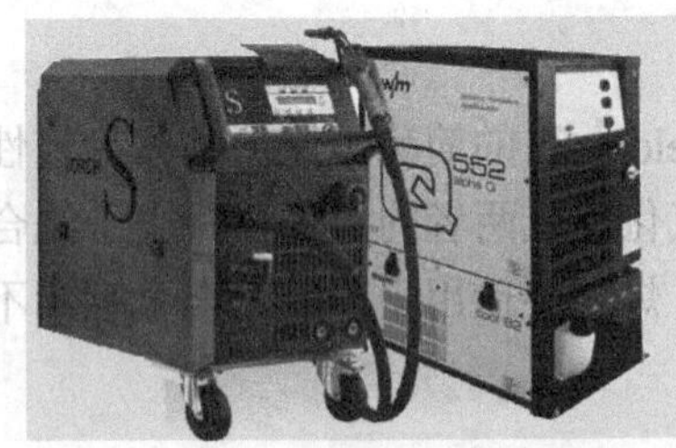

(a) 焊机

(b) 焊枪清洗装置

(c) 焊枪自动交换装置

图 9.1-13 弧焊设备

焊机是进行焊接电压、电流等焊接参数的自动控制与调整的电源设备，常用的有交流弧焊机和逆变弧焊机两类。交流弧焊机是一种把电网电压转换为弧焊低压、大电流的特殊变压器，故又被称为弧焊变压器；交流弧焊机结构简单、制造成本低、维修容易、空载损耗小，但焊接电流为正弦波，电弧稳定性较差、功率因数低，一般用于简单的手动弧焊设备。

逆变弧焊机是采用脉宽调制（PWM）逆变技术的先进焊机，是工业机器人广泛使用的焊接设备。在逆变弧焊机上，电网输入的 50Hz 的工频交流电首先经过整流、滤波被转换为直流电；然后再逆变成 10～500kHz 的中频交流电；最后通过变压、二次整流和滤波，得到焊接所需要的低电压、大电流的直流焊接电流或脉冲电流。逆变弧焊机体积小、质量轻，功率因数高、空载损耗小，而且焊接电流及焊接升降过程均可控制，故可获得理想的电弧特性。

焊枪经过长时间焊接，会产生电极磨损、导电嘴焊渣残留等问题，利用焊枪清洗装置可对焊枪进行导电嘴清洗、防溅喷涂、剪丝等处理，以保证气体传输畅通、减少导电嘴的残渣附着、保证焊丝干伸长度不变。焊枪自动交换装置用来实现焊枪的自动更换，以改变焊接工艺、提高机器人作业柔性和作业效率。

3. 作业控制

弧焊机器人除普通的移动焊接作业外，还可进行“摆焊”作业；在焊接过程中不仅需要有引弧、熄弧、送气、送丝等基本焊接动作，而且还需要有再引弧功能，弧焊机器人作业动作在不同机器人上有所区别，常用的弧焊控制要求如下。

（1）常规焊接

弧焊机器人的常规焊接动作和控制要求如图 9.1-14 所示。

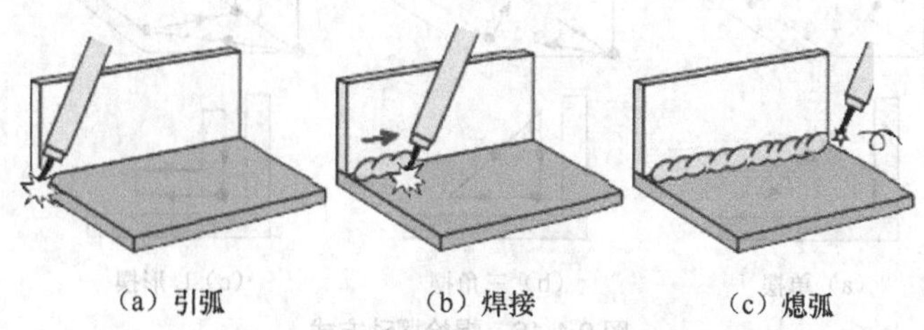

图 9.1-14　常规焊接动作和控制要求

在进行焊接时首先需要将焊枪移动到焊接开始点处，接通保护气体和焊接电流，产生电弧（引弧）；然后控制焊枪沿焊接轨迹移动并连续送入焊丝；当焊枪到达焊接结束点后，关闭保护气体通道和焊接电流（熄弧），退出焊枪；如果在焊接过程中出现引弧失败、焊接中断、焊接结束时出现焊丝粘连的“粘丝”现象等故障，还需要通过“再引弧”动作（见后述内容），重启焊接、解除粘丝。

（2）摆焊

摆焊是一种可在焊枪行进时进行横向有规律的摆动的焊接工艺。摆焊不仅能增加焊缝宽度、提高焊接强度，而且还能改善焊缝根部透度和结晶性能，形成均匀美观的焊缝，提高焊接质量，因此，经常用于不锈钢材料的角连接焊接等场合。

机器人摆焊的实现形式有工件移动摆焊和焊枪移动摆焊两种，如图 9.1-15 所示。

在进行工件移动摆焊作业时，焊枪的行进利用工件的移动实现，焊枪只需要在固定位置进行起点与终点重合的摆动运动，故被称为“定点摆焊”。定点摆焊通常用于大型零件作业，系统需要有工件移动的辅助轴。

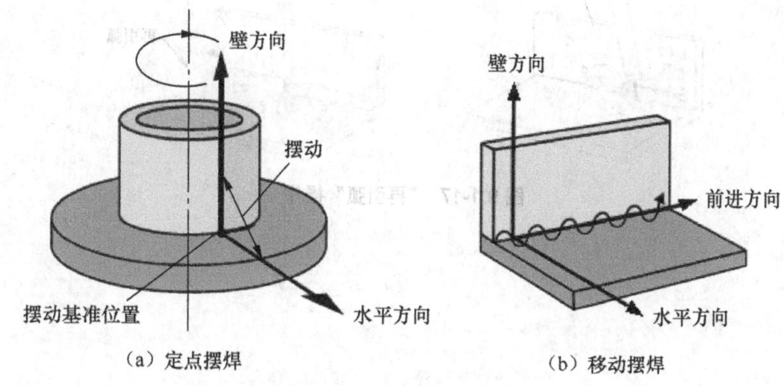

图 9.1-15　机器人摆焊的实现形式

焊枪移动摆焊是利用机器人同时控制焊枪行进、摆动的作业方式，焊枪摆动方式一般有单摆、三角形摆、L 形摆 3 种，如图 9.1-16 所示；对于上述 3 种摆动方式的倾斜平面角度、摆动幅度和频率等参数，均可通过作业命令进行编程和改变。

单摆焊接的焊枪运动如图 9.1-16（a）所示，当焊枪沿编程轨迹行进时，可在指定的倾斜平面内横向摆动，焊枪运动轨迹为摆动平面上的三角波。

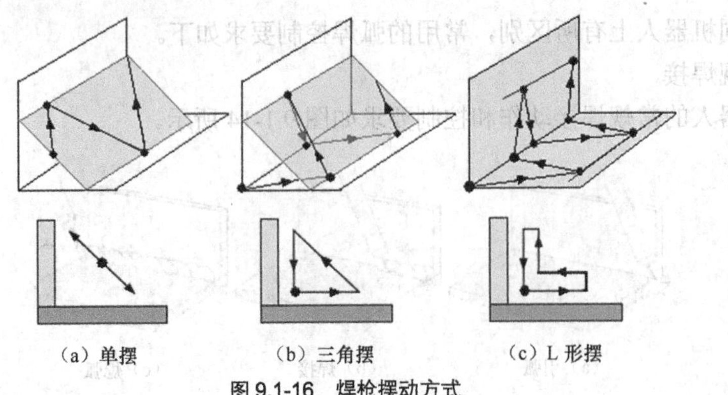

图 9.1-16　焊枪摆动方式

三角摆焊接的焊枪运动如图 9.1-16（b）所示，当焊枪沿编程轨迹行进时，首先沿水平（或垂直）方向移动，接着在指定的倾斜平面内运动，然后再沿垂直（或水平）方向回到编程轨迹，焊枪运动轨迹为三角形螺旋线。

L 形摆焊接的焊枪运动如图 9.1-16（c）所示，当焊枪沿编程轨迹行进时，首先沿水平（或垂直）方向移动，回到编程轨迹后，再沿垂直（或水平）方向摆动；焊枪运动轨迹为 L 形三角波。

（3）再引弧

再引弧是在焊枪电弧中断时，重新接通保护气体和焊接电流、使得焊枪再次产生电弧的功能。例如，如果在引弧部位或焊接部位存在锈斑、油污、氧化皮等污物，或者在引弧和焊接时发生断气、断丝、断弧等现象，均可能会导致引弧失败或在焊接过程中出现熄弧；此外，如果焊接参数选择不当，在焊接结束时也可能发生焊丝粘连的“粘丝”现象；在这种情况下，机器人就需要进行“再引弧”操作，重新接通保护气体和焊接电流，继续进行焊接作业，如图 9.1-17 所示。

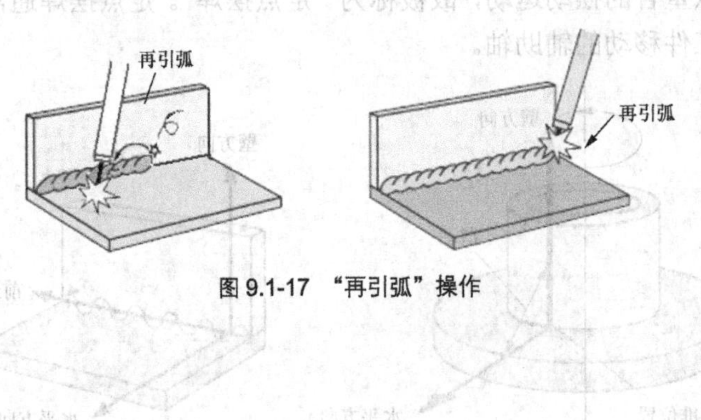

图 9.1-17　“再引弧”操作

9.2 搬运机器人程序示例

9.2.1 程序设计要求

1. 搬运动作

作为最简单的应用实例，以下将介绍利用 ABB IRB 120 工业机器人完成图 9.2-1 所示的搬运作业要求的 RAPID 应用程序设计示例。

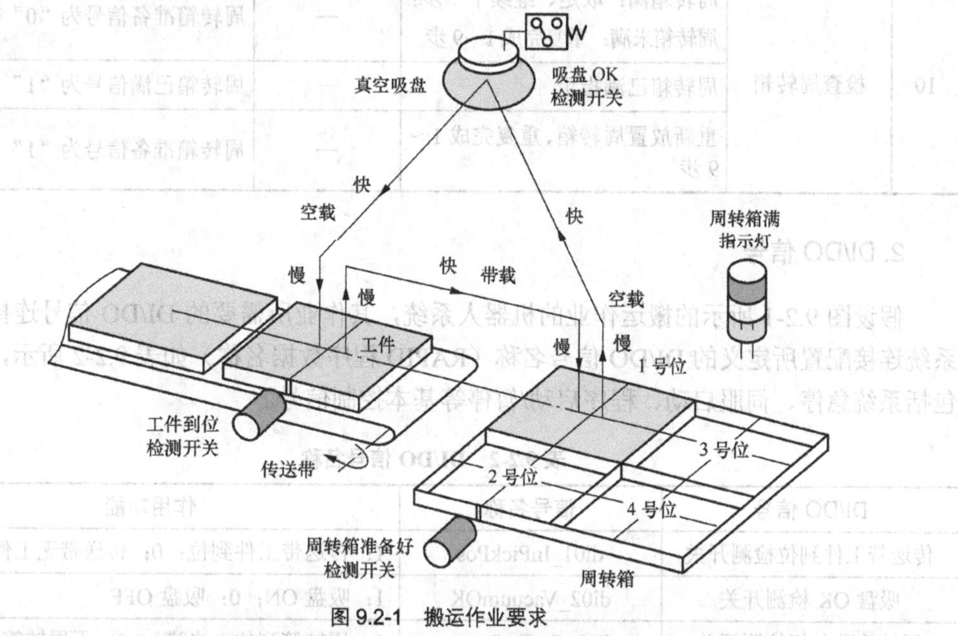

图 9.2-1 搬运作业要求

图 9.2-1 所示的搬运系统由搬运机器人、真空吸盘及控制装置、传送带、周转箱等主要部件组成。该搬运系统要求利用安装在机器人上的真空吸盘，抓取由传送带输送而来的工件；然后，再将工件依次放置到周转箱的 1 号位～4 号位中。一旦周转箱放满 4 个工件，系统输出“周转箱满”指示灯信号，提示操作者更换周转箱；更换周转箱后，继续进行搬运作业。

搬运系统对机器人及辅助部件的动作要求如表 9.2-1 所示。

表 9.2-1 搬运系统对机器人及辅助部件的动作要求

工步	名称	动作要求	运动速度	DI/DO 信号
0	作业初始状态	机器人位于作业原点	—	
		周转箱准备好	—	周转箱准备信号为“1”
		传送带工件到位	—	工件到位信号为“1”
		吸盘真空关闭	—	吸盘 ON 信号为“0”
1	抓取预定位	机器人运动到抓取点上方	空载高速	保持原状态
2	到达抓取位	机器人运动到抓取点处	空载低速	保持原状态

续表

工步	名称	动作要求	运动速度	DI/DO 信号
3	抓取工件	吸盘 ON	—	吸盘 ON 为“1”、吸盘 OK 为“1”
4	工件提升	机器人运动到抓取点上方	带载低速	保持原状态
5	工件转移	机器人运动到放置点上方	带载高速	保持原状态
6	工件入箱	机器人运动到放置点处	带载低速	保持原状态
7	放置工件	吸盘 OFF	—	吸盘 ON 为“0”、吸盘 OK 为“0”
8	机器人退出	机器人运动到放置点上方	空载低速	保持原状态
9	返回作业原点	机器人运动到作业原点处	空载高速	保持原状态
10	检查周转箱	周转箱满：取走、继续下一步； 周转箱未满：重复完成 1～9 步	—	周转箱准备信号为“0”
		周转箱已满指示	—	周转箱已满信号为“1”
		重新放置周转箱、重复完成 1～9 步	—	周转箱准备信号为“1”

2. DI/DO 信号

假设图 9.2-1 所示的搬运作业的机器人系统，其作业所需要的 DI/DO 信号连接及通过系统连接配置所定义的 DI/DO 信号名称（RAPID 程序数据名称）如表 9.2-2 所示，表中不包括系统急停、伺服启动、程序启动/暂停等基本控制信号。

表 9.2-2　DI/DO 信号名称

DI/DO 信号	信号名称	作用功能
传送带工件到位检测开关	di01_InPickPos	1：传送带工件到位；0：传送带无工件
吸盘 OK 检测开关	di02_VacuumOK	1：吸盘 ON；0：吸盘 OFF
周转箱准备好检测开关	di03_BufferReady	1：周转箱到位（未满）；0：无周转箱
吸盘 ON 阀	do32_VacuumON	1：开真空、吸盘 ON；0：关真空、吸盘 OFF
周转箱满指示灯	do34_BufferFull	1：周转箱满指示；0：周转箱可用

9.2.2　程序设计思想

1. 程序数据定义

在进行 RAPID 程序设计前，首先需要根据控制要求，将机器人工具的形状、姿态、载荷及工件位置、机器人定位点、运动速度等全部控制参数，定义成 RAPID 程序设计所需要的程序数据。

根据上述搬运作业要求，所定义的基本程序数据如图 9.2-2 和表 9.2-3 所示，不同程序数据的设定要求和方法可参见前述相关内容。

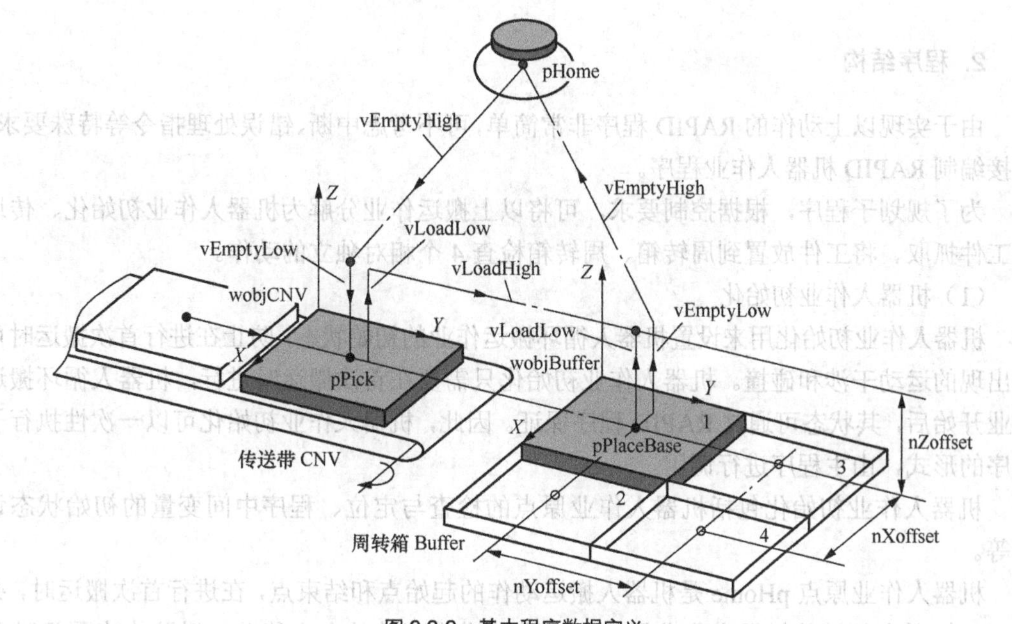

图 9.2-2　基本程序数据定义

表 9.2-3　基本程序数据定义

程序数据			含义	设定方法
性质	数据类型	名称		
CONST	robtarget	pHome	机器人作业原点	指令定义或示教设定
CONST	robtarget	pPick	工件抓取位置	指令定义或示教设定
CONST	robtarget	pPlaceBase	周转箱 1 号放置位置	指令定义或示教设定
CONST	speeddata	vEmptyHigh	空载高速	指令定义
CONST	speeddata	vEmptyLow	空载低速	指令定义
CONST	speeddata	vLoadHigh	带载高速	指令定义
CONST	speeddata	vLoadLow	带载低速	指令定义
CONST	num	nXoffset	周转箱 *X* 方向位置间距	指令定义
CONST	num	nYoffset	周转箱 *Y* 方向位置间距	指令定义
CONST	num	nZoffset	*Z* 方向低速接近距离	指令定义
PERS	tooldata	tGripper	作业工具数据	指令定义或自动测定
PERS	loaddata	LoadFull	工件负载数据	指令定义或自动测定
PERS	wobjdata	wobjCNV	传送带坐标系	指令定义或自动测定
PERS	wobjdata	wobjBuffer	周转箱坐标系	指令定义或自动测定
PERS	robtarget	pPlace	周转箱放置位置	程序自动计算
PERS	num	nCount	工件计数器	程序自动计算
VAR	bool	bPickOK	工件抓取状态	程序自动计算

以上基本程序数据为搬运作业基本数据，且多为常量 CONST、永久数据 PERS，故需要在主模块上进行定义。对于子程序数据运算、状态判断所需要的其他程序变量 VAR，可在相应的子程序中，根据需要进行个别定义；具体参见后述的程序示例。

2. 程序结构

由于实现以上动作的 RAPID 程序非常简单，可不考虑中断、错误处理指令等特殊要求，直接编制 RAPID 机器人作业程序。

为了规划子程序，根据控制要求，可将以上搬运作业分解为机器人作业初始化、传送带工件抓取、将工件放置到周转箱、周转箱检查 4 个相对独立的动作。

（1）机器人作业初始化

机器人作业初始化用来设置机器人循环搬运作业的初始状态，防止在进行首次搬运时可能出现的运动干涉和碰撞。机器人作业初始化只需要在首次搬运时进行，机器人循环搬运作业开始后，其状态可通过 RAPID 程序保证。因此，机器人作业初始化可以一次性执行子程序的形式，由主程序进行调用。

机器人作业初始化包括机器人作业原点的检查与定位、程序中间变量的初始状态设置等。

机器人作业原点 pHome 是机器人搬运动作的起始点和结束点，在进行首次搬运时，必须保证机器人能够从机器人作业原点附近向传送带工件的上方移动，以防止出现运动干涉和碰撞；机器人完成搬运后，可直接将该点定义为动作结束点，以便实现循环搬运动作。如果在搬运作业开始时机器人不在机器人作业原点，出于安全上的考虑，一般应先进行 Z 轴提升运动，然后再进行 X 轴、Y 轴定位。

机器人作业原点是 TCP 位置数据（robtarget），它需要同时保证 XYZ 位置和工具姿态正确，因此，程序需要进行 TCP 的（x, y, z）坐标和工具姿态四元数（q_1、q_2、q_3、q_4）的比较与判别，由于其运算指令较多，故可以单独的功能程序形式进行编制。只要能够保证机器人在首次运动时不产生碰撞，实际上允许在机器人的作业开始位置和作业原点之间有一定的偏差，因此，在判别程序中，可将 XYZ 位置和工具姿态四元数 q_1～q_4 偏差不超过某一值（如±20mm、±0.05）的点，视作机器人作业原点。

作为参考，可将本例的机器人作业初始化程序的功能设计为：进行程序中间变量的初始状态设置；调用机器人作业原点的检查与定位子程序，检查作业开始位置，完成机器人作业原点的定位。其中，机器人作业原点的检查和判别，通过调用功能程序完成；机器人作业原点的定位在子程序中实现。

（2）传送带工件抓取

通过机器人完成机器人作业原点→传送带工件抓取位置上方→工件抓取位置→工件抓取位置上方的运动；在工件抓取位置，需要输出吸盘 ON 信号以抓取工件；在完成工件抓取后，需要改变机器人的负载及运动速度。

（3）将工件放置到周转箱

通过机器人完成传送带工件抓取位置上方→周转箱放置位置上方→工件放置位置→工件放置位置上方→机器人作业原点的运动；在工件放置位置，需要输出吸盘 OFF 信号以放置工件；在完成工件放置后，需要恢复机器人空载及运动速度。

周转箱的工件放置位置有 4 个，可通过工件计数来选择不同的工件放置位置。工件放置位置的计算可通过对工件计数器的计数值进行测试，利用周转箱 X、Y 方向位置间距的偏移实现，并可以使用独立的子程序完成。

（4）周转箱检查

用来检查周转箱是否已放满工件，如果已在周转箱中放满工件，则需要输出周转箱已满信号，等待操作者取走周转箱。周转箱是否已满，可根据工件计数器的计数值进行判断；一旦操作者取走周转箱，便可将工件计数器复位为初始值。

根据以上设计思路，对应用程序的主模块及主程序、子程序结构，以及应用程序可实现的功能的规划如表 9.2-4 所示。

表 9.2-4 RAPID 应用程序结构与功能的规划

名称	类型	程序功能
mainmodu	MODULE	主模块，定义表 9.1-3 中的基本程序数据
mainprg	PROC	主程序，进行如下子程序的调用与管理。 （1）一次性调用初始化子程序 rInitialize，完成机器人作业原点的检查与定位，进行程序中间变量的初始状态设置。 （2）循环调用子程序 rPickPanel、rPlaceInBuffer、rCheckBuffer，完成搬运动作
rInitialize	PROC	一次性调用 1 级子程序，完成以下动作。 （1）调用 2 级子程序 rCheckHomePos，进行机器人作业原点的检查与定位。 （2）将工件计数器设置为初始值 1。 （3）关闭吸盘 ON 信号
rCheckHomePos	PROC	rInitialize 一次性调用的 2 级子程序，可完成以下动作。 调用功能程序 InHomePos，判别机器人是否处于机器人作业原点；当机器人不在机器人作业原点时进行如下处理。 （1）将 Z 轴直线提升至机器人作业原点位置。 （2）将 X 轴、Y 轴移动到机器人作业原点定位
InHomePos	FUNC	rCheckHomePos 一次性调用的 3 级功能子程序，完成机器人原点判别。 （1）$X/Y/Z$ 位置误差不超过±20mm。 （2）工具姿态四元数 q_1～q_4 误差不超过±0.05
rPickPanel	PROC	循环调用 1 级子程序，完成以下动作。 （1）确认机器人吸盘为空，否则，停止程序运行，示教器显示出错信息。 （2）机器人空载，快速定位到传送带工件抓取位置的上方。 （3）机器人空载，慢速下降到工件抓取位置。 （4）输出吸盘 ON 信号，抓取工件。 （5）设置机器人作业负载。 （6）机器人带载慢速提升到传送带工件抓取位置的上方
rPlaceInBuffer	PROC	循环调用 1 级子程序，完成以下动作。 （1）调用放置位置计算子程序 rCalculatePos，计算周转箱放置位置。 （2）机器人带载，高速定位到周转箱放置位置的上方。 （3）机器人带载，低速下降到工件放置位置的上方。 （4）输出吸盘 OFF 信号，放置工件。 （5）撤销机器人作业负载。 （6）机器人空载，慢速提升到工件放置位置的上方。 （7）机器人空载，高速返回机器人作业原点

续表

名称	类型	程序功能
rCalculatePos	PROC	rPlaceInBuffer 循环调用的 2 级子程序，完成以下动作。 工件计数器为 1：将工件放置到 1 号基准位置。 工件计数器为 2：X 方向位置偏移，将工件放置到 2 号位。 工件计数器为 3：Y 方向位置偏移，将工件放置到 3 号位。 工件计数器为 4：X/Y 方向位置同时偏移，将工件放置到 4 号位。 计数器错误，示教器显示出错信息，程序停止运行
rCheckBuffer	PROC	循环调用 1 级子程序，完成以下动作。 如果周转箱已满，则输出周转箱已满信号，继续完成以下动作。 （1）等待操作者取走周转箱。 （2）工件计数器复位为初始值 1

9.2.3 程序设计示例

根据以上设计要求与思路，设计的 RAPID 应用程序示例如下。

```
!***********************************************************
MODULE mainmodu (SYSMODULE)                         // 主模块 mainmodu 及属性
  ! Module name : Mainmodule for Transfer          // 注释
  ! Robot type : IRB 120
  ! Software : RobotWare 6.01
  ! Created : 2017-06-06
!*****************************************          // 定义程序数据（根据实际情况设定）
  CONST robtarget pHome:=[……] ;                   // 机器人作业原点
  CONST robtarget pPick:=[……] ;                   // 工件抓取位置
  CONST robtarget pPlaceBase:=[……] ;              // 放置基准位置
  CONST speeddata vEmptyHigh:=[……] ;              // 空载高速
  CONST speeddata vEmptyLow:=[……] ;               // 空载低速
  CONST speeddata vLoadHigh:=[……] ;               // 带载高速
  CONST speeddata vLoadLow:=[……] ;                // 带载低速
  CONST num nXoffset:=…… ;                        // 周转箱 X 方向位置间距
  CONST num nYoffset:=…… ;                        // 周转箱 Y 方向位置间距
  CONST num nZoffset:=…… ;                        // Z 方向低速接近距离
  PERS tooldata tGripper:= [……] ;                 // 作业工具
  PERS loaddata LoadFull:= [……] ;                 // 作业负载
  PERS wobjdata wobjCNV:= [……] ;                  // 传送带坐标系
  PERS wobjdata wobjBuffer:= [……] ;               // 周转箱坐标系
  PERS robtarget pPlace:=[……] ;                   // 周转箱当前放置位置
  PERS num nCount ;                                // 工件计数器
  VAR bool bPickOK ;                               // 工件抓取状态
!***********************************************************
PROC mainprg ()                                    // 主程序
    rInitialize ;                                  // 调用初始化程序
  WHILE TRUE DO                                    // 无限循环
    rPickPanel ;                                   // 调用工件抓取程序
    rPlaceInBuffer ;                               // 调用工件放置程序
    rCheckBuffer ;                                 // 调用周转箱检查程序
```

```
    Waittime 0.5                          // 暂停 0.5s
  ENDWHILE                                // 循环结束
ENDPROC                                   // 主程序结束
!*********************************************************
PROC rInitialize ()                       // 初始化程序
    rCheckHomePos ;                       // 调用机器人作业原点检查程序
    nCount:=1                             // 工件计数器预置
    bPickOK:=FALSE ;                      // 撤销工件抓取状态
    Reset do32_VacuumON                   // 关闭吸盘
ENDPROC                                   // 初始化程序结束
!*********************************************************
PROC rPickPanel ()                        // 工件抓取程序
  IF bPickOK:=FALSE THEN
    MoveJ Offs(pPick, 0, 0, nZoffset), vEmptyHigh, z20, tGripper\ wobj :=wobjCNV ;
                                          // 移动到 pPick 上方减速点
    WaitDI di01_InPickPos, 1 ;            // 等待传送带工件到位 di01=1
  MoveL pPick, vEmptyLow, fine, tGripper\ wobj :=wobjCNV ; // pPick 点定位
    Set do32_VacuumON ;                   // 吸盘 ON (do32=1)
    WaitDI di02_ VacuumOK, 1 ;            // 等待工件抓取完成 di02=1
    bPickOK:=TRUE ;                       // 设定工件抓取状态
    GripLoad LoadFull ;                   // 设定作业负载
  MoveL Offs(pPick, 0, 0, nZoffset), vLoadLow, z20, tGripper\ wobj :=wobjCNV ;
                                          // 提升到 pPick 上方减速点
  ELSE
    TPErase ;                             // 示教器清屏
    TPWrite ''Cycle Restart Error'' ;     // 显示出错信息
    TPWrite ''Cycle can't start with Panel on Gripper'' ;
    TPWrite ''Please check the Gripper and then restart next cycle'' ;
    Stop ;                                // 程序停止
  ENDIF
ENDPROC                                   //工件抓取程序结束
!*********************************************************
PROC rPlaceInBuffer ()                    // 工件放置程序
  IF bPickOK:=TRUE THEN
    rCalculatePos                         // 调用工件放置位置计算程序
    WaitDI di03_BufferReady, 1 ;          // 等待周转箱到位 di03=1
    MoveJ Offs(pPlace, 0, 0, nZoffset), vLoadHigh, z20, tGripper\ wobj :=wobjBuffer ;
                                     // 移动到 pPlace 上方减速点
    MoveL pPlace, vLoadLow, fine, tGripper\ wobj :=wobjBuffer ; // pPick 点定位
    Reset do32_VacuumON ;                 // 吸盘 OFF (do32=0)
    WaitDI di02_ VacuumOK, 0 ;            // 等待放开 di02=0
    Waittime 0.5                               // 暂停 0.5s
    bPickOK:=FALSE ;                           // 撤销工件抓取状态
    GripLoad Load0 ;                           // 撤销作业负载
    MoveL Offs(pPlace, 0, 0, nZoffset), vEmptyLow, z20, tGripper\ wobj :=wobjBuffer ;
                                               // 移动到 pPlace 上方减速点
    MoveJ pHome, vEmptyHigh, fine, tGripper ; // 返回作业原点
    nCount:= nCount +1                         // 工件计数器加 1
  ENDIF
ENDPROC                                        //工件放置程序结束
!*********************************************************
```

```
PROC rCheckBuffer ()                                    // 周转箱检查程序
  IF nCount>4 THEN
    Set do34_BufferFull ;                               // 周转箱已满信号（do34=1）
    WaitDI di03_BufferReady, 0 ;                        // 等待取走周转箱 di03=0
    Reset do34_BufferFull ;                             // 周转箱未满信号（do34=0）
    nCount:= 1                                          //工件计数器复位
  ENDIF
ENDPROC                                                 //周转箱检查程序结束
!***********************************************************
PROC rCalculatePos ()                                   // 工件放置位置计算程序
  TEST nCount                                           // 计数器测试
  CASE 1:
   pPlace := pPlaceBase ;                               // 工件放置位置 1
  CASE 2:
   pPlace := Offs(pPlaceBase, nXoffset, 0, 0) ;         // 工件放置位置 2
  CASE 3:
   pPlace := Offs(pPlaceBase, 0, nYoffset, 0) ;         // 工件放置位置 3
  CASE 4:
   pPlace := Offs(pPlaceBase, nXoffset, nYoffset, 0) ;  // 工件放置位置 4
  DEFAULT:
   TPErase ;                                            // 示教器清屏
   TPWrite ''The Count Number is Error'' ;              // 显示出错信息
   Stop ;
  ENDTEST
ENDPROC                                                 //放置位置计算程序结束
!***********************************************************
PROC CheckHomePos ()                                    // 机器人作业原点检查
程序
   VAR robtarget pActualPos ;                           // 定义程序数据
  IF NOT InHomePos( pHome, tGripper) THEN
                   // 利用功能程序判别机器人作业原点，非机器人作业原点时进行如下处理
   pActualPos:=CRobT(\Tool:= tGripper \ wobj :=wobj0) ; // 读取当前位置
   pActualPos.trans.z:= pHome.trans.z ;                 // 改变 Z 坐标值
   MoveL pActualPos, vEmptyHigh, z20, tGripper ;        // Z 轴退至 pHome
   MoveL pHome, vEmptyHigh, fine, tGripper ;            // 将 X 轴、Y 轴定位到 pHome
  ENDIF
ENDPROC                                                 // 机器人作业原点检查程序结束
!***********************************************************
FUNC bool InHomePos (robtarget ComparePos, INOUT CompareTool)
                                                        // 机器人作业原点判别程序
    VAR num Comp_Count:=0 ;
    VAR robtarget Curr_Pos ;
    Curr_Pos:= CRobT(\Tool:= CompareTool \ WObj :=wobj0) ;
                                                        // 读取当前位置，进行以下判别
    IF Curr_Pos.trans.x>ComparePos.trans.x-20 AND
    Curr_Pos.trans.x<ComparePos.trans.x+20 Comp_Count:= Comp_Count+1 ;
    IF Curr_Pos.trans.y>ComparePos.trans.y-20 AND
    Curr_Pos.trans.y<ComparePos.trans.y+20 Comp_Count:= Comp_Count+1 ;
    IF Curr_Pos.trans.z>ComparePos.trans.z-20 AND
    Curr_Pos.trans.z<ComparePos.trans.z+20 Comp_Count:= Comp_Count+1 ;
    IF Curr_Pos.rot.q1>ComparePos.rot.q1-0.05 AND
```

```
    Curr_Pos.rot.q1＜ComparePos.rot.q1+0.05 Comp_Count:= Comp_Count+1 ;
    IF Curr_Pos.rot.q2＞ComparePos.rot.q2－0.05 AND
    Curr_Pos.rot.q2＜ComparePos.rot.q2+0.05 Comp_Count:= Comp_Count+1 ;
    IF Curr_Pos.rot.q3＞ComparePos.rot.q3－0.05 AND
    Curr_Pos.rot.q3＜ComparePos.rot.q3+0.05 Comp_Count:= Comp_Count+1 ;
    IF Curr_Pos.rot.q4＞ComparePos.rot.q4－0.05 AND
    Curr_Pos.rot.q4＜ComparePos.rot.q4+0.05 Comp_Count:= Comp_Count+1 ;
  RETUN Comp_Count=7 ;                              // 返回 Comp_Count=7 的逻辑状态
ENDFUNC                                             // 机器人作业原点判别程序结束
!**********************************************************************
ENDMODULE                                           // 主模块结束
!**********************************************************************
```

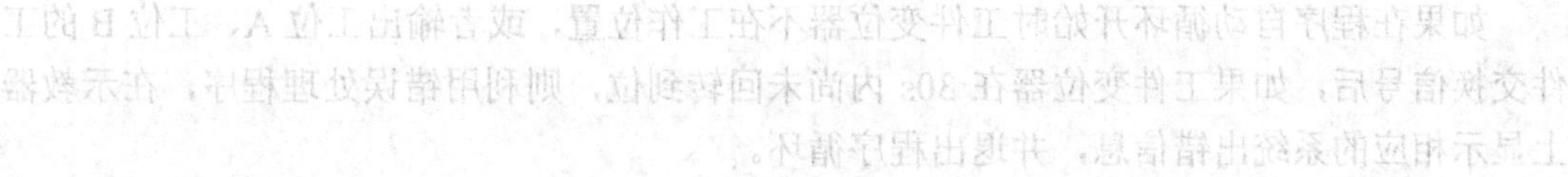

9.3 弧焊机器人程序示例

9.3.1 程序设计要求

1. 焊接动作

作为简单示例，以下将介绍利用 ABB IRB 2600 工业机器人完成图 9.3-1 所示的焊接作业要求的 RAPID 应用程序设计示例。

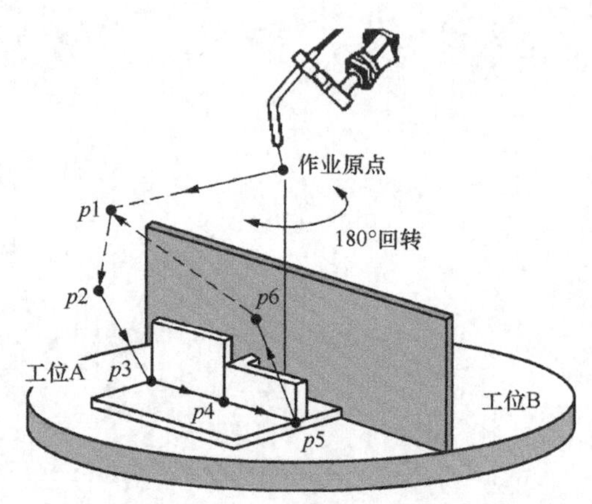

图 9.3-1 焊接作业要求

图 9.3-1 所示的焊接系统要求机器人能够按图所示的轨迹移动，并利用 MIG 焊完成工件 $p3$～$p5$ 点的直线焊缝焊接作业。完成工件焊接后，需要输出工件变位器回转信号，通过工件变位器的 180° 回转，进行工位 A、工位 B 的工件交换；并由操作者在工位 B 完成工件的装卸作业；然后重复机器人运动和焊接动作，实现机器人的连续焊接作业。

如果在焊接完成后，操作者在工位 B 的工件装卸作业尚未完成，则中断程序执行，输出工件安装指示灯，提示操作者装卸工件；操作者完成工件装卸后，可通过应答按钮输入安装完成信号，程序继续执行。

如果在程序自动循环开始时工件变位器不在工作位置，或者输出工位 A、工位 B 的工件交换信号后，如果工件变位器在 30s 内尚未回转到位，则利用错误处理程序，在示教器上显示相应的系统出错信息，并退出程序循环。

焊接系统对机器人及辅助部件的动作要求如表 9.3-1 所示。

表 9.3-1 焊接系统对机器人及辅助部件的动作要求

工步	名称	动作要求	运动速度	DI/DO 信号
0	作业初始状态	机器人位于机器人作业原点	—	—
		加速度及速度倍率限制为 50% 速度限制为 600mm/s	—	—
		工件变位器回转阀关闭	—	工位 A、工位 B 的工件变位器回转信号为 0
		焊接电源、送丝、气体关闭	—	焊接电源、送丝、气体信号为 0
1	作业区上方定位	机器人高速运动到 $p1$ 点处	高速	同上
2	作业开始点定位	机器人高速运动到 $p2$ 点处	高速	同上

续表

工步	名称	动作要求	运动速度	DI/DO 信号
3	焊接开始点定位	机器人移动到 *p*3 点处	500mm/s	焊接电源、送丝、气体信号为 1；焊接电流、电压输出（系统自动控制）
4	*p*3 点附近引弧	自动引弧	焊接参数设定	
5	焊缝 1 焊接	机器人移动到 *p*4 点	200mm/s	
6	焊缝 2 摆焊	机器人移动到 *p*5 点	100mm/s	
7	*p*5 点附近熄弧	自动熄弧	焊接参数设定	焊接电源、送丝、气体信号为 0；焊接电流、电压关闭（系统自动控制）
8	焊接退出点定位	机器人移动到 *p*6 点	500mm/s	
9	作业区上方定位	机器人高速运动到 *p*1 点	高速	同上
10	返回机器人作业原点	机器人移动到机器人作业原点	高速	同上
11	工件变位器回转	自动进行工位 A、工位 B 的工件交换	—	工位 A 或工位 B 回转信号为 1
12	结束工件变位器回转	撤销工位 A、工位 B 回转信号	—	工位 A、工位 B 回转信号为 0

2. DI/DO 信号

假设图 9.3-1 所示的焊接作业的机器人系统，其作业所需要的 DI/DO 信号连接及通过系统连接配置所定义的 DI/DO 信号名称（RAPID 程序数据名称）如表 9.3-2 所示，表中不包括系统急停、伺服启动、程序启动/暂停等基本控制信号及通过 ABB 弧焊机器人 I/O 配置文件设定的 DI/DO 信号、AI/AO 信号。

表 9.3-2　DI/DO 信号名称

DI/DO 信号	信号名称	功能
引弧检测	di01_ArcEst	1：正常引弧；0：熄弧
送丝检测	di02_WirefeedOK	1：正常送丝；0：送丝关闭
保护气体检测	di03_GasOK	1：保护气体正常；0：保护气体关闭
工位 A 到位	di06_inStationA	1：工位 A 在作业区；0：工位 A 不在作业区
工位 B 到位	di07_inStationB	1：工位 B 在作业区；0：工位 B 不在作业区
工件装卸完成	di08_bLoadingOK	1：工件装卸完成应答；0：未应答
焊接电源 ON	do01_WeldON	1：接通焊接电源；0：断开焊接电源
气体 ON	do02_GasON	1：打开保护气体；0：关闭保护气体
送丝 ON	do03_FeedON	1：启动送丝；0：停止送丝
交换工位 A	do04_CellA	1：工位 A 回转到作业区；0：工位 A 锁紧
交换工位 B	do05_CellB	1：工位 B 回转到作业区；0：工位 B 锁紧
工件变位器回转出错	do07_SwingErr	1：工件变位器回转超时；0：工件变位器回转正常
等待工件装卸	do08_WaitLoad	1：等待工件装卸；0：工件装卸完成

3. 弧焊控制专用指令与程序数据

弧焊系统需要进行特殊的引弧、熄弧、送丝、退丝、剪丝等控制和焊接电流、电压等模拟量的自动调节，因此，不仅控制系统通常需要有配套的专门的弧焊控制模块；而且还有 RAPID 弧焊控制专用指令，简要说明如下，如表 9.3-3 所示。

表 9.3-3　RAPID 弧焊控制专用指令的编程格式

名称	编程格式与示例		
直线引弧	ArcLStart	编程格式	ArcLStart ToPoint, Speed[\V], seam, weld [\Weave], Zone[\Z][\Inpos], Tool[\WObj] [\TLoad] ;
		程序数据	seam：引弧、熄弧参数，数据类型为 seamdata。 weld：焊接参数，数据类型为 welddata。 \Weave：摆焊参数，数据类型为 weavedata。 其他：同 MoveL 指令
	功能说明	机器人 TCP 直线插补运动，在目标点附近自动引弧	
	编程示例	ArcLStart p1, v500, Seam1, Weld1, fine, tWeld \WObj := WObjStation ;	
直线焊接	ArcL	编程格式	ArcL ToPoint, Speed[\V], seam, weld [\Weave], Zone[\Z][\Inpos], Tool[\WObj] [\TLoad] ;
		程序数据	同上
	功能说明	机器人 TCP 直线插补自动焊接运动	
	编程示例	ArcL p2, v200, Seam1, Weld1, fine, tWeld \WObj := wobjStation ;	
直线熄弧	ArcLEnd	编程格式	ArcLEnd ToPoint, Speed[\V], seam, weld [\Weave], Zone[\Z][\Inpos], Tool[\WObj] [\TLoad] ;
		程序数据	同上
	功能说明	机器人 TCP 直线插补运动，在目标点附近自动熄弧	
	编程示例	ArcLStart p1, v500, Seam1, Weld1, fine, tWeld \WObj := wobjStation ;	
圆弧引弧	ArcCStart	编程格式	ArcCStart CirPoint, ToPoint, Speed[\V], seam, weld [\Weave], Zone[\Z][\Inpos], Tool[\WObj] [\TLoad] ;
		程序数据	同 MoveC、ArcLStart 指令
	功能说明	机器人 TCP 直线插补自动焊接运动，在目标点附近自动引弧	
	编程示例	ArcCStart p1, p2, v500, Seam1, Weld1, fine, tWeld \WObj := wobjStation ;	
圆弧焊接	ArcC	编程格式	ArcC CirPoint, ToPoint, Speed[\V], seam, weld [\Weave], Zone[\Z][\Inpos], Tool[\WObj] [\TLoad] ;
		程序数据	同 MoveC、ArcLStart 指令
	功能说明	机器人 TCP 圆弧插补自动焊接运动	
	编程示例	ArcC p1, p2, v500, Seam1, Weld1, fine, tWeld \WObj := wobjStation ;	
圆弧熄弧	ArcCEnd	编程格式	ArcCEnd CirPoint, ToPoint, Speed[\V], seam, weld [\Weave], Zone[\Z][\Inpos], Tool[\WObj] [\TLoad] ;
		程序数据	同 MoveC、ArcLStart 指令
	功能说明	机器人 TCP 圆弧插补自动焊接运动，在目标点附近自动熄弧	
	编程示例	ArcCEnd p1, p2, v500, Seam1, Weld1, fine, tWeld \WObj := wobjStation ;	

以上指令中的 seam、weld 为弧焊机器人专用的基本程序数据，在焊接指令中必须予以定

义。seam 用来设定引弧/熄弧的清枪时间 Purge_time、焊接开始前的提前送气时间 Preflow_time、焊接结束时的保护气体关闭时延 Postflow_time 等工艺参数；weld 用来设定焊接速度 Weld_speed、焊接电压 Voltaga、焊接电流 Current 等工艺参数。

指令中的\Weave 为弧焊机器人专用的程序数据添加项，用于特殊的摆焊作业控制，可以根据实际需要进行选择。\Weave 可用来设定摆动形状 Weave_shape、摆动类型 Weave_type、行进距离 Weave_Length 及 L 型摆和三角摆的摆动宽度 Weave_Width、摆动高度 Weave_Height 等参数。

9.3.2　程序设计思想

1. 程序数据定义

在进行 RAPID 程序设计前，首先需要根据控制要求，将机器人工具的形状、姿态、载荷及工件位置、机器人定位点、运动速度等全部控制参数，定义成 RAPID 程序设计所需要的程序数据。

根据上述弧焊作业要求，所定义的基本程序数据如表 9.3-4 所示，不同程序数据的设定要求和方法，可参见前述相关内容。

表 9.3-4　基本程序数据定义

程序数据			含义	设定方法
性质	数据类型	名称		
CONST	robtarget	pHome	机器人作业原点	指令定义或示教设定
CONST	robtarget	Weld_p1	作业区预定位点	指令定义或示教设定
CONST	robtarget	Weld_p2	作业开始点	指令定义或示教设定
CONST	robtarget	Weld_p3	焊接开始点	指令定义或示教设定
CONST	robtarget	Weld_p4	摆焊开始点	指令定义或示教设定
CONST	robtarget	Weld_p5	焊接结束点	指令定义或示教设定
CONST	robtarget	Weld_p6	作业结束点	指令定义或示教设定
PERS	tooldata	tMigWeld	工具数据	手动计算或自动测定
PERS	wobjdata	wobjStation	工件坐标系	手动计算或自动测定
PERS	seamdata	MIG_Seam	引弧、熄弧数据	指令定义或手动设置
PERS	welddata	MIG_Weld	焊接数据	指令定义或手动设置
VAR	intnum	intno1	中断名称数据	程序自动计算

以上基本程序数据为弧焊作业基本数据，且多为常量 CONST、永久数据 PERS，故需要在主模块上进行定义。对于子程序数据运算、状态判断所需要的其他程序变量 VAR，可在相应的子程序中，根据需要进行个别定义；具体参见后述的程序示例。

2. 程序结构

为了使读者熟悉 RAPID 中断设定指令、错误处理指令的编程方法，在以下程序示例中使用了中断设定指令、错误处理指令编程，并根据控制要求，将以上焊接作业分解为机器人作业初始化、工位 A 焊接、工位 B 焊接、焊接作业、中断处理 5 个相对独立的动作。

（1）机器人作业初始化

机器人作业初始化用来设置循环焊接作业的初始状态、设定并启用系统中断监控功能等。

循环焊接作业的初始化包括机器人作业原点的检查与定位、系统 DO 信号的初始状态设置等，它只需要在首次焊接时进行，机器人循环焊接作业开始后，其状态可通过 RAPID 程序保证。为了简化程序设计，本程序沿用了与前述搬运机器人相同的机器人作业原点的检查与定位方式（见 9.2 节）。

中断设定指令用来定义中断条件、连接中断程序、启动中断监控功能。由于系统的中断功能一旦生效，中断监控功能将始终保持有效状态，则可以随时调用中断程序，因此，它同样可在一次性执行的初始化程序中编制。

（2）工位 A 焊接

调用焊接作业程序，完成焊接；焊接完成后启动中断程序，等待工件装卸完成；输出工位 B 回转信号，启动工件变位器回转；在工件变位器回转超时时，调用主程序错误处理程序，输出回转出错指示。

（3）工位 B 焊接

调用焊接作业程序，完成焊接；焊接完成后启动中断程序，等待工件装卸完成；输出工位 A 回转信号，启动工件变位器回转；在工件变位器回转超时时，调用主程序错误处理程序，输出回转出错指示。

（4）焊接作业

沿图 9.3-1 所示的轨迹，完成表 9.3-1 中的焊接作业。

（5）中断处理

等待操作者工件安装完成应答信号，关闭工件安装指示灯。

根据以上设计思路，对应用程序的主模块及主程序、子程序结构及应用程序可实现的功能的规划如表 9.3-5 所示。

表 9.3-5　RAPID 应用程序结构与功能的规划

名称	类型	程序功能
mainmodu	MODULE	主模块，定义表 9.2-4 中的基本程序数据
mainprg	PROC	主程序，进行如下子程序的调用与管理。 （1）一次性调用初始化子程序 rInitialize，完成机器人作业原点的检查与定位、DO 信号的初始状态设置、设定并启用系统中断监控功能。 （2）根据工位检测信号，循环调用子程序 rCellA_Welding()或 rCellB_Welding()，完成焊接作业。 （3）通过错误处理程序 ERROR，处理工件变位器回转超时出错
rInitialize	PROC	一次性调用 1 级子程序，完成以下动作。 （1）调用 2 级子程序 rCheckHomePos，进行机器人作业原点的检查与定位。 （2）设置 DO 信号的初始状态。 （3）设定并启用系统中断监控功能

续表

名称	类型	程序功能
rCheckHomePos	PROC	rInitialize 一次性调用的 2 级子程序，完成以下动作。 调用功能程序 InHomePos，判别机器人是否处于作业原点；机器人不在作业原点时进行如下处理。 （1）将 Z 轴直线提升至原点位置。 （2）将 X 轴、Y 轴移动到原点定位
InHomePos	FUNC	rCheckHomePos 一次性调用的 3 级功能子程序，完成机器人作业原点判别。 （1）$X/Y/Z$ 位置误差不超过±20mm。 （2）工具姿态四元数 q_1～q_4 误差不超过±0.05
rCellA_Welding()	PROC	循环调用 1 级子程序，完成以下动作。 （1）调用焊接作业程序 rWeldingProg()，完成焊接。 （2）启动中断程序 tWaitLoading，等待工件装卸完成。 （3）输出工位 B 回转信号，启动工件变位器回转。 （4）在工件变位器回转超时时，调用主程序错误处理程序，输出回转出错指示
rCellB_Welding()	PROC	循环调用 1 级子程序，完成以下动作。 （1）调用焊接作业程序 rWeldingProg()，完成焊接。 （2）启动中断程序 tWaitLoading，等待工件装卸完成。 （3）输出工位 A 回转信号，启动变位器回转。 （4）在工件变位器回转超时时，调用主程序错误处理程序，输出回转出错指示
tWaitLoading	TRAP	子程序 rCellA_Welding()、rCellB_Welding()循环调用的中断程序，完成以下动作。 （1）等待操作者工件安装完成应答信号。 （2）关闭工件安装指示灯
rWeldingProg()	PROC	子程序 rCellA_Welding()、rCellB_Welding()循环调用的 2 级子程序，完成以下动作。 沿图 9.2-4 所示的轨迹，完成表 9.2-1 中的焊接作业

9.3.3 程序设计示例

根据以上设计要求与思路，设计的 RAPID 应用程序示例如下。

```
!***********************************************************
MODULE mainmodu (SYSMODULE)                          // 主模块 mainmodu 及属性
  ! Module name : Mainmodule for MIG welding         // 注释
  ! Robot type : IRB 2600
  ! Software : RobotWare 6.01
  ! Created : 2017-06-18
!*******************************************             // 定义程序数据（根据实际情况
设定）
   CONST robtarget pHome:=[……] ;                       // 机器人作业原点
   CONST robtarget Weld_p1:=[……] ;                    // 作业区预定位点 p1
   ……
   CONST robtarget Weld_p6:=[……] ;                    // 作业结束点 p6
```

……

```
  PERS tooldata tMigWeld:= [……] ;                              // 作业工具
  PERS wobjdata wobjStation:= [……] ;                           // 工件坐标系
  PERS seamdata MIG_Seam:=[……] ;                               // 引弧、熄弧参数
  PERS welddata MIG_Weld:=[……] ;                               // 焊接参数
  VAR intnum intno1 ;                                           // 中断名称
!**************************************************************
PROC mainprg ()                                                 // 主程序
   rInitialize ;                                                // 调用初始化程序
  WHILE TRUE DO                                                 // 无限循环
  IF di06_inStationA=1 THEN
    rCellA_Welding ;                                            // 调用工位 A 作业程序
    ELSEIF di07_inStationB=1 THEN
    rCellB_Welding ;                                            // 调用工位 B 作业程序
  ELSE
    TPErase ;                                                   // 示教器清屏
    TPWrite ''The Station positon is Error'' ;                  // 显示出错信息
    ExitCycle ;                                                 // 退出循环
  ENDIF
    Waittime 0.5 ;                                              // 暂停 0.5s
  ENDWHILE                                                      // 循环结束
  ERROR                                                         // 错误处理程序
    IF ERRNO = ERR_WAIT_MAXTIME THEN                            // 工件变位器回转超时
    TPErase ;                                                   // 示教器清屏
    TPWrite ''The Station swing is Error'' ;                    // 显示出错信息
    Set do07_ SwingErr ;                                  // 输出工件变位器回转出错指示
    ExitCycle ;                                                 // 退出循环
ENDPROC                                                         // 主程序结束
!**************************************************************
PROC rInitialize ()                                             // 初始化程序
    AccSet 50, 50 ;                                             // 加速度设定
    VelSet 100, 600 ;                                           // 速度设定
    rCheckHomePos ;                                       // 调用机器人作业原点检查程序
    Reset do01_WeldON                                           // 焊接电源关闭
    Reset do02_GasON                                            // 保护气体关闭
    Reset do03_FeedON                                           // 送丝关闭
    Reset do04_ CellA                                           // 工位 A 回转关闭
    Reset do05_ CellB                                           // 工位 B 回转关闭
    Reset do07_ SwingErr                                        // 回转出错灯关闭
    Reset do08_WaitLoad                                         // 工件装卸灯关闭
    IDelete intno1 ;                                            // 中断复位
    CONNECT intno1 WITH tWaitLoading;                           // 定义中断程序
    ISignalDO do08_WaitLoad, 1, intno1 ;                  // 定义中断、启动中断监控功能
ENDPROC                                                         // 初始化程序结束
!**************************************************************
PROC CheckHomePos ()                                      // 机器人作业原点检查程序
   VAR robtarget pActualPos ;                                   // 定义程序数据
   IF NOT InHomePos( pHome, tMigWeld) THEN
                          // 利用功能程序判别是否为作业原点，非作业原点时进行如下处理
   pActualPos:=CRobT(\Tool:= tMigWeld \ wobj :=wobj0) ;         // 读取当前位置
   pActualPos.trans.z:= pHome.trans.z ;                         // 改变 Z 坐标值
```

```
      MoveL pActualPos, v100, z20, tMigWeld ;       // Z 轴退至 pHome
      MoveL pHome, v200, fine, tMigWeld ;           // 将 X 轴、Y 轴定位到 pHome
    ENDIF
  ENDPROC                                           // 机器人作业原点检查程序结束
  !***********************************************************
  FUNC bool InHomePos(robtarget ComparePos, INOUT CompareTool)
                                                    // 机器人作业原点判别程序
    VAR num Comp_Count:=0 ;
    VAR robtarget Curr_Pos ;
    Curr_Pos:= CRobT(\Tool:= CompareTool \ wobj :=wobj0) ;
                                                    // 读取当前位置，进行以下判别
    IF Curr_Pos.trans.x>ComparePos.trans.x－20 AND
    Curr_Pos.trans.x<ComparePos.trans.x+20 Comp_Count:= Comp_Count+1 ;
    IF Curr_Pos.trans.y>ComparePos.trans.y－20 AND
    Curr_Pos.trans.y<ComparePos.trans.y+20 Comp_Count:= Comp_Count+1 ;
    IF Curr_Pos.trans.z>ComparePos.trans.z－20 AND
    Curr_Pos.trans.z<ComparePos.trans.z+20 Comp_Count:= Comp_Count+1 ;
    IF Curr_Pos.rot.q1>ComparePos.rot.q1－0.05 AND
    Curr_Pos.rot.q1<ComparePos.rot.q1+0.05 Comp_Count:= Comp_Count+1 ;
    IF Curr_Pos.rot.q2>ComparePos.rot.q2－0.05 AND
    Curr_Pos.rot.q2<ComparePos.rot.q2+0.05 Comp_Count:= Comp_Count+1 ;
    IF Curr_Pos.rot.q3>ComparePos.rot.q3－0.05 AND
    Curr_Pos.rot.q3<ComparePos.rot.q3+0.05 Comp_Count:= Comp_Count+1 ;
    IF Curr_Pos.rot.q4>ComparePos.rot.q4－0.05 AND
    Curr_Pos.rot.q4<ComparePos.rot.q4+0.05 Comp_Count:= Comp_Count+1 ;
   RETUN Comp_Count=7 ;                             // 返回 Comp_Count=7 的逻辑状态
  ENDFUNC                                           // 机器人作业原点判别程序结束
  !***********************************************************
  PROC rCellA_Welding()                             // 工位 A 焊接程序
    rWeldingProg ;                                  // 调用焊接程序
    Set do08_WaitLoad ;                           // 输出工件安装指示，启动中断程序
    Set do05_ CellB ;                               // 回转到工位 B
    WaitDI di07_inStationB, 1\MaxTime:=30 ;         // 等待回转到位 30s
    Reset do05_ CellB ;                             // 撤销回转信号输出
    ERROR
    RAISE ;                                         // 调用主程序错误处理程序
  ENDPROC                                           // 工位 A 焊接程序结束
  !***********************************************************
  PROC rCellB_Welding()                             // 工位 B 焊接程序
    rWeldingProg ;                                  // 调用焊接程序
    Set do08_WaitLoad ;                           // 输出工件安装指示，启动中断程序
    Set do04_ CellA ;                               // 回转到工位 A
    WaitDI di06_inStationA, 1\MaxTime:=30 ;         // 等待回转到位 30s
    Reset do04_ CellA ;                             // 撤销回转信号输出
    ERROR
    RAISE ;                                         // 调用主程序错误处理程序
  ENDPROC                                           // 工位 B 焊接程序结束
  !***********************************************************
  TRAP tWaitLoading                                 // 中断程序
    WaitDI di08_bLoadingOK ;                      // 等待操作者工件安装完成应答信号
    Reset do08_WaitLoad ;                           // 关闭工件安装指示灯
```

```
  ENDTRAP                                          // 中断程序结束
  !*******************************************************
  PROC rWeldingProg()                              // 焊接程序
    MoveJ Weld_p1, vmax, z20, tMigWeld \wobj := wobjStation ; // 移动到p1 点
    MoveL Weld_p2, vmax, z20, tMigWeld \wobj := wobjStation ; // 移动到p2 点
    ArcLStart Weld_p3, v500, MIG_Seam, MIG_Weld, fine, tMigWeld \wobj :=
wobjStation ;                                      // 直线移动到 p3 点并引弧
    ArcL Weld_p4, v200, MIG_Seam, MIG_Weld, fine, tMigWeld \wobj := wobjStation ;
                                                   // 直线焊接到 p4 点
    ArcLEnd Weld_p5, v100, MIG_Seam, MIG_Weld\Weave:= Weave1, fine, tMigWeld
      \wobj := wobjStation ;                       // 直线焊接（摆焊）到 p5 点并熄弧
    MoveL Weld_p6, v500, z20, tMigWeld \wobj := wobjStation ; // 移动到p6 点
    MoveJ Weld_p1, vmax, z20, tMigWeld \wobj := wobjStation ; // 移动到p1 点
    MoveJ pHome, vmax, fine, tMigWeld \wobj := wobj0 ;  // 机器人作业原点定位
  ENDPROC                                          // 焊接程序结束
  !*******************************************************
```

附录 A
RAPID 指令索引表

首字母	指令	名称	参见节次
—	:=	赋值	3.1
A	AccSet	加速度设定	4.3
	ActEventBuffer	启用事件缓冲功能	8.3
	ActUnit	启用机械单元	8.3
	Add	加法运算	3.4
	ALIAS	数据等同	3.3
	AliasIO	I/O 连接定义	5.1
	AliasIOReset	I/O 连接撤销	5.1
	ArcC	圆弧焊接（弧焊专用）	9.3
	ArcCEnd	圆弧熄弧（弧焊专用）	9.3
	ArcCStart	圆弧引弧（弧焊专用）	9.3
	ArcL	直线焊接（弧焊专用）	9.3
	ArcLEnd	直线熄弧（弧焊专用）	9.3
	ArcLStart	直线引弧（弧焊专用）	9.3
B	BitClear	byte、dnum 型数据指定位置 0	3.4
	BitSet	byte、dnum 型数据指定位置 1	3.4
	BookErrNo	定义错误编号	6.3
	Break	程序终止	6.1
C	CallByVar	子程序的变量调用	6.1
	CalcRotAxFrameZ	用户坐标系测算	8.2
	CalcRotAxisFrame	外部轴用户坐标系测算	8.2
	CamFlush	图像数据删除	8.5
	CamGetParameter	摄影设备参数读入	8.5
	CamGetResult	图像数据读入	8.5
	CamLoadJob	摄像任务加载	8.5
	CamReqImage	启动图像采集	8.5

续表

首字母	指令	名称	参见节次
C	CamSetExposure	摄影参数设定	8.5
	CamSetParameter	摄影设备参数设定	8.5
	CamSetProgramMode	摄像设备编程模式	8.5
	CamSetRunMode	摄像设备运行模式	8.5
	CamStartLoadJob	开始加载摄像任务	8.5
	CamWaitLoadJob	等待摄像任务加载完成	8.5
	CancelLoad	删除文件加载	7.4
	CheckProgRef	引用检查	7.4
	CirPathMode	圆弧插补工具姿态控制	4.3
	Clear	数值清除	3.4
	ClearIOBuff	串行接口缓冲器清除	7.2
	ClearPath	剩余轨迹清除	6.4
	ClearRawBytes	DeviceNet 数据清除	7.3
	ClkReset	计时器复位	6.4
	ClkStart	计时器计时启动	6.4
	ClkStop	计时器计时停止	6.4
	Close	串行接口关闭	7.2
	CloseDir	关闭文件目录	7.4
	COMMENT	程序注释	3.1
	ConfJ	关节插补姿态控制	4.3
	ConfL	直线、圆弧插补姿态控制	4.3
	CONNECT-WITH	中断连接	6.2
	CopyFile	复制文件	7.4
	CopyRawBytes	DeviceNet 数据复制	7.3
	CorrClear	删除轨迹校准器	8.5
	CorrCon	连接轨迹校准器	8.5
	CorrDiscon	断开轨迹校准器	8.5
	CorrWrite	校准值设定	8.5
D	DeactEventBuffer	停用事件缓冲功能	8.3
	DeactUnit	停用机械单元	8.3
	Decr	数值减 1	3.4
	DitherAct	启动软伺服抖动	8.3
	DitherDeact	撤销软伺服抖动	8.3
	DropSensor	结束同步跟踪	8.5
	DropWobj	工件同步跟踪结束	8.5

续表

首字母	指令	名称	参见节次
E	EGMActJoint	EGM 关节位置设定	8.5
	EGMActMove	EGM 移动设定	8.5
	EGMActPose	EGM 姿态位置设定	8.5
	EGMGetId	EGM 定义	8.5
	EGMMoveC	EGM 圆弧插补	8.5
	EGMMoveL	EGM 直线插补	8.5
	EGMReset	EGM 清除	8.5
	EGMRunJoint	EGM 关节定位	8.5
	EGMRunPose	EGM 姿态定位	8.5
	EGMSetupAI	EGM 传感器 AI 定义	8.5
	EGMSetupAO	EGM 传感器 AO 定义	8.5
	EGMSetupGI	EGM 传感器 GI 定义	8.5
	EGMSetupLTAPP	EMG 传感器 LTAPP 通信定义	8.5
	EGMSetupUC	EMG 传感器 UC 通信定义	8.5
	EGMStop	EGM 移动停止	8.5
	EOffsOff	外部轴程序偏移撤销	4.4
	EOffsOn	外部轴程序偏移生效	4.4
	EOffsSet	外部轴程序偏移设定	4.4
	EraseModule	清除程序模块	7.4
	ErrLog	创建故障履历信息	6.3
	ErrRaise	创建并处理系统警示信息	6.3
	ErrWrite	错误写入	6.3、7.1
	EXIT	退出程序	6.1
	ExitCycle	退出循环	6.1
F	FOR	重复执行	3.2
	FricIdInit	启动阻尼自动测试	8.3
	FricIdEvaluate	阻尼自动测试参数设定	8.3
	FricIdSetFricLevels	生效阻尼系数	8.3
G	GetDataVal	数值读取	8.6
	GetSysData	系统数据读入	8.6
	GetTrapData	中断数据读入	6.2
	GOTO	程序跳转	6.1
	GripLoad	作业负载设定	8.2
H	HollowWristReset	中空手腕复位	8.1
I	IDelete	中断删除	6.2
	IDisable	中断禁止	6.2

续表

首字母	指令	名称	参见节次
I	IEnable	中断使能	6.2
	IError	系统出错中断设定	6.2
	IF	条件执行	3.2
	Incr	数值增 1	3.4
	IndAMove	独立轴绝对位置定位	8.4
	IndCMove	独立轴连续回转	8.4
	IndDMove	独立轴增量移动	8.4
	IndReset	独立轴控制功能撤销	8.4
	IndRMove	独立轴相对位置定位	8.4
	InvertDO	DO 信号取反	5.2
	IOBusStart	I/O 总线使能	5.1
	IOBusState	I/O 总线检测	5.1
	IODisable	I/O 单元撤销	5.1
	IOEnable	I/O 单元使能	5.1
	IPers	永久数据中断设定	6.2
	IRMQMessage	通信消息中断设定	6.2
	IsignalAI、ISignalAO	AI/AO 中断设定	6.2
	IsignalDI、IsignalDO	DI/DO 中断设定	6.2
	IsignalGI、IsignalGO	GI/GO 中断设定	6.2
	ISleep	中断停用	6.2
	ITimer	定时中断设定	6.2
	IVarValue	探测数据中断设定	6.2
	IWatch	中断启用	6.2
L	Load	程序文件加载	7.4
	LoadId	工具及作业负载自动测定	8.2
M	MakeDir	创建文件目录	7.4
	ManLoadIdProc	外部轴负载自动测定	8.2
	MechUnitLoad	外部轴负载设定	8.1
	MotionProcessModeSet	伺服调节模式选择	8.3
	MotionSup	碰撞检测设定	8.2
	MoveAbsJ	绝对位置定位	4.2
	MoveC	圆弧插补	4.2
	MoveCAO	圆弧插补目标点 AO 输出	5.3
	MoveCDO	圆弧插补目标点 DO 输出	5.3
	MoveCGO	圆弧插补目标点 GO 输出	5.3

续表

首字母	指令	名称	参见节次
	MoveCSync	圆弧插补指令调用子程序	4.2
	MoveExtJ	外部轴绝对位置定位	4.2
	MoveJ	关节插补	4.2
	MoveJAO	关节插补目标点 AO 输出	5.3
	MoveJDO	关节插补目标点 DO 输出	5.3
	MoveJGO	关节插补目标点 GO 输出	5.3
M	MoveJSync	关节插补指令调用子程序	4.2
	MoveL	直线插补	4.2
	MoveLAO	直线插补目标点 AO 输出	5.3
	MoveLDO	直线插补目标点 DO 输出	5.3
	MoveLGO	直线插补目标点 GO 输出	5.3
	MoveLSync	直线插补指令调用子程序	4.2
	MToolRotCalib	移动工具方位四元数测定	8.2
	MToolTCPCalib	移动工具 TCP 位置测定	8.2
O	Open	串行接口打开	7.2
	OpenDir	打开文件目录	7.4
	PackDNHeader	DeviceNet 标题写入	7.3
	PackRawBytes	DeviceNet 数据写入	7.3
	PathAccLim	加速度限制	4.3
	PathRecMoveBwd	沿记录轨迹回退	6.4
	PathRecMoveFwd	沿记录轨迹前进	6.4
	PathRecStart	开始记录轨迹	6.4
	PathRecStop	停止记录轨迹	6.4
	PathResol	位置采样周期调整	8.3
	PDispOff	机器人程序偏移撤销	4.4
	PDispOn	机器人程序偏移生效	4.4
P	PDispSet	机器人程序偏移设定	4.4
	ProcCall	程序调用	3.2
	ProcerrRecovery	移动指令错误恢复模式	6.3
	PrxActivAndStoreRecord	生效并保存同步轨迹	8.5
	PrxActivRecord	生效同步轨迹	8.5
	PrxDbgStoreRecord	保存同步轨迹调试文件	8.5
	PrxDeactRecord	撤销同步轨迹	8.5
	PrxResetPos	传感器位置清除	8.5
	PrxResetRecords	清除同步轨迹	8.5
	PrxSetPosOffset	传感器位置偏移设定	8.5

续表

首字母	指令	名称	参见节次
P	PrxSetRecordSampleTime	位置采样周期设定	8.5
	PrxSetSyncalarm	同步报警设定	8.5
	PrxStartRecord	开始记录同步轨迹	8.5
	PrxStopRecord	停止记录同步轨迹	8.5
	PrxStoreRecord	保存同步轨迹	8.5
	PrxUseFileRecord	启用同步轨迹文件	8.5
	PulseDO	DO 脉冲输出	5.2
R	RAISE	调用错误处理程序	6.3
	RaiseToUser	用户错误处理方式	6.3
	ReadAnyBin	任意数据读入	7.2
	ReadBlock	数据块读取	8.5
	ReadCfgData	系统配置参数读取	8.6
	ReadErrData	出错信息读入	6.2
	ReadRawBytes	原始数据读入	7.2
	RemoveDir	删除文件目录	7.4
	RemoveFile	删除文件	7.4
	RenameFile	重新命名文件	7.4
	Reset	DO 信号输出 OFF	5.2
	ResetPPMoved	程序指针复位	6.1
	ResetRetryCount	故障重试计数器清除	6.3
	RestoPath	轨迹恢复指令	6.4
	RETRY	故障重试	6.3
	RETURN	程序返回	3.1
	Rewind	文件指针复位	7.2
	RMQEmptyQueue	清空消息队列	7.3
	RMQFindSlot	定义消息队列	7.3
	RMQGetMessage	消息读入	7.3
	RMQGetMsgData	消息数据读入	7.3
	RMQGetMsgHeader	消息标题读入	7.3
	RMQReadWait	消息读入等待	7.3
	RMQSendMessage	消息发送	7.3
	RMQSendWait	消息发送等待	7.3
S	Save	程序文件保存	7.4
	SaveCfgData	系统配置参数保存	8.6
	SCWrite	套接字永久数据发送	7.3
	SearchC	圆弧插补 DI 监控点搜索	5.4

续表

首字母	指令	名称	参见节次
S	SearchExtJ	外部轴 DI 监控点搜索	5.4
	SearchL	直线插补 DI 监控点搜索	5.4
	SenDevice	串行传感器通信连接	8.5
	Set	DO 信号输出 ON	5.2
	SetAllDataVal	全部数值设定	8.6
	SetAO	AO 值设置	5.2
	SetDataSearch	数据检索及设定	8.6
	SetDataVal	数值设定	8.6
	SetDO	DO 信号状态输出设置	5.2
	SetGO	DO 信号组状态输出设置	5.2
	SetSysData	系统数据设置	8.6
	SiClose	传感器关闭	8.5
	SiConnect	传感器连接	8.5
	SiGetCyclic	传感器数据接收周期	8.5
	SingArea	奇点姿态控制	4.3
	SiSetCyclic	传感器数据发送周期	8.5
	SkipWarn	跳过系统警示	6.3
	SocketAccept	接受套接字连接	7.3
	SocketBind	套接字端口绑定	7.3
	SocketClose	关闭套接字	7.3
	SocketConnect	连接套接字	7.3
	SocketCreate	创建套接字	7.3
	SocketListen	套接字输入监听	7.3
	SocketReceive	套接字数据接收	7.3
	SocketReceiveFrom	套接字数据接收	7.3
	SocketSend	套接字数据发送	7.3
	SocketSendTo	套接字数据发送	7.3
	SoftAct	启用软伺服	8.3
	SoftDeact	停用软伺服	8.3
	SpeedLimAxis	轴速度限制	4.3
	SpeedLimCheckPoint	检查点速度限制	4.3
	SpeedRefresh	速度倍率调整	4.3
	SpyStart	执行时间记录启动	6.4
	SpyStop	执行时间记录停止	6.4
	StartLoad	启动文件加载	7.4
	StartMove	恢复移动	6.1

续表

首字母	指令	名称	参见节次
S	StartMoveRetry	重启移动	6.3
	STCalib	伺服焊钳校准	8.4
	STClose	伺服焊钳闭合	8.4
	StepBwdPath	沿原轨迹返回	6.4
	STIndGun	伺服焊钳独立移动	8.4
	STIndGunReset	撤销伺服焊钳独立轴控制功能	8.4
	SToolRotCalib	固定工具方位四元数测定	8.2
	SToolTCPCalib	固定工具 TCP 位置测定	8.2
	Stop	程序停止	6.1
	STOpen	伺服焊钳打开	8.4
	StopMove	移动暂停	6.1
	StopMoveReset	移动结束	6.1
	StorePath	轨迹存储指令	6.4
	STTune	伺服焊钳参数调整	8.4
	STTuneReset	伺服焊钳参数清除	8.4
	SupSyncSensorOff	传感器停用	8.5
	SupSyncSensorOn	传感器启用	8.5
	SyncMoveOff	协同作业结束	6.5
	SyncMoveOn	协同作业启动	6.5
	SyncMoveResume	协同作业恢复	6.5
	SyncMoveSuspend	协同作业暂停	6.5
	SyncMoveUndo	协同作业撤销	6.5
	SyncToSensor	同步跟踪启动/停止控制	8.5
	SystemStopAction	系统停止	6.1
T	TEST	条件测试	3.2
	TestSignDefine	伺服测试信号定义	8.3
	TestSignReset	伺服测试信号清除	8.3
	TextTabInstall	安装文本表格	7.4
	TPErase	清屏	7.1
	TPReadNum、TPReadDnum	数值应答	7.1
	TPReadFK	功能键应答	7.1
	TPShow	窗口选择	7.1
	TPWrite	文本写入	7.1
	TriggC	圆弧插补控制点输出	5.3
	TriggCheckIO	I/O 检测中断设定	5.4
	TriggDataCopy	控制点数据复制	5.3

续表

首字母	指令	名称	参见节次
T	TriggDataReset	控制点数据清除	5.3
	TriggEquip	浮动输出控制点设定	5.3
	TriggInt	控制点中断设定	5.4
	TriggIO	固定输出控制点设定	5.3
	TriggJ、TriggJIOs	关节插补控制点输出	5.3
	TriggL、TriggLIOs	直线插补控制点输出	5.3
	TriggRampAO	线性变化模拟量输出设定	5.4
	TriggSpeed	机器人 TCP 速度模拟量输出设定	5.4
	TriggStopProc	输出状态保存	5.4
	TryInt	整数检查	3.4
	TRYNEXT	重试下一个指令	6.3
	TuneReset	伺服参数初始化	8.3
	TuneServo	伺服参数调整	8.3
U	UIMsgBox	键应答对话设定	7.1
	UIShow	用户界面显示	7.1
	UnLoad	程序文件卸载	7.4
	UnpackRawBytes	DeviceNet 数据读出	7.3
V	VelSet	速度设定	4.3
W	WaitAI	AI 读入等待	5.2
	WaitAO	AO 输出等待	5.2
	WaitDI	DI 读入等待	5.2
	WaitDO	DO 输出等待	5.2
	WaitGI	GI 读入等待	5.2
	WaitGO	GO 输出等待	5.2
	WaitLoad	程序文件加载等待	6.1、7.4
	WaitRob	移动到位等待	6.1
	WaitSensor	同步监控等待	6.1、8.5
	WaitSyncTask	程序同步等待	6.1
	WaitTestAndSet	永久数据等待	6.1
	WaitTime	定时等待	6.1
	WaitUntil	逻辑状态等待	6.1
	WaitWObj	工件等待	6.1、8.5
	WarmStart	系统重启	8.6
	WHILE	循环执行	3.2
	WorldAccLim	大地坐标系加速度限制	4.3
	Write	文本输出	7.2

续表

首字母	指令	名称	参见节次
W	WriteAnyBin	任意数据输出	7.2
	WriteBin	ASCII 码输出	7.2
	WriteBlock	数据块写入	8.5
	WriteCfgData	系统配置参数写入	8.6
	WriteRawBytes	原始数据输出	7.2
	WriteStrBin	混合数据输出	7.2
	WriteVar	通信变量写入	8.5
	WZBoxDef	箱体形监控区设定	8.1
	WZCylDef	圆柱形监控区设定	8.1
	WZDisable	临时监控区撤销	8.1
	WZDOSet	DO 输出监控	8.1
	WZEnable	临时监控区生效	8.1
	WZFree	临时监控区清除	8.1
	WZHomeJointDef	原点判别区设定	8.1
	WZLimJointDef	软件限位区设定	8.1
	WZLimSup	禁区监控	8.1
	WZSphDef	球形监控区设定	8.1

| 附录 B |

RAPID 函数命令索引表

首字母	函数	名称	参见节次
A	Abs、AbsDnum	绝对值	3.4
	Acos、AcosDnum	0°～180° 反余弦运算	3.4
	AInput	AI 数值读入	5.2
	AND	逻辑与运算	3.4
	AOutput	AO 数值读入	5.2
	ArgName	程序参数名称读入	3.2
	Asin、AsinDnum	−90°～90° 反正弦运算	3.4
	ATan、ATanDnum	−90°～90° 反正切运算	3.4
	ATan2、ATan2Dnum	*y*/*x* 反正切运算（−180°～180°）	3.4
B	BitAnd、BitAndDnum	逻辑位“与”运算	3.4
	BitCheck、BitCheckDnum	指定位状态检查	3.4
	BitLSh、BitLShDnum	左移位	3.4
	BitNeg、BitNegDnum	逻辑位“非”运算	3.4
	BitOr、BitOrDnum	逻辑位“或”运算	3.4
	BitRSh、BitLRhDnum	右移位	3.4
	BitXOr、BitXOrDnum	逻辑位“异或”运算	3.4
	ByteToStr	将 byte 型数据转换为 string 型数据	3.4
C	CalcJointT	将 TCP 位置转换为关节位置	4.5
	CalcRobT	将关节位置转换为 TCP 位置	4.5
	CalcRotAxFrameZ	用户坐标系测算	8.2
	CalcRotAxisFrame	外部轴用户坐标系测算	8.2
	CamGetExposure	当前摄影参数读入	8.5
	CamGetLoadedJob	当前摄像任务名称读入	8.5
	CamGetName	当前摄像设备名称读入	8.5
	CamNumberOfResults	当前图像数据的输入读入	8.5
	CDate	将当前日期转换为 string 型数据	3.4
	CJointT	关节位置读取	4.5

续表

首字母	函数	名称	参见节次
C	ClkRead	计时器时间读入	6.4
	CorrRead	校准值读取	8.5
	Cos、CosDnum	余弦运算	3.4
	CPos	*XYZ* 位置读取	4.5
	CRobT	TCP 位置读取	4.5
	CSpeedOverride	速度倍率读取	4.5
	CTime	将当前时间转换为 string 型数据	3.4
	CTool	工具数据读取	4.5
	CWObj	工件数据读取	4.5
D	DecToHex	十进制/十六进制字符串转换	3.4
	DefAccFrame	pose 型数据的多点定义	4.4
	DefDFrame	pose 型数据的 6 点定义	4.4
	DefFrame	pose 型数据的 3 点定义	4.4
	Dim	数组所含数据数量读入	3.3
	DInput	DI 状态读入	5.2
	Distance	两个程序点之间的空间距离计算	4.5
	DIV	求商	3.4
	DnumToNum	将 dnum 型数据转换为 num 型数据	3.4
	DnumToStr	将 dnum 型数据转换为 string 型数据	3.4
	DotProd	位置矢量乘积计算	4.5
	DOutput	DO 状态读入	5.2
E	EGMGetState	EGM 状态读入	8.5
	EulerZYX	Orient 数据变换为欧拉角	2.3、4.3
	EventType	当前事件读入	8.3
	ExecHandler	RAPID 指令执行处理器类型检查	8.6
	ExecLevel	RAPID 指令执行等级检查	8.6
	Exp	计算 e^x	3.4
F	FileSize	文件长度检查	7.4
	FileTime	读入文件最后操作时间信息	7.4
	FSSize	文件系统存储容量检查	7.4
G	GetMechUnitName	机械单元名称读入	8.3
	GetModalPayLoadMode	转矩补偿系统参数读取	8.2
	GetMotorTorque	电机输出转矩读取	8.3
	GetNextMechUnit	机械单元基本信息读入	8.3
	GetNextSym	数据检索	8.6
	GetServiceInfo	机械单元服务信息读入	8.3

续表

首字母	函数	名称	参见节次
G	GetSignalOrigin	I/O 连接检测	5.1
	GetSysInfo	控制系统基本信息读取	8.6
	GetTaskName	当前任务名称读取	6.5
	GetTime	系统时间读取	6.4
	GInput	16 点 DI 状态成组读入	5.2
	GInputDnum	32 点 DI 状态成组读入	5.2
	GOutput	16 点 DO 状态成组读入	5.2
	GOutputDnum	32 点 DO 状态成组读入	5.2
H	HexToDec	十六进制/十进制字符串转换	3.4
I	IndInpos	独立轴到位检查	8.4
	IndSpeed	独立轴速度检查	8.4
	IOUnitState	I/O 单元检测	5.1
	IsFile	文件类型检查	7.4
	IsMechUnitActive	机械单元启用检查	8.3
	IsPers	永久数据确认	3.3
	IsStopMoveAct	移动停止检查	6.1
	IsStopStateEvent	程序指针停止位置检查	6.1
	IsSyncMoveOn	协同作业同步运行检查	6.5
	IsSysId	控制系统系列号读入	8.6
	IsVar	程序变量确认	3.3
M	MaxRobSpeed	最大 TCP 速度读取	4.5
	MirPos	镜像函数命令	4.4
	MOD	求余数	3.4
	ModExist	程序模块名称检查	3.1
	ModTime	程序模块编辑时间检查	3.1
	MotionPlannerNo	协同作业同步运行控制器编号读取	6.5
N	NonMotionMode	机器人非运动模式检查	8.6
	NOT	逻辑非运算	3.4
	NOrient	方位四元数规范化	2.3
	NumToDnum	将 num 型数据转换为 dnum 型数据	3.4
	NumToStr	将 num 型数据转换为 string 型数据	3.4
O	Offs	位置偏置	4.4
	OpMode	机器人当前操作模式检查	8.6
	OR	逻辑或运算	3.4
	OrientZYX	欧拉角定向	2.3
	ORobT	程序偏移量清除	4.4

续表

首字母	函数	名称	参见节次
P	ParIdPosValid	负载测定位置检查	8.2
	ParIdRobValid	负载测定对象检查	8.2
	PathLevel	当前轨迹检查	6.4
	PathRecValidBwd	回退轨迹检查	6.4
	PathRecValidFwd	前进轨迹检查	6.4
	PFRestart	断电后的轨迹检查	6.4
	PoseInv	坐标逆变换	4.4
	PoseMult	坐标双重变换	4.4
	PoseVect	位置逆变换	4.4
	Pow、PowDnum	计算 x^y	3.4
	PPMovedInManMode	程序指针移动状态手动检查	6.1
	Present	可选程序参数使用检查	3.2
	ProgMemFree	剩余程序存储器容量检查	8.6
	PrxGetMaxRecordpos	最大同步跟踪距离读入	8.5
Q	quad、quadDmum	平方运算	3.4
R	RawBytesLen	DeviceNet 数据包长度读取	7.3
	ReadBin	ASCII 码读入	7.2
	ReadDir	读入目录文件	7.4
	ReadMotor	电机转角读取	4.5
	ReadNum	数值读入	7.2
	ReadStr	字符串读入	7.2
	ReadStrBin	混合数据读入	7.2
	ReadVar	通信变量读取	8.5
	RelTool	工具偏置	4.4
	RemainingRetries	读取剩余故障重试次数	6.3
	RMQGetSlotName	客户机名称读入	7.3
	RobName	机器人名称读入	8.6
	RobOS	程序虚拟运行检查	8.6
	Round、RoundDnum	小数位取整	3.4
	RunMode	当前程序运行模式检查	8.6
S	Sin、SinDnum	正弦运算	3.4
	SocketGetStatus	套接字读入	7.3
	SocketPeek	套接字数据长度读入	7.3
	Sqrt、SqrtDmum	平方根	3.4
	STCalcForce	伺服焊钳压力计算	8.4
	STCalcTorque	伺服焊钳转矩计算	8.4
	STIsCalib	伺服焊钳状态检查	8.4
	STIsClosed	伺服焊钳闭合检查	8.4

续表

首字母	函数	名称	参见节次
S	STIsIndGun	焊钳独立控制检查	8.4
	STIsOpen	伺服焊钳打开检查	8.4
	StrDigCalc	数字字符串运算	3.4
	StrDigCmp	数字字符串比较	3.4
	StrFind	字符检索	3.4
	StrLen	字符串长度计算	3.4
	StrMap	字符格式转换	3.4
	StrMatch	字符段检索	3.4
	StrMemb	字符检查	3.4
	StrOrder	字符排列检查	3.4
	StrPart	从 string 型数据中截取 string 型数据	3.4
	StrToByte	将 string 型数据转换为 byte 型数据	3.4
	StrToVal	将 string 型数据转换为任意类型数据	3.4
T	Tan、TanDnum	正切运算	3.4
	TaskRunMec	任务中运行的机械单元检测	6.5
	TaskRunRob	任务中运行的机器人检测	6.5
	TasksInSync	同步运行任务检测	6.5
	TestAndSet	同步运行状态检测与设定	6.5
	TestDI	DI 状态检测	5.2
	TestSignRead	伺服测试信号值读取	8.3
	TextGet	文本表格文本读入	7.4
	TextTabFreeToUse	文本表格安装检查	7.4
	TextTabGet	读取文本表格编号	7.4
	TriggDataValid	控制点数据检查	5.3
	Trunc、TruncDnum	小数位舍尾	3.4
	Type	程序数据类型检查	3.4
U	UIAlphaEntry	输入框对话设定	7.1
	UIClientExist	示教器连接测试	7.1
	UINumEntry、UIDnumEntry	数字键盘对话设定	7.1
	UINumTune、UIDnumTune	数值增减对话设定	7.1
	UIListView	菜单对话设定	7.1
U	UIMessageBox	键应答对话设定	7.1
V	ValidIO	I/O 运行检测	5.1
	ValToStr	将任意类型数据转换为 string 型数据	3.4
	VectMagn	位置矢量长度计算	4.5
X	XOR	逻辑异或运算	3.4

| 附录 C |

RAPID 程序数据索引表

索引	数据类型	名称	参见节次
A	aiotrigg	AI/AO 中断条件件数据	6.2
	alias	等同型数据	3.3
B	bin	二进制数据	3.3
	bool	逻辑状态型数据	3.3
	btnres	触摸功能键应答操作状态数据	7.1
	busstate	总线状态数据	5.1
	buttondata	触摸功能键定义数据	7.1
	byte	字节型数据	3.3
C	cameradev	摄像设备名称数据	8.5
	cameratarget	摄像数据	8.5
	cfgdomain	系统配置参数类别数据	8.6
	clock	系统计时器名称数据	6.4
	confdata	机器人配置数据	2.3、4.3
	corrdescr	轨迹校准器名称数据	8.5
D	datapos	程序模块信息数据	8.6
	dionum	DIO 数值数据	5.2
	dir	目录名数据	7.4
	dnum	双精度数值型数据	3.3
E	egmframetype	EMG 基准坐标系类别数据	8.5
	egmident	EGM 名称数据	8.5
	egmstopmode	EMG 运动停止方式数据	8.5
	egm_minmax	EMG 回转轴定位允差数据	8.5
	emgstate	EMG 状态数据	8.5
	errdomain	系统错误类别数据	6.2
	errnum	错误编号名称数据	6.3
	errstr	错误文本数据	6.3

续表

索引	数据类型	名称	参见节次
E	errtype	系统错误性质数据	6.2
	event_type	事件类型数据	8.3
	exec_level	指令执行等级数据	8.6
	extjoint	外部轴位置数据	4.2
H	handler_type	RAPID 程序执行处理器类型数据	8.6
	hex	十六进制数据	3.3
I	icondata	示教器图标定义数据	7.1
	identno	同步移动指令识别数据	6.5
	intnum	中断名称数据	6.2
	iodev	I/O 设备名数据	7.2
	iounit_state	I/O 单元状态数据	5.1
J	jointtarget	关节位置数据	4.1
L	listitem	操作菜单表数据	7.1
	loaddata	负载数据	4.1、8.2
	loadidnum	负载测定条件数据	8.2
	loadsession	程序文件加载会话名数据	7.4
M	mecunit	机械单元名称数据	8.2
	motsetdata	移动控制设置数据	4.3
N	num	数值型数据	3.3
O	oct	八进制数据	3.3
	opcalc	字符串运算符	3.4
	opnum	字符串比较符	3.4
	orient	方位数据	2.3、4.3
P	paridnum	负载类别数据	8.2
	Paridvalidnum	负载测定功能数据	8.2
	pathrecid	轨迹名称数据	6.4
	PersBool	监控信号和初始状态数据	5.4
	pos	*XYZ* 位置数据	4.1
	pose	坐标系姿态数据	4.3
	progdisp	程序偏移数据	4.4
R	rawbytes	原始数据包名称数据	7.3
	restartdata	系统重启数据	5.4
	rmqheader	消息队列通信标题数据	7.3
	rmqmessage	消息队列通信消息数据	7.3
	rmqslot	消息队列名称数据	7.3
	robjoint	机器人关节位置数据	4.1
	robtarget	机器人 TCP 位置数据	4.1

续表

索引	数据类型	名称	参见节次
S	seamdata	引弧/熄弧参数数据（弧焊专用）	9.3
	sensor	传感器名称数据	8.5
	sensorstate	传感器通信状态数据	8.5
	shapedata	区间数据	8.1
	signalai、signalao	AI、AO 信号名称数据	5.1
	signaldi、signaldo	DI、DO 信号名称数据	5.1
	signalgi、signalgo	GI、GO 信号名称数据	5.1
	SignalOrigin	信号来源数据	5.1
	socketdev	套接字名称数据	7.3
	socketstatus	套接字通信状态数据	7.3
	speeddata	速度数据	4.3
	stoppoint	停止点类型数据	4.1
	stoppointdata	停止点数据	4.1
	string	字符串型数据	3.3
	stringdig	纯数字字符串型数据	3.3
	switch	可选择数据	3.3
	symnum	机器人操作模式或程序运行模式数据	8.6
	syncident	同步点名称数据	6.5
T	taskid	任务名数据	7.4
	tasks	协同作业任务表数据	6.5
	testsignal	伺服测试信号名称数据	8.3
	tooldata	工具数据	4.1
	tpnum	操作信息显示页面数据	7.1
	trapdata	中断事件数据	6.2
	triggdata	I/O 控制点数据	5.3
	triggios、triggiosdnum、triggstrgo	输出控制点定义数据	5.3
	tunegtype	伺服焊钳调节器参数选择数据	8.4
U	uishownum	用户界面识别数据	7.1
W	weavedata	摆焊参数数据（弧焊专用）	9.3
	welddata	焊接参数数据（弧焊专用）	9.3
	wobjdata	工件数据	4.1
	Wztemporary、wzstationary	禁区名称数据	8.1
Z	zonedata	到位区间数据	4.1

| 附录 D |

系统预定义错误索引表

索引	错误名称	出错原因
A	ERR_ACC_TOO_LOW	PathAccLim、WorldAccLim 指令加速度过小
	ERR_ADDR_INUSE	套接字通信的地址和端口已使用
	ERR_ALIASIO_DEF	I/O 定义出错
	ERR_ALIASIO_TYPE	I/O 类型出错
	ERR_ALRDYCNT	中断连接出错
	ERR_ALRDY_MOVING	在执行 StartMove、StartMoveRetry 时，机器人运动中
	ERR_AO_LIM	AO 到达极限
	ERR_ARGDUPCND	ArgName 指令出错
	ERR_ARGNAME	ArgName 指令参数出错
	ERR_ARGNOTPER	ArgName 指令参数类型出错
	ERR_ARGNOTVAR	ArgName 指令参数类型出错
	ERR_ARGVALERR	ArgName 指令参数值错误
	ERR_AXIS_ACT	轴无效
	ERR_AXIS_IND	轴不为独立轴
	ERR_AXIS_MOVING	轴正在移动
	ERR_AXIS_PAR	指令中的轴参数错误
B	ERR_BUSSTATE	I/O 总线出错
	ERR_BWDLIMIT	StepBwdPath 轨迹越位
C	ERR_CALC_NEG	字符串运算结果为负
	ERR_CALC_OVERFLOW	字符串运算溢出
	ERR_CALC_DIVZERO	字符串运算除数为 0
	ERR_CALLPROC	程序调用出错
	ERR_CAM_BUSY	摄像设备通信出错
	ERR_CAM_COM_TIMEOUT	摄像设备通信超时
	ERR_CAM_GET_MISMATCH	摄像参数读入出错
	ERR_CAM_MAXTIME	摄像指令 CamLoadJob、CamGetResult 出错
	ERR_CAM_NO_MORE_DATA	无法获得更多摄像数据

续表

索引	错误名称	出错原因
C	ERR_CAM_NO_PROGMODE	摄像头未处于编程模式
	ERR_CAM_NO_RUNMODE	摄像头未处于运行模式
	ERR_CAM_SET_MISMATCH	摄像参数写出错误
	ERR_CFG_INTERNAL	ReadCfgData 指令出错
	ERR_CFG_ILL_DOMAIN	ReadCfgData 指令出错
	ERR_CFG_ILLTYPE	ReadCfgData 指令出错
	ERR_CFG_LIMIT	WriteCfgData 指令数值超过
	ERR_CFG_NOTFND	ReadCfgData、WriteCfgData 指令出错
	ERR_CFG_OUTOFBOUNDS	ReadCfgData、WriteCfgData 指令出错
	ERR_CFG_WRITEFILE	SaveCfgData 指令出错
	ERR_CNTNOTVAR	CONNECT 指令出错
	ERR_CNV_NOT_ACT	同步跟踪出错
	ERR_CNV_CONNECT	WaitWObj 连接出错
	ERR_CNV_DROPPED	指令 WaitWObj 编程出错
	ERR_COLL_STOP	运动碰撞、移动停止
	ERR_COMM_EXT	系统通信错误
	ERR_CONC_MAX	\Conc 连续运动指令的数量超过
	ERR_COMM_INIT_FAILED	通信初始化无法进行
D	ERR_DATA_RECV	系统收到的通信数据不正确
	ERR_DEV_MAXTIME	ReadBin、ReadNum、ReadStr、ReadRawBytes、ReadStrBinReadAnyBin 指令超时
	ERR_DIPLAG_LIM	TriggSpeed 的 DipLag 设定过大
	ERR_DIVZERO	除数为 0
E	ERR_EXECPHR	超过禁区设定
F	ERR_FILEACC	文件访问出错
	ERR_FILEEXIST	文件已经存在
	ERR_FILEOPEN	文件无法打开
	ERR_FILNOTFND	未找到指定文件
	ERR_FNCNORET	功能无返回值
	ERR_FRAME	坐标系定义出错
G	ERR_GO_LIM	DO 信号组定义出错
I	ERR_ILLDIM	数组维数定义出错
	ERR_ILLQUAT	四元数定义出错
	ERR_ILLRAISE	RAISE 指令出错
	ERR_INDCNV_ORDER	未执行 IndCnvInit 指令
	ERR_INOISSAFE	中断停用指令出错

续表

索引	错误名称	出错原因
I	ERR_INOMAX	中断名称定义出错
	ERR_INT_NOTVAL	数值错误
	ERR_INT_MAXVAL	数值过大
	ERR_INVDIM	数组维数不正确
	ERR_IODISABLE	IODisable 指令超时
	ERR_IOENABLE	IOEnable 指令超时
	ERR_IOERROR	Save 指令出错
L	ERR_LINKREF	交叉引用出错
	ERR_LOADED	程序模块已经加载
	ERR_LOADID_FATAL	LoadId 出错
	ERR_LOADID_RETRY	LoadId 出错
	ERR_LOADNO_INUSE	程序加载出错
	ERR_LOADNO_NOUSE	程序加载出错
M	ERR_MAXINTVAL	整数值过大
	ERR_MODULE	模块名称不正确
	ERR_MOD_NOTLOADED	模块加载或安装出错
N	ERR_NAME_INVALID	I/O 设备不存在
	ERR_NO_ALIASIO_DEF	AliasIO 指令出错
	ERR_NORUNUNIT	I/O 连接出错
	ERR_NOTARR	数组使用不正确
	ERR_NOTEQDIM	数组维度定义不正确
	ERR_NOTINTVAL	非整数值
	ERR_NOTPRES	永久数据未定义
	ERR_NOTSAVED	模块不能保存
	ERR_NOT_MOVETASK	指定了非运动任务
	ERR_NUM_LIMIT	num 型数据数值超过允许范围
O	ERR_OUTOFBND	数组索引超出范围
	ERR_OVERFLOW	时钟溢出
	ERR_OUTSIDE_REACH	关节位置超程
P	ERR_PATH	Save 路径不正确
	ERR_PATHDIST	StartMove、StartMoveRetry 指令恢复距离过长
	ERR_PATH_STOP	轨迹被停止
	ERR_PERSSUPSEARCH	永久数据状态不正确
	ERR_PID_MOVESTOP	LoadId 出错
	ERR_PID_RAISE_PP	ParId 或 LoadId 出错
	ERR_PRGMEMFULL	程序存储器已满

续表

索引	错误名称	出错原因
P	ERR_PROCSIGNAL_OFF	程序处理信号 OFF
	ERR_PROGSTOP	程序处理停止
R	ERR_RANYBIN_CHK	ReadAnyBin 数据校验出错
	ERR_RANYBIN_EOF	ReadAnyBin 数据结束标记出错
	ERR_RCVDATA	ReadNum 数据出错
	ERR_REFUNKDAT	数据引用不正确
	ERR_REFUNKFUN	函数引用不正确
	ERR_REFUNKPRC	普通程序引用出错
	ERR_REFUNKTRP	中断程序引用出错
	ERR_RMQ_DIM	消息队列维度不正确
	ERR_RMQ_FULL	消息队列已满
	ERR_RMQ_INVALID	消息队列不正确
	ERR_RMQ_INVMSG	无效消息
	ERR_RMQ_MSGSIZE	消息过大
	ERR_RMQ_NAME	消息名称不正确
	ERR_RMQ_NOMSG	队列中无消息
	ERR_RMQ_TIMEOUT	RMQSendWait 指令超时
	ERR_RMQ_VALUE	消息数值出错
	ERR_ROBLIMIT	个别关节位置超程
S	ERR_SC_WRITE	数据写出错误
	ERR_SIGSUPSEARCH	数据搜索出错
	ERR_SIG_NOT_VALID	I/O 信号无法访问
	ERR_SOCK_CLOSED	套接字关闭或未创建套接字
	ERR_SOCK_TIMEOUT	套接字连接超时
	ERR_SPEED_REFRESH_LIM	速度超出 SpeedRefresh 极限
	ERR_SPEEDLIM_VALUE	速度超过 SpeedLimAxis、SpeedLimCheckPoint 限制值
	ERR_STARTMOVE	STARTMOVE、StartMoveRetry 指令机器人无移动
	ERR_STRTOOLNG	字符串过长
	ERR_SYM_ACCESS	字符串读/写权限错误
	ERR_SYMBOL_TYPE	程序数据类型错误
	ERR_SYNCMOVEOFF	SyncMoveOff 指令超时
	ERR_SYNCMOVEON	SyncMoveOn 指令超时
	ERR_SYNTAX	模块加载语法错误
T	ERR_TASKNAME	任务名称错误
	ERR_TP_DIBREAK	示教器通信被 DI 中断
	ERR_TP_DOBREAK	示教器通信被 DO 中断

续表

索引	错误名称	出错原因
T	ERR_TP_MAXTIME	示教器通信超时
	ERR_TP_NO_CLIENT	示教器通信客户机错误
	ERR_TRUSTLEVEL	I/O 单元不允许禁用
	ERR_TXTNOEXIST	TextGet 函数的表格或索引错误
U	ERR_UI_INITVALUE	UINumEntry 函数初始值错误
	ERR_UI_MAXMIN	UINumEntry 函数值超限
	ERR_UI_NOTINT	UINumEntry 函数值不为整数
	ERR_UISHOW_FATAL	UIShow 指令出错
	ERR_UISHOW_FULL	UIShow 指令溢出
	ERR_UNIT_PAR	程序数据 Mech_unit 出错
	ERR_UNKINO	中断信号不存在
	ERR_UNKPROC	WaitLoad 指令出错
	ERR_UNLOAD	UnLoad 指令出错
W	ERR_WAITSYNCTASK	WaitSyncTask 指令超时
	ERR_WAIT_MAXTIME	WaitDI 或 WaitUntil 指令超时
	ERR_WHLSEARCH	搜索未停止
	ERR_WOBJ_MOVING	工件变位器移动中